JN239794

はじめに
トカゲといえばスキンク

Scincomorpha

　「スキンク下目」と言われても、よくわからない人が多いかもしれない。スキンクという単語自体を知らない人もいるだろう。しかし、滑らかな鱗で覆われた、光沢のあるトカゲを公園や野山などで見たことのある人は多いのではないだろうか。あれがスキンクと呼ばれる仲間である。実は、スキンクの仲間は日本だと北海道から沖縄県までに 17 種も分布しており、"日本人にとってのトカゲ＝スキンク" と言っても過言ではないと思うのだが（国内に生息するその他のトカゲの仲間はトカゲモドキ科が 7 種、ヤモリ科は 14 種、アガマ科が 2 種、イグアナ科は 2 種、カナヘビ科が 6 種が確認されている）、どれも外見が似ているせいかあまり知名度がないようで、スキンクという名称もさほど浸透していない。しかしながら、海外に目を向けると、全く異なる存在が飛び込んでくる。全身が刺々しい鱗で覆われたヨロイトカゲの仲間や、全長 80cm に達し、樹上にて家族単位で暮らすオマキトカゲ、四肢が退化したヘビのような姿のダーツスキンクの仲間、爬虫類全般から見ても珍しい前肢しかないヤマギシニンギョトカゲ、特異な外見だけでなく発声器官も有するアカメカブトトカゲ、砂漠の砂中を泳ぐように移動するスナトカゲの仲間など、実にさまざまなスキンク下目が汎世界的に分布している。

　彼らは人類の文化・風俗にも少なからず影響を与えてきた存在でもある。例として、彼らは漢字表記では「石龍子（とかげ）」と表記されるのだが（より一般的な「蜥蜴」はトカゲ亜目に分類される爬虫類の総称となっているが、元来はカナヘビの仲間を指すという説もある）、これは彼らの中国名でもあり "石の間にいる龍の子" という意味で、龍は雨を司る聖獣であることから、古代中国では雨乞いの儀式に用いられてきた（日本でも江戸時代後期に書かれた随筆集『甲子夜話』にトカゲのような動物が雨雲を呼ぶ話がある）。日本の中国・四国地方ではニホントカゲを祀る地域があり、屋敷にこれが棲みつけば富み栄えるが、去ればたちまち潰れてしまい、切れた尾部は凶兆であるとも伝えられている。アルジェリア南部の砂漠地帯に暮らす遊牧民はスキンクが砂の中に潜って身を隠す生態を持つことから、砂漠の危険か

ら自分たちを見守ってくれている存在として大切にしてきたという。アメリカ合衆国西部の先住民の間では、スキンクのすばやい動きが "機知に富む" ことを表すとされ、人生に迷った時は精霊を通じて彼らに進むべき道を示してもらうことができたそうだ。オーストラリアの西オーストラリア州中西部に暮らす先住民であるバディミア族では、ストケスイワトカゲを "Meelyu（ミーリュ）" と呼び、自分たちのトーテム（特定の集団や人物に宗教的に結び付けられた野生動植物などの象徴）としている。また、スキンクたちは古くから薬用にも利用されてきた（東南アジアや中東・アフリカでは、現在でも伝統医薬として使用されている）。日本では彼らを用いて江戸時代に肺結核の薬が作られ（金碧色の細鱗を持ち、5 色備わっているものが最上とされた。おそらくニホントカゲ、もしくはヒガシニホントカゲの幼体だろう）、近世ヨーロッパでも媚薬や香水・化粧品などが作られていたが、効果は強力で、時には心を病んでしまう女性もいたという。

　こういった伝承や記録は世界各地に数多く伝わっており、彼らが人間と親密な関係であったことを暗示しているが、生物学的にはまだまだ謎の多い存在で、かつてはいくつもの属が "分類のゴミ箱（他のどの分類群にも当てはまらない生物を分類することを唯一の目的とする分類）" のような扱いを受けていた。詳細な分類が始まったのは近年になってからで、現在も続けられているものの、中にはわずかな記録しかないものや、模式標本（生物の新種記載を行う際、その生物を定義するための根拠となった標本で、分類を行ううえで最も重要な標本。タイプ標本とも）が失われ、今となっては正体すらはっきりしないスキンクもある。本書はそんなスキンク下目のトカゲたちに焦点を当てて述べたものである。多様かつ複雑な彼らの魅力を伝えるには、筆者程度の文章力と限られたページ数ではあまりにも不十分であるが、本書を通じて 1 人でも多くの人に興味を持ってもらえたのならば、そして、これから飼育しようという人の一助になれば、書き手としてそれ以上の幸せはない。

Contents

Scincomorpha

PREFACE

▌本書について

　本書はスキンク下目に含まれるトカゲ類の情報を集約したものであり、CHAPTER I〜IVまでの4部構成となっている。以下に大まかな概要を述べる。

　CHAPTER Iではスキンク下目の進化や分類・形態・生態・現状などに関する説明が中心となっており、スキンク下目とはいったいどういう生物群なのか、ということをご理解頂ければ幸いである（トカゲ亜目全般における進化の詳細などは『Discovery トカゲ大図鑑 イグアナ下目編』も参照して頂きたい）。

　CHAPTER IIは図鑑パートであり、ヨロイトカゲ科・カタトカゲ科・スキンク科・ヨルトカゲ科の順に、種レベルでの説明が中心となっており（種の並びはほぼ学名のアルファベット順だが、一部レイアウトの関係で前後しているものもある）、美しいスキンクたちの姿を楽しんでもらえれば嬉しい。

　CHAPTER IIIはスキンク下目における法律・飼育・繁殖に関する説明が中心となっている。本項では流通に関しても多少触れてはいるが、あくまで2024年現在の状況であり、今後、流通量の増減はあるだろう。

　CHAPTER IVは分類表となっており、分類表には2024年6月までに確認されているほぼ全種が掲載されているが、一部の種は研究者によって意見が異なる場合があることをご理解頂きたい（研究者によっては種として認められていなかったり、存在そのものが疑問視されている場合がある）。なお、CHAPTER IIにて掲載されている種には学名の後方にページ数が添付されているため、検索として役立てて頂ければ幸いである。

　なお、本文中では簡略化のため、一部を除き学名を省略した（正確な和名がはっきりしないものにかぎり学名を付記している。スキンク下目の学名に関してはCHAPTER IVを参照にされたい）。また、一部の国名や島名なども簡略化し（例：中華人民共和国→中国）、本文内に登場する一部の地名（主に山名や町名・公園名など）には英名を付け加えてあるが、こちらも簡略化のため2度目以降は省略した。

373

CHAPTER IV

スキンク下目の分類

CHAPTER I

鱗がすべすべで、子供と親で色が違うのがニホントカゲ。鱗がざらざらで、尻尾が長いのがニホンカナヘビです。どちらもみなさんが最もよく目にする身近な爬虫類です。

千石正一（1949-2012）

DISCOVERY

Scincomorpha

**Cordylidae · Gerrhosauridae ·
Scincidae · Xantusiidae**

Acontiinae · Ateuchosaurinae · Egerniinae · Eugongylinae ·
Lygosominae · Mabuyinae · Ristellinae · Sphenomorphinae · Scincinae ·
Xantusiinae · Lepidophyminae · Cricosaurinae

スキンク下目とはどういう生物か

分 類 と 現 存 種 数

　始めに、現存するスキンク下目の分類について簡単に述べたい。生物の分類は近年細分化されており、50 ～ 55 もの分類階級（生物の分類において、その分類群がどの程度の階級に位置しているのかを表す指標）があるが、必ず置かねばならない基本的階級はドメイン・界・門・綱・目・科・属・種の8階級のみとされている。スキンク下目の大まかな分類と現存種数は以下のようになっている。

ドメイン Domain	界 Kingdom	門 Phylum	綱 Class	目 Order	亜目 Suborder	下目 Infraorder	科 Family		
真核生物 ドメイン Domain Eucarya	動物界 Animalia	脊索動物門 Chordata	爬虫綱 Reptilia	有鱗目 Squamata	トカゲ亜目 Sauria (Lacertilia)	スキンク下目 Scincomorpha	ヨロイトカゲ科 Cordylidae 10属69種		
							カタトカゲ科 Gerrhosauridae　7属37種		
							スキンク科 Scincidae 9亜科 167属 1751種	ダーツスキンク亜科 Acontiinae 2属 28種	
								ヒメトカゲ亜科 Ateuchosaurinae 1属 3種	
								イワトカゲ亜科 Egerniinae 8属 62種	
								カラタケトカゲ亜科 Eugongylinae 48属 458種	
								ミモダエトカゲ亜科 Lygosominae 6属 56種	
								マブヤ亜科 Mabuyinae 25属 224種	
								ネコメトカゲ亜科 Ristellinae 2属 13種	
								ミナミトカゲ亜科 Sphenomorphinae 41属 597種	
								スキンク亜科 Scincinae 34属 294種	
							ヨルトカゲ科 Xantusiidae 3亜科 3属 38種	ヨアソビトカゲ亜科 Xantusiinae 1属 14種	
								ネッタイヨルトカゲ亜科 Lepidophyminae 1属 23種	
								キューバヨルトカゲ亜科 Cricosaurinae 1属 1種	

　すなわち、下目までは同じで、科から大きく4つに分かれ、以降で細分化されている（2014年にはスキンク科に含まれる9亜科を科レベルに引き上げる説が提唱されているが、本書では従来どおり亜科とする。また、2016年にはフタアシトカゲ下目のフタアシトカゲ科とヨルトカゲ科を合わせてヨルトカゲ下目 Xantusiomorpha とする説も提唱されているが、本書では支持しない）。聞き慣れない言葉もあると思うので簡単に説明したい。

真核生物ドメイン

　ドメインとは最も高いランクの分類階級である（ドメインの上位階級としてシステムやサブシステム・帝・スーパードメインなどもあるが、通常は使用されない）。1990年に設けられた比較的新しい階級であるが、現在は必ず置かなければならない基本的階級の1つとして位置付けられることが多い。日本語では界を超える存在として"超界"や"域""領域"と訳されることもある。現在は主に真核生物ドメイン・細菌ドメイン・古細菌ドメインの3つがこの階級に位

左上から、ヨロイトカゲ科・カタトカゲ科・スキンク科・ヨルトカゲ科。姿形は異なるが、彼らが本書の主役となる

ドメイン真核生物には、動物・植物・菌類・原生生物などが含まれる

置付けられており、真核生物は身体を構成する細胞の中に細胞核と呼ばれる細胞小器官を有する生物であり、動物・植物・菌類・原生生物などが含まれる。

動物界

界とは分類階級の1つ。必ず置かなければならない基本的階級の1つとして位置付けられている。かつては動物界と植物界の二界説が主流であったが、現在では、真核生物ドメインには動物界・植物界・菌界と原生生物由来のいくつかの界（アメーバ界やクロミスタ界など）を設定することが主流となっている。

あらゆる動物は動物界に含まれる

脊索動物門

門とは分類階級の1つ。必ず置かなければならない基本的階級の1つとして位置付けられており、生物全体でおよそ100の門に分類されているが、その見解は分類学者によって大きく異なる。脊索動物門には脊椎（背骨）を持つ動物が含まれる。

魚類・両生類・爬虫類・鳥類・哺乳類が脊索動物門に含まれる

爬虫綱

綱とは分類階級の1つ。必ず置かなければならない基本的階級の1つとして位置付けられている。現生の爬虫綱にはカメ・ワニ・トカゲ・ヘビ・ムカシトカゲなど爬虫類の仲間が含まれる。なお、鳥類はワニの姉妹群（系統樹において注目する系統群に最も近縁な系統群。すなわち、共通の祖先種から枝分かれした分類群）とされており、近年は爬虫類の一系統として爬虫綱に含まれることも多くなってきたが、本

爬虫綱にはカメ・ワニ・トカゲ・ヘビ・ムカシトカゲの仲間が含まれる

書では伝統的な分類を維持し、鳥類を爬虫綱には含めていない。

有鱗目

目は分類階級の1つ。必ず置かなければならない基本的階級の1つとして位置付けられている。爬虫綱には有鱗目（トカゲやヘビ・ミミズトカゲの仲間）・カメ目・ワニ目・ムカシトカゲ目の4目が含まれており、ムカシトカゲ目は有鱗目の姉妹群ではあるが、ここで一般的なトカゲとは分かれる（ムカシトカゲは名称に"トカゲ"と付いているが、一般的なトカゲとはかけ離れた形態を持った存在である）。

有鱗目にはトカゲとヘビの仲間が含まれる

トカゲ亜目

亜目は分類階級の1つ。必ず置かなければならない基本的階級の1つとしては位置付けられていないが、この亜目よりトカゲの仲間とヘビ仲間は分けられることになる。近年はトカゲ亜目を側系統群（系統樹上で連続してはいるが、祖先とその子孫全てを含む種の集合体である単系統群ではない分類群）であるとして、亜目とは認めないという意見もある

が（その場合はトカゲ亜目に所属する下目が亜目相当に格上げされる）、本書では伝統的な分類を維持した。トカゲの仲間は全てこのトカゲ亜目に含まれ、有鱗目に含まれる他の亜目としてはヘビ亜目がある。なお、ミミズトカゲ亜目もかつては含まれていたが、近年はカナヘビ上科の下位分類とする説が有力視されている。

あらゆるトカゲの仲間はトカゲ亜目に含まれる

スキンク下目

トカゲ下目とも。下目は分類階級の1つ。必ず置かなければならない基本的階級の1つとしては位置付けられていないが、分類上初めて"スキンク"という言葉が登場するため、本書で対象となるトカゲたちを理解するうえでは重要な分類階級と言えよう。

スキンク下目以降の分類に含まれるトカゲたちが本書の対象となる

科

続く科であるが、これは必ず置かなければならない基本的階級の1つとして位置付けられており、この科からスキンク下目の分類は大きくヨロイトカゲ科とカタトカゲ科（プレートトカゲ科とも）・スキンク科（トカゲ科とも）・ヨルトカゲ科の4科に分けられる（それぞれの特徴に関しては後述）。

スキンク下目にはヨロイトカゲ科・カタトカゲ科・スキンク科・ヨルトカゲ科の4科が含まれる

亜 科

スキンク科とヨルトカゲ科にはいくつかの亜科が含まれる（ヨロイトカゲ科とカタトカゲ科では亜科は認められていない）。亜科は同じ科に含まれるものをさらに特定の形態でまとめたもので、必ず置かなければならない基本的階級の1つとしては位置付けられてはいないが、スキンク下目にはまだ分類に不明な部分があり、今後の調査・研究によっては亜科が増設される可能性もあるため、彼らの分類を知るうえでは目の離せない分類階級であると言えるだろう。

スキンク科に含まれる亜科の1つイワトカゲ亜科の1種、ストケスイワトカゲ

では、ここからさらに下位分類を説明するため、スキンク下目の中でも愛玩用として人気の高いハスオビアオジタトカゲの分類を例に見てみよう（▲は分類上必ず置かなければならないとされている基本的階級）。

ドメイン（Domain）	真核生物ドメイン Domain Eukaryota（▲）
界（Kingdom）	動物界 Animalia（▲）
門（Phylum / Division）	脊索動物門 Chordata（▲）
綱（Class）	爬虫綱 Reptilia（▲）
目（Order）	有鱗目 Squamata（▲）
亜目（Suborder）	トカゲ亜目 Sauria（Lacertilia）
下目（Infraorder）	スキンク下目 Scincomorpha
科（Family）	スキンク科 Scincidae（▲）
亜科（Subfamily）	イワトカゲ亜科 Egerniinae
属（Genus）	アオジタトカゲ属 *Tiliqua*（▲）
種（Species）	ハスオビアオジタトカゲ *Tiliqua scincoides*（▲）
基亜種（Subspecies）	ヒガシアオジタトカゲ *Tiliqua scincoides scincoides*
亜種（Subspecies）	タニンバールアオジタトカゲ *Tiliqua scincoides chimaerea*
亜種（Subspecies）	キタアオジタトカゲ *Tiliqua scincoides intermedia*

亜科より下に属・種・亜種と続いているのがわかる。これらの分類について簡単に説明したい。

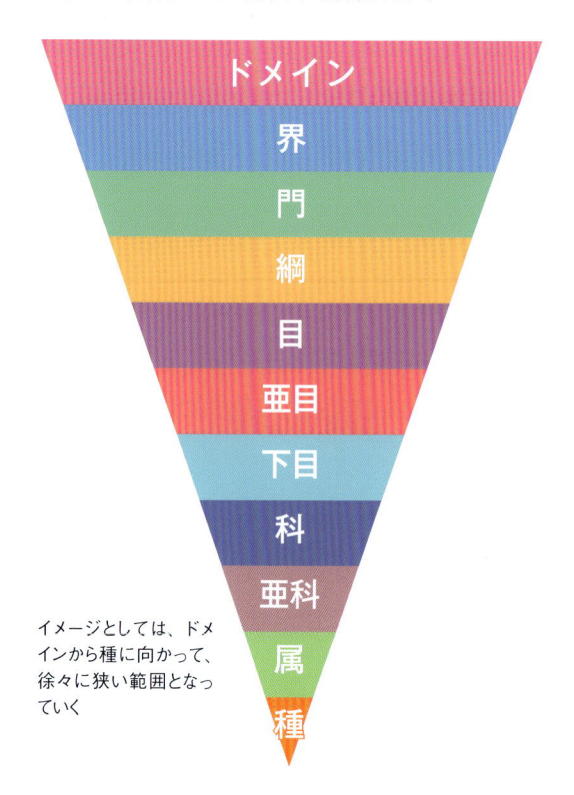

ドメイン
界
門
綱
目
亜目
下目
科
亜科
属
種

イメージとしては、ドメインから種に向かって、徐々に狭い範囲となっていく

アオジタトカゲ属。外見はやや異なるが、構造などが似通った仲間を集めたのが属

属

属とは分類階級の1つ。必ず置かなければならない基本的階級の1つとして位置付けられている。属は亜科よりもさらに細かい形態をまとめたもので、属が同じ種はかなり近縁であり、形態的にも類似点が多い。なお、この属以降の分類はイタリック体（斜体）、または下線付きで表記しなければならないとされている。

ハスオビアオジタトカゲを例に説明すると、本種はアオジタトカゲ属 *Tiliqua*（属名。Generic Name）に含まれる *scincoides*（種小名。Specific Name）というトカゲであり、*Tiliqua scincoides* と属名＋種小名のセットで表記され、種小名のみが単独で表記されることはない。これを学名（Scientific Name。生物学の手続きに基づき、世界共通で生物の分類群に付けられる名称）という。この表しかたは二名法（Binominal Nomenclature）と呼ばれ、"分類学の父" と称されるスウェーデンの博物学者である Carl von Linné（1707-1778）によって1758年に提唱されたものであり、この二名法による名称は二連名（Binominal Name）と呼ばれる。イメージとして属名は生物にとって "姓" であり、種小名は "名" のようなものと思ってほしい。

種

種とは分類階級の1つ。必ず置かなければならない基本的階級の1つとして位置付けられているが、種の定義は近年やや複雑になっている。かつては形態に基づいて分類される「形態学的種概念」が主流であったが、形態が同じでも分布域が異なっていたり、遺伝子が異なっていたり、繁殖形態が異なっている場合もあるため、近年は自然界において "お互いに交配し、子孫を残せる生物の集団" で、かつ "他の似た生物集団とは交配ができない" というような集団を種とする「生物学的種概念」というものが広く受け入れられるようになった。しかしながら、爬虫類では別種間で交配し、さらに子孫を残せる例も確認され始めた（他にも爬虫類ではないが、ある種の細菌に感染した生物は子孫を残せなくなる例も見つかった。これを生物学的種概念に当てはめると、感染した個体と非感染の個体は別種ということになってしまう）。

そこで登場したのが、DNA情報の活用である。DNA解析には形態の観察にはない強力なメリットが

あり、代表的なものとしては "どのような生物の遺伝情報でも A (Adenine ＝アデニン)・T (Thymine ＝チミン)・G (Guanine ＝グアニン)・C (Cytosine ＝シトシン) という四文字 (塩基配列) で表すことができる" や "どんな人であろうと、同じ実験を行えば同じ DNA 配列が手に入る" ことなどが挙げられるだろう。近年では新種と判断するためにこの DNA 解析が用いられるだけでなく、既知種における分類の混乱に対してこの DNA 解析が威力を発揮する場合もあり、スキンク下目でも DNA 解析により既知種から新種が見い出された例がある。まだまだシステム的な問題は少なくないが (DNA 情報は誰もが使える状況ではない)、今後、生物の分類は DNA 情報に置き換えられていくことだろう。

今後生物の分類は DNA 情報が重要視されるようになるだろう

亜 種

同一種であっても、分布域の異なる複数の集団が何らかの外部形態で互いに識別できる場合、種小名の後ろに亜種小名という別の学名を追加して区別することがあり、これを亜種という (必ず置かなければならない基本的階級の1つとしては位置付けられてはいない)。さらに亜種の中でも最初に新種として記載されたものを基亜種 (原名亜種とも) と呼び、種小名と亜種小名が同じになる。ハスオビアオジタトカゲを例に説明すると、1790年と最も古くに記載されたヒガシアオジタトカゲ *Tiliqua scincoides scincoides* が基亜種であり2つめの *scincoides* が亜種小名となる (他の亜種であるキタアオジタトカゲ *Tiliqua scincoides intermedia* は1955年に記載され、タニンバールアオジタトカゲ *Tiliqua scincoides chimaerea* は2000年に記載された)。

なお、属名や種小名は同じ文章内では2回目以降は短縮が可能とされている (例：ヒガシアオジタトカゲの場合は *T. s. scincoides* となる)。ちなみに、アオジタトカゲ属には現在7種が確認されているが、ハス

オビアオジタトカゲはアオジタトカゲ属を設ける際の基準となった存在であり、そういった種は模式種 (タイプ種とも) と呼ばれる。

基亜種ヒガシアオジタトカゲ (左上)・亜種キタアオジタトカゲ (右上)・亜種タニンバールアオジタトカゲ (下)。全てハスオビアオジタトカゲという種である

学名がはっきりしない場合

学名がはっきりしない場合、もしくは学名がまだ付けられていないスキンク下目を発見した場合は、分類が予想される属名＋ sp. (Species の略) と表記する (斜体にする必要はないが、必ずドットを付ける)。例として、*Tiliqua* sp. であれば "アオジタトカゲ属の1種" ということになる。複数の場合は属名＋ spp. (Species Plural の略) となり、*Tiliqua* spp. では "アオジタトカゲ属を複数確認したが、種類の同定にまでは至らなかった" を意味する。なお、sp. と似たようなものとして cf. (Confer の略) や aff. (Affinis の略) があり、これらは *Tiliqua* cf. *scincoides* や *Tiliqua* aff. *scincoides* のように属名と種小名の間に置かれ、前者は "同定作業の結果、アオジタトカゲ属のハスオビアオジタトカゲと思われるが、特定には至っていない" を意味し、後者は "同定作業の結果、アオジタトカゲ属のハスオビアオジタトカゲに酷似しているが、未記載種である可能性が高い" という状態を意味している。

また、必ずしも必要というわけではないが、学名の後ろに命名についての情報 (命名者の名称や年号など) が付加されている場合もある (本書では簡略化のため省略した)。これは、稀に異なる生物に同じ学名が与えられている場合があり、便宜のため引用情報を付加することで、学名の示す生物をより明確にすることが目的である。例として、ハスオビアオジタトカゲの場合は *Tiliqua scincoides* WHITE, 1790 となり、アイルランドの外科医である John White (1756-1832) が1790年に記載したことを意味している。

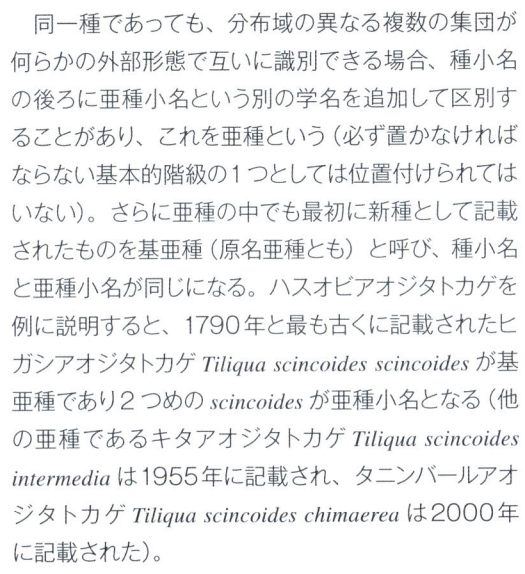

ニホントカゲ（上段）とヒガシニホントカゲ（下段左がオス・右はメス）。スキンク下目には類似した種が少なくないため、正確な種の同定が難しい場合がある

シノニムについて

　シノニム（Synonym）とは同一と見なされる種や属に複数の学名が付けられることである。一般的な文脈では“正しい学名ではない”という意味を包含しており、和訳では「同物異名」や「異名」と呼ばれる（別の生物に同じ学名が付けられている場合はホモニム＝Homonymと呼ばれる）。例として、ハスオビアオジタトカゲの場合では最初の記載となる1790年に *Lacerta scincoides* として記載された。*Lacerta* とはカナヘビ下目 Lacertoidae に含まれるカナヘビ属のことであり、当時はカナヘビの仲間であると考えられていたのである。後の1825年にイギリスの動物学者 John Edward Gray（1800-1875）によりアオジタトカゲ属の新種 *Tiliqua tuberculatus* として記載がなされたが、調査・研究の結果、すでに既知の種であったことが判明し、1937年にマレー半島で活動していた動物学者 Malcolm Arthur Smith（1875-1958）により *Tiliqua scincoides* として再度記載されることになり、この学名が現在は有効とされている。このように同一の種に別々の人物が異なる学名を命名して記載論文を発表してしまう例は珍しくなく、その場合は原則として先に発表された学名が有効となる（別々の種に同じ学名が命名されてしまった場合にも、原則として先に発表された学名が有効となる）。これを“先取権の原則”という。

ハスオビアオジタトカゲ（左）は、かつてはカナヘビの仲間（右）と考えられていた。これは珍しいことではなく、18世紀まではさまざまなトカゲがカナヘビの仲間とされていた

現存種数

　スキンク下目には1,879種が記載されており（2024年6月現在）、トカゲ亜目全体（総種数約7,400種）の約25％に達し（未発見の種もそれなりにいるはずなので、あと500～1,000種くらいは増えるかもしれない）、イグアナ下目の2,046種に次ぐ勢力となっている。これはムカシトカゲ目の1種（かつてはムカシトカゲとギュンタームカシトカゲの2種が知られていたが、2010年に行われた遺伝子解析の結果、2種の間には別種に分けるほどの遺伝的差異がないことがわかり、以降はムカシトカゲ1種とする説が有力視されている）、カメ目の約360種、ワニ目の27種に比べると大きな差があり（トカゲ亜目と同じ有鱗目に含まれるヘビ亜目は約3,700種）、トカゲ亜目は現在最も繁栄している爬虫類となっている。このような状況となった原因の1つに、彼らの分化・放散が他の3目に比べて新しい時代に行われたことが挙げられるだろう。

　例として、有鱗目の姉妹群であるムカシトカゲ目は現在ニュージーランドに1種を残すのみとなっているが、三畳紀（約2億5,190万年前～2億130万年前）にはすでに出現しており、かつては世界的に分布していた大きなグループで、現在のトカゲ亜目に占められている生態的地位の多くをムカシトカゲ目が占め、中には海にまで生息域を拡げたものさえ存在していたが、ジュラ紀（約2億130万年前～1億4,400万年前）以降は徐々に衰退し、白亜紀（約1億4,400万年前～6,500万年前）の中期にはニュージーランド以外では絶滅してしまった。衰退の理由ははっきりしていないが、気候の変動や新たに進化・台頭し始めた哺乳類や有鱗目により追いつめられていったのではないか、と考えられている。

　つまり、他の3目にも繋栄した最盛期があり、ようやく有鱗目の順番が回ってきたというだけである。そして、現在はわが世の春を謳歌しているであろうトカゲ亜目も、いずれは次の生物群にその座を明け渡すことになる。そうやって生物は栄枯盛衰を繰り返しながら、生命を紡いでいくのである。

ジュラ紀までトカゲ亜目の生態的地位の多くはこのムカシトカゲの仲間に占められていた

スキンクという名称について

　スキンク（英：Skink、独：Skink、蘭：Skink、仏：Scinque）という名称は、本来はアフリカ大陸北部〜西アジアの乾燥地帯に生息するスナトカゲ属を意味するラテン語（*Scincus*）であるが、現在ではスキンク科全般を示す名称となっている（ヨロイトカゲ科・カタトカゲ科・ヨルトカゲ科がスキンク下目に含まれるようになったのは近年のことであり、スキンクと呼ばれることは通常ない）。しかしながら、スキンク類と他のトカゲ類を識別できている人はそう多くないのが実情である（特に日本ではカナヘビの仲間と混同されることが多いようだ。なお、カナヘビの漢字表記には「蛇舅母」や「愛蛇」「金蛇」などがあるが、最後の金蛇とは元来はニホントカゲ、もしくはヒガシニホントカゲを指すという説もある）。これは彼らの形態が似通っているというのはもちろんだが、過去の博物学や分類学にも少なからず起因する部分があり、ある意味、古今東西に渡る問題と言えるかもしれない。

　中国では古くからトカゲ形類は「石龍子（スキンク類）」「蜥蜴（カナヘビ類）」「蝘蜓・守宮（共にヤモリ類）」「蛇医・蠑源（共にイモリ類）」に分けられてはいたが、『爾雅』（作者は不明だが、中国最古の類語辞典とされる）には"全て同一物"と記されており、後の『神農本草経』（後漢から三国の頃に成立したとされる本草書だが、作者は不明）では"それぞれ別種"とは記されているものの詳細は記されておらず、混乱していたことが窺える。明代になり李時珍（1518-1593）が編纂した『本草綱目』には"山石に棲むもの（トカゲ）、草沢に棲むもの（イモリ）、屋壁に棲むもの（ヤモリ）"と区分を設け、ある程度混乱を収拾してはいるものの、やはりスキンク類に関する詳細は記されていなかった。

　日本も似たような状況で、深根輔仁（生没年不詳）の『本草和名』や源順（911-983）の『和名類聚抄』では「石龍子」「蜥蜴」「蝘蜓」は全て蜥蜴を意味すると記されており、人見必大（1642-1701）の『本朝食鑑』にて"蜥蜴・石龍子は共にトカゲであるが、前者は庭や草の間にいるもの、後者は山中の石にいるもの"と区別されるようになり、寺島良安（1654-没年不詳）によって編纂された『和漢三才図会』において"本来ならしっかりと区別すべき異なった生物である蜥蜴・蠑螈・守宮の3種は混同されて解説されることが多く、それぞれの説明が相互に矛盾したり、相同してしまったりしている"と記されており、石龍子は蜥蜴と混同されているものの、蛤蚧（あおとかげ）というニホントカゲ（もしくはヒガシニホントカゲ）の幼体を想わせる図説も紹介されている。また、柳田國男（1875-1962）は『西は何方』において"東部日本の人々は一般に、蜥蜴に2種あることを認めている。（中略）一方が只のトカゲで他の一方はカナヘビ、或は青蜥蜴と謂って彩色の鮮やか"と記しており、東日本ではヒガシニホントカゲがカナヘビと呼ばれていることを述べている（現在でも関東周辺ではヒガシニホントカゲをカナヘビと呼ぶ地域が残っている）。

　西洋ではかの Aristotelēs（前384-前322）や Gaius Plinius Secundus（23-79）などもアフリカ北部に生息するスキンク類について触れているが、やはりはっきりとした区別はされていなかったようで、イモリやカナヘビ、時にはオオトカゲの図版がスキンクとして紹介される例が16世紀まで散見された。後にイギリスの作家である Edward Topsell（1572-1625）が『爬虫類の歴史』（1608）にてカナヘビ類を"Lizards"、その他の小型種を"Skinks"と呼び分けたことによりスキンクという名称が普及し、以降の文献ではそれに倣うものが多くなった。

　そして、スキンクという名称は日本に持ち込まれ、1940年代からは一般の図鑑や書籍でも使用されて

左から、スキンク類・カナヘビ類・ヤモリ類・イモリ類。これらがトカゲ形類とされており、古くから混乱を招いていた

いる。しかしながら、トカゲ亜目の本格的な分類が始まったのは20世紀になってからであり、現在でもヨロイトカゲ科やカタトカゲ科・ヨルトカゲ科がスキンク下目であるという認識はあまり浸透していない。

和名について

学名については前述したため、和名について簡単に説明したい。私たち日本人が一般的に生物や鉱物の名称として使っているものを"和名"と呼ぶが、学問規約的に規定されたものではない。そのため、1つの種に複数の名称があったり、複数の種が同じ名称で呼ばれたり、地域によって固有の呼称があったり、成長過程によって変化する場合もある。例として、かつてニホントカゲは単に「トカゲ」と呼ばれていたが、本種以外にも国内にトカゲ亜目が存在することが周知され始め、ニホントカゲと呼ばれるようになった。また、ニホントカゲは関西地方において「トカキ」や「トカケ（トカゲの古名の1つとされる敏駆に由来するとされる）」「キントカゲ」「ギントカゲ」「ゼニトカゲ」「オオトカゲ（ニホンカナヘビに比べると大きいことから）」などの呼称があり、さらに成体と異なる体色を持つ幼体には「アオトカゲ」「ムラサキトカゲ」「スジトカゲ」「ドクトカゲ（尾が青色のトカゲには毒があるという俗信から）」と呼ばれることもある。こういった地域特有の呼称は"地方和名"や"地域名""地方名""方言名"と呼ばれる。

本書における和名はできるかぎり過去に付けられた

もの、もしくは一般での認知度が高いものを採用するように努めたが、時代の流れや分類学の発展により変更を余儀なくされたものも一部ある。例として、ミヤコトカゲは一般にはミヤコトカゲ属に含まれ、これは本種の国内における分布が宮古列島であることに由来するが（国外ではインドネシア・オーストラリア・台湾・パラオ・フィリピン・ベトナム・マレーシア西部などに分布する）、本属はメラネシアから南西太平洋の島嶼部までの広い地域に77種が確認されており、限定的な地域名は属名としてふさわしいとは言えない。ハマベトカゲ属の別名もあるが、浜辺や海岸周辺に生息する種が特に多いというわけではなく、一部の種は標高1,000mを超える山地の森林に生息しているため、こちらも本属の特徴を表しているとは言い難い。一方、中国語表記では主に「島蜥」とされており、島嶼部に多く生息する本属の分布域的な特徴が表され、1990年代に日本の動物学者である千石正一（1949-2012）も国内の書籍にてシマトカゲ属の名称を使用しているため、本書でもシマトカ

ヒガシニホントカゲの幼体（左）と成体（右）。同じ種類でも複数の名称や属名を持つ場合があるため、本格的に調べたい場合は学名を基本に覚えるのが良い

左から、蜥蜴・蛤蚧・蠑蚖・蝾源（『和漢三才圖會』より模写）

ゲ属とした（種小名に関しては国内で使用例のある
ものを優先した）。一方、海外の種に付けられる和名
であるが、こちらも現在のところ決まったルールなど
はなく、主に種の特徴（色彩や形態）や生態・模式
産地（模式標本が採集された場所。タイプ産地とも）・
分布域・記載者・学名・英名の意味などが参考にさ
れることが多い。

このように、和名というものは国産種以外ではやや
曖昧な部分があるため、もしも本格的にその動物のこ
とを知りたいのであれば、学名を基本として調べるの
が良いだろう。

スキンク下目はいつ、どこで現れたのか

スキンク下目の祖先型とその発祥地については、
まだ不明な部分が多い。通常は出土した化石などか
ら推測していくのであるが、小さな爬虫類の骨は化
石として残りにくく（完全な形で出土することはほと
んどない）、調査・研究が困難であることが少なくな
い（大型のワニの化石でも恐竜や他の動物の化石と
誤同定されることがある）。かつては形態学的知見や
骨学的知見よりトカゲ亜目で最も初期に分岐したのは
イグアナ下目で、ヤモリ下目・カナヘビ下目・スキン
ク下目・オオトカゲ下目の順とされていたが、それら
では四肢を失うなど特殊な進化を遂げたタイプの説明
が難しい一面があった。しかしながら、近年になり、
多数の爬虫類より抽出したミトコンドリア DNA（細胞
小器官であるミトコンドリアが保有する独自の DNA。
核 DNA と比較して細胞や組織あたりの DNA コピー
数が数十〜数百倍も多く、PCR法と組み合わせた塩
基配列検出が容易なことから、生物種間などの分子
系統解析に用いられている）を解析した結果、最も
初期に分岐したのはヤモリ下目とフタアシトカゲ下目

であり、この2群の分岐群が基底的な有隣目である
ことや、その起源がペルム紀から三畳紀まで遡るこ
と、スキンク下目は三畳紀に他の有隣目と別れ、ジュ
ラ紀以降に多様化したことなどが示唆された。下に
ごく簡単にではあるが、下目レベルにおける有隣目と
その姉妹群にあたるムカシトカゲ目の分岐年代を掲載
する。続いて、スキンク下目発祥の地であるが、こ
ちらもまだ不明な部分が多い。しかしながら、約1億
7,000万年前のジュラ紀後期のヨーロッパからスキン
ク下目の化石が発見されており、白亜紀前期にはよ
り進化したタイプがアメリカ合衆国やメキシコから出
土していることから、スキンク下目の起源は旧世界（ア
フロ・ユーラシア大陸。アフリカ大陸起源説もある）
であり、後に新世界（南北アメリカ大陸およびオース
トラリア大陸）へと分布を拡げていったと考えられて
いる。

スキンク下目の起源はアフリカ大陸にあるのではないか、と考える
研究者もいる

ペルム紀 約2億9900万〜2億5190万年前	三畳紀 約2億5190万年前〜2億130万年前	ジュラ紀 約2億130万〜1億4400万年前	白亜紀 約1億4400万〜6500万年前	第三紀 約6500万〜200万年前	
					イグアナ下目
					オオトカゲ下目
					ヘビ亜目
					カナヘビ下目
					ミミズトカゲ下目
					スキンク下目
					ヤモリ下目
					フタアシトカゲ下目
					ムカシトカゲ目

放散

動物の分布の歴史は非常に複雑で不明な部分も多いが、ごく簡単に説明するならば、およそ2億5,000万年前、地球上の大陸はほぼ1つにまとまって存在していた。これは超大陸パンゲアと呼ばれている。パンゲアはやがて北のローラシア大陸（後にローラシア大陸はさらに分裂し、ユーラシア大陸と北アメリカ大陸が形成されていく）と南のゴンドワナ大陸に分裂し（後にゴンドワナ大陸はアフリカ大陸・南アメ

リカ大陸などを含む西ゴンドワナ大陸と、南極大陸・インド亜大陸・オーストラリア大陸を含む東ゴンドワナ大陸へと分裂する）、その間にはテチス海と呼ばれる海が拡がり、最終的に現在知られるような7大陸と7つの海に変化してきたと考えられている（その間、いくつかの大陸は海水面の降下により陸続きになったこともある）。当然ながらその場所に分布していた動物たちも同様に移動・分断され、そこで独自の進化を遂げて現在に至るわけである（一部には流木などの漂流物に乗って海を渡り、分布域を拡げたものもいる）。

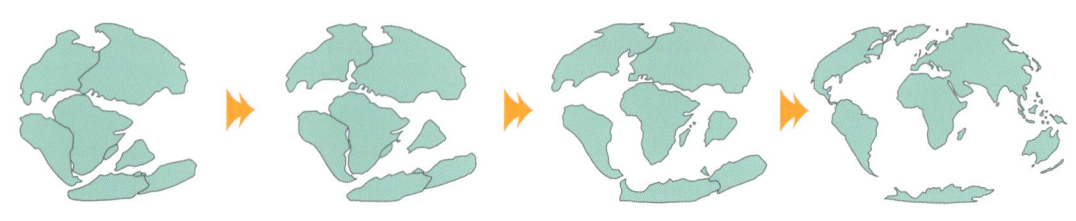

約2億年前から現在までの大陸移動。なお、大陸プレートはマントルの流動により常に移動し続けているため、約2億年後には再び超大陸が形成されると考えられている

分布域

スキンク下目の分布域について簡単に説明する。ヨロイトカゲ科の分布域はアフリカ大陸東部〜南部に限られており、カタトカゲ科の分布域はサハラ砂漠以南のアフリカ大陸とマダガスカルとなる。スキンク科

の分布域はスキンク下目の中で最も広く、寒冷地帯を除き、ほぼ汎世界的に見られる。ヨルトカゲ科の分布域はやや飛び石的で北アメリカ大陸西部・メキシコ〜中南米・キューバとなっている。

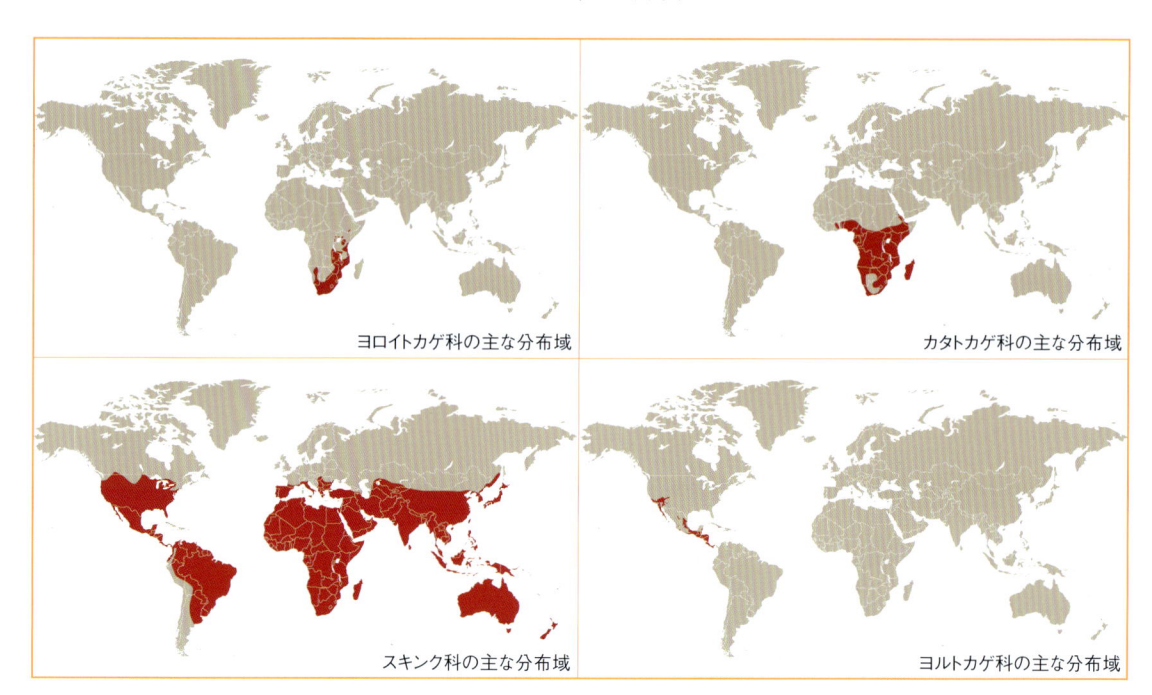

ヨロイトカゲ科の主な分布域

カタトカゲ科の主な分布域

スキンク科の主な分布域

ヨルトカゲ科の主な分布域

生 息 環 境

スキンク下目はさまざまな環境に生息しており、砂漠から草原・岩場・森林、一部の種は標高4,000mを超える高地でも発見例がある。また、生活スタイルも多様で地中棲から地上棲・樹上棲・半水棲がおり、海棲種はいないがマングローブ林や海岸付近の岩礁に暮らすものなどは見られる。以下に各科ごとに分けて説明したい。

ヨロイトカゲ科の多くは乾燥した草原や岩場・荒れ地に生息するが、ニヌルタヨロイトカゲ属のみ南アフリカ共和国南端部のやや冷涼で湿度のある場所に生息する。基本的には地上棲だが立体活動も得意で、岩場を跳ねるように移動するものも見られる。また、リュウオウヨロイトカゲ属に含まれるオオヨロイトカゲは地中に深さ40cm・長さ150〜200cmほどの巣穴を掘って暮らしている。

主なヨロイトカゲ科の生息地であるドラケンスバーグ山脈（左）とナミビアの乾燥地帯に点在する岩場（右）

カタトカゲ科は、アフリカ大陸に分布するものは多くが乾燥した草原や荒れ地・岩場に生息するが、マダガスカルに分布するものは森林に多く見られる（マダガスカルカタトカゲ属を除く。本属はマダガスカル南部の乾燥した草原や荒れ地・岩場に生息する）。地上棲のものが多いが、オビトカゲ属に含まれるオオオビトカゲのみ河川周辺に多く見られ、半水棲傾向が強い。また、アンツィラナナキノボリオビトカゲとマハジャンガキノボリオビトカゲの2種は樹上棲傾向が強く、体色も鮮やかな緑色を基調とした特異な存在となっている。

カタトカゲ科はやや開けた森林に多く見られるが（左）、一部は乾燥した荒れ地や草原にも見られる（右）

最も種類数が多く、広い分布域を持つスキンク科では幅広い環境への適応が見られ、一部はそれに合わせて形態も特殊化しているが、やはり地上棲で森林や草原に暮らすものが大半である。地中棲〜半地中棲はヒメジムグリトカゲ属やネシアトカゲ属のように森林に暮らすものと、スナトカゲ属やテンセンスキンク属のように乾燥した荒れ地や砂漠に暮らすものが見られ、前者は小さな四肢を備えているものが多いが、後者では四肢が退化しているものも見られる。なお、ナミダメスナトカゲ属やサバクイワトカゲ属の一部は地上棲だが穴掘りが得意で短いが力強い四肢を持ち、前者は深さ30〜60cmに達する巣穴を、後者は深さこそ40cm程度だが長さ1,000〜1,200cmに及ぶ迷路状の広大な巣穴を数世代に渡って構築し（出入り口は10以上あり、排泄するためだけの部屋も作られる。現地では"Warrens＝ウサギ穴の意"と呼ばれる）、一部の種類では幼体は成熟するまで外界に現われないとされる（オオサバクイワトカゲなど）。地上でも樹上でも活動する半樹上棲も多く、一部にはほぼ完全な樹上棲と思われるものも存在する（オマキトカゲ属など）。ミギワトカゲ属やミズトカゲ属・ミズベトカゲ属・ミズベマブヤ属は半水棲で、特にミギワトカゲ属は水棲への適応が高く、水中を泳ぐ小魚を捕えられるほどである。シマトカゲ属の一部（ミヤコトカゲなど）は強い塩分耐性を持ち、マングローブ林やサンゴ礁が隆起した岩石海岸や海岸の崖などに生息する。

スキンク科の一部の種は植生の少ない砂漠のような環境や（左）、海に近いマングローブ林（右）にも見られる

ヨルトカゲ科は亜科によって生息環境が異なり、ヨアソビトカゲ亜科は乾燥した草原や荒れ地・岩場・砂漠に生息し、ネッタイヨルトカゲ亜科は多湿な森林に、キューバヨルトカゲ亜科は乾燥した森林に多く見られる。どの種も微細環境に特化したタイプで、気に入った棲み家（倒木の下や岩の割れ目など）を見つけると移動することは少ない。

ヨアソビトカゲ亜科は北アメリカの乾燥地帯に（左）、ネッタイヨルトカゲ亜科は中米の森林に生息する（右）

鱗・脱皮

　鱗とは動物の体表を覆う硬質の小片状の組織のことで、主な役目は動物の体を外部環境の変化から守ることや、外敵からの攻撃を防御することにある。この鱗で体表が覆われているのが魚類や爬虫類の特徴とされることが多いが、実際にはさまざまな分類群の動物が鱗を発達させている（昆虫や多毛類・一部の両生類・鳥類・哺乳類など）。しかしながら、その起源や構造・組成・用途などは動物群によって異なる。例として、一般的な硬骨魚類の鱗は真皮の内部に発達した皮骨（皮膚の真皮内に直接できる結合組織由来の骨。膜性骨とも）に由来し、リン酸カルシウムを主成分とするが、爬虫類の鱗は表皮起源であり、基本的には硬質タンパクのケラチンを主体とした角質で構成されている（外側から見える部分は硬いβケラチンで覆われ、鱗の付け根の部分は柔らかいαケラチンで覆われている）。魚類の鱗には振動や水圧・水流の感知のほか、栄養の貯蔵などといった役割があるが、爬虫類の鱗には外敵からの防御や水分の喪失防止のほか、効率的に太陽熱を取り込むといった役割がある。スキンク下目の鱗にはさまざまな形状が見られ（生息環境によって異なる）、鱗の付きかたも瓦状に互いに重なり合うものから、顆粒状もしくはプレート状で重なり合わないものまで多様だが（体の部位によって鱗の形状や大きさが異なる）、魚類と異なりばらばらになることはなく、1枚の連続した上皮の一部となっている。また、ベニトカゲなど一部の種では皮膚腺（皮膚の表面に分布している外分泌腺。魚類や両生類・哺乳類で特に発達しているが、爬虫類では少ない）からの分泌物に軽度の刺激性物質が含まれているという説があり、潜在的な捕食者に対する抑止力になると考えられている（人間にとっては無害とされるが、目などに入ると一時的な不快感を引き起こすという説もある）。

スキンク下目には鱗が滑らかなものが多いが、プレート状のものや、棘状に発達したものも見られる

　上皮の外層は周期的に剥がれ落ち、その下の細胞層によって作り出された新たなものと取り替えられる。これが脱皮である。脱皮は爬虫類にとって欠かせない生理現象であり、全ての種で行われるが、スキンク下目の脱皮はイグアナ下目のように四肢・頭部・胴部・尾部に分かれて少しずつ行われるわけではなく、1度に全身の鱗で脱皮が行われる（ヘビ亜目のように繋がっているわけではなく、指先や吻端から少しずつ、個々に剥がれていくものが多い）。脱皮の頻度は種や個体の状態によって異なるが、1〜2カ月に1回程度のものが多い。

スキンク科の脱皮。指先や吻端から少しずつ、個々に剥がれていくものが多い

骨・筋肉

　骨の発生には主に2つの様式があり、1つは皮膚の下の真皮の中に直接骨が発生するもので、この骨を皮骨という。スキンク下目はこの皮骨の発達が著しく（ヨルトカゲ科では不明な部分が多い）、全身に鎧のような皮骨を発達させているものが少なくない。もう1つは、まず軟骨ができ、次いでそれが骨化して固い骨になるもので、こうした骨を置換骨または軟骨性骨化という（躯幹および四肢のほとんどの骨がこれにあたるが、頭蓋には結合組織からただちに骨に変わる付加骨部分が多い）。スキンク下目は約300個の置換骨で体を支えており、一部に独特の形状を持ってはいるが、基本的には他の四肢動物と変わりない。しかしながら、肋骨が腰にまであるため胸部と腹部の区別がつきにくいことや、四肢が体から水平方向に伸びていること（一部の種では四肢が退化傾向にあるものや、ほぼ完全に失っているものも見られる）、下

顎骨が複数の骨から構成されていること（哺乳類では1種類の骨から構成される）、骨盤の構成骨が分離していること（哺乳類では融合の度合いを強めている）などの特徴がある。

　なお、トカゲ亜目は多様な形態の頭骨を持つが、全般において頭骨の構造は共通して3つの領域（眼窩前領域・眼窩後領域・下顎領域）で成り立っていることが近年判明した（余談であるが、ムカシトカゲ目の頭骨は眼窩前＋側頭領域・頭蓋天井領域・下顎領域・脳函領域の4つの領域で成り立っており、トカゲ亜目とは大きく異なっている）。これは、トカゲ亜目は進化の過程で頭骨の構造の統合性を高めながらも、各領域内におけるパターンを特殊化させていったことを示しており、さまざまな環境へ適応できた理由の1つであると考えられている。

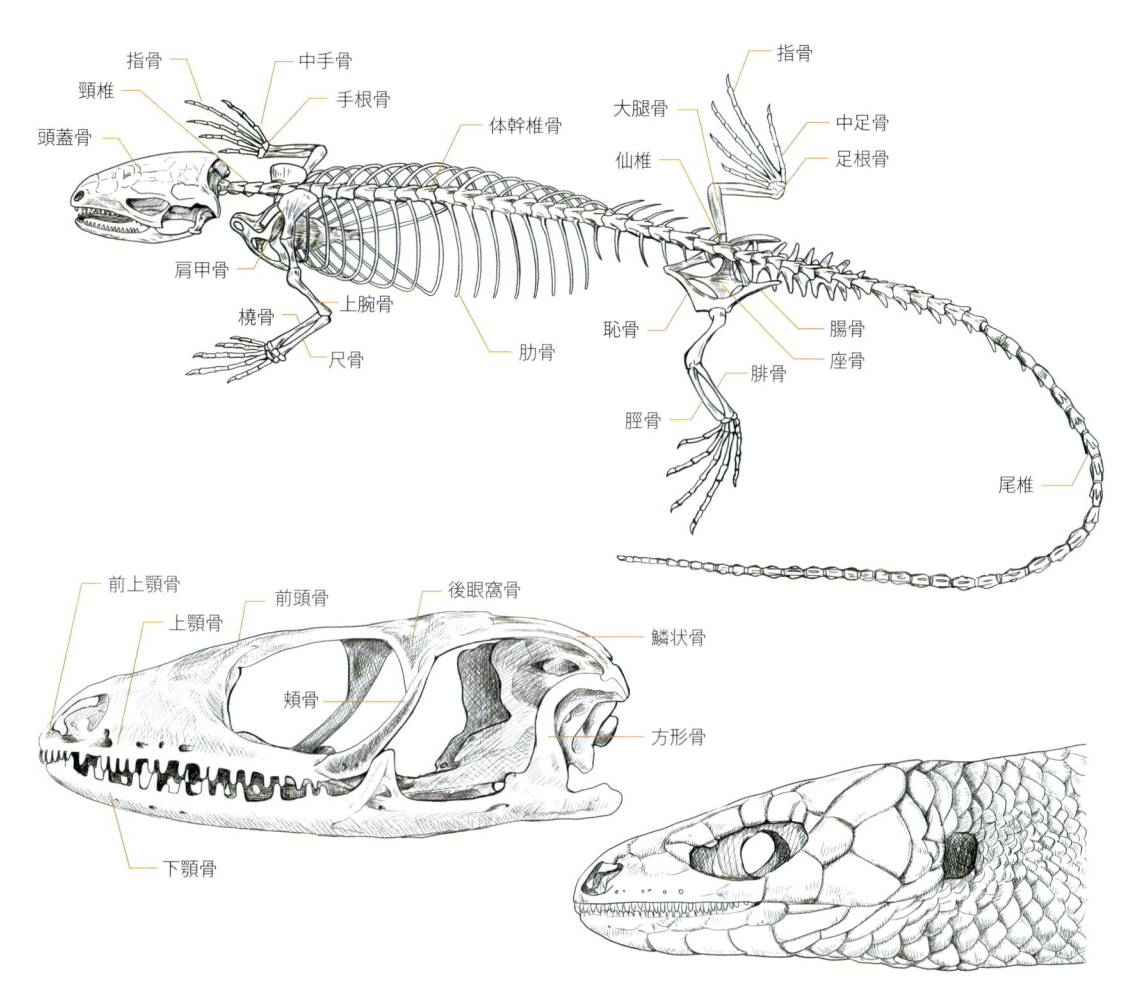

イツスジトカゲの皮骨。ほぼ全身を覆うようにして発達している

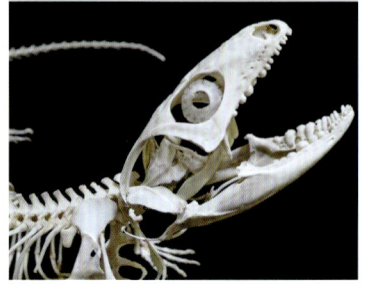

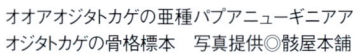

ホズマーイワトカゲの骨格標本　写真提供◎骸屋本舗

オオアオジタトカゲの亜種パプアニューギニアア
オジタトカゲの骨格標本　写真提供◎骸屋本舗

サハラナミダメスナトカゲの骨格標本
写真提供◎骸屋本舗

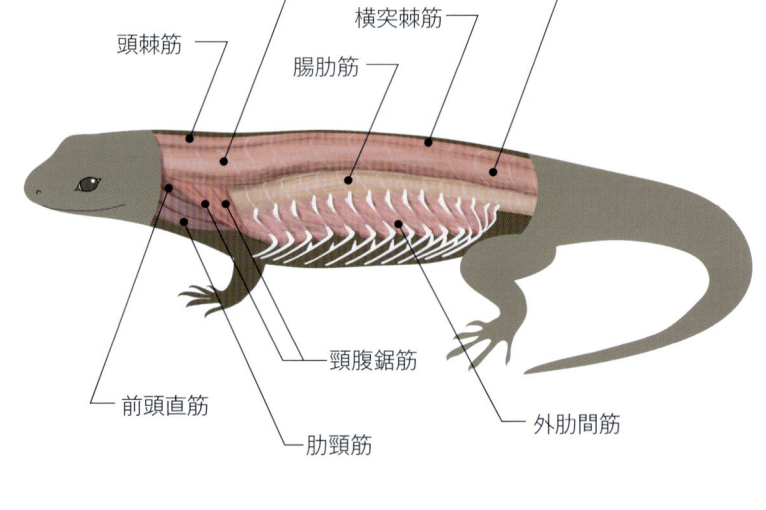

頚最長筋　　背最長筋

頭棘筋　　横突棘筋

腸肋筋

頚腹鋸筋

前頭直筋　　外肋間筋

肋頚筋

　トカゲ亜目における筋肉の基本的な構造も骨同様に他の四肢動物と多くの点で類似している。脊椎動物における腱・靱帯と骨への付着部は骨表面に対し平行に近い角度で付着し、線維軟骨帯が欠如していることを特徴とするインダイレクト・インサーションと、腱・靱帯線維は骨に対し垂直に近い角度で付着し、腱・非石灰化線維軟骨・石灰化線維軟骨・骨の4層構造が認められることを特徴とするダイレクト・インサーションに大別されている。トカゲ亜目は腱・靱帯の骨への付着部にダイレクト・インサーションが認められるものの、線維軟骨およびそれらを構成する細胞に多様な

バリエーションが見られるという特徴がある（付着部にほとんどバリエーションが見られない哺乳類とは大きく異なる）。ちなみに、ワニ目では四肢骨にダイレクト・インサーションが存在せず、線維軟骨もほとんど見られない（カメ目や鳥類の一部ではダイレクト・インサーションが見られるが、ほとんどが硝子軟骨を介する腱付着となっている）。これらは爬虫類に見られる腱・靱帯の骨への付着部は哺乳類に見られるものに比べて多様であると同時に、爬虫類の系統関係をほとんど反映していないことを示唆している。

臓　器

脳は反射や摂餌・交尾といった本能的な行動を司るとされる脳幹が大きな部分を占めており、大脳と小脳は小さい。また、中脳の後方にある視葉が小さく嗅葉が大きいため、ものを見ることよりもにおいを嗅ぐほうが得意という特徴を持つ。眼球を包む強膜は軟骨で補強され、強膜輪（眼窩から眼球が落ちないように押さえる役目を担う輪状の骨）も有しており、多くの種が水晶体レンズの形状を変えることで焦点面の位置を調整していることがわかっている。

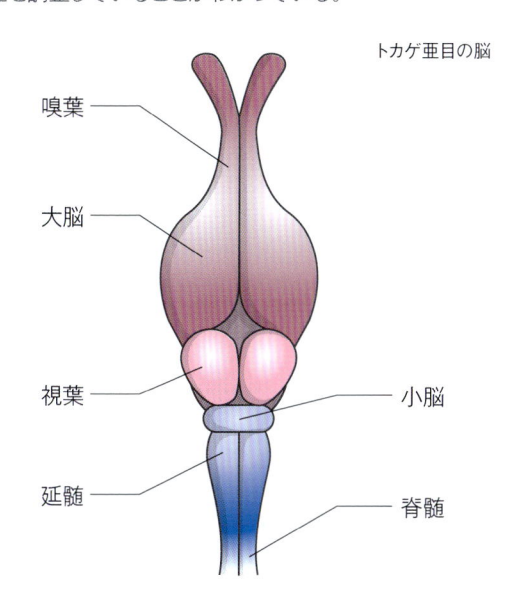

トカゲ亜目の脳

- 嗅葉
- 大脳
- 視葉
- 延髄
- 小脳
- 脊髄

口蓋や口腔底部には唾液腺があり、イグアナ下目やオオトカゲ下目ではこの唾液腺が変化した毒腺を持つものも見られるが、スキンク下目では確認されていない（インド南部よりテンセンナガスベトカゲによる咬傷例が報告されており、一部地域では神経毒に似た毒性を持つと信じられているが、誤りであることがわかっている。また、マダガスカルではミズベトカゲ属が有毒であると信じられており、咬まれると患部周辺が麻痺するという説もあるが、はっきりしない）。舌は扁平で幅広く、オオトカゲ下目のように

二叉に分かれているものはいない。

消化器は、食道・胃・小腸・大腸に大別され、食道壁は薄く腹部左側から胃に通じているものが多い。胃は嚢状か紡錘状をしており、鳥類の砂肝と同様に砂を胃石と同じ役割として蓄えている場合もある。腸管の長さは種類によってやや異なる。

循環器である心臓は左右の心房と不完全に分かれた心室から成り、かつては鳥類や哺乳類に比べて不完全なものとされていたが、実際は中隔によって完全に二分されていない心室は日光浴により体を効率良く温めるのに好都合だと考えられている（温められた静脈血は肺循環を通らずに心室から直接体循環へ入ることができるため、より早く体の中心部へ熱を転移することを可能としている）。

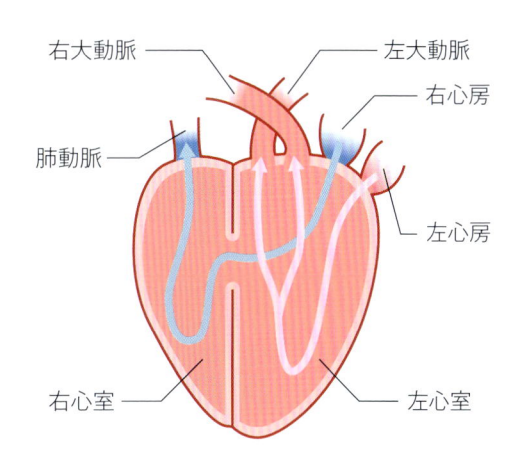

- 右大動脈
- 肺動脈
- 右心室
- 左大動脈
- 右心房
- 左心房
- 左心室

トカゲ亜目の心臓

肋骨と胸骨は結合して胸郭を形成しており、肋骨を動かすことにより胸郭を拡張あるいは収縮させ、これによって肺内の空気を出し入れすることができる。肺はうまく体腔中に収まるよう細長い形をしており、肺内は肺胞中隔によっていくつかの分室に分けられている。なお、オオトカゲ科などでは鳥類の気嚢に類似した器官があり、空気が"一方通行"で流れる仕組みであることがわかっている（哺乳類や他の多くの動物では呼吸の際、肺に吸い込まれた空気は肺胞と呼ばれる袋状の空洞に入り、そこでガス交換が行われ、空気を吸い込んだ時と同じ経路を戻って放出される。しかし、鳥類の呼吸様式はそれと大きく異なり、肺の前後にある気嚢を使って、息を吸う時も吐く時も多数の管から成る肺の中を空気が一方向に流れ、そこでガス交換が高効率で行われる）。スキンク下目に

スキンク下目（左）の舌は扁平で幅広く、オオトカゲ下目（右）の舌は細く二叉に分かれている

ついては不明な部分もあるが、同様のシステムを備えている可能性はある。

腎臓は体腔背下側に見られ、形状は種類により若干異なり、楕円形のものや長楕円形のものが見られる。左右の腎臓には数本の集合管があり、腎臓から出た尿管は乳頭管へと通じている。なお、哺乳類では動脈が腎臓に入り血液をきれいにして大静脈に戻るが、爬虫類や鳥類は動脈だけではなく、体幹後部および後肢の静脈が集まり、腎臓を経て後大静脈に至る腎門脈系を持つことがわかっている。

精巣と卵巣はそれぞれ左右に1対あり、体腔の背側、腎臓の前方に位置するものが多い。精巣は楕円形で精巣上体が付随し、精管は尿管とは別に総排出腔（直腸・排尿口・生殖口を兼ねる器官）に開口している。卵巣にはさまざまな大きさの未成熟な卵細胞の塊が見られ、これらは繁殖期になると急速に発達する。なお、スキンク下目には卵生のものと胎生のものが見られるが、受精はいずれも卵管内で行われ

る。トカゲ亜目には膀胱があるものとないものがあるが（幼体時はあるが成長に伴い失われるものも見られる）、スキンク下目ではいくつかの種や属で膀胱の存在が確認されており（カラカネトカゲ属やアオジタトカゲ属など）、ワニ目やカメ目などと異なり総排出腔は体軸に対して直角に開口する。

有鱗目のオスはヘミペニス（半陰茎）と呼ばれる外部生殖器を持つ（ヘミペニスは有鱗目の特徴とされるが、両生類の無足目もヘミペニスに似た挿入器官が見られる）。体内受精のために精子をメスの体内に送り込む挿入器官であるという点では哺乳類などが持つ陰茎と同じだが、陰茎とは異なり左右に1対あり、通常は総排出腔後方左右の体内にあるクロアカサックと呼ばれる器官に収納されているため外部から見えないが、ヘミペニスは袋状の構造となっており、交尾の際にはどちらか片方が靴下を裏返しにするように反転することによって体外に突出する。

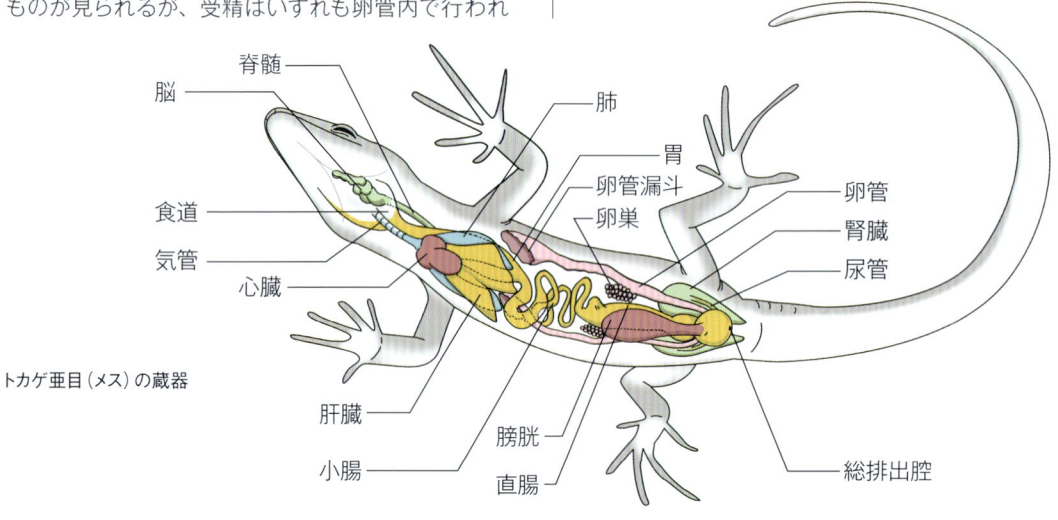

トカゲ亜目（メス）の蔵器

脳 ／ 脊髄 ／ 食道 ／ 気管 ／ 心臓 ／ 肝臓 ／ 小腸 ／ 肺 ／ 胃 ／ 卵管漏斗 ／ 卵巣 ／ 膀胱 ／ 直腸 ／ 卵管 ／ 腎臓 ／ 尿管 ／ 総排出腔

血 液

爬虫類の血液はヘモグロビンを多く含む赤血球が含まれるため通常は赤色だが、例外的にスキンク下目に含まれるミドリチトカゲ属は緑色〜黄緑色の血液をしていることで知られている（舌や粘膜組織・筋肉・骨も緑色〜青色）。これはミドリチトカゲ属の血液内に大量のビリベルジン（緑色をした胆汁色素の1種）が含まれているからである。哺乳類でも赤血球が老化して壊れるとビリベルジンが生成されるが、通常は有害物質なのでビリルビン（黄色の分解代謝物）に変換されて体外へ排出される。しかしながら、ミドリチトカゲ属はビリルビンの生成に関連する複数の遺伝子の変異により、高濃度のビリベルジンの生成と蓄積を行え

るようになっている（人間の致死濃度の15〜40倍であり、あらゆる動物の中で最高濃度とされる）。高濃度のビリベルジンを体内に保有する理由ははっきりしていないが、体内に侵入した寄生虫から身を守る効果があるのではないか、と考えられている。

アオモンミドリトカゲ。赤色以外の血液を持つ珍しいスキンク下目

ヨロイトカゲ科の形態

続いて、各科レベルでの特徴を簡単に説明したい。ヨロイトカゲ科における最小種はヒメヨロイトカゲの約10cm、最大種はオオヨロイトカゲの約40cmと思われる。体表を覆う鱗には強いキールがあり、先端が棘状に発達しているものが多いが（アルマジロトカゲ属やリュウオウヨロイトカゲ属では素手で触ると痛いほど）、ヒラタトカゲ属のみ胴部の鱗は顆粒状で滑らか（頭部には大きなプレート状の鱗が並び、尾部の鱗はキールが発達している）。どの種も鱗の下には皮骨が発達している。

頭部は扁平で、頸部は括れており、鼻孔は吻端の左右に位置する。歯は小さくさほど鋭くはない。舌はやや短いが幅広く桃色～赤色のものが多いが、カタヘビトカゲ属では青灰色のものも見られる。口蓋前方にはヤコブソン器官（四肢動物が嗅上皮とは別に持つ嗅覚器官。鋤鼻器とも）があるが、どの程度発達しているのかは不明な部分が多い。眼はヤモリ下目などに比べると小さいが、視野は広く視力も優れており、4色型色覚（赤・青・緑に加えて紫外線の識別が可能）を持つという説もある。特にヒラタトカゲ属の網膜には一般的なトカゲの約3倍もの光受容細胞があり、飛翔する小さな昆虫に飛びかかって捕食したり、特定の鳥類の群れを追って餌となるナマクワイチジク *Ficus cordata* の位置を特定することもできる。しかしながら、一部の種は動体でないと認識できないと思われるものも見られる。また、桿体細胞（明暗を感知する細胞）が少ないか持っていないため、夜間は自由に動くことができない。頭頂部には頭頂眼（顱頂眼や中央眼、第三眼とも）と呼ばれる眼に類似した器官がある。この頭頂眼の機能に関しては不明な部分が多いが、近年の研究より朝夕の区別や太陽コンパス・磁気受容などに関与することが示唆されているだけでなく、頭頂眼にある光受容細胞には複数のオプシン（視覚物質中のタンパク質部分の総称）が含まれ、受容する光の波長によって異なる反応を示し、概日リズムの調節に関与するメラトニン（内因性ホルモン）やその他の化合物を放出する役割があると考えられている。この頭頂眼は成長に伴い失われる場合も多いが、ヨロイトカゲ属の多くは成体になってもその機能を保持しているようだ（特にヒラタトカゲ属など）。目の後方には耳孔を持つが、一部の種では成長に伴い周辺の鱗が発達するため、わかりづらくなる場合もある（ニセヨロイトカゲ属など）。聴力に関しては不明な部分が多いが、オオトカゲ下目やヤモリ下目ほどは発達していないと考えられている。

多くは機能的な四肢と指趾を持つが、カタヘビトカゲ属のみ四肢が退化傾向にあり、非常に短いものから、ほぼ完全に退化しているものも見られる。尾部はカタヘビトカゲ属ではやや長いが、他属は頭胴長と同程度で棘状に発達した鱗が環状に並んでおり、古来よりそれを振り回して武器として使用するという説が伝わっているが、実際はそのようなことはなく、狭い隙間などに逃げ込んだ際に体を固定するなどの役割があると考えられている。

ヒラタヨロイトカゲ。ヨロイトカゲ科は棘状の鱗を持つものが多い

カタトカゲ科の形態

カタトカゲ科における最小種はヨロイカタトカゲの約10cm、最大種はオオオビトカゲの約70cmと思われる。体表を覆う鱗には皺状の細かなキールを持つものが多いが、形態は属によってやや異なり、オニプレートトカゲ属やプレートトカゲ属・オオプレートトカゲ属ではやや隆起し、ごつごつした鱗が環状に並んでいるが、オビトカゲ属やマダガスカルカタトカゲ属はタイル状の丈夫な鱗が並んでおり、ヨロイカタトカゲ属とムチカタトカゲ属は硬く比較的滑らかな鱗を持つ。どの種も鱗の下には皮骨が発達している。

頭部はやや小さく、頸部の括れはさほど目立たない。歯は小さくさほど鋭くはない。なお、爬虫類の歯は同

じ形が並ぶ同形歯性とされているが、中型種では奥歯がやや丸みを帯びているものも見られる（食性に関係していると思われるが、成長に伴い変化している可能性もある）。舌はやや短いが幅広く、口蓋前方にはヤコブソン器官があるが、どの程度発達しているのかは不明な部分が多い。眼はヤモリ下目などに比べると小さいが、視野は広く視力も優れており、4色型色覚を持つという説もある。しかしながら、桿体細胞が少ないか持っていないため、夜間は自由に動くことができない。頭頂部には頭頂眼もあるが、どの程度の機能を有しているかははっきりしない（少なくとも成体では外部からの確認は困難）。目の後方にはスリット状の耳孔を持つが、聴力に関しては不明な部分が多い。

多くは機能的な四肢と指趾を持つが（オニプレートトカゲ属やプレートトカゲ属・オオプレートトカゲ属はやや短いものの力強い四肢と指趾を持ち、マダガスカルカ

タトカゲ属は地表をすばやく走り回るための長い後肢を持つ）、ムチカタトカゲ属では退化的で、一部の種では痕跡的となっている。尾部はやや長いものの柔軟性は低いものが多い。また、半水棲のオオオビトカゲでは水中でくねらせて推進力を得るためやや扁平になっており、樹上棲のアンツィラナナキノボリオビトカゲとマハジャンガキノボリオビトカゲは巻き付けられるほどではないものの、枝にうまくひっかけて樹上でバランスをとることができる。

オニプレートトカゲ。カタトカゲ科はプレート状の鱗を持つものが多い

スキンク科の形態

スキンク科における最小種はホクベイスベトカゲやシュミットカブトトカゲの約7cm、最大種はオマキトカゲの約80cmと思われる。体表を覆う鱗は滑らかなものが多いが、イワトカゲ属の一部は棘状に発達しており、トゲモリトカゲ属やナングラトカゲ属・ミズトカゲ属の一部は強いキールを持ち、カブトトカゲ属では先端の湾曲した大型鱗が背面に並んでいる。どの種も鱗の下には発達した皮骨を持つ。

中型〜大型のアオジタトカゲ属やマツカサトカゲ属・オマキトカゲ属などは大きな頭部を持ち、頸部の括れも目立つが、小型〜中型種では頭部は小さく、頸部の括れも目立たないものが多い。歯は小さくさほど鋭くはない。なお、爬虫類の歯は同じ形が並ぶ同形歯性とされているが、アオジタトカゲ属などは奥歯が丸い臼歯状のものも見られ、これは陸棲貝類の殻などを噛み砕くためと思われる。舌はやや短いが幅広く、口蓋前方にはヤコブソン器官があるが、どの程度発達しているのかは不明な部分が多い。眼はヤモリ下目などに比べると小さいが、視野は広く視力も優れており、4色型色覚を持つという説もある。なお、多くの種では桿体細胞が少ないか持っていないため、夜間は自由に動くことができないとされるが、一部の種では薄明薄暮性（スベミトカゲ属など）や夜行性の種も確認されている（ヤコウイワトカゲなど）。また、ヘビメトカゲ属やアキメトカゲ属・ツブラストカゲ属などは上下の瞼に可動

性はなく、下瞼が1枚の透明な鱗となって眼を覆っている（ヘビ亜目やヤモリ下目の構造と似ていることから英名では"Snake-eyed Skinks"や"Gecko-eyed Lizards"と呼ばれることもある）。頭頂部には頭頂眼もあるが、どの程度の機能を有しているかは不明な部分が多い。しかしながら、マツカサトカゲを用いた帰巣実験では、トカゲに視覚的な手がかりを制限した状態（視界を空に限定）でも無事に元の場所へ戻ることができたが、視覚と共に頭頂眼を塞いでしまうと著しい混乱が見られたため、頭頂眼が偏光コンパス（天空の偏光パターンから方向を検出する方法。たとえ太陽が障害物で隠れていても空の一部が見えていれば利用できるため、太陽そのものよりもコンパスとしての汎用性が高いと考えられている）としての役目を担っている可能性が示唆された。目の後方には耳孔を持つものが多いが、形状は属によって異なり、大きく目立つものから（オオミミトカゲ属など）、スリット状のもの（ワレミミトカゲ属など）、外部からは確認できないもの（ミミナシスナトカゲ属など）まで見られる。聴力に関しては不明な部分が多いが、地中棲〜半地中棲では低周波に限定されている可能性が高い。

四肢の形態は属や種によってさまざまで、機能的な四肢と指趾を持つものから、前肢しかないもの（タイニンギョトカゲ属など）、後肢しかないもの（ナガトカゲ属の一部など）、ほぼ完全に退化しているものまで

見られる（エンピツトカゲ属など）。特に前肢しかない ものは爬虫綱全般から見ても非常に珍しく、現時点で はスキンク下目のタイニンギョトカゲ・ハクゲイトカゲ・ ヤマギシニンギョトカゲ3種、ミミズトカゲ類のフタア シミミズトカゲ科 Bipedidae で3種が見られるのみと なっている。また、東南アジアに分布するタンソクトカ ゲ属には四肢が非常に短いか、全くないものも見られ るが、本属は進化の過程で1度四肢を失い、再び取 り戻した例外的な生物として知られている（約6,200

万年前に1度四肢を失ったが、約2,100万年前に再 び取り戻した可能性が示唆されている。進化論の原則 において脚などの複雑な構造が1度失われると、その 子孫がこれを再現することはほとんどない。これを"ド ロの不可逆則"という）。尾部はやや長いものが多く、 半水棲のミギワトカゲ属やミズトカゲ属では水中でくね らせて推進力を得るためやや扁平になっており、オマ キトカゲ属では枝に巻き付けて体を固定することがで きる。

オオアオジタトカゲ（左）とアカメカブトトカゲ（右）。スキンク科は滑らかな鱗を持つものもが多いが、一部に特殊な鱗を持つものも見られる

ヨルトカゲ科の形態

　ヨルトカゲ科における最小種はキューバヨルトカゲ の約8cm、最大種はイボヨルトカゲの約26cmと思 われるが、オオヨアソビトカゲを最大種とする説もある （全長約20cmだががっしりとした体躯を持つため、 最重量種ではあるだろう）。頭部と腹部・尾部にはや や大きな鱗板が並んでいるが、胴部や四肢の鱗は細 かい顆粒状となっており、ネッタイヨルトカゲ属では隆 起した結節状鱗が目立つ。皮骨は他の3科ほどは発 達していないようだ。

　頭部はやや大きく、頸部が長く括れており歯は小さ いものの鋭いものが並んでいる。舌はやや短いが幅 広く、口蓋前方にはヤコブソン器官があるが、どの程 度発達しているのかは不明な部分が多い。眼はヤモ リ下目などに比べると小さいが、視野は広く視力も優 れており、4色型色覚を持つという説もある。なお、 本科は名前からもわかるようにかつては夜行性と考え られていたが、実際は多くが薄明薄暮性、一部の種 では昼行性であることがわかり始めている（とはいえ、 他の3科のように強い光を好むわけではなく、日光浴 もあまり行わない）。また、上下の瞼に可動性はなく、 下瞼が1枚の透明な鱗となって眼を覆っており、ヤモ リのように時折舌で舐めて掃除を行う。種によって頭

頂部に頭頂眼を持つ種もあるが、どの程度の機能を 有しているかは不明な部分が多い。目の後方には耳 孔を持つが、種類によってはやや小さくわかりにくい。 聴力に関しては不明な部分が多い。

　全種が機能的な四肢と指趾を持つが、さほど活発 ではなく石や倒木の下などの閉鎖空間を棲み家として おり、行動範囲も狭いと考えられている。尾部は頭 胴長と同程度で、ヨアソビトカゲ属ではやや太く、栄 養をある程度貯蔵できるという説もある。

ヨアソビトカゲ亜科 は細かい顆粒状 の鱗を持ち（上）、 ネッタイヨルトカゲ 亜科（下）はやや 粗い鱗を持つ

尾部の自切・再生能力

　自切とは、生物が四肢や付属器を切断する能力であり、ウミシダ類やウミユリ類・クモヒトデ類・二枚貝類・有肺類・節足動物・魚類・両生類・爬虫類・哺乳類において独自に進化し、有鱗目では尾部に自切機能とそれを補うための再生能力を持つものが見られる。そのシステムについて簡単に説明したい。

　自切は主に外敵から身を守るために行われる。外敵に捕捉された際に尾部を切り離し、切り離された尾部は脊髄反射によって筋肉がランダムに収縮するため、しばらくの間動き続けて外敵の注意を惹きつけ、その隙に本体が逃走するというものである。しかしながら、トカゲが自分の意志で切断しようと思って切断できるわけではなく、危険を察知して強いストレスを感じると自然に切断されるため、飼育下ではトカゲに触っていなくても驚いた際に自切することがある（撮影時にカメラのフラッシュに驚いて自切した例などがある）。

　自切を行う種類では、尾部の脊椎（尾椎）に自切面という切れやすい節目があり、本体の切断面も自切後すぐに周囲の筋肉が盛り上がって止血が行われる仕組みとなっている。そして、この盛り上がった筋肉部分には幹細胞（分化能と自己複製能を備えた細胞。自らさまざまな細胞に変化し増殖することで、組織を再生する能力を持つ）が含まれており、徐々に伸長して新たな尾部となっていくのであるが、完全に再生できるわけではなく（元々の尾部は背中側に骨、腹側は軟骨で構成されているが、再生した尾部は全て軟骨で構成され、色や鱗の形態も異なる）、再生回数にも限度があり（1～2回）、タテスジマブヤでは

自切後に免疫力が落ちることもわかっている。

　スキンク下目における尾部の自切と再生については不明な部分が少なくない。ヨロイトカゲ科（ヒラタトカゲ属を除く）とカタトカゲ科は自切をあまり行わず、再生能力も高くないと考えられている。スキンク科では属や種類によって異なり、細長い尾部を持つものは自切と再生を行うものが多いが、太く扁平な尾部を持つもの（イワトカゲ属の一部など）は自切を行わない。ヨルトカゲ科でははっきりしない部分も多いが、少なくともヨアソビトカゲ亜科は自切機能と再生能力を有していることがわかっている。なお、尾部の再生にかかる時間は種類や個体の状態によっても異なるが、多くの場合は約2～3カ月で再生が完了する。

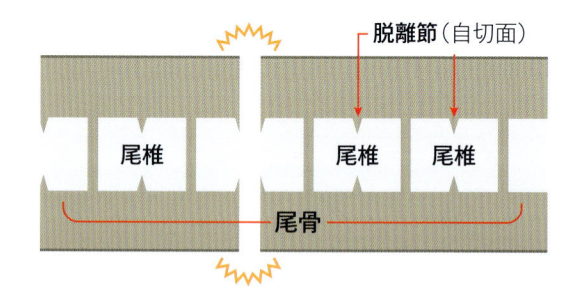

自切した切断面（ヒガシニホントカゲ）

自切したオキナワヒメトカゲ

体温調整

　哺乳類や鳥類は恒温動物（気温や水温など周囲の温度に左右されることなく、自らの体温を一定に保つことができる動物）であり、爬虫類の大部分は変温動物（外部の温度により体温が変化する動物）と呼ばれてきたが、哺乳類や鳥類でも休息時は温度を下げるものや（ハチドリやコウモリ・ナマケモノなど）、爬虫類でも代謝熱によって体温を上げるもの（ウミガメ上科など）、温熱産生能を持つもの（カナヘビ下目のテグー属）などが発見されたため、近年では恒温動物を"内温動物"、変温動物を"外温動物"と呼ぶことが多くなってきた。

ハチドリやコウモリ・ナマケモノなどは必ずしも恒温動物とは言えない体温調節を行う

スキンク下目の多くは日光浴を行うことにより体温を上げ、上がりすぎると涼しい場所へ移動し、活動時は体温を一定に保っていることがわかっているが、その方法や時間は種や地域によって異なる。例として、温帯域である日本に暮らすニホントカゲは太陽の上昇と共に現れ、石の上など熱反射効率の良い場所で日光浴をしっかりと行い、体温が30℃以上になると採餌などの活動を行うが、熱帯域である東南アジアの森林に生息するリピントカゲ属などはもとより高い気温の中で暮らしており、体温は周りの温度と相関するため、長時間日光浴を行う必要はあまりなく、むしろ日射による過熱を防がなければならないことも多い。また、カブトトカゲ属など薄明薄暮性の種やダーツスキンク属など地中棲の種は日光浴そのものを行わない。一般にトカゲの仲間は太陽の下を元気に走り回るイメージがあるが、実際は高温に対しての耐性が高いわけではなく、長時間高温に晒されると活動できなくなってしまうものが多く（外温動物の体温と生化学的過程の調節は外的要因に依存しているため、生息地は許容温度範囲内の地域に限

定される傾向がある）、気温がわずか2℃上昇しただけで生存率が低くなるという報告もある。また、同種内であっても活動体温が異なる場合もあり、例として伊豆諸島に生息するオカダトカゲでは、天敵となるシマヘビのいる島だと、いない島よりも活動体温が約4℃も高いことが判明している。シマヘビに狙われたオカダトカゲはすばやく走って逃げねばならないため、シマヘビのいない島よりも高い体温を維持していると考えられている。これは、体温調節の進化には外界の温度条件に対する生理的な適応という面だけでなく、捕食と捕食回避という生物間の相互作用が働いていることを示唆している。

岩の上で日光浴を行うデブスジマブヤ（左）と日陰で休むタテスジマブヤ（右）

活 動 範 囲

スキンク下目の多くは縄張りを持ち、オスは自身の縄張りに侵入した他のオスに対して威嚇や攻撃など排他的な行動を見せるものが多く（メスや幼体は脅威とは見なされず、自由に縄張りを行き来できる場合が多い）、その範囲は大型種ほど広く、小型種ほど狭い傾向はあるものの、種による生態も多く関係しており不明な部分が少なくない。例として、フトスベトカゲ属に含まれるオタゴフトスベトカゲは全長約30cmで、単独もしくは2～8匹のコロニー（主に若齢個体の集まり）で草原や岩場に暮らす昼行性のトカゲだが、活動範囲は200～5,400㎡と個体によってかなり差が見られる。なお、オスはメスよりも著しく行動範囲が広く、メスでは妊娠メスよりも非妊娠メスのほうが広いことがわかっている。また、幼体とメスはさまざまなオスの縄張りを自由に移動できるようだ（本種は性成熟までに4～6年かかり、その間は他のオスからは脅威とみなされない）。一方、同じくフトスベトカゲ属であるカザリフトスベトカゲは全長約18cmとより小型で、繁殖以外は単独で行動し、森林の石や倒木の下を棲み家とする薄明薄暮性。周囲が適切な環境であれば活動範囲は数㎡しかないとされる（棲み家の近くに別

のオスが近づくと追い出す程度）。全長約15cmのサバクヨルトカゲはより微細環境に特化したタイプと考えられており、昼行性で棲み家となる石や倒木の下・岩の割れ目を見つけるとそこから移動することはほとんどなく、1つの石の下で雌雄とその子供たちの家族単位で暮らしている個体群も見られる。なお、一夫一妻制だがあらゆる年齢層のコロニーを形成して岩場で暮らし、動きも活発で全長60cmに達するオオイワトカゲでは、約200～300㎡を中心領域として約1,000㎡の活動範囲を持ち、メスはオスよりも活動範囲が広いことがわかっている（オスは他のオスの縄張りに侵入すると激しい闘争に発展することもあるが、メスは自

一夫一妻制のオオイワトカゲはおよそ1,000㎡の活動範囲を持つ

由に他のコロニーを行き来できるようだ）。同じく一夫一妻制だが草原や荒れ地で暮らし、動きの穏やかな全長約30cmのマツカサトカゲは約4,000㎡の活動範囲を持つものの、人為的に1,000m以上移動させると帰巣が一時的に困難になる場合がある（野生下における1日の移動距離は500m以下とされる）。

活動時間

　スキンク下目の多くは昼行性であるが、活動時間は生態によって異なる。例として、八重山諸島にはスジトカゲ属のキシノウエトカゲとイシガキトカゲ、スベトカゲ属のサキシマスベトカゲが見られ、全て昼行性であり生息環境も似ているが、キシノウエトカゲとイシガキトカゲは真昼に活動が集中し、サキシマスベトカゲでは朝から日没まで明るい時間を通して活動する。これらの活動時間帯の違いは、温度適応（生物の種や個体群・個体が環境の温度要因に適した特徴を持っていること）による差であると考えられている。キシノウエトカゲとイシガキトカゲは体温が高い状態でないと活動できない狭温性（耐えられる温度の幅が比較的狭い動物）のため日光浴を必要とするが、サキシマスベトカゲはやや幅広い温度帯に適応している広温性（耐えられる温度の幅が比較的広い動物。温度順応者とも）のため日光浴をあまり必要としないのである。一概には言えないが、スキンク下目では小型種に広温性のものが多く見られる。

　明け方と日没後の黄昏時に活動する薄明薄暮性の種は、砂漠などの乾燥地帯に生息するものに多く見られる。砂漠の日中は熱すぎるため、多くの動物は耐えることができない。つまり、砂漠で暮らすスキンク下目たちの活動時間は餌動物の活動時間とも重なっている。しかしながら、砂漠は日没と共に急速に温度が下がるので活動時間が限られており、スナトカゲ属のように砂中に潜って身を隠せるもの以外は棲み家からそう離れることもできないと考えられている。

　スキンク下目において夜行性種は多くないが、ヤコウイワトカゲやサハラナミダメスナトカゲなどがそれに該当し、瞳孔も縦型（猫目）になっている。両種とも日中は巣穴の中や倒木・岩の下に潜んでおり、日没と共に活動を開始するが、人目に付きにくいため生態には不明な部分が多い。

サハラナミダメスナトカゲはスキンク下目ではやや珍しい夜行性と考えられている

食　性

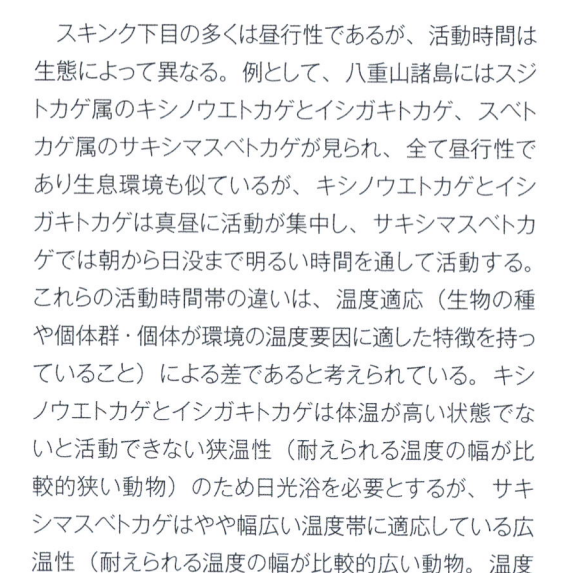

　スキンク下目の食性は肉食性（ミミズや節足動物・陸棲貝類を食べるものは食虫性。哺乳類や鳥類などを食べるものは食肉性と呼ばれることが多い）のものが最も多く、次が雑食性（動物も植物も食べるもの。肉植性とも）で、草食性（種子や果実・植物を食べるもの。食植性とも）のものはごく少ない。主な内容は、葉・花・果実・ミミズ、カタツムリなどの陸棲貝類、カニやクモ・昆虫などの節足動物、魚類、両生類、爬虫類（共食いを行うものもいる）、鳥類（主に雛や卵）、ネズミなどの小哺乳類であるが、魚類や両生類を捕食するのは半水棲種とスジトカゲ属における中型種の一部に見られる程度で、ネズミなどの小哺乳類や鳥類を捕食できるのも中型以上の大きさのものだけであり、スキンク下目の約90％はミミズや節足動物などを捕食する食虫性となっている。

　食虫性のスキンク類はジュラ紀にはすでに現れており、恐竜類が繁栄していた中生代も、哺乳類が台頭した新生代になってもそれを維持してきた。すなわち、

ミュラースキンクはミミズしか食べないスペシャリスト

彼らは小型の食虫性になることで繁栄の基礎を固めたのであり、雑食性や草食性の種は彼らが食虫性動物として成功した後、二次的に現れたと考えられている。なお、生物には特定の餌しか食べない"スペシャリスト"と、幅広い食性を持つ"ジェネラリスト"が存在するが、スキンク下目では特殊化した食性を持つスペシャリストはごく少数となっている（半地中棲でミミズしか食べないミュラースキンクなどが該当する）。

大きさと消費エネルギー

食虫性のものは他の動物群でも見られる。哺乳類では食虫目（モグラやハリネズミの仲間）や有毛目（アリクイの仲間）・管歯目（ツチブタの仲間）・鱗甲目（センザンコウの仲間）・小翼手類（小型コウモリの仲間）が該当し、鳥類でも昆虫を主食としている仲間がいる。小翼手類と鳥類は共に飛行性で、活動時間を昼夜に分割して共存しているが、地中から地上・樹上における食虫性動物の地位は、トカゲ亜目が占めていると言って良いだろう（種類数だけでも食虫性哺乳類の10倍以上存在する）。食虫性の動物として彼らが栄えている理由は"大きさ"と"消費エネルギー"にある。スキンク下目には全長80cmに達するような大型種も存在するが、多くは全長30cm以下の小型種で構成されており、小型種ほど食虫性傾向が強い。理由は単に大型の動物にとって昆虫のような小さな無脊椎動物は捕食コストの高い食物だからである（1匹ずつ捕獲しなくてはならないが、労力のわりに得られる量が少ない）。これは他の動物群でも同じであり、例として、一部を除いたほとんどの小翼手類は食虫性であるが、より大型の大翼手類（オオコウモリの仲間）では草食性（果実食）となっている（スキンク下目でも雑食性や草食性のものは大型種に多い）。食虫性の哺乳類で大型になるのは、有毛目・管歯目・鱗甲目などアリやシロアリを食べるものである。アリは集団で生活をしているため、1度に大量に食べることができるからだ。しかしながら、これらは特殊な進化を果たした例外的な存在であり、やはり哺乳類のような内温動物

にとって食虫性でいることは容易なことではない。なぜならば、代謝熱の生産は体の体積に比例するのに対し、熱の放散速度は表面積に比例するからである。すなわち、体の小さい動物ほど体積あたりの表面積が大きくなるため、外気温が低いと体温を失いやすいことになる（体の大きな動物は体温を維持しやすいが、体の小さな動物は高い体温を維持するので、放散に見合うだけのより大きなエネルギーを吸収せねばならない）。よって、食虫性の内温動物はそうそう小型にはなれない（飛行能力があり、特殊な方法で空中の昆虫を捕え、冬眠することもできる小翼手類を除く）。かといって、大型化すると今度は十分な食物が採れない。つまり、"哺乳類が食虫性であるためには小型化しなければならないが、あまり小さくなると体温を維持できない"というジレンマの中にいる。これを解決したのが外温性の爬虫類であり、特にトカゲ亜目で顕著である。彼らは活動時には日光浴を行って体温を上げるが、休息時には体温を下げることができる。いうなれば、爬虫類は省エネルギーに向けて進化を行ったグループであり、この点が哺乳類に対する大きなアドバンテージとなっている。

1日に約30,000匹のアリやシロアリを食べるオオアリクイ。複数の巣を徘徊し、行動圏内の獲物を食べ尽くさないようにしている

繁殖期

湿潤な熱帯域に生息する種では明確な繁殖期を持たないものも見られるが（同種内であっても広い分布域を持つものでは地域によって繁殖周期があるものとないものが見られる場合もある）、爬虫類の繁殖周期には季節性があるのが普通である。種や地域によっ

てやや異なるが、大まかな繁殖期は、東アジア〜西アジアおよび北アメリカ大陸に生息する種では主に夏季〜春季。南米大陸とオーストラリア大陸に生息する種では主に秋季〜春季。アフリカ大陸に生息する種は主に雨季（北アフリカではサハラ砂漠以南で5〜

9月。サハラ砂漠以北で10〜3月。西アフリカで5〜9月。中部および南部アフリカでは11〜4月。東アフリカは地域によってかなり異なる。例としてエチオピアは3〜9月。ケニアやタンザニアは3〜5月と11〜12月。ザンビアやジンバブエは11〜4月）が繁殖期となる。

繁殖期は生息地や種によって異なるが、このタテスジマブヤはほぼ一年中繁殖できることがわかっている

繁殖行動

スキンク下目における繁殖行動は属によって異なる。多くは一夫多妻制で繁殖行動は午前中に行われることが多い。まずオスがメスに近づきしばらく周りを旋回するように動き回る。交尾を受け入れないメスは口を開けて威嚇したり、足早にその場を去ろうとすることが多いが、受け入れたメスは体を低くして動きを止める。すると、オスは後方からメスの首元や前肢に咬みつき（種類によってはやや激しく、メスが出血したり、指趾を咬みちぎられることもある）、体をよじるような形で尾部をメスの下に潜らせて交尾を行う。交尾時間は5〜15分のものが多く、あまり長くはないようだ（交尾は無防備な状態であり外敵に襲われやすいためであると考えられている）。交尾後のオスはすばやくヘミペニスを収納し、オスもメスも平常に戻る。

マツカサトカゲはトカゲ亜目でもやや珍しい一夫一妻制を持つと考えられており、亜種のヒガシマツカサトカゲでは20年以上同じ雌雄が交尾を続けている例も知られている（本種はペットトレードで高い人気があるが、飼育下での繁殖が難しいとされる理由はこのあたりにあると考えられている）。繁殖期は12〜4月であるが、それ以前の9〜11月に雌雄は再会し、オスはメスの後をつけるように行動し、他のオスが近づくと威嚇して追い払うこともある（メスに自身の存在をより強く認識してもらうためと考えられている）。なお、雌雄のどちらかが交通事故に遭うなどして死亡すると、片方はその場からしばらく動かず、悲しんでいるような、考え込んでいるような仕草も観察されている。

マツカサトカゲはトカゲ亜目でもやや珍しい一夫一妻制を持つと考えられている

繁殖形態（卵生）

スキンク下目の繁殖形態には卵生と胎生のものが見られるが、一部の種では同種でありながら地域によって卵生と胎生のものも見られる。まずは卵生について簡単に説明したい。

卵生とは動物の繁殖において、卵で体外に産卵され、そこに蓄えられた栄養に頼って孵化まで発育する繁殖形態である。卵にはさまざまなタイプが存在するが、爬虫類では最外部の層が石灰質を含んだ卵殻となり、卵を乾燥から守っている。しかしながら、完全に水分を遮断しているわけではなく、大部分の爬虫類の卵殻は多孔性で胚（多細胞生物の個体発生におけるごく初期の段階の個体を指す）は卵殻を通して外界から水分を吸収し、同時に卵殻からカルシウムを吸収している（卵殻も重要な栄養源となっている）。卵生のメリットは母体への負担が軽いこと、デメリットは厳しい気候や天敵など孵化するまでの期間に卵が危険に晒されることであろう。

爬虫類の卵は大きくいくつかのタイプに分けられる。まずは形態であるが、楕円形タイプと、球形タイプがある（イグアナ下目では紡錘型のものも少数見られる）。この差はその種の産卵数や生息環境に関係していると考えられる。産卵数の多い種では卵が球形タイプであることが多い。これは狭い空間でも多くの卵を詰め込むことができるからであろう。また、球形タイプは容積に対する面積の比率が最小であるため、乾燥を防ぐのにも都合が良い。次に卵殻の性質がある。卵殻には柔らかい皮状タイプと、鳥類のように硬くて脆いタイプがある。この性質にもそれぞれメリットとデメ

リットがあり、皮状タイプは胚の発育は早いが水分を失いやすい。逆に硬い卵殻のタイプは環境の変化を受けにくいが、発育が限定されやすい。一概には言えないが、成長できる時期が限られた地域に生息する爬虫類は卵内における胚の発生が重要なので卵殻の柔らかい卵を産み、極端に乾燥した場所（もしくは湿った場所）など環境の影響を受けやすい地域に生息する爬虫類は卵殻の硬い卵を産む傾向がある。スキンク下目の卵は"楕円形で柔らかい皮状"のタイプが多い。

多くの種で産卵は地中で行われる（一部の種では岩の隙間や樹皮の下などで産卵される）。スジトカゲ属は産卵が近くなると、メス親は単独で石や倒木の下などに巣穴を掘り、その中で産卵を行い、そのまま巣穴内に留まって孵化まで卵を保護し続けるが、他の属

では産卵後も卵を保護しているかどうかははっきりしない。また、ヒガシマザリトカゲでは約60％が倒木や岩の下で集団営巣を行うことがわかっており、共同巣の卵は単独巣の卵よりも水分保有量は低く、生まれてくる幼体は尾部が短いもののサイズはより大きく、より速く走れる傾向があることもわかっている。卵の潜伏期間は30〜80日のものが多い。

アカメカブトトカゲの卵の殻と幼体。スキンク下目は柔らかい皮状の卵殻を持つものが多い

繁殖形態（胎生）

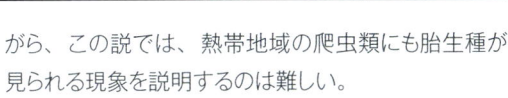

爬虫類における胎生とは、繁殖において、メス親が体内で卵を孵化させ、子は親から栄養を供給されて成長した後に体外に出る繁殖形態のことである。かつては"卵胎生"と呼ばれることが多かったが、卵生と胎生の中間形態にはさまざまなものがあり、単に孵化が母体内で行われるだけのものもあれば、輸卵管内に胎盤が形成されて栄養分補給やガス交換を行うものも見られるため、卵胎生の定義付けは困難となっており、近年は単純に卵殻を持たずに生まれるものを胎生と呼ぶことが一般的となっている。胎生のメリットは卵という無防備な状態がないこと、デメリットは母体に負担がかかることや、卵殻という栄養源がなくカルシウム不足に陥りやすい一面があることだろう。

有鱗目は胎生を発達させた唯一の現生爬虫類であり（約20％が胎生であることがわかっている）、カメ目やワニ目など他の爬虫類はもちろんのこと、鳥類の中にも胎生を獲得したものは確認されていない。しかしながら、いかにして胎生という繁殖形態を手に入れたのかは不明な部分が多く、いくつかの興味深い仮説が提唱されているので簡単に紹介したい。

1つは"寒冷気候への適応説"であり、最も古くから知られている説である。実際にコモチカナヘビやヨーロッパマムシなど寒冷地帯に生息する爬虫類は胎生で、胚発生に必要な温度を確保するためだと考えられている。卵で産卵されたのでは寒すぎて胚が発生しないが、体内であれば母親が日光浴を行うことにより、温度を維持できるというわけである。しかしな

がら、この説では、熱帯地域の爬虫類にも胎生種が見られる現象を説明するのは難しい。

もう1つは"有鱗類胎生起源説"である。その論拠の1つが爬虫類の中で有鱗目だけが卵角でなく卵歯（幼体が孵化する際に卵殻や卵膜を破る突起で、口吻の上にできる硬い組織。孵化後は退化する）を使うという事実である。有鱗目の共通祖先は胎生であり、その時期に1度卵角（卵嘴とも。有鱗目以外全ての現生する爬虫類と鳥類では歯ではなく、角質の突起を用いて幼体は卵を切り裂いて外界へ出てくる。孵化後は欠落する）を失った。そして、進化の過程で再び卵生へと戻った際、失われた卵角の代わりとして歯を発達させ卵歯となった、というものである。この説は爬虫類の中で有鱗目にのみ胎生種がいるという事実にも後押しされており、有鱗目の卵から卵白が失われていることにも矛盾しない（卵白は主に乾燥から守るためのものとされているが、胎生ならば乾燥の心配がほとんどない。しかしながら、卵白を失っているのはムカシトカゲ目も同じである）。

最後に"繁殖様式の進化は、特定の生息環境と行動を基盤に生じた"という説もある。樹上を主な活動場所とするトカゲには、脅威が迫った際にすばやく逃げることができる種と（ツヤトカゲ属など）、ゆっくりとしか動くことのできない種がいる（オマキトカゲ属など）。すばやく動くことで捕食者を回避する戦略を採る種では、妊娠中の運動能力の低下は重大なリスクであり、それが強く胎生化を制限している可能性があ

るが、逃げるスピードがそれほど生存に重要でない種、たとえば外敵に見つかりにくい形態や行動で発見されるのを防ぐような種だと、妊娠中の運動能力の低下から生じるリスクが軽減されることで、胎生への進化が可能になったのではないか、というものである。この説はイグアナ下目にはよく当てはまるが、小型種で動きのすばやい地上棲種でも多くの胎生種が確認されているスキンク下目ではやや不明な部分が多い。

このように、胎生化の要因に関してはいくつかの説があるが、まだはっきりとした結論が出ていないのが現状である。また、爬虫類の胎生にはさまざまなタイプが見られ、発生の初期に卵殻が形成されるが後に再吸収され、輸卵管に胎盤構造が形成されるものや（ヨルトカゲ属）、黄卵が少なく輸卵管内に胎盤構造が形成され、母親から栄養が供給されるもの（南米に産するマブヤ亜科）、ほぼ完全な胎盤を持つもの（ミズベマブヤ。なお、アンチエタヘビガタスキンクもミズベマブヤほどではないが完成度の高い胎盤を持つ）などが見られるが、これらの類縁関係は希薄であり、これは有鱗目が進化の過程において何度も独自に胎生を獲得してきたことを示唆している。なお、ヨ

ロイトカゲ科ではヒラタトカゲ属のみが卵生であるが、彼らはニセヨロイトカゲ属から派生したと考えられており、胎生から卵生への逆行が示唆されている。

多くの種で出産は午前中に巣穴の中で行われるが、不明な部分が多い。妊娠初期のメスは体内で幼体を育てるため、多くの食物を必要とし、妊娠後期はあまり動かず日光浴などに多くの時間を費やすが、神経質になるものも多く、同種間であっても近づくと威嚇や攻撃などの排他的な行動を示す場合もある。また、一部の種では生まれた幼体がしばらく母親と共に暮らすものも見られる。妊娠期間は3 〜 10カ月のものが多い。

胎生のオマキトカゲ。イワトカゲ亜科の多くは胎生となっている

繁殖形態（胎生と卵生の両方が確認されている種）

有鱗目では同種でありながら、繁殖形態が個体群によって異なるものが少数見られる。スキンク下目では、ハントウユウレイスキンク・オグロオガクズトカゲ・ナントウナガトカゲ・ウミワケトカゲ・アカオマラガシースキンク・ナミビアイワバマブヤなどがそれらに該当すると考えられる（セイブスジマブヤからも胎生と卵生の双方が報告されているが、はっきりしない）。

この繁殖形態にはまだ不明な部分はあるが、最もよく知られているウミワケトカゲを例に説明すると、本種には以下の3つの主要な繁殖様式が見られる。

A：卵の状態で約15日間の潜伏期間がある卵生
B：卵の状態で約5日間の短い潜伏期間がある卵生
C：卵の期間のない胎生

Aはニューサウスウェールズ州の最北端の海岸地域に生息する個体群で見られ、Bの個体群よりも厚い卵殻を持つ。Bはニューサウスウェールズ州北部〜南部の標高の低い地域に生息する個体群で見られ、卵殻はごく薄く、胚がかなり発達した状態で産卵され

る（ミトコンドリアのヌクレオチド配列の解析より、Aとは姉妹群であることがわかっている）。Cはニューサウスウェールズ州北東部の標高約1,000m付近に生息する個体群で見られ、透明な膜の中で完全に発達した幼体を出産する（子宮がカルシウムを分泌し、それが胚に取り込まれるシステムを持つことも判明しており、これは爬虫類が胎盤を持つように進化する過程の初期段階にあたると考えられている）。すなわち、ウミワケトカゲは暖かい低地では卵生、寒冷な高地では胎生、その中間地点ではごく短い潜伏期間を持つ卵生となっている。これらの事例と卵の状態で30日を超える正常な潜伏期間を伴う個体群が確認されて

アカオマラガシースキンクもまた胎生と卵生の両方が報告されているスキンク下目である。まだまだ不明な部分は多いが、いずれ彼らから進化上の大きな謎が解き明かされるかもしれない

いないことから、ウミワケトカゲは真の胎生へと移行している途中段階にあるではないか、もしくは環境に応じて生存に有利な繁殖形態を選ぶ能力があるのではないか（飼育下では同じメスが卵を産み、その後に幼体を出産した例もある）、という説がある。まだま

だ不明な部分は多いが、ウミワケトカゲの存在は"脊椎動物がいかにして胎生というシステムを手に入れたのか"という大きな謎を解明するためのヒントになるかもしれない。

単 為 生 殖

爬虫類の中には単為生殖（一般に有性生殖を行う生物がメス単独で子を作ることを指すが、オスの存在が確認されていないものもいる）を行うものがおり、スキンク下目でも少数の報告がある（シャークベイメネティアトカゲやグレイメネティアトカゲ・イボヨルトカゲ・アミノドヨルトカゲ・スミスヨルトカゲなど）。有性生殖では染色体はオスとメスから基本的に同じものが半分ずつもたらされるが、哺乳類ではいくつかの遺伝子はオス由来のものしか発現せず、別のいくつかの遺伝子はメス由来のものしか発現しないため、雌雄両方からの遺伝子がないと機能不全に陥るが（ハツカネズミなどのいくつかの哺乳類では単為生殖を誘発する実験において成功例はある）、節足動物や魚類・両生類・爬虫類などでは片方の遺伝子だけあれば十分なので、未受精卵からの単為生殖が可能となっている（鳥類ではシチメンチョウやジュズカケバトなどで単為生殖の例が知られているが、孵化できる個体はごく一部で、大半は卵のまま死亡する）。なお、単為生殖にもいくつかのパターンがあるようで、メスしか存在しないも

のや、群れの中にオスがいる時は有性生殖を行うが、メスだけだと単為生殖に切り替えるもの（条件的単為生殖）などが見られるものの、スキンク下目では不明な部分が多い。

私たち人間、もとい哺乳類からすると単為生殖はきわめて不自然で異常な現象に感じるかもしれないが、単為生殖が確認された生物種は近年急増しており、実は自然界では普遍的な現象なのかもしれない（単為生殖ができない哺乳類は生物全体から見ればむしろマイナーな存在とも言える）。いずれにせよ"全ての爬虫類（のメス）は単為生殖できる可能性がある"ということを覚えておくと良いだろう。

一部の個体群で単為生殖が確認されているイボヨルトカゲ。あらゆる爬虫類は単為生殖を行うかもしれない、という柔軟な発想を持っておこう

温 度 依 存 性 決 定 と 染 色 体 性 決 定

爬虫類の性決定には、主に胚発生中の温度により決まる温度依存性決定（Temperature-dependent Sex-determination。略称 TSD。温度や光周期・生息場所・栄養状態・社会的生活要因などさまざまな環境条件によって性が決まる環境依存型性決定の1つ）と、発生時の温度に左右されない染色体性決定（Chromosomal Sex-determination。略称 CSD。通常は雌雄で異なる性染色体構成を持つ生物で観察される。遺伝性決定とも）が古くから知られていたが、近年の調査・研究より、トカゲ亜目の性決定はもっと複雑で、TSDと CSD の双方を持つものや、特定の条件によって

どちらか一方が作用するものなどがあることが判明し、従来考えられていたような二分法的な形質ではないことがわかりつつある（スキンク下目では CSD の報告例が多いものの、実際は TSD と CSD の中間的なものも多いのではないかと推察されている）。それらを踏まえたうえで、TSD と CSD に関して簡単に説明したい。

TSD にはいくつかのパターンがあり、孵化温度が低温でメス・高温でオスが生まれるパターンと、低温と高温でメス・中間温度でオスが生まれるパターン、低温でオス・高温でメスが生まれるパターンの3つがある。一方の CSD では、性染色体の対は雌雄

で通常異なり、オスが異型の XY 型でメスが同型の XX 型になるもとのと、メスが異型の ZW 型でオスが同型の ZZ 型になるものが見られる。TSD は性染色体によって性が決定される CSD とは異なり、受精卵が分化する過程において晒される温度によって性が決定されるため、CSD に対し明らかに不利に思えるが（実際に一部の爬虫類には重大な影響を与えており、場合によっては壊滅的な個体数減少に繋がる可能性もある）、1977 年にアメリカの生物学者である Eric Lee Charnov（1947-）らによって "各性の適応度を最大化する温度条件が異なるのであれば、環境依存型性決定が有利となる" という仮説が発表された。ちょっと難しいが、オーストラリアとタスマニアに分布するアガマ科のジャッキードラゴンをモデルに説明すると、ジャッキードラゴンは TSD を持ち、周りの環境が暖かいとメス・寒いとオスになる。このジャッキードラゴンは 1 年に 1 回の繁殖期を持つが、寿命は数年と短い。暖かい条件下で生まれたメスは体が大きく（高温条件では代謝が活発になるため、発生速度が速く、早く孵化する。よって、孵化してから繁殖期までに食物を多く食べることで成長にかけられる時間が長くなる）、より多くの卵を産めるので子孫を残すという点で有利となる。一方で、オスは 1 年目に性成熟してしまうと、前年に生まれた体のより大きなオスとの縄張りやメスを巡って争いになってしまい、怪我をしたり殺されたりしてしまう可能性が高い。したがって、オスの場合は、1 年目は体が小さいまま繁殖には参加せず、2 年目から繁殖できるようにしたほうが結果として多くの子孫を残しやすい、というものである。この仮説は女性ホルモンや女性ホルモン阻害剤などで性転換させた個体を作り、通常個体と一緒に野外に放して実際にどちらのトカゲがより多くの子供を作ったかを数えた実験によって証明

された。

なお、スキンク下目に含まれるワモンヒヤトカゲは温度依存的適応度を持っていることが示唆されており、ある地域の個体群では TSD が用いられるが、別の地域の個体群では CSD が用いられている。このような生物の存在は温度依存的適応度を持っている生物においては、必ずしも TSD が CSD より適応的に有利になるわけではないことを示唆している。同じスキンク下目に含まれるフトスジマザリトカゲは CSD を持つが、低温下（20℃以下）で孵化させると、通常はメスになるはずがオスに性転換を行うことが知られている非常に珍しいトカゲの 1 つで（現時点では本種を含め 2 種類しか確認されていない）、野生下でも標高の高い地域に生息する個体群では性転換が発生しており（性転換したオスに生殖能力があるかははっきりしていない）、標高が下がることによって頻度は減少し、低地では 0 になることがわかった（性転換の頻度が高くなると、その集団は Y 染色体を放棄する可能性も示唆されており、いずれその個体群は性決定機構を CSD から TSD に移行していくのではないか、という説もある）。現在の気候変動は一部の爬虫類にとって重大な影響を与えている可能性があり、特に TSD を持つ爬虫類にとっては性比の偏りが脅威となり得るが、本種のように驚くべき方法で生存の道を模索しているものも見られる。

身近なニホントカゲは性決定を環境に依存しない CSD を持つ

社 会 的 行 動

スキンク下目における社会的行動の多くは、繁殖に起因するものである。その中には短時間に雌雄のみで行われる単純なものもあれば、長期間に渡り安定した大きなグループ間で行われ、複雑な社会組織を形成するものも見られる。例として、オーストラリアに生息するイワトカゲ属では、雌雄間とその子孫の両方に長期的な社会関係が存在することが知られている。イワトカゲ属の社会組織の基盤は雌雄の間に形成され

る長期的な絆の存在であるが、必ずしも毎年同じ雌雄のみが交尾を行うわけではないようで、メスはオスの縄張りを渡り歩き、複数のオスと交尾を行うことも少なくない。そして、生まれてきた子孫は両親の支配する縄張り内に留まることが知られており、ストケスイワトカゲやカニンガムイワトカゲでは最大で 5 世代までの子孫たちと共存していた例が確認されている。成体は幼体に対して哺乳類や鳥類に見られるような明

確な世話を行わないが、縄張りに他のトカゲ類やヘビ類などが近づくと激しく威嚇・攻撃を行うため（2020年には縄張りに侵入したヒガシブラウンスネークに成体が咬みつき、幼体から引き離そうとする姿も確認されている）、幼体は比較的安全に日光浴や採餌ができ、初期の成長と生存率が増加することが判明している。なお、これらは同じ血族内で行われることが多いが、クロイワトカゲでは何らかの理由で縄張り内に侵入してきた血族外の幼体であっても、群れの中に迎え入れた例がある。これらはきわめて興味深い内容であり、脊椎動物に見られる社会性の解明においても大きな手がかりになると考えられているものの、どのような状態で最初の雌雄が結ばれ、どのようにして縄張りを獲得するのか、といった初期の状態についてはほとんど何もわかっていない。

カニンガムイワトカゲは雌雄間およびその子孫と長期的な社会関係を構築することが知られている

知 性

　爬虫類は、本能と生存のための基本的な欲求によってのみ活動する単純な動物であると長年考えられてきた（いわゆる"爬虫類脳"という言葉もそれに由来する）。たしかに、爬虫類の脳の構造は鳥類や哺乳類のそれとは異なるが、その機構に関しては不明な部分が多く、かつて考えられてきたほど単純ではないことが近年明らかになりつつある。

　動物の知性を調査するのは容易ではないが、その方法の1つに「行動の抑制」というものがある。これは"定められた状況の中で不適切かつ優位な行動を意識的に抑止する過程"のことを指し、どれだけ習慣などによって誘発されやすい行動を抑止し、セルフコントロールが可能であるかを調べるというものである。2020年にこの行動の抑制を調べるため、オーストラリアのマッコーリー大学においてスキンク科よりキノボリイワトカゲ（やや複雑な社会性を持つ。雑食性）とストケスイワトカゲ（やや複雑な社会性を持つ。雑食性）・マツカサトカゲ（一夫一妻制を持つと考えられている。草食中心の雑食性）・ハスオビアオジタトカゲ（複雑な社会性は見られない。肉食中心の雑食性）の4種を対象とした実験が行われた。実験の内容を簡単に説明すると、側面が空いた透明〜不透明なシリンダーに餌を入れ、その反応を調べるというものである（最初は透明だが徐々に不透明なものへと変えていく）。始めはどの種も餌に直進してシリンダーを頭で押していたが、最終的には全種において開口部から餌に到達するという行動の抑制が見られたものの、ハスオビアオジタトカゲが最も成績が良く（成功率100％）、次にストケスイワトカゲ（成功率95％）、マツカサトカゲ（成功率85％）、キノボリイワトカゲ（成功率60％。実験の成功率が最も低く、実験の脱落率も最も高かった）という"社会性の最も低い種において、最も行動の抑制が見られた"という結果が得られた。これは"生態学的知性仮説（草食性の種よりも、狩猟などより複雑な手順を必要とする種のほうが認知能力は発達するという仮説）"には当てはまるが、"社会的知性仮説（動物の脳や認知能力が複雑な社会的環境への適応の結果として進化したという仮説）"とは矛盾する結果であり、本実験の主任研究員であるBirgit Szabo氏は「実験では考慮されていない、隠れた特性がある可能性もあります。正確な結果を得るには、より広範囲のデータと実験が必要です」と述べている。

　卵の孵化温度と爬虫類の知能に関する興味深い例も2012年に報告されている。オーストラリアのシドニー大学では同国の南東部に生息する地上棲のスキンク下目であるフトスジマザリトカゲの卵を低温（16±7.5℃）と高温（22±7.5℃）の異なる環境で孵化させ、それらの幼体で学習実験を行ったところ、高温で孵化した幼体のほうがより高い学習能力があることがわかり、さらに2017年には、低温下と高温下で生まれた幼体には脳の発達に明らかな違いがあることも判明した（終脳部により高い神経密度が見られ、これは学習能力の明らかな増加と一致している）。知能が変化するメカニズムには不明な部分が多いが、高温下では爬虫類の脳を調節しているホルモンの生成が変化している可能性もある。本実験の主任研究員であるJoshua J. Amiel氏は「地球の気温が変化し続けるなか、温暖化気候に生息する一部の爬虫類は本質的に賢くなる可能性があります。逆に、寒冷化

した気候では知能が低下する可能性もあるということです」と述べている。これはつまり、人為的活動によって引き起こされる地球規模の気候変動（諸説あるが、2021年に国際連合は温暖化の原因が人間の活動によるものと断定している）には爬虫類の脳の構造を直接的に変化させる可能性がある、ということである。実に興味深い内容ではあるが、同時に空恐ろしい気分になってしまうのは筆者だけではないだろう。

筆者はアリからワニまで飼育してきたが、彼らの頭が悪いと思ったことは1度もない。むしろ深い知性や忍耐強さを感じることすらある

休　眠

　爬虫類の休眠には大きく分けて、睡眠・冬眠・夏眠がある。スキンク下目ではまだ不明な部分も多いが、それぞれを簡単に説明したい。

　動物にとって睡眠は生存を左右する重要な役割を担っているが、そのシステムには不明な部分が多い。スキンク下目のほとんどは昼行性のため主に夜間眠るが、その場所は種によって異なり、外敵からの襲撃を避けるため樹上棲のものは樹上で、地上棲のものは石や倒木の下・岩の割れ目・巣穴などに潜り込んで眠るものが多い。野生下における1日に必要な睡眠時間などははっきりしていないが、飼育下で長期間飼育されているアオジタトカゲなどはけっこうな時間を睡眠に費やしているように見える（6〜10時間も眠っていたという報告がある）。なお、イグアナ下目の一部ではレム睡眠（急速眼球運動を伴う睡眠。体は休息状態にあるが、脳は覚醒状態にある。夢を見るのはこのレム睡眠中であるとされる）とノンレム睡眠（急速眼球運動を伴わない睡眠。脳は覚醒しておらず、夢を見ているかどうかの確認が難しい）を繰り返しており（80〜90秒周期）、夢を見ている可能性があることも示唆されている。

　寒帯気候・亜寒帯気候・温帯気候に生息するスキンク下目は、冬季における低気温や食物不足を避けるため冬眠を行う。期間は数週間〜数カ月と地域によって異なる。冬眠に向けての準備は晩夏に始まり、長い冬眠期間に備えて摂取量が増え（冬眠前には摂取を止め、体内に未消化物が残らないようにする）、特定の巣穴を持たない種では適した冬眠場所（石の下や岩の割れ目など温度が下がりすぎない場所）を探さなくてはならない。そして、気温の低下に伴い体温も低下して冬眠に入る。冬眠中は消化・運動・呼吸などの機能を抑制することにより代謝が低下し（長期間食物を摂取しないにもかかわらず、冬眠中の体重減少

は10%前後とされる）、体の各細胞はエネルギー消費による酸化が伴わないため、老化への進行も抑えられている。そして、春になり気温が上がり始めると覚醒して活動を再開する。なお、種類にもよるが冬眠明けには生殖腺が刺激されて繁殖の準備を始めるものが多く見られる。

　熱帯雨林気候など一部を除く地域に生息する爬虫類は、夏季や乾季における高気温や乾燥・水分不足を避けるため夏眠を行う場合がある（かつては雨季と乾季が明確に分かれているサバナ気候に生息する爬虫類が行うとされていたが、近年はさまざまな地域で観察例がある）。アフリカの乾燥地帯に生息する種や（ヨロイトカゲ属やスナトカゲ属など）、アメリカ合衆国南西部に分布する種（スジトカゲ属の一部など）で知られているが、実際はもっと多くの種が夏眠を行っていると考えられている。期間は数日〜数週間と冬眠に比べると短い場合が多いが、その機構には不明な部分が多い。なお、爬虫類だけでなく哺乳類や鳥類の一部（ヨタカ科）も冬眠や夏眠を行うが、爬虫類のそれは哺乳類や鳥類ほど深く持続的な眠りではなく、外部から刺激を受けると短時間で活動を再開する。よって、近年では両生類や爬虫類の冬眠は“ブルメーション＝Brumation”、哺乳類や鳥類の冬眠は“ハイバネーション＝Hibernation”と呼ばれ区別されている（夏眠は区別されることなく“イースティヴェイション＝Aestivation”と呼ばれることが多い）。

アオジタトカゲは飼育下ではよく寝ている。しかし、その機構や野生下での状態などは不明な部分が多い

寿　命

野生下におけるスキンク下目の寿命（孵化してから死亡するまでの期間。卵の期間は含まれない）については不明な部分が多い。一般にスキンク下目の寿命は大型で雑食〜草食性のものほど長く、小型で肉食傾向の強いものほど短い傾向が見られるが、これら以外にも生息環境や生存戦略などによっても異なる。確実とは言えない部分もあると思うが、野生下におけるスキンク下目の寿命としては以下のようなデータがある。なお、飼育下では環境が比較的安定しており、天敵もいないため野生下よりも長寿という説もあるが、野生下で冬眠を行うものは飼育下でも冬眠をさせないと寿命が短くなるのではないか、という説もある。

マダラミナミトカゲ	1年以内
ヘンゲマブヤ	1〜2年
ニワヨウコウトカゲ	2〜3年
ホワイトイワトカゲ	2〜3年
ケープダーツスキンク	2〜3年
キノボリイワトカゲ	4〜5年
イツスジトカゲ	4〜6年
ヤマイワトカゲ	5〜6年
ニホントカゲ	5〜7年
ガセガイワトカゲ	6〜7年
グレートプレーントカゲ	3〜8年
プレーリートカゲ	5〜7年
タテスジマブヤ	5〜8年
ヒロストカゲ	6〜7年
シュナイダースキンク	7〜9年
サバクヨルトカゲ	8〜10年
オオイワトカゲ	9〜11年
ミカドヒラタトカゲ	10〜14年
オオヨアソビトカゲ	11〜13年
シロテンカラカネトカゲ	10〜14年
イボヨルトカゲ	10〜15年
ミカゲヨアソビトカゲ	10〜15年
マダラアオジタトカゲ	10〜15年
アカメカブトトカゲ	10〜15年
モモジタトカゲ	10〜15年
ストケスイワトカゲ	15〜18年
ニシシッチイワトカゲ	15〜18年
ハウラキストスベトカゲ	15〜20年
オオアオジタトカゲ	15〜20年
ベニトカゲ	15〜20年
キタアオジタトカゲ	15〜20年
アルジェリアトカゲ	20〜25年
ホズマーイワトカゲ	20〜25年
オマキトカゲ	20〜25年
カニンガムイワトカゲ	25〜28年
オタゴフトスベトカゲ	40〜44年
マツカサトカゲ	40〜50年

生活史に冬眠のサイクルを持つもの（ニホントカゲなど）や代謝が低いと考えられているもの（イボヨルトカゲなど）は比較的寿命が長い傾向にあることがわかる。なお、マダラミナミトカゲの寿命が極端に短い1年以内となっているが、不明な部分が少なくない（熱帯域に分布する爬虫類で寿命が短いものは明確な繁殖期を持たないものが多いが、本種は繁殖期が4〜6月と限られている）。スキンク下目のみならず爬虫類は大きさや重量のわりに寿命が長い動物であることがわかっており、これは哺乳類とは根本的に寿命に関するメカニズムが異なっているからだと考えられている（例として、体重20〜60gのハツカネズミの野生下の寿命は約4カ月で、飼育下でも1〜3年となっている。ニホントカゲの体重は20gに満たないものが多いが、飼育下では10年を超える記録がある）。まだ不明な部分も多いが、そのメカニズムにおける大きな差の1つが染色体の末端部に存在する構造体であるテロメアにあると考えられている。このテロメアは細胞分裂を重ねるごとに短くなり、分裂できなくなるぐらい短くなった時がその細胞の寿命となる（テロメアの伸長はテロメラーゼと呼ばれる酵素によって行われるが、哺乳類ではテロメラーゼが発現していないか、弱い活性しか持たない）。そして、その短くなるスピードが哺乳類は爬虫類よりも速いと考えられている（哺乳類の寿命が短くなった理由については諸説あるが、恐竜類が関与しているのではないか、という説もある。詳細は「DISCOVERY COLUMN 長寿のボトルネック仮説① P.074 & ② P.087」を参照）。

現在確認されているスキンク下目の中ではマツカサトカゲの寿命が最も長いと考えられている

天　敵

スキンク下目には多くの天敵（特定の生物の死亡要因となる生物種）が存在しており、特に小型種や幼体は日常的に捕食されている。主な天敵としてはクモやムカデ・サソリ・アリやカマキリなどの節足動物、カエル・ヘビ・鳥類・アライグマ・コヨーテ・キツネ・マングースなどが挙げられる。

大型のクモやムカデ・サソリ・ヒヨケムシなどの節足動物は、スキンク下目を含む爬虫類を捕食することはあるが、逆に捕食されることもあり、狙われるのは小型種や幼体であることが多い。国内ではオオハシリグモがオキナワトカゲの幼体を捕食していた例などが知られており、オーストラリアではアデレードアオジタトカゲの幼体が大型のムカデ類によって捕食されている可能性が報告されている。

大型のクモやサソリ・ムカデなどの節足動物はスキンク下目を捕食することがある

アリは昆虫の中でも攻撃的なものが多く、時としてスキンク下目やその卵を襲うことがある。しかしながら、卵はともかく実際にどのようにしてトカゲを襲っているのかは不明な部分が多く、襲われるのは幼体か衰弱した個体であるという説もある。カマキリは優れた捕食者で、射程距離に入った獲物を鎌状の前肢を用いて実に1/20秒という速度で捕獲することができる。国内ではオオカマキリやチョウセンカマキリ・ハラビロカマキリがニホントカゲの幼体を食べていた例が知られている。

アリとカマキリは強い攻撃性を持ち、特にアリの一部は人間にも毎年多くの被害が出ている

カエルは目の前で動くものを反射的に食べてしまう傾向があり、大型のアカガエル科やヒキガエル科・ヌマガエル科などがスキンク下目を捕食した例が知られているが、彼らの多くは夜行性のため、スキンク下目との遭遇率はさほど高くないと考えられている。

大型のカエルは動くものを反射的に食べてしまう傾向がある

ヘビは多くのトカゲにとって最も恐ろしい天敵であろう。ヘビにはトカゲを食べるために進化した種も多く、爬虫類に特化した毒性を持つものも見られ、捕食方法も洗練されている（咬みついた直後に胴部で締め上げて心臓の動きを止め、血流を妨げる。トカゲも食べられまいと必死で抵抗するが、1度締め上げられてしまうと逃れるのは難しい）。しかしながら、オーストラリアに分布するハスオビアオジタトカゲの亜種であるヒガシアオジタトカゲとマツカサトカゲには、同地域に生息しトカゲ類をよく捕食しているコブラ科のアカハラクロヘビ *Pseudechis porphyriacus* の毒性に対して高い耐性を持つことがわかっている（アカハラクロヘビの毒素による血液の凝固を防ぐ効果のある特別な血漿成分を持つ）。

コブラ科に含まれるアカハラクロヘビ。マツカサトカゲなどは本種の毒性に対して高い耐性を持つことがわかりつつある

鳥類もスキンク下目をよく捕食し、特にタカ科やハヤブサ科・メンフクロウ科・ジサイチョウ科・サギ科などにとっては日常的なメニューとなっており、国内でもチョウゲンボウやノスリはニホントカゲを上空からさらうようにして捕まえてしまう。南アフリカではヨロイトカゲ科が猛禽類によく捕食されており、ヒラタトカゲ属ではオスの鮮やかな色彩が格好の目印になってしまう。なお、ヨロイトカゲ属の持つ硬く丈夫な鱗も、猛禽類の鋭い爪や嘴の前ではあまり意味をなさないようだ。

スキンク下目を捕食するカササギフエガラス。一部の鳥類はトカゲ亜目を日常的に捕食している

哺乳類ではアライグマやコヨーテ・キツネ・マングースなどがスキンク下目の天敵として挙げられ、トカゲを追いかけ回して捕食したり、巣穴を掘り返して卵を食べることもある。なお、乾燥地帯に生息するものや乾季に繁殖期を迎えるものにとってトカゲは重要な餌の1つであると考えられている。

前段上から、アライグマ・コヨーテ・キツネ。愛らしい姿だがトカゲにとっては油断のならない存在だ

これらの天敵と同地域に自然分布しているものはさほど大きな問題にはならないが（食う・食われるは自然の摂理である）、これらの動物が他の地域、特に大陸から離れた島嶼部に侵入した場合は大きな脅威となる。特に大きな問題を引き起こしているのはヒアリやアシナガキアリ・シモフリオオカミヘビ・フイリマングース・ドブネズミであろう。ヒアリは南米大陸原産であるが、船荷などに紛れてアメリカ合衆国や中国・オーストラリアなどの太平洋周辺の国々に移入され、各地で大きな被害を及ぼしている（本種はアルカロイド系の毒と鋭い毒針を持つため、人間が刺されて重症化した例すらある）。アシナガキアリは熱帯アジア原産と考えられているが、やはり船荷などに紛れてインド洋や太平洋の島々に広く移入され、生態系撹乱者や農業害虫・家屋害虫となっている。特にインド洋に位置するオーストラリア連邦領の島であるクリスマス島では大きな影響を与えており、同島に固有のスキンク下目も1種が絶滅、1種が野生絶滅に追い込まれている。

シモフリオオカミヘビは西アジア〜東南アジアに広く分布し（摸式産地はインドネシアのジャワ島）、1980年代に物資などに紛れてレユニオンやオーストラリアなどへ移入され、スキンク下目では少なくとも3種の絶滅に関与していると考えられている。一部地域では駆除も行われているが、本種は小型かつ夜行性のため人目につきにくいため難航しているようだ。

フイリマングースは南アジア原産であるが、1800〜1900年代に世界各地へ移入され、フィジーとハワイでは鳥類の、西インド諸島では哺乳類と爬虫類の絶滅・減少要因になったと考えられており、スキンク下目では少なくとも1種が絶滅している。ドブネズミは中央アジア、あるいはシベリア南部の湿原地帯が原産と考えられているが、現在は汎世界的に見られ、あらゆる生物と環境に大きな影響を与えている。

中でもオーストラリアとニュージーランドは大きな被害が見られた地域で、オーストラリア本土から約600km離れた場所に位置するロード・ハウ島群には、1918年6月に蒸気船のマカンボ号 (Makamubo) が座礁し、積荷が海岸に漂着した際にドブネズミが誤ってこの島に持ち込まれた。以来、ドブネズミは複数の鳥類やコウモリの1種、および多数の昆虫種の絶滅に関与していると考えられており、同島に固有のスキンク下目であるロードハウスベトカゲも大きな被害を受けている。なお、ニュージーランド北島北部の西海岸沖約5.6km に位置するカピティ島もドブネズミにより深刻な被害を受け、多くの種が絶滅したが、ニュージーランド政府と地元の人々は多額の費用と労力をかけて1997年に同島におけるドブネズミの根絶に成功した。その結果、プケルアフトスベトカゲやギザセフトスベトカゲ・ドウガネフトスベトカゲなどスキンク下目の個体数は場所により2～28倍に増加し、生物多様性も回復しつつあるという。

彼らのような大陸から離れた島嶼部に暮らす生物とは、古くから孤立した環境で進化してきた生物であり、他の生物との競合の機会が少なかったため、外来生物に対する有効な抵抗手段を備えていないことが多い。つまり、彼らからすると、今まで何万年も静かに生きてきたのに、いきなり見たこともない怪物が現れたようなものであり、目の前で幼体が連れ去られても、卵を奪われても、どうすれば良いのかわからないのだ。これはかなり恐ろしい状況であろう。

厳密には天敵とは呼べないが、人間が持ち込んだ家畜なども大きな脅威となる場合がある。その代表的な存在がヤギであろう。ヤギは厳しい環境にもよく耐え、繁殖力も強いことから家畜として古くから利用されており、船乗りたちは必要時の肉資源として孤島などにヤギを放して利用してきた。しかし、ヤギは餌となる植物の葉や芽の部分を食べ尽くしてしまうと、残った樹皮や樹根も食べてしまうため、植物が再生することができず、森林破壊の原因となることがあり、スキンク下目においては少なくとも2種の絶滅に関与していると考えられている。

前述したように大陸から離れた島嶼部で進化した生物は外部からの影響を特に受けやすい一面はあるが、私たちはこれらを異例としてではなく"炭鉱のカナリア"として見るべきかもしれない。同じ運命が南西諸島やニューギニア・オーストラリアで暮らす他のトカゲたちを待ち受けていないとは言い切れないのである。

雑食性で、幅広く餌資源を利用するアシナガキアリ（左）とヒアリ（右）は各地で問題となっている

シモフリオオカミヘビ。本種は小型だがトカゲを好んで捕食する

フイリマングース（左）とドブネズミ（右）。世界各地で帰化し、大きな被害を出している

ヤギは人類の繁栄を支えてくれた偉大な動物だ。しかし、島嶼部では植物を食べつくしてしまうことから問題となっている

外来種としてのスキンク下目

スキンク下目では、イグアナ下目のグリーンアノールやグリーンイグアナのように外来種として猛威を振るっているようなものは少ないが、代表的なものを簡単に説明する。

まずは国内の例として、ニホントカゲの本来の分布域は近畿中・北西部〜西日本とその周辺の島嶼部であるが、伊豆諸島の八丈島に移入され定着が確認されている。移入経路・時期共に不明な部分が多いが、おそらくは物資などに紛れて非意図的に運ばれ、2003年の秋季までに移入されたと考えられており、ミトコンドリア DNA の解析から移入元は九州東部〜南部（大分・宮崎・島嶼部を除く鹿児島）と推定されている。現時点では大きな被害などは出ていないが、今後は在来の近縁種であるオカダトカゲと競合・交雑する可能性もあるかもしれない。こういった日本国内に産する生物種が元々生息していない地域に人為的に持ち込まれた種は"国内外来種"と呼ばれ、国外から人為的に持ち込まれた種は"国外外来種"と呼ばれる（海流など自然の力で移動してきたものは外来種には該当しない）。

伊豆諸島周辺ではこのニホントカゲが国内外来種となっている

移入から長期間が経過しても、環境や在来種への影響がはっきりしないものも見られる。オーストラリア原産のワタリヨウコウトカゲは1960年代にニュージーランドのオークランドで発見され（非意図的に物資に紛れ込んで移入されたと考えられている）、その後、北島を中心に分布を広げたが、半世紀経過した現在でも在来種に悪影響を及ぼしたという明確な証拠は報告されていない。ワタリヨウコウトカゲは在来種よりも小型なのでうまく棲み分けているのではないか、もしくは在来の鳥類やトカゲの餌になっているのではないか、という説もあるが、本種は生後約2年で繁殖が可能となり、年に3回、最大8個の卵を産卵するため（在来種の約5倍の繁殖力）、潜在的な危険性が高いと考えられており、ニュージーランド政府は警戒を強めている（個人での飼育や移動は同国の法律で禁止されている）。

ニュージーランドのような独特の生態系を持つ島国は幾度となく外来種の脅威に晒されてきた

深刻な例として、台湾に定着したタテスジマブヤの例を紹介したい。タテスジマブヤは南アジア〜東南アジア原産であるが、現在は台湾に移入され、定着が確認されているスキンク下目である（アメリカ合衆国のフロリダ州でも発見例がある）。移入経路・時期共に不明な部分が多いが、おそらく物資などに紛れて非意図的に運ばれたか、愛玩用として輸入されたものが逸脱・遺棄されたと考えられており、高雄南部地域で1992年に初めて確認された。その後、タテスジマブヤは台湾の環境にうまく適応し、高い繁殖力により徐々に分布域を広め（マレーシアの例ではオスは1年中精子を生産し、メスは9月と1月を除く全ての月で生殖活動が活発とされ、1度に3〜5

強い繁殖力と適応力を持つタテスジマブヤは台湾に帰化し、定着が確認されている

匹の幼体を出産する）、中西部と南西部の低地に個体群を確立した。現在、タテスジマブヤの生息地では在来のトカゲたちが減少していることから競合していると考えられている。なお、タテスジマブヤは低温に対する耐性がないため、現時点での分布は標高500m以下に制限されているが、気候変動に伴う気温の上昇に応じて分布域が拡大する可能性もある。

本項目からは少々内容が逸れてしまうが、スキンク下目が外来種を駆逐したと思われる珍しい例もある。カナヘビ科のシクラカベカナヘビはヨーロッパ南部〜南東部が原産であるが、近年はヨーロッパ各地に移入・定着され、問題となっていた。そして、2014年にはギリシャのアテネ周辺で小規模ではあるものの新たな個体群が発見され、同年に根絶プロジェクトが開始された。1度定着した小さなトカゲを探すのは容易ではないため、根絶には長い時間がかかると想定されていたが、開始からわずか3年後にはほぼ見られなくなった。これにはもちろん人間の努力もあるが、プロジェクトに参加した研究者たちは"陰の協力者"がいたのではないか、と考えている。それは同地に生息するシロテンカラカネトカゲである。本種はイタリアのランピオーネ島にてマルタカベカナヘビの幼体を捕食することが知られており、同サイズで類似した生態を持つシクラカベカナヘビを捕食していても不思議ではない。根絶プロジェクトにより人間が見つけやすい成体が駆除され、残されていた幼体や新たに生まれた幼体をシロテンカラカネト

カゲが捕食することにより、短期間で駆除が進んだのではないかと考えられている。なお、このシロテンカラカネトカゲはギリシャでは在来種とされているが、研究者の間では古い時代の移入種ではないか、という説もあり（主な分布域は北アフリカからパキスタン湾岸部であり、近年は南ヨーロッパを中心に外来種として分布を拡げており、アメリカ合衆国にも各地で移入・定着している）、その場合は外来種が外来種を駆逐したことになる。

近年、外来種問題はメディアでも取り上げられる機会が多くなり、一般における関心も高まっているが、重要なのは"本来、彼らには責任がない（彼らは見知らぬ地に連れてこられ、必死に生き抜いているにすぎない）"ことや"外来種問題に科学的な正解は存在しない（外来種であっても在来種との間に有益な関係性を築いているものや、環境回復に重要な役割を果たしているものも確認されており、近年では原産地で絶滅した種が外来種として第三国で生き延びていた例もある）"ことであると筆者は考えている。外来種は時として正義にも悪にもなり得る存在であり、その結果を私たち人間が理解するのは難しい。しかしながら、将来においてペットトレードから新たな外来種を生み出すようなことだけは、絶対にあってはならない（もちろん、非意図的な移入も避けねばならないが、こればかりは人知の及ばぬ部分もあるだろう）。もしもそのような例が多発すれば、いずれは爬虫類飼育そのものに厳しい規制が施行される可能性もあるかもしれない（元々、ペットトレードは非難や批判が起こりやすい業界である）。そんな寂しい未来を迎えないようにするために、輸入業者や販売業者はもちろんのこと、飼育者1人1人が真剣に考えなければならない時が来ているのではないだろうか。

アテネ周辺におけるシクラカベカナヘビ（上）の根絶が短期間で完了できたのは、シロテンカラカネトカゲ（下）という陰の協力者がいたからかもしれない

近年関心が高まりつつある外来種問題。しかし、本来彼らには何の責任もないことを覚えておいてほしい

ペットトレードにおけるスキンク下目

　ペットトレードに流通例のあるスキンク下目は国内外を含めても200種程度であり、イグアナ下目の約400種に比べると少ないと言えるだろう。これにはいくつかの理由があるように感じる。1つは、スキンク下目は一部を除き愛玩用としてはさほど人気が高いとは言えないことである。輸入業を20年近く続けてきた筆者の経験であるが、初心者の多くはスキンク下目よりも、クレストや角の発達したイグアナ下目やカラフルなヤモリ下目を選ぶ傾向があり、スキンク下目の愛好家はある程度経験を積んだ中級者以上の方々が多いように思う。次に、人気の高い種の分布が主にオーストラリアや南アフリカに集中しており、入手が難しいことや価格が高価なこと（両国とも野生動物の輸出に厳しい制限を設けている）。最後に、飼育下での繁殖がそう容易ではないことが挙げられる（詳しくはCHAPTERⅢにて述べる）。ペットトレードにおけるスキンク下目の人気種と言えば、アオジタトカゲ属・カブトトカゲ属・イワトカゲ属・オニプレートトカゲ属であろう。

　スキンク下目で最も飼育者が多いのがアオジタトカゲ属だろう。飼育も容易で独特の形態を持つ本属は古くから人気種として愛されてきた。しかしながら、流通内容には偏りがあり、オオアオジタトカゲとハスオビアオジタトカゲがほとんどで、残りのホソオビアオジタトカゲやマダラアオジタトカゲ・ニシアオジタトカゲ・チュウオウアオジタトカゲ・マツカサトカゲは愛好家垂涎の種となっており、アデレードアオジタトカゲではごくわずかな流通例があるにすぎない。理由はオオアオジタトカゲとハスオビアオジタトカゲ以外はオーストラリアに分布しているからである（例外的にハスオビアオジタトカゲの亜種であるキタアオジタトカゲはオーストラリアの固有亜種ではあるが、欧米や国内でも繁殖に成功しているため、比較的目にする機会が多い）。なお、2016年9月に南アフリカで開かれた第17回ワシントン条約締約国会議にてオーストラリア原産のアオジタトカゲ属は国際取引の規制対象となった（ワシントン条約の詳細についてはP.278「スキンク下目に関する法律」を参照）。

　カブトトカゲ属は1990年代に登場し、特異な形態から多くの愛好家の心を掴んだトカゲであった。現在までに流通しているのは3種で、初めに登場したのはアカメカブトトカゲ、2000年代にモトイカブトトカゲ、

オオアオジタトカゲは最も飼育者の多いスキンク下目の1つだろう

アカメカブトトカゲに憧れる飼育者は多いが、神経質で隠蔽性が高い

近年になってからシュミットカブトトカゲも見られるようになったが、こちらは前述の2種に比べると小型のためあまり飼育者は多いとは言えない。やはり1番人気はアカメカブトトカゲだろう。やや神経質で飼育に注意点も少なくないが、近年は個人での繁殖例も増えつつあり（幼体を育てるのは容易ではないが）、まだ見ぬ新たな種の登場を待ち望んでいる愛好家も少なくない。しかしながら、本属はどの種も強い光を嫌い隠蔽性が高いため、"飽きやすいトカゲ"と言われることもある（筆者は10年以上飼育しているが、飽きたことなど1度もないが）。なお、登場時はやや高価なトカゲで約15万円もしていたが、その後大量に流通するようになり、価格もかなり落ち着いてきた。現時点では国際的な取引に規制などはないが（ソロモン諸島では国内法で採集・輸出が規制されている種もある）、もとより生産性が高い種ではないため、個体数が減少している可能性が高く、近い将来において国際的な保護が行われる可能性が高いと筆者は考えている。

イワトカゲ属も人気のある仲間であるが、こちらもアオジタトカゲ属同様にオーストラリア原産のため目にする機会は少なく、高価なトカゲたちである（比較的よく目にするソトイワトカゲはムクイワトカゲ属に含まれ、オーストラリアだけでなくニューギニア島南部にも分布する）。特に鱗が棘状に発達したストケスイワトカゲやカニンガムイワトカゲは人気が高く、ヒメイワトカゲとその近縁種などは愛好家垂涎の種となっている（キノボリイワトカゲなど鱗の滑らかなタイプもすばらしいトカゲであるが、ペットトレードではさほど注目されていない印象がある）。しかしながら、本属も2016年より全種がワシントン条約に記載され国際取

引の規制対象となってしまったため、今後は目にする機会がいっそう少なくなるだろう。

愛好家垂涎のヒメイワトカゲは日本のみならず世界中にファンがいる

オニプレートトカゲ属は少なくとも1970年から流通例があり、動物図鑑でも常連のためご存じの読者も多いだろう。強健で愛らしく、見ためも独特で人気が高いため現在でもコンスタントな流通が見られるものの、安価で取引されているからか飼育数に比べて繁殖例が少ないトカゲである。また、知名度は高い一方で、本属がスキンク下目に含まれることを知らない人も多く、いろいろな意味で意外性の高いトカゲでもある。

その他の人気種としては、アフリカミモダエトカゲ属に含まれるベニトカゲやスナトカゲ属・オマキトカゲ

初心者から熟練の愛好家まで楽しめるオニプレートトカゲ。本来ならば本種のようなトカゲこそ多くの繁殖例があるべきなのだが…

美しく飼育も比較的容易なベニトカゲは初心者から熟練の愛好家まで満足できるスキンク下目だろう

属などがいる。ベニトカゲはその名に違わず紅色の帯模様を持つ美麗種で、いくつかの注意点さえ守れば飼育も容易で繁殖も狙えるすばらしいトカゲであり、近年も比較的コンスタントな流通が見られる。スナトカゲ属はアヒルのような独特の顔つきが愛らしいトカゲであるが、環境設定がやや難しいため飼育はさほど容易とは言えない（1990〜2000年までは安価で大量に流通していたが、近年は目にする機会が減りつつある）。オマキトカゲ属はスキンク下目最大種として有名で、独特の形態や穏やかな動きなどから高い人気があるが、ワシントン条約該当種というだけでなく、2001年7月9日から現在に至るまで、ワシントン条約事務局より特定の種の保護を目的として取引停止を勧告されているため、原産国であるソロモン諸島から日本への輸入が困難な状況となっている（第三

国からの輸入は時折行われている）。

　時代の流れと共にペットトレードから姿が消えつつあるスキンク下目も少なくない。例として、2000年まではスジトカゲ属も比較的よく流通していた。特に印象的なのはアメリカ合衆国南東部に分布するヒロズトカゲや中国南部から東南アジアに分布するシナトカゲである。両種ともスキンク下目独特の魅力に溢れたすばらしいトカゲだったが、近年はめっきり目にする機会が減ってしまった（前者はアメリカ合衆国における州法により採集や移動が規制され、後者は漢方薬としての需要が高まったという説がある）。前述したように、スキンク下目はペットトレードでは一部を除きさほど注目されていないため、カメ目やイグアナ下目ほど大きな変遷は見られないが、今後も一部を除き、スキンク下目の流通量は減少していくと考えられる。

歩道に佇むシナトカゲ。スキンク下目には魅力的な種がまだまだいるが、流通量は年々減りつつある

スキンク下目の現状

ある時期に多種の生物が同時に絶滅することを大絶滅と呼ぶ。特に顕生代（カンブリア紀の始めから現在まで約5億4,100万年）の間に起こった大きな5度の大絶滅（オルドビス紀末大絶滅・デボン紀末大絶滅・ペルム紀末大絶滅・三畳紀末大絶滅・白亜紀末大絶滅）は"BIG5（ビッグファイブ。5大絶滅事件とも。なお、ペルム紀末大絶滅の800万年後に発生したグァダルピアン世末の絶滅は、他の大量絶滅に匹敵するものとして"BIG6"を提唱する研究者もいる）"と呼ばれており、現在はそれらに続く6度目の大絶滅である"第四紀大絶滅"の最中であると考えられている（第四紀大絶滅は更新世の後半、約7万年前〜1万年前の最終氷期とその終了後に起こったものとし、現在行われている大規模な絶滅は"完新世大絶滅"とされる場合もある）。この第四紀大絶滅が過去の大絶滅と大きく異なる点は、私たち人間、つまり *Homo sapiens*（ヒト属で現存する唯一の種）というたった1種の活動により野生生物が急速に減少しているということである。具体的には1970年以降、哺乳類・鳥類・両生類・爬虫類・魚類の個体数が平均68%減少したことがわかっており、32,000〜40,000種の野生生物が絶滅の危機に瀕していると考えられている（現生する爬虫類の約21%が絶滅に瀕しているという説もある）。

以下に、国際自然保護連合 (International Union for Conservation of Nature and Natural Resources。略称：IUCN) が作成した2020年度版の"絶滅のおそれのある野生生物（略称：レッドリスト）"よりスキンク下目を抜粋した。2020年以降に発見された種が含まれていないことや、近年の研究で分類が変更された種、シノニムとして抹消された種なども含まれているため、正確なものとは言えないかもしれないが、1つの指標にはなると思う。

現時点ではカタトカゲ科ではリンボポムチカタトカゲの1種。スキンク科ではセントルシアムジマブヤ・オオスベトカゲ・レドンダマブヤ・クリスマスシマトカゲ・レユニオンワレミミトカゲ・レユニオンイソスベトカゲ・モーリシャスイソスベトカゲ・トンガオオスベトカゲの8種、計9種で絶滅が確認されているが、バルバドスムジマブヤ・マリーガラントコガシラマブヤ・マルティニクコガシラマブヤ・セントクロイコガシラマブヤ・アネガダトカゲ・ハイチトカゲ・イスパニョラクロスジトカゲ・セントクロイトカゲ・セントマーティントカゲ・モニトトカゲ・セマダラトカゲの11種も絶滅かそれに近い状況であると考えられており（限られた環境に生息する一部の種を除き、生物の絶滅を確認するのは難しい。例として、マリアナ諸島に固有のマリアナシマトカゲは1972年に記載されたが、その後5つの島々で姿を消したため絶滅したものと考えられていたが、2020年に別の島で再発見されて

カテゴリー／科	ヨロイトカゲ科	カタトカゲ科	スキンク科	ヨルトカゲ科
絶滅 (EX)	0	1種	8種	0
野生絶滅 (EW)	0	0	1種	0
深刻な危機 (CR)	0	0	75種	0
危機 (EN)	1種	2種	104種	1種
危急 (VU)	2種	5種	94種	3種
準絶滅危惧 (NT)	7種	3種	79種	2種
低懸念 (LC)	54種	27種	1,033種	13種
データ不足 (DD)	3種	3種	222種	8種
未評価 (NE)	2種	0	164種	11種

【各カテゴリーの定義】
- 絶滅—EXTINCT (EX)：疑いなく最後の1個体が死亡した場合
- 野生絶滅—EXTINCT IN THE WILD (EW)：飼育状態で、あるいは過去の分布域の明らかに外側で野生化した状態でのみ生存している場合
- 深刻な危機—CRITICALLY ENDANGERED (CR)：野生で極度に高い絶滅のリスクに直面していると考えられる場合
- 危機—ENDANGERED (EN)：野生で非常に高い絶滅のリスクに直面していると考えられる場合
- 危急—VULNERABLE (VU)：野生で高い絶滅のリスクに直面していると考えられる場合
- 準絶滅危惧—NEAR THREATENED (NT)：CR・EN・VUのいずれの要件も現段階では満たしていないが、近い将来これらの絶滅危惧のカテゴリーに合致すると考えられる場合
- 低懸念—LEAST CONCERN (LC)：レッドリスト基準に照らして評価したが、CR・EN・VU・NTのいずれの要件も満たしていない場合
- データ不足—DATA DEFICIENT (DD)：十分な情報がないため分布状況や個体群の状況に基づいて絶滅のリスクを直接的にも間接的にも評価できない場合
- 未評価—NOT EVALUATED (NE)：査定が行われたことのない場合

いる）、ケガキカラカネトカゲも1970年以降は確実な記録がないとされている（モロッコ北部に位置するフェズ周辺からのみ記録されていたが、近年は同地域における開発が著しい）。ヨロイトカゲ科とヨルトカゲ科では絶滅は確認されていないが、一部の種類では絶滅の危険が増大しているとされる（ヨロイトカゲ科は愛玩用や薬用としての採集圧、ヨルトカゲ科は開発による環境破壊などが脅威になっていると考えられている）。

　リンポポムチカタトカゲは南アフリカ南東部に位置するリンポポ州のヘナーツブルク地域（Haenertsburg）の草原に生息していたが、同地に商業利用のためユーカリとマツが集中的に植えられたことにより絶滅したと考えられている（1980年代には残された草原にて数回の調査が行われたが、再発見することはできなかった）。それ以外の8種および絶滅に瀕していると思われる種の多くは大陸から離れた島嶼部に生息する種であり、孤立した環境に生息する種はそれだけ外来種や環境の変化に弱

いことを物語っている。なお、島嶼部に分布しているというだけでなく、ペットトレードを含むさまざまな要因で絶滅したスキンク下目が1種存在する。爬虫類愛好家ならばその名を聞いたことがある人もいるであろう、オオスベトカゲ（カーボベルデオオスベトカゲ）である。すでにご存じの読者も多いかとは思うが、最後にこの伝説的なトカゲについて簡単に紹介したい。

北西アフリカの西沖合に位置するカーボベルデには伝説的なスキンクが存在した

生命の歴史とは言い換えれば絶滅の歴史でもある。しかし、現在われわれが直面している大絶滅は過去のどれとも異なるタイプの大絶滅である

スキンク科マブヤ亜科カーボベルデスベトカゲ属に含まれるオオスベトカゲは、北西アフリカの西沖合に位置するカーボベルデ諸島に含まれる、サン - ヴィセンテ島やサンタ - ルシア島・ブランコ島・ラソ島に分布していた。全長45〜50cmに達するが（60cmを超えるという説もあるが、はっきりしない）、尾部は頭胴長の約50%しかなく、体色には黄色型や灰色型、その中間型が見られ、背面には暗褐色の細かい斑紋が散らばっているものが多かった。主に森林に生息し、地上でも樹上でも活動できる特殊なトカゲであったとされているが、1461年にポルトガルからの開拓民がサン - ヴィセンテ島とサンタ - ルシア島に到着し、薪や建設のため木々の伐採をし始め、同時にイヌやネコ・ヤギ・ネズミなどの外来種を持ち込んでしまったため、両島では1700年までに絶滅してしまったようだ（サンタ - ルシア島に生息するメンフクロウのペレットには本種の骨が混じっているのが一般的だったが、1673年以降は全く含まれていないことがわかっている）。

残りの2島、ブランコ島とラソ島は元々地図にすら載っていないような小さな島だったが、1833年頃に旱魃による飢餓がカーボベルデ一帯を襲い、当時の政府は約30人の受刑者をサント - アンタン島からブランコ島に輸送した。受刑者たちは自給自足の生活を余儀なくされたため、本種は食用として利用され、見る間に姿を消していったとされる（本種の絶滅について議論される際には必ずと言っていいほど引用される説だが、1800年代に取材で得られた内容であり、一部の研究者からは信憑性が疑問視されている部分もある）。ラソ島の個体群は1874年に発見されたが、1890年にThomas Castleと

José Oliveiraなる人物が200匹を採集してイギリスやドイツ・オーストリアで販売し、その後はポルトガルの博物学者であるFrancisco Xavier Oakley de Aguiar Newton（1864-1909）が輸入・販売を続けた（大型でおとなしい本種は愛玩用として人気があったそうだ）。1896年には本種の絶滅を懸念した同じポルトガルの動物学者であるJosé Vicente Barbosa du Bocage（1823-1907）がNewtonに対し「オオスベトカゲの輸入を止めてほしい」と要請したが、聞き入れられることはなかった。また、同じく本種の絶滅を懸念したイタリアの動物学者であるMario Giacinto Peracca（1861-1923）は40匹を購入し、飼育下での繁殖を試みたが成功しなかった（同氏は1900年頃にNewtonへオオスベトカゲをイタリアのトスカーナ州にある小島に移入させる計画に高額の予算を提示したが、こちらも実現しなかった）。その後、ブランコ島とラソ島では島内の開発が進み、植生が破壊され、土壌の流出や偶発的な旱魃などにより個体数がさらに減ってしまい、1940年までに絶滅したと考えられている。しかしながら、1985年にはブランコ島で目撃例があり、2005年にはサンタ - ルシア島の野良猫の糞から本種の下顎が発見されたという報告もあったため、1990〜2006年にかけて数回の調査が行われたが、発見されることはなかった。本種はその特異な形態だけでなく、絶滅に至るまでのプロセス、さらには近年も相次ぐ目撃情報などから伝説的なスキンク下目として知られている（とある愛好家がすでに再発見しており、こっそり飼育しているという噂まである）。

伝説のオオスベトカゲ。まだどこかで生き残っていると信じる人も少なくない

トカゲは太陽の光線を浴びると、空から落ちてきた
虹の破片のように光るのである。

Richard C. Goris （1931-2017）

DISCOVERY

Scincomorpha

**Cordylidae · Gerrhosauridae ·
Scincidae · Xantusiidae**
Acontiinae · Ateuchosaurinae · Egerniinae · Eugongylinae ·
Lygosominae · Mabuyinae · Ristellinae · Sphenomorphinae · Scincinae ·
Xantusiinae · Lepidophyminae · Cricosaurinae

世界の
スキンク下目

II

ヨロイトカゲ科　Cordylidae

カタヘビトカゲ属 *Chamaesaura*

ケープカタヘビトカゲ

学名 *Chamaesaura anguina*

分布 南アフリカ・エスワティニ・アンゴラ・モザンビーク・コンゴ民主共和国

全長 約40～50cm

飼育 タイプ 1

　属名の *Chamaesaura* とは「地面」を意味する【khamai】と、「トカゲ」を意味する【saura】が組み合わさったもので、本種が地上棲であることを表している。種小名の *anguina* とは「ヘビ」を意味する【anguis】に由来し、本種の形態を表している。英名では "Cape Grass Lizard" や "Cape Snake Lizard" "Southern Highland Grass Lizard" と呼ばれる。ケープカタヘビトカゲ *C. a. anguina*（基亜種）とアンゴラカタヘビトカゲ *C. a. oligopholis* の2亜種が確認されている。頭部はやや小さく吻は尖っており、頸部の括れは弱い。

胴部と尾部は長いが四肢は1cm未満と非常に短いため、現地ではよくヘビと間違えられるという（全長50cmに達するが、頭胴長は13～17cm。なお、尾部には自切・再生能力がある）。鱗はやや大きく強いキールがある。体色や模様は個体差があるが、背面は灰褐色～茶褐色で、中央に灰白色～黄白色のストライプ模様が入り、側面は薄茶色～黄色のものが多い（ほぼ無地のものやストライプ模様が太いものも見られる）。

　乾燥した草原や岩場に生息し、地上棲だが低木に登ることもある。昼行性で節足動物を捕食するが、胃内容より特に鞘翅目（甲虫類）や直翅目（バッタ類）を多く食べていることがわかっている。繁殖形態は胎生でメスは1度に3～17匹の幼体を出産する。なお、本種のメスはほぼ一年中繁殖が可能で、これは本種の分布域では頻繁に火災が発生することに関係しているのではないか、という説がある（火災によって個体数が減少しても短期間で個体数を回復できるようになっているのではないかと考えられている）。

ケープカタヘビトカゲ

ヨロイトカゲ属 *Cordylus*

マサイヨロイトカゲ

学名	*Cordylus beraduccii*
分布	ケニア・タンザニア
全長	約12～16cm
飼育	タイプ 2

　属名の *Cordylus* とは「瘤」や「隆起」を意味する【kordylē】に由来し、本属の多くが鱗に強いキールを持つことに因むとする説が有力だが、諸説ある（ギリシャ語で kordylē は「棍棒」を意味するため、尾を武器のように振り回すという俗信に由来する説もあるが、ヨロイカタトカゲ属も類似した属名を持つため混同されてしまったのではないか、という説もある）。種小名の *beraduccii* とは本種の模式標本を採集したイタリアの動物学者である Joe Beraducci に因む。英名では"Maasai Girdled Lizard"と呼ばれる。背面や四肢は強いキールのある鱗で覆われており、尾部には先端が棘状に発達した鱗が環状に並んでいる。茶褐色で、背面には不明瞭な暗褐色の斑紋が散らばり、口元周辺は白褐色～灰白色のものが多い。ケニア南部に位置するンゴン丘陵（Ngong Hills）からタンザニア中部のドドマ州まで広がる平原に点在する岩場に生息し、地上棲だが立体活動も得意で、危険を感じると岩の隙間などに逃げ込み、体を膨らませて引っ張り出されないようにして身を護る（凹凸のある鱗も効果を発揮する）。昼行性で節足動物を捕食する。繁殖形態は胎生でメスは1度に1～5匹の幼体を出産する。なお、単為生殖を行うという報告もあるが、はっきりしない。本種にはオスも存在し、少なくとも有性生殖も行うのは確かである。

モトイヨロイトカゲ

学名	*Cordylus cordylus*
分布	南アフリカ・レソト
全長	約18～22cm
飼育	タイプ 2

　属内では最も古い1758年に記載されたヨロイトカゲ属の模式種であり、和名のモトイ（基）もこのことによる。英名では"Cape Girdled Lizard"と呼ばれる。背面や四肢は強いキールのある鱗で覆われており、尾部には先端が棘状に発達した鱗が環状に並んでいる。頭部や背面は黒褐色のものが多いが、背面中央に灰褐色～灰白色の不明瞭な斑紋がストライプ状に並ぶものも見られ、側面は黄色～橙色。南アフリカの西ケープ州・東ケープ州およびレソトに分布し、低地から山地の岩場に多く、地上棲だが立体活動も得意で、危険を感じると岩の隙間などに逃げ込み、体を膨らませて引っ張り出されないようにして身を護る。昼行性で節足動物を捕食する。繁殖形態は胎生でメスは1度に1～2匹の幼体を出産し、幼体は生後しばらく（数カ月～1年）親の近くで暮らすことがわかっている。

マサイヨロイトカゲ

モトイヨロイトカゲ

マサイヨロイトカゲ

マサイヨロイトカゲ

ヨロイトカゲ属 *Cordylus*

ジョーンズヨロイトカゲ

学名 *Cordylus jonesii*
分布 ボツワナ・ジンバブエ・南アフリカ・モザンビーク
全長 約12～16cm
飼育 タイプ 2

　種小名の *jonesii* とは、大英博物館に本種の摸式標本を寄贈したC.R.Jonesに因む。英名では "Limpopo Girdled Lizard" や "Jones's Girdled Lizard" と呼ばれる。かつてはヒナタヨロイトカゲの亜種 *C. t. jonesii* とされていたが、2002年に独立種となった。背面や四肢は強いキールのある鱗で覆われており、尾部には先端が棘状に発達した鱗が環状に並んでいる。茶褐色～赤褐色で、背面には不明瞭な灰白色の斑紋が散らばり、側面に暗褐色のストライプ模様を持つものも見られる。ボツワナ東部からジンバブエ南部・南アフリカ北部・セーブ川（Save River）以南のモザンビークに分布し、地上でも樹上でも活動するが、特にサバンナ地域に点在するモパネ植生帯（アフリカ南部に生育するマメ科の常緑樹）に多く生息

し、樹皮の下や中空になった枯れ木の中を棲み家としている場合が多い。昼行性で節足動物を捕食する。繁殖形態は胎生。

オオウロコヨロイトカゲ

学名 *Cordylus macropholis*
分布 南アフリカ
全長 約14～17cm
飼育 タイプ 2

　別名ラージスケールヨロイトカゲ。属名の *macropholis* とは「大きな鱗」を意味し、本種が同属の他種に比べて大きな鱗を持つことを表している。英名では "Large-scaled Girdled Lizard" と呼ばれる。背面や四肢は強いキールのある鱗で覆われており、尾部には先端が棘状に発達した鱗が環状に並んでいる。灰褐色～茶褐色で、背面や四肢には暗褐色の斑紋が入り（乱れた帯状になっているものも見られる）、口元周辺は白褐色～灰白色のものが多い。南アフリカに分布し、西ケープ州のイゼルフォンテン（Yzerfontein）から北ケープ州のクレインジー（Kleinzee）に広がる乾燥した草原に多く見られ、地

ジョーンズヨロイトカゲ

オオウロコヨロイトカゲ

オオウロコヨロイトカゲ（オス）

上でも樹上でも活動するが、特に多肉植物である *Euphorbia* caput-medusae（園芸業界では"天荒竜"の名称で知られる）周辺で多くの時間を過ごしている。この多肉植物は同地域の植生において5%を占める程度であるが、本種の餌となる小動物も多く利用しており、多数の茎が密集して生えるため適切な棲み家も提供していると考えられている。昼行性で節足動物を捕食する。繁殖形態は胎生でメスは1度に1～2匹の幼体を出産する。

クロヨロイトカゲ

学名	*Cordylus niger*
分布	南アフリカ
全長	約13～19cm
飼育	タイプ 2

種小名の *niger* とは「黒色」を意味し、本種の体色を表している。英名では "Black Girdled Lizard" と呼ばれる。背面や四肢は強いキールのある鱗で覆われており、尾部には先端が棘状に発達した鱗が環状に並んでいる。背面や四肢は黒色で目立つ模様などはなく（腹部は灰褐色～青灰色）、この体色は日光浴の際に効率良く太陽熱を集めるためだと考えられている（本種の生息地では霧がよく発生し、日当たりもあまり良くない日が多いとされる）。西ケープ州に分布し、ケープ半島からサルダーニャ湾（Saldanha Bay）周辺の岩場に多く生息する。地上棲だが立体活動も得意で、危険を感じると岩の隙間などに逃げ込み、体を膨らませて引っ張り出されないようにして身を護る。なお、ヨロイトカゲ属は1匹のオスと複数のメスで構成されたコロニーで暮らしているものが多いが、本種は繁殖期以外は単独で活動する傾向が強い。昼行性で節足動物を捕食する。繁殖形態は胎生でメスは1度に1～2匹の幼体を出産する。

クロヨロイトカゲ

クロヨロイトカゲ（オス）

クロヨロイトカゲ

クロヨロイトカゲ（メス）

クロヨロイトカゲ（若い個体）

ヨロイトカゲ属 *Cordylus*

ジンバブエヨロイトカゲ

学名 *Cordylus rhodesianus*

分布 ジンバブエ・モザンビーク

全長 約12〜16cm

飼育 タイプ 2

　種小名の *rhodesianus* とはジンバブエの旧名である
ローデシア（Rhodesia）に因む。英名では "Zimbabwe
Girdled Lizard" と呼ばれる。背面や四肢は強いキー
ルのある鱗で覆われており、尾部には先端が棘状に
発達した鱗が環状に並んでいる。茶褐色〜暗褐色
で、背面には黄褐色の不明瞭な斑紋が入るものも見
られる。ジンバブエ東部に位置する東部高地（Eastern
Highlands。マニカ高地＝ Manica Highlandsとも）か
らモザンビーク中西部に広がる山地の岩場に多く生
息する。地上棲だが立体活動も得意で、危険を感じ
ると岩の隙間などに逃げ込み、体を膨らませて引っ張
り出されないようにして身を護る。昼行性で節足動
物を捕食する。繁殖形態は胎生。

ヒナタヨロイトカゲ

学名 *Cordylus tropidosternum*

分布 コンゴ民主共和国・ケニア・マラウイ・モザン
ビーク・タンザニア・ザンビア・ジンバブエ

全長 約16〜19cm

飼育 タイプ 2

　別名ネッタイヨロイトカゲやトロピクスヨロイトカ
ゲ。種小名の *tropidosternum* とは「竜骨（キール）」
を意味する【tropis】と、「胸部」を意味する【sternon】
が組み合わさったもの。英名では "Tropical Girdled
Lizard" や "East African Spiny-tailed Lizard" と呼ば
れる。背面や四肢は強いキールのある鱗で覆われて
おり、尾部には先端が棘状に発達した鱗が環状に並
んでいる。茶褐色〜黄褐色で、頸部に不明瞭な灰
白色や黒褐色の斑紋を持つものも見られ、口元周辺
は白褐色〜灰白色のものが多い。ケニア南東部から
コンゴ民主共和国のカタンガ州、モザンビークのセー
ブ川周辺までとヨロイトカゲ属では最も広い分布域を
持ち、乾燥した森林や草原・岩場に多く生息する。

ジンバブエヨロイトカゲ

ジンバブエヨロイトカゲ

ジンバブエヨロイトカゲ

地上棲だが立体活動も得意で、危険を感じると岩の隙間などに逃げ込み、体を膨らませて引っ張り出されないようにして身を護る。昼行性で節足動物を捕食する。繁殖形態は胎生でメスは1度に1～6匹の幼体を出産する。

セオビヨロイトカゲ

学名 *Cordylus vittifer*

分布 南アフリカ・ボツワナ・エスワティニ・モザンビーク

全長 約17～20cm

飼育 タイプ 2

別名トランスバールヨロイトカゲ。種小名の *vittifer*とは「ヘッドバンド（鉢巻）」や「花冠」を意味する【vitta】と、「持ち運ぶ」を意味する【-fer】が組み合わさったもので、背面の模様を表しているとされる。英名では "Transvaal Girdled Lizard" や "Common Girdled Lizard" と呼ばれる。背面や四肢は強いキールのある鱗で覆われており、尾部には先端が棘状に発達した鱗が環状に並んでいる。体色や模様は個体差が大きく、茶褐色に不明瞭な暗褐色の斑紋を持つものから、暗褐色に黄白色のストライプ模様が背面に入るもの、橙色の斑紋が散らばるものまで見られる。開けた草原に点在する岩場に多く生息する。地上棲だが立体活動も得意で、危険を感じると岩の隙間などに逃げ込み、体を膨らませて引っ張り出されないようにして身を護る。昼行性で節足動物を捕食する。繁殖形態は胎生。

ヒナタヨロイトカゲ

ヒナタヨロイトカゲ

ヒナタヨロイトカゲ

セオビヨロイトカゲ

ヒナタヨロイトカゲ（幼体）

カルーヨロイトカゲ属　*Karusasaurus*

ミナミカルーヨロイトカゲ

学名 *Karusasaurus polyzonus*
分布 南アフリカ・ナミビア
全長 約20〜25cm
飼育 タイプ　2

　別名スベセヨロイトカゲ。属名の *Karusasaurus* とはコイサン諸語で「乾燥」や「不毛」「渇きの地」を意味する【karusa】と、「トカゲ」を意味する【saura】が組み合わさったもので、本属が南アフリカ共和国の南部からナミビアにかけて広がる乾燥地帯であるカルー（Karoo）に生息していることを表している。種小名の *polyzonus* とは「多くの」を意味する【polys】と、「帯」を意味する【zone】が組み合わさったものと思われるが、はっきりしない。英名では"Southern Karusa Lizard"や"Southern Karoo Girdled Lizard""Many-zoned Girdled Lizard""Southern Karusa Lizard"と呼ばれる。ヨロイトカゲ属に比べると体形はスレンダーで、胴部の鱗はやや細かくキールも弱いが、尾部には先端が棘状に発達した鱗が環状に並んでいる。体色や模様は個体差が大きく、茶褐色〜青灰色で、灰白色〜暗褐色の斑紋が並ぶものからほぼ無地のものまで見られるが、ほとんどの個体は頸部の両側面に黒褐色の斑紋が入る。地上棲だが立体活動も得意で、多くは平地の草原や荒れ地に点在する岩場に生息しているが、低山や丘陵の斜面にある岩場で暮らす個体群も一部に見られる。昼行性で節足動物を捕食する。繁殖形態は胎生でメスは1度に1〜4匹の幼体を出産するが、妊娠期間は1年を超える場合がある。

ミナミカルーヨロイトカゲ

ミナミカルーヨロイトカゲ（幼体）

ミナミカルーヨロイトカゲ

ミナミカルーヨロイトカゲ。
体色の黒っぽい個体

ピアーズヨロイトカゲ

学名 *Namazonurus peersi*
分布 南アフリカ
全長 約15〜17cm
飼育 タイプ 2

　別名ガリエスヨロイトカゲ。属名の *Namazonurus* とはナマクアランド（ナミビアと南アフリカ共和国に広がる乾燥地域）を意味する【nama】と、「帯状の尾」を意味する【zonurus】が組み合わさったもの。種小名の *peersi* とは本種の模式標本を採集した Victor Peers（もしくはその息子である Bertram Peers）に因むとされる。英名では "Garies Girdled Lizard" や "Peers's Girdled Lizard" "Peers's Nama Lizard" "Hewitt's spiny-tailed lizard" と呼ばれる。背面や四肢は強いキールのある鱗で覆われており、尾部には先端が棘状に発達した鱗が環状に並んでいる。背面や四肢は黒色で、ヨロイトカゲ属のクロヨロイトカゲによく似ているが、本種の分布は北ケープ州西部に限定されており、よりスレンダーな体形で3〜7匹のコロニーで暮らしている場合が多い（クロヨロイトカゲでは繁殖期以外は単独で活動する傾向が強い）。地上棲だが立体活動も得意で、草原や荒れ地に点在する岩場に生息する。日光浴をする姿がよく観察されているが、警戒心は強く、少しでも危険を感じるとすばやく物陰に逃げ込む。昼行性で節足動物を捕食する。繁殖形態は胎生でメスは1度に1〜3匹の幼体を出産する。

ピアーズヨロイトカゲ

ピアーズヨロイトカゲ

ニヌルタヨロイトカゲ属　*Ninurta*

アオボシヨロイトカゲ

学名 *Ninurta coeruleopunctatus*
分布 南アフリカ
全長 約13〜16cm
飼育 タイプ 2

　属名の *Ninurta* とはシュメール神話において雨と南風を司る神であるニヌルタ（Ninruta）に由来し、本属がヨロイトカゲ科としては珍しく、やや冷涼で湿度のある環境に生息することに由来するとされる。種小名の *coeruleopunctatus* とは「青色の斑紋」を意味し、本種の模様を表している。英名では"Blue-spotted Girdled Lizard"と呼ばれる。ヨロイトカゲ属に比べると体形はスレンダーで、鱗はやや細かいが強いキールを持ち、頸部の鱗は特に粗くなっている。黒褐色で頭部や背面には青灰色〜水色の不明瞭な斑紋が散らばり、喉元から腹部は橙色のものが多い。南アフリカの南ケープ州に位置するモーセル湾（Mossel Bay）からウィテルスボス（Witelsbos）の間に連なる山間部の岩場に生息し、地上棲だが立体活動も得意で、岩の隙間などを入り口に地中へ繋がる巣穴を掘って暮らしているものが多い。昼行性で節足動物を捕食する。繁殖形態は胎生でメスは1度に1〜4匹の幼体を出産する。

アオボシヨロイトカゲ

アオボシヨロイトカゲ

アオボシヨロイトカゲ（若い個体）

アオボシヨロイトカゲ（腹部）

アルマジロトカゲ属　*Ouroborus*

アルマジロトカゲ

学名 *Ouroborus cataphractus*
分布 南アフリカ
全長 約15〜20cm
飼育 タイプ ［2］

　別名アルマジロヨロイトカゲ。属名の *Ouroborus* とは自身の尾を咥えたヘビ、もしくは竜を描いた古代のシンボルであるウロボロス（Ouroboros。もしくは Uroboros）に由来し、本種の防御姿勢（自身の尾を咥えて丸くなる）をそれに見立てたもの。種小名の *cataphractus* とは「鎧を着た」や「盾を持った」を意味し、本種が丈夫な刺々しい大きな鱗に覆われていることを表している。かつてはヨロイトカゲ属に含まれていたが、2011年に独立属となった。英名では "Armadillo Lizard" や "Armadillo Girdled Lizard" "Armadillo Spiny-tailed Lizard" と呼ばれる。

　頭部と腹部以外は棘状に発達した大型鱗で覆われており、特に尾部の鱗は鋭く素手で掴んだら痛いほどである。茶褐色〜黄褐色のものが多いが稀に灰褐色や橙色のものも見られる。南アフリカ南西部の乾燥地帯に広がる岩場に生息する。8〜20匹のコロニーで暮らしており（最大60匹という報告もある）、地上棲だが立体活動も得意で、危険を感じるとまずは岩の隙間などに逃げ込むが、追いつめられると自身の尾部を咥えて輪状になり、それでも敵が怯まない場合は咬みつくなどの攻撃性を見せることもある。昼行性で節足動物を捕食するが特にシロアリが餌の大きな割合を占めており、大きなコロニーで暮らすものは小さなコロニーで暮らすものよりもシロアリを食べる量が増えることもわかっている。繁殖形態は胎生でメスは1度に1〜2匹の幼体を出産するが、全てのメスが毎年繁殖するわけではなく、隔年でしか繁殖しないメスも少なくない。なお、母親が生まれた幼体に餌を与えて世話をするという報告もあるが、はっきりしない。

アルマジロトカゲ

アルマジロトカゲ

アルマジロトカゲ（幼体）

アルマジロトカゲ（幼体）

ヒラタトカゲ属　*Platysaurus*

ブロードレイヒラタトカゲ

学名 *Platysaurus broadleyi*
分布 南アフリカ
全長 約17〜21cm
飼育 タイプ [4]

属名の *Platysaurus* とは「扁平」を意味する【platy】と、「トカゲ」を意味する【saura】が組み合わさったもの。種小名の *broadleyi* とはアフリカで活動したイギリスの動物学者である Donald George Broadley（1932-2016）に因む。英名では "Augrabies Flat Lizard" や "Broadley's Flat Lizard" と呼ばれる。四肢や胴部の鱗は顆粒状で細かいが、尾部にはキールのある大型鱗が環状に並んでいる。ヒラタトカゲ属は

ブロードレイヒラタトカゲ（オス）

ブロードレイヒラタトカゲの縄張り争い

ブロードレイヒラタトカゲ（オスの腹部）

ブロードレイヒラタトカゲ（オス）

ブロードレイヒラタトカゲ（メス）

02

世界のスキンク下目

顕著な性的二型を持ち、幼体とメスは暗褐色〜茶褐色で背面に白色のストライプ模様が3本入るが（中央の1本は不明瞭）、成熟したオスは頭部から胴部は青色〜青灰色、前肢は黄色、後肢と尾部は橙色という全く異なる体色を持つ。なお、良好な縄張りを獲得できたオスほど鮮やかに発色する傾向があり、特に繁殖期は自身の存在と縄張りを誇示し、メスを惹きつけるため最も鮮やかな状態になるが、同時に天敵にも見つかりやすいため捕食される確率はオスのほうが高くなっている。南アフリカの北ケープ州に位置するオーグラビーズ（Augrabies）を中心にペラ（Pella）まで約200kmの範囲に分布する。地上棲だが立体活動も得意で、草原や荒れ地に点在する岩場にオスを中心とした少数のコロニーで暮らしている（標高約600〜750mの丘陵などやや高所を好む傾向がある）。動きはすばやく、危険を感じると岩の隙間などに逃げ込み、体を膨らませて引っ張り出されないようにして身を護る。昼行性で主に節足動物を捕食するが、果実なども食べることがあり、優れた視力で鳥類の群れを追いかけて樹木の位置を特定していることもわかっている。繁殖形態は卵生でメスは1度に1〜2個の卵を岩の隙間などに産卵する。

ミカドヒラタトカゲ

学名 *Platysaurus imperator*
分布 ジンバブエ・モザンビーク
全長 約23〜30cm
飼育 タイプ 4

　種小名の *imperator* とは「皇帝」を意味し、本種がヒラタトカゲ属の最大種であることを表していると思われる。四肢や胴部の鱗は顆粒状で細かいが、尾部にはキールのある大型鱗が環状に並んでいる。顕著な性的二型を持ち、幼体とメスは暗褐色〜茶褐色で、背面に白色のストライプ模様が3本入るが（中央の1本は不明瞭）、成熟したオスは頭部から胴部が赤色〜黄色、四肢は黒色、尾部は黄色〜橙色という全く異なる体色を持つ。ジンバブエ北東部からモザンビークの隣接地域に分布する。地上棲だが立体活動も得意で、草原や荒れ地に点在する岩場にオスを中心とした少数のコロニーで暮らしている（丘陵などやや高所を好む傾向がある）。動きはすばやく、危険を感じると岩の隙間などに逃げ込み、体を膨らませて引っ張り出されないようにして身を護る。昼行性で節足動物を捕食するとされるが、やや不明な部分が多い（果実を食べていたという報告はあるが、はっきりしない）。繁殖形態は卵生でメスは1度に1〜2個の卵を岩の隙間などに産卵する。

ミカドヒラタトカゲ（オス）

ミカドヒラタトカゲ（オス）

ミカドヒラタトカゲ（メス）

ミカドヒラタトカゲ（メス）

ヒラタトカゲ属　*Platysaurus*

ナミヒラタトカゲ

学名 *Platysaurus intermedius*

分布 南アフリカ・マラウイ・モザンビーク・ジンバブエ・ボツワナ・エスワティニ

全長 約12～25cm

飼育 タイプ　4

　種小名の *intermedius* とは「中間」を意味すると思われるが、はっきりしない。英名では "Common Flat Lizard" と呼ばれる。ナミヒラタトカゲ *P. i. intermedius*（基亜種）・カクレヒラタトカゲ *P. i. inopinus*・ナタールヒラタトカゲ *P. i. natalensis*・クロヒラタトカゲ *P. i. nigrescens*・ムパタマンガヒラタトカゲ *P. i. nyasae*・ブロウベルグヒラタトカゲ *P. i. parvus*・ジンバブエヒラタトカゲ *P. i. rhodesianus*・ズグロヒラタトカゲ *P. i. subniger*・ウィルヘルムヒラタトカゲ *P. i. wilhelmi* の9亜種が確認されている。四肢や胴部の鱗は顆粒状で細かいが、尾部にはキールの

ある大型鱗が環状に並んでいる。顕著な性的二型を持ち、幼体とメスは暗褐色～茶褐色で背面に白色のストライプ模様が3本入るが（中央の1本は不明瞭）、成熟したオスは赤色や緑色・黄色・青色といった派手な体色を持つ（亜種によって異なり、クロヒラタトカゲのように頭部から胴部は黒褐色で尾部のみ鮮やかな赤色を呈するものもいる）。また、亜種ごとに大きさも異なり、最大亜種はジンバブエヒラタトカゲの約23～25cmで、最小亜種はブロウベルグヒラタトカゲの約12～15cmと思われる）。本種はヒラタトカゲ属では最も広い分布域を持つが、亜種によっては局所的。地上棲だが立体活動も得意で、草原や荒れ地に点在する岩場にオスを中心とした少数のコロニーで暮らしている（丘陵などやや高所を好む傾向がある）。動きはすばやく、危険を感じると岩の隙間などに逃げ込み、体を膨らませて引っ張り出されないようにして身を護る。昼行性で節足動物を捕食する。繁殖形態は卵生でメスは1度に1～2個の卵を岩の隙間などに産卵する。

02

世界のスキンク下目

ナミヒラタトカゲ

ジンバブエヒラタトカゲ（オス）

ジンバブエヒラタトカゲ（オス）

ジンバブエヒラタトカゲ（メス）

テンセンヒラタトカゲ

学名 *Platysaurus maculatus*
分布 モザンビーク・タンザニア
全長 約15〜20cm
飼育 タイプ ［4］

　種小名の *maculatus* とは「斑紋のある」を意味し、本種の背面にある模様を表している。英名では"Spotted Flat Lizard"と呼ばれる。テンセンヒラタトカゲ *P. m. maculatus*（基亜種）・スジオテンセンヒラタトカゲ *P. m. lineicauda* の2亜種が確認されている。四肢や胴部の鱗は顆粒状で細かいが、尾部にはキールのある大型鱗が環状に並んでいる。顕著な性的二型を持ち、幼体とメスは暗褐色〜茶褐色で頸部のみ橙色に染まり、背面には白色の斑紋が5列並んでいるが（中央はストライプ状となっているものが多い）、成熟したオスは頭部が褐色〜赤褐色（青灰色のものも見られる）で、胴部は青灰色〜青緑色、四肢は暗褐色、尾部は赤色〜橙色、背面にはやや不明瞭な灰白色の斑紋が散らばるものが多い。地上棲だが立体活動も得意で、草原や荒れ地に点在する岩場にオスを中心とした少数のコロニーで暮らしている（丘陵などやや高所を好む傾向がある）。動きはすばやく、危険を感じると岩の隙間などに逃げ込み、体を膨らませて引っ張り出されないようにして身を護る。昼行性で節足動物を捕食する。繁殖形態は卵生でメスは1度に1〜2個の卵を岩の隙間などに産卵する。

テンセンヒラタトカゲ（オス）

テンセンヒラタトカゲ（メス）

ヒラトカゲ属　Platysaurus

プンゲヒラタトカゲ

学名 *Platysaurus pungweensis*
分布 モザンビーク・ジンバブエ
全長 約15〜20cm
飼育 タイプ 4

　種小名の *pungweensis* とは、本種の模式標本がジンバブエ東部を流れるプングェ川（Pungwe River）周辺で採集されたことに因む。英名では "Pungwe Flat Lizard" と呼ばれる。プンゲヒラタトカゲ *P. m. pungweensis*（基亜種）・ブレイクヒラタトカゲ *P. m. blakei* の2亜種が確認されている。四肢や胴部の鱗は顆粒状で細かいが、尾部にはキールのある大型鱗が環状に並んでいる。顕著な性的二型を持ち、幼体とメスは暗褐色〜茶褐色で背面には不明瞭なストライプ模様が3本入り、胸部と尾部は赤色〜黄色のものが多いが、成熟したオスの頭部は青緑色〜緑色で、背面にはやや不明瞭なストライプ模様が3〜5本入り（中央のもの以外は点線状になっている場合が多い）、尾部は赤色〜橙色のものが多い。地上棲だが立体活動も得意で、草原や荒れ地に点在する岩場にオスを中心とした少数のコロニーで暮らしており、渓谷や崖など高低差のある場所を好む傾向がある。動きはすばやく、危険を感じると岩の隙間などに逃げ込み、体を膨らませて引っ張り出されないようにして身を護る。昼行性で節足動物を捕食する。繁殖形態は卵生でメスは1度に1〜2個の卵を岩の隙間などに産卵する。

プンゲヒラタトカゲ
（オス）

プンゲヒラタトカゲ

セスジヒラタトカゲ

学名 *Platysaurus torquatus*

分布 マラウイ・モザンビーク・ジンバブエ

全長 約14～18cm

飼育 タイプ 4

　別名トルクアータヒラタトカゲ。種小名の *torquatus* とは「首飾り」を意味し、本種のメスの模様を表していると思われる。英名では "Collared Flat Lizard" と呼ばれる。四肢や胴部の鱗は顆粒状で細かいが、尾部にはキールのある大型鱗が環状に並んでいる。顕著な性的二型を持ち、幼体とメスは暗褐色〜茶褐色で尾部は黄色〜橙色のものが多い。一方、成熟したオスは緑色〜青緑色で背面中央部は黒褐色、尾部は橙色のものが多い。また、雌雄・幼体問わず、背に走る明色ストライプのうち正中線上の1本は途切れたり消滅したりせず吻端から腰まではっきり通る。これは属中では本種のみの特徴。地上棲だが立体活動も得意で、草原や荒れ地に点在する岩場にオスを中心とした少数のコロニーで暮らしており、特に河川周辺で多く見られる（水辺周辺に発生するハエ類に飛びかかるようにして捕食している姿が観察されている）。動きはすばやく、危険を感じると岩の隙間などに逃げ込み、体を膨らませて引っ張り出されないようにして身を護る。昼行性で節足動物を捕食する。繁殖形態は卵生でメスは1度に1〜2個の卵を岩の隙間などに産卵する。

ブレイクヒラタトカゲ（オス）

ブレイクヒラタトカゲ（メス）

ブレイクヒラタトカゲ（オス）

セスジヒラタトカゲ（オス）

セスジヒラタトカゲ（メス）

ニセヨロイトカゲ属　*Pseudocordylus*

セグロニセヨロイトカゲ

学名 *Pseudocordylus melanotus*
分布 南アフリカ
全長 約20〜26cm
飼育 タイプ 2

　別名ナミニセヨロイトカゲ。属名の *Pseudocordylus* とは「偽」を意味する【pseudo】とヨロイトカゲ属の属名が組み合わさったもの。種小名の *melanotus* とは「黒色の背中」を意味し、本種の背面の体色を表していると思われる。英名では "Common Crag Lizard" や "Highveld Crag Lizard" と呼ばれる。頭部は大きく扁平で、胴部の鱗はやや小さいが、尾部にはキールのある大型鱗が環状に並んでいる。性的二型を持ち、幼体とメスは暗褐色〜茶褐色で不明瞭な灰白色の斑紋が散らばるが、成熟したオスは側面が黄色〜橙色で背面は暗褐色〜黒色のものが多く、繁殖期に最も鮮やかな体色を呈する。地上棲だが立体活動も得意で、南アフリカ中部〜東部に位置するフリーステイト州・ハウテン州・ムプマランガ州の草原や荒れ地に点在する岩場に、オスを中心とした少数のコロニーで暮らしているが、縄張り自体はさほど広くないのか、

いくつものコロニーが密集して存在している場合もある。動きはすばやく、危険を感じると岩の隙間などに逃げ込み、体を膨らませて引っ張り出されないようにして身を護る。昼行性で主に節足動物を捕食するが、花や果実・ベリー類なども食べることがある。低温には高い耐性があり−5℃まで耐えられるとされるが、気温の下がる時期は岩の隙間の奥などで冬眠を行う。繁殖形態は胎生でメスは1度に1〜6匹の幼体を出産する。

ドラケンスバーグ
ニセヨロイトカゲ

学名 *Pseudocordylus subviridis*
分布 南アフリカ・レソト
全長 約22〜30cm
飼育 タイプ 2

　種小名の *subviridis* とは「緑色を帯びた」を意味するが、はっきりしない。英名では "Drakensberg Crag Lizard" と呼ばれる。形態や体色・模様はセグロニセヨロイトカゲに酷似しており、外見からの判断は難しく、研究者によってはセグロニセヨロイトカゲの亜種 *P. m. subviridis* とする場合もあるが、本書では独立種として扱う。南アフリカの東ケープ州に位置するア

セグロニセヨロイトカゲ

セグロニセヨロイトカゲ

ドラケンスバーグニセヨロイトカゲ（幼体）

02

世界のスキンク下目

マトラ山脈（Amatola Mountains）からトランスバール高原盆地（Transvaal Plateau Basin）・ドラケンスバーグ山脈（Drakensberg Mountains）周辺に分布し、セグロニセヨロイトカゲと分布が重なることはなく、本種のほうがより高地に生息するとされる。地上棲だが立体活動も得意で、山地の岩場に単独、もしくはオスを中心とした少数のコロニーで暮らしている。動きはすばやく、危険を感じると岩の隙間などに逃げ込み、体を膨らませて引っ張り出されないようにして身を護る。生態には不明な部分が多いが、昼行性で主に節足動物を捕食し、花やベリー類なども食べることがある。繁殖形態は胎生でメスは1度に1～7匹の幼体を出産する。

トランスバール ニセヨロイトカゲ

`学名` *Pseudocordylus transvaalensis*
`分布` 南アフリカ
`全長` 約15～22cm
`飼育` タイプ [2]

　種小名の *transvaalensis* とは「トランスバールの」を意味し、南アフリカ北東部に位置するトランスバール高原盆地、もしくは1910～1994年まで存在したトランスバール州（1994年にプレトリアウィットウォーターズランドブレーニギング州＝現在のハウテン州・東トランスバール州＝現在のムプマランガ州・北トランスバール州＝現在のリンポポ州および北西州の一部に4分割再編された）を意味し、本種の模式産地（北トランスバール州ピーターバーグ地区＝Pietersburg District。現在のリンポポ州ポロクワネ＝Polokwane周辺）を表わしている。英名では"Northern Crag Lizard"と呼ばれる。なお、本種は1943年にはドラケンスバーグニセヨロイトカゲの亜種 *P. s. transvaalensis* として記載され、1984年にはセグロニセヨロイトカゲ *P. m. transvaalensis* となり、2011年に独立種になったという経緯がある。形態や体色・模様はセグロニセヨロイトカゲによく似ているが、より小型。分布は南アフリカのリンポポ州に限定されており、地上棲だが立体活動も得意で、草原や荒れ地に点在する岩場に生息するが、コロニーなどは形成せず繁殖期以外は単独で活動するようだ（オスは縄張りを持ち、同種他種を問わず激しく攻撃する）。動きはすばやく、危険を感じると岩の隙間などに逃げ込み、体を膨らませて引っ張り出されないようにして身を護る。生態には不明な部分が多いが、昼行性で主に節足動物を捕食すると考えられている。繁殖形態は胎生。

ドラケンスバーグニセヨロイトカゲ（若い個体）

ドラケンスバーグニセヨロイトカゲ（若い個体）

トランスバールニセヨロイトカゲ（オス）

トランスバールニセヨロイトカゲ（メス）

リュウオウヨロイトカゲ属　Smaug

ヒラタヨロイトカゲ

学名 *Smaug depressus*
分布 南アフリカ
全長 約26〜32cm
飼育 タイプ 2

　別名デプレッサヨロイトカゲ。属名の *Smaug* とは John Ronald Reuel Tolkien（1892-1973）の小説『ホビットの冒険（原題：The Hobbit, or There and Back Again）』に登場する竜の名であるスマウグ（Smaug）が由来となっている。おそらく、本属に含まれるヨロイトカゲ科の最大種であるオオヨロイトカゲの姿をそれに見立てたのだろう。種小名の *depressus* とは「扁平な」を意味し、本種の頭部の形状を表しているとされる。英名では "Flat Dragon Lizard" や "Zoutpansberg Girdled Lizard" と呼ばれる。頭部は大きくやや扁平で、背面や四肢・尾部は先端が棘状に発達した強いキールのある鱗で覆われており、雌雄共に暗褐色〜黒褐色で、灰白色の斑紋が散らばっている（オスのほうが斑紋が大きく多い傾向がある）。南アフリカ北東部に位置するサウトパンスベルグ山脈（Soutpansberg Mountains）から北はクルーガー国立公園（Kruger National Park）、南はモジャジスクルーフ（Modjadjiskloof）周辺まで分布し、標高1,500m以下の岩場に多く見られる。地上棲だが立体活動も得意で、危険を感じると岩の隙間などに逃げ込み、体を膨らませて引っ張り出されないようにして身を護る。少数のコロニーで暮らしているという説もあるが単独での発見例も多く、どれほどの社会性を持っているのかははっきりしていない（繁殖期になると大型のメスが縄張りを支配するという説もある）。昼行性で主に節足動物を捕食するが、トカゲなどを食べることもある。繁殖形態は胎生でメスは1度に1〜5匹の幼体を出産する。

ヒラタヨロイトカゲ

ヒラタヨロイトカゲ

ヒラタヨロイトカゲ（若い個体）

02

世界のスキンク下目

オオヨロイトカゲ

学名 *Smaug giganteus*
分布 南アフリカ
全長 約30～40cm
飼育 タイプ 3

　種小名の *giganteus* とは、本来はギリシャ神話に登場するウーラノス（Ouranos）とガイア（Gaia）の息子である巨人ギガース（Gigas）に由来するが、分類学では「大きい」や「巨大」を意味し、主に大型種に用いられる名称の1つとなっており、本種がヨロイトカゲ科の最大種であることを表している。英名では"Giant Dragon Lizard"や"Giant Girdled Lizard""Sungazer"と呼ばれる。余談であるが、現地では"Ouvolk"の呼び名が一般的で、これはアフリカーンス語で「老人」を意味し、本種が長時間日光浴する姿を引退した農場労働者に喩えたものとされる。背面や四肢・尾部は先端が棘状に発達した強いキールのある鱗で覆われており、雌雄共に背面は茶褐色〜暗褐色で、側面と腹部は灰白色〜黄褐色（背面に不明瞭な斑紋が散らばるものも見られる）。南アフリカ北東部に位置するハイフェルト台地（Highveld。標高1,500〜2,100mの南アフリカ内陸高原の一部）の草原や荒れ地に生息する。地上棲で、深さ40cm・長さ150〜200cmの巣穴を掘って暮らしており（雌雄で別々の巣穴を利用し、オスは1匹で1つの巣穴を占有するが、メスは複数の個体が1つの巣穴を利用することもある）、気温の下がる季節は巣穴の中に潜んでいる。主に節足動物を捕食するが、小型のトカゲや果実などを食べることもある。繁殖形態は胎生でメスは1度に1〜2匹の幼体を出産する（繁殖は隔年〜3年に1度）。なお、本種は農地開発や石炭採掘による生息地の破壊・薬用や呪術用（特にアフリカ南部に暮らすソト族の間では伝統的に利用されており、本種の鱗を粉末にして飲めば家族に知られることなく複数の異性と関係を持つことができると信じられている）・愛玩用の採集などにより生息数が減少しているため、原産国である南アフリカでは生体・死体を問わず無許可での所持が禁止されている。

オオヨロイトカゲ

オオヨロイトカゲ

オオヨロイトカゲ（幼体）

オオヨロイトカゲ

02

世界のスキンク下目

リュウオウヨロイトカゲ属 *Smaug*

モザンビークヨロイトカゲ

学名 *Smaug mossambicus*

分布 ジンバブエ・モザンビーク

全長 約18～28cm

飼育 タイプ 2

　別名オレンジサイドワレンヨロイトカゲ。かつては
ワレンヨロイトカゲの亜種 *C. w. mossambicus* とされ
ていたが、2011年に独立種となった。種小名の
mossambicus とは「モザンビークの」を意味し、本種
の摸式産地がモザンビークにあることを表している。
英名では "Gorongoza Dragon Lizard" や "Gorongosa
Girdled Lizard" と呼ばれる。頭部はやや扁平で胴部
の鱗もやや細かく、一見するとニセヨロイトカゲ属に
近い形態を持つ。属内ではやや珍しく性的二型が見
られ、幼体とメスは頭部や背面は黒褐色で、側面
や腹部は暗褐色～灰色。成熟したオスは頭部や背
面が同じ黒褐色だが、側面や腹部は鮮やかな橙色
となっている。モザンビーク中央部のソファラ県に
位置する巨大な残丘（アフリカのサバンナ地域に点
在する裸岩の孤立丘）であるゴロンゴーサ山（Mount
Gorongosa）やジンバブエとモザンビークの国境に位
置するチマニマニ山脈（Chimanimani Mountains）の
岩場に生息する。地上棲だが立体活動も得意で、
危険を感じると岩の隙間などに逃げ込み、体を膨ら
ませて引っ張り出されないようにして身を護る。なお、
野生下では少数のコロニーで暮らしているという説も
あるが単独やつがいでの発見例も多く、どれほどの
社会性を持っているのかははっきりしていない。昼行
性で主に節足動物を捕食するが、トカゲなどを食べ
ることもある。繁殖形態は胎生でメスは1度に1～
2匹の幼体を出産する。

ヴァンダムヨロイトカゲ

学名 *Smaug vandami*

分布 南アフリカ

全長 約16～26cm

飼育 タイプ 2

　種小名の *vandami* とは、南アフリカの動物学者で
ある Gerhardus Petrus Frederick Van Dam（1888-
1927）に因む。英名では "Van Dam's Dragon
Lizard" や "Van Dam's Girdled Lizard" と呼ばれる。

頭部は大きくやや扁平で、背面や四肢・尾部は先端
が棘状に発達した強いキールのある鱗で覆われてい
る。雌雄共に暗褐色～黒褐色で、背面には灰白色
の斑紋が散らばっている。南アフリカ北東部に位置
するリンポポ州の草原や荒れ地に在する岩場に生
息する。地上棲だが立体活動も得意で、危険を感じ
ると岩の隙間などに逃げ込み、体を膨らませて引っ
張り出されないようにして身を護る。なお、野生下
では少数のコロニーで暮らしているという説もある
が単独や番での発見例も多く、どれほどの社会性を
持っているのかははっきりしていない。昼行性で主
に節足動物を捕食するが、トカゲなどを食べることも
ある。繁殖形態は胎生でメスは1度に1～2匹の幼
体を出産する。

ワレンヨロイトカゲ

学名 *Smaug warreni*

分布 南アフリカ・エスワティニ・ボツワナ・モザン
ビーク

全長 約18～28cm

飼育 タイプ 2

　種小名の *warreni* とは、イギリスの動物学者であ
る Ernest Warren（1871-1945）に因む。英名で
は "Lebombo Dragon Lizard" や "Warren's Girdled
Lizard" と呼ばれる。頭部は大きくやや扁平で、背面
や四肢・尾部は先端が棘状に発達した強いキールの
ある鱗で覆われている。雌雄共に茶褐色～黒褐色で、
背面には灰白色の斑紋が散らばるが、体色や模様に
は地域差や個体差があるだけでなく（茶褐色に黒色
で縁取られた灰白色の眼状紋を持つものや斑紋が細
い帯状に繋がっているものなどが見られる）、腹部
の模様や背面の鱗の形状もやや異なる場合があるた
め、複数の隠蔽種を含んでいる可能性もある。山地
の岩場に生息するがさほど高所には見られず、標高
300～800mでの発見例が多い。地上棲だが立体
活動も得意で、危険を感じると岩の隙間などに逃げ
込み、体を膨らませて引っ張り出されないようにして
身を護る。なお、野生下では少数のコロニーで暮ら
しているという説もあるが単独やつがいでの発見例
も多く、どれほどの社会性を持っているのかははっき
りしていない。昼行性で主に節足動物を捕食するが、
トカゲなどを食べることもある。繁殖形態は胎生でメ
スは1度に1～2匹の幼体を出産する。

モザンビークヨロイトカゲ
（手前がオス、奥がメス）

モザンビークヨロイトカゲ（オス）

モザンビークヨロイトカゲ（幼体）

ワレンヨロイトカゲ

ヴァンダムヨロイトカゲ

ワレンヨロイトカゲ

カタトカゲ科　Gerrhosauridae

オニプレートトカゲ属　*Broadleysaurus*

オニプレートトカゲ

学名 *Broadleysaurus major*

分布 ケニア・タンザニア・モザンビーク・マラウイ・ザンビア・エチオピア・エリトリア・トーゴ・コンゴ民主共和国・南アフリカ・エスワティニ・ボツワナ・ジンバブエ・南スーダン・中央アフリカ・ソマリア・ウガンダ・カメルーン・ナイジェリア・ベニン・ガーナ

全長 約35〜50cm

飼育 タイプ 5

オオプレートトカゲの別名もあるが、同名の属が存在するため注意されたい。属名の*Broadleysaurus*とはアフリカの動物学者であるDonald George Broadley（1932-2016）と、「トカゲ」を意味する【saura】が組み合わさったもの。種小名の*major*とは「大きい」を意味すると思われるが、はっきりしない。旧属内における主要な種であったことを意味するという説もある（かつてはプレートトカゲ属に含まれており、2013年に分割された）。英名では"Rough-scaled Plated Lizard"や"Sudan Plated Lizard""Tawny Plated Lizard""Greater Plated Lizard"と呼ばれる。かつてはいくつかの亜種（ツェッヒオニプレートトカゲ*G. m. zechi*やセイブオニプレートトカゲ*G. m. bottegoi*

など）に分けられていたが、現在では亜種を認めないという見方が有力。なお、オニという和名は「鬼」に由来し、大型種に付けられる傾向はあるが、本種はカタトカゲ科の最大種というわけではない（平均全長は約30〜45cm。稀に55cmを超える場合もある）。背面や四肢・尾部は隆起した丈夫な鱗で覆われており（海外ではHeavy Armor＝重装甲という表現がよく使われる）、側面は外皮を襞状に折り畳める構造となっている。頭部はやや小さく、四肢は短く、尾部もやや短い（頭胴長の約110％）。黄褐色〜茶褐色のものが多いが、背面の鱗に暗褐色の細かい斑紋を持つものや側面が赤褐色のものも見られる（オスに多いとされるが、はっきりしない）。サハラ砂漠以南のアフリカ大陸東部から中部に分布する。標高約1,700mまでの乾燥した森林から草原・荒れ地までさまざまな環境で見られ、オスを中心とした少数のコロニーで暮らしている（縄張りを支配するオスは喉元に桃色〜赤色を発色する場合がある）。地上棲で、岩の下や隙間を棲み家とするほか、地面やシロアリの塚の中に巣穴を掘って暮らしている。危険を感じた際だけでなく、猛暑時なども棲み家や巣穴に逃れる（長さ3mに達する巣穴が発見された例もある）。昼行性で主に節足動物を捕食するが、トカゲやネズミ・花・果実などを食べることもある。繁殖形態は卵生でメスは1度に2〜6個の卵を地中に産卵する。

オニプレートトカゲ。かつてヒガシオオプレートトカゲとして流通していた分布地東部の個体群

オニプレートトカゲ。かつてセイブオニプレートトカゲとして流通していた分布地中東部の個体群

オニプレートトカゲ（ベナン産）

オニプレートトカゲ。アフリカ西部の個体群。ペットトレード上では無効名ツェッヒオニプレートトカゲの名が使われることもある

オニプレートトカゲ（幼体）。アフリカ西部の個体群

ヨロイカタトカゲ属 *Cordylosaurus*

ヨロイカタトカゲ

学名 *Cordylosaurus subtessellatus*
分布 アンゴラ・ナミビア・南アフリカ・ボツワナ
全長 約14～18cm
飼育 タイプ ☐7

　別名スキメヨロイカタトカゲ。属名の *Cordylosaurus* とはギリシャ語では「棍棒」を意味する【kordylē】と、「トカゲ」を意味する【saura】が組み合わさったものと思われるが、はっきりしない。種小名の *subtessellatus* とは「モザイク状に敷き詰められた」を意味し、本種の持つタイル状の鱗を表していると思われる。英名では"Dwarf Plated Lizard"や"Blue-black Plated Lizard"と呼ばれる。頭部はやや扁平で吻は尖っており、体形はスレンダーで四肢はやや短い。背面や尾部は細かい皺状のキールが入る長方形の鱗で覆われている。背面や側面は黒色で、吻端から白色のストライプ模様が1本ずつ左右に入るが、尾部周辺からは鮮やかな水色に変化するというスジトカゲ属の幼体時のような色彩を持つ。主にアフリカ南部の南大西洋側に広がる乾燥した草原や岩場に分布し（アフリカ南部の内陸国であるボツワナ西部からも記録されている）、昼行性で節足動物を捕食する。繁殖形態は卵生でメスは1度に1～2個の卵を地中に産卵する。

ヨロイカタトカゲ

長寿のボトルネック仮説①
─哺乳類と爬虫類では寿命の法則が異なる─

 DISCOVERY

COLUMN

　一部の例外を除いて、哺乳類は体重に応じて寿命が異なるという法則がある。例として、体重20～60gのアカネズミでは1～3年だが、体重3,000～6,000kgのアフリカゾウでは60～70年となっている。この哺乳類の寿命と体重の関係式に日本人の男女30歳の体重平均値を当てはめると、寿命は26年6カ月となり、実際に人間の生命的なピークは10代後半～20代である（実際の平均寿命はこの理論値の3倍以上もあるが、それは人間が医療を発達させ、栄養状態や公衆衛生を改善するといった工夫をしているからである）。一方、爬虫類では大きく異なり、体重20gに満たないニホントカゲでも5～7年（飼育下では10年以上生きた例もある）。マツカサトカゲでは体重が600～900gしかないにもかかわらず、40～50年と非常に長寿となっている。すなわち、哺乳類と爬虫類では"寿命の法則"に何ら

かの大きな違いがあると考えられる。この現象にはまだ不明な部分が多いが、2023年にイギリスのバーミンガム大学に所属する微生物学者であるJoão Pedro de Magalhães氏が、「長寿のボトルネック仮説」という新説を発表した。その内容はなんと「恐竜の存在が哺乳類の寿命を短くしたのかもしれない」という衝撃的なものだった。

爬虫類は体の大きさに比べて寿命が長いものが多い。哺乳類とは寿命の法則が根本的に異なると考えられている

02
世界のスキンク下目

プレートトカゲ属　*Gerrhosaurus*

キノドプレートトカゲ

学名 *Gerrhosaurus flavigularis*

分布 マラウイ・モザンビーク・南アフリカ・エスワティ二・スーダン・南スーダン・ケニア・タンザニア・ジンバブエ・エチオピア・ソマリア・ボツワナ・ナミビア・ルワンダ・ブルンジ・ウガンダ

全長 約30～45cm

飼育 タイプ　6

　属名の *Gerrhosaurus* とは「網細工された枝」を意味する【gérrhon】と、「トカゲ」を意味する【saura】が組み合わさったものと思われるが、はっきりしない。種小名の *flavigularis* とは「黄色の喉」を意味し、本種の喉元周辺の色を表わしているが、全ての個体が黄色を発色するわけではない。英名では "Yellow-throated Plated Lizard" と呼ばれる。頭部はやや小さ

く、背面や尾部は細かい皺状のキールが入った丈夫な鱗で覆われており、体形はスレンダーで尾部も長く、動きはすばやい（現地ではよくヘビと間違えられるという）。体色や模様は個体差が大きく、背面は茶褐色で左右にやや不明瞭な黒色に縁取られた灰白色のストライプ模様を持つが、側面は白色～赤色まで見られ、黄色～白色の帯模様を持つものも少なくない。なお、繁殖期のオスは頭部周辺が赤色～青灰色まで変化することがある。標高2,000m以下の森林や草原・荒れ地などさまざまな環境に生息する（一部地域では都市部周辺でも見られる）。地上棲で、地中に巣穴を掘って暮らしているが（岩や倒木の下を棲み家にしている場合もある）、さほど穴掘りに適した体形ではないため、雨後に地表が柔らかくなってから巣穴を掘り始めることが多い。昼行性で主に節足動物を捕食するが、トカゲなどを食べることもある。繁殖形態は卵生でメスは1度に3～8個の卵を地中に産卵する。

キノドプレートトカゲ

キノドプレートトカゲ

キノドプレートトカゲ（メス）

プレートトカゲ属 *Gerrhosaurus*

スジプレートトカゲ

学名 *Gerrhosaurus nigrolineatus*

分布 ガボン・コンゴ民主共和国・アンゴラ・ナミビア・タンザニア・ボツワナ・マラウイ・モザンビーク・南アフリカ・ジンバブエ・ケニア・ザンビア

全長 約35〜50cm

飼育 タイプ 6

　別名キスジプレートトカゲ。種小名の *nigrolineatus* とは「黒色の筋模様」を意味し、本種の模様と体色を表わしていると思われる。英名では "Black-lined Plated Lizard" と呼ばれる。頭部はやや小さく、背面や尾部は細かい皺状のキールが入った丈夫な鱗で覆われており、体形はスレンダーで尾部も長く、動きはすばやい。体色や模様は個体差が大きく、背面は黒褐色〜赤褐色で左右に黒色に縁取られた黄色のストライプ模様を持ち（キノドプレートトカゲに似るがより細い傾向がある）、側面に灰白色の細かい斑紋が散らばるものも見られる。標高 1,700m 以下の森林や草原・荒れ地などさまざまな環境に生息する。地上棲で、地中に巣穴を掘って暮らしているものが多いが、シロアリの古巣やネズミなど他の動物が掘った巣穴を利用していることもあり、湾岸部に生息する個体群では岩の隙間などを棲み家としている場合もある。昼行性で主に節足動物を捕食するが、トカゲなどを食べることもある。繁殖形態は卵生でメスは1度に4〜9個の卵を地中に産卵する。

スジプレートトカゲ

スジプレートトカゲ（幼体）

02

世界のスキンク下目

オオプレートトカゲ属　*Matobosaurus*

イワヤマプレートトカゲ

学名 *Matobosaurus validus*

分布 南アフリカ・エスワティニ・ジンバブエ・マラウイ・モザンビーク・ボツワナ・ザンビア

全長 約40～60cm

飼育 タイプ　5

　別名ヒガシオオプレートトカゲ。属名の *Matobosaurus* とは、ジンバブエの北ンデベレ人と南アフリカ共和国の南ンデベレ人が話す言語の総称であるンデベレ語で「禿げた頭」を意味する【matobo】と、「トカゲ」を意味する【saura】が組み合わさったもの。種小名の *validus* とは「力強い」を意味する。英名では "Eastern Giant Plated Lizard" や "Common Giant Plated Lizard" と呼ばれる。頭部はやや小さく、背面や尾部はキールのある丈夫な鱗で覆われており、全長75cmの記録を持つカタトカゲ科の最大種と思われる。幼体時は暗褐色～黒褐色で、背面には黄色い2本のストライプ模様が入るが、成長に伴い変化し、成体では茶褐色で側面に不明瞭な灰白色の帯模様が並ぶものが多い。なお、オスは喉元が赤色に染まるものが多く、繁殖期は薄紫色～桃色を呈する場合もある。山地や丘陵の岩場に生息し、特に緩やかな斜面を好む傾向がある。地上棲で、危険を感じると岩の隙間などに逃げ込み、体を膨らませて引っ張り出されないようにして身を護る。オスを中心とした少数のコロニーで暮らしているが、社会性は比較的緩やかであると考えられている（集団内における明確な上下関係などはあまり見られない）。昼行性で節足動物やトカゲ・花・葉・果実などを食べる。繁殖形態は卵生でメスは1度に2～6個の卵を地中に産卵する。

イワヤマプレートトカゲ

イワヤマプレートトカゲ（若い個体）

イワヤマプレートトカゲ（幼体）

マダガスカルカタトカゲ属 *Tracheloptychus*

カスリカタトカゲ

学名 *Tracheloptychus madagascariensis*
分布 マダガスカル
全長 約18～25cm
飼育 タイプ 8

　別名マダガスカルカタトカゲ。属名の *Tracheloptychus* とは「首」を意味する【trachelos】に因むとされるが、はっきりしない。種小名の *madagascariensis* とは「マダガスカルの」を意味し、本種の分布域を表している。英名では "Southern Madagascar Keeled Plated Lizard" や "Madagascar Keeled Cordylid" "Madagascar Sandfish" と呼ばれる。　頭部はやや小さく吻は尖っており、胴部はやや太く、四肢もやや長く（特に後肢）、尾部はやや細いという、平地をすばやく走り回るのに適した形態を持つ。鱗はやや小さく、背面や尾部には細かい皺状のキールが入るが、比較的滑らか。背面は暗褐色で灰白色の細いストライプ模様が3～4本入り、側面は茶褐色で黒色や灰白色の斑紋が散らばる。地上棲で、マダガスカル南東部の乾燥した草原や荒れ地・岩場に生息し、地中に巣穴を掘って暮らしている。オスを中心とした少数のコロニーで暮らしているが、社会性は比較的緩やかであると考えられている。昼行性で主に節足動物を捕食するが、花や葉・果実などを食べることもある。繁殖形態は卵生。

カスリカタトカゲ

カスリカタトカゲ

ニシキカタトカゲ

ニシキカタトカゲ

学名 *Tracheloptychus petersi*
分布 マダガスカル
全長 約16〜22cm
飼育 タイプ 8

　別名ピーターカタトカゲ。種小名の *petersi* とは、ドイツの動物学者である Wilhelm Peters（1815-1883）に因む。英名では "Western Madagascar Keeled Plated Lizard" や "Peters's Keeled Cordylid" "Blue Faced Lizard" "Madagascar Rainbow Sandfish" "Madagascar Rainbow Sand Lizard" と呼ばれる。　頭部はやや小さく吻は尖っており、胴部はやや太く、四肢もやや長く（特に後肢）、尾部はやや細いという、平地をすばやく走り回るのに適した形態を持つ。鱗はやや小さく、背面や尾部には細かい皺状のキールが入るが、比較的滑らか。頭部は水色〜青灰色で、背面は茶色に不明瞭な暗褐色の細いストライプ模様が2〜3本入るものが多い。側面は橙色〜赤色で白色の斑紋が散らばる。地上棲で、マダガスカル南西部の乾燥した草原や荒れ地・岩場に生息し、地中に巣穴を掘って暮らしている。オスを中心とした少数のコロニーで暮らしているが、社会性は比較的緩やかであると考えられている。昼行性で主に節足動物を捕食するが、花や葉・果実などを食べることもある。繁殖形態は卵生。

ニシキカタトカゲ

ニシキカタトカゲ

ニシキカタトカゲ（幼体）

オビトカゲ属　*Zonosaurus*

セイドウオビトカゲ

学名 *Zonosaurus aeneus*

分布 マダガスカル

全長 約15〜20cm

飼育 タイプ ⑨

　別名ブロンズオビトカゲ。属名の *Zonosaurus* とは「帯」を意味する【zono】と、「トカゲ」を意味する【saura】が組み合わさったもの。種小名の *aeneus* とは「青銅」や「銅」を意味し、本種の体色を表していると思われる。英名では "Bronze Plated Lizard" や "Bronze Girdled Lizard" と呼ばれる。頭部はやや小さく、頭部の括れは弱い。体形はスレンダーだが全体的にやや扁平で、背面や尾部は四角いタイル状の丈夫な鱗で覆われている。背面は茶褐色でそれを縁取るように目の後方から胴部中央にかけて黄色〜黄

白色のストライプ模様が左右に1本ずつ入る。側面は暗褐色で不明瞭な灰白色の斑紋が散らばるものが多い。地上棲でマダガスカル東部の森林に生息する。昼行性で主に節足動物を捕食するが、トカゲなどを食べることもある。繁殖形態は卵生。

アイマイオビトカゲ

学名 *Zonosaurus anelanelany*

分布 マダガスカル

全長 約14〜18cm

飼育 タイプ ⑨

　別名トゥリアラオビトカゲ。種小名の *anelanelany* とはマダガスカル語で「中間的」を意味し、本種が本属における大型種と小型種の中間的な存在であることを表しているとされる。英名では "Toliara Plated Lizard" や "Toliara Girdled Lizard" と呼ばれる。頭部

セイドウオビトカゲ

スキンク下目のそっくりさん？　ギャリワスプ科

 DISCOVERY

COLUMN

　ギャリワスプ科 Diploglossidae という仲間がアンティル諸島から南米に分布している。このギャリワスプ科は滑らかで光沢のある鱗と短い四肢を持ち、スキンクの仲間とそっくりだが（地上棲〜半地中棲で生態もよく似ている）、スキンク下目ではなくオオトカゲ下目 Anguimorpha に含まれ、起源もやや新しく、新生代初期頃（約6,500万年前〜）の南アメリカに登場したと考えられている（アンティル諸島へは3,400万年前までに数回に渡り南アメリカから移動したと考えられている）。彼らの形態がスキンクの仲間に似ている理由は不明な部分が多いが、おそらく収斂進化（複数の異なるグループの生物が、同様の生態的地位についた時に、系

統にかかわらず類似した形質を独立に獲得する現象）によるものと考えられている。なお、一部のカラフルな種類が人々に有毒種であると信じられているところもスキンクの仲間とよく似ている（ギャリワスプ科はいわゆる有毒有鱗類に含まれるが、人間にとって害はないと考えられている）。

オウゴンギャリワスプ *Diploglossus lessonae*。ギャリワスプの仲間はスキンクの仲間によく似ているが、別の下目に属している

はやや小さく、頸部の括れは弱い。体形はスレンダーだが全体的にやや扁平で、背面や尾部は四角いタイル状の丈夫な鱗で覆われている。吻や喉元は赤色（オスで特に顕著）。背面は茶褐色でそれを縁取るように目の後方から胴部前半にかけて黄色〜黄白色のストライプ模様が左右に1本ずつ入る。側面は暗褐色で不明瞭な灰白色の斑紋が散らばるものが多い。地上棲でマダガスカル南部の森林に生息する。昼行性で主に節足動物を捕食するが、トカゲなどを食べることもある。繁殖形態は卵生。

アンツィラナナキノボリ
オビトカゲ

学名 *Zonosaurus boettgeri*
分布 マダガスカル
全長 約40〜50cm
飼育 タイプ 11

別名キノボリオビトカゲ。種小名の *boettgeri* とは、ドイツの動物学者である Oskar Boettger（1844-1910）に因む。英名では "Antsiranana Plated Lizard" や "Boettger's Girdled Lizard" と呼ばれる。頭部はやや小さく、頸部の括れは弱い。体形はスレンダーで長い尾部を持ち、背面や尾部は四角いタイル状の丈夫な鱗に覆われている。属内では珍しい若草色で頭部には黒褐色の細かい斑紋が虫食状に入り、胴部にはやや不明瞭な暗褐色の帯模様が並んでいる。ベ島（Nosy Be）を含むマダガスカル北部の森林に生息するが、1891年に記載されてからわずかな記録しか得られていないため生態には不明な部分が多い。ほぼ完全な樹上棲と考えられている（高さ約20mの樹冠部付近からの発見例が多い。また、筆者が現地で観察したかぎりでは、尾部をうまく使ってバランスを取りながら樹上でもすばやく移動していた）。昼行性で節足動物を捕食していると考えられている。繁殖形態は卵生。

アイマイオビトカゲ

アンツィラナナキノボリオビトカゲ

アンツィラナナキノボリオビトカゲ

オビトカゲ属 *Zonosaurus*

ハラルドマイヤーオビトカゲ

学名 *Zonosaurus haraldmeieri*

分布 マダガスカル

全長 約30～40cm

飼育 タイプ 9

　種小名の *haraldmeieri* とは、ドイツの動物学者である Harald Meier（1922-2007）に因む。英名では "Green Plated Lizard" や "Green Girdled Lizard" と呼ばれる。 頭部はやや小さく、頸部の括れは弱い。体形はスレンダーだが全体的にやや扁平で、背面や尾部は四角いタイル状の丈夫な鱗に覆われている。背面は金属光沢のある緑褐色で、側面は灰色～赤褐色、頭部と腹部以外は暗褐色の細かい斑紋が散らばる。独特の色彩を持った美麗種だが、やや特殊な構造色なのか写真などには写りにくい。地上棲で、マダガスカル北端部に位置するディアナ地方（Diana Region）の森林に生息する。昼行性で主に節足動物を捕食するが、トカゲのほかカタツムリなどの陸棲貝類を食べることもある。繁殖形態は卵生。

カーステンオビトカゲ

学名 *Zonosaurus karsteni*

分布 マダガスカル

全長 約30～45cm

飼育 タイプ 9

　種小名の *karsteni* とは、ドイツの植物学者である Hermann Karsten（1817-1908）に因むと思われるが、はっきりしない。英名では "Crown-spotted Plated Lizard" や "Karsten's Plated Lizard" "Karsten's Girdled Lizard" と呼ばれる。 頭部はやや小さく、頸部の括れは弱い。体形はスレンダーだが全体的にやや扁平で、背面や尾部は四角いタイル状の丈夫な鱗に覆われている。 背面は茶色で、それを縁取るように目の後方から胴部前半にかけて白色のストライプ模様が左右に1本ずつ入る。側面は暗褐色で白色の斑紋が散らばっている。地上棲で、マダガスカル西部～南西部の森林に生息する。昼行性で主に節足動物を捕食するが、トカゲなどを食べることもある。繁殖形態は卵生。

ハラルドマイヤーオビトカゲ

ヒラオオビトカゲ

学名 *Zonosaurus laticaudatus*
分布 マダガスカル
全長 約40～50cm
飼育 タイプ 9

　本属では最も古くから流通していた種の1つで、ペットトレードではファイアスロートゾノザウルスと呼ばれることもある。種小名の *laticaudatus* とは「扁平な尾」を意味し、本種の尾部の付け根の形態を表していると思われる。英名では "Broad-tailed Plated Lizard" や "Western Girdled Lizard" 呼ばれる。頭部はやや小さく、頭部の括れは弱い。体形はスレンダーだが全体的にやや扁平で、背面～尾部は四角いタイル状の丈夫な鱗に覆われている。頭部は黄土色で、そこから背面を縁取るように2本のストライプ模様が胴部まで続いており、喉元は赤色（繁殖期のオスは頭部全体が赤色に染まる）。背面や四肢は黒褐色で、黄土色～赤褐色の細かい斑紋が散らばるものが多く、側面では不明瞭な帯模様となっているものも見られる。地上棲で、マダガスカル西部の森林や草原・荒れ地に広く分布し、場所によっては最も普通に見られる爬虫類の1つ。昼行性で主に節足動物を捕食するが、花や果実を食べることもある。繁殖形態は卵生。

カーステンオビトカゲ

ヒラオオビトカゲ

オビトカゲ属 *Zonosaurus*

カムロオビトカゲ

学名 *Zonosaurus madagascariensis*
分布 マダガスカル・セーシェル
全長 約25〜35cm
飼育 タイプ ⑨

　別名マダガスカルオビトカゲ。種小名の *madagascariensis* とは「マダガスカルの」を意味し、本種の分布域を表している。英名では "Madagascar Plated Lizard" や "Madagascar Girdled Lizard" と呼ばれる。カムロオビトカゲ *Z. m. madagascariensis* とセーシェルカムロオビトカゲ *Z. m. insulanus* の2亜種が確認されており、前者はマダガスカル北部とその周辺の島嶼部に、後者はセーシェルのグロリオソ諸島とコスモレド諸島に分布する。頭部はやや小さく、頸部の括れは弱い。体形はスレンダーだが全体的にやや扁平で、背面〜尾部は四角いタイル状の丈夫な鱗に覆われている。背面は茶褐色で、それを縁取るように目の後方から胴部にかけて黄白色のストライプ模様が左右に1本ずつ入る。側面は赤褐色で暗褐色の不明瞭な斑紋が散らばるものが多い。地上棲で、森林から草原・荒れ地・農地周辺までさまざまな環境に生息する。昼行性で主に節足動物を捕食するが、花や果実を食べることもある。繁殖形態は卵生。

マハジャンガキノボリ
オビトカゲ

学名 *Zonosaurus maramaintso*
分布 マダガスカル
全長 約40〜45cm
飼育 タイプ ⑪

　別名クロナミオビトカゲ。種小名の *maramaintso* とは、本種の背面の模様を表したマダガスカル語であるとされる。英名では "Mahajanga Plated Lizard" や "Mahajanga Girdled Lizard" と呼ばれる。頭部はやや小さく、頸部の括れは弱い。体形はスレンダーで長い尾部を持ち、背面〜尾部は四角いタイル状の丈夫な鱗に覆われている。属内では珍しい鮮緑色で、頭部には黒色の細かい斑紋が虫食状に入り、胴部にも明瞭な黒色の帯模様が並んでいる。アンツィラナナキノボリオビトカゲに似るが、地色がより鮮やかで模様も明瞭となっており、分布もマダガスカル東部のアンサロヴァ地域（Antsalova Region）に限られて

いる。2006年に記載されてからわずかな記録しか得られていないため生態には不明な部分が多いが、森林に生息し、ほぼ完全な樹上棲と考えられている。昼行性で節足動物を捕食していると考えられている。繁殖形態は卵生。

オオオビトカゲ

学名 *Zonosaurus maximus*
分布 マダガスカル
全長 約50〜70cm
飼育 タイプ ⑩

　種小名の *maximus* とは「最大」や「最も偉大な」を意味し、本種が属内の最大種であることを表していると思われる。英名では "Southeastern Madagascar Plated Lizard" や "Southeastern Girdled Lizard" "Giant Zonosaur" と呼ばれる。頭部はやや小さく、頸部の括れは弱い。体形はスレンダーだが全体的にやや扁平で長い尾部を持ち（全長70cmに達する大型種だが、頭胴長は20〜25cm）、背面〜尾部は四角いタイル状の丈夫な鱗に覆われている。なお、尾部はわずかに扁平しており、水辺での生活に適応したものだと考えられている（水中でくねらせて推進力を得る）。雌雄でやや体色が異なり、幼体やメスは茶褐色〜暗褐色に不明瞭な灰白色の斑紋が散らばるが、オスは背面が茶褐色〜暗褐色、側面は橙色〜赤色で、繁殖期に最も鮮やかとなり、喉元が青灰色に染まるものも見られる。マダガスカル南東部の河川周辺に生息し、属内でも珍しい半水棲で、川岸周辺に巣穴を掘って暮らしている。危険を感じると巣穴に逃げ込んだり、水中に飛び込んで逃げたりする（筆者が現地で観察したかぎりでは、潜水も得意なようだ）。昼行性で主に節足動物や陸棲貝類・トカゲなどを捕食するが、花や果実を食べるという報告もある。繁殖形態は卵生。

カムロオビトカゲ

カムロオビトカゲ

オオオビトカゲ

マハジャンガキノボリ
オビトカゲ

オオオビトカゲ

マハジャンガキノボリ
オビトカゲ（頭部）

オオオビトカゲ（幼体）

オビトカゲ属 *Zonosaurus*
カザリオビトカゲ

学名 *Zonosaurus ornatus*
分布 マダガスカル
全長 約20～30cm
飼育 タイプ ⬡ 9

　別名ムスジオビトカゲ。種小名の *ornatus* とは「飾られた」を意味し、本種の模様を表していると思われる。英名では "Ornate Plated Lizard" や "Ornate Girdled Lizard" と呼ばれる。頭部はやや小さく、頸部の括れは弱い。体形はスレンダーだが全体的にやや扁平で、背面～尾部は四角いタイル状の丈夫な鱗に覆われている。頭部は黄土色で黒色の細かい斑紋があり、背面は黒褐色で尾部にまで続く5本の黄土色～黄色のストライプ模様が入る（4本は頭部から続くが、中央の1本は途中から入るものが多い）。側面は暗褐色～赤褐色で黒色や灰白色の斑紋が散らばる。地上棲で、マダガスカル中東部に広く分布するが、やや飛び石的で中西部からも報告されている。森林や草原に生息する。昼行性で主に節足動物を捕食するが、トカゲなどを食べることもある。繁殖形態は卵生。

ヨスジオビトカゲ

学名 *Zonosaurus quadrilineatus*
分布 マダガスカル
全長 約25～35cm
飼育 タイプ ⬡ 9

　種小名の *quadrilineatus* とは「4本の線」を意味し、本種の背面の模様を表している。英名では "Four-lined Plated Lizard" や "Four-lined Girdled Lizard" と呼ばれる。頭部はやや小さく、頸部の括れは弱い。体形はスレンダーだが全体的にやや扁平で、背面～尾部は四角いタイル状の丈夫な鱗に覆われている。黒褐色で、頭部から尾部にかけて白色～黄白色のストライプ模様が入るが個体差が激しく、太い4本のストライプ模様を持つものもいれば、8本の細いストライプ模様を持つもの、胴部中央で乱れて斑紋状に散らばっているものなども見られる。地上棲で、マダガスカル南西部に位置するトゥリアラ（Toliara）周辺のやや乾燥した森林から草原・荒れ地に生息する。昼行性で主に節足動物を捕食するが、トカゲなどを食べることもある。繁殖形態は卵生。

カザリオビトカゲ（若い個体）

ヨスジオビトカゲ

カザリオビトカゲ

ヨスジオビトカゲ（幼体）

ツィンギオビトカゲ

学名 *Zonosaurus tsingy*

分布 マダガスカル

全長 約16〜20cm

飼育 タイプ 9

　種小名の *tsingy* とはマダガスカル語で「先端」や「山頂」「先の尖った」を意味し、本種の生息地が剃刀のように尖った岩が多数並んでいることで有名なアンカラナ特別自然保護区（Ankarana National Park）周辺にあることを表している。英名では "Ankarana Plated Lizard" や "Ankarana Girdled Lizard" と呼ばれる。頭部はやや小さく、頸部の括れは弱い。体形はスレンダーだが全体的にやや扁平で、背面〜尾部は四角いタイル状の鱗に覆われている。鱗は薄く、強く掴まれると剥がれ落ちてしまう（おそらくは防御機能の1つと思われ、同属内でも同様の機能を持つものが他にも知られている）。雌雄で体色が異なり、幼体やメスは暗褐色〜茶褐色で、不明瞭な灰褐色〜黄褐色の細かい斑紋が四肢や胴部に散らばるが、オスは下顎部から腹部が青色〜青紫色で、繁殖期にはさらに鮮やかになり、頭部や側面が赤色〜朱色に染まるものも見られる。地上棲でマダガスカル北端部の低地に広がる乾燥した森林や岩場に生息する。昼行性で節足動物を捕食する。繁殖形態は卵生。

ツィンギオビトカゲ

ツィンギオビトカゲ（若い個体）

長寿のボトルネック仮説②
―恐竜の存在が哺乳類の寿命を縮めた？―

 DISCOVERY

COLUMN

　ボトルネックとは、ワインボトルなどの瓶に見られる、注ぎ口付近の狭まった部分（瓶の首。Neck）である。どんなに太い瓶であっても首があることにより1度に注げる量が制限されることから、ビジネスシーンでも物事の進行における障害や弱点のことをネックという。要するにボトルネックとは「物事を制約する条件」ということだ。

　さて、進化論では哺乳類と爬虫類はそれぞれ異なった経路で進化したと考えられており、約1億4,700万年もの間、両者は"捕食される側"と"捕食する側"の関係にあった。つまり、哺乳類は絶えず恐竜の脅威に晒されており、その中で子孫を残していくには「速く成長し、繁殖しなければならない」という"制約"を1億年以上もかけ続けられたわけである。その結果、哺乳類の中にあった長寿に関連する遺伝子は喪失、または不活性化を引き起こしてしまったが、その脅威に晒されなかった爬虫類では現在も長寿の存在が見られるということである。皮肉にも哺乳類に圧をかけ続けた恐竜たちは約6,600万年前に絶滅し、彼らに代わって哺乳類が繁栄するようになった。まるで強権を誇った大国が滅び、虐げられていた者たちが繁栄する物語のようであるが、われわれには"短命"という形で、虐げられし時代の見えない刻印が残されているのかもしれない。

哺乳類にとって恐竜が恐ろしい存在であったことは想像に難くない。こんなのに毎日狙われていたら、寿命も短くなるだろう

スキンク科　Scincidae　ダーツスキンク亜科　Acontiinae

ダーツスキンク属　Acontias

カラハリダーツスキンク

学名 *Acontias kgalagadi*
分布 ナミビア・ボツワナ・南アフリカ・アンゴラ
全長 約12〜18cm
飼育 タイプ 12

ペットトレードではストライプアコンティアスと呼ばれることもあり、2010年までは近縁のメクラスキンク属に含まれていたため、スジメクラスキンクの別名もある。属名の *Acontias* とは「（矢のように）すばやいヘビ」を意味する【akontías】に由来するとされるが、実際の動きは穏やか。種小名の *kgalagadi* とは、アフリカ南部に位置する高原状の砂漠であるカラハリ砂漠（Kalahari Desert）を意味すると思われる（カラハリ砂漠は完全な砂砂漠ではなく、叢林やヤ

シの木が点在する乾燥地帯であり、不規則ではあるものの年間250mm以上の降水量を記録している。ただし、南西部は年間降水量が175mmを下回るため、砂漠らしい景観にはなっている）。英名では "Kgalagadi Legless Skink" や "Kalahari Burrowing Skink" "Striped Blind Legless Skink" と呼ばれる。吻端は地中を掘削しやすいように尖っており、目は小さい。体形はスレンダーで、四肢のないヘビ型。鱗は滑らかで光沢がある。体色は乳白色〜杏色で、背面から側面には4〜8本の暗褐色のストライプ模様が入るものが多いが、無地のものも見られる。半地中棲〜地中棲で、乾燥した草原や荒れ地・砂漠に生息するが、表層付近で活動し、地中深くに潜っているわけではない。人目につかないため生態には不明な部分が多いが、節足動物を捕食していると考えられている。繁殖形態は胎生でメスは1度に1〜2匹の幼体を出産する。

カラハリダーツスキンク

サバンナダーツスキンク

学名 *Acontias percivali*
分布 ケニア・タンザニア
全長 約18〜28cm
飼育 タイプ 12

　ペットトレードでは比較的古くから流通していた種で、単にアコンティアスといえば本種を指す場合が多い。種小名の *percivali* とは、東アフリカで狩猟区の監視人を務めたイギリス出身の Arthur Blayney Percival（1874-1940）に因む。英名では "East African Legless Skink" や "Percival's Legless Skink" "Percival's Lance Skink" "Teita Limbless Skink" と呼ばれる。頭部は大きく吻端は尖ってはいないが、地中を掘削しやすいように1枚の大きく丈夫な鱗で覆われている。眼はやや小さいが、黒目で周辺がやや陥没した骨格を持つため独特の顔つきとなっており（同属内では似たような顔つきのものはいる）、愛好家からは "イルカ顔" と表現されることがある。体形はスレンダーな四肢のないヘビ型で、尾部は短く全長の10〜12%。鱗は滑らかで光沢がある。頭部や背面は茶褐色だが、側面から腹部は桃色〜橙色となっている。ケニア南東部の海岸州からタンザニア北東部に広がる標高400〜1,200mまでの乾燥した草原に多く見られ、半地中棲〜地中棲だが表層付近で活動し、地中深くに潜っているわけではなく、石や倒木の下から発見されることも少なくない。人目につかないため生態には不明な部分が多いが、ミミズや節足動物を捕食していると考えられている。繁殖形態は胎生でメスは1度に1〜2匹の幼体を出産する。

サバンナダーツスキンク

サバンナダーツスキンク

スキンク科 Scincidae ヒメトカゲ亜科 Ateuchosaurinae

ヒメトカゲ属 Ateuchosaurus

シナヒメトカゲ

学名 *Ateuchosaurus chinensis*
分布 中国・ベトナム
全長 約12～16cm
飼育 タイプ 13

　本属はヘリグロヒメトカゲ属とも呼ばれるが、本来この名称は1937年に本属のシノニムとなった *Lygosaurus* 属に用いられていた名称であり、2023年にはヘリグロヒメトカゲ *Lygosaurus pellopleurus* とされていた種は沖縄諸島の個体群がオキナワヒメトカゲに、奄美諸島以北に分布する個体群がアマミヒメトカゲに和名変更されたため、本書ではヒメトカゲ属とする。なお、ヒメという名称は分類学的には「近縁種に比べて小さい」という意味合いを持ち、動物の種名においては小型種に付けられる傾向がある。属名の *Ateuchosaurus* とは「裸」や「非武装」を意味する【ateucho-】と、「トカゲ」を意味する【saura】が組み合わさったものと思われるが、はっきりしない。種

小名の *chinensis* とは「中国の」を意味し、本種の摸式産地が中国の海南島にあることを表している。英名では "Chinese Short-legged Skink" や "Chinese Slender Skink" "Chinese Forest Skink" "Chinese Ateuchosaurus" と呼ばれる。頭部はやや小さく、頸部に括れはほとんど見られず、体形はスレンダーで四肢は短い。鱗は滑らかで光沢がある。背面は茶色で、目の後方から前肢の付け根にかけて黒褐色の斑紋が入り、側面は茶色～黄褐色で、白色と黒色の斑紋が散らばるものが多い。なお、繁殖期のオスは下顎部～胸部が赤色に染まるものも見られる。中国南東部（福建省や貴州省・広東省・香港・海南島・南澳島）からベトナム北部（ランソン省やバクザン省・ハザン省）に分布する。地上棲で森林に多く見られるが、日当たりの良い場所は好まない。昼行性と考えられているが、早朝や夜間に活動している姿も観察されている。主にミミズや節足動物を捕食するが、オスの胃内容からは地中に産卵されたと思われる直翅目の卵が発見された例もある。繁殖形態は卵生でメスは1度に2～8個の卵を地中に産卵する。

シナヒメトカゲ

シナヒメトカゲ

オキナワヒメトカゲ

学名 *Ateuchosaurus okinavensis*
分布 日本
全長 約9～12cm
飼育 タイプ [13]

種小名の *okinavensis* とは「沖縄の」を意味し、本種の分布域を表している。本種は1912年に *Lygosoma okinavensis* として記載されたが、後の1939年にアマミヒメトカゲ（当時はヘリグロヒメトカゲとされていた）*A. pellopleurus* と同種であるとされ、さらに2023年の DNA 解析により別種であることが明らかになったため、再び *okinavensis* の名称が使用されることになった、という経緯がある。なお、遺伝的には①伊平屋島・伊是名島②沖縄島北部（名護以北）③沖縄島南部（名護以南）・渡嘉敷島・阿嘉島④粟国島・渡名喜島・久米島の4グループに分け

られるとされる。余談であるが、少なくとも19世紀までは与論島にもヒメトカゲ属の1種が分布していたと考えられているが、オキナワヒメトカゲとアマミヒメトカゲのどちらであったのか、もしくは別種であったのかは、はっきりしていない。英名では "Okinawa Short-legged Skink" と呼ばれる。頭部はやや小さく、頸部に括れはほとんど見られず、体形はスレンダーで四肢は短い。鱗は滑らかで光沢がある。背面は茶褐色～赤褐色で、目の後方から暗褐色の不明瞭なストライプ模様が入る。日本の沖縄諸島に分布する。地上棲で森林に多く見られるが日当たりの良い場所は好まない。主に昼行性と考えられているが、早朝や夜間に活動している姿も観察されている。食性に関しては不明な部分が多いが、ミミズや節足動物を捕食していると考えられており、胃内容からアリが見つかった例もある。繁殖形態は卵生で、メスは1度に2～7個の卵を地中に産卵する。

オキナワヒメトカゲ。撮影地：沖縄本島

オキナワヒメトカゲ。撮影地：沖縄本島

体を丸めて休むオキナワヒメトカゲ。撮影地：沖縄本島

オキナワヒメトカゲ。撮影地：渡嘉敷島

オキナワヒメトカゲ。撮影地：久米島

オキナワヒメトカゲ。撮影地：久米島

オキナワヒメトカゲ。撮影地：伊平屋島

スキンク科　Scincidae　　ヒメトカゲ亜科　Ateuchosaurinae

ヒメトカゲ属　*Ateuchosaurus*

アマミヒメトカゲ

学名 *Ateuchosaurus pellopleurus*

分布 日本

全長 約9～12cm

飼育 タイプ 13

　かつてはヘリグロヒメトカゲと呼ばれていたが、2023年に和名変更された。種小名の *pellopleurus* とは「駆動する」を意味する【pello】と、「肋骨」を意味する【pleuron】が組み合わさったものと思われるが、はっきりしない。かつて日本国内におけるヒメトカゲ属は本種のみと考えられていたが、2023年に行われた DNA 解析により、沖縄諸島に分布するものは別種オキナワヒメトカゲに分割された。なお、遺伝的には①大隅諸島・吐噶喇列島②奄美諸島③徳之島・沖永良部島の3グループに分けられるとされるが、

大隅諸島と吐噶喇列島北部の個体群は近年になって分布を拡大したと考えられている。英名では"Amami Short-legged Skink"と呼ばれる。頭部はやや小さく、頭部に括れはほとんど見られず、体形はスレンダーで四肢は短い。鱗は滑らかで光沢がある。背面は茶褐色で、目の後方から暗褐色の不明瞭なストライプ模様が入る。なお、オキナワヒメトカゲの額板は中央部が狭くなっているものが多いが、アマミヒメトカゲの額板は中央部で2枚の鱗板に分かれているものが多い。日本の沖縄群島・吐噶喇列島・大隅諸島に分布する。地上棲で森林に多く見られるが日当たりの良い場所は好まない。主に昼行性と考えられているが、早朝や夜間に活動している姿も観察されている。食性に関しては不明な部分が多いが、ミミズや節足動物を捕食していると考えられている。繁殖形態は卵生でメスは1度に2～7個の卵を地中に産卵する。

アマミヒメトカゲ。撮影地：口之島（吐噶喇列島北部）

アマミヒメトカゲ（徳之島産）

アマミヒメトカゲの頭部。撮影地：口之島（吐噶喇列島北部）

スキンク科　Scincidae　　イワトカゲ亜科　Egerniinae

ムクイワトカゲ属　*Bellatorias*

ソトイワトカゲ

学名 *Bellatorias frerei*
分布 オーストラリア・パプアニューギニア
全長 約35～45cm
飼育 タイプ 14

　別名フレーリーイワトカゲ。属名の *Bellatorias* とは「好戦的」を意味すると思われるが、はっきりしない。種小名の *frerei* とは「フレアの」を意味し、本種の模式産地がオーストラリアのクィーンズランド州に位置するバートル・フレア山（Mount Bartle Frere）にあることを表している。英名では "Major Skink" と呼ばれる。頭部はやや小さく、頸部に括れはほとんど見られず、四肢はやや短いものの筋肉質のがっしり

とした体躯と強い咬合力を持ち、鱗は滑らかでやや光沢がある。体色や模様にはいくつかのパターンが見られ、主に喉元が白色、その他は黄土色～茶褐色で側面に白色の斑紋が散らばるものと、茶褐色で側面は暗褐色に白色の斑紋が散らばるものがおり、前者はパプアニューギニアに、後者はオーストラリアで多く見られる傾向がある。パプアニューギニアの西部州の南部とオーストラリアのニューサウスウェールズ州およびクィーンズランド州の湾岸部に分布する（ノーザンテリトリー準州の一部にも分布しているという説がある）。地上棲で、森林から草原・荒れ地・岩場までさまざまな環境で見られ、オスを中心とした小さなコロニーで暮らしている。昼行性で主に節足動物やトカゲを捕食するが、花や果実などを食べることもある。繁殖形態は胎生でメスは2～8匹の幼体を出産する。

ソトイワトカゲ。オーストラリア産

ソトイワトカゲ。オーストラリア産

ソトイワトカゲ。オーストラリア産

ソトイワトカゲ

ソトイワトカゲ

ムクイワトカゲ属　*Bellatorias*

オオイワトカゲ

学名 *Bellatorias major*
分布 オーストラリア
全長 約40〜60cm
飼育 タイプ 14

　種小名の *major* とは「大きい」を意味し、本種が属内でも大型種であることを表していると思われる。英名では "Land Mullet" と呼ばれる。なお、Mullet とはほぼ全世界の熱帯・温帯に広く分布する大型の海水魚であるボラを意味し、滑らかで太い円筒形の体を持つ本種をそれに見立てたものと思われる（本来はオーストラリアのクィーンズランド州南東部における本種の呼称であったという説もある）。頭部はやや小さく、頸部に括れはほとんど見られない。胴部や尾部は太く、やや短いものの力強い四肢を持ち、鱗は滑らかで光沢がある。幼体時は黒褐色に灰白色の斑紋が散らばるが、成長に伴い消失し、成体では全身が黒褐色〜暗褐色となるものが多い。分布はオーストラリア西部に限られており、ニューサウスウェールズ州を流れるホークスベリー川（Hawkesbury River）の北側から、クィーンズランド州に位置するコノンデール山脈（Conondale Range）の間に点在する標高840m以下の森林に生息する。地上棲で、樹木の根元に巣穴を掘ったり、中空になった倒木の中を棲み家として暮らしているが、繁殖期以外は単独で生活しており、コロニーなどは形成しないようだ。昼行性で日光浴を好み、節足動物からトカゲ・キノコ・花・果実などさまざまなものを食べ、近年では人間の捨てた残飯を食べる姿も観察されている。繁殖形態は胎生でメスは4〜9匹の幼体を出産する。

オオイワトカゲ

オオイワトカゲ

オオイワトカゲ

02

世界のスキンク下目

オマキトカゲ属　Corucia

オマキトカゲ

学名 *Corucia zebrata*
分布 パプアニューギニア・ソロモン諸島
全長 約60〜80cm
飼育 タイプ 15

　属名の *Corucia* とは「煌めく」を意味する【coruscus】に由来する。種小名の *zebrata* とは「縞模様」を意味し、本種の模様を表わしているが、全ての個体に模様があるわけではない。英名では "Solomon Islands Prehensile-tailed Skink" や "Solomon Islands Giant Skink" "Solomon Skink" "Giant Green Tree Skink" "Monkey-tailed Skink" "Monkey Skink" "Zebra Skink" と呼ばれる。オマキトカゲ（ソロモンオマキトカゲ）*C. z. zebrata*（基亜種）・キタオマキトカゲ（ブーゲンビルオマキトカゲ）*C. z. alfredschmidti* の2亜種が確認されており、前者はソロモン諸島のショワズル島やニュージョージア島・サンタイザベル島・ガダルカナル島・ンゲラ島・マライタ島・マキラ島・ウギ島・オワラハ島に、後者はブーゲンビル島・ブカ島・ショートランド諸島に分布する（ブーゲンビル島とブカ島は政治的にはパプアニューギニアの一部であるが、生態系・地理・民族的にはソロモン諸島の一部となっている）。頭部は大きく、頸部の括れは強い。胴部は太く、四肢はやや短いものの長い指趾と湾曲した鋭い爪を持ち、尾部は長く筋肉質で枝などに巻き付けることが可能となっている。鱗は比較的滑らかでやや光沢がある。緑灰色〜緑褐色で、胴部には黒褐色と灰白色の不明瞭な帯模様が並んでいるものが多いが、中にはほぼ無地のものや、ストライプ模様のものも見られる。なお、基亜種であるオマキトカゲの平均全長はオスで71cm、メスは61cmで、平均体重は850gとなっており、強膜（眼の外側を覆う膜）は白色で、虹彩は黄色〜黒褐色まで見られ、頭頂板の数は5枚。亜種であるキタオマキトカゲはやや小型で、平均全長はオスで61cm、メスは56cmで平均体重は500gとなっており、強膜は黒色で、虹彩は黄色〜橙色のものが多く、背面と腹部の鱗が基亜種に比べてより大型で、頭頂板の数は7枚となっている。

　ほぼ完全な樹上棲でオスは樹冠部を縄張りとし（縄張りの範囲は通常1本の樹木に限られ、特にイチジク属を好むとされる）、主に血縁関係で構築された少数のグループで暮らしており、この集団は海外では「輪」を意味する "Circulus" と呼ばれることもある。薄明薄暮性で特に夕暮に活発となる。ほぼ完全な植物食で、花や葉・果実などを食べるが、その中にはやや毒性のあるサトイモ科のハブカズラなども含まれている。繁殖形態は胎生でメスは6〜8カ月間の妊娠期間を得た後に通常1匹の幼体を出産する（稀に2〜3匹）。なお、生まれてくる幼体は大きく、全長約30cm・体重は約175gに達する（やや小型の亜種であるキタオマキトカゲでは全長約27〜29cm・体重は約80g）。生まれた幼体はすぐに自身の体に付着していた胎嚢を食べ、続く2日間は何も食べずほとんど活動しないことが知られている。その後、6カ月〜1年は母親の近くに留まり、母親の糞を食べて食物を消化するために不可欠な微生物叢の獲得を行うと考えられている（明確な証拠があるわけではないが、飼育下で母親と幼体を引き離すと餌を消化できずに死亡した例もある）。多くの幼体は生後1年以内に親の縄張りから去るが、飼育下では数年間も同居し続けていた例がある。本種は大規模な伐採による環境破壊や愛玩用としての採集圧により個体数が減少しており（1992年にワシントン条約II類に掲載され、2001年7月9日から現在に至るまで、ワシントン条約事務局より特定の種の保護を目的として取引停止も勧告されている）、一部の動物園などでは生息地外繁殖プログラムが行われているが、成果はあまり出ていない。その理由として、性成熟までに長い時間がかかることや、子孫の数が限られていること、同じ亜種内であっても異なる島の個体群同士では繁殖しにくいことなどが挙げられている。

オマキトカゲ

オマキトカゲ

オマキトカゲ

オマキトカゲ

オマキトカゲ

オマキトカゲ

オマキトカゲ

キタオマキトカゲ

ホソアオジタトカゲ属　*Cyclodomorphus*

モクマオウホソアオジタトカゲ

学 名 *Cyclodomorphus casuarinae*
分 布 オーストラリア
全 長 約30～40cm
飼 育 タイプ 16

　属名の *Cyclodomorphus* とは「円形の」を意味すると思われるが、はっきりしない。種小名の *casuarinae* とは、本種の模式標本がボーダン遠征隊（Baudin Expedition。オーストラリア湾岸の地図を作成するため1801～1804年にかけて行われた遠征。フランスの探検家である Nicolas Thomas Baudin をリーダーとし、9人の動物学者も同行した）によって得られ、その際に使用された船の1つである Casuarina 号に因む。なお、この船名は建造に利用された材料がブナ目の常緑高木であるモクマオウ属 *Casuarina* であることに由来し、英名でも "Tasmanian She-oak Skink" や "She-oak Skink" "She-oak Slender Bluetongue" "Oak Skink" と呼ばれるが（She-oakとはモクマオウ属の総称）、本種の生息環境や生態とはあまり関係しない。頭部はやや小さく、頸部の括れはさほど強くない。胴部と尾部は長く、四肢はやや短く、鱗は滑らかで光沢がある。幼体時は灰褐色で暗褐色の細い帯模様が並んでいるが、成体では体色や模様に個体差が大きく、灰褐色～赤褐色に不明瞭な帯模様が入るものや、暗褐色の斑紋が散らばるもの、ほぼ無地のものまで見られる。オーストラリアの南海岸沖に浮かぶ離島であるタスマニア州に広く分布し、森林から草原・荒れ地までさまざまな環境で見られる。昼行性だが強い光はあまり好まないようで、日差しの強い時間帯は落ち葉や石の下に潜んでいることが多い。地上棲だが低木に登ることもあり、

モクマオウホソアオジタトカゲ

モクマオウホソアオジタトカゲ

モモジタトカゲ

モクマオウホソアオジタトカゲ

ミミズや節足動物・カタツムリなどの陸棲貝類を捕食する。繁殖形態は胎生でメスは1度に1～6匹の幼体を出産する。

モモジタトカゲ

学名 *Cyclodomorphus gerrardii*
分布 オーストラリア
全長 約40～50cm
飼育 タイプ [16]

　種小名の *gerrardii* とはイギリスの動物学者である Edward Gerrard（1810-1910）に因む。英名では "Pink-tongued Skink" と呼ばれる。頭部は大きく、頸部は強く括れている。幼体時の舌の色は青色～青紫色だが、成体では桃色に変化する。体形はスレンダーで胴部は長いものの四肢はやや短く、尾部もや

や短い（頭胴長の110～130%）。鱗は滑らかで光沢がある。幼体時は灰褐色に黒褐色の明瞭な帯模様が並んでいるが、成長に伴いやや不明瞭になるものが多い（稀に背面がほぼ黒色のものや、無地のものも見られる）。オーストラリアのニューサウスウェールズ州のスプリングウッド（Springwood）からクィーンズランド州のケアンズ周辺に広がる森林に生息する。主に地上棲だが樹上でも活動し、地中に掘られた巣穴に潜んでいることもある（特に幼体は樹上棲傾向が強い。おそらくは成体や天敵からの捕食を避けるためだろう）。気温の上がる季節は薄明薄暮性～夜行性傾向が強いが、涼しい季節は日中も活動し、日光浴も行う。節足動物のほかカタツムリなどの陸棲貝類を好んで捕食し、成体では殻を噛み砕くため上下の奥歯が臼歯状となっている。繁殖形態は胎生でメスは100～120日に及ぶ妊娠期間の後、20～30匹（最大67匹）の幼体を数回に分けて出産する。

モモジタトカゲ（若い個体）

モモジタトカゲ（若い個体）

モモジタトカゲ

モモジタトカゲ（幼体）

モモジタトカゲ。口を開けたところ

イワトカゲ属　*Egernia*

カニンガムイワトカゲ

学名 *Egernia cunninghami*

分布 オーストラリア

全長 約35～50cm

飼育 タイプ 14

　属名の *Egernia* とは「起き上がっている」を意味すると思われるが、はっきりしない。種小名の *cunninghami* とはイギリスの植物学者である Allan Cunningham（1791-1839）に因む。英名では "Cunningham's Spiny-tailed Skink" や "Cunningham's Skink" "Greater Southeastern Skink" と呼ばれる。頭部はやや大きく、頸部もやや括れている。胴部は太長いが四肢は短く、尾部もやや短い（頭胴長の約110%）。腹部以外の鱗には強いキールがあり、先端は棘状に尖っている。幼体時は黒褐色で灰白色の斑紋が散らばるが、成体では暗褐色～茶褐色に灰白色の斑紋が散らばるものが多い。ニューサウス

ウェールズ州のシドニーなど一部地域では橙色の斑紋が入る個体群も見られ、「サンストーン型」と呼ばれる。こうした色彩型を、本種の無効名（シノニム名）を宛がって「クレフトカニンガムイワトカゲ」とペットトレードで呼ぶこともある。かつて亜種だったかのように喧伝されることもあるが、本種に亜種があったことはなく、前述のとおり色彩型に現在は使われない無効名を宛がったものである（地域性を伴う個体群という意味で、ペットトレードでは現在もこうした色彩型がクレフトカニンガムイワトカゲやコーラルフェイズなどの名で通常個体と区別して流通することがある）。オーストラリアのクィーンズランド州やニューサウスウェールズ州・ビクトリア州・南オーストラリア州の山地の森林や岩場に生息し（標高 1,000m 以上の場所に多く見られる。なお、アメリカ合衆国のフロリダ州に帰化しているという説もあるが、はっきりしない。アメリカ合衆国のペットトレードでもやや珍しく高価なトカゲではある）、地上棲だが立体活動も得意で、中空になった倒木や岩の隙間などの棲み家を中心とした縄張りを持ち、つがいである雌雄を核と

カニンガムイワトカゲ

カニンガムイワトカゲ（幼体）

カニンガムイワトカゲ（若い個体）

した約 2 ～ 20 匹のコロニーで暮らしている。なお、南オーストラリア州に位置するロフティ山脈（Mount Lofty Ranges）にはいくつかの孤立した個体群が存在するが、他の個体群との繋がりがないため脆弱であると考えられており、そのうちの 1 つは近年消滅したことが確認されている。昼行性で、節足動物やトカゲ・ネズミ・キノコ・花・果実などを食べる。繁殖形態は胎生でメスは 1 度に 2 ～ 8 匹の幼体を出産する。イワトカゲ属はどの種もある程度のコロニーを形成し、生まれてきた子孫は両親の支配する縄張り内に留まる。成体は幼体に対して哺乳類や鳥類に見られるような明確な世話は行わないが、縄張りに他のトカゲ類やヘビ類などが近づくと激しく威嚇・攻撃を行うため、幼体は比較的安全に日光浴や採餌ができ、初期の成長と生存率が増加することが判明している。その中でも本種とストケスイワトカゲはやや複雑な社会性を持つようで、最大で 5 世代までの子孫たちと共存していた例が確認されており、はっきりとした機構は不明だが配偶者として近親者を積極的に回避していることもわかっている。

ニシピルバラヒメイワトカゲ

学名 *Egernia cygnitos*
分布 オーストラリア
全長 約 12 ～ 15cm
飼育 タイプ 14

　種小名の *cygnitos* とは、本種の体色を白鳥座にある恒星 "61 Cygni（白鳥座 61 番星。ベッセル星とも）" に見立てたことに由来し、本種が近縁であるヒガシピルバラヒメイワトカゲに比べて濃い体色を持つことを表わしている。英名では "Western Pilbara Spiny-tailed Skink" と呼ばれる。本種の模式標本は 1992 年に採集されたが、当時は近縁種との識別がはっきりしておらず、2011 年に独立種として記載された。頭部はやや小さく、頸部の括れは弱い。胴部は太長いが四肢は短く、尾部も扁平で短く（頭胴長の約 35％）、自切機能はないと考えられている。腹部以外の鱗には強いキールがあり、先端は棘状に尖っている。鮮やかな赤橙色～茜色で、胴部から尾部・四肢には暗褐色の斑紋が散らばる（崩れた帯状になっているものも見られる）。オーストラリアの西オーストラリア州北西部に位置する西ピルバラ地域に分布し、岩場や荒れ地に多く見られる。地上棲だが立体活動も得意で、中空になった枯れ木や岩の隙間などを棲み家とする。食性に関しては不明な部分が多いが、昼行性で節足動物を捕食していると考えられている。繁殖形態は胎生。

カニンガムイワトカゲ。タイガーモルフの名で流通する個体

ニシピルバラヒメイワトカゲ

カニンガムイワトカゲ。かつて亜種クレフトカニンガムイワトカゲとされていた個体

ニシピルバラヒメイワトカゲ

イワトカゲ属　*Egernia*

ヒメトゲオイワトカゲ

学名 *Egernia depressa*
分布 オーストラリア
全長 約13～16cm
飼育 タイプ 14

　種小名の *depressa* とは「扁平」を意味し、本種の形態を表わしていると思われる。英名では "Southern Pygmy Spiny-tailed Skink" や "Small Spiny-tailed Egernia" "Depressed Spiny Skink" と呼ばれる。頭部はやや小さく、頸部の括れは弱い。胴部は太長いが四肢は短く、尾部も扁平で短く（頭胴長の約35%）、自切機能はないと考えられている。腹部以外の鱗には強いキールがあり、先端は棘状に尖っている。頭部から胴部前半までは黄土色～黄褐色で、不明瞭な灰白色の斑紋が散らばるが、以降は灰色～薄鈍色で黒褐色の斑紋が乱れた帯状に入るものが多い。オーストラリアの西オーストラリア州西部に広く分布し（かつては南オーストラリア州やノーザンテリトリー準州にも孤立した個体群がいるとされていたが、

ヒメトゲオイワトカゲ

ヒメトゲオイワトカゲ

ヒメトゲオイワトカゲ

現在は独立種となっている）、岩場や荒れ地に多く見られる。地上棲だが立体活動も得意で、中空になった枯れ木や岩の隙間などを棲み家とする。昼行性で節足動物を捕食するが、その内容の約90%はシロアリで占められており、約4%は植物であることが胃内容の調査より判明している。繁殖形態は胎生。

チュウオウヒメイワトカゲ

学名 *Egernia eos*
分布 オーストラリア
全長 約13〜16cm
飼育 タイプ 14

　種小名の *eos* とは「夜明け」を意味し、近縁種であるニシピルバラヒメイワトカゲなどに比べて東に分布していることと、本種の体色を東の空に現れる朝の空色に例えたものとされる。英名では"Central Pygmy Spiny-tailed Skink"と呼ばれる。本種の模式標本は1987年に採集されたが、当時は近縁種との識別がはっきりしておらず、2011年に独立種として記載された。頭部はやや小さく、頸部の括れは弱い。胴部は太長いが四肢は短く、尾部も扁平で短く（頭胴長の約35%）、自切機能はないと考えられている。腹部以外の鱗には強いキールがあり、先端は棘状に尖っている。頭部から胴部前半までは薄茶色で、両側面には吻端から胴部前半まで暗褐色のやや太いストライプ模様があり、以降は灰色〜薄鈍色で黒褐色の斑紋が乱れた帯状に入るものが多く、四肢の上部にも暗褐色の斑紋が散らばる。オーストラリアの西オーストラリア州中部に位置するエインズリー渓谷（Ainsley Gorge）周辺に生息し（ノーザンテリトリー準州南西部からも報告はあるが、はっきりしない）、岩場や荒れ地に多く見られる。地上棲だが立体活動も得意で、中空になった枯れ木や岩の隙間などを棲み家とする。食性に関しては不明な部分が多いが、昼行性で節足動物を捕食していると考えられている。繁殖形態は胎生。

チュウオウヒメイワトカゲと思われる個体

イワトカゲ属　*Egernia*

ヒガシピルバラヒメイワトカゲ

学名 *Egernia epsisolus*

分布 オーストラリア

全長 約12〜15cm

飼育 タイプ 14

　種小名の*epsisolus*とは、本種の体色をエリダヌス座（トレミーの48星座の1つ。全天の星座の中で6番目に大きい）に含まれる4等級の恒星である"Epsilon Eridani（エリダヌス座ε星）"に見立てたことに由来する（本恒星のスペクトルは変化に富んでおり多くの輝線を持つ）。英名では"Eastern Pilbara Spiny-tailed Skink"と呼ばれる。本種の模式標本は

1998年に採集されたが、当時は近縁種との識別がはっきりしておらず、2011年に独立種として記載された。頭部はやや小さく、頸部の括れは弱い。胴部は太長いが四肢は短く、尾部も扁平で短く（頭胴長の35〜40%）、自切機能はないと考えられている。腹部以外の鱗には強いキールがあり、先端は棘状に尖っている。頭部から胴部前半は鮮やかな赤橙色〜茜色で、不明瞭な白色の斑紋が散らばり、四肢には白色に縁取られた黒色の斑紋が乱れた帯状に散らばるものが多い。オーストラリアの西オーストラリア州北西部に位置するピルバラ地域に含まれるチチェスター山脈（Chichester Range）のフォーテスキュー川（Fortescue River）周辺に生息し（約80km南に離れた砂漠地帯からも記録はあるが、はっきりしない）、岩場や荒れ地に多く見られる。地上棲だが立体活動

ヒガシピルバラヒメイワトカゲ

ヒガシピルバラヒメイワトカゲ

ヒガシピルバラヒメイワトカゲ。斑紋が極端に少ない個体

02

世界のスキンク下目

も得意で、岩の隙間などを棲み家とする。食性に関しては不明な部分が多いが、昼行性で節足動物を捕食していると考えられている。繁殖形態は胎生。

ゴールドフィールドイワトカゲ

学名 *Egernia formosa*
分布 オーストラリア
全長 約 18 ～ 25cm
飼育 タイプ 14

　種小名の *formosa* とは【美しい】を意味し、本種の模様や配色を表しているとされる。英名では"Goldfield's Crevice-skink" と呼ばれる。頭部はやや小さく、頸部の括れは弱い。胴部は太長いが四肢は短く、尾部もやや短い（頭胴長の約 100 ～120%）。鱗には弱いキールがあるものの滑らか。体色や模様には個体差があるが、灰褐色～黄土色で、側面には吻端から胴部中央まで暗褐色のストライプ模様が入り、背面にも暗褐色の斑紋が散らばるものが多い（斑紋が不明瞭なものやほぼ無地のものも見られる）。なお、下顎部～喉部周辺には黒褐色の斑紋が網目状に入るのが普通。オーストラリアの西オーストラリア州の乾燥した草原や岩場・砂漠周辺に生息する（ノーザンテリトリー準州南部や南オーストラリア州北部からも報告はあるが、はっきりしない）。地上棲だが立体活動も得意で、岩の隙間などを棲み家とし、少数のコロニーを形成して暮らしているようだ。昼行性で節足動物や花・葉・果実などを食べる。繁殖形態は胎生でメスは 1 度に 1 ～ 4 匹の幼体を出産する。

ゴールドフィールドイワトカゲ（オス）

ゴールドフィールドイワトカゲ（メス）

ゴールドフィールドイワトカゲ（幼体）

イワトカゲ属　*Egernia*

ホズマーイワトカゲ

学名 *Egernia hosmeri*
分布 オーストラリア
全長 約28〜38cm
飼育 タイプ 14

　種小名の*hosmeri*とはオーストラリアの動物学者である William Hosmer (1925-2002) に因む。英名では"Northeastern Spiny-tailed Skink"や"Hosmer's Spiny-tailed Skink""Hosmer's Skink"と呼ばれる。頭部はやや小さく、頸部の括れは弱い。胴部は太長いが四肢は短く、尾部も短いが（頭胴長の約60%）、

自切機能を有していると考えられている。腹部以外の鱗には強いキールがあり、先端は棘状に尖っている。茶褐色で、全身に白色と黒色のやや大きな斑紋が散らばる（幼体時ほど明瞭で成長に伴い不明瞭になる傾向がある）。オーストラリアのノーザンテリトリー準州北部とクィーンズランド州北部（2つの分離した集団が存在し、カーペンタリア湾の南を走るカーペンタリア障壁によって隔てられている。遺伝的交流があるかどうかは不明）に広がる乾燥した岩場に生息する。地上棲だが立体活動も得意で、岩の隙間などを棲み家とし、2〜9匹のコロニーを形成して暮らしている。昼行性で節足動物やトカゲ・花・葉・果実などを食べ、1カ所に糞を蓄積する傾向がある。繁殖形態は胎生でメスは1度に1〜4匹の幼体を出産する。

ホズマーイワトカゲ

ホズマーイワトカゲ

ホズマーイワトカゲ（ハイポメラニスティック品種）

キングイワトカゲ

学名 *Egernia kingii*
分布 オーストラリア
全長 約45〜55cm
飼育 タイプ ⒁

　種小名の *kingii* とは、イギリスの海事鑑定人であり1791〜1810年にかけてオーストラリアを探検した Philip Parker King（1791-1856）に因む。英名では "Greater Southwestern Skink" や "King's Skink" と呼ばれる。なお、現地では "Wandy（ワンディ）" とも呼ばれており、これは西オーストラリア州の原住民であるニュンガー族（Nyungar）の本種に対する呼称に由来

している。頭部はやや大きく、頸部は括れており、胴部と尾部は太長いが、四肢はやや短い。鱗には弱いキールがあるものの比較的滑らか。幼体時は黒褐色で白色の細かい斑紋が全身に散らばるが、成長に伴い模様は消失し、全身が黒褐色や茶褐色・緑褐色となるものが多く、中には明瞭な斑紋が残り続けるものも見られる。オーストラリアの西オーストラリア州南西部の湾岸地域と周辺の島嶼部（ロットネス島やペンギン島など）に広がる岩場や荒れ地や草原・森林に生息する。地上棲で岩の隙間を棲み家として、つがいで暮らしている場合が多い。昼行性で主に果実や花・葉・キノコを食べるが、節足動物や鳥類の卵を食べることもある。繁殖形態は胎生でメスは120〜155日に及ぶ妊娠期間の後、1度に2〜8匹の幼体を出産する。

キングイワトカゲ

キングイワトカゲ（幼体）

イワトカゲ属 Egernia

クロイワトカゲ

学名 *Egernia saxatilis*

分布 オーストラリア

全長 約20〜25cm

飼育 タイプ 14

　種小名の *saxatilis* とは「岩の間」を意味し、本種の生息環境を表わしている。英名では "Black Crevice Skink" や "Black Rock Skink" と呼ばれる。クロイワトカゲ *E. s. saxatilis*（基亜種）・ウスグロイワトカゲ *E. s. intermedia* の2亜種が確認されている。頭部はやや扁平で、頸部はやや括れており、胴部と尾部は長く、四肢はやや短い。鱗には弱いキールがあるものの比較的滑らか。体色は亜種によって異なり、基亜種のクロイワトカゲは黒褐色で不明瞭な灰白色の細かい斑紋が散らばるが、亜種のウスグロイワトカゲは暗褐色〜茶褐色で、基亜種よりもやや淡い体色を持つものが多い（体鱗列数はクロイワトカゲが32枚。ウスグロイワトカゲでは39枚となっている）。オーストラリアのビクトリア州西部からニューサウスウェールズ州北部の山地に分布し（ビクトリア州からも報告はあるが、別種であるマクフィーイワトカゲの誤認である可能性が高いとされる）、基亜種であるクロイワトカゲはワールンバングル山脈（Warrumbungle Mountains）に見られ、ウスグロイワトカゲは東部高地（Eastern Highlands）より東に多く見られる。地上棲で岩場に多く見られるが、親元を離れたばかりの亜成体は樹上棲傾向が強い（天敵や他の成体から逃れるためだと思われる）。昼行性だが午前中と夕方に最も活発に活動し、節足動物や花・葉・果実などを食べる（乾季や老成個体では植物を食べる割合が多くなることがわかっている）。繁殖形態は胎生でメスは1度に1〜4匹の幼体を出産する。なお、本種は一夫一妻制を持つと考えられており、生後約1年から数年までの幼体（血縁に限られる）と一緒に暮らす、いわゆる「核家族」の生活スタイルであることが初めて確認された爬虫類で、特定の棲み家にまとまって生活しており、オスは縄張りに侵入してきた他のトカゲを激しく攻撃し、同種の幼体であっても殺したり食べてしまうことがあるだけでなく（血縁関係にある個体には攻撃性を示さない場合が多く、血縁であるかどうかはにおいで確認している）、より良い棲み家を求めて他の家族を襲撃したり、追い出すこともある（まずは親個体を追い出し、その後、幼体を殺して

しまう）。これらの行動は日常的に行われており、力が強く体の大きなオスが率いる家族は日当たりが良く、餌場も近く、広い棲み家を獲得できるが、そうでない家族は狭く条件の悪い棲み家に追いやられることになる。こういった本格的な子殺しや縄張りの奪い合いは鳥類や哺乳類では時折見られるが、爬虫類では比較的珍しいと言える。

ストケスイワトカゲ

学名 *Egernia stokesii*

分布 オーストラリア

全長 約20〜28cm

飼育 タイプ 14

　種小名の *stokesii* とは、イギリスの軍人であり1831〜1836年まで航海測量士補としてかの Charles Robert Darwin（1809-1882）と共にビーグル号で南アメリカの海域の調査に同行した John Lort Stokes（1811-1885）に因む。英名では "Gidgee Skink" や "Gidgee Spiny-tailed Skink" "Western Spiny-tailed Skink" "Stoke's Skink" "Stoke's Egernia" と呼ばれる。ストケスイワトカゲ *E. s. stokesii*（基亜種）・バディアイワトカゲ *E. s. badia*・ゼリングイワトカゲ *E. s. zellingi* の3亜種が確認されている。なお、ペットトレードで単に「ストケスイワトカゲ」と呼ばれるのは基本的にゼリングイワトカゲ。基亜種の流通はほぼ見られない。頭部はやや小さく、頸部の括れは弱い。胴部は太長いが四肢は短く、尾部も扁平で短く（頭胴長の約35%）、自切機能はないと考えられている。背面や尾部の鱗には強いキールがあり、先端は棘状に尖っている。体色は亜種によって異なるだけでなく個体差もあるが、ストケスイワトカゲは黒褐色で、やや大きな灰褐色の斑紋が散らばるものが多く、バディアイワトカゲは茶褐色〜赤褐色にやや大きな灰白色の斑紋が散らばるが（帯状に連なるものも多い）、全身が黒褐色のものも見られる。ゼリングイワトカゲは薄茶色〜黄土色で、不明瞭な灰白色の細かい斑紋が全身に散らばるものが多い（成体ではほぼ無地のものも見られる）。オーストラリアに分布し、基亜種であるストケスイワトカゲは西オーストラリア州に含まれるハウトマン・アブロルホス群島に、バディアイワトカゲは西オーストラリア州のウィートベルト地域（Wheatbelt）やマーチソン地域（Murchison）・シャークベイ地域（Shark Bay）に、ゼリングイワトカゲは南オーストラリア州やニューサウスウェールズ州・ノー

ザンテリトリー準州・クィーンズランド州の乾燥地帯に分布する（ペットトレードで見られるのは主にこのゼリングイワトカゲと思われる）。1978年には西オーストラリア州の北部に浮かぶバーディン島に分布する個体群はバーディンイワトカゲ *E. s. aethiops* という亜種として記載されたが、現在ではバディアイワトカゲの一個体群として抹消されている。地上棲だが立体活動も得意で、乾燥した岩場に多く見られ、岩の隙間などを棲み家とし（自ら巣穴を掘るようなことはない）、つがいを中心とした約5～8匹のコロニーを形成して暮らしている（本種は一夫一妻制を持つだけでなく、最大で5世代までの子孫たちと共存していた例が確認されており、はっきりとした機構は不明なものの配偶者として近親者を積極的に回避していることもわかっている）。なお、本種は複数のコロニーが1カ所に糞を蓄積する傾向があり、これは嗅覚を手がかりとしたコロニーの識別に役立っていると考えられている。昼行性で、幼体時は主に節足動物を捕食するが、成長に伴い花や果実・種子などの植物を食べる割合が多くなり（特に気温の上がる時期は植物を多く食べることがわかっている）、それらの中には在来種だけでなく外来種と考えられているスベリヒユやコウマゴヤシなども含まれる。繁殖形態は胎生でメスは1度に1～8匹の幼体を出産する。幼体は卵黄囊が付いた状態で生まれてくることがあり、母親が食べて取り除くことが多いが（幼体が自分で食べることもある）、その際に幼体そのものを食べてしまった例もある。

クロイワトカゲ

ウズグロイワトカゲ

ゼリングイワトカゲ

ゼリングイワトカゲ

ゼリングイワトカゲ（若い個体）

バディアイワトカゲ

バディアイワトカゲ

イワトカゲ属　Egernia

キノボリイワトカゲ

学名 *Egernia striolata*
分布 オーストラリア
全長 約20 〜 25cm
飼育 タイプ 14

　種小名の *striolata* とは「小さな線（溝）」を意味し、本種の模様を表わしていると思われるが、はっきりしない。英名では "Tree Crevice Skink" や "Eastern Tree Skink" "Tree Skink" と呼ばれる。頭部はやや小さく、頸部の括れは弱い。胴部はやや長いが四肢はやや短い。尾部はやや長く、自切機能を有している。背面〜側面の鱗には弱いキールがあるものの比較的滑らか。灰色〜灰褐色で、背面と側面には暗褐色の不明瞭な太いストライプ模様が入り（尾部までは続かない）、細かな灰白色の斑紋が散らばるものも見られる。オーストラリアのニューサウスウェールズ州やクィーンズランド州・ビクトリア州・南オーストラリア州・ノーザンテリトリー準州南西部と属内でも広い分布域を持つ。地上でも樹上でも活動し、岩の隙間や中空になった枯れ木内のほか、電柱やフェンスに空いた穴なども棲み家とし（構造的に多様で複雑な環境を好む傾向がある。また、南オーストラリア州では主に岩場を棲み家とするが、ニューサウスウェールズ州北部では樹洞や樹皮の下などを棲み家とするものが多いなど地域差が見られる場合もある）、つがいを中心とした 2 〜 6匹のコロニーを形成して暮らしており（血縁に限られる）、棲み家の入り口周辺に糞を蓄積する傾向があり、これは嗅覚を手がかりとしたコロニーの識別に役立っていると考えられている。昼行性で節足動物や花・葉・果実などを食べる（胃内容の約 40%が植物であったという報告もある）。繁殖形態は胎生でメスは 1度に 1 〜 6匹の幼体を出産する（遅延受精も可能で交尾後から 1年以上してから妊娠・出産した例もある）。なお、本種はクロイワトカゲ同様に核家族で暮らすことが確認されており、縄張りに侵入してきた他のトカゲに対しては激しく攻撃し、同種の幼体であっても殺したり食べてしまうことがある（血縁関係にある個体には攻撃性を示さない場合が多く、血縁であるかどうかはにおいで確認している）。

キノボリイワトカゲ

キノボリイワトカゲ

キノボリイワトカゲ

サバクイワトカゲ属　*Liopholis*

ヤコウイワトカゲ

学名 *Liopholis striata*
分布 オーストラリア
全長 約20～25cm
飼育 タイプ 14

　種小名の *striata* とは「筋模様」を意味し、本種の模様を表していると思われるが、はっきりしない。英名では "Nocturnal Desert-skink" や "Night Skink" "Striated Egernia" "Elliptical-eyed Skink" と呼ばれる。頭部はやや大きいが、頸部の括れはさほど強くない。瞳孔は縦長（猫目）。胴部と尾部は太長く、やや短いが力強い四肢を持つ。鱗は滑らかで光沢がある。幼体時は灰褐色で暗褐色の斑紋が背面や側面に散らばるが、成体は茶褐色で、背面には細かい暗褐色の斑紋が細いストライプ状に連なるものが多い（側面に乱れた帯模様を持つものや、ほぼ無地のものも見られる）。オーストラリア西部（西オーストラリア州とノーザンテリトリー準州および南オーストラリア州北西部）の内陸部に広がる砂漠や荒れ地に広く分布する。地上棲でスピニフェックス *Triodia intermedia*（イネ科の多年生植物）の根元や斜面などに "Warrens（ウォラン。「ウサギ穴」の意）" と呼ばれる深さ約40cm、長さ約1,000cm、出入口が10以上もある複雑な迷路状の巣穴を数世代に渡り構築して暮らしていることがある（巣穴の内部は外界よりも温度変化が少ないこともわかっている）。夜行性で主に節足動物を捕食するが（胃内容より餌の10～30%はアリやシロアリで占められていることがわかっている）、トカゲなどを食べることもある（共食いも確認されている）。繁殖形態は胎生でメスは1度に1～4匹（多くの場合2匹）の幼体を出産する。

ヤコウイワトカゲ

ヤコウイワトカゲ

アオジタトカゲ属 *Tiliqua*

アデレードアオジタトカゲ

学名 *Tiliqua adelaidensis*
分布 オーストラリア
全長 約14〜18cm
飼育 タイプ 19

　別名ヒメアオジタトカゲ。属名の *Tiliqua* の意味は はっきりしておらず、造語ではないか、という説もある。種小名の *adelaidensis* とは「アデレードの」を意味し、本種の模式産地を表している（詳細は後述）。英名では "Adelaide Pygmy Bluetongue" や "Pygmy Blue-tongued Skink" と呼ばれる。頭部はやや大きく、頸部は括れており、舌は桃色。胴部は太長いが四肢は短い。鱗は滑らかで光沢がある。体色や模様には個体差があり、灰褐色〜黄土色で背面には黒褐色の斑紋が散らばるものが多いが、細いストライプ状や帯状に連なっているもの、ほぼ無地のものも見られる。なお、アオジタトカゲ属の多くは威嚇時に口を大きく開け、舌を出して威嚇を行うが、本種ではその行動はあまり見られないとされる（オオアオジタトカゲやハスオビアオジタトカゲなどの舌の裏側は表側の約2倍もの紫外線の反射量があり、鳥類など上空から襲ってくる捕食者からの攻撃を中断させるのに有効であると考えられている）。南オーストラリア州の中北部に位置する草原に生息し、クモやネズミなどが掘った古巣で暮らしている（特に入り口がほぼ垂直となっているアデレードトタテグモ *Blakistonia aurea* の巣穴を好んで使用する。トカゲ自身で巣穴を掘っているという確実な証拠はなく、巣の開口部がやや広くなる程度。雨などで巣穴が水没することもあるが、約40分弱も呼吸を止めることができる）。オスは複数のメスと共に明確な縄張りを持つ一夫多妻性で、他のオスが侵入すると闘争に発展することもあるが、メスは他のオスの縄張りを渡り歩くことが可能で、繁殖期には複数のオスと交尾を行うこともある。昼行性で主に節足動物を捕食するが、葉や花・果実・種子などを食べることもある（気温の上がる時期に植物を食べる割合が高くなることがわかっている。胃内容からトカゲの尾が発見されたこともある）。繁殖形態は胎生でメスは1度に1〜4匹の幼体を巣穴の中で出産する。幼体は生後1〜12週間は母親と同じ巣穴で暮らすことも知られているが、野生下における幼体の生存率は低く、10%を下回るとされており、その要因の1つに大型のムカデ類が関与していると

いう説がある（巣穴に侵入して幼体を捕食している可能性があるという）。

　最後に、本種はやや複雑な歴史的背景を持つため、現状も含めた内容を簡単に説明したい。アデレードアオジタトカゲは1863年に記載されたが、19世紀後半までに20匹程度の標本しか得られておらず、20世紀に入ってからは1940年代と1959年にわずかな記録しかなかったため、絶滅したと考えられていた。しかしながら、1992年に南オーストラリア州のブーラ（Burra）周辺で得られたブラックスネーク属 *Pseudechis* の胃内から死体が発見されて大きな話題となり、その後行われた調査で南オーストラリア州における最大の都市であるアデレード（Adelaide）の北東約77kmに位置するライト川（Light River）沿いにあるカパンダ（Kapunda）からピーターバラ（Peterborough。Petersburgとも）までの約524kmの間に広がる草原地帯に約5,000〜7,000匹が現存していることが判明したが、気候変動によって彼らの生息地は暑さを増しており、今後数十年以内に絶滅に瀕してしまうのではないか、という可能性も示唆された。これらの結果を深刻に受けとめた研究者たちは直ちに本種の保護を各方面に訴え、2010年には南オーストラリア自然財団（Nature Foundation SA Inc.）はブーラ近郊にアデレードアオジタトカゲ保護区（Tiliqua Pygmy Bluetongue Reserve）を設立し、2016年に南オーストラリア王立動物協会（Royal Zoological Society of South Australia）の管理下の動物園であるモナルトサファリパーク（Monarto Safari Park）における飼育下での繁殖の成功を発表。2020年にはオーストラリア研究評議会（Australian Research Council）は40万豪ドル以上の助成金を出資し、南オーストラリア州に位置するターリー（Tarlee）の羊牧場を改良（囲いを設け、人工巣穴も設置）して約100匹を移動した。このように、なかなかセンセーショナルな背景を持つ種であるだけに、2020年頃に愛玩用として国内へ初めて流通した際には大きな話題となり（原産国であるオーストラリアから本種の輸出が許可された例はない）、それと関係があるかははっきりしないが、オーストラリア政府は2022年にパナマで開催された第19回ワシントン条約締約国会議において、本種をワシントン条約III類からI類に移行することを提案し、承認された。そのため、今後新たに輸入される可能性はなくなった（国内で繁殖された個体が流通する可能性はある）。

アデレードアオジタトカゲ

アデレードアオジタトカゲ

究極のかくれんぼチャンピオン

DISCOVERY

COLUMN

959年から1992年まで絶滅したと考えられていたアデレードアオジタトカゲは、草原の地面に空いた直径2cm程度の巣穴で暮らしており、危険を感じるとすぐに隠れてしまうため観察が難しいことで知られているが、研究者たちは彼らが再発見されてからずっと調査を続けてきた。そして、2022年の調査中に大雨が彼らの生息地を襲い、多くの巣穴が水没してしまうという事態が発生した。研究者たちは彼らが巣穴から這い出てくると思ったが、一向にその気配がない。そこで内視鏡カメラで巣穴の中を除いてみると、驚くべきことがわかった。なんと彼らは雨で巣穴が水没しても、約40分弱も水中で息を止めることができるのだ（最長

記録は38分21秒。平均は28分32秒）。時折水面に顔を出して短時間の息継ぎを行うが、その後も陸場に避難することはなく、また水没した巣穴の中に戻って行ったのである。そんな彼らを研究者たちは "The Ultimate Hide & Seek Champion（究極のかくれんぼチャンピオン）" と称えた。

アデレードアオジタトカゲは長時間水中に潜っていられる能力があることが近年わかった

アオジタトカゲ属　Tiliqua

オオアオジタトカゲ

学名 *Tiliqua gigas*

分布 インドネシア・パプアニューギニア

全長 約45〜65cm

飼育 タイプ [20]

　種小名の *gigas* とは「大きい」や「巨大」を意味し、本種が属内でも大型種であることを表している。英名では "Giant Blue-tongued Skink" や "New Guinea Blue-tongued Skink" と呼ばれる。オオアオジタトカゲ（アンボンアオジタトカゲ）*T. g. gigas*（基亜種）・パプアニューギニアアオジタトカゲ（メラウケアオジタトカゲ）*T. g. evanescens*・カイアオジタトカゲ *T. g. keiensis* の3亜種が確認されている。これらに加えて未記載と思われる個体群もあり、特にパプアニューギニア南部の個体群は他のどの亜種にも当てはまらず、尾が短く太い体型や幅が広いバンドなど特徴的な外観を持つ。未記載亜種か、あるいは別種ハスオビアオジタトカゲの未記載亜種である可能性があるが、この個体群がパプアニューギニアアオジタトカゲに混じって同名で流通することも多い。頭部は大きく、頸部は強く括れ、胴部は太長いが四肢は短く、属内では比較的長い尾部を持つ（頭胴長の60〜90%だがカイアオジタトカゲではより長

いものが多く、海外のペットトレードでは "Snake Blue-tongued Skink" の呼称もある）。鱗は滑らかで光沢がある。体色や模様は亜種によって異なり、オオアオジタトカゲは緑褐色〜赤褐色で、胴部から尾部にかけて黒色の細い帯模様が多数並ぶ。パプアニューギニアアオジタトカゲは個体や地域による変異が激しいが、黄土色〜茶褐色に、暗褐色〜赤褐色のやや太い帯模様が並んでいるものが多い。カイアオジタトカゲの幼体時はオオアオジタトカゲに似るが、成長に伴い帯模様は不明瞭になり、成体では緑褐色〜赤褐色になるものが多い。全亜種が地上棲で、森林や草原に生息するが、その分布はやや飛び石的でオオアオジタトカゲはハルマヘラ島北部やミソール島・セラム島西部・ビアク島・ヤペン島・ニューギニア島の西パプア州およびニューギニア中央高原（New Guinea Highlands）の北側に、パプアニューギニアアオジタトカゲは主にニューギニア島中央高原の南側やマヌス島・グッディナフ島・ファガーソン島・カダアーガ島・キリウィーナ島に、カイアオジタトカゲはアルー諸島とカイ諸島に限定されている。なお、2020年にはスラウェシ島の北端部に位置するエアマディディ（Airmadidi）周辺からも基亜種オオアオジタトカゲと思われる個体が発見されている。移入個体である可能性も否定できないが、これは本属がウェーバー線（Weber's Line。インドネシア多島海のハルマヘラ島西側・ブル島西側・スラウェシ島東側・タニンバル諸島西側・

オオアオジタトカゲ（アンボンアオジタトカゲ）。ハルマヘラ産

オオアオジタトカゲ（アンボンアオジタトカゲ）

オオアオジタトカゲ（アンボンアオジタトカゲ）

オオアオジタトカゲ（アンボンアオジタトカゲの幼体）

オオアオジタトカゲ（アンボンアオジタトカゲ）。ナビレ産

オオアオジタトカゲ（アンボンアオジタトカゲ）。アビリー産

世界のスキンク下目

02

ティモール島東側を通る、動物地理学上の境界線）の西側で発見された初めての記録となった。昼行性でミミズやカタツムリなどの陸棲貝類・節足動物・トカゲ・鳥類（主に雛や卵）・ネズミ・死肉・花・果実などさまざまなものを食べる。繁殖形態は胎生でメスは1度に5〜30匹の幼体を出産する。

オオアオジタトカゲ（アンボンアオジタトカゲ）。マクノワリ産

オオアオジタトカゲ（アンボンアオジタトカゲの若い個体）

オオアオジタトカゲ（アンボンアオジタトカゲ）。セラムグリーンの名で流通する個体

オオアオジタトカゲ（アンボンアオジタトカゲ）。シルバーの名で流通する個体。舌色はグレー

オオアオジタトカゲ（アンボンアオジタトカゲ）。レッドバックの名で流通する個体

オオアオジタトカゲ（アンボンアオジタトカゲ）。シルバーの名で流通する個体。舌色はグレー

オオアオジタトカゲ（アンボンアオジタトカゲ）。ブラックの名で流通する個体

オオアオジタトカゲ（アンボンアオジタトカゲ）。レッドバックの名で流通する個体

オオアオジタトカゲ（アンボンアオジタトカゲ）。アザンティック品種

パプアニューギニアアオジタトカゲ（メラウケアオジタトカゲ）。ペットトレードではインドネシアアオジタと呼ばれることもある

パプアニューギニアアオジタトカゲ。（若い個体）

パプアニューギニアアオジタトカゲ。ハイポメラニスティック品種

パプアニューギニアアオジタトカゲ

パプアニューギニアアオジタトカゲ。パターンレス品種

パプアニューギニアアオジタトカゲ。ライトカラーの名で流通する個体

パプアニューギニアアオジタトカゲ。ライトカラーの名で流通する個体

パプアニューギニアアオジタトカゲ。グラナイトの名で流通する個体

ツチノコの正体はアオジタトカゲ？

 DISCOVERY

COLUMN

ツチノコ（槌の子）とは、日本に生息すると言い伝えられている未確認動物の1つで、横槌のように胴が太いヘビとされ、飛び跳ねたり鳴き声を上げることもあるらしく、北海道と南西諸島を除く日本全国で1920年代から目撃例があり、1970年代より目撃例が増加している。このツチノコの"正体"の1つとして有名なのがアオジタトカゲ属である。実際にアオジタトカゲ属がペットトレードに普及し始めたのは1970年代からで、ツチノコの目撃例が増加した時期と一致しており、岐阜県東白川村（全国でも有数のツチノコ目撃多発地帯）の隣町でもツチノコと誤認された生物の正体がアオジタトカゲ属だったという例もあった。おそらくツチノコの正体は、初めは"ヒキガエルを飲み込んだヤマカガシ"だったが（ヤマカガシは南西諸島・小笠原諸島・北海道には分布せず、

ヒキガエルを好んで捕食する。ヒキガエルは大型のためヘビの体は大きく膨らみ、時にはカエルがヘビの体内で暴れたり、鳴いたりすることもある。これらがツチノコの特徴である"飛び跳ねる"や"鳴き声"になったと思われる）、時代の流れと共に"アオジタトカゲ属"へと変遷していったのだろう（もちろん未確認動物としてのツチノコがどこかに存在している可能性もないとは言えない）。

ツチノコの正体として有力視されているアオジタトカゲ属。ツチノコは時代の流れによって正体を変えた可能性のある珍しい未確認動物と言えるかもしれない

パプアニューギニアアオジタトカゲ。ハイピンクの名で流通する個体

サウスパプアの名で流通することもある未記載個体群。ホワイトサイドの名で流通する個体

サウスパプアの名で流通することもある未記載個体群。黒みの強い個体

サウスパプアの名で流通することもある未記載個体群。スーパーワイドバンドの名で流通する個体

サウスパプアの名で流通することもある未記載個体群。ダークカラーの名で流通する個体

サウスパプアの名で流通することもある未記載個体群。黒化個体と思われる

サウスパプアの名で流通することもある未記載個体群

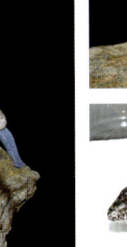

パプアニューギニアアオジタトカゲ。アザンティック品種

サウスパプアの名で流通することもある未記載個体群（幼体）

サウスパプアの名で流通することもある未記載個体群

カイアオジタトカゲ

アルーアオジタの名で流通する個体。カイアオジタトカゲの1タイプと思われる

カイアオジタトカゲ（再生尾）

アルーアオジタの名で流通する個体（幼体）。カイアオジタトカゲの1タイプと思われる

カイアオジタトカゲ（幼体）

アオジタトカゲ属　*Tiliqua*

ホソオビアオジタトカゲ

学名 *Tiliqua multifasciata*
分布 オーストラリア
全長 約40～45cm
飼育 タイプ [20]

　別名チュウオウアオジタトカゲ。種小名の *multifasciata* とは「多くの帯模様」を意味し、本種の模様を表していると思われる。英名では "Centralian Bluetongue" や "Centralian Blue-Tongued Lizard" と呼ばれる。頭部は大きく、頸部は強く括れ、胴部は太長いが尾部はやや短く（頭胴長の40～55%）、四肢も短い。鱗は滑らかで光沢がある。頭部は薄灰色で目の後方には黒色の目立つ斑紋が入り、胴部～尾部は薄灰色に茶褐色～橙色の帯模様が17～26本ほど並んでいる。地上棲で、オーストラリアのニューサウスウェールズ州やノーザンテリトリー準州・クィーンズランド州・南オーストラリア州・西オーストラリア州に広がる乾燥した岩場や荒れ地・砂漠に生息するが、さほど活動範囲は広くないようで、1日の移動距離は120～240mとなっている。昼行性で節足動物やトカゲ・ネズミ・死肉・花・果実などを食べる。繁殖形態は胎生でメスは1度に2～10匹の幼体を出産する。

マダラアオジタトカゲ

学名 *Tiliqua nigrolutea*
分布 オーストラリア
全長 約40～50cm
飼育 タイプ [20]

　種小名の *nigrolutea* とは「黒色」を意味する【niger】と、「黄色」を意味する【luteus】が組み合わさったもので、本種の体色と模様を表している。英名では "Blotched Bluetongue" や "Blotched Blue-Tongued Lizard" "Southern Bluetongue" と呼ばれる。頭部は大きく、頸部は強く括れ、胴部は太長いが尾部と四肢はやや短い。鱗は滑らかで光沢がある。なお、マツカサトカゲを除くアオジタトカゲ属は尾部に自切機能を持つが、本種はほとんど行わず、野生下でも再生尾の個体は珍しいとされる。体色や模様には個体差があるが、主に低地型（Lowlands Form）と高地型（Highlands Form）に分けられ（生態もやや異なる）、前者は灰褐色～茶褐色に灰白色～黄褐色の斑紋が背面や四肢に散らばるものが多く、後者は黒褐色に桃色～橙色の斑紋が背面や四肢に散らばり、より強いコンストラストを持つものが多い。地上棲で、オーストラリアの南オーストラリア州南東部からビクトリア州・ニューサウスウェールズ州南部・タスマニア州に分布し、森林から草原・荒れ地までさ

ホソオビアオジタトカゲ

ホソオビアオジタトカゲ

マダラアオジタトカゲ

まざまな環境に見られるが、低地型はタスマニア州とビクトリア州の湾岸付近に多く、高地型はニューサウスウェールズ州とビクトリア州の高地に多く見られる。昼行性でカタツムリなどの陸棲貝類や節足動物・トカゲ・ネズミ・死肉・花・果実などさまざまなものを食べる。繁殖形態は胎生でメスは幼体を出産し、低地型では5〜11匹、高地型では2〜5匹と差がある。また、繁殖期（春季）になるとオスはメスを巡って闘争する場合が多いが、数年間同じつがいで繁殖した例もある。

マダラアオジタトカゲ。高地型

マダラアオジタトカゲ。高地型。ニューサウスウェールズ州のカトゥンバ産

マダラアオジタトカゲ。低地型

マダラアオジタトカゲ。タスマニア産

青いだけじゃない！
ギラリと光るアオジタトカゲの舌

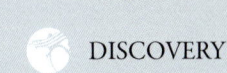　DISCOVERY

COLUMN

捕食者に襲われた際、アゲハチョウ科の幼虫は後頭部から臭角と呼ばれる黄色い角を出し、ネコは体を丸めて「シャー！」と唸りながら牙を剥き出しにする。これらは"威嚇ディスプレイ"と呼ばれる攻撃的な防衛手段である。それらの中でも興味深いのがアオジタトカゲ属の威嚇ディスプレイであろう。アオジタトカゲ属は危険を感じると口を開け、噴気音を出しながら青色の舌を突き出す。「なぜに舌を？」と思われるかもしれないが、実はこのアオジタトカゲ属の舌は単に目立つ青色というだけではなく、かなり特殊な構造になっていることがわかりつつある。なんと彼らの舌の裏側は表側の約2倍もの紫外線の反射量があるのだ。私たち人間にはわからないが、彼らの主な捕食者である鳥類やオオトカゲなどは紫外線を視認することができるようになっている。つまり、アオジタトカゲが舌を見せつけ、動かすたびにギラリと輝いて見えるのだろう。この威嚇方法は鳥類など上空から襲ってくる捕食者には特に有効であると考えられている（空中で攻撃が中断されると慣性を失い再開が難しい）。

アオジタトカゲ属の青色の舌は色だけじゃなく裏側もすごい…ということだろうか

アオジタトカゲ属 *Tiliqua*

ニシアオジタトカゲ

学名 *Tiliqua occipitalis*
分布 オーストラリア
全長 約35～45cm
飼育 タイプ 20

　種小名の *occipitalis* とは「後頭部」を意味する【occiput】に由来し、本種の頭頂板の後方に並ぶ小型の鱗を表わしていると思われるが、はっきりしない。英名では "Western Bluetongue" や "Western Blue-tongued Lizard" と呼ばれる。頭部は大きく、頸部は強く括れ、胴部は太長いが尾部と四肢はやや短い。鱗は滑らかで光沢がある。灰白色～黄白色で目の後方に黒色の斑紋が入り、胴部から尾部にも7～12本の黒色の太い帯模様が並んでいる。地上棲で、西オーストラリア州やノーザンテリトリー準州南部・ビクトリア州北西部・南オーストラリア州のやや乾燥した森林や草原・荒れ地・砂漠に生息する。昼行性でカタツムリなどの陸棲貝類や節足動物・トカゲ・ネズミ・死肉・果実などさまざまなものを食べるが、やや肉食傾向が強い。なお、夜間は岩や倒木の下で休んでいるものが多いが、ウサギの古巣を使用するものもおり、ウサギ駆除のため巣穴を破壊する行為は本種の個体数の減少に繋がるのではないか、という説もある（しかしながら、オーストラリアにおけるウサギは18世紀にイギリスより移入された外来種のアナウサギであり、農作物に多大な被害を出している）。繁殖形態は胎生でメスは1度に3～10匹の幼体を出産する。

マツカサトカゲ

学名 *Tiliqua rugosa*
分布 オーストラリア
全長 約30～40cm
飼育 タイプ 21

　種小名の *rugosa* とは「粗い」を意味し、本種の鱗の形状を表わしているとされる。英名では "Shingleback" や "Shingleback Lizard" "Stump-tailed Skink" "Two-headed Skink" "Stumpy-tail" "Sleepy Lizard" "Pinecone Lizard" "Bobtail" "Bogeye" "Boggi" と呼ばれる。ニシマツカサトカゲ *T. r. rugosa*（基亜種）・ヒガシマツカサトカゲ *T. r. aspera*・ロットネスマツカサトカゲ *T. r. konowi*・シャークベイマツカサトカゲ *T. r. palarra* の4亜種が確認されている。頭部は大きく、頸部は強く括れ、胴部は太く尾部と四肢は短い。腹部を除く体表は松笠のようなごつごつした鱗で覆われている。体色や模様は亜種によって異なるだけでなく、個体差もやや大きい。基亜種であるニシマツカサトカゲは黒褐色に白色や橙色の帯模様を持つものが多いが、茶褐色のものや橙色のものも見られる。ヒガシマツカサトカゲは黒褐色のものが多いが、白色～黄色の斑紋が散らばるものも見られる。

02

世界のスキンク下目

ニシアオジタトカゲ

ニシアオジタトカゲ

ニシアオジタトカゲ（若い個体）

ヒガシマツカサトカゲ

ロットネスマツカサトカゲは暗褐色に灰褐色の細かい斑紋が全身に散らばるものが多いが、帯状になっているものも見られる。シャークベイマツカサトカゲは暗褐色〜茶褐色で灰白色の斑紋が乱れた帯状に入るものが多い。オーストラリアに分布し（クィーンズランド州中部〜南部や西オーストラリア州南部・沿岸部を除くニューサウスウェールズ州・ビクトリア州・南オーストラリア州南部）、ニシマツカサトカゲは主にオーストラリア南西部に、ヒガシマツカサトカゲは主にオーストラリア東部に、ロットネスアオジタトカゲは西オーストラリア州のロットネス島に、シャークベイマツカサトカゲは西オーストラリア州中西部のシャー

クベイ地域にのみ見られる。地上棲で、やや乾燥した森林や草原・荒れ地に生息し、約 4,000㎡の活動範囲を持つが、1日の移動距離は 500m 以下とされる。昼行性でカタツムリなどの陸棲貝類や節足動物・トカゲ・ネズミ・死肉・葉・花・果実などさまざまなものを食べるが、植物食傾向が強い。繁殖形態は胎生でメスは 90 〜 150日に及ぶ妊娠期間の後、1 〜 4匹の幼体を出産する。なお、本種は一夫一妻制を持つと考えられており、特にヒガシマツカサトカゲでは 20年以上同じ雌雄が交尾を続けている例も確認されている。

ニシマツカサトカゲ

ニシマツカサトカゲ

ニシマツカサトカゲ

ニシマツカサトカゲ

ニシマツカサトカゲ。暗色の強い個体

ヒガシマツカサトカゲ

ヒガシマツカサトカゲ

ロットネスマツカサトカゲ

ロットネスマツカサトカゲ

シャークベイマツカサトカゲ

シャークベイマツカサトカゲ

口を開けて威嚇する

アオジタトカゲ属 *Tiliqua*

ハスオビアオジタトカゲ

学名 *Tiliqua scincoides*
分布 オーストラリア・インドネシア
全長 約40〜55cm
飼育 タイプ 20

　種小名の scincoides とは、「スキンク（本来はスナトカゲ属を意味するが、現在ではスキンク科全般を示す名称となっている）」を意味する【scincus】と、「似ている」を意味する【-oides】が組み合わさったもの。英名では "Common Bluetongue" や "Eastern Bluetongue" "Northern Bluetongue" "Eastern Blue-Tongued Lizard" と呼ばれる。ヒガシアオジタトカゲ *T. s. scincoides*（基亜種）・タニンバールアオジタトカゲ（キメラアオジタトカゲ）*T. s. chimaerea*・キタアオジタトカゲ *T. s. intermedia* の3亜種が確認されている。頭部は大きく、頸部の括れは強い。胴部は太長いが尾部と四肢は短い。鱗は滑らかで光沢がある。体色は亜種によって異なるだけでなく個体差もあるが、基亜種であるヒガシアオジタトカゲは灰褐色〜黄褐色で、暗褐色〜茶褐色の帯模様が胴部や尾部に並んでいる。本亜種は目の後方に暗褐色の斑紋が入るものが多いが、入らないものも見られる（ペットトレードではその模様の有無で本物・偽物論争が時折発生している）。タニンバールアオジタトカゲの体色や模様は多形で黄色に薄茶色の帯模様を持つものや、灰色〜白色に薄灰色の帯模様を持つもの、全身がほぼ黒褐色のものまで見られ、ペットトレードでは色彩に基

づき、ゴールデン（Golden）・シルバー（Silver）・ブラック（Black）などの呼び名が付くことも多い。キタアオジタトカゲは灰白色で側面に黒褐色のストライプ模様が入り、それに被せるように黄土色〜赤褐色の目立つ帯模様が入るものが多く、ペットトレードでは選別交配によりさまざまな品種も作出されている。なお、アオジタトカゲ属はその名のとおり青色の舌を持つものが多いが、ヒガシアオジタトカゲでは地域により桃色や黄色・緑褐色のものも知られている（成長段階による変化であり、最終的には青色になるという説もあるが、はっきりしない）。地上棲で、ヒガシアオジタトカゲはオーストラリア東部（ニューサウスウェールズ州・クィーンズランド州東部・ビクトリア州・南オーストラリア州南東部。ノーザンテリトリー準州南西部からも報告はあるが、はっきりしない）に、キタアオジタトカゲはオーストラリア北部（西オーストラリア州北部・ノーザンテリトリー準州北部・クィーンズランド州北部）に、タニンバールアオジタトカゲはインドネシアのマルク州南東に位置するババル諸島・タニンバル諸島に分布するとされ、唯一オーストラリア国外に見られる亜種となっている。生息環境は地域によって異なり、タニンバールアオジタトカゲは森林に多く見られるが、ヒガシアオジタトカゲとキタアオジタトカゲはやや乾燥した森林や草原・荒れ地に多く見られる。昼行性でカタツムリなどの陸棲貝類や節足動物・トカゲ・ネズミ・死肉・葉・花・果実などさまざまなものを食べるが、タニンバールアオジタトカゲはやや肉食傾向が強い。繁殖形態は胎生でメスは1度に5〜25匹の幼体を出産する。

ヒガシアオジタトカゲ。オーストラリア産

ヒガシアオジタトカゲ。ニューサウスウェールズ州産

ヒガシアオジタトカゲ。クィーンズランド州産

ヒガシアオジタトカゲ。南オーストラリア州アデレード産

ヒガシアオジタトカゲ。ニューサウスウェールズ州産

ヒガシアオジタトカゲ。クィーンズランド州産

ヒガシアオジタトカゲ。
ビクトリア州産

ヒガシアオジタトカゲ。
ビクトリア州産

ヒガシアオ
ジタトカゲ。
クィーンズ
ランド州産

ヒガシアオジタトカゲ。ニューサウスウェールズ州産

ヒガシアオ
ジタトカゲ。
クィーンズ
ランド州産

ヒガシアオジタトカゲ。ビクトリア州産

ヒガシアオ
ジタトカゲ。
南オースト
ラリア州産

ヒガシアオ
ジタトカゲ。
帯模様の
多い個体

ヒガシアオジ
タトカゲ。パ
ターンレス
品種

アオジタトカゲを飼えないならば・・・

DISCOVERY

COLUMN

「ア」オジタトカゲを飼えないならば、爬虫類の飼育は諦めたほうがいい」という言葉を聞いたことはないだろうか？　筆者が初めて聞いたのは2010年頃で、アメリカ合衆国にて開催されていた展示即売界にてハスオビアオジタトカゲの飼育方法を訊ねてきた来場者にブリーダーが語っていた言葉だったが、言い得て妙な内容に感銘を受けた記憶がある。たしかにアオジタトカゲの仲間は爬虫類飼育の入門種的存在であろう。もちろん、最初はいろいろと悩むこともあるとは思うが、アオジタトカゲほど飼育に寛容なトカゲは少ない。アオジタトカゲの飼育を困難と感じるならば、もはや爬虫類の飼育自体を諦めたほうが当人も爬虫類も幸せかもしれない。

アオジタトカゲの飼育を難しいと感じるならば、爬虫類の飼育そのものを止めておいたほうが良いかもしれない

ヒガシアオジタトカゲ。
パターンレス品種

ヒガシアオジタトカゲ。
パターンレス品種

ヒガシアオジタトカゲ。
メラニスティック品種

ヒガシアオジタトカゲ。
リューシスティック品種

ヒガシアオジタトカゲ。
アルビノ品種

ヒガシアオジタトカゲ。
アルビノ品種

ヒガシアオジタトカゲ。アルビノ品種

タニンバールアオジタトカゲ
（キメラアオジタトカゲ）

タニンバールアオジタトカゲ。シルバー

タニンバールアオジタトカゲ。ブラック

タニンバールアオジタトカゲ。シルバー

タニンバールアオジタトカゲ。シルバー

キタアオジタトカゲ

キタアオジタトカゲ

キタアオジタトカゲ。
サンセット品種

キタアオジタトカゲ。
西オーストラリア州産

キタアオジタトカゲ。キャラメル品種

キタアオジタトカゲ。サンシャイン品種

キタアオジタトカゲ。サンセットオレンジ品種

キタアオジタトカゲ。
ハイポメラニスティック品種

キタアオジタトカゲ。キャラメル品種

キタアオジタトカゲ。アイボリー品種

キタアオジタトカゲ。アイボリー×
キャラメル品種

キタアオジタトカゲ。スーパーハイポメラニスティック品種

キタアオジタ
トカゲ

キタアオジタトカゲ。
パターンレス品種

キタアオジタトカゲ。アイボリー
×ハイポメラニスティック品種

アオジタトカゲ。リューシスティック品種

キタアオジタトカゲ。
アルビノ品種

アオジタトカゲ。スーパーハイポメラニスティック品種

アオジタトカゲ。アイボリー品種

カブトトカゲ属　*Tribolonotus*

アカメカブトトカゲ

学名 *Tribolonotus gracilis*
分布 インドネシア・パプアニューギニア
全長 約18～20cm
飼育 タイプ 22

　別名メベニカブトトカゲ。カブトトカゲ属としては最も古く（1990年代）からペットトレードで流通していた種で、単にカブトトカゲと言えば本種を指す場合が多い。属名の *Tribolonotus* とは「目立つ三組の」を意味すると思われるが、はっきりしない。種小名の *gracilis* とは「細い」や「優美な」を意味する。英名では "Red-eyed Casque-headed Skink" や "Red-eyed Crocodile Skink" と呼ばれる。頭部は大きく角張っており、頸部は強く括れている。なお、トカゲ亜目としては珍しく発声器官を持ち、ストレスを感じた際などに低い声で鳴くことがある。体形はややスレンダーで、機能的な四肢を持ち、オスは後肢の指趾（第2指と第3指）に特徴的な鱗が発達する（おそらくは交尾時にメスを押さえる機能を持つと考えられていることから、愛好家からは "抱き胼" と呼ばれる）。尾部はやや長く、自切機能を有する。背面や尾部は鉤状に発達した大型鱗が並んでおり、側面や四肢にも大型鱗が目立つが、皮膚が露出している部分も多い。頭部や背面・尾部は黒褐色～茶褐色で、目の周りは橙色～朱色に染まる（幼体時には見られないため、モトイカブトトカゲとの識別が難しい場合がある）。余談であるが、これらの特徴的な形態から1970年代にはパプアニューギニアの切手のモチーフにもなった。地上棲で、ニューギニアのパプア州からパプアニューギニアのモマセ地方（Momase Region）に広がる森林に生息し（アドミラルティ諸島からも報告はあるが、誤りであると思われる）、夜行性で隠蔽性が強く、日中は倒木や落ち葉の下に潜む。主にミミズや節足動物を捕食するが、魚類やカエル・トカゲを食べた例もある。繁殖形態は卵生でメスは1度に1～3個の卵を数回に分けて地中に産卵する。

アカメカブトトカゲ

アカメカブトトカゲ。オスの指裏には白い鱗が並ぶ

アカメカブトトカゲ。メスの指裏には白い鱗が並ばない

アカメカブトトカゲ

アカメカブトトカゲ（幼体）

カブトトカゲで悩んだことがないならば・・・

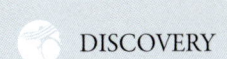　DISCOVERY

COLUMN

「カ ブトトカゲで悩んだことがないならば初心者」という言葉を聞いたことはないだろうか？　筆者が初めて聞いたのは 2015年頃で、国内の愛好家が語っていた言葉であり、やや極端な意見とは思いながらも、思い当たる節があって妙に納得した記憶がある。たしかにカブトトカゲ属は生態に謎が多く、飼育にもコツが必要で、初めて飼育する誰もが「これで正しいのだろうか？」と何度も頭を抱えるトカゲだろう。ある意味、爬虫類飼育の奥深さを教えてくれる動物であり、初心者がいつか通らねばならぬ通過儀礼的存在かもしれない（別にカブトトカゲ属でなくてもかまわないとは思うが）。ちなみに、両生類バージョン（?）もあり、そちらは「ミツヅノコノハガエルで悩んだことがないならば初心者」というらしい。

筆者もカブトトカゲの飼育には熱が出るほど悩まされた（というか、今でも時々悩んでいる）

カブトトカゲ属　*Tribolonotus*

モトイカブトトカゲ

学名	*Tribolonotus novaeguineae*
分布	インドネシア・パプアニューギニア
全長	約16～18cm
飼育	タイプ 22

　別名シロメカブトトカゲやニューギニアカブトトカゲ。種小名の *novaeguineae* とは「ニューギニア島の」を意味し、本種の分布域を表している。英名では"Papuan Casque-headed Skink"や"Papuan Crocodile Skink""White-eyed Crocodile Skink"と呼ばれる。頭部は大きく角張っており、頸部は強く括れている。なお、トカゲ亜目としては珍しく発声器官を持ち、ストレスを感じた際などに低い声で鳴くことがある。体形はややスレンダーで機能的な四肢を持ち、オスは後肢の指趾（第2指と第3指）に特徴的な鱗が発達する。尾部はやや長く、自切機能を有する。背面や尾部はアカメカブトトカゲよりも鋭く鉤状に発達した大型鱗が並んでおり、側面や四肢にも大型鱗が目立つが、皮膚が露出している部分も多い。頭部や背面・尾部は茶褐色で、目の周りが黄白色に染まるものも見られる（幼体時には見られない）。地上棲で森林に生息するが、分布はやや飛び石的でニューギニア島北部の湾岸地域から（アカメカブトトカゲと分布が重なる部分も少なくない）、インドネシアの西パプア州や中部パプア州の湾岸地域にも見られる。夜行性で隠蔽性が強く、日中は倒木や落ち葉の下に潜む。ミミズや節足動物を捕食する。繁殖形態は卵生。余談であるが、本種もアカメカブトトカゲも1990年以前は流通例はなく、愛好家の間では幻種のような扱いを受けていたが、2000年代以降は大量に流通するようになった。不思議に思った筆者が現地の輸出業者に話を聞いたところ「ココナッツの殻を捨てる場所があってね、その中から見つかったんだよ。あと、最近は道路も整って、山奥まで車で行けるようにもなったから」という内容だった。しかしながら、もと

モトイカブトトカゲ

モトイカブトトカゲ(幼体)

モトイカブトトカゲ

02

世界のスキンク下目

より生産性がさほど高くない動物なので、このままのペースで輸出が続けば、近い将来個体数は激減し（すでにそうなっているかもしれないが）、国際的な保護が始まるのではないかと筆者は考えている。また、龍宮に棲むと伝えられ、水神や海神として各地で祀られている龍神のモデルはこのモトイカブトトカゲとミズオオトカゲ、そしてヘビ類の姿が組み合わさったものではないか、という説もある。

シュミットカブトトカゲ

学名 *Tribolonotus schmidti*
分布 ソロモン諸島
全長 約7〜9cm
飼育 タイプ 22

　別名ガダルカナルカブトトカゲ。種小名の *schmidti* とはアメリカ合衆国の動物学者である Karl Patterson Schmidt（1890-1957）に因む。英名では "Guadalcanal Casque-headed Skink" や "Schmidt's Crocodile Skink" "Schmidt's Helmet Skink" と呼ばれる。頭部はやや大きく、頸部は括れている。体形はスレンダーで尾部は長く、自切機能を有する。背中の中央には2列の大型鱗が波打つように並んでおり、側面や四肢にも大型鱗が目立つが、皮膚が露出している部分も多い。一見しただけではアカメカブトトカゲやモトイカブトトカゲほど特殊な形態はしていないように感じるが、細かく見ればかなり特異なトカゲであることがわかるだろう。茶褐色〜暗褐色で、不明瞭な灰白色の斑紋が下顎部に並んでいるものが多い。地上棲で、ソロモン諸島最大の島であるガダルカナル島の森林に生息する。生態には不明な部分が多いが、夜行性もしくは薄明薄暮性で、ミミズや節足動物を捕食していると考えられている。繁殖形態は胎生でメスは1度に1〜2匹の幼体を出産する（現時点ではカブトトカゲ属における胎生種は本種以外確認されていない）。

モトイカブトトカゲ。ライトカラーの名で流通する個体

モトイカブトトカゲ。ハイカラーの名で流通する個体

シュミットカブトトカゲ

シュミットカブトトカゲ

シュミットカブトトカゲ

スキンク科　Scincidae　　カラタケトカゲ亜科　Eugongylinae

カレドニアオチバトカゲ属　Caledoniscincus

アオピニ
カレドニアオチバトカゲ

学名 *Caledoniscincus austrocaledonicus*
分布 ニューカレドニア
全長 約12～16cm
飼育 タイプ 12

　ペットトレードではニューカレドニアリッタースキンクと呼ばれることもある。属名の*Caledoniscincus*とは、ニューカレドニアを表わす【Caledonia（本来は北大西洋に位置するグレートブリテン島の北部を意味する地方の名称とされるが、現在はさまざまな地域にその名を残している）】と、「スキンク」を意味する【scincus】が組み合わさったもので、本属の分布域を表わしている。種小名の*austrocaledonicus*も「南の」を意味する【austro-】と、「ニューカレドニアの」を意味する【caledonicus】が組み合わさったもの。英名では"Speckled Leaf-litter Skink"や"Speckled Litter Skink""Common Litter Skink"と呼ばれる。頭部は小さく吻は尖っており、頸部はやや括れている。体形はスレンダーで尾部はやや長い（頭胴長の約150%）。鱗は滑らかで光沢がある。背面は茶褐色～暗褐色で灰白色の不明瞭なストライプ模様が入り、側面や四肢にも白色～灰白色の細かい斑紋が散らばる。地上棲で、ニューカレドニアと周辺の島々（パン島やロイヤルティ諸島など）の森林や草原に生息する。昼行性だがあまり明るい場所は好まないようだ。食性に関しては不明な部分が多いが、ミミズや節足動物を捕食していると考えられている。繁殖形態は卵生。

アオピニカレドニアオチバトカゲ

ミギワトカゲ属　*Cophoscincopus*

グリアミギワトカゲ

学名 *Cophoscincopus greeri*

分布 ギニア・ガーナ・コートジボアール・リベリア・シエラレオネ・トーゴ

全長 約9〜12cm

飼育 タイプ 23

　別名グリアーミギワトカゲ。属名の *Cophoscincopus* とは「聴覚障害」を意味する【copho】と、「スキンク」を意味する【scincopus】が組み合わさったもので、本属の外耳孔が外部から確認できないことに由来する。種小名の *greeri* とはオーストラリアの動物学者である Allen Eddy Greer に因む。英名では "Guinean Keeled Water Skink" や "Greer's Keeled Water Skink" "Greer's Earless Skink" と呼ばれる。頭部はやや小さく吻は尖っており、頸部はやや括れている。体形はスレンダーで尾部もやや長く扁平しており、水辺での生活に適応していると考えられる（本属は水中で魚類を捕まえることもあり、水棲に最も適応したスキンク下目かもしれない）。茶褐色で、背面には不明瞭な灰白色や黄土色の斑紋が散らばり、腹部は橙色〜赤色。鱗には強いキールがあり、ミズトカゲ属のシナミズトカゲ（P.222）によく似ている。半水棲で山間部（標高 1,000〜2,000m付近）の森林内を流れる冷涼な渓流に生息する。昼行性だがあまり明るい場所は好まないようだ。食性に関しては不明な部分が多いが、ミミズや節足動物・魚類などを捕食していると考えられている。繁殖形態は卵生。

マネシミギワトカゲ

学名 *Cophoscincopus simulans*

分布 ギニア・ガーナ・コートジボアール・リベリア・シエラレオネ・トーゴ

全長 約9〜12cm

飼育 タイプ 23

　別名シミュランミギワトカゲ。種小名の *simulans* とは「模倣」を意味し、かつて本種が同属のリベリアミギワトカゲ *C.durus* と同種であると考えられていたことに由来すると思われるが、はっきりしない。英名では "Ghanese Keeled Water Skink" や "Vaillant's Keeled Water Skink" "Mimic Earless Skink" と呼ばれる。グリアーミギワトカゲによく似ているが（分布域も重なっている）、本種のほうが背面に散らばる斑紋が大きく、側面の色などもやや明るい傾向がある。半水棲で山間部（主に標高 1,000m以上）の森林内を流れる冷涼な渓流に生息する。昼行性だがあまり明るい場所は好まないようだ。食性に関しては不明な部分が多いが、ミミズや節足動物・魚類などを捕食していると考えられている。繁殖形態は卵生。

グリアミギワトカゲ

グリアミギワトカゲ（腹部）

グリアミギワトカゲ

マネシミギワトカゲ

ヘビメトカゲ属　*Cryptoblepharus*

サンゴヘビメトカゲ

学名 *Cryptoblepharus africanus*
分布 ソマリア・ケニア・タンザニア・南アフリカ
全長 約8～13cm
飼育 タイプ 〔24〕

　本属はオガサワラトカゲ属とも呼ばれるが、小笠原諸島の固有ではなく（日本国内にはオガサワラトカゲの1種が分布しているにすぎない）、インドネシアからニューギニア・オーストラリア・南太平洋の島嶼部・東アフリカ・マダガスカルまでに53種が確認されており（タイヨウヘビメトカゲ *C. poecilopleurus* は南米のチリからも報告されているが、疑わしい）、おそらくスキンク科で最も広い分布域を持ち、ヘビメトカゲの呼称もあるため、本書ではヘビメトカゲ属とする。属名の *Cryptoblepharus* とは「隠された」や「秘密」を意味する【crypto】と、「瞼」を意味する【blepharus】が組み合わさったもので、下瞼が1枚の透明な鱗となって眼を覆っていることを表わしている（上下の瞼は動かない）。種小名の *africanus* とは「アフリカの」を意味し、本種の分布域を表わしている。英名では"African Coral Rag Skink"や"East-African Snake-eyed Skink"と呼ばれる。かつてはバートンヘビメトカゲの亜種 *C. b. africanus* とされていたが、近年、独立種となった（1970年代から独立種とする説はあったが、広く認知され始めたのは1990年代頃から）。頭部は小さく扁平で、頸部はやや括れている。体形はスレンダーで尾部も長く、機能的な四肢を持つ。鱗は滑らかで光沢がある。体色には個体差があり、暗褐色に灰白色の斑紋が散らばるものから、灰白色のストライプ模様が背面に2本入るもの、それらの中間型までさまざまなタイプが見られる。地上棲だが立体活動も得意で、ソマリア・ケニア・タンザニア・南アフリカ（クワズール・ナタール州西部）の湾岸部に生息し、主に珊瑚の化石で構成された塊状石灰岩に多く見られる（英名の1つである Coral Rag もこれに由来する）。昼行性で節足動物（カニなどの甲殻類を含む）を捕食するが、干潮時に岩の窪みなどに取り残された魚類を食べることもある。繁殖形態は卵生でメスは1度に1～2個の卵を地中に産卵する。

ナイリクヘビメトカゲ

学名 *Cryptoblepharus australis*
分布 オーストラリア
全長 約12～16cm
飼育 タイプ 〔24〕

　種小名の *australis* とは「南の」を意味するが、はっきりしない。オーストラリア南部を指すという説もあるが、本種の模式産地はノーザンテリトリー州南部のハーマンズバーグ（Hermannsburg）となっている。英名では"Cream-striped Shinning-skink"や"Inland Snake-eyed Skink""Desert Wall Skink""Wall Skink"と呼ばれる。頭部は小さく扁平で、頸部はやや括れている。体形はスレンダーで尾部はやや長く（120

サンゴヘビメトカゲ

〜 140％）、機能的な四肢を持つ。鱗は滑らかで光沢がある。灰褐色〜茶褐色で背面には吻端から尾部まで灰白色のストライプ模様が 2 本入り、四肢や側面にはやや不明瞭な灰白色の斑紋が散らばる。オーストラリアの内陸部に広く分布するが、南オーストラリア州南部では湾岸域周辺にも見られる。地上でも樹上でも活動し、やや乾燥した森林から草原・岩場などさまざまな環境で見られる。昼行性で節足動物を捕食する。繁殖形態は卵生。

サンゴヘビメトカゲ

ナイリクヘビメトカゲ

ヘビメトカゲ属　*Cryptoblepharus*

オガサワラトカゲ

学名 *Cryptoblepharus nigropunctatus*

分布 日本

全長 約11〜14cm

飼育 タイプ 24

　種小名の *nigropunctatus* とは「黒色の斑紋」を意味し、本種の模様を表していると思われる。英名では "Ogasawara Snake-eyed Skink" や "Bonin Snake-eyed Skink" と呼ばれる。かつてはバートンヘビメトカゲの亜種 *C. b. nigropunctatus* とされていたが、2007年に独立種となった。頭部は小さく扁平で、頭部はやや括れている。体形はスレンダーで尾部も長く、機能的な四肢を持つ。鱗は滑らかで光沢がある。背面は茶褐色〜灰褐色で暗褐色の細かい斑紋が散らばり、側面は暗褐色のものが多い。日本の小笠原諸島・鳥島・南鳥島・南硫黄島のみに見られる固有種と考えられており、属内では最北端に分布する種として知られている。地上でも樹上でも活動し、森林から林縁・草地・沿岸部までさまざまな環境に見られ、昼行性で節足動物を捕食する。繁殖形態は卵生でメスは1度に1〜2個の卵を地中に産卵する。なお、本種の分布域である小笠原諸島（父島・母島・兄島）には1960年代にアメリカ合衆国南西部原産のイグアナ下目であるグリーンアノールが移入されており、両種は競合関係にあるため一部の島では生息

オガサワラトカゲ

密度を減らしている（本種の幼体がグリーンアノールに捕食された例もある）。

ニューギニアヘビメトカゲ

学名 *Cryptoblepharus novaeguineae*
分布 インドネシア・パプアニューギニア
全長 約13～16cm
飼育 タイプ 24

　種小名の *novaeguineae* とは「ニューギニア島の」を意味し、本種の分布域を表している。英名では "New Guinean Snake-eyed Skink" と呼ばれる。かつてはバートンヘビメトカゲの亜種 *C. b. novaeguineae* とされていたが、2007年頃から独立種として認識されるようになった（1970年代から独立種として扱うべきという説はあった）。頭部は小さく扁平で、頸部はやや括れている。体形はスレンダーで尾部も長く、機能的な四肢を持つ。鱗は滑らかで光沢がある。灰褐色～薄茶色で背面にはやや不明瞭な暗褐色のストライプ模様が3本入り、側面も黒褐色のものが多い。ニューギニア島と周辺の島嶼部（インドネシアのアルー諸島やワイゲオ諸島・モルッカ諸島・ラジャアンパット諸島・ビアク諸島など）に見られるが、現在判明している分布はやや飛び石的。地上でも樹上でも活動し、森林から林縁に多く見られる。昼行性で節足動物を捕食する。繁殖形態は卵生。

ニューギニアヘビメトカゲ

シマトカゲ属　*Emoia*

ミヤコトカゲ

学名 *Emoia atrocostata*

分布 オーストラリア・ブルネイ・アメリカ合衆国（グアム）・インドネシア・パプアニューギニア・マレーシア・ミクロネシア・パラオ・ソロモン諸島・フィリピン・シンガポール・バヌアツ・台湾・日本

全長 約18～20cm

飼育 タイプ 24

　本属はミヤコトカゲ属とも呼ばれるが、宮古諸島に固有ではなく（日本国内には宮古島列島にミヤコトカゲの1種が分布しているにすぎない）、メラネシアから南西太平洋の島嶼部までの広い地域に78種が確認されており、限定的な地域名はふさわしくないと考えた。ハマベトカゲ属の呼称もあるが、多くの種が浜辺や海岸周辺に生息するわけではなく、一部の種は標高1,000mを超える山地の森林に生息しているため、こちらも本属の特徴を表しているとは言い難い。一方、中国語表記では主に"島蜥"とされており、本属の分布域的な特徴が表されていると思われ、1990年代に日本の動物学者である千石正一（1949−2012）も国内の書籍にてシマトカゲ属の名称を使用しているため、本書ではシマトカゲ属とする（種小名に関しては国内で使用例のあるものを優先する）。属名の*Emoia*の意味ははっきりしておらず、造語ではないか、という説もある。種小名の*atrocostata*とは「黒色」を意味する【ater】と、「肋骨」を意味する【costa】が組み合わさったもので、本種の側面の色を表わしていると思われるが、はっきりしない。英名では"Pacific Mangrove Skink"や"Mangrove Skink" "Seaside Skink" "Reef Skink" "Grey Swamp Skink" "Littoral Whiptail Skink" "Littoral Skink" "Beach Skink"と呼ばれる。ミヤコトカゲ*E. a. atrocostata*（基亜種）・オーストラリアハマベトカゲ*E. a. australis*・ソロモンハマベトカゲ*E. a. freycineti*の3亜種が確認されている。頭部は小さく、頸部はやや括れる。体形はスレンダーで尾部はやや長い（頭胴長の約150%）。鱗は小さく滑らかで光沢がある。体色は地域や亜種によってやや異なるが、背面は灰褐色～茶褐色で暗褐色の斑紋が散らばり、側面は暗褐色で不明瞭な灰白色の細かい斑紋が散らばるものが多く、腹部は白色～黄色。西太平洋熱帯海洋域の島々に広く見られ（移入された地域

も多いと思われ、現在では原産地がどこなのかははっきりしないが、模式産地はミクロネシア南部に位置するカロリン諸島とされている）、おそらく種レベルとしてはスキンク下目で最も広い分布域を持つが（基亜種のみ。亜種であるオーストラリアハマベトカゲはオーストラリアのヨーク岬半島に、ソロモンハマベトカゲはソロモン諸島とバヌアツに固有。しかしながら、近年の分子系統解析より複数種を含む側系統群であることが明らかとなり、分類の再検討が求められている）、日本では宮古列島の池間島（南岸および西岸）・伊良部島（東岸）・大神島（南東岸）・来間島（北岸）・宮古島に限られており、護岸工事や埋め立てなどの影響で個体数が減少しているが（宮古島平良港付近では、港湾整備事業により個体群そのものが絶滅した可能性がある）、日本の個体群は遺伝子解析の結果より台湾やフィリピン・ミクロネシアの一部の集団と同じ系統に属することがわかっており、流木などに乗って漂流移動してきたか、物資などに紛れて移入されたものと考えられている。地上でも樹上でも活動し、強い塩分耐性を持ち他のトカゲが見られないようなマングローブ林やサンゴ礁が隆起した岩石海岸や海岸の崖などにも生息している。昼行性で食性に関しては不明な部分が多いが、胃内容の調査からは主にカニやフナムシなどの海岸棲無脊椎動物やアリ・アワフキムシなどの節足動物が発見されている。繁殖形態は卵生でメスは1度に2個の卵を沿岸部の岩場に産卵するようだが、マングローブ樹種の1つであるヒルギ科の樹洞の中に産卵していた例もある。なお、日本国内の個体群は宮古島市自然環境保全条例保全種に指定されているため、無許可での採捕は禁止されている。

ソロモンハマベトカゲ

アオオハマベトカゲ

学名 *Emoia caeruleocauda*

分布 フィジー・アメリカ合衆国（グアム）・インドネシア・マレーシア・マーシャル諸島・ミクロネシア・パラオ・パプアニューギニア・フィリピン・ソロモン諸島・バヌアツ

全長 約10～14cm

飼育 タイプ 24

　別名セレベスルリオシマトカゲやアオオミヤコトカゲ。種小名の *caeruleocauda* とは「青色の尾」を意味し、本種の尾部の色を表わしていると思われる。英名では "Pacific Blue-tailed Skink" や "New Guinea Blue-tailed Skink" "Common Blue-tailed Skink" と呼ばれる。頭部は小さく、頸部はやや括れている。体形はスレンダーで尾部もやや長い（頭胴長の約130％）。鱗は滑らかで光沢がある。頭部から胴部は黒褐色で、背面には吻端から尾部の付け根にかけて金色のストライプ模様が入り、尾部は鮮やかな瑠璃色。この鮮やかな尾部は同種間でのコミュニケーションに使用されているようで、縄張りに他の個体が侵入すると尾部をゆっくりと8の字に振るディスプレイを見せる。本種は広い分布域を持ち、さまざまな地域から報告されているが、その一部は移入であると考えられているだけでなく（ミクロネシアのカピンガマランギ環礁など）、他種の誤認も含まれていると考えられている（トンガからも報告はあるが、アイイロミヤコトカゲの誤認であると考えられている）。森林に生息し（低地での観察例が多いが一部地域では標高1,500mを超える高地でも発見されている）、主に地上棲だが樹上に登ることもある。昼行性で食性に関しては不明な部分が多く、節足動物を捕食していると考えられているが、飼育下では果実を食べた例もある。繁殖形態は卵生。

アオオハマベトカゲ

シマトカゲ属　*Emoia*

アオハラハマベトカゲ

学名 *Emoia cyanogaster*

分布 パプアニューギニア（ビスマルク諸島）・ソロモン諸島・バヌアツ

全長 約27～35cm

飼育 タイプ [24]

　別名アオハラシマトカゲ。種小名の *cyanogaster* とは「青色の腹」を意味し、本種の側面から腹部の色を表していると思われる。英名では "Pacific Green-bellied Tree Skink" や "Green-bellied Vine Skink" "Brown-backed Skink" "Teal Emo Skink" と呼ばれる。頭部は小さく、頸部はやや括れている。体形はスレンダーで尾部は長い（頭胴長の約250％）。鱗は滑らかで光沢がある。背面は茶褐色で黒色の細かい斑紋が散らばり、側面上部には暗褐色のストライプ模様が入るが、下部から腹部は鮮やかな黄緑色に染まる。樹上棲で低地の森林や庭園に生息し、地上から200～600cmまでの低木や蔓植物の上で発見されることが多い。なお、場所にもよるがソロモン諸島やバヌアツでは最も普通に見られる爬虫類の1つとされている。昼行性で主に節足動物を捕食するが、トカゲを食べた例もある。繁殖形態は卵生でメスは1度に1～2個の卵を地中や樹洞・朽木の中に産卵する。

ルリオハマベトカゲ

学名 *Emoia cyanura*

分布 インドネシア・フィジー・サモア・マヌス諸島・バヌアツ・ニューカレドニア・パプアニューギニア・ソロモン諸島・トンガ・フランスの海外準県ウォリスフツナ・ニウエ・ツバル・トケラウ諸島・クック諸島・フランス領ポリネシア・キリバス・ミクロネシア・ナウル・アメリカ合衆国（ハワイ。グアムからも1個体のみ記録されている。どちらも移入と思われる）

全長 約10～15cm

飼育 タイプ [24]

　別名ルリオシマトカゲ。種小名の *cyanura* とは「藍色の」を意味し、本種の尾部の色を表わしていると思われる。英名では "White-bellied Copper-striped Skink" や "Brown-tailed Copper-striped Skink" "Copper-tailed Skink" "White-bellied Skink" "Pacific Green-tailed Emoia" "Polynesian Blue-tailed Skink" "Azure-tailed Skink" "Azure-tailed Copper-striped Skink" "Blue-tailed Slender Skink" と呼ばれる。頭部は小さく、頸部はやや括れている。体形はスレンダーだが尾部はやや短い（頭胴長の約130％）。鱗は滑らかで光沢がある。頭部から胴部は黒褐色で、背面には吻端から尾部の付け根にかけて黄色のストライプ模様が3本入り、尾部は鈍い藍色～銅色となる。本種は広い分布域を持ち、さまざまな地域から報告されているが、移入も多いようだ（フランス属領クリッパートン島やイギリスの海外領土のピトケアン諸島などにも移入されているとされるが、はっきりしない）。森林に生息し、主に地上棲だが樹上に登ることもある。昼行性で食性に関しては不明な部分が多いが、節足動物を捕食していると考えられている。繁殖形態は卵生。

オナガシマトカゲ

学名 *Emoia longicauda*

分布 インドネシア・パプアニューギニア（ビスマルク諸島とウッドラーク諸島）・オーストラリア

全長 約25～30cm

飼育 タイプ [24]

　種小名の *longicauda* とは「長い尾」を意味する。英名では "Long-tailed Slender Tree Skink" や "Scrub Whiptail Skink" と呼ばれる。頭部はやや小さいが吻は長く、頸部はやや括れる。体形はスレンダーで尾部も長い（頭胴長の約200％）。鱗は滑らかだが光沢はさほど強くない。緑褐色～茶色で、背面や四肢には不明瞭な灰白色の斑紋が散らばり、頸部から前肢の付け根にかけて暗褐色の細い帯模様が入るものも見られる。現在判明している分布はやや飛び石的でオーストラリアのクィーンズランド州（ヨーク半島の北端部とトレス海峡諸島）からインドネシアのイリアンジャヤ（Irian Jaya）と周辺の島嶼部（アルー諸島やカイ諸島・タニンバル諸島など）・パプアニューギニアのビスマルク諸島とウッドラーク諸島となっている。樹上棲で森林に生息する。昼行性で食性に関しては不明な部分が多いが、節足動物を捕食していると考えられている。繁殖形態は卵生。

アオハラハマベトカゲ

ルリオハマベトカゲ

オナガシマトカゲ

オナガシマトカゲ

シマトカゲ属 *Emoia*

クロハマベトカゲ

学名 *Emoia nigra*

分布 フィジー・サモア・アメリカ領サモア・キリバス・パプアニューギニア（ビスマルク諸島・ブーゲンビル島）・ソロモン諸島・ニュージーランド領トケラウ・トンガ・バヌアツ・フランス領ウォリス - フツナ

全長 約24 〜 28cm

飼育 タイプ 24

　ペットトレードではクロエモイアトカゲと呼ばれることもある。種小名の *nigra* とは「黒色」を意味し、本種の体色を表していると思われるが、全ての個体が黒色を呈するわけではない。英名では "South Pacific Black Skink" や "Pacific Black Skink" "Black Emo Skink" "Black Skink" と呼ばれる。頭部はやや大きく、頸部はやや括れる。体形はスレンダーで尾部はやや長い（頭胴長の約150%）。鱗は滑らかだが光沢はさほど強くない。体色には個体差があり（地域によってもやや異なるとされる）、黒褐色〜茶褐色で、背面や尾部に不明瞭な茶色の斑紋が散らばるものも見られる。地上棲だが立体活動も得意で森林から庭園・農地・海岸付近までさまざまな環境に見られる。昼行性で主に節足動物を捕食するが、トカゲなどを食べることもある。繁殖形態は卵生でメスは1度に2〜4個の卵を地中に産卵する。

アカオシマトカゲ

学名 *Emoia ruficauda*

分布 フィリピン・インドネシア（?）

全長 約10 〜 15cm

飼育 タイプ 24

　種小名の *ruficauda* とは「赤色の尾」を意味し、本種の尾部の色を表わしていると思われる。英名では "Red-tailed Emo Skink" や "Red-tailed Swamp Skink" と呼ばれる。頭部はやや大きく、頸部は括れている。体形はスレンダーで尾部はやや長い（頭胴長の約140%）。鱗は滑らかで光沢がある。頭部から胴部は黒褐色で、背面には吻端から尾部の付け根にかけて金色のストライプ模様が3本入り、側面〜腹部は鮮やかな黄色で四肢はやや暗い茶色〜紅色のものが多い。尾部は鮮やかな赤色。分布には不明な

部分があり、模式産地であるフィリピンのミンダナオ島には生息しているが、インドネシアのスラウェシ島とその東部に位置するバンガイ諸島からも報告はあるものの、はっきりしない。発見個体数が少ないため生態などには不明な部分が多いが、地上棲で森林に生息し、昼行性で節足動物を捕食していると考えられている。繁殖形態は卵生。

サカヤキハマベトカゲ

学名 *Emoia sanfordi*

分布 バヌアツ・ソロモン諸島（?）

全長 約24 〜 28cm

飼育 タイプ 24

　別名サカヤキシマトカゲ。種小名の *sanfordi* とはアメリカの動物学者である Leonard Cutler Sanford（1869-1950）に因むとされる。英名では "Vanuatu Green Slender Skink" や "Toupeed Tree Skink" "Green Skink" "Sanford's Tree Skink" と呼ばれる。頭部は小さく、頸部はやや括れる。体形はスレンダーで尾部は長い（頭胴長の約180%）。鱗は滑らかで光沢がある。鮮やかな緑色だが頭部（特に両目の間）に黒褐色の目立つ斑紋が入り、和名のサカヤキ（月代。江戸時代以前の日本に見られた成人男性の髪型において、前頭部から頭頂部にかけての頭髪を剃りあげた部分を指す）もそれに由来すると思われる。本属は美麗種が多く見られるが、それらの中でもやや特殊な色合いの種であると言えるだろう。バヌアツのバンクス諸島やニューヘブリディーズ諸島・トレス諸島に分布するが、それ以外の地域でははっきりしない（ソロモンのファウロ島からも1930年代に2匹の標本が採集されたとされるが、以降の記録はないため、何らかの誤りである可能性が高い）。樹上棲で標高約1,500mまでの森林に多く生息するが、庭園や農地に棲みついているものも少なくない。昼行性で節足動物を捕食する。繁殖形態は卵生でメスは1度に2〜5個の卵を地中に産卵する。

サカヤキハマベトカゲ

クロハマベトカゲ

アカオシマトカゲ

スキンクヤモリとは？

DISCOVERY

COLUMN

中国西部からアラビア半島の乾燥した砂漠や草原・岩場に、スキンクヤモリ属 *Teratoscincus* と呼ばれる奇妙なヤモリの仲間が9種分布している。名前にスキンクとあるが、大きな頭部と大きな目、ずんぐりした胴部に細い四肢と尾部を持ち、体表は滑らかで大きな鱗に覆われており（外敵に襲われるとこの鱗を剥がして逃げるが、しばらくすると再生する）、おおよそスキンク下目とはかけ離れた姿をしているが、何か関係があるのだろうか？　まず属名の *Teratoscincus* とはギリシャ語で "怪物" や "不思議な" を意味する【teras】とスキンクを意味する【scincus】が組み合わさったものとなっている。そして、そのように名付けられた理由について、1863年にスキンクヤモリ属の模式種であるカイザリングスキンクヤモリ *T. keyserlingii* を記載したロシアの動物学者である Alexander Strauch（1832-1893）は「尾部にある不思議な鱗や、舌にある細かい鱗に基づいて命名した」と記している。たしかにヤモリの仲間は細かい顆粒状の鱗で覆われているものが多く、滑らかで目立つ鱗を持つものは珍しいと言える。筆者をはじめ「スキンク＝すべすべした鱗」を連想される人が多いと思うが、それは19世紀の動物学者も同じだったようだ。

スキンクヤモリ属。一般的なヤモリと異なり、地上棲で壁を登ることはできず、夜行性で日中は地面に掘った巣穴の中で休んでおり、肉食で主に節足動物やトカゲを捕食している

カラタケトカゲ属 *Eugongylus*

ハルマヘラカラタケトカゲ

学名 *Eugongylus mentovarius*
分布 インドネシア（モルッカ諸島）
全長 約25～35cm
飼育 タイプ 26

　別名モルッカカラタケトカゲ。種小名の *mentovarius* とは「顎」を意味する【mentum】と、「異なる」や「変わりやすい」を意味する【varius】が組み合わさったもので、本種の下顎部の模様を表わしていると思われる。英名では "Moluccan Recluse Skink" や "Odd-chinned Giant Skink" "Indonesian Sheen-skink" と呼ばれる。頭部はやや小さく、頸部の括れは弱い。胴部は長く、四肢はやや短く、尾部もやや短い（頭胴長の約130%）。鱗はやや細かく滑らかで虹色光沢を持つ。体色には個体差が大きく、暗褐色～茶褐色で背面から尾部には黒色の帯模様が並んでおり、目の下方から喉元にかけて明瞭な黒色の縞模様が放射状に入る。インドネシアに含まれるモルッカ諸島のハルマヘラ島やテナルテ島・モロタイ島の森林に生息し、地上棲で地中に巣穴を掘って暮らしているが、樹上での発見例もある（スベカラタケトカゲに比べると樹上棲傾向がやや強いとする説もある）。活動時間に関しては不明な部分が多いが、おそらく昼行性～薄明薄暮性で強い咬合力を持ち、ミミズや節足動物（カニなどの甲殻類も含まれる）・トカゲなどを捕食する。繁殖形態に関してははっきりしないが、卵生と思われる。

クチジマカラタケトカゲ

学名 *Eugongylus rufescens*
分布 オーストラリア・インドネシア・パプアニューギニア・ソロモン諸島
全長 約25～35cm
飼育 タイプ 26

　別名アカカラタケトカゲ。ペットトレードではパープルケープスキンクと呼ばれることもある。種小名の *rufescens* とは「赤色になる」を意味し、おそらく本種の体色を表わしていると思われるが、はっきりしない。英名では "Reddish Giant Skink" や "Rufescent Shark Skink" "Bar-lipped Sheen Skink" "Brown Sheen Skink" "Indo-Pacific Mole Skink" と呼ばれる。頭

部はやや小さく、頸部の括れは弱い。胴部は長く、四肢はやや短く、尾部もやや短い（頭胴長の約120%）。鱗はやや細かく滑らかで強い虹色光沢を持つ。体色や模様は個体差が大きく、うっすらと紫色を帯びた灰褐色～赤褐色で背面は無地のものが多いが、不明瞭な暗褐色の帯模様を持つものも見られる（幼体時はやや明瞭な茶褐色の斑紋だが、成長に伴い消失するものが多い）。顎部には暗褐色の縞模様が入るものが多いが、無地のものも少なくない。属内では最も広い分布域を持ち、オーストラリアのクィーンズランド州（ヨーク半島の北端部とトレス海峡諸島）やニューギニア島とその周辺の島嶼部・パプアニューギニアのアドミラルティ諸島・ソロモン諸島のレンネル島の森林に生息する。地上棲で、地中に巣穴を掘って暮らしているが、樹上での発見例も少なくない（スベカラタケトカゲに比べると樹上棲傾向がやや強いとする説もある）。活動時間に関しては不明な部分が多いが、おそらく昼行性で強い咬合力を持ち、ミミズや節足動物（カニなどの甲殻類も含まれる）・トカゲなどを捕食する。繁殖形態は卵生。

クマドリカラタケトカゲ

学名 *Eugongylus sulaensis*
分布 インドネシア（モルッカ諸島）
全長 約25～35cm
飼育 タイプ 26

　別名スラカラタケトカゲ。種小名の *sulaensis* とは「スラ諸島の」を意味し、本種の分布域を表わしている。英名では "Sula Giant Skink" と呼ばれる。頭部はやや小さく、頸部の括れは弱い。胴部は長く、四肢はやや短く尾部もやや短い（頭胴長の約120%）。鱗はやや細かく滑らかで虹色光沢を持つ。黄土色～黄褐色で後頭部から胴部にかけて暗褐色～茶褐色の帯模様が入り（体の後部になるにつれ不明瞭になり、尾部まで続くものは少ない）、目の下方から喉元にかけて明瞭な黒色の縞模様が放射状に広がる。属内で最も分布は狭く、インドネシアのモルッカ諸島に含まれるスラ諸島に固有とされる。生態には不明な部分が多いが地上棲で地中に巣穴を掘って暮らしており、おそらく昼行性で強い咬合力を持ち、ミミズや節足動物・トカゲなどを捕食していると考えられている。繁殖形態に関してははっきりしないが、卵生と思われる。

ハルマヘラカラタケトカゲ

クチジマカラタケトカゲ

クチジマカラタケトカゲ

クチジマカラタケトカゲ

クマドリカラタケトカゲ

クマドリカラタケトカゲ

クマドリカラタケトカゲ

ノドブチトカゲ属　*Marmorosphax*

ナミノドブチトカゲ

学名 *Marmorosphax tricolor*
分布 ニューカレドニア
全長 約12～16cm
飼育 タイプ 12

　属名の *Marmorosphax* とは「大理石模様」を意味する【marmoros】と、「喉」を意味する【sphax】が組み合わさったもので、本属の喉に入る模様や色を表しているとされる。種小名の *tricolor* とは「三色」を意味し、本種の色や模様を表していると思われるが、はっきりしない。英名では"Tricolor Marble-throated Skink"と呼ばれる。頭部は丸く吻は短いが目はやや大きく、頸部の括れは弱い。体形はスレンダーで

四肢はやや短い。鱗はやや細かく滑らかで光沢がある。頭部は赤褐色で、頸部～胴部は茶褐色に暗褐色の斑紋が散らばり、尾部は再び赤褐色となる。側面は黒色～暗褐色で白色～黄白色の斑紋が散らばる。なお、これらの体色や模様は幼体時ほど鮮やかで、成長に伴い薄れる傾向がある。本属には5種が確認されており、全種がニューカレドニアのグランドテール島に固有だが、本種の分布域が最も広く、グランドテール島の中央部に位置するアオピニ山（Mount Aopinie。本種の摸式産地でもある）の山頂部から南部のコギ山（Mount Koghi）、北部のパニエ山（Monut Panie）周辺まで見られる。地上棲で、山地の森林に生息する。昼行性だがあまり強い光は好まないようだ。食性に関しては不明な部分が多いが、ミミズや節足動物を捕食していると考えられている。繁殖形態は卵生。

ナミノドブチトカゲ

02

世界のスキンク下目

ミジントカゲ属　*Nannoscincus*

マリーミジントカゲ

学名	*Nannoscincus mariei*
分布	ニューカレドニア
全長	約7～8cm
飼育	タイプ 12

　ペットトレードではマリーナノスキンクと呼ばれることもある。属名の *Nannoscincus* とは「小人」を意味する【nano-】と、「スキンク」を意味する【scincus】が組み合わさったものと思われ、本属が小型種で構成されていることを表している。種小名の *mariei* とはフランスの収集家である E.A.Marie（1835-1889）に因むとされる。英名では "Southern Elf Skink" や "Earless Elf Skink" "Earless Dwarf Skink" "Marie's Elf Skink" と呼ばれる。頭部は小さくやや扁平な吻を持つが、目は大きくやや前方を向いている（眼部周辺が盛り上がって見える）。胴部は長く体形はスレンダーで四肢は短い。鱗はやや細かく滑らかで光沢がある。体色には個体差があり、トカゲの状態によっても変化するが（ある程度の変色能力があるとされる）、赤褐色～暗褐色で、全身に細かい青灰色の斑紋が散らばるものも見られる。ニューカレドニアのグランドテール島南部に分布し、コギ山からゴロ高原（Goro Plateau）周辺に多く見られる。地上棲～半地中棲で森林に生息し、林床の落ち葉の下に潜っている場合が多い。昼行性だが強い光は好まない。食性に関しては不明な部分が多いが、節足動物を捕食していると考えられている。繁殖形態は卵生。

マリーミジントカゲ

アキメトカゲ属 *Panaspis*

トーゴアキメトカゲ

学名 *Panaspis togoensis*

分布 コートジボワール・中央アフリカ・ナイジェリア・カメルーン・ガーナ・ベニン・ブルキナファソ・ニジェール・ギニア・南スーダン・スーダン・チャド（?）・セネガル（?）・マリ（?）

全長 約12～14cm

飼育 タイプ 13

　属名の *Panaspis* とは「全て」を意味する【pan-】と「盾」を意味する【aspis】が組み合わさったものと思われるが、はっきりしない。種小名の *togoensis* とは「トーゴの」を意味し、本種の摸式産地がトーゴにあることを表している。英名では "Togo Lidless Skink" や "Togo Snake-eyed Skink" と呼ばれる。頭部はやや小さく、頸部に括れはほとんど見られない。体形はスレンダーで胴部と尾部は長いが四肢は短い。下瞼は半透明で可動性がある。鱗は滑らかで光沢がある。体色や模様は個体差があるだけでなく地域によっても異なるようで、金属光沢のある黄土色～暗褐色で頭部や背面、側面には黒褐色のストライプ模様、もしくは細かい斑紋が散らばり、後肢から尾部は鮮やかな

黄色～橙色のものも見られる。現時点では亜種などは確認されていないが、地域によってさまざまな体色のものが見られるため複数の隠蔽種を含んでいる可能性もある。また、分布にも不明な部分が多い（チャドやセネガル・マリからも報告はあるがはっきりしない）。地上棲で森林に生息し、林床の落ち葉の下に潜っている場合が多い。昼行性だが強い光は好まない。食性に関しては不明な部分が多いが、節足動物を捕食していると考えられている。繁殖形態は卵生。

ウォールバーグアキメトカゲ

学名 *Panaspis wahlbergii*

分布 アンゴラ・ボツワナ・コンゴ民主共和国・エスワティニ・モザンビーク・ナミビア・南アフリカ・ザンビア・ジンバブエ

全長 約12～14cm

飼育 タイプ 13

　別名ウォルベルグヘビメスキンクやウォルベルグアキメトカゲ。種小名の *wahlbergii* とはスウェーデンの博物学者である Johan August Wahlberg（1810-1856）に因む。英名では "Angolan Snake-eyed Skink" や "Savannah Lidless Skink" "Wahlberg's Snake-eyed Skink" と呼ばれ

トーゴアキメトカゲ

ウォールバーグアキメトカゲ

る。なお、現時点では亜種などは確認されていないが、地域によってさまざまな体色のものが見られるため、複数の隠蔽種を含んでいると考えられている。頭部はやや小さく、頸部に括れはほとんど見られない。体形はスレンダーで胴部と尾部は長いが四肢は短い。下瞼は可動性がなく、目は1枚の透明な鱗で覆われている。鱗は滑らかで光沢がある。体色は地域によってさまざまで、最もよく見られるのは茶色で側面に暗褐色のストライプ模様を持ち、尾部が暗褐色のものが多いが明るい橙色のもの（分布域の東部に多いとされる）や、鈍い藍色のものも見られる（分布域の西部に多いとされる）。地上棲で乾燥した森林や草原・荒れ地に生息し、岩の隙間などに潜んでいることが多い。昼行性で節足動物を捕食する。繁殖形態は卵生でメスは1度に2〜6個の卵を地中に産卵する。

カンボクトカゲ属　*Phasmasaurus*

ティリアカンボクトカゲ

学名 *Phasmasaurus tillieri*
分布 ニューカレドニア
全長 約25〜30cm
飼育 タイプ 24

別名ミナミカンボクトカゲ。属名の *Phasmasaurus* とは、昆虫綱ナナフシ目ナナフシ科に含まれる *Phasma* の属名と、「トカゲ」を意味する【saura】が組み合わさったもので、本属の形態や生態などをそれに見立てたものとされる。種小名の *tillieri* とはフランスの動物学者である Simon Tillier に因む。英名では "Southern Maquis Skink" や "Tillier's Maquis Skink" と呼ばれる。なお、英名に含まれる Maquis（マキ）とはニューカレドニアに見られる Mining Maquis と呼ばれるバイオーム（植物を中心にその地域に生息する動物も含めた生物のまとまりのこと。生物群系とも）を意味する。頭部はやや小さいが吻は長く、頸部の括れは弱い。体形はスレンダーで尾部は長く（頭胴長の250〜300%）、四肢や指趾もやや長い。鱗は滑らかで光沢がある。背面は黄土色〜茶色で、それを縁取るように側面は黒褐色でやや不明瞭な白色の斑紋が散らばる。ニューカレドニアのグランテール島南部に広がる標高約1,000mまでの低木林や草原に生息し、樹上でも地上でも活動する（尾部でバランスを取りながら、葉や細い枝の上などを移動する姿が観察されている）。食性に関しては不明な部分が多いが、節足動物を捕食していると考えられている。繁殖形態は胎生。

ティリアカンボクトカゲ

ヌメツヤトカゲ属　*Sigaloseps*

デプランシュヌメツヤトカゲ

学名 *Sigaloseps deplanchei*
分布 ニューカレドニア
全長 約8〜11cm
飼育 タイプ 13

　ペットトレードではニューカレドニアミモダエトカゲと呼ばれることもあるが、現在はミモダエトカゲ亜科には含まれていない（記載時の1869年にはミモダエトカゲ属と考えられたため、*Lygosoma deplanchei* とされたが、1987年に移属された）。属名の *Sigaloseps* とは「輝く」を意味する【sigalo】と、「四肢を失ったトカゲ」を意味する【seps】が組み合わさっ

たものと思われるが、はっきりしない。種小名の *deplanchei* とはフランスの博物学者であり軍人でもあった Émile Deplanche（1824-1874）に因む。英名では "Southern Lowland Shiny Skink" や "Lowland Shiny Skink" "Deplanche's Shiny Skink" と呼ばれる。頭部はやや小さく頸部に括れはほとんど見られない。体形はスレンダーで四肢はやや短い。鱗は滑らかで強い光沢を持つ。赤褐色で、吻端から目の後方にかけて黒褐色の細いストライプ模様が入り、側面には黄色の細かい斑紋が散らばっている。地上棲でニューカレドニアのグランテール島南部に広がる標高約1,000mまでの低木林に生息する。昼行性だが日当たりの良い場所は好まない。食性に関しては不明な部分が多いが、ミミズや節足動物を捕食していると考えられている。繁殖形態は卵生。

デプランシュヌメツヤトカゲ

デプランシュヌメツヤトカゲ

02

世界のスキンク下目

スキンク科　Scincidae　ミモダエトカゲ亜科　Lygosominae

ツヤトカゲ属　*Lamprolepis*

ミドリツヤトカゲ

学名 *Lamprolepis smaragdina*

分布 パプアニューギニア（アドミラルティ諸島）・マーシャル諸島・インドネシア・東ティモール・ソロモン諸島・フィリピン・ミクロネシア・台湾（?）・アメリカ合衆国のグアム（移入）・北マリアナ諸島のサイパン島（移入）

全長 約23〜27cm

飼育 タイプ 27

　別名エメラルドキノボリツヤトカゲ。属名の*Lamprolepis*とは「輝く」を意味する【lampro】と、「（魚類の）鱗」を意味する【lepis】が組み合わさったものと思われる。種小名の*smaragdina*とは「エメラルド（翠玉）」を意味し、本種の体色を表わしていると思われるが、全ての個体が緑色というわけではない。英名では"Emerald Tree Skink"や"Emerald Skink""Emerald Green Skink""Spotted Green Tree Skink""Eastern Litter Skink""Dwarf Prehensile-tailed Skink""Olive Tree Skink"と呼ばれる。ミドリツヤトカゲ*L. s. smaragdina*（基亜種）・ハナナガミドリツヤトカゲ*L. s. acutirostre*・フィリピンミドリツヤトカゲ*L. s. philippinica*・パラオミドリツヤトカゲ*L. s. viridipuncta*・モルッカミドリツヤトカゲ*L. s. moluccarum*・ソロモンミドリツヤトカゲ*L. s. perviridis*の6亜種が確認されている。頭部はやや大きく長い吻を持ち、頸部はわずかに括れている。体形はややスレンダーで四肢や指趾は長く、尾部もやや長い（頭胴長の120〜150%）。鱗は滑らかで強い光沢が

ある。体色や模様は亜種のみならず個体や地域・トカゲの状態によっても差が見られるため（本種はある程度の変色能力は備えており、周囲の環境やトカゲの状態に応じて茶褐色〜黄緑色まで変化することもある）、あまり参考にはならないかもしれないが、モルッカミドリツヤトカゲは茶褐色〜灰褐色で背面に暗褐色の斑紋が散らばり、ソロモンミドリツヤトカゲは濃い緑色のものが多く、フィリピンミドリツヤトカゲとパラオミドリツヤトカゲは頭部から胴部の前半部は鮮やかな緑色だが、胴部後半からは茶色〜灰褐色のものが多いとされている。本種は一見するとミモダエトカゲ亜科とは思えない形態と生態を持つが、遺伝的には近縁であることがわかっている。フィリピンからソロモン諸島までと広い分布域を持ち、ほとんどは流木などに乗っての漂流移動による分散であると考えられている（アメリカ合衆国のグアムや北マリアナ諸島のサイパン島へは物資になどに紛れて非意図的に移入されたと考えられている。なお、台湾からは1970年に報告はあるものの、はっきりしない）。樹上棲で低地の森林に多く見られるが、庭園や農地に棲みついていることもあり、特に破棄されたヤシ畑などは格好の棲み家となっている（蔓植物の付着していない高さ5m以上の樹木を好む傾向がある）。昼行性で主に節足動物を捕食するが（夜間に外灯に集まった昆虫を捕食していた例もある）、果実や花密を舐めることもあり、人家周辺に生息する個体群ではドッグフードなどを食べていた記録もある。オスは縄張りを持つようだが、複数の個体で大きな獲物を取り囲んで集団で捕食する姿も観察されている。繁殖形態は卵生でメスは1度に2個の卵を樹皮の下や樹洞の中に産卵する。

ミドリツヤトカゲ

ミドリツヤトカゲ

ミドリツヤトカゲ（基亜種）

ソロモンミドリツヤトカゲ

ソロモンミドリツヤトカゲ
（若い個体）

フィリピンミドリツヤトカゲ

ミモダエトカゲ属　*Lygosoma*

フトミモダエトカゲ

学名 *Lygosoma corpulentum*
分布 ベトナム・ラオス・タイ
全長 約23 ～ 30cm
飼育 タイプ 12

　属名の *Lygosoma* とは「身を捩る」や「身悶える」を意味する【lygos】と、「体」を意味する【soma】が組み合わさったもので、捕獲時に体を捩じらせるようにして逃れようとすることを表していると思われるが、はっきりしない。種小名の *corpulentum* とは「頑健」や「太い」を意味し、本種の形態を表して

いると思われる。英名では "Annam Writhing Skink" や "Annam Supple Skink" "Annammese Slender Skink" "Corpulent Supple Skink" "Fat Skink" と呼ばれる。頭部はやや大きく、頸部はわずかに括れている。胴部と尾部は太長いが、四肢は短い。鱗は滑らかで強い光沢がある。幼体時は頭部から胴部は赤褐色で後肢や尾部は暗褐色のものが多いが、成長に伴い変化し、成体では黄色～黄土色に暗褐色の細かい斑紋が散らばる。地上棲～半地中棲で低地の森林に生息し、林床の柔らかい土の中やリッター層・朽ちた倒木の中に潜んでいることが多い。人目につきにくいため生態には不明な部分が多いが、ミミズや節足動物を捕食すると考えられている。繁殖形態は卵生。

フトミモダエトカゲ

フトミモダエトカゲ（幼体）

フトミモダエトカゲ

シボリミモダエトカゲ

学名 *Lygosoma koratense*
分布 タイ
全長 約16〜23cm
飼育 タイプ 12

　別名シボリナガスベトカゲ（かつてはナガスベトカゲ属に含まれていたが、2019年に本属へ移属された）やコラテンミモダエトカゲ。種小名の *koratense* とはタイ東北部に位置するコラート台地（Khorat Plateau）に由来すると思われる。英名では"Koraten Writhing Skink"や"Khorat Gracile Skink""Khorat Supple Skink""Khorat Slender Skink""Long Red Skink"と呼ばれる。頭部はやや大きく、頸部はわずかに括れている。胴部と尾部は太長いが、四肢は短い。鱗は滑らかで強い光沢がある。黄褐色〜黄土色で、各鱗の縁が不明瞭な暗褐色となっている。地上棲〜半地中棲で、タイ北東部に位置するドンパヤファイ山地（Dong Phaya Fai Mountains）周辺の森林に生息し、林床の柔らかい土の中やリッター層・朽ちた倒木の中に潜んでいることが多い。人目につきにくいため生態には不明な部分が多いが、ミミズや節足動物を捕食すると考えられている。繁殖形態は卵生。

シボリミモダエトカゲ（再生尾個体）

シボリミモダエトカゲ。撮影地：タイ

ミモダエトカゲ属　*Lygosoma*

リンネミモダエトカゲ

学名 *Lygosoma quadrupes*
分布 インドネシア
全長 約18〜23cm
飼育 タイプ ⑫

種小名の *quadrupes* とは「4本の足」を意味し、現在、本属に分類されている種に無足型はいないが、かつては四肢の退化した種も複数含まれていたことに関連している。なお、和名のリンネとは本種が1766年にスウェーデンの博物学者である Carl von Linné に記載されたことに由来する。英名では "Linnaeus's Writhing Skink" や "Short-limbed Writhing Skink" "Short-limbed Supple

リンネミモダエトカゲ

Skink" "Common Slender Skink" と呼ばれる。頭部はやや扁平で、頸部はわずかに括れている。体形はスレンダーで胴部が非常に長く、四肢は短い。鱗は滑らかで強い光沢がある。体色や模様には個体差があり、灰褐色〜茶褐色で、ほぼ無地のものから背面や側面に細い暗褐色のストライプ模様が入るもの、細かい斑紋が散らばるものまで見られる。地上棲〜半地中棲で森林に生息し、林床の柔らかい土の中やリッター層・朽ちた倒木の中に潜んでいることが多い。なお、かつては東南アジア各地から発見の報告がなされていたが（中国南部からタイ・カンボジア・ラオス・ベトナムなど）、現在は独立種となり（クアンビンミモダエトカゲ L. boehmei やパラワンミモダエトカゲ L. tabonorum など）、インドネシアのジャワ島に固有であるとされている。人目につきにくいため生態には不明な部分が多いが、ミミズや節足動物を捕食すると考えられている。繁殖形態は卵生でメスは1度に2〜4個の卵を地中に産卵する。

シャムミモダエトカゲ

学名 *Lygosoma siamense*

分布 カンボジア・ラオス・マレーシア・タイ・中国（海南島）

全長 約12〜14cm

飼育 タイプ 12

　別名タイミモダエトカゲ。種小名の *siamense* とはタイの旧名であるシャム（Siam）に由来するが、タイの固有種というわけではない。なお、和名のパッターニとは本種の摸式産地がタイ南部に位置するパッターニ県にあることを表している。英名では "Siamese Writhing Skink" や "Siamese Supple Skink" と呼ばれる。体色や模様はリンネミモダエトカゲによく似ているが（かつては同種と考えられていたが2019年に別種となった）、やや小型で、背面の鱗の数や前肢の形態などが異なっている。地上棲〜半地中棲で森林に生息し、林床の柔らかい土の中やリッター層・朽ちた倒木の中に潜んでいることが多い。人目につきにくいため生態には不明な部分が多いが、ミミズや節足動物を捕食すると考えられている。繁殖形態は卵生でメスは1度に2〜3個の卵を地中に産卵する。

シャムミモダエトカゲ

アフリカミモダエトカゲ属　*Mochlus*

ベニトカゲ

学名 *Mochlus fernandi*

分布 ギニア・カメルーン・ナイジェリア・ガボン・コンゴ・シエラレオネ・赤道ギニア・リベリア・コートジボワール・ガーナ

全長 約25～35cm

飼育 タイプ 28

　ペットトレードではフェルナンデススキンクやファイアスキンクと呼ばれることが多い。属名の *Mochlus* とは「梃子」や「操縦桿」を意味する【mochl】に由来すると思われるが、はっきりしない。種小名の *fernandi* とは本種の摸式産地であり赤道ギニア領のビオコ島の旧名であるフェルナンドポー島（Fernando Po）に由来する。英名では "Western Red-flanked Skink" や "Red-and-black Skink" "Fernand's Skink" "Fire Skink" "Togo Fire skink" "True Fire skink" と呼ばれる。ベニトカゲ *M. f. fernandi*（基亜種）とニシアフリカベニトカゲ *M. f. harlani* の2亜種が確認されている。頭部はやや扁平で大きく、頸部もやや括れる。胴部は太長いが四肢は短い。鱗はやや滑らかで光沢があり、皮膚腺からの分泌物には軽度な刺激性物質が含まれているという説もある。背面はやや明るい黄土色で側面には鮮やかな赤色と黒色の帯模様が並び、喉元は白色に黒色の細いストライプ模様が入る美麗種（亜種であるニシアフリカベニトカゲも似た色彩を持つが、赤色の部分がより幅広い傾向がある）。西アフリカ南部からアフリカ中西部の森林に多く見られ（他の地域からも報告はあるが、類似したヒンケルベニトカゲ *M. hinkeli* やシモフリベニトカゲ *M. striatus* の誤認であると考えられている）、地上棲で、地中に巣穴を掘って暮らしている。昼行性でミミズや節足動物・トカゲなどを捕食する。繁殖形態は卵生でメスは1度に5～9個の卵を地中に産卵する。

ギニアミモダエトカゲ

学名 *Mochlus guineensis*

分布 ギニア・コートジボワール・ガーナ・トーゴ・ベニン・ナイジェリア・カメルーン・南スーダン・中央アフリカ（?）・コンゴ民主共和国（?）

全長 約16～20cm

飼育 タイプ 28

　ペットトレードではギニアレッドテールスキンクと呼ばれることもある。種小名の *guineensis* とは「ギニアの」を意味し、本種の摸式産地を表しているとされる（本種の摸式産地はアフリカ西部ギニア湾に面したガーナの首都であるアクラ＝ Accra 周辺だが、本来ギニア＝ Guinea とは西アフリカ一帯とその海岸を漠然と指す名称である）。英名では "Guinean Supple Skink" や "Guinean Writhing Skink" "Guinean Forest Skink" "Peter's West African Forest Skink" と呼ばれる。頭部はやや大きく、頸部に括れはほとんど見られない。胴部は長く太いが四肢は短い。鱗は滑らかで強い光沢がある。背面は茶色で側面は黒色に白色の斑紋が散らばり、喉元は鮮やかな黄色のものが多いが、大型個体では退色し、暗褐色で喉元が白色のものも見られる。西アフリカ南部からアフリカ中部の森林に多く見られ、地上棲で地中に巣穴を掘って暮らしている。昼行性でミミズや節足動物・トカゲなどを捕食する。繁殖形態は卵生。

サンドヴァールミモダエトカゲ

学名 *Mochlus sundevallii*

分布 アンゴラ・ボツワナ・中央アフリカ・コンゴ民主共和国・エスワティニ・エチオピア・ケニア・マラウイ・モザンビーク・ソマリア・南アフリカ・南スーダン・スーダン・タンザニア・ウガンダ・ザンビア・ジンバブエ

全長 約12～16cm

飼育 タイプ 28

　種小名の *sundevallii* とはスウェーデンの動物学者である Carl Jakob Sundeval（1801-1875）に因む。英名では "Common Savanna Supple Skink" や "Common Savanna Writhing Skink" "Fat-tailed Savannah Skink" "Sundevall's Writhing Skink" "Peter's Eyelid Skink" "Peter's Writhing Skink" と呼ばれる。なお、現在は亜種を認めないという見方が有力だが、かつてはいくつかの亜種に分けられており、さらに複数の近縁種も本種に統合された（ムジミモダエトカゲ *M. s. modestum* やモザンビークミモダエトカゲ *M. afer* など）。頭部はやや小さく、頸部に括れはほとんど見られない。胴部は太長いが四肢は短い。鱗は滑らかで強い光沢がある。体色や模様には個体差があり灰褐色～薄茶色でほぼ無地のものや、黄土色で黒褐色の斑紋がちらばるもの、暗褐色で側面に白色の斑紋が散らばるものなどが見られる。

なお、どのタイプもオスは喉元から腹部周辺に黄色を発色する傾向がある。属内でも広い分布域を持ち、地上棲で、標高約 2,000m までの森林から草原・サバンナ・半砂漠地帯までさまざまな環境に見られ、倒木や岩の隙間を棲み家として暮らしているものが多い。昼行性で節足動物を捕食する。繁殖形態は卵生。

ベニトカゲ（再生尾個体）

ベニトカゲ（幼体）

ベニトカゲ

ギニアミモダエトカゲ

サンドヴァールミモダエトカゲ

ナガスベトカゲ属　*Riopa*

テンセンナガスベトカゲ

学名 *Riopa punctata*

分布 ネパール・ベトナム・バングラデシュ・インド・スリランカ

全長 約15〜20cm

飼育 タイプ 12

　種小名の *punctata* とは「斑紋」を意味し、本種の成体の模様を表していると思われる。英名では "Spotted Gracile Skink" や "Spotted Supple Skink" "Dotted Garden Skink" "Punctate Supple Skink" "Snake Skink" と呼ばれる。頭部はやや小さく、頸部に括れはほとんど見られない。胴部は太長いが四肢は短い。鱗は滑らかで強い光沢がある。幼体時の背面は黒色で、黄色〜白色のストライプ模様が5本入り（中央の3本は細いが縁にある2本は太くなっている）、尾部は鮮やかな橙色〜赤色だが、成長に伴い変化し、成体では茶褐色で、暗褐色の細かい斑紋が腹部以外に散らばるようになる。地上棲で森林に生息する。昼行性で節足動物を捕食する。繁殖形態は卵生。なお、インドでは有毒種と信じられているが（特に幼体時。成体とは大きく異なる体色と模様を持つため、別種であると信じられている）、実際は無毒で人間を害することはない。

テンセンナガスベトカゲ

スキンクの毒？③
―スキンク咬傷―

DISCOVERY

COLUMN

　スキンク類に咬まれて毒蛇咬傷のような症状が出た、という報告は世界各地で散見されるが、最も多いのはインドであろう。当地、スキンク類は有毒であると信じられており、特にテンセンナガスベトカゲは非常に恐れられ、実際に本種に咬まれたとして病院に搬送された例もあり、そこではコブラ科の神経毒に似た症状が観察されたという。筆者も実際に現地の人から「Saamp Ki Mausi（テンセンナガスベトカゲの現地名。"蛇の叔母"を意味する）は夜中に寝所へ侵入して人を咬む。咬まれたら朝までに呼吸ができなくなって死ぬ」という恐ろしい話を聞いたことがある。だが、実際はスキンク下目にそのような毒性を持つものは確認されていない。それどころか、いわゆる有毒有鱗類（Toxicofera。近年の分子系統解析によって支持される分岐群で、現生有鱗目の約60％が含まれる）にすら含まれていないのである。なぜそのような俗信が生まれたのかははっきりしないが、イン

ドにはインドコブラやラッセルクサリヘビ・インドアマガサ・ノコギリクサリヘビという危険な毒蛇が分布しており、毎年多くの人が被害に遭っているが、症例の40〜50％で犯人のヘビが特定されていない。特にインドアマガサは強い神経毒を持つものの激しい痛みを伴わないため、手遅れになることが少なくない（死因の多くは呼吸不全とされる）。そして、このインドアマガサは夜行性で餌となるトカゲやネズミを求めて人家へ侵入することもある。はっきりしたことはわからないが、インドにおけるスキンク咬傷の正体はこのインドアマガサではないかと筆者は考えている。

実際は人間にとって全く無害だが、一部地域では人間にとって致命的な毒と毒牙を持っていると信じられている

ハヤミモダエトカゲ属　Subdoluseps

ボウリングミモダエトカゲ

学名 Subdoluseps bowringii

分布 バングラデシュ・ブルネイ・カンボジア・インド（アンダマン諸島）・インドネシア・ラオス・マレーシア・ミャンマー・フィリピン（スル諸島など。ミンダナオ島の個体群は移入と思われる）・シンガポール・タイ・ベトナム・中国（香港島）・ニュージーランドのクック諸島（移入）・オーストラリア（クリスマス島。移入）

全長 約10～13cm

飼育 タイプ 12

　属名の Subdoluseps とは「すべすべした」を意味する【subdolus】と、「四肢を失ったトカゲ」を意味する【seps】が組み合わさったもの。種小名の bowringii とは、実業家であり熱心な自然愛好家で本種の模式標本を香港島で採集した John Charles Bowring（1821-1893）に因む。英名では "Short-legged Agile Skink" や "Short-legged Supple Skink" "Short-legged Ground Skink" "Garden Supple Skink" "Bowring's Supple Skink" "Bowring's Slender Skink" "Andaman Red-tailed Skink" "Christmas Island Grass Skink" と呼ばれる。頭部はやや吻が長

く、頸部に括れはほとんど見られない。体形はスレンダーで胴部は長く尾部もやや長いが（頭胴長の約125％）、四肢は短い。鱗はやや滑らかで光沢がある。体色は個体や地域によってやや異なるが、背面は茶褐色で側面には黒色のストライプ模様が入り、前肢の付け根周辺は鮮やかな黄色で尾部は赤色を帯びるものが多い。分布はやや飛び石的ではっきりしない部分もあり、一部は物資などに紛れて非意図的に移入された可能性もある。地上棲～半地中棲で、標高1,500m以下の森林や草原に生息し、林内を流れる渓流付近でも見られる。昼行性で節足動物を捕食する。繁殖形態は卵生でメスは1度に2～4個の卵を地中に産卵する。

ボウリングミモダエトカゲ（腹部）

ボウリングミモダエトカゲ

スキンク科　Scincidae　マブヤ亜科　Mabuyinae

ダシアトカゲ属　*Dasia*

ウスオビダシアトカゲ

学名 *Dasia grisea*
分布 マレーシア・シンガポール・インドネシア・フィリピン・タイ（?）
全長 約23〜28cm
飼育 タイプ 27

　属名の *Dasia* とは「荒い呼吸」を意味すると思われるが、はっきりしない。種小名の *grisea* とは「明灰色」を意味すると思われる。英名では "Grey Tree Skink" や "Northern Keel-scaled Tree Skink" "Big Tree Skink" と呼ばれる。頭部はやや小さく、頸部に括れはほとんど見られない。胴部は太く尾部はやや細い。四肢や指趾はやや長く樹上で活動するのに適した形態となっている。鱗にはキール（2〜3本）が入るものの比較的滑らかでやや光沢がある。幼体時は背面が茶褐色で暗褐色の帯模様が並び、尾部は橙色のものが多いが、成長に伴い変化し、成体では緑褐色〜灰褐色に不明瞭な暗褐色の細い帯模様が入るようになる。分布はやや飛び石的でタイ南部からも報告はあるが、はっきりしない。なお、シンガポールでは1994年に初めて発見され、現在もブキ・ティマ自然保護区（Bukit Timah Nature Reserve）や中央流域自然保護区（Central Catchment Nature Reserve）などで見られるが、在来種かどうかは不明。樹上棲で森林に多く見られ、樹洞や樹皮の下に棲みついていることが多い（日当たりの良い高さ5m以上の樹木を好む傾向がある）。昼行性で主に節足動物を捕食するが、果実や花密を舐めていたという報告もある。繁殖形態は卵生。

オリーブダシアトカゲ

学名 *Dasia olivacea*
分布 インド（ニコバル諸島）・フィリピン・シンガポール・ミャンマー・タイ・カンボジア・ラオス・ベトナム・マレーシア・インドネシア
全長 約23〜28cm
飼育 タイプ 27

　種小名の *olivacea* とはモクセイ科の常緑高木である「オリーブの木（もしくは実）」を意味する【oliva】に由来し、本種の体色を表していると思われる。英名では "Olive Tree Skink" や "Olivacious Tree Skink" "Greenish Brown Dasia" "Olive Dasia" と呼ばれる。頭部はやや小さく、頸部に括れはほとんど見られない。胴部は太く尾部はやや細い。四肢や指趾はやや長く樹上で活動するのに適した形態となっている。鱗にはキールが入るものの比較的滑らかで光沢がある。幼体時は背面が茶褐色で暗褐色の帯模様が並び、尾部は橙色のものが多いが、成長に伴い変化し、成体では背面は緑褐色〜茶褐色で白色と黒色の斑紋が細い帯状に並び、側面から腹部は鮮やかな黄緑色〜緑色となる。樹上棲で森林に多く見られ、樹洞や樹皮の下に棲みついていることが多いが（日当たりの良い高さ5m以上の樹木を好む傾向がある）、筆者がマレーシアやインドネシアで観察したかぎりでは幼体はあまり高所には登っていないようだった（成体と棲み分けているのかもしれない）。昼行性で主に節足動物を捕食するが、果実や花密を舐めていたという報告もある。繁殖形態は卵生で地域によってはほぼ一年中繁殖しているようで、メスは4〜12個（最大14個）の卵を数回に分けて樹皮の下や着生植物の間に産卵する。

ボルネオダシアトカゲ

学名 *Dasia vittata*
分布 インドネシア・マレーシア・ブルネイ
全長 約20〜25cm
飼育 タイプ 27

　種小名の *vittata* とは「リボンで飾られた」を意味し、本種の頸部の模様を表していると思われるが、はっきりしない。かつては本種のみでリンカントカゲ属 *Apterygodon* を構成していたが、2003年に本属へ移属された。英名では "Bornean Striped Tree Skink" や "Striped Tree Skink" "Banded Tree Skink" "Common Tree Skink" と呼ばれる。頭部はやや小さく、頸部に括れはほとんど見られない。胴部は太く尾部はやや細い。四肢や指趾はやや長く樹上で活動するのに適した形態となっている。鱗にはキールが入るものの比較的滑らかでやや光沢がある。頭部から胸部周辺までは黒色で吻端から3本の目立つ白色〜黄色のストライプ模様が入るが（中央のストライプ模様は頭部で途切れる）、以降は茶褐色で側面

には黄色〜白色の細かい斑紋が散らばるという特徴的な外見を持つ。ボルネオ島に分布し、原生林でも二次林でも見られるが（場所によっては庭園や沿岸部にも生息している）、樹上棲で高所を好み、動きもすばやい。余談であるが、筆者はかつて中部カリマンタン州で調査のため本種の捕獲を頼まれたのだが、けっこう苦労した記憶がある（好奇心が旺盛なの

か、人間が近づいてもある程度の距離まではこちらを窺うように見ているが、その後、すばやく身を隠してしまう。結局は夜間に枝の上で眠る個体を捕獲したが、見つかるのは幼体や亜成体ばかりで成体はどこにいるのかはわからなかった）。昼行性で節足動物を捕食する。繁殖形態は卵生でメスは1度に2〜4個の卵を地中、もしくは着生植物の間に産卵する。

ウスオビ
ダシアトカゲ

オリーブ
ダシアトカゲ

ボルネオダシアトカゲ
（亜成体）

ボルネオダシアトカゲ

アジアマブヤ属　*Eutropis*

キタフィリピンマブヤ

学名 *Eutropis borealis*
分布 フィリピン・台湾の蘭嶼（?）
全長 約15～18cm
飼育 タイプ 29

　属名の *Eutropis* とは「良い」を意味する【eu-】と、「竜骨（キール）」を意味する【tropis】が組み合わさったもので、本属の鱗の形態を表わしているとされる（鱗に細かなキールを持つものが多い）。種小名の *borealis* とは「北の」を意味する【Boreas】を意味するが、はっきりしない（フィリピンの最北端に位置するバタン諸島にまで分布していることに由来するのかもしれない）。かつてはタテスジマブヤの亜種 *M. m. borealis* とされていたが、2020年に独立種となった。英名では "Subic Bay Sun Skink" と呼ばれる。頭部は小さく、頸部に括れはほとんど見られない。体形はやや スレンダーで尾部もやや長いが（頭胴長の150～180%）、四肢はやや短い。背面の鱗には細かいキールが入るものの比較的滑らかで光沢がある。背面は茶褐色で吻端から尾部の付け根にかけて暗褐色の太いストライプ模様が両側面に入る。フィリピンのカタンドウアネス島・ルソン島・ポリロ島・バブヤン島・バタン諸島などから記録されているが、おそらくもっと多くの島々から発見されると考えられている（台湾の南東沖に位置する蘭嶼にも分布しているとされるが、はっきりしない）。地上棲で森林から草原に多く見られる。昼行性で主にミミズや節足動物を捕食する。繁殖形態は卵生。

キールマブヤ

学名 *Eutropis carinata*
分布 インド・ブータン・ネパール・バングラデシュ・モルディブ
全長 約30～38cm
飼育 タイプ 29

　別名インドマブヤ。種小名の *carinata* は「竜骨の付いた」を意味する。英名では "Brahminy Skink" や "Common Grass Skink" "Common Keeled Grass Skink" "Bronze-spotted Grass Skink" "Golden Skink" "Many-keeled Grass Skink" "Common Indian Skink" "Indian Shiny Skink" "Keeled Indian Mabuya" "Keeled Indian Grass Skink" "Indian Mabuya" と呼ばれる。頭部は小さく、頸部に括れはほとんど見られない。体形はややスレンダーで尾部もやや長いが（頭胴長の150～180%）、四肢はやや短い。背面の鱗には細かいキールが入るものの比較的滑らかで光沢がある。背面は茶褐色～黄土色で、それを縁取るように吻端からやや不明瞭な黄色～灰白色のストライプ模様が入る。側面は黒褐色で、黄色～白色の細かい斑紋が散らばるものも見られる。なお、オスは繁殖期になると前肢周辺から腹部が鮮やかな橙色～朱色に染まるものが多い。北西部を除くインドのほぼ全域と周辺の国々に分布し、地上棲で、森林から草原・荒れ地・庭園などさまざまな環境に見られる。昼行性で主にミミズや節足動物を捕食するが、トカゲなどを食べることもある。繁殖形態は卵生でメスは1度に2～22個の卵を地中に産卵する（石や倒木の下に産卵することもある）。

スリランカマブヤ

学名 *Eutropis lankae*
分布 スリランカ
全長 約25～30cm
飼育 タイプ 29

　種小名の *lankae* とはサンスクリット語で「島」を表す一般名詞である Lanka に由来し、本種がスリランカに分布していることを表わしている（スリランカの国名もこのランカに由来するが、本来は古代インドの叙事詩でありヒンドゥー教の聖典の1つでもある『ラーマーヤナ』に登場する島の名前が元となっている）。英名では "Hambegamuwa Sun Skink" と呼ばれる。かつてはキールマブヤの亜種 *E. c. lankae* とされていたが、2020年に独立種となった。キールマブヤに似るがやや小型で、背面が緑褐色で側面は赤褐色のものも見られる。地上棲で、標高約1,000mまでの森林から草原・荒れ地・庭園などさまざまな環境に見られ、都市部の空き地に棲みついているものもおり、建物の壁面や塀の上で日光浴を行う姿がよく観察されている。昼行性で主にミミズや節足動物を捕食するが、トカゲやカエルなどを食べることもある。繁殖形態は卵生。

キタフィリピンマブヤ

キールマブヤ

キールマブヤ

スリランカマブヤ（再生尾個体）。撮影地：スリランカ

アジアマブヤ属　*Eutropis*

オナガマブヤ

学名 *Eutropis longicaudata*

分布 中国・台湾・マレーシア・タイ・ラオス・ベトナム・カンボジア（?）・シンガポール（移入）

全長 約30～40cm

飼育 タイプ 29

　種小名の*longicaudata*とは「長い尾」を意味する。英名では"Long-tailed Sun Skink"や"Long-tailed Ground Skink""Long-tailed Sun Skink""Long-tailed Skink""Longtail Mabuya"と呼ばれる。頭部はやや大きく吻は尖っており、頸部はわずかに括れている。体形はやややスレンダーで尾部も長いが（頭胴長の200～220%）、四肢はやや短い。背面の鱗には細かいキールが入るものの比較的滑らかで光沢がある。背面は薄茶色で、側面は暗褐色に細かい灰白色の斑紋が散らばり、側面下方から腹部は灰白色～黄白色が目立つ。中国南部（雲南省・広東省・海南島・香港島）からマレー半島まで広く分布し、シンガポールにも移入されている。地上棲で、森林から草原・農地に多く見られる。昼行性で主にミミズや節足動物を捕食するが、トカゲなどを食べることもある。繁殖形態は卵生でメスは1度に2～16個の卵を地中や石垣の中に産卵する（筆者が台湾で観察したかぎりでは古い配水管の中に多数の卵が見られ、その中にはヤモリ類の卵も混じっていた）。なお、台湾の蘭嶼では母親は卵に近づくヘビなどに対して咬みつくなどの攻撃を加える姿も観察されている。

オナガマブヤ。撮影地：タイ

オナガマブヤ。日当たりの良い岩場に現れた。撮影地：タイ

オナガマブヤ。撮影地：台湾

シジミマブヤ

学名 *Eutropis macularia*

分布 パキスタン・インド・ネパール・ブータン・バングラデシュ・ミャンマー・タイ・ラオス・カンボジア・ベトナム・マレーシア

全長 約11〜18cm

飼育 タイプ 29

種小名の *macularia* とは「斑紋」を意味し、本種の側面にある模様を表わしていると思われるが、全ての個体が斑紋を持つわけではない。英名では "Speckled Forest Skink" や "Speckled Sun Skink" "Grass Sun Skink" "Little Ground Skink" "Bronze Grass Skink" "Smaller Bronze Grass Skink" "Orange-throated Skink" "Little Skink" "Variable Skink" "Rock Skink" と呼ばれる。頭部はやや小さく、頸部に括れ

はほとんど見られない。体形はスレンダーで胴部は長く尾部もやや長いが（頭胴長の125〜175％）、四肢は短い。背面の鱗には5〜9本の細かいキールが入るものの比較的滑らかで光沢がある。体色や模様は地域や個体によって異なり、背面は暗褐色〜黄土色まで見られ、無地のものから黒褐色の斑紋が散らばるもの、1〜2本のストライプ模様を持つものまでさまざま。側面は暗褐色で、白色の斑紋が散らばるものが多いが、無地のものも見られる。オスは下顎部から胸部が橙色に染まるものが多く、繁殖期はいっそう鮮やかに発色する。属内でも小型で平均全長は16cmだが、最大では23cmの記録があるとされる。地上棲で、標高約1,500mまでの森林や草原・岩場・庭園・農地などさまざまな環境で見られる。昼行性で節足動物を捕食する。繁殖形態は卵生でメスは1度に3〜6個の卵を地中に産卵する。

シジミマブヤ
（ベトナム産）

シジミマブヤ
（タイ産）

アジアマブヤ属　*Eutropis*

タテスジマブヤ

学名 *Eutropis multifasciata*

分布 バングラデシュ・ブータン・ブルネイ・カンボジア・東ティモール・インド・インドネシア・パプアニューギニア・ラオス・マレーシア・フィリピン・シンガポール・タイ・ベトナム・中国・台湾（移入）・アメリカ合衆国のフロリダ州（移入）

全長 約25〜30cm

飼育 タイプ 29

　別名ナミマブヤ。種小名の *multifasciata* とは「多数の帯模様」を意味し、本種の背面の模様を表しているとされるが、はっきりしない。英名では "Many-lined Sun Skink" や "Many-lined Grass Skink" "Many-striped Skink" "Asian Sun Skink" "Common Sun Skink" "Common Ground Skink" "Golden Skink" "Oriental Brown-sided Skink" "Village Brown Skink" "Warrior Skink" "Assam Olive-brown Skink" "East Indian Brown-sided Skink" "Javan Sun Skink" と呼ばれる。頭部はやや小さく、頸部に括れはほとんど見られない。体形はスレンダーでやや長い胴部と尾部（頭胴長の130〜160%）を持つが、四肢はやや短い。背面の鱗には約3本の細かいキールが入るものの比較的滑らかで光沢がある。体色や模様は地域や個体・雌雄によって異なり、背面は灰褐色〜黄土色で、無地のものから黒褐色の斑紋を持つもの、2〜8本の細いストライプ模様が入るものまで見られる（メスはストライプ模様を持つものが多いようだ）。側面は、メスは暗褐色で灰白色の細かい斑紋が散らばるものが多いが、オスは赤褐色から鮮やかな黄色や橙色のものが多く、繁殖期は特に鮮やかに発色する（下顎部にも黒色や赤色などを発色させるものが多い）。地上棲で、森林や草原・岩場・庭園・農地などさまざまな環境で見られ、都市部の

タテスジマブヤのオス

タテスジマブヤ。撮影地：タイ

タテスジマブヤ

空地などに棲みついている場合もあり、一部地域では最も普通に見られる爬虫類となっている。昼行性で主に節足動物を捕食するが、トカゲやブラーミニメクラヘビを食べた例もある。繁殖形態は胎生。

クロスジアラハダマブヤ

学名 *Eutropis rudis*
分布 タイ・フィリピン・マレーシア・インドネシア・ブルネイ・インド（ニコバル諸島）・ミャンマー（?）
全長 約25～35cm
飼育 タイプ 29

　種小名の *rudis* とは「粗い」を意味し、本種の鱗の形態を表していると思われるが、他種に比べて特別粗さが目立つというほどではない。英名では "Three-keeled Sun Skink" や "Black-banded Ground Skink" "Rough-scaled Brown Skink" "Lined Grass Skink" "Three-keeled Ground Skink" "Black-banded Skink" "Rough Mabuya" "Brown Mabuya" と呼ばれる。頭部はやや小さく、頸部に括れはほとんど見られない。胴部は長いが尾部が他種ほど長くないため（頭胴長の約130%）大きく見える。四肢はやや短い。背面の鱗には3本の細かいキールが入るものの比較的滑らかで光沢がある。体色や模様は地域や個体・雌雄によってやや異なるが、背面は茶褐色で、メスは側面に目立つ暗褐色のストライプ模様を持つものが多く、オスは側面のストライプ模様が薄く不明瞭なものの頭部周辺が青灰色や緑褐色・黄褐色に染まり、体の後半が赤褐色の個体が多い（繁殖期は特に鮮やかに発色する）。地上棲だが樹上にもよく登り、低地の森林から草原・荒れ地までさまざまな環境に見られる。昼行性で主に節足動物を捕食するが、トカゲなどを食べることもある。繁殖形態は卵生。

タテスジマブヤ
（ラオス産）

タテスジマブヤ
（メス。ベトナム産）

クロスジアラハダマブヤ

ニシアジアマブヤ属　*Heremites*

キンモンマブヤ

学名 *Heremites auratus*

分布 ギリシャ・トルコ・シリア・アゼルバイジャン・トルクメニスタン・ウズベキスタン・アルメニア・イラン・イラク・サウジアラビア・バーレーン・エチオピア・エリトリア・パキスタン（?）・スーダン（?）

全長 約23〜28cm

飼育 タイプ 29

　属名の *Heremites* とは「異端者」や「隠者」を意味すると思われるが、はっきりしない（ギリシャ語で【erēmíā】には「砂漠」や「荒野」「無人地帯」という意味があるため、本属の生息環境を表しているの

かもしれない）。種小名の *auratus* とは「金色」を意味し、本種の体色を表していると思われる。英名では "Levant Skink" や "Golden Grass Skink" "Golden Skink" "Golden Grass Mabuya" "Five-striped Desert Skink" と呼ばれる。頭部はやや小さく、吻は尖っており、頸部に括れはほとんど見られない。胴部はやや太く、四肢はやや短い。鱗は小さく滑らかで光沢がある。体色や模様は地域や個体によって異なり、背面は灰褐色〜黄褐色で、黒色の斑紋が1対ずつ帯状に並んでいるものが多いが、中には細かい斑紋が散らばるものや無地のもの、灰褐色のストライプが入るものなども見られる。側面は黒色で、白色の細い帯模様が並ぶか、斑紋が散らばっている。分布域には不明な部分があり、アフリカ北西部やコーカサス地方に広く分布している可能性がある（複数の隠蔽種を含んでいる可能性もある）。地上棲で、森

キンモンマブヤ

林から草原・岩場・荒れ地に生息するが、やや乾燥した環境を好む傾向がある。昼行性で節足動物を捕食する。繁殖形態は胎生。

リボンマブヤ

学名 *Heremites vittatus*

分布 トルコ・キプロス・アルジェリア・チュニジア・イスラエル・レバノン・リビア・シリア・ヨルダン・イラク・イラン・エジプト

全長 約18～23cm

飼育 タイプ 29

　種小名の *vittatus* とは「リボンで飾られた」を意味し、本種の背面の模様を表していると思われる。英名では "Bridled Skink" や "Bridled Mabuya" と呼ばれる。頭部はやや小さく吻は尖っており、頸部に括れはほとんど見られない。胴部はやや太く、四肢はやや短い。鱗は小さく滑らかで光沢がある。体色や模様は地域や個体によって異なるが、灰褐色～黄土色で、背面には灰白色～黄白色のストライプ模様が3本入り（中央のストライプ模様は黒褐色で縁取られるものが多い）、両側面にも黒褐色で縁取られた灰白色のストライプ模様が1本ずつ入るものが多い。地中海周辺から西アジアに分布するがやや飛び石的ではっきりしない地域もある。地上棲で森林から草原・岩場・荒れ地に生息するが、やや乾燥した環境を好む傾向がある。昼行性で節足動物を捕食する。繁殖形態は胎生。

リボンマブヤ

02

世界のスキンク下目

ホンマブヤ属　*Mabuya*

マルティニクマブヤ

学名 *Mabuya mabouya*

分布 マルティニーク

全長 約19〜23cm

飼育 タイプ 29

　属名の *Mabuya* の由来には諸説あり、アンティル諸島の先住民であるカリブ族の言葉で「トカゲ」を意味する言葉が由来になっているという説が有力だが（種小名の *mabouya* も同義）、インドの地名であるという説もある。英名では "Greater Martinique Skink" と呼ばれる。頭部はやや扁平で小さく、頸部に括れはほとんど見られない。体形はややスレンダーで胴部は長いが、四肢はやや短い。鱗は滑らかで強い光沢がある。背面は土色で無地のものが多いが、暗褐色の斑紋が散らばるものや、斑紋が細いストライプ状に繋がっているものも見られる。側面は黒色で下方に目立つ白色の細いストライプ模様が入る。地上棲で、森林や草原に生息する。生態には不明な部分が多いが、昼行性で節足動物を捕食している

と考えられている。繁殖形態は胎生。

　余談であるが、本属にはやや複雑な背景があり、1970年頃まではメキシコから中米・西インド諸島まで分布すると考えられていたが、1980年代に本属の本格的な分類が開始され（本属はかつて他のどの分類群にも当てはまらない生物を分類することを唯一の目的とした "分類のゴミ箱" 的な扱いを受けてきた）、その結果として本属にはさまざまな属が含まれていることや、大陸部には本属が分布していないことが明確になったものの、本種の分布域はなかなかはっきりせず（選定基準標本にはマルティニークと明記されていたが、1950年代にはセントビンセント島の固有種という説もあった）、近年になりウィンドワード諸島に属するマルティニーク島の固有種であることが判明した。このような混乱を招いた原因として、本属には類似した外見を持つものが多いことや、カリブ海には700以上の島々が点在していることなどが挙げられるだろう。なお、本属には分類や生態などまだまだ不明な部分が多いが、本種を含むほとんどが開発や外来種の脅威に晒されており、詳細が解明する前に絶滅する可能性が高いと警告している研究者もいる。

マルティニクマブヤ

マルティニクマブヤ

ワンガントカゲ属　*Marisora*

アンヘレストカゲ

学名 *Marisora brachypoda*
分布 メキシコ・ニカラグア・コスタリカ・ホンジュラス・グアテマラ・ベリーズ・エルサルバドル（?）
全長 約20～25cm
飼育 タイプ 29

　学名の *Marisora* とは「海」を意味する【maris】と、「海岸」を意味する【ora】が組み合わさったもので、本属の生息環境を表しているとされる（高地や内陸部には少なく、海岸近くの低地の森林に多く見られ、一部はカリブ海の島嶼部に分布する）。種

小名の *brachypoda* とは「短い足」を意味する。英名では "Middle American Short-limbed Skink" や "Guanacaste Skink" "Viviparous Skink" "Western Middle American Skink" と呼ばれる。かつてはホンマブヤ属に含まれていたが、2018年に本属へ移属となった。頭部はやや小さく、頸部に括れはほとんど見られない。体形はスレンダーで胴部は長いが、四肢はやや短い。鱗は滑らかで強い光沢がある。背面は茶褐色～茶色で、四肢や尾部は黒褐色のものも見られる。側面は黒色で下方に目立つ白色の細いストライプ模様が入る。地上棲だが立体活動も得意で低木に登ることもある。標高500m以下の森林に生息し、昼行性で節足動物を捕食する。繁殖形態は胎生。

アンヘレストカゲ

アフロマブヤ属　*Trachylepis*

スキハナマブヤ

学名 *Trachylepis acutilabris*

分布 コンゴ民主共和国・ナミビア・南アフリカ（?）・アンゴラ（?）

全長 約13～15cm

飼育 タイプ [29]

　属名の *Trachylepis* とは「粗い」や「石のような」を意味する【trachys】と、「（魚類の）鱗」を意味する【lepis】が組み合わさったもので、本属の多くが鱗に細かいキールを持つことを表わしていると思われる。英名では "Wedge-snouted Skink" や "Sharp-lipped Mabuya" と呼ばれる。頭部は小さく吻は扁平で先端がわずかに反っており、頸部はわずかに括れている。体形はスレンダーで四肢はやや長く、尾部は細長いという、砂漠棲のカナヘビ科やアガマ科にも似た独特の形態を持つ。鱗には細かいキールが入るものの比較的滑らかでやや光沢がある。体色は個体差だけでなく、トカゲの状態によっても変化するが（高温時は明色に、低温時は暗色になる傾向がある）、背面は茶色～黄土色で、暗褐色の斑紋が帯状に2列並んでおり、それを縁取るように黄白色～薄茶色のストライプ模様が両側に入る。側面は暗褐色でやや不明瞭な灰白色の斑紋が散らばり、下方には白色のストライプ模様が入るものが多い。地上棲で、乾燥した荒れ地や草原に生息するが、分布域はやや飛び石的ではっきりしない地域もある（近年アンゴラには

分布しないという報告がなされたが、北西部に位置するザイーレ州の限られた地域に分布しているという説もある。古くは南アフリカからも記録はされているが、不明な部分が多い）。昼行性で節足動物を捕食する（待ち伏せ型の捕食者で、低木の茂みの中に潜んでおり、餌となる節足動物を見つけるとすばやく走り寄って捕える）。繁殖形態は卵生でメスは1度に3～6個の卵を地中に産卵する。

アンゴラマブヤ

学名 *Trachylepis albopunctata*

分布 アンゴラ・ザンビア

全長 約13～18cm

飼育 タイプ [29]

　種小名の *albopunctata* とは「白色の斑紋」を意味し、幼体やメスの背面にある模様を表していると思われるが、はっきりしない。英名では "Angolan Variable Skink" や "Western Variable Skink" "White-spotted Savanna Skink" と呼ばれる。頭部はやや小さく吻は尖っており、頸部の括れは弱い。体形はスレンダーで尾部はやや長い（頭胴長の150～160%）。鱗には細かいキールが入るものの比較的滑らかでやや光沢がある。体色や模様は雌雄でやや異なるだけでなく個体差もあるが、メスや幼体は背面が茶褐色で不明瞭な暗褐色の灰白色の斑紋が入るものが多く（暗褐色の斑紋は帯状に、灰白色の斑紋はストライプ状に入るものが多い）、成熟したオスは

スキハナマブヤ

アンゴラマブヤ

02

世界のスキンク下目

黄土色で、背面に目立つ模様はないが繁殖期には目や顎周辺が橙色～朱色に染まるものが多い。なお、雌雄共に下顎部には細かい黒褐色斑紋が入り、両側面には吻端から胴部にかけて細い白色のストライプ模様が入る（成熟したオスでは不明瞭になる）。主に地上棲だが低木に登ることもあり、森林から草原に生息するがやや乾燥した環境を好み、一部は標高1,000m以上の高地にも見られる。昼行性で節足動物を捕食する。繁殖形態は胎生。

ノローニャマブヤ

学名 *Trachylepis atlantica*
分布 ブラジル
全長 約20～25cm
飼育 タイプ 29

　種小名の *atlantica* とは「大西洋」を意味し、本種の分布域を表していると思われる。英名では "Fernando do Noronha Skink" や "Noronha Skink" と呼ばれる。頭部はやや大きく、頸部の括れは弱い。体形はスレンダーでしっかりとした四肢を持ち、尾部はやや長く（頭胴長の150～160%）、頻繁に自切を行うようだ（野生下でも再生尾を持つものが多い）。背面の鱗には約3本の細かいキールが入るものの比較的滑らかでやや光沢がある。頭部や四肢・尾部は細かい焦茶色～黒色と白色の斑紋に覆われており、目の周りや外耳孔周辺は黄色～橙色に染まるものも見られる。ブラジルのペルナンブーコ州に属する大西洋上の島々であるフェルナンド・デ・ノローニャ（Fernando de Noronha）に生息するが、遺伝子解析の結果より本種は南米周辺のスキンク下目よりもアフリカ大陸のものに近縁であることが明らかとなり、過去900万年の間にアフリカから何らかの方法で漂流してきたと推察されている。地上でも樹上でも活動し、個体数も少なくないようでフェルナンド・デ・ノローニャで最も普通に見られる脊椎動物の1つとなっている（同地域には天敵が少なく、同じ生態的地位を持つ爬虫類もいないため繁栄できたと考えられている）。昼行性で食性は幅広く、さまざまな節足動物から同種を含むトカゲの卵や幼体・モコ *Kerodon rupestris*（1976年にフェルナンド・デ・ノローニャ移入された大型の齧歯類。ブラジル東部原産）の糞・花・葉・種子・蜜（特にマメ科デイコ属の *Erythrina velutina* の花蜜を好み、受粉を助ける重要な花粉媒介者となっている）・人間の食べ残し・観光客の投げるパン屑やクッキーまで、"食べられそうなものはなんでも食べる" タイプであることが知られている。繁殖形態は卵生でメスは1度に2個の卵を地中や朽木の中に産卵する。余談であるが、おそらく本種に関する最初の記述はイタリアの探検家にして地理学者である Amerigo Vespucci（1454-1512。アメリカ大陸の名前の由来にもなった人物）によって行われ、1503年に「この島には2本の尾を持つトカゲがいる」と記述している（おそらくは不十分な自切面から新たな尾部を生やした双尾奇形の個体を見たのだろう）。

ノローニャマブヤ

アンゴラマブヤ

アフロマブヤ属　*Trachylepis*

シロボシマブヤ

学名 *Trachylepis aureopunctata*
分布 マダガスカル
全長 約15～18cm
飼育 タイプ 29

　種小名の *aureopunctata* とは「金色の斑紋」を意味し、本種の模様を表している。英名では "Madagascar Golden-spotted Skink" や "Gold-spotted Mabuya" と呼ばれる。頭部はやや扁平で、頸部の括れは弱い。胴部はやや太いが尾部は細い。四肢は短いが機能的で指趾は長く先端には鋭い爪がある。鱗には細かいキールが入るものの比較的滑らかでやや光沢がある。頭部から胴部前半までは黒褐色で白色の斑紋が目立つが、以降は茶色という特徴的な色彩を持つ。マダガスカル中西部～南部の乾燥した森林や草原に生息する。あまり高所には登らないが樹上棲傾向が強く、棘だらけの植物の幹の間もすばやく移動する（内部が朽ちた樹木を棲み家としているものが多い）。昼行性

で節足動物を捕食する。繁殖形態は卵生。

イクビマブヤ

学名 *Trachylepis brevicollis*
分布 サウジアラビア・イエメン・オマーン・スーダン・南スーダン・エチオピア・エリトリア・ソマリア・ケニア・ウガンダ・タンザニア・ジブチ（?）
全長 約28～32cm
飼育 タイプ 29

　ペットトレードでは英名よりショートネックスキンクと呼ばれることもある。種小名の *brevicollis* とは「短い頸」を意味し、和名のイクビ（猪首）も同義。英名では "Short-necked Skink" や "Ethiopian Skink" "Sudan Mabuya" と呼ばれる。頭部はやや小さく、頸部に括れはほとんど見られない。全体的に太くがっしりとした力強い体躯を持つ。鱗には2～3本の弱いキールが入るものの比較的滑らかで光沢がある。幼体時は黒褐色で、背面や側面には目立つ鮮やかな黄色の斑紋が入るが、成長に伴い変化し、

シロボシマブヤ

シロボシマブヤ

イクビマブヤ

メスは灰色で黒色と灰白色の斑紋が散らばるが、オスは黄土色～茶褐色に黒色の細いストライプ模様が多数入るものが多い（稀にほぼ無地のものも見られる）。地上棲だが立体活動も得意で、低木や岩の上にも登ることがあり、標高1,500m以下の乾燥した森林や草原・荒れ地・岩場に生息し、石や倒木の下・岩の隙間・ネズミの古穴・シロアリの塚の中などを棲み家とする。なお、コロニーを形成しているかははっきりしないが、1カ所に多数の個体が集まっている姿も観察されている。昼行性で主に節足動物を捕食するが、トカゲやネズミを食べることもある。繁殖形態は胎生。

フタイロマブヤ

学名 *Trachylepis dichroma*
分布 ケニア・タンザニア・エチオピア（?）・ソマリア（?）
全長 約28～34cm
飼育 タイプ 29

別名メススジマブヤやゼブラスキンク。種小名の *dichroma* とは「二色」を意味し、本種が雌雄で体色や模様が異なることを表していると思われるが、はっきりしない。英名では"Tanzanian Short-necked Skink"や"Two-coloured skink""Bicoloured Skink""Kenyan Zebra skink""Zebra Skink"と呼ばれる。頭部はやや小さく、頸部に括れはほとんど見られない。全体的に太くがっしりとした力強い体躯を持つ。鱗には2～3本の弱いキールが入るものの比較的滑らかで光沢がある。顕著な性的二型を持ち、幼体とメスは灰色～灰褐色で、頭部から尾部にかけて黒色と白色の細い帯模様が並んでいるが、オスは頭部が暗褐色で喉元は青灰色、背面は茶色～茶褐色だが側面下方～腹部は鮮やかな赤色で、白色の細かい斑紋が散らばるものも見られる。地上棲で標高200～1,800mまでの乾燥した森林や草原・荒れ地・岩場に生息する。生活史は前述のイクビマブヤとよく似ており、本種もコロニーを形成しているかははっきりしないが、1カ所に多数の個体が集まっている姿は観察されている。繁殖形態は胎生でメスは1度に5～7匹の幼体を出産する。

フタイロマブヤ

フタイロマブヤ（メス）

フタイロマブヤ（オス）

フタイロマブヤ（幼体）

02

世界のスキンク下目

アフロマブヤ属　*Trachylepis*

アカミミマブヤ

学名 *Trachylepis elegans*

分布 マダガスカル

全長 約12 〜 15cm

飼育 タイプ 29

　別名エレガンスマブヤ。種小名の *elegans* とは「優雅な」や「上品な」を意味する。英名では "Toliara White-spotted Skink" や "Elegant Mabuya" と呼ばれる。キタアカミミマブヤ *T. e. elegans*（基亜種）・ミナミアカミミマブヤ *T. e. delphinensis* の2亜種が確認されている。頭部はやや扁平で、頸部の括れは弱い。体形はスレンダーで尾部は長く、四肢もやや長い。鱗には細かいキールが入るものの比較的滑らかでやや光沢がある。背面は茶色で暗褐色と灰白色の不明瞭な斑紋が散らばり、頸部の両側は黄色〜朱色に染まり（オスは目立つ赤系の色を呈するが、幼体やメスはやや不明瞭）、側面は黒色で下方に白色のストライプ模様が入るものが多い（黒色の部分に白色の斑紋が入るものも見られる）。小型だが上品な色合いの美麗種として知られている。マダガスカルに広く分布

し（島のやや西側に多い。なお、亜種ミナミアカミミマブヤは南東部に限られる）、地上棲だが立体活動も得意で、森林や草原・岩場に多く見られるが、やや開けた環境を好むようで一部地域では海岸付近などでも見られる。昼行性で節足動物を捕食する。繁殖形態は卵生。

アオハラシンリンマブヤ

学名 *Trachylepis gonwouoi*

分布 カメルーン・コンゴ民主共和国

全長 約15 〜 20cm

飼育 タイプ 29

　種小名の *gonwouoi* とはカメルーンの動物学者である LeGrand Gonwouo Nono（1971-）に因む。英名では "Turquoise-bellied Skink" や "Gonwouo's Skink" と呼ばれる。頭部はやや扁平で目が大きく、頸部の括れは弱い。体形はスレンダーで四肢もやや長い。鱗には細かいキールが入るものの比較的滑らかでやや光沢がある。背面は茶色〜緑褐色。側面は赤褐色で下方に不明瞭な暗褐色に縁取られた白色〜黄白色のストライプ模様が入る。腹部は白色や黄緑色・

アカミミマブヤ。撮影地：マダガスカル
photo ● Ryobu Fukuyama

アカミミマブヤ

青灰色まで見られる（雌雄や成長過程によって異なる可能性もある）。2017年に記載されたばかりで生態には不明な部分が多いが、標高約1,000mまでの森林に多く見られ、樹上棲傾向が強い。昼行性で節足動物を捕食していると考えられている。繁殖形態は卵生。

ホルストマブヤ

学名	*Trachylepis gravenhorstii*
分布	マダガスカル
全長	約16〜20cm
飼育	タイプ 29

　種小名の *gravenhorstii* とは、ドイツの動物学者である Johann Ludwig Christian Carl Gravenhorst（1777-1857）に因む。英名では "Greater Madagascar Skink" や "Gravenhorst's Mabuya" と呼ばれる。頭部はやや扁平で、頸部の括れは弱い。体形はスレンダーで尾部は長く、四肢もやや長い。鱗には細かいキールが入るものの比較的滑らかでやや光沢がある。背面は茶色で暗褐色と灰白色の不明瞭な斑紋が散らばるものが多いが、無地のものや不明瞭なストライプ模様が入るものも見られる。側面は黒色で下方に白色のストライプ模様が入る。前述のアカミミマブヤに似るが、やや大型で頸部に目立つ斑紋は入らない。マダガスカルに広く分布し（島のやや東側に多い）、地上棲だが立体活動も得意で、森林や草原・岩場に多く見られる。昼行性で節足動物を捕食する。繁殖形態は卵生。

アオハラシンリンマブヤ（オス）

アオハラシンリンマブヤ（腹部）

アオハラシンリンマブヤ

ホルストマブヤ。撮影地：マダガスカル
photo ● Ryobu Fukuyama

ホルストマブヤ

アフロマブヤ属 *Trachylepis*

クチジママブヤ

学名 *Trachylepis maculilabris*

分布 リベリア・コートジボワール・ガーナ・トーゴ・ベニン・ナイジェリア・カメルーン・中央アフリカ・赤道ギニア・ガボン・コンゴ民主共和国・アンゴラ・ザンビア・ソマリア・マラウイ・ジンバブエ・モザンビーク・ウガンダ・タンザニア・ケニア・エチオピア・南スーダン・サントメ - プリンシペ・コンゴ（?）・ブルキナファソ（?）・ブルンジ（?）・シエラレオネ（?）。なお、マダガスカルのタニケリー島やフランス領インド洋無人島群のユローパ島（マダガスカルも領有を主張している）からも報告がある

全長 約15〜30cm

飼育 タイプ 29

　種小名の *maculilabris* とは「斑紋のある唇」を意味し、本種の模様を表していると思われる。英名では "Common Speckled-lipped Skink" や "Speckled-lipped Forest Skink" "Spotted-lipped Skink" "White-lipped Skink" と呼ばれる。頭部はやや扁平で、頭部の括れは弱い。体形はスレンダーで四肢はやや短く、尾部は長い（頭胴長の150〜200%）。鱗には細かいキールが入るものの比較的滑らかでやや光沢がある。体色や模様は個体や地域によってかなり異なり（全長にも差が見られる）、背面は暗褐色から緑褐色・赤褐色・黒褐色などさまざまで、灰白色の斑紋が入るものから無地のものまで見られ、オスは側面が黄色〜橙色に染まるものが多い。広い分布域を持つがはっきりしない部分もあり、一部は物資などに紛れて非意図的に移動された可能性もあるかもしれない。地上でも樹上でも活動し、標高約2,500mまでの森林や草原・荒れ地・岩場・農地などさまざまな環境で見られる。昼行性で主に節足動物を捕食するが、カタツムリなどの陸棲貝類やトカゲなどを食べることもある。なお、夜間は石や倒木の下・樹洞の中で休んでいることが多い。繁殖形態は卵生でメスは1度に4〜6個の卵を地中に産卵する。

クチジママブヤ。撮影地：コンゴ民主共和国

クチジママブヤ

マダガスカルマブヤ

02

世界のスキンク下目

マダガスカルマブヤ

学名 *Trachylepis madagascariensis*
分布 マダガスカル
全長 約12〜15cm
飼育 タイプ 29

　別名バオバブマブヤ。種小名の *madagascariensis* とは「マダガスカルの」を意味し、本種の分布域を表している。英名では "Central Madagascar Mountain Skink" や "Malagasy Mabuya" と呼ばれる。頭部はやや扁平で、頸部の括れは弱い。体形はスレンダーで四肢はやや短く、尾部もやや短い（頭胴長の110〜130%）。鱗には細かいキールが入るものの比較的滑らかでやや光沢がある。背面は茶褐色〜暗褐色で、側面は黒褐色に白色の斑紋が散らばるものが多いが、中にはストライプ模様のものも見られる（ホルストマブヤやアカミミマブヤのメスとよく似ているが、本種は分布域が限られている）。地上でも樹上でも活動し、マダガスカル島中央部を南北に走る脊梁山脈（東側は急傾斜でインド洋に落ち込み狭い東部海岸線を形成し、西側は緩い傾斜でモザンビーク海峡に延び、広い平野部を形成している）の西側の地域にあたる中央高地（Central Highlands。行政区画上はアンタナナリボ州全域とフィアナランツァ州北西部を合わせたあたりで、同島の総面積に占める割合は約20.8%）の標高1,600〜2,300mまでの乾燥した森林や草原・岩場・荒れ地に生息する。昼行性で節足動物を捕食する。繁殖形態は卵生でメスは1度に3〜5個の卵を地中に産卵する。

ニジマブヤ

学名 *Trachylepis margaritifera*
分布 ボツワナ・エスワティニ・ケニア・マラウイ・モザンビーク・タンザニア・ウガンダ・ザンビア・ジンバブエ・南アフリカ
全長 約20〜30cm
飼育 タイプ 29

　種小名の *margaritifera* とは「真珠」を意味する【margarīta】と、「身に着けた」を意味する【-fer】が組み合わさったもので、本種の体色や模様を表していると思われる。英名では "Rainbow Skink" や "African Rainbow Skink" "Pearly Skink" "Southeastern Five-lined Skink" と呼ばれる。頭部はやや小さく吻は尖っており、頸部の括れは強くない。胴部はやや太く、やや短いが力強い四肢を持つ。鱗には細かい3本のキールが入るものの比較的滑らかでやや光沢がある。顕著な性的二型を持ち、幼体とメスは黒褐色に白色〜黄色の目立つ3本のストライプ模様が入り、尾部は鮮やかな瑠璃色だが、オスは全体的に体色が淡く模様も不明瞭で金茶色を帯び、頸部に暗褐色の目立つ斑紋が2〜4個入るものが多い（繋がって細長い斑紋となっているものも少なくない）。また、一部では頭部や尾部が橙色に染まるものも見られる。地上棲だが立体活動も得意で、乾燥した草原や荒れ地に点在する岩場に多く見られる。昼行性で節足動物を捕食する。繁殖形態は卵生でメスは1度に6〜10個の卵を地中に産卵する。

ニジマブヤ

ニジマブヤ

ニジマブヤ（オス）

アフロマブヤ属　*Trachylepis*

ソウジョウマブヤ

学名 *Trachylepis megalura*

分布 エチオピア・ウガンダ・ケニア・タンザニア・モザンビーク・コンゴ民主共和国・ソマリア・ルワンダ・ブルンジ・ザンビア・南スーダン（?）

全長 約18～25cm

飼育 タイプ 29

　種小名の *megalura* とは「長い尾」を意味し、本種の形態を表していると思われる。英名では "Grass-top Skink" や "Grass Skink" "Long-tailed Skink" と呼ばれる。頭部はやや小さく、括れは強くない。体形はスレンダーで胴部は長く、四肢はやや短いが尾部が長いという（頭胴長の200～250%）、属内でもやや特殊な形態を持つ。鱗のキールは弱く滑らかで光沢がある。背面は茶色～黄土色で、細かい黒色の斑紋が散らばり（点線状に繋がっているものも多い）、側面は黒褐色で（黒褐色に縁取られた赤褐色のストライプ模様が入るものも見られる）、下方には白色のストライプ模様が入る。高地（標高1,300～3,500m）の草原に多く見られ、生態には不明な部分が多いが、樹上棲傾向が強いようで、高所には登らないものの、植物の上で日光浴を行う姿が観察されている。昼行性で節足動物を捕食していると考えられている。繁殖形態は胎生でメスは1度に7～15匹の幼体を出産する。

セイブスジマブヤ

学名 *Trachylepis occidentalis*

分布 ナミビア・南アフリカ・ボツワナ・アンゴラ

全長 約20～25cm

飼育 タイプ 29

　種小名の *occidentalis* とは「西の」を意味する。英名では "Western Three-striped Skink" や "Western Ground Skink" と呼ばれる。頭部はやや小さく、頸部はわずかに括れている。胴部は太長く、やや短いが力強い四肢を持ち、尾部はさほど長くない（頭胴長の110～130%）。鱗には細かいキールが入るものの比較的滑らかでやや光沢がある。背面は茶色～赤褐色で、灰褐色のストライプ模様が3本入り、側面は茶褐色に不明瞭な暗褐色の斑紋が散らばり下方には灰白色の細いストライプ模様が入る。地上棲で、乾燥した草原や荒れ地に生息し（庭園など人家周辺では見られない）、植物の根元に巣穴を掘って暮らしている。昼行性で主に節足動物を捕食するが、トカゲなどを食べることもある。繁殖形態は胎生とされるが、はっきりしない（南アフリカのフリーステイト州からは1度に7匹の幼体を出産したという報告があるが、同国内のカラハリ砂漠周辺の個体群からは6個の卵を産卵したという矛盾した報告があり、環境によって産み分けているのではないか、という説もある）。

ソウジョウマブヤ（脱皮前で体色がくすんでいる）

ワキアカマブヤ

学名 *Trachylepis perrotetii*

分布 モーリタニア・セネガル・ガンビア・ギニアビサウ・シエラレオネ・リベリア・コートジボワール・ガーナ・トーゴ・ベニン・ブルキナファソ・ニジェール・ナイジェリア・カメルーン・中央アフリカ・コンゴ民主共和国・ウガンダ・マリ・チャド・スーダン・南スーダン

全長 約25〜35cm

飼育 タイプ 29

　種小名の *perrotetii* とはフランスの探検家である Gustave Samuel Perrotet（1793-1867）に因む。英名では "African Red-sided Skink" や "Fire-sided Skink" "Orange-flanked Skink" "Spotted Savanna Skink" "West African Skink" "Roter Togo-skink" "Perrotet's Skink" "Chabanaud's Mabuya" "Teita Mabuya" と呼ばれる。ワキアカマブヤ *T. p. perrotetii*（基亜種）・ウペンバワキアカマブヤ *T. p. upembae* の2亜種が確認されている。頭部はやや小さく、頸部の括れは弱い。胴部は太長く、やや短いが力強い四肢を持ち、尾部はやや短い（頭胴長の110〜120%）。鱗には細かいキールが入るものの比較的滑らかでやや光沢がある。平均全長は21〜35cmだが、45cmの個体も記録されている。背面は灰褐色〜茶褐色だが側面は黄色〜朱色で（オスのほうが鮮やかな発色を見せる傾向がある）、白色

の細かい斑紋が散らばるものが多い。地上棲で、標高約1,400mまでの森林や草原・荒れ地などさまざまな環境に多く見られるが、人家周辺に現れることもある。昼行性で主に節足動物を捕食するが、トカゲなどを食べることもある。繁殖形態は卵生。

セイブスジマブヤ

ワキアカマブヤ

アフロマブヤ属　*Trachylepis*

キノボリマブヤ

学名 *Trachylepis planifrons*

分布 エチオピア・ソマリア・ケニア・タンザニア・コンゴ民主共和国・ザンビア・ウガンダ・マラウイ・南スーダン

全長 約22〜32cm

飼育 タイプ [29]

　種小名の *planifrons* とは「扁平」を意味する【planus】と、「前頭部」を意味する【frōns】が組み合わさったもので、本種の頭部の形態を表している。英名では "Teita Skink" や "Tree Skink" と呼ばれる。頭部はやや扁平で吻は尖っており、頸部の括れは弱い。体形はスレンダーで四肢はやや短く、尾部は長い（頭胴長の180〜220%）。鱗には3本（稀に5本）のキールが入るものの比較的滑らかでやや光沢がある。背面は茶褐色で目の後方から尾部の付け根にかけて不明瞭な灰白色のストライプ模様が入る。側面は暗褐色〜茶褐色で灰白色の細かい斑紋が散らばるものが多い。樹上棲で1,600mまでの森林から草原に生息する。昼行性で節足動物を捕食する（樹上から獲物を見つけると飛び降りるようにして捕えた後、再び樹上に登る姿が観察されている）。繁殖形態は卵生。

シラフマブヤ

学名 *Trachylepis punctatissima*

分布 南アフリカ・ボツワナ・エスワティニ・レソト・ナミビア・ジンバブエ・ザンビア（?）

全長 約20〜25cm

飼育 タイプ [29]

　別名シモフリマブヤ。種小名の *punctatissima* とは「たくさんの斑紋」を意味し、本種の模様を表していると思われる。英名では "Speckled Rock Skink" や "Montane Speckled Skink" と呼ばれる。頭部は扁平で、頸部の括れは弱い。体形はスレンダーで胴部は長く、やや短いが力強い四肢を持つ。尾部はやや短いが（頭胴長の100〜120%）、野生下では天敵に襲われることが多いのか再生尾の個体が多く見られる。鱗には細かいキールが入るものの比較的滑らかでやや光沢がある。背面や側面は暗褐色だが後方になるにつれやや淡くなり、各鱗の縁が暗色なので

細かい網目模様やストライプ模様になるものが多い。眼上から背面を縁取るように黄土色〜山吹色のストライプ模様も入る。地上棲だが立体活動も得意で、山地の岩場に多く見られる。なお、主にアフリカ南部に分布する種であるが、ジンバブエの東部に位置する東部高地にも残存個体群（地理的に隔離された個体群）が確認されている。昼行性で主に節足動物を捕食するが、ムカデやサソリなど大きな獲物も襲うことがある（頭部や尾部に咬みついて振り回し、獲物が衰弱してから食べる姿が観察されている）。繁殖形態は胎生。

イツスジマブヤ

学名 *Trachylepis quinquetaeniata*

分布 アルジェリア・ベニン・ブルキナファソ・カメルーン・中央アフリカ・チャド・コンゴ民主共和国・コートジボワール・ジブチ・エジプト・エリトリア・エチオピア・ガーナ・ギニア・ケニア・ニジェール・ナイジェリア・セネガル・ソマリア・南スーダン・スーダン・タンザニア・トーゴ・ウガンダ・アメリカ合衆国のカリフォルニア州とフロリダ州（移入）

全長 約18〜25cm

飼育 タイプ [29]

　種小名の *quinquetaeniata* とは「5つの帯模様」を意味し、本種のメスや幼体の模様を表していると思われるが、はっきりしない。英名では "Rainbow Skink" や "Rainbow Rock Skink" "African Five-lined Skink" "Five-striped Savanna Skink" "African Blue-tailed Skink" "Blue-tailed Koppie Skink" "Pearly Bushveld Skink" "Bean Skink" "Rainbow Mabuya" と呼ばれる。イツスジマブヤ *T. q. quinquetaeniata*（基亜種）・セイブイツスジマブヤ *T. q. riggenbachi*・チュウオウイツスジマブヤ *T. q. scharica* の3亜種が確認されている。頭部はやや小さく吻は尖っており、頸部の括れは弱い。胴部はやや太く、四肢はやや短く、尾部は細いがやや短い（頭胴長の115〜120%）。鱗には細かいキールが入るものの比較的滑らかでやや光沢がある。顕著な性的二型を持ち、幼体とメスは黒褐色に白色〜黄色の目立つ3本のストライプ模様が入り（両側面の下方にもストライプ模様が入るものも見られる）、尾部は鮮やかな瑠璃色。一方、オスは灰褐色〜褐色で、背面に目立つ模様などはないが、下顎から頸部周辺は黒色〜青黒色で水色〜白

色の細かい斑紋が散らばり、唇には目立つ黄白色〜黄色のストライプ模様が入るものが多い。地上棲だが立体活動も得意で、標高200〜1,600mまでの草原や荒れ地に点在する岩場に多く見られるが、ギニアでは庭園や人家近くでも見られる爬虫類の1つとなっており、ケニア北部に位置するディダ・ガルガル砂漠（Dida Galgalu Desert）では主に溶岩石を棲み家とし、エジプトでは川岸の草原に多く見られ危険を感じると水の中に飛び込んで逃げる姿も観察されている。なお、本種は縄張り意識が強く、大型のオスを中心としたコロニーを形成して暮らしており、他のオスが縄張りに侵入すると激しい闘争に発展する場合もある。昼行性で主に節足動物を捕食するが、コンゴの個体群では胃内容より果実が発見されており、タンザニアの個体群では共食いも確認されている（胃内容より幼体の尾部が発見されている）。繁殖形態は卵生でメスは3〜10個の卵を岩の隙間の奥深くなどに産卵する。

キノボリマブヤ

イツスジマブヤ

シラフマブヤ（自切から再生中の個体）

イツスジマブヤ

イツスジマブヤ

イツスジマブヤ（メス）

イツスジマブヤ（オス）

イツスジマブヤ（オスの頭部）

アフロマブヤ属　*Trachylepis*

セーシェルマブヤ

学名 *Trachylepis sechellensis*
分布 セーシェル
全長 約15〜18cm
飼育 タイプ 29

　種小名の *sechellensis* とは「セーシェルの」を意味し、本種の分布域を表している。英名では "Seychelles Mabuya" や "Lesser Seychelles Skink" "Mangouya" と呼ばれる。頭部はやや小さく吻は尖っており、頸部の括れは弱い。体形はスレンダーで機能的な四肢を持つ。尾部は細長く（頭胴長の150〜170%）、容易に自切を行う。鱗はやや細かく滑らか。体色や模様には個体差があるが茶褐色〜黄土色で、背面には不明瞭な黒褐色や灰白色の細かい斑紋が散らばり、側面には赤褐色〜暗褐色のストライプ模様が吻端から胴部に入るものが多い。地上棲だが立体活動も行う。高い順応性を持ち標高550mまでの森林からマングローブ林・農地・庭園、都市部周辺までさまざまな環境に生息する（生息範囲は約5,000㎢と考えられているが、個体数は少なくないとされる）。昼行性で節足動物を捕食する。繁殖形態は卵生。

デブスジマブヤ

学名 *Trachylepis striata*
分布 ボツワナ・ブルンジ・コンゴ・ジブチ・エスワティニ・エチオピア・ケニア・マラウイ・モザンビーク・ナミビア・ルワンダ・ソマリア・南アフリカ・南スーダン・スーダン・タンザニア・ウガンダ・ザンビア・ジンバブエ・コモロ諸島のアンジュアン島（移入）
全長 約18〜25cm
飼育 タイプ 29

　別名フタスジマブヤ。種小名の *striata* とは「筋模様」を意味し、本種の模様を表していると思われる。英名では "Striped Skink" や "Eastern Striped Skink" "African Striped Skink" "Common Striped Skink" "Common Two-striped Skink" "African Striped Mabuya" と呼ばれる。頭部はやや小さく、頸部に括れはほとんど見られない。胴部は太く、四肢はやや短い。尾部はやや短いが（頭胴長の100〜120%）、野生下では天敵に襲われることが多いの

か再生尾の個体が多く見られる。鱗には3〜7本の細かいキールが入るものの比較的滑らかでやや光沢がある。背面と側面は茶色〜暗褐色で、眼上から背面を縁取るようにしてやや不明瞭な黄白色のストライプ模様が2本入る（灰白色の斑紋が散らばるものも見られる）。地上棲だが立体活動も得意で、草原から荒れ地・農地・人家付近までさまざまな場所に生息する。昼行性で節足動物を捕食する。繁殖形態は胎生でメスは1度に3〜9匹の幼体を出産する。

チビマブヤ

学名 *Trachylepis variegata*
分布 ナミビア・ボツワナ・南アフリカ・モザンビーク・ザンビア・ジンバブエ
全長 約10〜15cm
飼育 タイプ 29

　別名ミナミカワリマブヤ。種小名の *variegata* とは「さまざまな色を持った」意味し、本種の体色や模様が多様であることを表していると思われる。英名では "Variegated Skink" や "Western Variegated Skink" "Variegated Sand Skink" "Damara Sand Skink" と呼ばれる。頭部は小さく、頸部はわずかに括れる。体形はスレンダーで四肢は短い。鱗には細かいキールが入るものの比較的滑らか。体色や模様は地域や個体によって異なり、背面は茶色〜灰褐色で無地のものから暗褐色の細かい斑紋を持つもの、灰白色〜暗褐色のストライプ模様を2〜4本持つものまでさまざま。側面はメスは茶褐色だがオスは淡黄色に染まるものも見られる。地上棲で、乾燥した森林から草原・荒れ地・砂漠までさまざまな場所に見られるが、やや開けた環境を好む傾向がある。昼行性で節足動物を捕食する。繁殖形態は胎生でメスは1度に2〜4匹の幼体を出産する。

セーシェルマブヤ

デブスジマブヤ

チビマブヤ

スキンク科　Scincidae　　ネコツメトカゲ亜科　Ristellinae

ネコツメトカゲ属　*Ristella*

ルークネコツメトカゲ

学名	*Ristella rurkii*
分布	インド
全長	約9〜15cm
飼育	タイプ 12

種小名の *rurkii* とは、本種の模式標本を採集した Rurk なる人物に由来するとされる。英名では "Reddish-brown Cat Skink" や "Rurk's Cat Skink" "Reddish-brown Forest Skink" "Rurk's Ristella" と呼ばれる。本種は属内では最も古い1839年に記載された本属の模式種であるが、その後はほとんど記録がなかったため（1927年にわずかな記録があるのみ）、一時は絶滅も疑われたが、2018年にタミル・ナードゥ州の南西部に位置するパルニ丘陵（Palni

Hills）のコダイカナル野生生物保護区（Kodaikanal Wildlife Sanctuary）周辺で再発見されたという経緯がある。頭部は砲弾型で、頸部はわずかに括れる。体形はスレンダーで四肢は短く、指趾の先には湾曲した爪を持つが、それらは鞘状の鱗に収めることが可能となっている。鱗は滑らかで光沢がある。背面は焦茶色で側面は黒褐色で灰白色の細かい斑紋が多数散らばっている。陸棲〜半地中棲で、インド南部に位置するタミル・ナードゥ州とケララ州に広がる山地（標高1,900〜2,100m付近での発見例が多い）の森林やショラ（Shola Grasslands. 主にケララ州・カルナタカ州・タミル-ナードゥ州の起伏のある草原の谷間に点在する森林と草原の複合体）に生息し、現在は前述のパルニ丘陵だけでなく近隣のアナイマライ丘陵（Anaimalai Hills）からも発見されている。生態には不明な部分が多いが、昼行性でミミズや節足動物を捕食すると考えられている。繁殖形態は卵生。

ルークネコツメトカゲ

スキンク科　Scincidae　　ミナミトカゲ亜科　Sphenomorphinae

クシミミトカゲ属　*Ctenotus*
ジュウヨンセンクシミミトカゲ

学名 *Ctenotus quattuordecimlineatus*
分布 オーストラリア
全長 約18〜25cm
飼育 タイプ 29

　属名の *Ctenotus* とは「櫛」を意味する【kten】と、「耳」を意味する【ot】が組み合わさったもので、本属の外耳孔周辺の鱗の形状を表している（外耳孔を前方から塞ぐように鱗が発達し、縁は鋸状となっている）。種小名の *quattuordecimlineatus* とは「14本の筋模様」を意味し、本種の模様を表している。英名では "Fourteen-lined Comb-eared Skink" や "Many-lined Comb-eared Skink" "Fourteen-lined Ctenotus" と呼ばれる。頭部はやや丸みを帯びた砲弾型で、頸部もやや括れている。体形はスレンダーで機能的な四肢を持ち、尾部は細長く、鱗は滑らかで光沢がある。背面や側面は黒褐色で、白色〜黄白色の細いストライプ模様が10本以上入り、尾部は薄茶色（幼体時は尾部にもストライプ模様が入るが、成長に伴い淡くなる）。地上棲で、オーストラリアのノーザンテリトリー準州南部や南オーストラリア州北西部・西オーストラリア州中西部・クィーンズランド州西部に広がる乾燥した草原や荒れ地・砂漠に生息し（開けた環境を好む傾向がある）、岩の隙間や植物の根元・地中に掘られた巣穴などを棲み家として暮らしている。昼行性で節足動物を捕食する。繁殖形態は卵生。

ジュウヨンセンクシミミトカゲ（幼体）

クシミミトカゲ属　*Ctenotus*

ヒラビタイクシミミトカゲ

学名 *Ctenotus spaldingi*
分布 オーストラリア・パプアニューギニア
全長 約25〜35cm
飼育 タイプ 29

　種小名の *spaldingi* とはオーストラリアの動物学者である Edward Spalding (1836-1900) に因む。英名では"Straight-browed Comb-eared Skink" "Spalding's Comb-eared Skink" "Eastern Striped Skink" "Straight-browed Ctenotus" と呼ばれる。頭部はやや丸みを帯びた砲弾型で、頸部もやや括れている。体形はスレンダーで四肢はやや短い。尾部は細長く、鱗は滑らかで光沢がある。背面は茶褐色〜緑褐色で、黒色と白色のストライプが入り、側面は黒褐色に白色の斑紋が点線状に並んでいるものが多い。地上棲で、オーストラリアのノーザンテリトリー準州とクィーンズランド州およびパプアニューギニアに分布し、オーストラリアではやや乾燥した森林や草原・荒れ地・海岸付近の砂丘まで見られるが（やや開けた環境を好む傾向がある）、パプアニューギニアでの生息環境ははっきりしない。昼行性で主に節足動物を捕食するが、トカゲなどを食べることもある。繁殖形態は卵生。余談であるが、本種はペットトレードでは 1990 年代からインドネシアより他種に混じって稀に輸入されていたものの当時は正体がはっきりせず（本属がパプアニューギニアに分布していることが周知されていなかった）、「なぜ、オーストラリアのトカゲがインドネシアから？」と一部愛好家の間で話題になったこともある。

アカオクシミミトカゲ

学名 *Ctenotus taeniolatus*
分布 オーストラリア
全長 約25〜30cm
飼育 タイプ 29

　種小名の *taeniolatus* とは「小さなリボン」を意味し、本種の体色や模様を表していると思われるが、はっきりしない。英名では"Copper-tailed Skink"や"Copper-tailed Ctenotus"と呼ばれる。頭部はやや丸みを帯びた砲弾型で、頸部もやや括れている。体形はスレンダーで機能的な四肢を持ち、尾部は細長い。鱗は滑らかで光沢がある。背面や側面は黒褐色で、白色〜黄土色のストライプ模様が 8〜10 本入り、尾部は幼体時は鮮やかな赤色だが成長に伴い錆色〜黄土色に変化する。地上棲で、オーストラリアのニューサウスウェールズ州・クィーンズランド州・ビクトリア州に分布するが、内陸部には見られない。乾燥した草原や荒れ地・岩場などに生息し（開けた環境を好む傾向がある）、岩の隙間や植物の根元に掘られた巣穴などを棲み家として暮らしている。昼行性で節足動物を捕食する。繁殖形態は卵生。

ヒラビタイクシミミトカゲ

アカオクシミミトカゲ

ヌマトカゲ属　*Eulamprus*

トウブヌマトカゲ

学名 *Eulamprus quoyii*
分布 オーストラリア・ニュージーランド（移入）
全長 約23〜28cm
飼育 タイプ 18

　属名の *Eulamprus* とは「良い」や「美しい」を意味すると思われるが、はっきりしない。種小名の *quoyii* とはフランスの動物学者である Jean Rene Constant Quoy（1790-1869）に因む。英名では "Eastern Water Skink" や "Golden Water Skink" "Golden Skink" と呼ばれる。頭部はやや扁平で吻はやや長く、頸部はやや括れている。体形はスレンダーでしっかりとした四肢を持ち、尾部もやや長い。鱗は滑らかで光沢がある。背面は緑褐色〜暗褐色で、それを縁取るように金色〜黄色の細いストライプ模様が2本入り、側面は暗褐色で灰白色の細かい斑紋が散らばるものが多い（帯状になっているものも見られる）。地

上棲で、オーストラリアのニューサウスウェールズ州やクィーンズランド州・南オーストラリア州・ビクトリア州に分布し、森林から草原・公園・庭園などさまざまな場所に見られ、河川周辺に生息する個体群は危険を感じると水中に飛び込んで逃げる姿も観察されている。昼行性で節足動物からカタツムリなどの陸棲貝類・魚類・両生類（主にオタマジャクシ）・トカゲ・果実などさまざまなものを食べる。繁殖形態は胎生でメスは1度に4〜9匹の幼体を出産する。また、本種のオスは決められた縄張りで暮らす定住型と、広い範囲を渡り歩く放浪型が存在することがわかっている（それぞれにどのようなメリットとデメリットがあるのかははっきりしないが、後者は前者に比べて残せる子孫が少ないのではないかと考えられている）。余談であるが、ニューサウスウェールズ州のとある自然保護団体は本種について「あなたの庭に現れるかもしれませんが、驚かないでください。彼らは無害で害虫を食べてくれる可能性があります。もしも屋内に入ってきたら、箒と塵取りを使って外に出してあげてください」と伝えている。

トウブヌマトカゲ

オガクズトカゲ属　*Glaphyromorphus*

オグロオガクズトカゲ

| 学名 | *Glaphyromorphus nigricaudis* |

| 分布 | インドネシア・パプアニューギニア・オーストラリア |

| 全長 | 約10〜15cm |

| 飼育 | タイプ 12 |

ペットトレードではブラックテールマルチスキンクと呼ばれることもある。属名の *Glaphyromorphus* とは「磨く」や「滑らか」などを意味する【glaphyro】と、「形」を意味する【morphus】が組み合わさったもの。種小名の *nigricaudis* とは「黒色の尾」を意味し、本種の尾が先端付近に進むにつれて黒ずむことによる。英名では "Black-tailed Bar-lipped Skink" や "Black-tailed Short-legged Mulch Skinks" "Dark-tailed Skink" と呼ばれる。なお、和名のオガクズとは英名の1つである Mulch＝木屑に由来すると思わ

れる。頭部は丸みを帯びた砲弾型で吻は短く、頸部の括れは強くない。体形はスレンダーで四肢は短く、尾部はやや長い。鱗は滑らかで光沢がある。体色や模様には個体差があり、背面は茶褐色〜灰褐色で、無地のものから暗褐色の細かい斑紋が散らばるもの、細い帯模様を持つものまで見られる。分布はやや飛び石的で、オーストラリアではノーザンテリトリー準州の東アーネム郡（East Arnhem Shire）とローパー郡（Roper Gulf Shire）東部・クィーンズランド州のヨーク半島周辺とトレス海峡諸島からインドネシアのイリアンジャヤ州・パプアニューギニア南部に分布する。地上棲〜半地中棲で、森林から草原・海岸付近の砂丘までさまざまな環境に見られ、落ち葉や落ち枝の堆積したリッター層の中や石・倒木の下に潜んでいるものが多い。夜行性傾向が強く、ミミズや節足動物を捕食する。繁殖形態には卵生と胎生双方の個体群が確認されており、地理的な環境に応じて産み分けているのではないか、という説もあるが、はっきりしない。

オグロオガクズトカゲ

オグロオガクズトカゲ

02

世界のスキンク下目

トゲモリトカゲ属　*Gnypetoscincus*

トゲモリトカゲ

学名 *Gnypetoscincus queenslandiae*
分布 オーストラリア
全長 約12〜17cm
飼育 タイプ 30

　属名の *Gnypetoscincus* とは「弱い」を意味する【gnypet-】と、「スキンク」を意味する【scincus】が組み合わさったものと思われるが、はっきりしない。種小名の *queenslandiae* とは「クィーンズランドの」を意味し、本種の分布域を表している。英名では "Australian Prickly Forest Skink" や "Prickly Skink" "Prickly Forest Skink" と呼ばれる。頭部は角張っており大きく、頸部は括れている。体形はややスレンダーで四肢もやや短く、尾部は細長い。腹部以外の鱗は粗く棘状に隆起しており、形態的にも遺伝的にも特徴的なトカゲとして知られている（現時点では亜種などは知られていないが、分布域の南北で遺伝的に差異が見られることがわかっている）。なお、トカゲ亜目としては珍しく発声器官を持ち、ストレスを感じた際などにやや甲高い声で鳴くことがある。黒褐色で、不明瞭な茶褐色の細い帯模様が背面や四肢・尾部に散らばるものが多い。地上棲で、オーストラリアのクィーンズランド州北東部に位置するケアンズ地域 (Cairns Region) 周辺とグレートディバイディング山脈 (Great Dividing Range) の一部であるアサーン高原 (Atherton Tableland) の比較的冷涼で湿度のある森林に生息し、落ち葉や倒木・石の下などに潜んでいることが多い。生態には不明な部分が多いが、強い光を避けることから薄明薄暮性、もしくは夜行性である可能性があり、ミミズや節足動物を捕食していると考えられている。繁殖形態は胎生でメスは1度に1〜5匹の幼体を出産し、生まれた幼体は生後1〜2年は母親の周辺で暮らすことがわかっている。

トゲモリトカゲ

エンピツトカゲ属　*Isopachys*

クロスジエンピツトカゲ

学名 *Isopachys gyldenstolpei*

分布 タイ

全長 約25〜30cm

飼育 タイプ 12

　属名の *Isopachys* とは「同じ太さ」を意味すると思われるが、はっきりしない。種小名の *gyldenstolpei* とは、スウェーデンの動物学者である Nils Carl Gustaf Fersen Gyldenstolpe（1886-1961）に因む。英名では "Black-lined Snake Skink" や "Gyldenstolpe's Snake Skink" "Gyldenstolpe's Legless Skink" "Gyldenstolpe's Limbless Skink" "Gyldenstolpe's Isopachys" "Gyldenstolpe's Worm Skink" と呼ばれる。頭部は丸く吻端は地中を掘削しやすいようわずかに反っており、眼は小さく退化的。頸部はわずかに括れている。体形はスレンダー

で四肢のないヘビ型。尾部は先端部が丸く、一見しただけではどちらが頭部かわかりづらい。鱗は滑らかで光沢がある。黄色〜黄白色で背面に黒褐色の太いストライプ模様が2本入るという目立つ色彩を持ち（尾部周辺では点線状になる）、これは外敵に対する警告色ではないかと考えられている（毒性などはないが、現地では不吉な生物と信じられている地域もあるという）。タイに分布し、カーンチャナブリー県やプラチュワップキーリーカン県・ペッチャブリー県・ウタイターニー県などから報告されているが（南部〜北西部までとやや飛び石的）、おそらく人目につかないだけでより広域に分布している可能性がある。地中棲で森林に生息し、林床の柔らかい地中に潜って暮らしているが（表層付近で活動し、地中深くに潜っているわけではない）、夜間や早朝・雨天時には地表で活動する姿も観察されている。生態には不明な部分が多いが、ミミズや節足動物を捕食していると考えられている。繁殖形態は胎生。

クロスジエンピツトカゲ

クロスジエンピツトカゲ

クロスジエンピツトカゲ(アルビノ)

02

世界のスキンク下目

リピントカゲ属　*Lipinia*

ヒイロオリピントカゲ

学名 *Lipinia microcerca*

分布 ベトナム・カンボジア・ラオス・タイ（?）

全長 約10〜15cm

飼育 タイプ 24

　種小名の *microcerca* とは「小さな尾」を意味すると思われるが、はっきりしない。英名では "Sipora Striped Skink" や "Common Striped Skink" "Laotian Striped Skink" "Banded Lipinia" と呼ばれる。かつてはリボンリピントカゲ *Lipinia vittigera* の亜種 *L. v. microcerca* とされていたが、2019年に独立種となっ

た。頭部は扁平な鍬型で、頸部はやや括れている。体形はスレンダーでやや長い胴部と尾部（頭胴長の約130〜150%）を持ち、四肢もやや長い。鱗は滑らかで光沢がある。背面は黒褐色で、吻端から目立つ白色〜黄白色のストライプ模様が入り、側面は灰白色でやや不明瞭な暗褐色のストライプ模様が吻端から胴部に入るものが多い。やや樹上棲傾向が強いとされ、ベトナム南部・ラオス南部・カンボジアの森林から報告されているが、タイやミャンマー東部にも分布している可能性がある。生態には不明な部分が多いが、おそらく昼行性で（あまり強い光は好まない）、節足動物を捕食していると考えられている。繁殖形態は卵生でメスは1度に2〜3個の卵を地中や樹洞の中などに産卵する。

ヒイロオリピントカゲ

ヒイロオリピントカゲ

リピントカゲ属　*Lipinia*

ウルワシリピントカゲ

学名 *Lipinia pulchella*

分布 フィリピン

全長 約10～13cm

飼育 タイプ 24

　種小名の *pulchella* とは「美しい」や「愛らしい」を意味し、本種の模様を表していると思われる。英名では "Yellow-striped Slender Tree Skink" や "Beautiful Lipinia" と呼ばれる。ウルワシリピントカゲ *L. p. pulchella*（基亜種）・レビトンリピントカゲ *L. p. levitoni*・テイラーリピントカゲ *L. p. taylori* の3亜種が確認されている。頭部は扁平な鏃（やじり）型で、頸部はやや括れている。体形はスレンダーで長い胴部と尾部を持ち、四肢もやや長い。鱗は滑らかで光沢がある。灰褐色～茶褐色で、背面には吻端から尾部まで黒褐色に縁取られた黄色～黄白色の目立つ1本のストライプ模様が入り、側面や四肢にも細かい黄白色～灰白色の斑紋が散らばるものが多い（側面に黒褐色の細いストライプ模様が入るものも見られる）。樹上棲傾向が強く、フィリピンのルソン島やミンダナオ島・ボホール島・ポリオ島・パナイ島・マスタベ島の標高250～1,100mの森林に生息する。生態には不明な部分が多いが、おそらく昼行性で（あまり強い光は好まない）、節足動物を捕食していると考えられている。繁殖形態は卵生。

ウルワシリピントカゲ

02

世界のスキンク下目

ヨスジリピントカゲ

- **学名** *Lipinia quadrivittata*
- **分布** インドネシア・フィリピン・タイ
- **全長** 約10〜13cm
- **飼育** タイプ 24

　種小名の *quadrivittata* とは「4本の帯模様」を意味し、本種の模様を表していると思われる。英名では"Black-striped Slender Tree Skink"や"Four-striped Skink""Four-striped Lipinia"と呼ばれる。頭部は扁平な鏃型で、頸部はやや括れている。体形はスレンダーで長い胴部と尾部を持ち、四肢もやや長い。鱗は滑らかで光沢がある。鮮やかな黄色〜橙色で、背面と側面に計4本の目立つ黒色のストライプ模様が尾部の付け根まで入る。なお、本種はインドネシアやフィリピン・タイより報告されていたが、ボルネオ島およびスラウェシ島の個体群はボルネオリピントカゲ *L. inexpectata* に分割され、その他一部地域でもはっきりしていない部分がある（両種はよく似ているが、ボルネオリピントカゲのほうがより暗色とされる）。地上でも樹上でも活動するが、やや樹上棲傾向が強く、長い尾部を枝などに引っ掛けるようにしてうまくバランスを取りながら移動することができる。生態には不明な部分が多いが、おそらく昼行性で（あまり強い光は好まない）、節足動物を捕食していると考えられている。繁殖形態は卵生。

ヨスジリピントカゲ

ヨスジリピントカゲ

スベミミトカゲ属　*Ornithuroscincus*

ヒヒルスベミミトカゲ

学名 *Ornithuroscincus noctua*

分布 アメリカ領サモア・サモア・クック諸島・フィジー・フランス領ポリネシア・インドネシア・キリバス・マーシャル諸島・ミクロネシア・ニウエ・パラオ・パプアニューギニア・ソロモン諸島・トケラウ・トンガ・ツバル・バヌアツ・アメリカ合衆国のグアムとハワイ州（後者は移入）・ピトケアン諸島（移入）

全長 約10〜15cm

飼育 タイプ 25

かつてはリピントカゲ属に含まれていたため、ペットトレードではキウナジリピントカゲと呼ばれることもある（本属は2021年に新設された）。属名の*Ornithuroscincus*とは「鳥」を意味する【ornis】と、「尾」を意味する【oura】、「スキンク」を意味する【scincus】が組み合わさったもので、本属の多くがニューギニア島の東部に位置するパプア半島に分布することを表している（ニューギニア島の形状がパプアニューギニアの国鳥であるアカカザリフウチョウに似ており、

パプア半島はその尾部にあたるため）。種小名の*noctua*とは「夜行性」を意味するが、はっきりしない（夜行性というわけでもないようだ）。英名では"Moth Skink"や"Pacific Moth Skink"と呼ばれ、和名のヒヒルもMoth＝蛾の古語を意味する。ただし、なぜMoth Skinkと呼ばれているのか理由ははっきりしていない。頭部は小さく、頸部の括れは弱い。体形は比較的スレンダーで四肢はやや小さく、尾部はさほど長くない（頭胴長の120〜140%）。鱗は滑らかで光沢がある。体色や模様には個体差があるが、背面は灰褐色で正中線上に不明瞭な黄白色のストライプ模様が1本入り、側面は暗褐色で灰白色の細かい斑紋が散らばるものが多い。本属の多くはニューギニア島に局所分布するが、本種はメラネシアやミクロネシア・ポリネシアの太平洋諸島諸国に広く分布しており、一部の地域には移入もされている（摸式産地はミクロネシアのコスラエ島とされる）。本種が各地で繁栄できた理由は、おそらく高い適応力を持つからだろう（リピントカゲ属などに比べると高い繁殖力を持つという説もある）。森林から草原・岩場・農地までさまざまな環境に見られ、木々が生茂る環境では樹上棲傾向が強いが、そうでない環境では地上で暮らしている。昼行性で節足動物を捕食する。繁殖形態は胎生。

ヒヒルスベミミトカゲ

ヒヒルスベミミトカゲ
（腹部）

オオミトカゲ属　*Otosaurus*

カミングオオミトカゲ

学名 *Otosaurus cumingii*
分布 フィリピン
全長 約25～35cm
飼育 タイプ 13

　属名の *Otosaurus* とは「耳」を意味する【oto】と、「トカゲ」を意味する【saura】が組み合わさったもので、本属の耳孔が大きく目立つことを表わしていると思われる。種小名の *cumingii* とはイギリスの収集家である Hugh Cuming (1791-1865) に因む。英名では "Cuming's Sphenomorphus" や "Luzon Giant Forest Skink" "Philippine Giant Forest Skink" と呼ばれる。全長35cmに達する中型種で、頭部はやや大きく頸部もやや括れており、胴部はやや太いが四肢はやや短く尾部も細い。地上を走り回るのに適した形態を持っていると考えられている。鱗は滑らかで光沢がある。体色や模様には個体差があるが、頭部から背面は茶褐色～赤褐色で不明瞭な暗褐色の斑紋が入る（下顎部が黄色に染まるものも見られる。オスの特徴ではないかという説もあるが、はっきりしない）。側面は黒褐色に灰白色の斑紋が散らばり（斑紋が帯状に繋がるものも見られる）、腹部は白色～黄白色のものが多い。地上棲で、フィリピンのミンダナオ島やボホール島・ディナガット島・ルソン島・ミンドロ島・カロットコット島・シブヤン島・シコゴン島の標高100mまでの森林に生息するが、生態には不明な部分が多い。昼行性と思われるが林床の落葉や倒木の下から発見例が多いことから薄明薄暮性である可能性もある。ミミズや節足動物を捕食すると考えられている。繁殖形態は不明。

カミングオオミトカゲ（幼体）

フィリピンヒメモリトカゲ属　*Parvoscincs*
アーヴィンヒメモリトカゲ

学名 *Parvoscincus arvindiesmosi*
分布 フィリピン
全長 約10〜12cm
飼育 タイプ 13

　属名の *Parvoscincus* とは「小さい」を意味する【parvus】と、「スキンク」を意味する【scincus】が組み合わさったもので、本属が小型種で構成されていることを表わしていると思われる。種小名の *arvindiesmosi* とはフィリピンの動物学者である Arvin Cantor Diesmos に因む。英名では "Mount Makiling Dwarf Forest Skink" と呼ばれる。頭部は小さく、頸部の括れは弱い。体形は比較的スレンダーで四肢はやや小さく、尾部は短い（頭胴長と同程度）。鱗は滑らかで光沢がある。背面は茶褐色と暗褐色が入り混じり、不明瞭な灰白色の斑紋が散らばっているものも見られる。側面は黄色〜黄白色。なお、オスでは喉部が白く、メスでは薄茶色の縞模様が入るものが多い。生態には不明な部分が多いが、地上棲（半水棲という説もあるが、はっきりしない）で、フィリピン諸島最大の島であるルソン島南部（その西に位置するポリロ島にも分布している可能性がある）の森林を流れる小川や渓流付近に多く見られ、倒木や石・落ち葉の下に潜んでいることが多い。活動時間に関しては不明な部分が多いが、強い光を避ける傾向があるため、薄明薄暮性かもしれない。ミミズや節足動物を捕食していると考えられている。繁殖形態は卵生。なお、本属の多くは 21 世紀に入ってから記載されており、今後も新たな種が発見・記載されていくだろう。

ナガレヒメモリトカゲ

学名 *Parvoscincus leucospilos*
分布 フィリピン
全長 約12〜16cm
飼育 タイプ 23

　種小名の *leucospilos* とは「白色」を意味する【leucos】と、「斑紋」を意味する【spilos】が組み合わさったもので、本種の模様を表していると思われる。英名では "White-spotted Dwarf Forest Skink" や "White-spotted Sphenomorphus" と呼ばれる。頭部は小さいが吻はやや長く、頸部もやや括れている。体形は比較的スレンダーで四肢はやや小さく、尾部はさほど長くないが（頭胴長の 120〜140%）、水中でくねらせて推進力を得るため側偏している。鱗は滑らかで光沢がある。背面は暗褐色〜茶褐色で、灰白色のやや大きな斑紋が散らばっており、オスの側面は赤色〜橙色に染まる（メスは灰白色のものが多いとされる）。生態には不明な部分が多いが、半水棲でフィリピン諸島最大の島であるルソン島南部〜南東部における山間部（標高 200〜1,200m）の森林を流れる小川や渓流付近に生息し、石や倒木の下に潜んでいることが多いが、危険を感じると水中へ飛び込み、水底の石の間などに隠れる。活動時間に関しては不明な部分が多いが、強い光を避ける傾向があるため、薄明薄暮性かもしれない。ミミズや節足動物を捕食していると考えられている。繁殖形態は卵生。なお、本種は属内では最も古い 1872 年に記載されたが、前述のアーヴィンヒメモリトカゲなどと比べても形態が異なるため、今後の調査・研究が待たれる（精査されれば分類などに変更があるかもしれない。なお、2014 年には本種が複数の隠蔽種を含んでいたことが判明している）。

アーヴィンヒメモリトカゲ

ナガレヒメモリトカゲ

ピノイトカゲ属　*Pinoyscincus*

カクレピノイトカゲ

学名 *Pinoyscincus abdictus*
分布 フィリピン
全長 約16～20cm
飼育 タイプ 13

　属名の *Pinoyscincus* とはタガログ語（フィリピンの公用語の1つ）で「フィリピンの人」を意味する【pinoy】と、「スキンク」を意味する【scincus】が組み合わさったもので、本属の分布域を表わしている。種小名の *abdictus* とは「隠された」を意味し、本種が同属のジャゴールピノイトカゲ *P. jagori* と長らく混同されていたことに由来する。英名では "Camiguin Forest Skink" と呼ばれる。キタカクレピノイトカゲ *P. a. abdictus*（基亜種）とミナミカクレピノイトカゲ *P. a. aquilonius* の2亜種が確認されている。頭部はやや小さく、頸部の括れは弱い。体形はスレンダーで四肢は短く、尾部はさほど長くない。鱗は滑らかで光沢がある。体色や模様には個体差があり、背面は茶褐色～赤褐色で不明瞭な薄茶色の帯模様が並んでい

るものが多いが、無地のものや暗褐色の斑紋が散らばるもの、灰白色の細い帯模様が並ぶものなども見られる。側面には暗褐色の乱れた太いストライプ模様が入るものが多い。地上棲だが立体活動も得意で、標高約1,000mまでの森林に多く見られるが、ミンダナオ島北東沖に位置するディナガット島では洞穴に生息し、壁面にできた小さな穴をうまく利用して暮らしている個体群も確認されている。生態には不明な部分が多いが、おそらく昼行性で（あまり強い光は好まない）、節足動物を捕食していると考えられている。繁殖形態は卵生。

カクレピノイトカゲ
（腹部）

カクレピノイトカゲ

02

世界のスキンク下目

ミドリチトカゲ属　*Prasinohaema*

アオモンミドリチトカゲ

学名 *Prasinohaema virens*

分布 インドネシア・パプアニューギニア・ソロモン諸島

全長 約13〜16cm

飼育 タイプ 27

　属名の *Prasinohaema* とは「緑色」を意味する【prasinos】と、「血」を意味する【haima】が組み合わさったもので、実際に本属の血液は緑色〜黄緑色で、筋肉や舌・骨までも緑色〜青色をしているが、これは本属の血中に大量のビリベルジン（ヘモグロビンなどに含まれるヘムの生分解産物の中間体）が含まれているからである。血中に多量のビリベルジンが含まれている理由ははっきりしないが、寄生虫から身を守るためではないか、という説がある。種小名の *virens* とは「（植物の）緑色」を意味し、本種の体色を表していると思われる。英名では "Eastern Green Tree Skink" や "Green-blooded Vine Skink" と呼ばれる。頭部は細長く吻が尖っており、頸部は括れている。体形はスレンダーで四肢は長く、指趾の内側にはイグアナ下目のアノール科に見られる指下薄板のような器官があり（本属に含まれるナミミドリチトカゲとマダンミドリチトカゲには見られず、両種は属内でも原始的な種であると考えられている）、尾部はやや長い（頭胴長の120〜150%）。鱗は滑らかで光沢がある。背面は若葉色〜黄緑色で、胴部側面と腹部は薄い灰色〜青灰色に染まるものが多い。ほぼ完全な樹上棲で、標高500m以下の森林に多く見られ、昼行性で節足動物を捕食する。繁殖形態は卵生でメスは1度に2個の卵を樹皮の下や樹洞の中・樹木の根本などに産卵する。

アオモン
ミドリチトカゲ

20年以上も逃げ続けたスキンク

 DISCOVERY

COLUMN

　2000年頃からオーストラリアのクィーンズランド州北部に位置するグレートディバイディング山脈の一部に謎のスキンクがいると噂されていた。当時はタンソククシミミトカゲ *Ctenotus brevipes* ではないかと考えられていたが、どうも体色や模様などが異なるらしい。2015年までに何度か捕獲が試みられたが、成功することはなかった。理由は"姿はなんとか確認できるのだが、あまりにも動きがすばやくて捕獲することができない"というものであった。その後、このトカゲの存在は人々の記憶から忘れられそうになったが、2017年に写真が撮影され、今まで知られていたどれとも異なる種である可能性が高いことがわかり、研究者たちの熱意は再び燃え上がった。そして2022年、ジェームズクック大学のStephen Zozaya氏率いる調査チームがついに捕獲に成功

し、全く新しい種であることが判明したため、ルングラクシミミトカゲ *Ctenotus rungulla* と命名した。Stephen Zozaya氏は「この種を発見したのは私ではありません。生態学者のKeith McDonald氏がこのトカゲを新種かもしれないと考えたのが始まりです。そして、20年以上もこの奇妙なトカゲを追い続けてきた人たちの努力と偶然がうまく調和したことにより、私たちはこのトカゲの特徴を解明することができました」とコメントしている。

20年以上も逃げ続けた
ルングラクシミミトカゲ。
この地球にはまだまだ未
知の種が潜んでいる

ウミワケトカゲ属　*Saiphos*

ウミワケトカゲ

学名 *Saiphos equalis*
分布 オーストラリア
全長 約15〜18cm
飼育 タイプ 12

　種小名の *equalis* とは「均一の」を意味し、頭部と胴部の鱗の大きさがほぼ同じであることを表しているとされる。英名では "Yellow-bellied Three-toed Skink" や "Three-toed Skink" と呼ばれる。頭部はやや小さく、頸部に括れはほとんど見られない。胴部と尾部は長いが四肢は短い。鱗は滑らかで光沢がある。背面は焦茶色で、側面には吻端から尾部まで暗褐色のストライプ模様が入り、腹部は明るい黄色〜橙色。地上棲〜半地中棲で、オーストラリアのクィーンズランド州南東部とニューサウスウェールズ州の北東部に広がる山地の森林に生息する。生態には不明な部分が多いが、強い光を避けることから薄明薄暮性〜夜行性ではないかと考えられており、主に節足動物を捕食する。本種の繁殖形態はやや複雑で、野生下では以下の3つの様式が確認されている。

①ニューサウスウェールズ州最北端の海岸地域に生息する個体群は、卵の状態で約15日間の潜伏期間がある卵生。

②ニューサウスウェールズ州北部〜南部の標高の低い地域に生息する個体群は、卵の状態で約5日間の短い潜伏期間がある卵生。

③ニューサウスウェールズ州北東部の標高約1,000m付近に生息する個体群は卵の期間のない胎生。

　すなわち、本種は気温の比較的高い沿岸部では卵生だが、寒冷な山岳地帯では胎生と環境によって繁殖形態を選択している可能性が示唆されている（飼育下では同じメス個体から卵生と胎生の両方が確認された例もある）。これらは二峰性生殖（Bimodal Reproduction）と呼ばれる珍しいもので、本種が卵生から胎生への移行状態にあるのではないか、という説もある。

ウミワケトカゲ

スベトカゲ属　Scincella

サキシマスベトカゲ

学名 *Scincella boettgeri*

分布 日本

全長 約8〜13cm

飼育 タイプ 13

　属名の*Scincella*とは「スキンク」を意味する【scincus】と、「小さい」を意味する【-ellus】が組み合わさったもので、本属が小型種で構成されていることを表していると思われる。ヒメトカゲ属に似るが、本属の側頭板・頚板・前肛板が明瞭に大型になるのに対し、ヒメトカゲ属は大型にならず、胴部と同じ小型の鱗となっている。種小名の*boettgeri*とはドイツの動物学者である Oskar Boettger（1844-1910）に因む。英名では "Sakishima Ground Skink" や "Boettger's Ground Skink" と呼ばれる。頭部はや

や小さく、頚部の括れは弱い。体形はスレンダーで四肢は短く、尾部もやや短い（頭胴長と同程度か、やや長い程度）。鱗は滑らかで光沢がある。背面は茶褐色で、側面には吻端から尾部まで続く暗褐色の太いストライプ模様が入る。地上棲で、与那国島を除く八重山諸島と宮古諸島の森林に多く見られる（本種は地質や地史・地形に関係なく、環境が単調で生物相が貧弱な離島のような環境にも広範に分布していることが知られている）。生態には不明な部分が多く、昼行性と考えられているが、気温の上がる季節では夜間も活動することがあり、ミミズや節足動物を捕食していると考えられている。繁殖形態は卵生でメスは1度に2〜11個の卵を地中に産卵する。余談であるが、本属は国内に本種のほか、与那国島に分布するヨナグニスベトカゲ、対馬に分布するツシマスベトカゲ、そして尖閣諸島に本属と考えられる不明種が分布していることがわかっている。

サキシマスベトカゲ。撮影地：石垣島

サキシマスベトカゲ（腹部）。撮影地：石垣島

サキシマスベトカゲ（宮古島産）

サキシマスベトカゲ

ヨナグニスベトカゲ

学名	*Scincella dunan*
分布	日本
全長	約7～11cm
飼育	タイプ 13

　種小名の *dunan* とは、与那国島の別名である"渡難（どなん）"に由来する。英名では"Yonaguni Smooth Skink"と呼ばれる。かつてはサキシマスベトカゲと同種とされていたが、形態・遺伝的に大きく異なることが判明し、2022年に独立種となった。頭部はやや小さく、頸部の括れは弱い。体形はスレンダーで四肢は短く、尾部も短い（頭胴長と同程度）。鱗は滑らかで光沢がある。背面は茶褐色で、暗褐色の細かい斑紋が散らばり、側面は暗褐色で灰白色の細かい斑紋が散らばるものが多い。地上棲で与那国島にのみ分布し、森林に多く見られる。発見から日が浅いということもあり、生態には不明な部分が多いが、昼行性で節足動物を捕食していると考えられている。繁殖形態は卵生。余談であるが、前述したように本種はサキシマスベトカゲとは形態・遺伝的に大きく異なることがわかっている（ヨナグニスベトカゲの体鱗列数は 26～29列だが、サキシマスベトカゲでは 28～30列。ただし、稀に 26列や 32列のものも見られる）。これは過去 200万年あまりの間に繰り返された氷河期において、現在より海水面が大きく低下し、石垣島と周辺の島々はほぼ陸続きとなり、さらに宮古諸島とも近接する状態になったと考えられており、その際に各島に生息するトカゲは、遺伝的交流を通じて近縁関係を保っていたが、それに対して与那国島と他の先島諸島の間には水深 200m 以上の海峡が存在することから、与那国島のトカゲはその間も他の島のトカゲから一貫して隔離され続け、独自の種へと進化したと考えられている。

ヨナグニスベトカゲ

スベトカゲ属　*Scincella*

ホクベイスベトカゲ

学名 *Scincella lateralis*

分布 アメリカ合衆国・メキシコ・プエルトリコ（移入）

全長 約8～14cm

飼育 タイプ 13

　種小名の *lateralis* とは「側面の」を意味し、本種の模様を表していると思われる。英名では "North American Ground Skink" や "Common Ground Skink" "Little Brown Skink" と呼ばれる。頭部は丸く、頸部の括れは弱い。体形はスレンダーで四肢は短く、尾部はやや長い（頭胴長の130～160%。外敵に襲われた際は尾部の自切を行うが、自切後は移動速度や移動距離に著しい低下が見られることがわかっている）。鱗は滑らかで光沢がある。背面は茶褐色～灰褐色で（暗褐色の細かい斑紋が散らばるものも見られる）、側面には吻端から尾部まで続く暗褐色の細いストライプ模様が入る。地上棲で、高地を除くアメリカ合衆国の東部のほぼ全域からメキシコ北部（コアウイラ州とデュランゴ州）の森林に生息する（プエルトリコにも移入されているという説がある）。昼行性だが気温の上がる季節では夜間も活動することがあり、ミミズや節足動物を捕食する。繁殖形態は卵生でメスは1度に1～6個の卵を地中に産卵する。なお、冬季は冬眠することが知られているが、ノースカロライナ州以南の地域ではほぼ一年中活動している可能性もある。

クロテンスベトカゲ

学名 *Scincella melanosticta*

分布 ミャンマー・タイ・カンボジア・ベトナム・ラオス（?）・マレーシア（?）

全長 約12～15cm

飼育 タイプ 13

　種小名の *melanosticta* とは「黒い点線」を意味し、本種の体側にある模様を表していると思われるが、模様には個体差が大きい。英名では "Black-spotted Ground Skink" や "Black-spotted Smooth Skink" "Black Ground Skink" と呼ばれる。クロテンスベトカゲ *S. m. melanosticta*（基亜種）・コータオスベトカゲ *S. m. kohtaoensis* の2亜種が確認されている。頭部はやや小さく扁平だが吻は尖っており、頸部の

括れはさほど強くない。体形はスレンダーで四肢は短く、尾部はやや長い（頭胴長の150～170%）。鱗は滑らかで光沢がある。茶褐色～薄茶色で側面や尾部が赤褐色を帯びるものが多いが、模様は個体差が大きく、ほぼ無地のものから側面に不明瞭な暗褐色の斑紋が入るもの、側面に明瞭な黒褐色の斑紋が散らばるもの、背面や側面に灰褐色の細かい斑紋が散らばるものまでさまざま（雌雄で模様が異なるという説もあるが、はっきりしない）。地上棲で森林に生息するが、正確な分布域はまだはっきりしていない部分がある。昼行性だが気温の上がる季節では夜間も活動することがあり、ミミズや節足動物を捕食する。繁殖形態は卵生。

リーブススベトカゲ

学名 *Scincella reevesii*

分布 中国・カンボジア・ラオス・ミャンマー・タイ・ベトナム・インド

全長 約11～13cm

飼育 タイプ 13

　別名シナスベトカゲ。種小名の *reevesii* とはイギリスの博物学者である John Reeves（1774-1856）に因む。英名では "Speckled Ground Skink" や "Speckled Leaf-litter Skink" "Reeves's Smooth Skink" "Reeves's Ground Skink" と呼ばれる。頭部はやや小さく、頸部の括れは弱い。体形はスレンダーで四肢は短く、尾部も短い（頭胴長と同程度）。鱗は滑らかで光沢がある。体色や模様は地域や個体によって異なり、背面は茶褐色～灰褐色で、側面には吻端から尾部の付け根まで続く暗褐色のストライプ模様が入り、その中に灰褐色の細かい斑紋が散らばるものが多いが（オスの腹部は黄色だがメスは白色のものが多い）、中国の香港島やタイの個体群などでは頭部や側面・尾部が橙色～赤色に染まるものも見られる。中国南部からインド東部のトリプラ州までと属内でも広い分布域を持ち、地上棲で森林から庭園までさまざまな環境に生息する。生態には不明な部分が多く、主に昼行性だが気温の上がる季節では夜間も活動することがあり、節足動物を捕食していると考えられている。繁殖形態は胎生でメスは1度に2～3匹の幼体を出産する。

ホクベイスベ
トカゲ

クロテンスベトカゲ

クロテンスベトカゲ

リーブス
スベトカゲ

スベトカゲ属　*Scincella*

ツシマスベトカゲ

学名 *Scincella vandenburghi*

分布 日本・韓国

全長 約8～10cm

飼育 タイプ 13

　種小名の *vandenburghi* とはアメリカ合衆国の動物学者である John Van Denburgh（1872-1924）に因む。英名では "Tsushima Ground Skink" や "Tsushima Smooth Skink" "Korean Skink" と呼ばれる。頭部はやや小さく、頸部の括れは弱い。体形はスレンダーで四肢は短く、尾部もやや短い（頭胴長と同程度）。鱗は滑らかで光沢がある。サキシマスベトカゲに似

るが、全体的によりスレンダーで指下板の数が異なり、遺伝的には中国に分布するホソスベトカゲ *S. modesta* に近縁とされる（ツシマスベトカゲの指下板は 1～13枚に対して、サキシマスベトカゲは 14～16枚。なお、サキシマスベトカゲは遺伝的にはヨナグニスベトカゲや台湾に分布するタイワンスベトカゲ *S. formosensis* に近縁とされる）。背面は灰褐色～茶褐色で、側面には吻端から尾部まで続くやや不明瞭な暗褐色のストライプ模様が入る。地上棲で森林に生息し、国内では長崎県の対馬のみに、国外では朝鮮半島南部および済州島に分布する。生態には不明な部分が多いが、昼行性で節足動物を捕食していると考えられている。繁殖形態は卵生でメスは 1度に 1～9個の卵を地中に産卵する。

ツシマスベトカゲ。撮影地：対馬

ツシマスベトカゲ（腹部）。
撮影地：対馬

ツシマスベトカゲ。撮影地：対馬

ミナミトカゲ属　*Sphenomorphus*

ミミトジミナミトカゲ

学名 *Sphenomorphus cryptotis*

分布 ベトナム・中国

全長 約15〜20cm

飼育 タイプ 31

　属名の *Sphenomorphus* とは「楔形」を意味し、本属の頭部がやや細長く、吻がやや尖っているものが多いことを表している。なお、本属には明らかに形態や生態の異なる種も含まれており、今後、調査・研究が進めば分類がより細分化される可能性がある。種小名の *cryptotis* とは「隠された」や「秘密」を意味する【crypto】と、「耳」を意味する【otis】が組み合わさったもので、本種の外耳孔が外部から確認できないことに由来する。英名では "Depressed-eared Forest Skink" や "Earless Forest Skink" と呼ばれる。頭部は小さく吻は尖っており、頸部の括れは弱い。体形はスレンダーで機能的な四肢を持ち、尾部はやや長い（頭胴長の150〜170%）。鱗は滑らかで強い光沢がある。背面は暗褐色〜銅色で背面や四肢には不明瞭な灰白色の斑紋が散らばるものが多

い。かつてはベトナム北部（クアンニン省・ゲアン省・タインホア省など）から知られているのみだったが、2021年には中国南部に位置する広西チワン族自治区からも記録されている。地上棲だが樹上でも活動し、特に林内を流れる小川や渓流付近に多く見られ、危険を感じると水中へ飛び込んで逃げることもある（水辺での生活に適応したトカゲではないか、という説もある）。生態には不明な部分が多いが、昼行性なものの、あまり強い光は好まず、節足動物を捕食していると考えられている。繁殖形態は不明。

ミミトジミナミトカゲ（腹部）

ミミトジミナミトカゲ

ミナミトカゲ属　*Sphenomorphus*

ベニオミナミトカゲ

学名 *Sphenomorphus dussumieri*

分布 インド

全長 約14〜17cm

飼育 タイプ 31

　種小名の *dussumieri* とは、フランスの商人であり
インド洋周辺地域における動物種の収集家でもあっ
た Jean-Jacques Dussumier（1792-1883）に因む。
英名では "Malabar Forest Skink" や "Common Indian
Forest Skink" "Dussumier's Litter Skink" "Dussumier's
Forest Skink" と呼ばれる。頭部は小さく吻は尖って
おり、頸部の括れは弱い。体形はスレンダーで機能
的な四肢を持ち、尾部はやや短い（頭胴長の110
〜130%）。鱗は滑らかで強い光沢がある。背面は
金色で黒色の不明瞭な斑紋が2列並び、側面は黒
色の太いストライプ模様が目立つ。後肢周辺から尾
部は鮮やかな橙色〜朱色。地上棲だが低木に登るこ

ともあり、インド南部のケララ州およびタミル・ナードゥ
州に位置する西ガーツ山脈（Western Ghats）周辺の
森林や草原・農地に生息し（標高500m以下に多く
見られる。なお、筆者の観察したかぎりでは、夜間
は低木の上で眠る個体が多かった。おそらくはヘビ
などの天敵を避けるためであろう）、昼行性で節足
動物を捕食する。繁殖形態は卵生。

キオビミナミトカゲ

学名 *Sphenomorphus fasciatus*

分布 フィリピン・インドネシア

全長 約17〜20cm

飼育 タイプ 31

　種小名の *fasciatus* とは「帯」を意味し、本種の模
様を表していると思われる。英名では "Philippine
Banded Forest Skink" や "Banded Sphenomorphus" と
呼ばれる。頭部は小さく吻は尖っており、頸部はや
や括れている。体形はスレンダーで四肢は短く、尾

ベニオミナミトカゲ

キオビミナミトカゲ（若い個体）。
ペットトレードではトリカラーバンデッドスキンクと呼ばれることもある

キオビミナミトカゲ（腹部）

02

世界のスキンク下目

部はさほど長くない（頭胴長の130～150%）。鱗は滑らかで強い光沢がある。黒褐色に黄白色～黄色の細い帯模様が全身に入る美麗種（幼体時は明瞭な帯模様だが成長に伴い点線状になるものが多い）。地上棲だが低木に登ることもあり、フィリピンやインドネシア（スラウェシ島）の森林に生息する。生態には不明な部分が多く、あまり強い光は好まないもののおそらく昼行性で、ミミズや節足動物を捕食していると考えられている。繁殖形態は卵生。

インドシナミナミトカゲ

学名 *Sphenomorphus indicus*
分布 バングラデシュ・ブータン・カンボジア・インド・ラオス・マレーシア・ミャンマー・ネパール・ベトナム・中国・台湾
全長 約22～25cm
飼育 タイプ　31

　種小名の *indicus* とは「インドの」を意味し、本種の摸式産地がインド北東部に位置するシッキム州にあることを表している。英名では "East Himalayan Forest Skink" や "Himalayan Litter Skink" "Himalayan Forest Skink" "Large Forest Skink" "Brown Forest Skink" "Common Indian Forest Skink" と呼ばれる。頭部はやや小さく吻は尖っており、頸部もやや括れている。体形はスレンダーで機能的な四肢を持ち、尾部はやや長い（頭胴長の約150%）。鱗は滑らかで光沢がある。体色や模様には個体差があるが、背面は茶褐色で個体によっては不明瞭な暗褐色や灰白色の斑紋が散らばり、側面には吻端から尾部の付け根まで暗褐色のストライプ模様が入るものが多い。地上棲だが低木に登ることもあり、主に森林に見られるが、地域によっては成長の過程で生息環境が変化するようで、中国の浙江省に分布している個体群では幼体時は岩場に多く見られるが、成長に伴い森林へと進出している可能性も示唆されている。昼行性で節足動物を捕食する。繁殖形態は胎生でスキンク下目としてはやや珍しく温度依存性決定（TSD）を持つことも確認されている。

キオビミナミトカゲ

キオビミナミトカゲ

インドシナミナミトカゲ

ミナミトカゲ属 *Sphenomorphus*

マダラミナミトカゲ

学名 *Sphenomorphus maculatus*

分布 バングラデシュ・ブータン・カンボジア・中国・インド・ラオス・ミャンマー・ネパール・タイ・ベトナム・マレーシア（?）・ニューギニア（?）

全長 約15～19cm

飼育 タイプ 31

　種小名の *maculatus* とは「斑紋のある」を意味し、本種の背面にある模様を表していると思われる。英名では "Spotted Forest Skink" や "Spotted Litter Skink" "Maculated Forest Skink" "Sikkimese Forest Skink" "Common Forest Skink" "Streamside Skink" と呼ばれる。マダラミナミトカゲ *S. m. maculatus*（基亜種）・ミータンミナミマダラトカゲ *S. m. mitanensis* の2亜種が確認されている。頭部はやや大きく吻は尖っており、頸部はやや括れている。体形はスレンダーで機能的な四肢を持ち、尾部はやや長い（頭胴長の約150～180%）。鱗は滑らかで光沢がある。体色や模様には個体差があるが、背面は茶褐色～黄土色で暗褐色の細かい斑紋が散らばり、側面には吻端から胴部にかけて黒褐色の目立つストライプ模様が1本ずつ入り、黄白色の細かい斑紋が散らばっているものが多い。地上棲だが低木に登ることもあり、外敵に襲われると偽死を行うこともある。主に森林に生息するが特に河川付近に多く見られる。昼行性で節足動物を捕食する。繁殖形態は卵生。なお、野生下での寿命は1年未満という説もあるが、不明な部分が多い（飼育下ではより長期間生存した例もある）。

ミュラートカゲ

学名 *Sphenomorphus muelleri*

分布 インドネシア・パプアニューギニア

全長 約35～45cm

飼育 タイプ 32

　別名ミュラーミナミトカゲやミュラースキンク。種小名の *muelleri* とはドイツの博物学者である Salomon Müller（1804-1864）に因む。英名では "East Indonesian Forest Skink" や "Müller's Skink" と呼ばれる。頭部は小さく吻は地中に潜りやすいよう尖っており、頸部に括れはほとんど見られない。胴部は太長

マダラミナミトカゲ

ミュラートカゲ

ミュラートカゲ

く、四肢は短いががっしりとした体躯を持つ。尾部はやや短い（頭胴長の 110 ～ 130%）。鱗は滑らかで強い光沢がある。体色や模様にはいくつかのパターンがあるという説があり、最もよく知られているのは頭部が黒色で背面は茶褐色～赤褐色で、側面には黒色と白色の目立つストライプ模様が入り、尾部は黄褐色に不明瞭な黒褐色の帯模様のパターンだが、その他にも全身が赤褐色のものと灰白色のものが見られるとされるが、それらは別種ではないか、という説もある（次項のオオミナミトカゲも参照）。生態には不明な部分が多いが、地上棲～半地中棲でニューギニア島および周辺の島嶼部の森林に生息し（林内の渓流付近などで発見例が多い）、林床の柔らかいリッター層などに潜って暮らしている。おそらく薄明薄暮性～夜行性で（強い光を避ける）、日中でも雨天時などは地表で活動している姿が観察されている（地表に出てきたミミズを捕食しているのかもしれない）。食性に関しても不明な部分はあるが、ミミズを専食とするスペシャリストであると考えられている（バッタやアリなどを食べるという報告もあるが、疑わしい）。繁殖形態は卵生。本種はきわめて特殊化したスキンク下目の 1 つであり、今後、調査・研究が進めば別属や新属が設立される可能性もあるだろう。

オオミナミトカゲ

学名 *Sphenomorphus* sp.
分布 ニューギニア・パプアニューギニア（?）
全長 約40cm
飼育 タイプ 31

　ペットトレードではジャイアントミュラースキンクやサウザンミュラースキンク・ニューギニアジャイアントスキンクと呼ばれることもあるが、2012年に国内の書籍においてオオミナミトカゲの名称で紹介されているため、本書ではそれを固持した。形態はミュラースキンクに似ているが、体色は茶褐色で不明瞭な赤錆色の帯模様を胴部前半に持つものも見られる。2000年代前半からインドネシアよりわずかな流通例はあるものの（パプアニューギニアの西部州で目撃したという話もある）、ミュラースキンクの地域個体群説や色彩変異説、もしくは老成個体説、ヒロオビミナミトカゲ *S. latifasciatus* の老成個体説（形態はよく似ているが、本種は黒褐色と黄白色～黄褐色の目立つ帯模様を持つことが知られている）など、さまざまな説があるものの、正確な同定には至らなかった。生態なども不明な部分が多いが、飼育下では強い光を避け、半地中棲傾向が強く、ミミズを捕食したことからミュラースキンクとさほど変わらないと思われる。

オオミナミトカゲ

オオミナミトカゲ

ミナミトカゲ属　*Sphenomorphus*

サバミナミトカゲ

学名 *Sphenomorphus sabanus*

分布 インドネシア・マレーシア

全長 約 12 ～ 15cm

飼育 タイプ 31

　種小名の *sabanus* とは「サバの」を意味し、本種の模式産地がマレーシアのサバ州に位置するサンダカン地区（Sandakan District）にあることを表している。英名では "Sabah Forest Skink" や "Sabah Litter Skink" "Sabah Slender Skink" と呼ばれる。頭部はやや小さいが大きな目を持ち、吻は短く、頸部はやや括れている。胴部はやや太く機能的な四肢を持ち、尾部は細長い（頭胴長の 150 ～ 200%）。鱗は滑らかで虹色光沢を持つ。目や口元周辺は黄色～白色だが、背面は茶褐色～赤褐色で、腹部以外に暗褐色の細かい斑紋が散らばる。なお、成熟したオスの腹部～側面は橙色に染まるものが多いが（メスは黄白色のものが多い）、標本にすると失われてしまうようだ。ボルネオ島の森林に生息し、地上棲とされるが筆者が現地で観察したかぎりでは大木の根元や低木の上でもよく見かけた。生態には不明な部分が多いが、強い光は避けるものの昼行性であると考えられており、主に節足動物を捕食していると考えられている。繁殖形態は卵生。

キセスジミナミトカゲ

学名 *Sphenomorphus sanctus*

分布 インドネシア・マレーシア

全長 約 10 ～ 13cm

飼育 タイプ 31

　種小名の *sanctus* とは「聖なる」や「献身的な」を意味すると思われるが、はっきりしない。英名では "Yellow-lined Forest Skink" や "Java Forest Skink" と呼ばれる。キセスジミナミトカゲ *S. s. sanctus*（基亜種）・テンガーキセスジミナミトカゲ *S. s. tenggeranus* の 2 亜種が確認されている。頭部はやや小さく扁平で、吻は短いが尖っており、頸部はやや括れている。体形はスレンダーだが胴部もやや扁平で、機能的な四肢を持ち、尾部は細くやや短い（頭胴長の 120 ～ 130%）。鱗は滑らかで光沢がある。体色や模様には個体差があるが、背面は黒褐色～茶褐色で頭部から尾部にかけて黄色～黄白色の目立つストライプ模様が 3 本入るものが多い（ストライプ模様が不明瞭なものも見られ、オスのほうが太いストライプ模様を持つという説もある）。なお、幼体時は尾部が薄水色のものも見られる。地上棲だが低木に登ることもあり、マレー半島からスマトラ島と周辺の島嶼部の森林（標高約 1,200m まで）に生息するが、生態には不明な部分が多い。昼行性で節足動物を捕食していると考えられている。繁殖形態は不明。

サバミナミトカゲ

キセスジミナミトカゲ

キセスジミナミトカゲ

02

世界のスキンク下目

ソロモンミナミトカゲ

学名 *Sphenomorphus solomonis*
分布 ソロモン諸島・インドネシア（モルッカ諸島）・
　　パプアニューギニア（ビスマルク諸島）
全長 約10 ～ 14cm
飼育 タイプ 13

　種小名の *solomonis* とは「ソロモンの」を意味する。なお、本種の摸式産地ははっきりしないが、総模式標本（新たに種を記載する際には、通常、複数の模式標本を指定するが、その中で最も基準となる1標本を完模式標本。その他を副模式標本とし、それらを区別しない時には各々を総模式標本と呼ぶ）はソロモン諸島のファウロ島となっている。英名では "Solomon Forest Skink" や "Solomon Ground Skink" と呼ばれる。頭部はやや小さく、頸部の括れは弱い。体形はスレンダーで胴部は長く、四肢はやや短く、尾部もやや短い（頭胴長の110 ～ 135%）。体色や模様は個体や地域によってやや異なり、暗褐色～赤褐色のものが多いが、ガダルカナル島の西部に位置するガレゴ山（Mount Gallego）周辺からは暗褐色に灰白色の細かい斑紋が散らばるものや、ビスマルク海に浮かぶカルカル島では茶褐色～灰褐色の個体も確認されている。地上棲で、森林から農園や庭園などさまざまな環境に生息し、薄明薄暮性～夜行性

で節足動物を捕食する。繁殖形態は卵生でメスは1度に2個（稀に3個）の卵を地中に産卵するとされるが、6個産卵したという報告もある。

タイワンミナミトカゲ

学名 *Sphenomorphus taiwanensis*
分布 台湾
全長 約15 ～ 18cm
飼育 タイプ 31

　種小名の *taiwanensis* とは「台湾の」を意味し、本種の分布域を表している。英名では "Taiwanese Forest Skink" と呼ばれる。頭部はやや小さく、頸部の括れは弱い。体形はスレンダーで四肢はやや短く、尾部は長い（頭胴長の約200%）。鱗は滑らかで強い光沢がある。背面は茶褐色で、暗褐色の細かい斑紋が散らばるものが多く、側面には吻端から尾部まで続く黒褐色の太いストライプ模様が入り、その下方にも白色の乱れたストライプ模様が入るものが多い（点線状になっているものも見られる）。なお、成熟したオスの腹部は鮮やかな黄色を呈する（メスは白色～黄白色）。地上棲だが低木に登ることもあり、高所（標高1,800 ～ 3,200mの間）の森林に生息し、昼行性で節足動物を捕食する。繁殖形態は卵生。

ソロモンミナミトカゲ

ソロモンミナミトカゲ

タイワンミナミトカゲ
（再生尾個体）

ミズトカゲ属　*Tropidophorus*

ベーコンミズトカゲ

学名 *Tropidophorus baconi*

分布 インドネシア

全長 約20～25cm

飼育タイプ 23

　別名スラウェシクロコダイルスキンク。属名の*Tropidophorus*とは「キール」を意味する古代ギリシャ語【tropis】と、「○○を所持する」を意味する同【phorus】が組み合わさったもので、この属の形態を表す。種小名の*baconi*とは、アメリカ合衆国の動物学者であり本属の研究に尽力した James Patterson Bacon, Jr.（1940-1986）に因む。英名では"Sulawesi Stream Skink"や"Bacon's Water Skink""Bacon's Waterside Skink"と呼ばれる。頭部はやや大きく吻は尖っており、頸部は括れている。胴部は太く、四肢はやや短く、尾部も短いが（頭胴長と同程度）、水中でくねらせて推進力を得るためやや側偏している。腹部以外の鱗は粗く強いキールがある。幼体時は黒褐色で背面から尾部にかけてやや不明瞭な灰褐色の帯模様が並ぶが、成長に伴い消失し、成体では茶褐色～暗褐色となる（側面や四肢はやや淡く、腹部は白色～黄白色のものが多い）。半水棲で、スラウェシ島の林内を流れる渓流や小川付近に生息する。活動時間に関してははっきりしないが、あまり強い光は好まない。主にミミズや節足動物を捕食するが、魚類や

カエルを食べた例もある。繁殖形態は胎生でメスは1度に1～2匹の幼体を出産する。

ベッカリーミズトカゲ

学名 *Tropidophorus beccarii*

分布 マレーシア・インドネシア・ブルネイ

全長 約15～20cm

飼育タイプ 23

　種小名の*beccarii*とはイタリアの植物学者である Odoardo Beccari（1843-1920）に因む。英名では"Sarawak Stream Skink"や"Beccari's Stream Skink""Beccari's Water Skink""Beccari's Keeled Skink"と呼ばれる。頭部はやや大きく、頸部は括れている。体形はスレンダーで四肢はやや短く、尾部も短く（頭胴長と同程度）、わずかに側偏している。鱗にはキールがあるものの比較的滑らか。幼体時は黄色に黒色の斑紋が散らばり、尾部は赤色だが成長に伴い変化し、成体では背面が赤褐色～褐色で不明瞭な暗褐色の帯模様が並び、側面は黒褐色で灰白色の斑紋が散らばるものが多い。半水棲で、ボルネオ島に分布し、山間部（標高約1,000mまで）の渓流や小川付近に生息する。昼行性だが強い光を避ける傾向がある。なお、夜間は葉や枝の上など樹上で眠るものが多い（おそらくはヘビなどの天敵を避けるためであろう）。ミミズや節足動物を捕食する。繁殖形態は胎生。

ベーコンミズトカゲ

ベッカリーミズトカゲ

バードモアミズトカゲ

学名 *Tropidophorus berdmorei*
分布 中国・ミャンマー・タイ・ベトナム・ラオス（?）
全長 約17〜20cm
飼育 タイプ 23

　種小名の *berdmorei* とはイギリスの博物学者であり本種の模式標本を採集した Thomas Matthew Berdmore（1811-1859）に因む。英名では "Burmese Stream Skink" や "Berdmore's Stream Skink" "Berdmore's Water Skink" と呼ばれる。頭部はやや小さく吻は尖っており、頸部はやや括れてい

る。体形はスレンダーで四肢はやや短め。尾部は比較的長く（頭胴長と同程度）、やや側偏している。鱗にはキールがあるものの比較的滑らか。背面は茶褐色〜灰褐色で、暗褐色に縁取られた灰白色の斑紋が入り、やや不明瞭な眼状紋になっているものも見られる。なお、成熟したオスの腹部は鮮やかな朱色だが、幼体やメスは黄色〜薄橙色のものが多い。半水棲で、中国南部から東南アジアの山間部を流れる渓流や小川付近に見られるが、特に岩や石が多く露出した場所を好む傾向がある。昼行性だが強い光を避ける傾向があり、ミミズや節足動物を捕食する。繁殖形態は胎生。

バードモアミズトカゲ

バードモアミズトカゲ

ミズトカゲ属 *Tropidophorus*

ボルネオミズトカゲ

学名 *Tropidophorus brookei*
分布 マレーシア・インドネシア・ブルネイ
全長 約18〜23cm
飼育 タイプ 23

別名ブルックミズトカゲ。種小名の *brookei* とは、イギリスの軍人であり冒険家であった James Brooke（1803-1868）に因む。英名では "Bornean Stream Skink" や "Brooke's Stream Skink" "Brooke's Water Skink" "Brook's Keeled Skink" と呼ばれる。頭部はやや小さく吻は尖っており、頸部はやや括れている。体形はスレンダーで四肢はやや短く、尾部は細長くわずかに側偏している。鱗にはキールがあるものの比較的滑らか。背面は茶褐色で、側面は黒色と白色の細かい斑紋が点在し、頸部から前肢の付け根付近にやや不明瞭な暗褐色の斑紋が2〜3個入るもの

が多い。なお、本種はやや強い変色能力を持つようで、捕まえてバケツに入れた数分後にほぼ全身が暗褐色にまで変化していたという報告もある。半水棲でボルネオ島の林内を流れる渓流や小川付近に生息する。昼行性だが強い光を避ける傾向がある。なお、夜間は葉や枝の上など樹上で眠るものが多い（おそらくはヘビなどの天敵を避けるためであろう）。ミミズや節足動物を捕食する。繁殖形態は胎生。

オニヒラオミズトカゲ

学名 *Tropidophorus grayi*
分布 フィリピン
全長 約16〜20cm
飼育 タイプ 23

別名グレイミズトカゲ。種小名の *grayi* とはイギリスの動物学者である John Edward Gray（1800-1875）に因む。英名では "Philippine Stream Skink" や "Spiny

ボルネオミズトカゲ

Waterside Skink" "Gray's Keeled Skink" "Gray's Water Skink"と呼ばれる。頭部はやや大きく吻は尖っており、頭部は括れている。体形はスレンダーで四肢はやや短く、尾部も短く（頭胴長と同程度）、やや側偏している。腹部以外の鱗は粗く、特に背面や尾部では先端が棘状に尖っている。背面は焦茶色〜暗褐色で赤褐色〜橙色の帯模様が並んでおり、腹部は白色〜黄白色のものが多い。半水棲で、フィリピンのパナイ島やルソン島・ポリオ島・レイテ島・マスバテ島・セブ島などの林内を流れる渓流や小川付近に生息する。昼行性だが強い光を避け、ミミズや節足動物を捕食する（魚類やカエルを食べていたという報告もある）。繁殖形態は胎生でメスは1度に2〜6匹の幼体を出産する。なお、本種は国内外を問わずスラウェシミズトカゲと混同されている例が非常に多い。これは1980年にスラウェシ島より本種が発見されたという報告がなされたが、後に精査された結果、スラウェシ島のものは2003年に新種スラウェシミズトカゲとして新たに記載されたことに起因すると思われる（現在では本種はフィリピンの固有種であることがわかっている）。

ラオスミズトカゲ

学名 *Tropidophorus laotus*
分布 ラオス・タイ
全長 約17〜22cm
飼育 タイプ 23

　種小名の *laotus* とは「ラオスの」を意味し、本種の摸式産地がラオス北西部に位置するサイニャブーリー県にあることを表している。英名では "Laotian Stream Skink" や "Laotian Water Skink" "Laotian Keeled Skink"と呼ばれる。頭部はやや小さく吻は尖っており、頭部はやや括れている。体形はスレンダーで四肢はやや短く、尾部もやや短く（頭胴長の110〜130％）側偏している。鱗にはキールがあるものの比較的滑らか。背面は茶褐色で、暗褐色に縁取られた茶色〜黄土色の斑紋が入り、やや不明瞭な眼状紋になっているものも見られる。生態には不明な部分が多いが、林内を流れる渓流や小川付近に生息する。薄明薄暮性〜夜行性傾向が強く、ミミズや節足動物を捕食していると思われる。繁殖形態は胎生。

オニヒラオミズトカゲ

ラオスミズトカゲ

ラオスミズトカゲ（腹部）

ミズトカゲ属　*Tropidophorus*

コウロコミズトカゲ

学名 *Tropidophorus microlepis*
分布 カンボジア・タイ・ベトナム・ラオス
全長 約15〜20cm
飼育 タイプ 23

　種小名の *microlepis* とは「小さな鱗」を意味する。英名では "Cambodian Stream Skink" や "Small-scaled Stream Skink" "Small-scaled Water Skink" と呼ばれる。頭部はやや小さく扁平で吻は尖っており、頸部はやや括れている。体形はスレンダーで四肢はやや短く、尾部もやや短く（頭胴長の約110〜130％）、側偏している。鱗にはキールがあるものの比較的滑らか。体色や模様には個体差が大きいが、茶褐色〜暗褐色で、背面や側面に不明瞭な黄色〜黄白色の斑紋が散らばるものが多い（斑紋がやや乱れた帯状に繋がっているものも見られる）。半水棲で、タイ南部からベトナム南東部に位置するラムビエン高原（Langbian Plateau）・ラオス南部のチャンパーサック県・カンボジア南東部のモンドルキリ州の低地（標高180〜450mまで）の林内を流れる渓流や小川付近に生息する。昼行性だが強い光を避ける傾向があり、ミミズや節足動物を捕食する。繁殖形態は胎生でメスは1度に7〜9匹の幼体を出産する。

ミサミスミズトカゲ

学名 *Tropidophorus misaminius*
分布 フィリピン
全長 約15〜20cm
飼育 タイプ 23

　種小名の *misaminius* とは「ミサミスの」を意味し、本種の模式産地がフィリピンのミンダナオ島北部に位置していたミサミス州にあったことを表している（1929年に解体され、現在は4つの州に分割されている）。英名では "Misamis Stream Skink" や "Misamis Water Skink" "Misamis Waterside Skink" と呼ばれる。頭部はやや小さく扁平で吻は尖っており、頸部はやや括れている。体形はスレンダーで四肢はやや短く、尾部も短く（頭胴長の約110〜130％）、やや側偏している。鱗にはキールがあり、背面や尾部はやや粗い。体色や模様には個体差があるが、背面は茶褐色で、不明瞭な暗褐色や灰白色

の帯模様が並んでおり、側面は暗褐色で細かい灰白色〜黄白色の斑紋が散らばっているものが多い。半水棲で、フィリピンのカミギン島やディナガット島・ミンダナオ島・スル諸島などの山間部（標高430〜1,500mの間）を流れる渓流や小川付近に生息する。昼行性で（午前中に岩の上で日光浴をしている姿も観察されている）、ミミズや節足動物を捕食する。繁殖形態は胎生。

パルテロミズトカゲ

学名 *Tropidophorus partelloi*
分布 フィリピン
全長 約23〜28cm
飼育 タイプ 23

　種小名の *partelloi* とは、アメリカ合衆国の軍人であった Colonel Joseph McDowell Trimble Partello（1851-1934）に因む。英名では "Mindanao Stream Skink" や "Partello's Waterside Skink" と呼ばれる。頭部はやや大きめで吻端は鈍く、頸部は括れている。体形は頑健で四肢はやや短く、尾部は側偏している。腹部以外の鱗は粗く、特に尾部では先端が棘状に尖っている。背面は焦茶色〜暗褐色で、不明瞭な黒色の帯模様が入るものも見られる。側面は黒褐色で白色〜橙色の斑紋が散らばる。属内でも大型で特徴的な体色や模様を持つが、生態には不明な部分が多い。半水棲でフィリピンのミンダナオ島やディナガット島などの林内を流れる渓流や小川付近に生息する。昼行性でミミズや節足動物を捕食していると考えられている。繁殖形態は胎生。

パルテロミズトカゲ

コウロコミズトカゲ

ミサミスミズトカゲ

ミサミスミズトカゲ（腹部）

ミサミスミズトカゲ

ミズトカゲ属　Tropidophorus
ロビンソンミズトカゲ

学名 *Tropidophorus robinsoni*
分布 ミャンマー・タイ
全長 約14〜18cm
飼育 タイプ 23

　種小名の *robinsoni* とはイギリスの動物学者である Herbert Christopher Robinson（1874− 1929）に因む。英名では "Chumpon Stream Skink" や "Robinson's Stream Skink" "Robinson's Water Skink" "Robinson's Keeled Skink" と呼ばれる。頭部はやや小さく扁平で吻は尖っており、頸部はやや括れている。体形はスレンダーで四肢はやや短く、尾部もやや短く（頭胴長の約110〜130%）側偏している。鱗には目立つキールがあるが、さほど粗くはない。背面には焦茶色で黒褐色に縁取られた黄土色〜橙色の不明瞭な帯模様が尾部まで並び、側面には灰白色〜黄白色の細かい斑紋が散らばるものが多い。半水棲で、ミャンマーのタニンダーリ地方域（Tanintharyi Division）からタイ南部に位置するチュムポーン県までの丘陵地帯に広がる林内の渓流や小川付近に生息する。昼行性でミミズや節足動物を捕食していると考えられている。繁殖形態は胎生でメスは1度に2〜5匹の幼体を出産する。

シナミズトカゲ

学名 *Tropidophorus sinicus*
分布 中国・ベトナム
全長 約12〜15cm
飼育 タイプ 23

　種小名の *sinicus* とは「中国の」を意味し、本種の摸式産地が中国南部に位置する広東省にあることを表している。英名では "South Chinese Stream Skink" や "Chinese Waterside Skink" "Chinese Water Skink" と呼ばれる。頭部はやや小さく吻は尖っており、頸部はやや括れている。体形はスレンダーで四肢はやや短く、尾部も短く（頭胴長の約110〜120%）、やや側偏している。鱗には目立つキールがあるが、さほど粗くはない。体色や模様には個体差が見られるが、焦茶色〜茶色で、やや不明瞭な暗褐色に縁取られた灰白色の大きな斑紋が入るものが多い（帯模様になっているものも見られる）。半水棲で、中国南部からベトナム北部に広がる山間部の渓流付近に生息する。薄明薄暮性〜夜行性傾向が強く、ミミズや節足動物を捕食する。繁殖形態は胎生でメスは1度に2〜6匹の幼体を出産する。

ロビンソンミズトカゲ

シナミズトカゲ

シナミズトカゲ

スキンク科　Scincidae　スキンク亜科　Scincinae

ミズベトカゲ属　*Amphiglossus*

アストロラーベミズベトカゲ

学名 *Amphiglossus astrolabi*

分布 マダガスカル

全長 約40〜50cm

飼育 タイプ 33

　現在はスキンク亜科に分類されているが、形態的・分類的に特殊な存在であり、今後、調査・研究が進めば本属を中心とした新たな亜科が設立される可能性もある。別名キバラミズベトカゲ。属名の *Amphiglossus* とは「両方の」を意味する【amphi-】と、「舌」を意味する【glossus】が組み合わさったものと思われるが、はっきりしない。種小名の *astrolabi* とはフランスの探検船であるアストロラーベ号（Astrolabe）に由来するとされる。英名では "Aquatic Short-legged Skink" や "Yellow Diving Skink" と呼ばれる。頭部はやや扁平で大きく、頸部はやや括れており、胴部と尾部は太長く、四肢は短い。鱗は滑らかで強い光沢がある。背面は茶色〜焦茶色で、側面下方から腹部は鮮やかな黄色。かつて分布はマダガスカル中東部に限定されていると考えられていたが、現在ではマダガスカル東部に広く分布していることがわかりつつある。半水棲で、流れの緩やかな河川や湿地に生息する。活動時間に関してははっきりしないが、おそらく薄明薄暮性〜夜行性で、ミミズや貝類・節足動物・魚類・両生類・トカゲなどさまざまなものを捕食する。繁殖形態は卵生だが、卵殻は薄く、卵の期間は短い

（通常1〜7日以内に孵化する）。なお、現地では本種と同属のアミメミズベトカゲは有毒と信じられている（強い咬合力を持つため、咬まれると裂傷になることはある。また、咬まれた箇所の周辺が麻痺するという説もあるが、はっきりしない）。

アミメミズベトカゲ

学名 *Amphiglossus reticulatus*

分布 マダガスカル

全長 約35〜43cm

飼育 タイプ 33

　別名レティキュラータスミズベトカゲ。種小名の *reticulatus* とは「網目状の」を意味し、本種の模様を表していると思われる。英名では "Swamp Short-legged Skink" や "Reticulate Skink" "Giant Water Skink" "Madagascar Giant Water Skink" "Madagascan Blotched Diving Skink" と呼ばれる。頭部はやや扁平で大きく、頸部はやや括れており、胴部と尾部は太長く、四肢は短い。鱗は滑らかで強い光沢がある。幼体は黄白色で暗褐色の網目模様が目立つが、成長に伴い地色は不明瞭になり、成体では背面はほぼ灰褐色で、側面にわずかに模様が残る程度となる。マダガスカル北東部に広く分布し、近年では中東部からも発見例が報告されている。半水棲で、流れの緩やかな河川や湿地に生息する。活動時間に関してははっきりしないが、おそらく薄明薄暮性〜夜行性で、ミミズや貝類・節

アストロラーベミズベトカゲ

02

世界のスキンク下目

足動物・魚類・両生類・トカゲなどさまざまなものを捕食する。繁殖形態は卵生だが、卵殻は薄く、卵の期間は短い（通常1〜7日以内に孵化する）。余談であるが、筆者の知るかぎり本種はペットトレードにおいて2000年代初頭に初めて輸入され、その後途絶えていたため筆者がマダガスカルに捜索へ赴いたのだが、広大な水田地帯の用水路を泳いでいる本種を見つけた時は大きな衝撃を受けた（筆者は密林の渓流にいるような動物だと思っていた）。さらに、その周辺の小川で生肉を枝に突き刺しておいていたら（夕食に焚き火で炙って食べるつもりだった）、その肉を食いちぎろうと本種がぶら下がっていた姿は忘れられそうにない。

アミメミズベトカゲ。撮影地：マダガスカル
photo ● Ryobu Fukuyama

アミメミズベトカゲ

アミメミズベトカゲ（幼体）

タンソクトカゲ属　*Brachymeles*

フタイロタンソクトカゲ

学名 *Brachymeles bicolor*

分布 フィリピン

全長 約25～28cm

飼育 タイプ 12

　現在はスキンク亜科に分類されているが、形態的・分類的に特殊な存在であり、今後、調査・研究が進めば本属を中心とした新たな亜科が設立される可能性もある。属名の *Brachymeles* とは「短い」を意味する【brachy-】と、「潜る」を意味する【mele】が組み合わさったものと思われるが、はっきりしない。種小名の *bicolor* とは「二色の」を意味し、本種の体色を表わしていると思われる。英名では "Two-colored Short-legged Skink" "Elongate Slender Skink" "Elongate Short-legged Burrowing Skink" と呼ばれる。頭部はやや小さく扁平で、頸部の括れは弱い。胴部と尾部は太長く、四肢は短いが5本の指趾を持つ。鱗は滑らかで強い光沢がある。背面は焦茶色で目立つ模様などはなく、側面から腹部は鮮やかな黄色～橙色のものが多い。生態には不明な部分が多いが地中棲～半地中棲で、フィリピン諸島最大の島であるルソン島の森林に生息し（標高250～800mの間で発見例が多い）、朽木の内部や林床の柔らかいリッター層などに潜って暮らしている。おそらく薄明薄暮性～夜行性で（強い光を避ける）、ミミズや節足動物を捕食していると考えられている。繁殖形態は不明。

　なお、本属は近年の調査・研究により約6,200万年前に四肢を失ったが、約2,100万年前に再び取り戻した可能性が示唆されている。古気候データによると、約3,000万～5,000万年前までは、彼らの生息地は乾燥しており、土壌が緩かった。その環境下では四肢がないほうが移動に有利であるから四肢を失う方向へと進化したが、後の2,500万年前までには気候が湿潤化し、土壌は水を含んで固くなり、植生も増加した。このような環境下では、四肢を持つ種のほうが速く移動できるため、彼らはさらに進化し、2,100万年前に四肢を取り戻したと考えられている（生息地の気候が現在のような熱帯モンスーン気候に遷移した時期ともほぼ一致している）。すなわち、環境によって四肢のメリット・デメリットが逆転を繰り返したため、それに合わせて彼らも進化を行ってきたということになる。本属には本種のように5指を備えたものもいるが、4指のものや、2指だけのごく短い四肢が中途半端に生えているもの、四肢を失ったままの種も見られるため、現在も気候変動に合わせた進化の過程にいるのかもしれない。

フタイロタンソクトカゲ

ブーランジェタンソクトカゲ

学名 *Brachymeles boulengeri*
分布 フィリピン
全長 約16〜20cm
飼育 タイプ 12

　種小名の *boulengeri* とはイギリスの動物学者である George Albert Boulenger（1858-1937）に因む。英名では "Polillo Slender Skink" や "Boulenger's Short-legged Skink" と呼ばれる。頭部はやや小さく扁平で、頸部の括れは弱い。胴部と尾部は太長く（再生尾と思われる個体も発見されているため、尾部には自切・再生機能があるようだ）、四肢は短いが5本の指趾を持つ。鱗は滑らかで強い光沢がある。背面は暗褐色で目立つ模様などはなく、腹部は薄茶色のものが多い。生態には不明な部分が多いが地中棲〜半地中棲で、フィリピンのパナイ島やミンドロ島・ルソン島・ポリロ島・ボホール島・ビサヤ諸島などの森林に生息し（標高約1,200mまで）、朽木の内部や林床の柔らかいリッター層などに潜って暮らしている。おそらく薄明薄暮性〜夜行性で（強い光を避ける）、ミミズや節足動物を捕食していると考えられている。繁殖形態は胎生。

アウロラタンソクトカゲ

学名 *Brachymeles isangdaliri*
分布 フィリピン
全長 約16〜22cm
飼育 タイプ 12

　種小名の *isangdaliri* とは、フィリピンの公用語の1つであるタガログ語で「1つ」を意味する【isa】と、「指」を意味する【daliri】が組み合わさったもので、指趾が1本しかないことを表わしている。英名では "Aurora Slender Skink" と呼ばれる。頭部は小さく吻はやや尖っており、頸部の括れは弱い。胴部と尾部は太長く、四肢は短く指趾が1本しかないため棒状となっている。鱗は滑らかで強い光沢がある。背面は暗褐色〜薄灰色で目立つ模様などはなく、側面から腹部は灰白色のものが多い。2014年に記載されたばかりで発見個体数も少なく、生態には不明な部分が多いが、地中棲〜半地中棲で、フィリピン諸島最大の島であるルソン島中部に位置するアウロラ州の森林に生息し、朽木の内部や林床の柔らかいリッター層などに潜って暮らしている。おそらく薄明薄暮性〜夜行性で（強い光を避ける）、ミミズや節足動物を捕食していると考えられている。繁殖形態は不明。

ブーランジェ
タンソクトカゲ

アウロラタンソクトカゲ

アウロラタンソクトカゲ

タンソクトカゲ属　*Brachymeles*

チヂミタンソクトカゲ

学名 *Brachymeles lukbani*
分布 フィリピン
全長 約12〜15cm
飼育 タイプ ⌜12⌟

　種小名の *lukbani* とは、フィリピンの軍人であり政治家でもある Vicente Lucbán Rilles（1860-1916）に因む。英名では "Luzon Limbless Slender Skink" や "Lukban's Loamswimming Skink" と呼ばれる。頭部はやや小さく、頸部の括れは弱い。胴部と尾部は太長く、一見すると四肢のないヘビ型だが、よく見ると四肢のあるべき場所がわずかに窪んでおり、CTスキャン（コンピュータ断層撮影）では小さな上腕骨や尺骨・橈骨が存在することが確認されており、四肢の原基が皮下に存在していることがわかっている。鱗は滑らかで強い光沢がある。背面は灰褐色〜褐色だが、腹部は灰白色のものが多い。2010年に記載されたばかりで、現時点ではフィリピン諸島最大の島であるルソン島南部に位置する、北カマリネス州のラボ山（Mount Labo）周辺の森林からのみ知られており、生態には不明な部分が多いが、地中棲〜半地中棲で、朽木の内部や林床の柔らかいリッター層などに潜って暮らしている。おそらく薄明薄暮性〜夜行性で（強い光を避ける）、ミミズや節足動物を捕食していると考えられている。繁殖形態は胎生。

ミンダナオタンソクトカゲ

学名 *Brachymeles orientalis*
分布 フィリピン
全長 約15〜20cm
飼育 タイプ ⌜12⌟

　ペットトレードではミンダナオモールスキンクと呼ばれることもある。種小名の *orientalis* とは「東の」を意味する。英名では "Southern Burrowing Skink" や "Bario Dusita Slender Skink" と呼ばれる。頭部は小さく吻はやや尖っており、頸部の括れは弱い。胴部と尾部は太長く、四肢は短く指趾は5本。鱗は滑らかで強い光沢がある。背面は茶褐色だが、側面から腹部は黄色〜橙色のものが多い。生態には不明な部分が多いが、地中棲〜半地中棲で、フィリピンのボホール島やミンダナオ島・サマール島・レイテ島・ディナガット島・カミンギ島などの森林に生息し、朽木の内部や林床の柔らかいリッター層などに潜って暮らしている。おそらく薄明薄暮性〜夜行性で（強い光を避ける）、ミミズや節足動物を捕食していると考えられている。繁殖形態は胎生。

チヂミタンソクトカゲ

ミンダナオタンソクトカゲ

ミンダナオタンソクトカゲ

マダガスカルナガトカゲ属　*Brachyseps*
オショネシーナガトカゲ

学名 *Brachyseps gastrostictus*

分布 マダガスカル

全長 約12〜18cm

飼育 タイプ 34

　本種にはペットトレードや分類に起因するやや複雑な背景があるため、簡単に説明したい。まず、本属はかつてミズベトカゲ属に含まれていたため、「○○ミズベトカゲ」と呼ばれることが多かったが、2016年に本属へ分割された。本種がペットトレードに初めて輸入されたのは2000年代のことで、当時はクロミズベトカゲ*A. melanurus*（クロミズベトカゲは2016年にマダガスカルツツトカゲ属 *Flexiseps* へ移属され、現在はクロツツトカゲ *F. melanurus* となっている）とされていたが、クロミズベトカゲはマダガスカル北部にしか分布しておらず、後に本種はそれとは別のマダガスカル中東部〜南東部に分布するとされていた *A. macrocercus* であることがわかった。そして、2002年頃に *A. macrocercus* が同属の別種とされていたマダガスカル中東部〜北東部に分布する

A. gastrostictus のシノニムであることが明らかとなり、2016年時の分割の際に学名も *B. gastrostictus* へと変更されたという経緯がある。しかしながら、本属には類似した種が少なくないため、本種の名称で別種が輸入されている可能性も否定できない（本種自体も複数の隠蔽種を含んでいる可能性がある）。

　属名の *Brachyseps* とは「短い」を意味する【brachy-】と、「四肢を失ったトカゲ」を意味する【seps】が組み合わさったものと思われる。種小名の *gastrostictus* とは「斑紋のある腹部」を意味する。英名では "O'Shaughnessy's Madagascar Skink" と呼ばれる。頭部はやや小さく、頸部に括れはほとんど見られない。スレンダーな体形で胴部は長く、四肢は短い。鱗は滑らかで光沢がある。体色には個体差があるが、暗褐色や灰褐色・茶褐色で、各鱗の縁が黒褐色となっているため、細かい網目模様となっているものが多い。マダガスカル東部に広がる山地の森林に生息し、地上棲で、石や倒木の下などに潜んでいることが多い。活動時間に関してははっきりしないが、強い光を避ける傾向がある。ミミズや節足動物を捕食する。繁殖形態は不明とされているが、メスが1度に5匹の幼体を出産したという報告はある。

オショネシーナガトカゲ

オショネシーナガトカゲ

オショネシーナガトカゲ（幼体）

カラカネトカゲ属　*Chalcides*

ミツユビカラカネトカゲ

学名 *Chalcides chalcides*

分布 イタリア・サンマリノ・アルジェリア・チュニジア・リビア

全長 約35～48cm

飼育 タイプ 35

　別名イタリアカラカネトカゲ。属名の *Chalcides* とは「（光沢のある）青銅色」を意味する【chalkis】に由来するが、全種がそのような体色や模様を持つわけではない。英名では "Italian Three-toed Cylindrical Skink" や "Italian Three-toed Skink" と呼ばれる。ミツユビカラカネトカゲ *C. c. chalcides*（基亜種）・クロスジミツユビカラカネトカゲ *C. c. vittatus* の2亜種が確認されている。頭部はやや小さく扁平で、頸部に括れはほとんど見られない。体形はスレンダーで胴部は非常に長く、四肢は短い。その体形より尾部は長く見えるが、実際は頭胴長と同程度。鱗は滑らかで光沢がある。体色や模様には個体差があり、背面は茶色～灰褐色で、ほぼ無地のものから側面に細い暗褐色のストライプ模様が4～6本入るもの、側面に不明瞭な太い暗褐色のストライプ模様が入るもの、細かい暗褐色の斑紋が散らばるものまで見られる。地上棲で、イタリア（エルバ島やサルディニア島にも見られるが、後者は移入であることがわかっている）からイタリア半島の中東部に位置するサンマリノ・チュニジア北部・リビア北西部の森林や草原に生息するが、やや開けた環境を好むようだ。昼行性で節足動物を捕食する。繁殖形態は胎生でメスは1度に7～15匹の幼体を出産する。なお、本種は胎生爬虫類の中でも複雑な胎盤を持つことがわかっている。

ギュンターカラカネトカゲ

学名 *Chalcides guentheri*

分布 イスラエル・レバノン・ヨルダン・シリア

全長 約25～30cm

飼育 タイプ 35

　別名レバントカラカネトカゲ。種小名の *guentheri* とは、ドイツで生まれイギリスで活動した動物学者である Albert Karl Ludwig Gotthilf Günther（1830-1914）に因む。英名では "Levant Cylindrical Skink" や "Günther's Cylindrical Skink" と呼ばれる。頭部はやや小さく、頸部に括れはほとんど見られない。体形はスレンダーで四肢のないヘビ型。その体形より尾部は長く見えるが、実際は頭胴長よりわずかに短い。鱗は滑らかで光沢がある。体色や模様には個体差があり、背面は灰茶褐色～薄茶色で、ほぼ無地のものから細かい網目模様のものまで見られる。地上棲で、イスラエル北部からレバノン南部・ヨルダン北西部・シリア南西部の低木林や草原に見られ、倒木や石の下に潜んでいるものが多いが、植物の根元に巣穴を掘って暮らしている場合もある。昼行性でミミズや節足動物を捕食する。繁殖形態は胎生でメスは1度に2～3匹の幼体を出産する。なお、本種は環境の変化に弱いとされており、開発の影響などを受けて個体数が減少しているため、イスラエルでは保護種に指定されている。

ミオネクトンカラカネトカゲ

学名 *Chalcides mionecton*

分布 モロッコ

全長 約14～17cm

飼育 タイプ 35

　別名カナヅチカラカネトカゲ。種小名の *mionecton* とは「泳げない」を意味し、本種が他の砂漠棲のスキンク下目ほど砂中をうまく移動できないことを表しているとされる。英名では "Mionecton Skink" や "Morocco Cylindrical Skink" と呼ばれる。ミオネクトンカラカネトカゲ *C. m. mionecton*（基亜種）・ミスジミオネクトンカラカネトカゲ *C. m. trifasciatus* の2亜種が確認されている（分子生物学的知見より別種ではないか、という説もあるが、本種では亜種とする）。頭部はやや小さく吻は尖っており、頸部に括れはほとんど見られない。胴部は太長く、四肢は短く、尾部も短い（頭胴長と同程度）。鱗は滑らかで光沢がある。体色や模様には個体差があるが、背面は灰褐色で、茶褐色～暗褐色の太いストライプ模様が背面と両側面に計3本入るものが多い（個体によってはやや不明瞭）。地上棲で、モロッコ西部の低地に広がる草原や荒れ地・砂漠などに生息する。おそらく昼行性で節足動物を捕食する。繁殖形態は胎生。

02

世界のスキンク下目

ミツユビカラカネトカゲ

ギュンターカラカネトカゲ

ミオネクトンカラカネトカゲ

ミオネクトンカラカネトカゲ

ミスジミオネクトンカラカネトカゲ

ミスジミオネクトンカラカネトカゲ

ミスジミオネクトンカラカネトカゲ

カラカネトカゲ属　*Chalcides*

シロテンカラカネトカゲ

学名 *Chalcides ocellatus*

分布 イタリア・ギリシャ・キプロス・トルコ・トルクメニスタン・イラン・イスラエル・ヨルダン・レバノン・オマーン・パキスタン・クエート・サウジアラビア・アラブ首長国連邦・イエメン・リビア・マリ・マルタ・モーリタニア・モロッコ・ニジェール・スーダン・アルジェリア・シリア・チュニジア・チャド・エジプト・エリトリア・エチオピア・西サハラ・スリランカ（移入）・アメリカ合衆国（カリフォルニア州・アリゾナ州とフロリダ州に移入）

全長 約18～25cm

飼育 タイプ 35

　別名オオアシカラカネトカゲやワモンスキンク。種小名の *ocellatus* とは目を意味する【*oculus*】に由来し、本種の背面にある模様をそれに見立てたもの。英名では "Mediterranean Ocellated Skink" や "Ocellated Skink" "Ocellated Barrel Skink" "Ocellated Bronze Skink" "Eyed Cylindrical Skink" "Eyed Skink" と呼ばれる。シロテンカラカネトカゲ *C. o. ocellatus*（基亜種）・チリググシロテンカラカネトカゲ *C. o. tiligugu*・リノザシロテンカラカネトカゲ *C. o. linosae*・ソマリアシロテンカラカネトカゲ *C. o. sacchii*・キタシロテンカラカネトカゲ *C. o. subtypicus*・ペラジエシロテンカラカネトカゲ *C. o. zavattarii* の6亜種が確認されている。頭部はやや小さく、頸部に括れはほとんど見られない。胴部は太長く、四肢は短いが爪を備えた5本の指趾を持つ。尾部は短い（頭胴長と同程度）。鱗は滑らかで光沢がある。体色や模様は個体や亜種・地域によって異なるが（全長にも差が見られる）、黄土色～灰褐色で、黒色に縁取られた白色の細かい眼状紋が背面や側面に散らばっているものが多い。地上棲で、標高1,800m以下の乾燥した草原や荒れ地・砂漠に多く見られ、日中も夜間も活動する。主に節足動物を捕食するが、花や葉・果実・トカゲを食べることもあり、共食いも確認されている（成体の胃内容から幼体の尾部が見つかることは珍しくない）。繁殖形態は胎生でメスは1度に3～10匹の幼体を出産する。

ササメカラカネトカゲ

学名 *Chalcides polylepis*

分布 モロッコ・西サハラ・カナリア諸島（?）

全長 約15～20cm

飼育 タイプ 35

　種小名の *polylepis* とは「多くの鱗」を意味し、本種の背面に並ぶ鱗がシロテンカラカネトカゲよりも多いことを表している。英名では "Many-scaled Cylindrical Skink" や "Multiscaled Skink" "Many-scaled Skink" "Moroccan Skink" と呼ばれる。頭部はやや小さく、頸部に括れはほとんど見られない。胴部は太長く、四肢は短い。尾部は短く細長い（頭胴長と同程度）。鱗は滑らかで光沢がある。体色や模様はシロテンカラカネトカゲに似るが、模様はより細かく黒色の部分がより多い傾向がある。地上棲で、西サハラやモロッコの乾燥した草原や荒れ地・砂漠に生息するが、カナリア諸島のフエルテベントゥラ島からも報告がある。日中も夜間も活動し、主に節足動物を捕食するが、花や葉・果実を食べることもある。繁殖形態は胎生。

ラガッツィカラカネトカゲ

学名 *Chalcides ragazzii*

分布 ジブチ・ソマリア・エリトリア・エチオピア・ニジェール（?）・スーダン（?）

全長 約17～24cm

飼育 タイプ 35

　別名エリトリアカラカネトカゲ。種小名の *ragazzii* とは、本種の摸式標本を採集したイタリアの医師である Vincenzo Ragazzi（1856-1929）に因む。英名では "Eritrean Cylindrical Skink" や "Ragazzi's Cylindrical Skink" "Ragazzi's Bronze Skink" と呼ばれる。頭部はやや小さく、頸部に括れはほとんど見られない。体形はややスレンダーで四肢は短く、尾部は短く細長い（頭胴長と同程度）。鱗は滑らかで光沢がある。体色や模様には個体差が大きく、灰褐色で背面と両側面に大きな暗褐色のストライプ模様を持つものや、全身がほぼ暗褐色で黒色に縁取られた白色の眼状紋が目立つもの、胴部はほぼ無地だが尾部にのみ模様が入るものまでさまざま。地上棲で、標高2,300m以下（最もよく見られるのは1,700m以下）の乾燥した草原や荒れ地・砂漠に生息するが、

正確な分布域ははっきりしていない（ニジェールやスーダンからも報告はあるが、同属のシロテンカラカネトカゲの誤認ではないかと考えられている。また、かつてはアルジェリアにも分布していると考えられていたが、現在では誤りであったことがわかっている）。日中も夜間も活動するようで、主に節足動物を捕食するが、花や葉・果実を食べることもある。繁殖形態は胎生。

シロテンカラカネトカゲ

シロテンカラカネトカゲ

シロテンカラカネトカゲ

チリググシロテンカラカネトカゲ

シロテンカラカネトカゲ（トルコ産）

チリググシロテンカラカネトカゲ

ササメカラカネトカゲ

ササメカラカネトカゲ（幼体）

ラガッツィカラカネトカゲ

カラカネトカゲ属　*Chalcides*

クサビカラカネトカゲ

学名 *Chalcides sepsoides*

分布 チュニジア・リビア・エジプト・イスラエル・ヨルダン

全長 約13〜17cm

飼育 タイプ 35

　別名エジプトクサビトカゲやナミクサビトカゲ。種小名の *sepsoides* とは「四肢を失ったトカゲ」を意味する【seps】と、「似ている」を意味する【-oides】が組み合わさったものと思われるが、はっきりしない。英名では "Wedge-snouted Cylindrical Skink" や "Wedge-snouted Skink" "Audouin's Sand Skink" "Saharan Sphenops" と呼ばれる。頭部はやや小さく扁平で砂中を移動しやすいよう吻は尖っており、頸部に括れはほとんど見られない。体形はスレンダーで胴部は長く、四肢は短く指趾は5本のものが多いが、稀に前肢のみ4本のものも見られる。尾部は頭胴長よりもやや短い。鱗は滑らかで光沢がある。薄黄色〜黄土色で、吻端から目の後方まで細いストライプ模様が入り、背面から側面には暗褐色の斑紋が細い点線状に並んでいるものが多いが、鱗の縁が暗褐色になりそれらが連なって細かい網目模様となっているものも見られる。砂漠周辺の草原や荒れ地に生息し、低木の根元の砂中に潜んでいる場合が多い。夜行性だが冬季は日中活動し、節足動物を捕食する。繁殖形態は胎生でメスは1度に2〜5匹の幼体を出産する。

ムスジカラカネトカゲ

学名 *Chalcides sexlineatus*

分布 カナリア諸島

全長 約16〜18cm

飼育 タイプ 35

　別名グランカナリアカラカネトカゲ。種小名の *sexlineatus* とは「6本の筋模様」を意味し、本種の模様を表わしていると思われる。英名では "Gran Canaria Six-lined Skink" や "Gran Canaria Skink" "Six-lined Skink" と呼ばれる。ルリオムスジカラカネトカゲ *C. s. sexlineatus*（基亜種）・ヘリスジムスジカラカネトカゲ（キタムスジカラカネトカゲ）*C. s. bistriatus* の2亜種が確認されている。頭部は扁平で吻は尖っており、頸部に括れはほとんど見られない。体形はややスレンダーで四肢は短く尾部も短い（頭胴長と同程度）。鱗は滑らかで光沢がある。体色や模様は亜種によって大きく異なり、基亜種であるムスジカラカネトカゲは頭部〜胴部は黒褐色で、灰白色の細かい斑紋が点線状のストライプとなって6〜12本並んでおり、尾部は金属光沢のある瑠璃色〜空色の美麗種。一部の愛好家からは「最も美しいカラカネトカゲ」と称されている。一方、亜種のキタムスジカラカネトカゲは基亜種に比べるとやや大型ではあるが、背面は茶色〜灰褐色で、個体によっては不明瞭な灰白色の細かい斑紋が散らばり、側面は暗褐色で尾部は黒褐色と基亜種とはかなり異なる配色となっている。地上棲で、アフリカ大陸の北西沿岸に近い大西洋上に浮かぶスペイン領の群島であるカナリア諸島のグランカナリア島（ラ・パルマ島にも移入されている）の森林から草原・荒れ地・岩場・農地までさまざまな環境に生息するが、やや乾燥している開けた環境を好むようだ。昼行性で節足動物を捕食する。繁殖形態は胎生でメスは1度に2〜4匹の幼体を出産する。

イベリアミツユビカラカネトカゲ

学名 *Chalcides striatus*

分布 フランス・イタリア・ポルトガル・スペイン・ジブラルタル

全長 約35〜48cm

飼育 タイプ 35

　種小名の *striatus* とは「筋模様」を意味し、本種の模様を表していると思われる。英名では "Western Three-toed Cylindrical Skink" や "Western Three-toed Skink" "Iberian Three-toed Skink" と呼ばれる。形態などは前述のミツユビカラカネトカゲに似るが、背面に並ぶストライプ模様はより明瞭で9本以上並ぶものが多いが、稀に無地で全身が金属光沢のある青緑色のものや黒褐色のものも発見されている。生態などもミツユビカラカネトカゲとあまり変わらないが、本種はより高地でも見られる（ミツユビカラカネトカゲは標高1,300m以下に多いが、本種は標高1,800m付近まで見られる）。繁殖形態は胎生でメスは1度に7〜15匹の幼体を出産する。

クサビカラカネトカゲ

クサビカラカネトカゲ

ムスジカラカネトカゲ

ムスジカラカネトカゲ

ムスジカラカネトカゲ（幼体）

イベリアミツユビカラカネトカゲ

カラカネトカゲ属 Chalcides

ニシカナリアカラカネトカゲ

学名 *Chalcides viridanus*
分布 カナリア諸島
全長 約16〜18cm
飼育 タイプ 35

種小名の viridanus とは「緑色の」を意味すると思われるが、はっきりしない。英名では "West Canarian Skink" や "Canarian Skink" "Canaryan Cylindrical Skink" "Tenerife Skink" "Green Skink" と呼ばれる。頭部は扁平で吻は尖っており、頸部に括れはほとんど見られない。体形はややスレンダーで四肢は短く尾部も短い（頭胴長と同程度）。鱗は滑らかで光沢がある。背面は灰褐色〜茶褐色で不明瞭な暗褐色や灰白色の斑紋が散らばるものも見られ、側面や四肢は黒褐色で白色の細かい斑紋が散らばるものが多い。なお、強い日差しの下で見ると体表が光を反射し、緑色や青緑色にギラギラと輝いて見えることがある（種小名の意味はこのあたりにあるのかもしれない）。地上棲で、アフリカ大陸の北西沿岸に近い大西洋上に浮かぶスペイン領の群島であるカナリア諸島のテネリフェ島やラ-ゴメラ島・エル-イエロ島の森林から草原・荒れ地・岩場・農地までさまざまな環境に生息する。昼行性で節足動物を捕食する。繁殖形態は胎生。

オオアシトカゲ属 Eumeces

アルジェリアトカゲ

学名 *Eumeces algeriensis*
分布 アルジェリア・モロッコ
全長 約40〜50cm
飼育 タイプ 36

別名アルジェリアスキンク。属名の Eumeces とは「細長い」を意味する【eumeces】、もしくは「整っていて背が高い」を意味する【eumekes】に由来すると思われる。種小名の algeriensis とは「アルジェリアの」を意味し、本種の模式産地がアルジェリアにあることを表している。英名では "Algerian Long-legged Skink" や "Algerian Skink" "Algerian Orange-tailed Skink" "Berber Skink" と呼ばれる。シロブチアルジェリアトカゲ E. a. algeriensis（基亜種）・ブチガシラアルジェリアトカゲ E. a. ameridionalis の2亜種が確認されている。頭部は大きく頸部は括れており、胴部は太く、四肢はやや短く尾部も短い（頭胴長と同程度）。背面や側面は灰褐色〜暗褐色で、黒色と白色が合わさった細かな斑紋と橙色〜紅緋色の細い帯模様が並んでおり、顎部〜頸部にも橙色の斑紋が散らばるものが多い。地上棲で、アルジェリアやモロッコ（モロッコと国境を共有するスペインの自治都市であるメリリャにも分布している）に広がる標高1,700m以下の乾燥した森林から草原・荒れ地・岩場・農地などに生息する。昼行性でカタツムリなどの陸棲貝類や節足動物・トカゲ・ネズミなどを捕食する。繁殖形態は卵生。

ニシカナリアカラカネトカゲ

アルジェリアトカゲ

アルジェリアトカゲ

アルジェリアトカゲ（幼体）

オオアシスキンク属　*Eumeces*

シュナイダートカゲ

学名 *Eumeces schneiderii*

分布 アルジェリア・チュニジア・エジプト・イスラエル・キプロス・トルコ・シリア・レバノン・ヨルダン・イラン・イラク・サウジアラビア・トルクメニスタン・カザフスタン・アフガニスタン・パキスタン・インド・ダゲスタン

全長 約35～40cm

飼育 タイプ 36

　別名シュナイダースキンク。種小名の *schneiderii* とはドイツの動物学者である Johann Gottlob Schneider（1750-1822）に因む。英名では "Golden Long-legged Skink" や "Gold Skink" "Schneider's Long-legged Skink" "Schneider's Skink" と呼ばれる。キタアフリカシュナイダートカゲ *E. s. schneiderii*（基亜種）・アナトリアシュナイダートカゲ *E. s. barani*・セマダラシュナイダートカゲ *E. s. pavimentatus*・キスジシュナイダー

トカゲ *E. s. princeps* の 4亜種が確認されている。頭部はやや大きく頸部は括れており、体形はややスレンダーで機能的な四肢を持ち、尾部はやや短い（頭胴長の約110％）。体色や模様は亜種によって異なるが、背面は灰褐色～暗褐色で、橙色の斑紋が散らばり（アナトリアシュナイダートカゲでは無地のものも見られ、セマダラシュナイダートカゲでは朱色のものも見られる）、側面下方には黄色～橙色の細いストライプ模様が入るものが多い（特にキスジシュナイダートカゲで顕著）。アフリカ大陸北部湾岸部から中央アジア・カスピ海沿岸部・インド北西部までと属内で最も広い分布域を持つ。地上棲で、標高 1,800m 以下の森林や草原・荒れ地・岩場・農地などさまざまな環境に生息する。昼行性でカタツムリなどの陸棲貝類や節足動物・トカゲ・ネズミなどを捕食する。繁殖形態は卵生でメスは 1度に 2～20個の卵を地中に産卵する。なお、本種はペットトレードでは少なくとも 1980年代より流通例があり、前項のアルジェリアトカゲと混同されていた例もあるが、本種のほうがずっと細身なので識別は難しくないだろう。

シュナイダートカゲ

シュナイダートカゲ

シュナイダートカゲ

シュナイダートカゲ。黒みの強い個体

キスジシュナイダートカゲ

ジムグリトカゲ属　*Eurylepis*

キバラジムグリトカゲ

学名 *Eurylepis taeniolata*

分布 サウジアラビア・イエメン・イラン・イラク・ヨルダン・アフガニスタン・パキスタン・トルクメニスタン・インド

全長 約15〜20cm

飼育 タイプ 35

　属名の *Eurylepis* とは「幅広い」を意味する【eurys】と、「（魚類の）鱗」を意味する【lepis】が組み合わさったものと思われる。種小名の *taeniolata* とは「帯」を意味し、背に走る条線模様を表す。英名では "Yellow-bellied Mole Skink" や "Common Mole Skink" "Ribbon-sided Skink" "Shielded Skink" "Alpine Punjab Skink" と呼ばれる。キバラ

ジムグリトカゲ *E. t. taeniolatus*（基亜種）・アラビアキバラジムグリトカゲ *E. t. arabicus*・パルティアキバラジムグリトカゲ *E. t. parthianicus* の3亜種が確認されている。頭部はやや小さく、頸部に括れはほとんど見られない。体形はスレンダーで胴部は長く、四肢はやや短い。尾部はやや長いが（頭胴長の約140%）、天敵によく襲われるのか完全尾の個体は多くない。体色や模様は個体や亜種によって異なるが、灰褐色〜茶褐色で、背面と両側面に太い暗褐色のストライプ模様が入るものや（個体によっては不明瞭）、灰白色の斑紋が散らばるものが多く、尾部には細い帯模様が並んでおり、成体の腹部は鮮やかな黄色に染まる。生態には不明な部分が多いが、地上棲で、乾燥した森林や草原・荒れ地・岩場などに生息し、石や倒木・植物の根元に潜んでいる場合が多い。昼行性〜薄明薄暮性で節足動物を捕食していると考えられている。繁殖形態は不明。

キバラジムグリトカゲ

アリノストカゲ属 *Feylinia*

セイブアリノストカゲ

学名 *Feylinia currori*

分布 カメルーン・ガボン・コンゴ・コンゴ民主共和国・アンゴラ・中央アフリカ・タンザニア・ナイジェリア・ケニア・南スーダン・赤道ギニア・シエラレオネ（?）

全長 約28〜33cm

飼育 タイプ 12

ペットトレードではフォレストブラックイールスキンクと呼ばれることもある。現在はスキンク亜科に分類されているが、形態的・分類的に特殊な存在であり、今後、調査・研究が進めば本属を中心とした新たな亜科が設立される可能性もある（過去にはアリノストカゲ亜科 Felininaeとされていたこともある）。種小名の*currori*とは本種の模式標本を採集した J. Currorなる人物に由来するという説もある

が、実際はイギリスの軍人であり博物学者でもあった Andrew Beveridge Curror（1811-1844）に因むと思われる。英名では "Western Forest Snake Skink" や "Western Forest Limbless Skink" "Curror's Limbless Skink" "Curror's Legless Skink" "Western Forest Feylinia" と呼ばれる。頭部は小さく扁平で吻は地中を掘削しやすいよう丈夫な鱗で覆われており、目は小さく、体形はスレンダーな四肢のないヘビ型で、尾部は短い（全長の約30%）。鱗は滑らかで光沢がある。黒褐色で目立つ模様などはない。なお、時折全身が灰白色の個体も報告されているが、脱皮前の個体である可能性が高い。地中棲で、標高700〜1,500mまでの森林や草原・荒れ地に生息するが、表層付近で活動し、地中深くに潜っているわけではない。人目につかないため生態には不明な部分が多いが、ミミズや節足動物を捕食していると考えられている。蟻塚付近でシロアリを捕食している観察例もあり、和名はこのことによる。繁殖形態は胎生。

セイブアリノストカゲ

セイブアリノストカゲ
（脱皮前）

マダガスカルツツトカゲ属　*Flexiseps*

ホソツトカゲ

学名 *Flexiseps tanysoma*
分布 マダガスカル
全長 約15～20cm
飼育 タイプ 34

　属名の *Flexiseps* とは「曲がる」を意味する【flecto】と、「四肢を失ったトカゲ」を意味する【seps】が組み合わさったものと思われる。種小名の *tanysoma* とは「長い」を意味する【tany】と、「体」を意味する【soma】が組み合わさったもので、本種の胴部の形態を表していると思われる。英名では "Slender Cylindrical Skink" や "Long-bodied Skink" と呼ばれる。かつてはミズベトカゲ属に含まれていたが、2017年に分割された。頭部はやや小さく、頸部に括れはほとんど見られない。スレンダーな体形で胴部と尾部が長く、四肢は非常に短い（前肢は頭胴長の6～9％。後肢は11～15％）。鱗は滑らかで光沢がある。体色や模様には個体差があるが茶褐色～暗褐色で、各鱗の縁が黒褐色となり細かい網目模様になっているものも見られる（各鱗の縁の色が繋がって不明瞭な細いストライプ模様に見えるものもいる）。地上棲で、マダガスカル北東部に広がる山地の森林に生息し、石や倒木の下などに潜んでいることが多い。生態には不明な部分が多いが、強い光を避ける傾向がある。ミミズや節足動物を捕食していると考えられる。繁殖形態は卵生。

ホソツトカゲ。
撮影地：マダガスカル
photo ● Ryobu Fukuyama

スキンクの毒？ ①
―猫前庭性失調症候群―

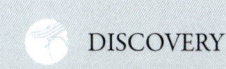

DISCOVERY

COLUMN

　ネコが突然に頭部を傾けだしたり、まっすぐ歩けなくなったり、眼の焦点が合わなくなるなどの症状が見られることがある。これらは "猫前庭性失調症候群（Feline Vestibular Syndrome）" と呼ばれ、耳の感染症（耳の奥には平衡感覚や体のバランスを司る前庭という神経があり、この前庭に何らかの問題が起きることで正常な働きができなくなる）に起因するとされるが、アメリカ合衆国中部～南東部では原因はブルーテールスキンク（Blue-tailed Skinks。スジトカゲ属の幼体の総称だが、主にイツスジトカゲの幼体を指す場合が多い）の毒にあると広く信じられており、彼らをブルーテールスコーピオン（Blue-tailed Scorpions。"青

い尾のサソリ" を意味する）と呼ぶ地域もある。実際に筆者が現地の獣医師たちに話を聞いたところ、「多くは特発性であり、正確な原因は不明」や「耳の感染症や腫瘍が原因」という意見も聞かれたが、中には「ブルーテールスキンクとこの症候群を結びつけるのに十分な根拠がある」という意見もあった。はっきりしたことはわからないが、スキンク下目もといトカゲ亜目と猫はいろんな意味で相性が良くないことは間違いなさそうだ。

ネコとトカゲは相性の良くない一面があることは間違いないようだ

グレンディディエスナチモグリ属　*Grandidierina*

フタヅメスナチモグリ

学名 *Grandidierina fierinensis*

分布 マダガスカル

全長 約12〜15cm

飼育 タイプ 37

　属名の*Grandidierina*とはフランスの博物学者Alfred Grandidier（1836-1921）に因む。種小名の*fierinensis*とは「フィエレナナの」を意味し、マダガスカル南西部を流れるフィエレナナ川（Fiherenana River）を意味すると思われるが、はっきりしない（河川周辺の砂地に多く見られるからかもしれない）。英名では"Southwestern Blind Sand Slider"と呼ばれる。

　頭部はやや小さく、地中を掘削するため吻は丈夫な鱗で覆われて尖っており、頸部に括れはほとんど見られない。体形はスレンダーで胴部は細長く、前肢は消失しており、2本の指趾と爪を備えた小さな後肢のみを持つ。体形から尾部は長く見えるが、実際は頭胴長よりも短い。鱗は滑らかで光沢がある。桃色〜薄飴色で真皮に細かい亀甲模様が入り、その上を透明な鱗が覆っている。半地中棲〜地中棲でマダガスカル南部に位置するトゥリアラ州南西部の柔らかい砂地の中に潜って暮らしている（表層付近で活動し、地中深くに潜っているわけではない）。生態には不明な部分が多く、活動時間に関してもはっきりしないが、強い光は好まないようだ。節足動物を捕食していると考えられている。繁殖形態は卵生。

02

世界のスキンク下目

フタヅメスナチモグリ

フタヅメスナチモグリ

マラガシースキンク属　*Madascincus*

アカオマラガシースキンク

学名 *Madascincus igneocaudatus*
分布 マダガスカル
全長 約12 ～ 14cm
飼育 タイプ 34

　別名ベニオマダガスカルスキンク。属名の *Madascincus* とは、国名であるマダガスカルと、「スキンク」を意味する【scincus】が組み合わさったもの。種小名の *igneocaudatus* とは「燃えるような尾」を意味し、本種の尾部の色を表していると思われる。英名では "Red-tailed Short-legged Skink" と呼ばれる。頭部は扁平で小さく吻は鋭く尖っており、頸部の括れは弱い。体形はスレンダーで胴部はやや長く、四肢は短く、尾部も短い（頭胴長よりもやや長い程度）。鱗は滑らかで光沢がある。背面は茶色〜黄土色でそれを縁取るように黒色のストライプ模様が入り、側面にも白色と黒色のストライプ模様が 2 ～ 3本ずつ入る。尾部は鮮やかな朱色のものが多いが、体色や模様は生息地の高度によって異なるという説もある（低地型はストライプの数が少なく、尾部が桃色のものも多いとされる）。地上棲で、マダガスカル中部〜南部の森林に生息する。生態には不明な部分が多いが、昼

アカオマラガシースキンク

行性なものの強い光を避ける傾向があり、節足動物を捕食していると考えられている。繁殖形態にも不明な部分が多く、メスが幼体を出産した例と卵を 6個産卵した例があり、個体群によって異なるか、環境によって産み分けている可能性もある。

ワンガンマラガシースキンク

学名 *Madascincus polleni*
分布 マダガスカル
全長 約18 ～ 22cm
飼育 タイプ 34

　種小名の *polleni* とは、オランダの博物学者である François Paul Louis Pollen（1842-1886）に因むと思われる。英名では "Madagascar Coastal Skink" や "Madagascar Coastal Short-legged Skink" と呼ばれる。頭部は扁平で、頸部の括れは弱い。胴部は長いがやや太く、四肢は小さく、尾部もさほど長くはない（頭胴長よりもやや長いものが多い）。鱗は滑らかで光沢がある。体色や模様には個体差があるが、背面は茶褐色〜灰褐色で、各鱗の縁が黒褐色となっているため、細かい網目模様となっているものや細かい斑紋模様となっているものが多い。両側面には吻端から胴部にかけてやや不明瞭な暗褐色の細いストライプ模様が入るが、頸部で消失するものや、尾部周辺まで続くものまでさまざま。なお、側面下方から腹部は黄色〜白色。地上棲で、マダガスカル北部〜南部までの沿岸部および周辺の島嶼部の森林や農園に生息するが、複数の隠蔽種を含んでいるのはないか、という説もある。生態には不明な部分が多く、昼行性とされるが強い光を避ける傾向があり、節足動物を捕食していると考えられている。繁殖形態は卵生。

ワンガンマラガシースキンク。
撮影地：マダガスカル
photo ● Ryobu Fukuyama

クロアシナシスキンク属　*Melanoseps*

ラブリッジクロアシナシスキンク

学名 *Melanoseps loveridgei*

分布 タンザニア・ザンビア・ケニア（?）・モザンビーク（?）・コンゴ民主共和国（?）

全長 約16〜20cm

飼育 タイプ 12

　別名ヒガシクロアシナシスキンク。属名の*Melanoseps*とは「黒色の」を意味する【melano-】と、「四肢を失ったトカゲ」を意味する【seps】が組み合わさったものと思われる。種小名の*loveridgei*とはイギリスで生まれアメリカ合衆国で活動した動物学者である Arthur Loveridge（1891-1980）に因む。英名では "Eastern Limbless Skink" や "Loveridge's Limbless Skink" と呼ばれる。頭部はやや小さいが瞼のある眼を持ち、頸部に括れはほとんど見られない。体形はスレンダーな四肢のないヘビ型で尾部は短い。鱗は滑らかで強い光沢がある。体色は黒褐色で、目立つ模様などはない（大型個体では各鱗の縁が退色し、網目模様となっているものも見られる）。半地中棲〜地中棲で、山地の森林に生息し、石や倒木の下に潜んでいることが多い（地中にも潜るが表層付近で活動し、深く潜ることはない）。人目につきにくいため生態には不明な部分が多いが、ミミズや節足動物を捕食していると考えられている。繁殖形態は胎生でメスは1度に2〜3匹の幼体を出産する。

ラブリッジクロアシナシスキンク

ラブリッジクロアシナシスキンク

メソスキンク属　*Mesoscincus*

ユカタンメソスキンク

学名 *Mesoscincus schwartzei*
分布 メキシコ・グアテマラ・ベリーズ
全長 約28～35cm
飼育 タイプ 〔29〕

　別名シュバルツスキンク。種小名の *schwartzei* とは、ドイツの法律家である Erich Wilhelm Edmund Schwartze（1810-1885）に因む。英名では "Yucatan Giant Skink" や "Mayan Black-headed Skink" "Schwartze's Skink" と呼ばれる。頭部はやや小さく吻は尖っており、頸部の括れは弱い。体形はスレンダーでやや短いが力強い四肢を持つ。尾部はやや短い（頭胴長の 120～140％）。鱗には強い光沢がある。頭部～頸部は黒色で吻端から両眼上を通るように黄白色のストライプ模様が入り、背面は赤褐色だが尾部は灰色で暗褐色の斑紋が散らばるという、ユニークな体色と模様をしている。地上棲で、ユカタン半島周辺の森林や岩場に生息し、昼行性で主に節足動物を捕食するが、トカゲなどを食べることもある。繁殖形態は卵生。

ユカタンメソスキンク

ネシアトカゲ属　*Nessia*

バートンネシアトカゲ

学名 *Nessia burtonii*
分布 スリランカ
全長 約8〜12cm
飼育 タイプ 12

　種小名の*burtonii*とはイギリスの動物学者である Edward Burton（1790-1867）に因む。英名では "Burton's Nessia" や "Mount Haycock Snake Skink" "Gray's Snake Skink" "Three-toed Snake Skink" と呼ばれる。頭部はやや小さいものの眼が比較的大きく機能的な瞼を持つが、外耳孔は外部からは確認できない。吻は扁平で尖っており、頸部の括れはほとんど見られない。体形はスレンダーで胴部と尾部は長く（尾部には自切機能があるようだが、再生能力に関してははっきりしない）、四肢は非常に短く、指趾の数は前肢が3本で後肢は4本となっている。鱗は滑らかで強い光沢がある。頭部や背面・四肢は赤褐色〜茶褐色で、各鱗の縁が暗褐色で縁取られるため、細かい網目模様を形成している。腹部は灰色〜黄白色。地上棲〜半地中棲で、スリランカ中部から南西部の森林に生息し（低地から標高1,200m付近まで発見例がある）、生態には不明な部分が多いが林床に積もった落ち葉や倒木の下・朽ち木の内部・柔らかいリッター層に潜って暮らしており、強い光を避けることから薄明薄暮性もしくは夜行性と考えられている（夜間に地表で活動する姿も観察されている）。主に節足動物やミミズを補食し、危険に晒されると胃内容物を吐き出すことがある。繁殖形態は卵生でメスは1度に2個の卵を地中に産卵する。

バートンネシアトカゲ　photo ● Daisuke Fujihashi

ヘビスキンク属　*Ophiomorus*

シカイヘビスキンク

学名 *Ophiomorus latastii*

分布 イスラエル・シリア・ヨルダン・レバノン

全長 約15～18cm

飼育 タイプ 38

　属名の *Ophiomorus* とは「奇妙なヘビ」を意味すると思われるが、はっきりしない。種小名の *latastii* とはフランスの動物学者である Fernand Lataste（1847-1934）に因む。英名では "Striped Snake Skink" や "Lataste's Snake Skink" と呼ばれる。頭部は小さく、頸部に括れはほとんど見られない。体形はスレンダーな四肢のないヘビ型で尾部は短い。鱗は滑らかで強い光沢がある。灰褐色～薄橙色で、背面から側面に黒褐色のストライプ模様が入る（側面のストライプ模様は太く明瞭だが、背面は不明瞭なものや点線状のもの、無地のものも多い）。形態的には半地中棲に見えるが地上での発見例が多く、近東地域に広がる乾燥した低木林に生息する（倒木や石の下に潜んでいることが多い）。昼行性で節足動物を捕食する。繁殖形態は胎生。

シカイヘビスキンク

シカイヘビスキンク

スジトカゲ属　*Plestiodon*

バーバートカゲ

学名 *Plestiodon barbouri*
分布 日本
全長 約12 ～ 18cm
飼育 タイプ 39

　属名の *Plestiodon* とは「たくさん」や「最も」を意味する【pleistos】と、「歯」を意味する【odontos】が組み合わさったもの。種小名の *barbouri* とはアメリカの動物学者である Thomas Barbour (1884-1946)に因む。英名では "Amami Islands Blue-tailed Skink"や "Barbour's Skink" "Barbour's Eyelid Skink" と呼ばれる。頭部はやや小さく、頸部の括れは弱い。体形はスレンダーで四肢はやや短く尾部は長い（頭胴長の 150 ～ 180%）。鱗は滑らかで光沢がある。幼

体やメスは背面が黒褐色で、黄白色の目立つストライプ模様が 5本入り、尾部は瑠璃色のものが多いが、オスの成体では地色が褐色を帯び、側面に赤褐色のストライプ模様が入るものも見られる（本属の幼体時は鮮やかな色彩を持ち、成長に伴い茶色〜赤褐色に変化するものが多い）。地上棲で、奄美大島・枝手久島・加計呂麻島・与路島・請島・徳之島・伊平屋島・沖縄島・渡嘉敷島・久米島の森林やその林縁部に生息し、同所的に分布するオオシマトカゲやオキナワトカゲは主に開けた低地に生息するため、両者の間には生息地の棲み分けが見られる。昼行性で主に節足動物を捕食するが、カタツムリなどの陸棲貝類やミミズを食べることもある。繁殖形態は卵生。なお、本種は遺伝的には本州に分布するニホントカゲやオカダトカゲと近縁であるが、種内においても奄美群島と沖縄諸島の個体群では遺伝的な分化が見られる。

バーバートカゲ。撮影地：加計呂麻島

バーバートカゲ。撮影地：奄美大島

バーバートカゲ。瑠璃色の尾が林床で輝く。撮影地：奄美大島

シナトカゲ

学名 *Plestiodon chinensis*
分布 中国・台湾・ベトナム
全長 約25～35cm
飼育 タイプ 39

　別名チュウカトカゲ。種小名の *chinensis* とは「中国の」を意味し、本種の模式産地が中国にあることを表わしている。英名では "Eastern Chinese Long Skink" や "Chinese Skink" "Chinese Blue-tailed Skink" と呼ばれる。キタシナトカゲ *P. c. chinensis*（基亜種）・ダイザントカゲ *P. c. daishanensis*・タイワントカゲ *P. c. formosensis*・ミナミシナトカゲ *P. c. pulcher* の4亜種が確認されている。頭部はやや大きく、頸部もやや括れている（特にオス）。体形はスレンダーで四肢はやや短く尾部は長い（頭胴長の約150～180%）。鱗は滑らかで光沢がある。幼体時は頭部や胴部、四肢は黒褐色で背面には金色のストライプ模様が3本入り、側面にも金色の細かい斑紋が散らばり、尾部は鮮やかな瑠璃色だが成長に伴い変化し、成体では背面が茶褐色～緑褐色で、側面には橙色～赤色の斑紋が散らばるものが多いが（オスのほうがメスよりも鮮やかな傾向がある）、台湾南東部に分布する亜種であるタイワントカゲでは幼体時のストライプが不明瞭で、成長に伴いストライプが消失すると共に鱗1枚1枚が黒く縁取られたように変化し、霜降り模様のようになるという特徴的な色柄を持つ。地上棲で、標高1,000m以下の森林や草原・岩場・農地に生息する。昼行性で主に節足動物を捕食するが、カエルやトカゲを食べることもある。繁殖形態は卵生でメスは1度に5～9個の卵を地中や植物の根元に産卵する。なお、本種は中国では食用や漢方薬として古くから利用されており、近年では大学などで解剖実験にも使用されている。

シナトカゲ

シナトカゲ

シナトカゲ

シナトカゲ（幼体）

スジトカゲ属　*Plestiodon*

アオスジトカゲ

学名 *Plestiodon elegans*

分布 中国・台湾・ベトナム

全長 約17～22cm

飼育 タイプ 39

　種小名の *elegans* とは「優雅な」や「上品な」を意味し、本種の体色や模様を表わしていると思われる。英名では "Elegant Five-lined Skink" や "Elegant Blue-tailed Skink" "Five-striped Blue-tailed Skink" "Shanghai Elegant Skink" と呼ばれる。なお、かつては日本の尖閣諸島にも分布するとされていたが、遺伝的・形態的差違より2017年に別種センカクトカゲ *P. takarai* となった。頭部はやや小さく、頸

部の括れは弱い。体形はスレンダーで四肢はやや短く尾部はやや長い（頭胴長の約150%）。鱗は滑らかで光沢がある。幼体時は頭部や胴部・四肢は黒褐色で、背面～側面には金色のストライプ模様が計5本入り、尾部は鮮やかな瑠璃色～紺色だが成長に伴い変化し、成体では背面は茶褐色で、側面には赤褐色の太いストライプ模様が2本入るものが多い。地上棲で、標高約1,800mまでの森林や草原・岩場・農地に生息する。昼行性で節足動物を捕食する。繁殖形態は卵生でメスは1度に4～8個の卵を地中や植物の根元に産卵する。

アオスジトカゲ（台湾産）

アオスジトカゲ

スキンクの毒？ ②
―トカゲ中毒症候群―

 DISCOVERY

COLUMN

　スキンク類が有毒であるという俗信は日本を含む世界各地で見られるが、特にアメリカ合衆国南東部ではスジトカゲ属は有毒であると根強く信じられており、筆者も現地で「犬猫がスキンクを食べると毒で死ぬ」や「人間は大丈夫だが、犬猫がスキンクに咬まれると死ぬ」という話を何度か聞いたことがあるので、不思議に思って調べてみると、実際に犬猫がイツスジトカゲを食べて病院に搬送された例があることがわかった。『Merck Manual（総合的な診断・治療マニュアルとして主要な疾病を網羅した総合医学書）』にも "トカゲ中毒症候群（Lizard Poisoning Syndrome）" なるものが掲載されており、そこには「ネコがトカゲなどを捕食すると、肝吸虫である *Platynosomum fastosum* に感染し、重度

の場合は食欲不振・無気力・嘔吐・下痢などを引き起こし、死に至る」と記されていた。つまり、スキンクそのものに毒性があるわけではなく、寄生虫が原因ということである。なお、*Platynosomum fastosum* 自体は世界に広く分布しており、トカゲだけでなくヘビやカエルの体内からも発見されている。過度に神経質になる必要はないが、愛猫家で爬虫類を飼育している人は、彼らが接触しないよう注意しておこう。

イツスジトカゲとその近縁種は一部地域で有毒種であると信じられている

イツスジトカゲ

学名 *Plestiodon fasciatus*
分布 カナダ・アメリカ合衆国
全長 約14〜21cm
飼育 タイプ 39

　種小名の *fasciatus* とは「帯」を意味する【fascia】に由来し、本種の幼体時の模様を表わしていると思われる。英名では "North American Five-lined Skink" や "Five-lined Skink" と呼ばれるが、本種やマガイイツスジトカゲ・ヒロズトカゲは一部地域では有毒であると信じられており、"スコーピオン（Scorpions。「サソリ」の意)" や "ブルーテールスコーピオン（Blue-tailed Scorpions。「青い尾のサソリ」の意。特に幼体時を指す)" と呼ばれることもある。頭部はやや大きく扁平で、頸部もやや括れている（特にオス)。体形はスレンダーで四肢はやや短く、尾部は長い（頭胴長の150〜180％)。鱗は滑らかで光沢がある。

幼体時は頭部や胴部・四肢は黒褐色で、背面〜側面には金色のストライプ模様が計5本入り、尾部は鮮やかな瑠璃色〜紺色だが成長に伴い変化し、成体は茶褐色〜黄土色で、ストライプ模様は不明瞭になる。なお、成熟したオスでは下顎部〜頭部が赤色に染まる（特に繁殖期は鮮やかな発色を見せる)。地上棲で、カナダのオンタリオ州南東部からアメリカ合衆国中部〜東部に広く分布し（米国南東部の海岸平野とメキシコ湾岸沿いに最も多く、マサチューセッツ州では絶滅した可能性が高い。また、コロンビアなど南米北部に帰化しているという説もある)、森林や草原に生息するが、特に河川周辺や湿地などやや湿度のある環境に多く見られる。昼行性で主に節足動物を捕食するが、カエルやトカゲを食べることもあり、ベリー類や果実も好む（ブルーベリーやマンゴー・ラズベリー・パパイヤ・マスクメロン・イチゴ・イチジクなど)。繁殖形態は卵生でメスは1度に8〜15個の卵を倒木の中や樹皮の下・古いネズミの巣穴の中などに産卵する。

イツスジトカゲ

イツスジトカゲ

イツスジトカゲ

スジトカゲ属　*Plestiodon*

ヒガシニホントカゲ

学名 *Plestiodon finitimus*

分布 日本・ロシア（沿海地方〜ハバロフスク地方南部の日本海沿岸部で記録されているが、過去数十年に渡って発見例がないようだ）

全長 約15〜27cm

飼育 タイプ [39]

　種小名の *finitimus* とは「接する」や「似ている」を意味し、本種がニホントカゲやオカダトカゲと隣接した分布を持つことや、形態的にも類似していること

を表わしている。英名では "Northern Japanese Blue-tailed Skink" や "Far Eastern Skink" と呼ばれる。頭部は扁平でやや大きく、頭部もやや括れている（特にオス）。体形はスレンダーで四肢はやや短く、尾部は長い（頭胴長の150〜200%）。ニホントカゲに似るが前額板が小型で左右は接せず、額鼻板と額板が接することが多いとされる。しかしながら、種の識別においてあまり信用することのできる形態とは言えない（ヒガシニホントカゲ的な形態を示す個体はニホントカゲで約45%、オカダトカゲで約43%に見られる）。鱗は滑らかで光沢がある。幼体時は頭部や胴部・四肢は黒褐色で、背面〜側面には黄白色のストライプ模様が計5本入り、尾部は鮮やかな瑠璃

ヒガシニホントカゲ（オス）。撮影地：東京都

ヒガシニホントカゲ（若い個体）。撮影地：山梨県

ヒガシニホントカゲ（オス）。撮影地：東京都

ヒガシニホントカゲ（メス）。撮影地：東京都

ヒガシニホントカゲ（幼体）。撮影地：埼玉県

02

世界のスキンク下目

色～紺色だが成長に伴い変化し、成体では背面は黄土色～褐色で、側面には茶褐色のストライプ模様が入るものが多い（特にオスで顕著であり、メスでは成熟後も幼体時の体色や模様がある程度残っているものも見られる）。地上棲で、北海道（国後島を含む）から伊豆半島を除く本州東部（若狭湾から琵琶湖を通り、三重県内・和歌山県内では中央構造線に抜ける線を境界とし、それより東側）とその周辺の島嶼部の森林や草原・市街地に生息する。昼行性で主に節足動物を捕食するが、トカゲを食べることもある。繁殖形態は卵生でメスは1度に6～15個の卵を石の下などに産卵する。

ヒガシニホントカゲ（メス）。撮影地：愛知県

ヒガシニホントカゲ（メス）。撮影地：北海道

ヒガシニホントカゲの色彩変異メラニスティック

マガイイツスジトカゲ

学名 *Plestiodon inexpectatus*
分布 アメリカ合衆国
全長 約14～21cm
飼育 タイプ 39

　別名ミナミイツスジトカゲ。種小名の *inexpectatus* とは「予期せぬ」を意味し、175年間もイツスジトカゲの隠蔽種とされていたことに由来すると思われる。英名では "Southeastern Five-lined Skink" と呼ばれる。形態的には前述のイツスジトカゲとよく似ているが、頭部や尾部の鱗の数や形状などが異なっている。地上棲で、分布域もイツスジトカゲと重なるが、より南方（ルイジアナ州・ミシシッピ州・テネシー州・アラバマ州・ジョージア州・フロリダ州・サウスカロライナ州・ノースカロライナ州・バージニア州）に分布し、より乾燥した環境を好む傾向がある。昼行性で節足動物を捕食する。繁殖形態は卵生でメスは1度に3～10個の卵を倒木や石の下に産卵する。

マガイイツスジトカゲ

マガイイツスジトカゲ（若い個体）

スジトカゲ属　*Plestiodon*

ニホントカゲ

学名 *Plestiodon japonicus*

分布 日本

全長 約16～25cm

飼育 タイプ 39

　種小名の *japonicus* とは「日本の」を意味し、本種が日本固有種であることを表している。英名では "Japanese Five-lined Skink" や "Far Eastern Skink" と呼ばれる。かつては本種の学名として伊豆半島の下田を摸式産地とする *Eumeces latiscutatus* が用いられていたが（2006年より形態学的な知見から現在のスジトカゲ属 *Plestiodon* となった）、2003年に発表された分子系統学的知見よりオカダトカゲだったことが明らかとなったため、*E. latiscutatus* はオカダトカゲの学名となり、長崎を模式産地として1864年に命名されていた *E. japonicus* が本種の学名として復活、さらに

2012年には東日本からロシアの湾岸州に分布する個体群が新種ヒガシニホントカゲとして分割されることになったという経緯があり、本種の分布域は近畿北部（若狭以西・琵琶湖西岸および野洲川以南の東岸・三重県北西部・奈良県北部・和歌山県北部）から中国地方・四国・九州および対馬を除く周辺の島嶼部とされているが、九州東部または南部から人為的に持ち込まれたものが伊豆諸島八丈島に定着し、在来のオカダトカゲとの間で交雑も生じている。いずれにせよ、1861年の記載から130年あまりが経過してから大きく分類が見直されたということであり、現在も一部で混乱が続いている（本種とオカダトカゲ・ヒガシニホントカゲは外見からの識別は困難）。形態は前述のヒガシニホントカゲとよく似る。地上棲で、森林や農地だけでなく市街地にも生息し、道路脇や石垣・庭先などで日光浴している姿がよく見られる。昼行性で主にミミズや節足動物を捕食するが、果実を食べることもある。繁殖形態は卵生でメスは1度に5～15個の卵を石や倒木などの下に掘った巣穴に産卵する。

ニホントカゲ(オス)。撮影地：高知県

ニホントカゲ（オス）。撮影地：愛媛県

ニホントカゲ（幼体）。撮影地：徳島県

ニホントカゲ(オス)。撮影地：京都府

02

世界のスキンク下目

キシノウエトカゲ

学名 *Plestiodon kishinouyei*
分布 日本
全長 約30〜40cm
飼育 タイプ 39

　種小名の *kishinouyei* とは日本の動物学者・水産学者であり、水産上の重要生物を中心に日本における動物分類学の基礎を築いた学者の1人として知られている、岸上鎌吉（1867-1929）に因む。英名では"Ryukyu Islands Giant Skink"や"Kishinoue's Giant Skink"と呼ばれる。日本最大のトカゲで、雌雄によって形態がやや異なり、オスのほうが大型で、成熟したオスの頭部は大きく、頸部は括れているが、メスの頭部はさほど大きくなく、頸部の括れも弱い。胴部は太長く、四肢はやや短いががっしりとした体躯を持ち、尾部はやや長い（頭胴長の約150%）。鱗は滑らかで光沢がある。幼体時は頭部や胴部・四肢が黒褐色で、白色のストライプ模様が背面や側面に7本入り（最も外側のストライプ模様は前肢の付け根より前方で破線状となる）、尾部は鮮やかな瑠璃色

だが、成長に伴い変化し、成体では褐色となり、オスは頭部周辺が赤色に染まる（特に繁殖期は鮮やかな発色を見せるものが多いが、メスでは成熟後もある程度幼体時のストライプ模様が残るものも見られる）。地上棲で、宮古列島・八重山列島の森林や草原に生息するが（波照間島では1982年以降は確実な目撃例がなく絶滅した可能性もある）、やや開けた環境を好む傾向があり、うっそうとした自然林内よりも、河川沿いや林道のほか、海岸付近の砂地や岩場で多く見かける。昼行性で節足動物やカエル・トカゲなどを捕食する。繁殖形態は卵生。魅力的な種であるが日本では1975年に国の天然記念物に指定されているため、採集や飼育は禁止されている。

　なお、本属は遺伝的に中国南部やインドシナに分布するAグループ、東アジアに多く分布するBグループ、北米大陸に分布するCグループに分けられ、国産種の多くはBグループに属するが、本種はAグループに含まれることがわかっており（遺伝的に最も近縁なのはシナトカゲとされる）、これは生物地理的な背景が関係しているのだろう（かつて八重山諸島と台湾・中国大陸は陸続きになっていたと推定されている）。

キシノウエトカゲ。
撮影地：沖縄県
photo ● Ryobu Fukuyama

キシノウエトカゲ。
撮影地：沖縄県西表島

キシノウエトカゲ（頭部）。
撮影地：沖縄県西表島

スジトカゲ属　*Plestiodon*

ヒロズトカゲ

学名 *Plestiodon laticeps*

分布 アメリカ合衆国

全長 約18〜33cm

飼育 タイプ 39

　ペットトレードでは英名よりブロードヘッドスキンクとも呼ばれる。種小名の *latices* とは「広い頭」を意味し、本種のオスの頭部の形状を表していると思われる。英名では "Broad-headed Skink" や "North American Broad-headed Skink" と呼ばれる。雌雄によって形態がやや異なり、オスのほうが大型で、成熟したオスの頭部は大きく三角形となり、頸部は括れているが、メスの頭部はさほど大きくなく、頸部の括れも弱い。鱗は滑らかで光沢がある。体形はスレンダーで四肢はやや短く、尾部は細長い。幼体時は頭部や胴部・四肢が黒褐色で、白色のストライプ模様が背面や側面に5本入り、尾部は鮮やかな瑠璃色だが、成長に伴い変化し、成体では褐色となり、オスは頭部周辺が赤色に染まる（特に繁殖期は鮮やかな発色を見せる）。メスは成熟後も幼体時のストライプ模様が残るものが多い。地上棲だが樹上に登ることもあり（幼体時は地上棲だが成長に伴い半樹上棲傾向が強くなる）、アメリカ合衆国中部〜南東部（テキサス州東部からフロリダ州北部まで）の森林に生息する。昼行性で節足動物やトカゲなどを捕食するが、嗅覚が発達しているようで、動き回る獲物だけでなく土の下や朽木の樹皮の下に潜んでいる獲物を探すのもうまい（天敵であるヘビのにおいも嗅ぎ分けることができるとわかっており、つがいで行動している際に襲われるとまずメスが逃走し、オスが威嚇などにより時間を稼ぐような行動も観察されている）。繁殖形態は卵生でメスは1度に6〜15個の卵を地中に産卵する。

ヒロズトカゲ（オス）

ヒロズトカゲ（オス）

ヒロズトカゲ（メス）

オカダトカゲ

学名 *Plestiodon latiscutatus*

分布 日本

全長 約15〜25cm

飼育 タイプ　39

　種小名の *latiscutatus* とは「広い鱗」を意味し、おそらく本種の後鼻板の形状を表していると思われる。英名では "Izu Islands Five-lined Skink" や "Okada's Five-lined Skink" と呼ばれる。和名のオカダとは日本の動物学者である岡田弥一郎（1892-1976）に因む。また、本種の旧学名は *Eumeces okadae* で伊豆諸島にのみ分布すると考えられていたが、2003年に発表された分子系統学的知見より、当時、ニホントカゲと考えられていた伊豆半島の個体群が本種であったことが判明し、ニホントカゲの旧学名である *E. latiscutatus* の模式産地が伊豆諸島の下田であったことから *E. latiscutatus* の模式標本はニホントカゲではなく本種ということが明らかとなったため学名が変更されたという経緯がある。分布域は伊豆半島と伊豆諸島に限られており、基本的な形態や体色・模様は前述のヒガシニホントカゲによく似ているが、島間で以下のような変異が見られる。

◆頭胴長：伊豆大島・伊豆半島では6〜8.5cm。利島・式根島・神津島・御蔵島では6.5〜9cm。三宅島・青ヶ島では7.5〜9cm。

◆体鱗列数：伊豆半島では22〜26列。初島では26列。伊豆大島から神津島までの伊豆諸島・八丈島・青ヶ島では26〜30列。三宅島と御蔵島では28〜30列。

◆幼体時の体色と模様：伊豆半島・伊豆大島では胴部に明瞭なストライプ模様が入り、尾部は鮮やかな瑠璃色。利島・式根島・神津島・御蔵島では胴部に明瞭なストライプ模様が入り、尾部は茶色や緑色・瑠璃色など。三宅島・青ヶ島・八丈島・八丈小島では胴部に明瞭なストライプ模様はなく、尾部は茶色。

◆成体の体色と模様：伊豆半島と伊豆大島・利島・神津島・御蔵島では、背面がやや緑色を帯びた暗色。三宅島・八丈島・八丈小島・青ヶ島では全体的にやや黒色を帯びる。

　これら島間の変異は捕食者相の違いに対応していると考えられている。幼体の胴部にあるストライプ模様や青色の尾は天敵であるシマヘビなどの攻撃を鮮やかな尾部に誘引し、生存するうえでより重要な頭部や胴部への攻撃を回避する役割があると考えられている（実際にシマヘビが主な捕食者である神津島の幼体は、ヘビのいない八丈小島の幼体と比較して、ヘビのにおいに反応して青い尾を振る行動を高頻度で示すことが明らかになっている）。捕食者として鳥類のみが存在する三宅島や青ヶ島の個体群では明瞭なストライプや青い尾が二次的に失われており、これは色覚が発達している鳥類への捕食回避の役割を果たしていると考えられている。地上棲で、草原や森林・岩場に生息するが、三宅島などニホンイタチによる捕食圧が強い地域では、主に民家周辺の石垣に多く見られる。昼行性でミミズや節足動物を捕食する（三宅島では主に端脚類を捕食しているが、獲物が減少する夏季はアリも食べている）。繁殖形態は卵生でメスは1度に4〜12個の卵を地中に産卵する。

オカダトカゲ（オス）。
撮影地：静岡県

オカダトカゲ（オス）。
撮影地：静岡県

スジトカゲ属 *Plestiodon*

オキナワトカゲ

学名 *Plestiodon marginatus*

分布 日本

全長 約15〜20cm

飼育 タイプ 39

　種小名の*marginatus*とは「縁のある」や「筋模様の」を意味し、本種の模様を表していると思われる。英名では"Ryukyu Five-lined Skink"と呼ばれる。トカラ列島の中之島・奄美諸島の与論島と沖永良部島・沖縄諸島のほとんどの島に分布するが、ニホンイタチ（1957〜1971年にかけて21の島に計約12,000匹が放され、現在でも少なくとも12の島に生息している）やフイリマングース（1910年に沖縄島と渡名喜島に。1979年に奄美大島へ移入された）の移入により、一部の島において減少もしくは絶滅に瀕している可能性が高いとされる。なお、現在は亜種を認めないという見方が有力だが、1990年代に奄美諸島（沖永良部島を含む）とトカラ列島南部（宝島と小宝島）に分布する個体群は亜種オオシマトカゲ*E. m. oshimensis*とされ、トカラ列島北部（口之島・中之島・諏訪之瀬島）に生息する個体群は*E. latiscutatus*（現在はオカダトカゲの学名だが、当時は

ニホントカゲの学名とされていた）であると考えられていたが、体列鱗数の違いや分子系統学的知見より後にこれらの個体群はニホントカゲではなくオキナワトカゲであろうと考えられ、トカラ列島・奄美諸島に分布する個体群もオキナワトカゲの亜種であるオオシマトカゲであるとされたが、2014年に精査された結果、口之島に分布する個体群は新種クチノシマトカゲ*P. kuchinoshimensis*となり、諏訪之瀬島やトカラ列島南部そして奄美群島（沖永良部島・与論島を除く）の個体群も独立種オオシマトカゲ*P. oshimensis*となった。これにより、中之島・沖永良部島・与論島、そして沖縄諸島に分布する集団のみがオキナワトカゲであることが明らかになったという経緯がある（やや複雑な分布は黒潮の流れによる海上分散に起因すると考えられている）。オスの頭部はやや大きく扁平で、頸部もやや括れているが、メスの頭部はやや小さく、頸部の括れも弱い。体形はスレンダーで四肢はやや短く、尾部もさほど長くない（頭胴長の130〜150%）。鱗は滑らかで光沢がある。幼体時は頭部や胴部・四肢は黒褐色で、背面と側面に黄白色のストライプ模様が計5本入り（このストライプ模様は多くの個体で尾部の1/2〜3/4にまで達するが、沖永良部島や与論島・中之島の個体群では1/3までも達しないものも見られ、粟国島の個体群では尾部の基部付近で途切れるものも見られる）、尾部は鮮や

オキナワトカゲ（オス）。
撮影地：久米島

オキナワトカゲ（メス）

オキナワトカゲ（オス）。
撮影地：渡嘉敷島

オキナワトカゲ（幼体）

02

世界のスキンク下目

かな瑠璃色だが、成長に伴い変化し、オスは背面が褐色〜黄土色で、側面に暗褐色のストライプ模様が入るものが多いが、メスでは成熟後も幼体時の体色や模様が残っているものも見られる。地上棲で、海岸付近の砂地や耕作地・草地・住宅地などやや開けた環境に多く見られる。昼行性で主にミミズや節足動物を捕食するが、熟して落ちたアダンの実を食べることもある。繁殖形態は卵生でメスは1度に5〜8個の卵を地中に産卵する。

グレートプレーントカゲ

学名 *Plestiodon obsoletus*
分布 アメリカ合衆国・メキシコ
全長 約25〜35cm
飼育 タイプ 39

　ペットトレードでは英名よりグレートプレインスキンクと呼ばれることもある。種小名の *obsoletus* とは「衰退した」や「退化した」を意味し、幼体時の体色や模様が成長に伴い失われてしまうことを表していると思われる。英名では "Great Plains Skink" や "Sonoran Skink" と呼ばれる。なお、グレートプレーンとは北アメリカ大陸の中西部、ロッキー山脈の東側と中央平原の間を南北に広がる総面積は約 1,300,000k㎡（アメ

リカ合衆国本土の約 1/6）に及ぶ台地状の大平原であるグレートプレーンズ（Great Plains）に由来しており、本種の模式産地であるリオサンペドロ渓谷（Valley of the Rio San Pedro）もこのグレートプレーンズに含まれる。頭部はやや小さく、頸部の括れも弱い。胴部は太長く、四肢はやや短いががっしりとした体躯で、尾部はやや短い（頭胴長の 100 〜 130%）。鱗は滑らかで光沢がある。生後間もない幼体は黒色で尾部は鮮やかな瑠璃色だが、成長に伴い変化し、亜成体までは背面や側面に不明瞭な灰白色のストライプ模様が入るが、成体では象牙色〜灰黄色となり、各鱗の縁のみが黒色に染まり、側面には橙色の斑紋が散らばるものも見られる。地上棲で、アメリカ合衆国中西部（コロラド州東部・ネブラスカ州南部・カンザス州・オクラホマ州・アイオワ州・テキサス州・ニューメキシコ州・アリゾナ州）からメキシコ北部（ソノラ州北東部・チワワ州北部・コアウイラ州・ヌエボレオン州北部・サンルイスポトシ州・タマウリパス州北部・デュランゴ州）のやや乾燥した低木林や草原や荒れ地などに生息するが、低地の開けた環境を好む傾向がある（標高 1,900mを超える高所には少ない）。昼行性で節足動物やトカゲなどを捕食する（視覚と嗅覚の両方を用いて狩りを行うことがわかっている）。繁殖形態は卵生でメスは1度に5〜32個（平均約12個）の卵を石や倒木の下に掘られた巣穴の中に産卵する。

グレートプレーントカゲ（若い個体）

グレートプレーントカゲ

スジトカゲ属　*Plestiodon*

オオシマトカゲ

学名 *Plestiodon oshimensis*
分布 日本
全長 約15〜25cm
飼育 タイプ〔39〕

　種小名の *oshimensis* は「（奄美）大島の」を意味し、本種の分布域を表していると思われる。与論島と沖永良部島を除く奄美諸島の島々・トカラ列島の宝島・小宝島・小島・諏訪之瀬島、沖縄県の硫黄鳥島に分布するが、平島と臥蛇島・悪石島ではネズミ駆除の目的で移入されたニホンイタチの影響により絶滅したと考えられている。系統的にはオキナワトカゲに最も近縁であり識別は難しい。主な識別点としては胴部に入るストライプ模様の始まる位置が、オキナワトカゲでは第1上唇板からであるが、本種では第1眼上板から始まることや、幼体では尾部のストライプ模様が基部の1/3程度までしかないことが挙げられる。オスの頭部はやや大きく扁平で頸部もやや括れているが、メスの頭部はやや小さく頸部の括れも弱い。形態や体色は島によってやや異なるが（全長もやや異なり、徳之島の個体群は大型個体が多い）、体形はスレンダーで四肢はやや短く、尾部もさほど長くない（頭胴長の130〜160%）。鱗は滑らかで光沢がある。幼体時は頭部や胴部・四肢が黒褐色で背面と側面に白色のストライプ模様が計5本入り、尾部は空色だが（宝島の個体群では基部が黄色を帯びる）、成長に伴い変化し、オスは背面が黄土色で側面に暗褐色〜赤褐色のやや不明瞭なストライプ模様が入るものが多い。メスではある程度幼体時の模様を残しているものも見ら

れる。なお、体鱗列数は通常26列だが、島嶼間で変異が見られる（24〜30列の場合が多いが、硫黄鳥島の個体群では34列）。地上棲で低地の森林や草原に生息するが、やや開けた環境を好む傾向がある。昼行性で主にミミズや節足動物を捕食するが、宝島ではヘリグロヒメトカゲを食べた例もある。繁殖形態は卵生でメスは1度に3〜7個の卵を地中に産卵する。

ヨツスジトカゲ

学名 *Plestiodon quadrilineatus*
分布 中国・タイ・カンボジア・ベトナム
全長 約15〜20cm
飼育 タイプ〔39〕

　種小名の *quadrilineatus* とは「4本の筋模様」を意味し、本種の幼体時の模様を表していると思われる。英名では "Four-striped Long Skink" や "Four-striped Skink" "Four-lined Blue-tailed Skink" "Four-lined Asian Skink" "Hong Kong Skink" と呼ばれる。頭部はやや小さく、頸部の括れも弱い。体形はスレンダーで四肢はやや短く、尾部はさほど長くない（頭胴長の130〜150%）。幼体時は吻端から顔周辺は橙色を帯びるが、胴部や四肢は黒色で、黄白色〜黄色のストライプ模様が背面と側面に2本ずつ計4本入り、尾部は鮮やかな瑠璃色。野生下では、オスは成長に伴い背面が褐色〜黄土色、側面は赤褐色になるものも多いが、メスは幼体時の体色や模様を残しているものが多く（飼育下ではオスも幼体時の体色と模様を成熟後も残すものが見られる）、一部の愛好家からは「最も美しいスジトカゲ」と称されることもある。低地（標高700m以下）のやや乾燥した森林や草原に生

オオシマトカゲ。撮影地：奄美大島

ヨツスジトカゲ（幼体）

ヨツスジトカゲ

息するが、特に海岸付近の岩場に多く見られる。昼行性で節足動物を捕食する。繁殖形態は卵生。

イシズミトカゲ

学名 *Plestiodon anthracinus*
分布 アメリカ合衆国
全長 約13〜18cm
飼育 タイプ 39

　属名の *Plestiodon* とは「たくさん」や「最も」を意味する【pleistos】と「歯」を意味する【odontos】が組み合わさったもの。種小名の *anthracinus* とは「石炭」を意味する【Anthrakos】と「関連する」を意味する【-inus】が組み合わさったもので、本種の体色や模様を表していると思われる。キタイシズミトカゲ *P. a. anthracinus*（基亜種）とミナミイシズミトカゲ *P. a. pluvialis* の2亜種が確認されている。英名では "Coal Skink" と呼ばれる。頭部は小さく頸部の括れは弱い。体形はスレンダーで四肢はやや短く、尾部はやや長い（頭胴長の150〜170%）。鱗は滑らかで光沢がある。幼体時は一様に黒褐色で下顎部に白色の斑紋が入り、尾は紺色のものが多いが（キタイシズミトカゲでは灰白色の細いストライプ模様が胴部に4本入るものも見られる）、成長に伴い変化し、成体の背面は茶褐色だが側面は黒褐色で胴部に4本の灰白色の細いストライプ模様が入るようになる。なお、繁殖期のオスでは頸部周辺に朱色を呈するものも見られる。地上棲でアメリカ合衆国東部の森林や草原に生息するが（キタイシズミトカゲは主にニューヨーク州西部〜ノースカロライナ州北西部など北東部に産するが、ミナミイシズミトカゲはフロリダ州西部〜テキサス州東部など南部に産し、アラバマ州とジョージア州では両亜種が混在している）、やや多湿な環境を好む傾向がある。昼行性で主に節足動物を捕食する。繁殖形態は卵生でメスは1度に4〜8個の卵を地中に産卵する。

セイブスジトカゲ

学名 *Plestiodon skiltonianus*
分布 カナダ・アメリカ合衆国・メキシコ
全長 約14〜21cm
飼育 タイプ 39

　種小名の *skiltonianus* とはアメリカ合衆国の博物学者である Avery Judd Skilton（1802-1858）に因む。英名では "Western Skink" や "Skilton's Skink" と呼ばれる。セイブスジトカゲ *P. s. skiltonianus*（基亜種）・コロナドスジトカゲ *P. s. interparietalis*・ユタスジトカゲ（グレートベースンスジトカゲ）*P. s. utahensis*・タンソクスジトカゲ *P. s. brevipes* の4亜種が確認されているが、さらに複数の隠蔽種を含んでいる可能性もある。頭部はやや小さく、頸部の括れは弱い。体形はスレンダーで胴部は長いが、四肢は短く、尾部はさほど長くない（頭胴長の130〜150%）。幼体時は黒褐色で、黄白色〜黄色のストライプ模様が背面と側面に2本ずつ計4本入り（背面のストライプ模様は太く目立つが、側面のものは細くわかりにくいものが多い）、尾部は鮮やかな瑠璃色だが、成長に伴い変化し、成体では背面が褐色を帯び、尾部の色も薄れるが、幼体時の体色や模様をある程度残しているものも少なくない（特にメス）。なお、繁殖期のオスは下顎部周辺が鮮やかな橙色に染まる。地上棲で、カナダ（ブリティッシュコロンビア州南部）からアメリカ合衆国西部（ワシントン州・オレゴン州・アイダホ州・カリフォルニア州・ネバダ州・アリゾナ州・モンタナ州・ユタ州）・メキシコ（バハカリフォルニア州北部と周辺の島嶼部）のやや開けた森林から草原に巣穴を掘って暮らしている（自身の全長よりも4倍以上長い巣穴も確認されている）。昼行性で主に節足動物を捕食するが、共食いすることもある。繁殖形態は卵生でメスは1度に2〜6個の卵を巣穴の中に産卵する。

イシズミトカゲ

セイブスジトカゲ

スジトカゲ属 *Plestiodon*

イシガキトカゲ

学名 *Plestiodon stimpsonii*

分布 日本

全長 約15〜18cm

飼育 タイプ 39

　種小名の *stimpsonii* とはアメリカ合衆国の動物学者である William Stimpson（1832-1872）に因む。英名では "Yaeyama Seven-lined Skink" や "Stimpson's Skink" と呼ばれる。かつてはオキナワトカゲと同種であると考えられていたが、1912年に独立種となった。頭部は小さく、頸部の括れは弱い。体形はスレンダーで四肢はやや短く、尾部はやや長い（頭胴長の約150％）。鱗は滑らかで光沢がある。幼体時は頭部や胴部・四肢が黒褐色で、側面から背面に黄白色のストライプ模様が7本入るものが多く（波照間島の個体群では5本のものが多い。なお、同所に分布しているキシノウエトカゲの幼体は側面のストライプ模様が破線状だが、本種は実線状であることで識別できる。また、本種は後鼻板を欠くが、キシノウエト

カゲには小さいながらもある個体が多い）、尾部は鮮やかな瑠璃色だが、成長に伴い変化し、淡褐色となる（メスでは幼体時の体色や模様を残すものも見られる）。地上棲で、与那国島を除く八重山諸島（石垣島・西表島・竹富島・小浜島・黒島・鳩間島・新城島・波照間島）に分布し、森林から草原・岩場までさまざまな環境に生息するが、キシノウエトカゲが多く見られる地域では山地の森林などで多く見られる傾向がある（生態的地位が近いだけでなく天敵でもあるため、棲み分けているのだろう）。昼行性で節足動物を捕食し、繁殖形態は卵生でメスは1度に4〜9個の卵を石の下などに産卵する。

ベトナムオオスジトカゲ

学名 *Plestiodon tamdaoensis*

分布 ベトナム・中国

全長 約18〜35cm（？）

飼育 タイプ 39

　別名タムダオスジトカゲ。種小名の *tamdaoensis* とは「タムダオの」を意味し、本種の模式産地が

イシガキトカゲ。
撮影地：沖縄県石垣島

イシガキトカゲ（幼体）。
撮影地：沖縄県石垣島

イシガキトカゲ

ベトナム北部に位置するタムダオ県にあることを表している。英名では "Tamdao Blue-tailed Skink" や "Vietnamese Skink" と呼ばれる。頭部はやや扁平で、成熟したオスの頸部はやや括れるが、メスの頭部は小さく、頸部の括れも弱い。胴部は長く、四肢はやや短く、尾部もさほど長くはないようだ（頭胴長の130～150%と思われる）。幼体時は吻端から顔周辺は橙色を帯びるが、胴部や四肢は黒色で背面に3本、側面に2本の計5本の細いストライプ模様が入り（頭周辺のストライプ模様は橙色だが胴部前半は黄色～黄白色、胴部後半では青色に変化する）、尾部は鮮やかな瑠璃色だが、成長に伴い変化し、成体では背面が黄土色で、側面は黒褐色となるものが多い。中国の香港島（西貢区に分布するが稀少と考えられている）からベトナム北部より記録されているが、生態には不明な部分が多い。地上棲で、森林に生息する。昼行性でミミズや節足動物を捕食していると考えられている。繁殖形態は卵生。少なくとも2000年代より国内に流通例はあるが当時は正体がはっきりせず、35cm以上に成長するという情報からペットトレードではベトナムジャイアントスキンクやタムダオジャイアントスキンクと呼ばれていた。

ヒレアシスキンク属　*Pygomeles*

ブラコニエヒレアシスキンク

学名 *Pygomeles braconnieri*
分布 マダガスカル
全長 約14～18cm
飼育 タイプ 37

　属名の *Pygomeles* とは「下半身」や「尾」を意味する【pygo-】と、「潜る」を意味する【mele】が組み合わさったものと思われるが、はっきりしない。種小名の *braconnieri* とはフランスの博物学者であるSéraphin Braconnier（1812-1844）に因む。英名では "Southern Shovel-nosed Sand Slider" や "Braconnier's Short Skink" と呼ばれる。頭部はやや小さく、地中を掘削するため吻は丈夫な鱗で覆われて尖っており、目も小さく、頸部に括れはほとんど見られない。体形はスレンダーで胴部は細長く、前肢は消失しており、小さな棒状の後肢のみを持つ。尾部は短く全長の約30%。鱗は滑らかで光沢がある。乳白色～飴色で背面の真皮には細かい暗褐色の斑紋が点線状に10～14列並んでおり、その上を透明な鱗が覆っている（稀にほぼ無地のものも見られる）。半地中棲～地中棲で、マダガスカル南部に位置するトゥリアラ州南西部の柔らかい砂地の中に潜って暮らしている。生態には不明な部分が多いが、夜行性傾向が強く、節足動物を捕食していると考えられている。繁殖形態は卵生。

ベトナムオオスジトカゲ（幼体）

ベトナムオオスジトカゲ

ブラコニエヒレアシスキンク

ブラコニエヒレアシスキンク

ヒレアシスキンク属 *Pygomeles*

ペッターヒレアシスキンク

学名 *Pygomeles petteri*

分布 マダガスカル

全長 約17～23cm

飼育 タイプ 37

　種小名の *petteri* とはフランスの動物学者である Francis Petter（1923-2012）に因む。英名では "Northern Shovel-nosed Sand Slider" や "Petter's Short Skink" と呼ばれる。頭部はやや小さく、地中を掘削するため吻は丈夫な鱗で覆われて尖っており、目も小さく、頸部に括れはほとんど見られない。体形はスレンダーで胴部は細長く、四肢のないヘビ型で尾部は短い。鱗は滑らかで光沢がある。灰白色～黄褐色で、背面の真皮には細かい暗褐色の斑紋が点線状に並んでおり、その上を透明な鱗が覆っている（斑紋が不明瞭なものや、ほぼ無地のものも発見されている）。半地中棲～地中棲で、マダガスカル北西部に位置するブエニ地域圏（Boeny Region）のアンカラファンツィカ（Ankarafantsika）周辺に広がるやや乾燥した森林や草原から少数の記録があるのみで、生態には不明な部分が多い。薄明薄暮性～夜行性で節足動物を捕食していると考えられている。繁殖形態は不明。

ペッターヒレアシスキンク。撮影地：マダガスカル
photo ◉ Ryobu Fukuyama

ミスジヒレアシスキンク

ミスジヒレアシスキンク

学名 *Pygomeles trivittatus*

分布 マダガスカル

全長 約23～28cm

飼育 タイプ 37

　ミスジアンドロンゴサウルスとも呼ばれるが、これは本種がかつてアンドロンゴトカゲ属 *Androngo* に含まれていたことに由来すると思われる（現在は末梢されている）。種小名の *trivittatus* とは「3本の筋模様」を意味し、本種の模様を表していると思われる。イツユビミスジヒレアシスキンク *P. t. trivittatus*（基亜種）・フタユビミスジヒレアシスキンク *P. t. trilineatus* の2亜種が確認されている。頭部はやや扁平で小さく、頸部はわずかに括れる。体形はスレンダーで胴部は長く、短い四肢を持つ（指趾は基亜種が3本。ブアラミスジヒレアシスキンクでは5本とされる）。鱗は滑らかで光沢がある。乳白色～薄黄色で、目立つ黒色のストライプ模様が背面と両側面に計3本入る（稀に無地のものも見られる）。半地中棲～地中棲で、マダガスカル南部に位置するトゥリアラ州南端部の柔らかい砂地の中に潜って暮らしており、理由ははっきりしないが、マメ科の常緑高木であるタマリンド（チョウセンモダマとも）*Tamarindus indica* の周辺で多く見られる。生態には不明な部分が多いが、おそらく昼行性～薄明薄暮性で節足動物を捕食していると考えられている。繁殖形態は卵生でメスは1度に2～3個の卵を地中に産卵する。

ミスジヒレアシスキンク

ナミダメスナトカゲ属　*Scincopus*

サハラナミダメスナトカゲ

学名 *Scincopus fasciatus*

分布 アルジェリア・チャド・リビア・マリ・モーリタニア・モロッコ・ナイジェリア・スーダン・チュニジア・南スーダン（?）

全長 約23〜28cm

飼育 タイプ [40]

　ペットトレードでは、英名よりピーターズバンテッドスキンクと呼ばれることが多い。種小名の *fasciatus* とは「帯」を意味する【fascia】に由来し、本種の模様を表している。英名では "Peter's banded Skink" や "Banded Tiger Skink" "Tiger Skink" "Banded Skink" "Geryville Skink" "Night Skink" "Tunisian Night Skink" と呼ばれる。サハラナミダメスナトカゲ *S. f. fasciatus*（基亜種）・ズグロナミダメスナトカゲ *S. f. melanocephalus* の2亜種が確認されている。頭部は大きく頸部はやや括れており、胴部は太いが四肢はやや短く、尾部も短い（全長の30〜40%）。鱗は滑らかで光沢がある。黄白色〜薄橙色で、背面から尾部にかけて黒色の太い帯模様が7〜9本並んでいる（亜種であるズグロナミダメスナトカゲは黒色の頭部を持つとされるが、スーダン北東部の限られた地域に分布しており不明な部分が多い）。地上棲で、標高1,000m以下の乾燥した草原や荒れ地・砂漠に巣穴を掘って暮らしている（深さ60cmに達する

巣穴も確認されている。なお、自分で巣穴を掘ることもあるが、ネズミなどの古巣に棲みついている場合もある）。夜行性で人目につかないため生態には不明な部分が多いが、ミミズや節足動物を捕食すると考えられている。繁殖形態は卵生でメスは柔らかい殻に包まれた卵を1度に2〜5個巣穴の中に産卵し、卵の期間は短く数週間で孵化に至るという説があるが、飼育下では約60日かかった例もある。余談であるが、本種はその特異な形態より古くから書籍などで紹介されていたが、ペットトレードに初めて流通したのは2013年頃で、その後は比較的コンスタントな流通が見られるようになった（多くの書籍で「人目につかず発見は難しい」や「珍しい」と紹介されていたことから、新たな採集方法の確立、もしくは生息地が発見された可能性もある）。

サハラナミダメスナトカゲ

サハラナミダメスナトカゲ

スナトカゲ属　*Scincus*

イエメンスナトカゲ

学名 *Scincus hemprichii*
分布 サウジアラビア・イエメン
全長 約17〜23cm
飼育 タイプ 41

　別名イエメンサンドフィッシュ。ペットトレードではナミスナトカゲに比べて大型であることからイエメンジャイアントサンドフィッシュと呼ばれることもある。種小名の *hemprichii* とはドイツの博物学者である Wilhelm Friedrich Hemprich（1796-1825）に因む。英名では "Western Arabian Sand Fish" や "Arabian Sandfish" と呼ばれる。頭部は大きく、吻は長く砂中を移動しやすいよう尖っているため、鳥類を想わせる特殊な顔つきとなっている。胴部は太く、四肢はやや短いが頑丈で指趾は太く掌は大きな鱗で覆われ

ており、尾部は短い。鱗は滑らかで光沢がある。頭部や背面は暗褐色で、不明瞭な白色の帯模様が背面から尾部に並んでおり、四肢は白色〜灰白色のものが多い。地上棲〜半地中棲で、サウジアラビアからイエメンの紅海沿いに広がる砂漠に生息する。生態には不明な部分が多いが、夜行性傾向が強いとされ、節足動物を捕食していると考えられている。繁殖形態は不明。

　なお、本属は全身が砂の中に埋まっていても呼吸が可能というだけでなく（砂中に点在する空気の塊を用いて呼吸を行う。呼吸時に気管へ細かい砂の粒子が混入しても肺に至る前に取り除かれる構造となっている）、砂中を泳ぐようにすばやく移動できるなど（抵抗の大きい砂中を移動するため鱗は低摩擦性となっている）、過酷な砂漠での生活に適応したさまざまな機能を持つことが判明しており、近年は生体模倣工学（バイオミメティクス）の分野でも注目されている。

イエメンスナトカゲ

イエメンスナトカゲ
（幼体）

ミトラスナトカゲ

学名 *Scincus mitranus*

分布 イラン・クウェート・オマーン・カタール・サウジアラビア・アラブ首長国連邦・イエメン・パキスタン（?）

全長 約12〜16cm

飼育 タイプ 41

　別名ミトラサンドフィッシュやアラビアサンドスキンク。ペットトレードではレッドサンドフィッシュと呼ばれることもある。種小名の *mitranus* とはインドの人類学者である Raja Rajendralal Mitra（1822-1891）に因む。余談であるが、本種を記載したスコットランドの動物学者である John Anderson（1833-1900）は、本種の完模式標本（新種の生物や化石に名称を付けるため1点だけ選ばれる標本）について「Mitra氏はアラビアから持ってきたと語るカシミールの商人から入手した」と述べている。英名では "Eastern Arabian Sand Fish" や "Mitra's Sand Fish" "Arabian Sand Skink" "Eastern Skink" と呼ばれる。頭部は大きく、吻は長く砂中を移動しやすいよう尖っているため、鳥類を想わせる特殊な顔つきとなっている。胴部は太く、四肢はやや短いが頑丈で指趾は太く掌は大きな鱗で覆われており、尾部は短い。鱗は滑らかで光沢がある。背面は橙色で赤褐色の細かい斑紋が散らばり、側面は白色で暗褐色〜茶褐色の斑紋が5〜9個並んでいる。なお、ナミスナトカゲの亜種であるメッカスナトカゲもよく似た色と模様を持つため混同されやすいが、後者はより大型で明瞭な耳孔を持つ（本種の耳孔はごく小さく非常に不明瞭）ことで見分けられる。地上棲〜半地中棲で、アラビア半島の砂漠に広く分布し（パキスタンからも記録はあるが、はっきりしない）、砂中を泳ぐように移動する。生態には不明な部分が多いが、おそらく薄明薄暮性もしくは夜行性とされ、節足動物を捕食していると考えられている。繁殖形態は胎生（卵生で4〜6個の卵を産んだという説もあるが、メッカスナトカゲの誤認であると思われる）。

ミトラスナトカゲとして輸入された個体

ミトラスナトカゲとして輸入された個体

スナトカゲ属　*Scincus*

ナミスナトカゲ

学名 *Scincus scincus*

分布 チュニジア・アルジェリア・リビア・エジプト・イスラエル・ヨルダン・サウジアラビア・イエメン・バーレーン・クウェート・イラク・イラン・セネガル・マリ・ニジェール・ナイジェリア・スーダン・西サハラ（?）・モーリタニア（?）

全長 約15〜18cm

飼育 タイプ 41

　別名サンドフィッシュやクスリスナトカゲ。英名では"Common Sand Fish"や"Common Skink""Sandfish Skink""Sandfish"と呼ばれる。ナミスナトカゲ *S. s. scincus*（基亜種）・ズキンスナトカゲ *S. s. cucullatus*・メッカスナトカゲ *S. s. meccensis* の3亜種が確認されている。頭部は大きく、吻は長く砂中を移動しやすいよう尖っているため、鳥類を想わせる特殊な顔つきとなっている。胴部は太く、四肢はやや短いが頑丈で、指趾は太く掌は大きな鱗で覆われており、尾部は短い。鱗は滑らかで光沢がある。体色や模様は亜種によって異なり、ナミスナトカゲとズキンスナトカゲでは背面は黄色〜橙色で灰褐色の太い帯模様が背面に並んでいるが（ズキンスナトカゲでは頭部〜頸部が灰褐色に染まるものが多いとされるが、ナミスナトカゲでも同じような配色の個体は見られる）、メッカスナトカゲの背面は橙色で赤褐色の細かい斑紋が散らばり、側面は白色で暗褐色の斑紋が2〜5個並んでいる（前述のミトラスナトカゲによく似ているが、斑紋の数は少ない傾向がある）。地上棲〜半地中棲で、アフリカの西海岸からサハラ砂漠を経てアラビアに至る広大な砂漠に生息し、砂中を泳ぐように移動するだけでなく、地中深くに潜ることもできるようだ（深さ約40cmの場所で発見例がある）。夜行性傾向が強いとされ、主に節足動物を捕食するが花や葉を食べることもある。繁殖形態は卵生で（胎生とされることもあるが、ミトラスナトカゲの誤認と思われる）、野生下では一夫一妻制を持つという説もあるが、はっきりしない。

ナミスナトカゲ

ナミスナトカゲ（オマーン産）

ナミスナトカゲ（エジプト産）

ナミスナトカゲ（リビア産）

ナミスナトカゲ（オマーン産）

ナミスナトカゲ（オマーン産）

ナミスナトカゲ。模様がほぼ消失した個体

スナチモグリ属　*Voeltzkowia*

ヤマギシニンギョトカゲ

学名 *Voeltzkowia yamagishii*
分布 マダガスカル
全長 約15〜18cm
飼育 タイプ 37

　別名アンカラファンツィカスナチモグリ。属名の*Voeltzkowia*とはドイツの動物学者 Alfred Voeltzkow（1860-1947）に因む。種小名の*yamagishii*とは日本の動物学者である山岸哲（1939-）に因む。英名では"Yamagashi's Mermaid Skink"や"Ankarafantsika Mermaid Skink""Yamagashi's Blind Burrowing Skink"と呼ばれる。本種は2003年にニンギョトカゲ属*Sirenoscincus*の*S.yamagishii*として記載され、その特異な形状から大きな話題となったが、2015年に本属へ移属となった。頭部は地中を移動しやすいよう吻は尖っており、眼も痕跡的で皮下に埋もれている。体形は細長く四肢は退化傾向にあり、短い前肢には小さな4本の指趾があるが、後肢は消失している。尾部はさほど長くない。体色は桃色で模様などはなく（色素そのものを持っていないと思われる）、表層が透明な鱗で覆われている（地下空間は闇であり視覚で獲物を探す捕食者が存在しないため、模様を持たないことが生存上、不利に働かない。また、有害な光線を浴びることもないため色素を持つ必要性もないのだろう）。余談であるが、後肢が消失した種は爬虫類では珍しく、現時点ではスキンク下目では本種を含め3種のみが知られている（本種と同属のハクゲイトカゲ*V. mobydick*と別属のタイニンギョトカゲ*Jarujinia bipedalis*だが、前者の別属の前肢は鰭状で指趾はなく、後者はごく短い棒状で爪のない2本の指趾を持つ。なお、スキンク下目以外ではミミズトカゲ類のフタアシミミズトカゲ科 Bipedidaeに3種が見られるのみ）。地中棲で、マダガスカル北西部に位置するブエニ地域圏のアンカラファンツィカ周辺のやや乾燥した森林や草原から少数の記録があるのみで、生態には不明な部分が多い。節足動物を捕食していると考えられている。繁殖形態は不明。

ヤマギシニンギョトカゲ。
撮影地：マダガスカル
photo ● Ryobu Fukuyama

ヨルトカゲ科　Xantusiidae　　ヨアソビトカゲ亜科　Xantusiinae

ヨアソビトカゲ属　*Xantusia*

ベジーヨアソビトカゲ

学名 *Xantusia bezyi*

分布 アメリカ合衆国

全長 約13〜16cm

飼育 タイプ 42

　属名の *Xantusia* とはハンガリーの動物学者 John Xantus de Vesey (1825-1894) に因む。種小名の *bezyi* とはアメリカ合衆国の動物学者である Robert Lee Bezy (1941-) に因む。英名では "Maricopa Night Lizard" や "Bezy's Night Lizard" と呼ばれる。頭部はやや大きく扁平で、頸部は括れている。瞳孔は縦長で下瞼が1枚の透明な鱗となって眼を覆っている（上下の瞼は動かない）。体形はスレンダーで機能的な四肢を持ち、尾部はさほど長くない。頭部と腹部・尾部の鱗は板状だが背面と側面の鱗は顆粒状。灰褐色〜緑褐色で背面や側面に黒色の斑紋を持つが、地域によって大きく異なり、例としてアリゾナ州中南部に位置するマザツァル山脈 (Mazatzal Mountains) の個体群では斑紋は小さく不明瞭で、中にはほぼ無地に見えるものも見られるが、アリゾナ州

南東部に位置するガリウロ山脈 (Galiuro Mountains) の個体群は大きな黒色の斑紋が目立つ。地上棲で、アメリカ合衆国アリゾナ州の乾燥した草原に点在する岩場に生息するが、生態には不明な部分が多い。薄明薄暮性と考えられており（気温の上がる季節は夜間も活動するようだ）、棲み家となる石や倒木の下・岩の割れ目を見つけると、そこからほとんど移動することはない。節足動物を捕食していると考えられている。繁殖形態は胎生。

ミカゲヨアソビトカゲ

学名 *Xantusia henshawi*

分布 アメリカ合衆国・メキシコ

全長 約14〜17cm

飼育 タイプ 42

　種小名の *henshawi* とはアメリカ合衆国の動物学者である Henry Wetherbee Henshaw (1850-1930) に因む。英名では "Granite Night Lizard" や "Henshaw's Night Lizard" と呼ばれる。頭部はやや大きく扁平で、頸部は括れている。瞳孔は縦長（猫目）で下瞼が1枚の透明な鱗となって眼を覆っている（上下の瞼は動

ベジーヨアソビトカゲ

かない)。体形はスレンダーで機能的な四肢を持ち、尾部はさほど長くない。頭部と腹部・尾部の鱗は板状だが背面と側面の鱗は顆粒状。体色や模様は地域や個体によってやや異なり、灰色〜青灰色に黒色の斑紋が散らばるものが多いが、斑紋部を除く頭部〜胴部中央が薄黄色を帯びるものも見られる。なお、ある程度の変色能力も有している(明るい環境では暗色に、暗い環境では明色になる)。地上棲で、アメリカ合衆国南部〜メキシコのバハカリフォルニア州北部の乾燥した岩場に多く見られる。夜行性傾向が強いが冬季は日中活動することもある。棲み家となる石や倒木の下、岩の割れ目を見つけるとそこから移動することは少ない。主に節足動物を捕食するが、花や葉を食べることもある。繁殖形態は胎生でメスは1度に1〜2匹の幼体を出産する。

サバクヨアソビトカゲ

学名 *Xantusia vigilis*
分布 アメリカ合衆国・メキシコ
全長 約12〜15cm
飼育 タイプ 42

別名ユッカヨアソビトカゲ。種小名の *vigilis* とは

「用心深い」や「警告」を意味し、瞬きをしないことに由来する。英名では "Desert Night Lizard" や "Yucca Night Lizard" と呼ばれる。頭部はやや大きく扁平で、頸部は括れている。瞳孔は縦長(猫目)で下瞼が1枚の透明な鱗となって眼を覆っている(上下の瞼は動かない)。体形はスレンダーで四肢はやや短く、尾部もさほど長くない。頭部と腹部・尾部の鱗は板状だが背面と側面の鱗は顆粒状。体色や模様は地域や個体によってやや異なるが、灰褐色〜緑褐色に暗褐色の細かい斑紋が散らばるものが多い(稀に灰白色に橙色の斑紋を持つものも見られる)。地上棲で、アメリカ合衆国西部(カリフォルニア州南部・ネバダ州南部・ユタ州南部・アリゾナ州中部〜西部)からメキシコ(バハカリフォルニア州・ソノラ州西部)に広がる乾燥した荒れ地や岩場・草原に生息する。昼行性だが気温の上がる季節は夜間に活動することもある。棲み家となる石や倒木の下・岩の割れ目を見つけると、そこから移動することはほとんどなく、雌雄とその子供たちの家族単位で暮らしている個体群も見られる(幼体が両親や他の兄弟と共に数年間も同じ場所ですごしていた例もある)。節足動物を捕食する。繁殖形態は胎生でメスは1度に1〜3匹の幼体を出産する。

ミカゲヨアソビトカゲ

ミカゲヨアソビトカゲ

ミカゲヨアソビトカゲ

サバクヨアソビトカゲ

ヨルトカゲ科　Xantusiidae　　ネッタイヨルトカゲ亜科　Lepidophyminae

ネッタイヨルトカゲ属　*Lepidophyma*

イボヨルトカゲ

学名 *Lepidophyma flavimaculatum*

分布 メキシコ・ベリーズ・グアテマラ・ホンジュラス・エルサルバドル・ニカラグア・コスタリカ・パナマ

全長 約20～26cm

飼育 タイプ 43

　属名の *Lepidophyma* とは「疣状の鱗」を意味し、本属の鱗の形状を表しており、種小名の *flavimaculatum* とは「黄色の斑紋」を意味し、本種の模様を表している。英名では"Yellow-spotted Night Lizard"や"Yellow-spotted Tropical Night Lizard""Common Yellow-spotted Night Lizard"と呼ばれる。イボヨル

トカゲ *L. f. flavimaculatum*（基亜種）とミナミイボヨルトカゲ *L. f. ophiophthalmum* の2亜種が確認されている。　頭部はやや大きく扁平で、頸部はやや長く括れている。瞳孔は円形で下瞼が1枚の透明な鱗となって眼を覆っている（上下の瞼は動かない）。体形はスレンダーで機能的な四肢を持ち、尾部はさほど長くない。頭部と腹部・尾部の鱗は板状だが、胴部の鱗は顆粒状で一部は隆起した結節状鱗となっている。体色や模様には個体差があるが、暗褐色～茶褐色で不明瞭な黄色～黄白色の斑紋が散らばっているものが多い。地上棲で、メキシコ南東部からパナマまでの標高1,500m以下の森林に生息し、倒木や石の下を棲み家として暮らしている。薄明薄暮性で強い光を避ける傾向はあるが（雨天時や曇天時は日中も活動する）、棲み家の入り口付近で日光浴を行うこともある。主にミミズや節足動物を捕食するが、飼

02

世界のスキンク下目

イボヨルトカゲ

イボヨルトカゲ（ニカラグア産）

育下では共食いした例もある。繁殖形態は胎生でメスは1度に3～6匹の幼体を出産する。なお、本種は単為生殖が確認されている数少ないスキンク下目で、パナマやコスタリカではメスだけの集団も存在する（コスタリカ最北部ではオスも確認されているが少ない）。

ゲイジヨルトカゲ

学名	*Lepidophyma gaigeae*
分布	メキシコ
全長	約10～14cm
飼育	タイプ 43

　別名キメハダヨルトカゲ。種小名の *gaigeae* とはアメリカ合衆国の動物学者である Helen Beulah Thompson Gaige（1890-1976）に因む。英名では "Gaige's Tropical Night Lizard" や "Hidalgo Tropical Night Lizard" と呼ばれる。頭部はやや大きく扁平で、頸部はやや長く括れている。瞳孔は円形で下瞼が1枚の透明な鱗となって眼を覆っている（上下の瞼は動かない）。体形はスレンダーで機能的な四肢を持ち、尾部はさほど長くない。頭部と腹部・尾部の鱗は板状だが、胴部の鱗は顆粒状で比較的滑らか。体色や模様には個体差があるが、暗褐色で不明瞭な灰白色の細かい斑紋が散らばっているものが多い。地上棲で、メキシコのケレタロ州北部からサンルイスポトシ州南東部・イダルゴ州北西部・グアナフアト州東部の森林に生息し、1,800～2,200m付近での発見例が多い。生態に関しては不明な部分が多いが、倒木や石の下を棲み家として暮らしている。薄明薄暮性で主にミミズや節足動物を捕食していると考えられている。繁殖形態は胎生でメスは1度に1～2匹の幼体を出産する。

イボヨルトカゲ（ホンジュラス産）

ゲイジヨルトカゲ

ゲイジヨルトカゲ

イボヨルトカゲ（幼体）

ネッタイヨルトカゲ属　Lepidophyma

パジャパヨルトカゲ

学名 *Lepidophyma pajapanensis*
分布 メキシコ
全長 約16〜20cm
飼育 タイプ 43

　種小名の *pajapanensis* とは「パジャパの」を意味し、本種の模式産地がメキシコ南東部に位置するサン・マルティン・パジャパ複合火山（Volcán San Martin Pajápan）にあることを表している。英名では "Pajapan Tropical Night Lizard" と呼ばれる。頭部はやや大きく扁平で、頸部は長く括れている。瞳孔は円形で下瞼が1枚の透明な鱗となって眼を覆っている（上下の瞼は動かない）。体形はスレンダーで機能的な四肢を持ち、尾部はさほど長くない。頭部と腹部・尾部の鱗は板状だが、胴部の鱗は顆粒状で一部は隆起した結節状鱗となっている。体色や模様には個体差があるが、暗褐色〜茶褐色で背面には不明瞭な黄色〜黄白色のストライプ模様（2〜3本）と斑紋が入り（ストライプ模様と斑紋が繋がって梯子状になっているものが多い）、側面にも同色の細かい斑紋が散らばっている。地上棲で、メキシコ南部に位置するベラクルズ州とオアハカ州の森林に生息し、倒木や石の下を棲み家として暮らしている。主に薄明薄暮性でミミズや節足動物を捕食する。繁殖形態は胎生。

スミスヨルトカゲ

学名 *Lepidophyma smithii*
分布 メキシコ・グアテマラ・エルサルバドル
全長 約18〜23cm
飼育 タイプ 43

　種小名の *smithii* とはイギリスの動物学者である Andrew Smith（1797-1872）に因む。英名では "Mazatenango Tropical Night Lizard" や "Smith's Tropical Night Lizard" と呼ばれる。頭部はやや大きく扁平で、頸部は長く括れている。瞳孔は円形で下瞼が1枚の透明な鱗となって眼を覆っている（上下の瞼は動かない）。体形はスレンダーで機能的な四肢を持ち、尾部はさほど長くない。頭部と腹部・尾部の鱗は板状だが、胴部の鱗は顆粒状で一部は隆起した結節状鱗となっている。幼体時は黒褐色で不明瞭な黄白色の小さな斑紋が散らばるが、成長に

伴い変化し、茶褐色〜黄土色に黒褐色の斑紋が虫食い状に入るものが多い。地上棲で、メキシコ南東部からグアテマラ・エルサルバドルまでの湾岸部（太平洋側）に広がる森林に生息し、倒木や石の下を棲み家として暮らしている（洞穴の入り口付近でも発見例がある）。薄明薄暮性で主にミミズや節足動物を捕食するが、果実を食べることもある。繁殖形態は胎生。なお、本種は現時点では属内で唯一条件的単為生殖（集団の中にオスがいる時は有性生殖を、メスのみでは単為生殖に切り替えるという繁殖戦略）を行うことが知られているが、本種はそのシステムがやや特殊で集団の中にオスがいたとしても、メスは定期的に単為生殖を繰り返していることがわかっている。

トゥストラヨルトカゲ

学名 *Lepidophyma tuxtlae*
分布 メキシコ
全長 約14〜18cm
飼育 タイプ 43

　種小名の *tuxtlae* とは「トゥストラの」を意味し、メキシコ南東部の先住民族であるトゥストラ族（Tuxtla）に由来するとされる。英名では "Tuxtlan Tropical Night Lizard" と呼ばれる。頭部はやや大きく扁平で、頸部は長く括れている。瞳孔は円形で下瞼が1枚の透明な鱗となって眼を覆っている（上下の瞼は動かない）。体形はスレンダーで機能的な四肢を持ち、尾部はさほど長くない。頭部と腹部・尾部の鱗は板状だが、胴部の鱗は顆粒状で一部は隆起した結節状鱗となっている。黒褐色で側面や四肢・尾部に灰白色〜黄白色の小さな斑紋が散らばる。地上棲で、メキシコ南東部（チアパス州・オアハカ州・プエブラ州・ベラクルズ州）の森林に生息し、倒木や石の下を棲み家として暮らしている。薄明薄暮性で主にミミズや節足動物を捕食するが、胃内容から植物が見つかった例もある。繁殖形態は胎生でメスは1度に2〜5匹の幼体を出産する。なお、近年、メスの単独飼育下における繁殖例が複数確認されたため、単為生殖を行っている可能性が高くなった（4年以上も単独飼育されていたメスが出産した例もあり、遅延受精の可能性は低いと思われる）。

パジャパヨルトカゲ

スミスヨルトカゲ

スミスヨルトカゲ

スミスヨルトカゲ

スミスヨルトカゲ（若い個体）

トゥストラヨルトカゲ

ヨルトカゲ科　Xantusiidae　　キューバヨルトカゲ亜科　Cricosaurinae

キューバヨルトカゲ属　*Cricosaura*

キューバヨルトカゲ

学名 *Cricosaura typica*

分布 キューバ

全長 約8～10cm

飼育 タイプ **42**

　属名の *Cricosaura* とは「輪」を意味する【kirkos】と、「トカゲ」を意味する【saura】が組み合わさったもので、おそらく尾部の鱗が環状に並んでいることを表している。種小名の *typica* とは「典型的な」を意味する。英名では "Cuban Night Lizard" と呼ばれる。頭部は砲弾型で、頸部はやや長いが括れは弱い。瞳孔は円形で下瞼が1枚の透明な鱗となって眼を覆っている（上下の瞼は動かない）。体形はスレンダーで機能的な四肢を持ち、尾部はさほど長くなく、頭部と腹部・尾部の鱗は板状だが、背面と側面の鱗は顆粒状であることから一見してヨルトカゲの仲間であることはわかるものの、頭部の鱗の数や配列に独特の特徴が見られる。体色や模様には個体差があるが、頭部や胴部・四肢は茶褐色で、尾部は赤褐色。目の周りや顎部には暗褐色の小さな斑紋が散らばり、頸部と尾部の側面には不明瞭な暗褐色のストライプ模様が入るものも見られる。キューバ南部のグランマ県とサンティアゴ・デ・クーバ県に分布（後者の分布域はごく限られている）、地上棲でやや乾燥した低地（標高約200mまで）の森林に生息し、やや湿度のある石や倒木の下に潜んでいることが多い。薄明薄暮性で主にミミズや節足動物を捕食するが、胃内容より特にアリやシロアリを多く捕食していることがわかっている。繁殖形態は卵生でメスは1度に2個の卵を地中に産卵する。

キューバヨルトカゲ
© Pierson Hill

外国の爬虫類よりも、まずはニホントカゲやアオダイショウを飼ってみなさい。それこそが、貴方の原点のはずです。

高田栄一 (1925-2009)

DISCOVERY

Scincomorpha

**Cordylidae·Gerrhosauridae·
Scincidae·Xantusiidae**
Acontiinae·Ateuchosaurinae·Egerniinae·Eugongylinae·
Lygosominae·Mabuyinae·Ristellinae·Sphenomorphinae·Scincinae·
Xantusiinae·Lepidophyminae·Cricosaurinae

スキンク下目の法律・飼育・繁殖

スキンク下目に関する法律

まず始めに、スキンク下目に関わる 2 つの法律、"ワシントン条約" と "文化財保護法" について知っておいてもらいたい（外来生物の規制および防除に関する日本の法律である "特定外来生物による生態系等に係る被害の防止に関する法律" には、現時点でスキンク下目は該当していない）。それぞれに細かい規約があり、これらの法律に違反すれば、生体（死体や標本であっても）は没収され、罰金や懲役刑などの厳しい処罰を課せられる可能性がある。法律は「知らなかった」では通らないので、くれぐれもご注意頂きたい。

ワシントン条約におけるスキンク下目

ワシントン条約（正式名称は、絶滅のおそれのある野生動植物の種の国際取引に関する条約 = Convention on International Trade in Endangered Species of Wild Fauna and Flora）とは、希少な野生動植物の国際的な取引を規制するための条約である。輸出国と輸入国の双方が協力して実施することにより、絶滅の危険のある野生動物の保護を図ることを目的としており、日本を含めた182 カ国および欧州連合（EU）が締約している。条約が採択された都市の通称名（アメリカ合衆国のコロンビア特別区。通称ワシントン D.C.）より "ワシントン条約"、もしくは英文表記の頭文字を取って "CITES＝サイテス" と呼ばれることが多い。ワシントン条約には以下の区分がある。

附属書I類

絶滅のおそれのある種であり、取引による影響を受ける、または受ける可能性のあるもので、商業取引を原則禁止する。取引に際しては、輸出国及び輸入国の科学当局から該当取引が種の存続を脅かすことがないとの助言を得る等の必要があり、また輸出国の輸出許可証及び輸入国の輸入許可証の発給を受ける必要がある。

以下にスキンク下目における該当種を箇条する。

アデレードアオジタトカゲ *Tiliqua adelaidensis*

アデレードアオジタトカゲ

附属書II類

現在必ずしも絶滅のおそれのある種ではないが、その取引を厳重にしなければ絶滅のおそれのある種となりえるもの。許可を受ければ商業取引を行うことが可能。取引に関しては、輸出国の科学当局から該当取引が種の存続を脅かすことがないとの助言を得る必要があり、また輸出国の輸出許可証及び輸入国の輸入許可証の発給を受ける必要がある。

以下にスキンク下目における該当種を箇条する。

ヨロイトカゲ属全種 *Cordylus* spp.
クサリカタビラトカゲ属全種 *Hemicordylus* spp.
カルーヨロイトカゲ属全種 *Karusaurus* spp.
ナマクアヨロイトカゲ属全種 *Namazonurus* spp.
ニヌルタヨロイトカゲ属全種 *Ninurta* spp.
アルマジロトカゲ属全種 *Ouroborus* spp.
ニセヨロイトカゲ属全種 *Pseudocordylus* spp.
リュウオウヨロイトカゲ属全種 *Smaug* spp.
オマキトカゲ *Corucia zebrata*

ヨロイトカゲ属（左）、オマキトカゲ（右）

附属書III類

いずれかの締約国が捕獲または採集を防止、制限するための規則を自国の管轄内にて行っており、取引取り締まりのために他の締約国の協力を必要とする種。附属書III類に挙げられる種の取引に際しては、種を掲載した締約国からの取引に限り、該当国から輸出許可証の発給を受ける必要がある。

以下にスキンク下目における該当種を箇条する。（）内は種を掲載した締約国。

イワトカゲ属全種 *Egernia* spp.（オーストラリア）
チュウオウアオジタトカゲ *Tiliqua multifasciata*（オーストラリア）

03
スキンク下目の法律・飼育・繁殖

マダラアオジタトカゲ *Tiliqua nigrolutea*
（オーストラリア）

ニシアオジタトカゲ *Tiliqua occipitalis*
（オーストラリア）

マツカサトカゲ *Tiliqua rugosa*
（オーストラリア）

キタアオジタトカゲ *Tiliqua scincoides intermedia*
（オーストラリア）

ヒガシアオジタトカゲ *Tiliqua scincoides scincoides*
（オーストラリア）

左上からイワトカゲ属（カニンガムイワトカゲ）、マダラアオジタトカゲ、ニシアオジタトカゲ、マツカサトカゲ、ヒガシアオジタトカゲ

　以上がワシントン条約のおおまかな区分と内容であるが、2年ないし3年おきに締約国会議が行われ、対象種は増減を繰り返しているので注意されたい。

　簡単に説明するならば、I類は学術研究を目的とした取引は可能（動物園や研究機関などに限られる場合が多い）。II類は輸出国、輸入国双方の許可があれば商業目的の取引が可能。III類は一部の国を除き商業取引が可能、というものである。しかしながら、実際にはI類以外であっても原産国の国内法により厳重な保護下に置かれている場合があり、輸出許可が下りないものも少なくない（オーストラリアやスリランカ・タイなどは自国の野生動物の輸出を厳しく制限しており、アメリカ合衆国なども州法によって野生動物の採集や移動が制限されている場合が少なくない。2019年にはオーストラリアのシドニー空港でマツカサトカゲ13匹を違法に持ち出そうとした日本人男性2人が逮捕された例もあった）。違反に対しては厳しい罰則が設けられているので十分注意してほしい（例として、個人が税関を通さずに対象種を輸入した場合には5年以下の懲役、または500万円以下の罰金、もしくはその両方の刑が科される。法人の代表者によって行われた場合には、当該法人に対して1億

円以下の罰金が科される）。なお、本書ではI類に記載されているスキンク下目の飼育方法も掲載しているが、決して飼育を推奨するものではない。

マツカサトカゲはすばらしいトカゲであるが、ペットトレードでは密輸での摘発例が最も多いトカゲの1つだろう

文化財保護法におけるスキンク下目

　日本国内における動物・植物および地質鉱物で学術上価値の高いものは、文化財保護法により"天然記念物"に指定されており、国の天然記念物に指定（地方自治体の文化財保護条例に基づき指定されているものもあるが、単に天然記念物という場合は通常は国が指定する天然記念物を指す場合が多い）されたものは、荒らされたり、傷つけられたりすることがないよう、文化庁長官の許可がなければ捕獲や採集・伐採ができないよう規制がかけられている（文化財保護法・第百二十五条［現状変更等の制限及び原状回復の命令］）。

　以下にスキンク下目における該当種を箇条する。

キシノウエトカゲ *Plestiodon kishinouyei*
（1975年6月26日指定）

　現時点ではキシノウエトカゲ1種のみであるが、違反に対しては厳しい罰則が設けられているので十分注意してほしい（例として、個人が天然記念物を許可なく飼養した場合には5年以下の懲役もしくは30万円以下の罰金、またはその両方の刑が科される。2018年にはキシノウエトカゲの違法飼育で埼玉県在住の男性が書類送検された例もあった）。なお、本書ではキシノウエトカゲの飼育方法も掲載しているが、決して飼育を推奨するものではない。

天然記念物のキシノウエトカゲ。野外で見つけてもそっとしておこう

スキンク下目の飼育について

爬虫類は近年「においも少なく、鳴き声も出さない新しいペット」といったフレーズで紹介されることが少なくない。スキンク下目の一部はたしかにそれに該当する種も存在するが、一般的なナミヘビ科やトカゲモドキ科などに比べると手間がかかると思っておいたほうが良い。もしも、あまり手間のかからない爬虫類を求めるならば、スキンク下目ではなくナミヘビ科のコーンスネークやキングスネーク、トカゲモドキ科のヒョウモントカゲモドキやニシアフリカトカゲモドキなどをお勧めしたい（もちろん彼らもすばらしい生物であり、近年は彼らが爬虫類の飼育における中心的な存在となりつつある）。

なお、近年はさまざまなスキンク下目の繁殖例が愛好家より報告されているものの、ヤモリ下目やイグアナ下目に比べれば多くない。これには主に3つの理由があるように思われる。1つは繁殖方法がはっきりしないものが多いこと。次に、スキンク下目はヤモリ下目やイグアナ下目に比べると、飼育者数が多くないこと。最後に一部の種類では繁殖に"コロニー（スキンク下目においては同種の生物が集団を成して1つの地域に定住している際の範囲を意味する）"や"雌雄の相性"という、他の爬虫類ではあまり重要視されない要因が強く関わってくることに起因すると思われる（詳細はP.308〜「タイプ別飼育法」を参照）。つまり、スキンク下目の飼育・繁殖は、他のトカゲ類に比べても未知の部分が多く、発展途上であると言えるだろう。いずれにせよ、どんな種類であっても飼育・繁殖はきわめて貴重な経験であり、全てが唯一無二のデータとなるわけであるから、ぜひとも詳細を文章や数字で残すことで、今後の飼育、ひいては国内外における爬虫類の飼育技術向上のために役立ててほしい。爬虫類の飼育は拡大の一途を辿ってはいるが、対象が野生動物である以上、"正しい飼育方法"というものは存在せず（"間違った飼育方法"だけは確実に存在する）、飼育者全てが挑戦者であり、同時に開拓者であると筆者は考えている。

スキンク下目の飼育はヒョウモントカゲモドキ（左）やコーンスネーク（右）などに比べるとやや手間がかかり、繁殖には独特の部分がある

飼育に適した種

ペットトレードにはさまざまなスキンク下目が流通しているが、その全てが一般家庭における飼育に適しているわけではない。一部は特殊な餌が必要であったり、大型に成長したり、中には生態そのものが不明なものも存在する。筆者の考える一般家庭での飼育に適したスキンク下目は以下となる。

① 全長15〜30cm前後の小型〜中型種。
② 地上棲傾向の強い種。
③ やや乾燥した環境に適応している種。
④ 特殊な餌を必要としない種。
⑤ ある程度生態が解明されており、長期飼育例の多い種。

これらの条件を鑑みた場合、カラカネトカゲ属やスジトカゲ属・イワトカゲ属（一部の大型種を除く）などが当てはまると思う。特に前述の2属は小型種のため、幅90×奥行き45×高さ45cmサイズのケージで終生飼育が可能なものが多く、餌も昆虫から人工飼料まで食べてくれるものも少なくない（人工飼料は慣れるまでに時間が必要な場合がある）。プレートトカゲ属やアオジタトカゲ属などもやや大型ではあるが、飼育しやすい部類に入る。逆に、一般家庭において飼育が難しいスキンク下目は以下となるだろう。

ムスジカラカネトカゲは小型で飼育も難しくなく、その美しい色彩より高い人気がある

❶ 大型（全長40cm以上）、もしくは極端に小型の種。
❷ 特殊な環境（昼夜の温度差が激しい、もしくは冷涼な環境）に生息している種。
❸ 半水棲種や樹上棲種。
❹ 特殊な餌を必要とする種。
❺ 生態に不明な部分が多い種。

これらの条件を鑑みた場合、大型かつ特殊な環境を必要とするオオオビトカゲやオマキトカゲ属・オオヨロイトカゲ。特殊な餌を必要とするミュラートカゲなどが当てはまるだろう（オオオビトカゲとオマキトカゲ属は、飼育そのものは難しくないがやや大がかりな設備を必要とする）。また、カブトトカゲ属も神経質な一面があり、扱いや環境設定がやや難しい部分がある。初めから否定的な意見が続いてしまって申しわけないが、これから飼育を検討中の人がいたのなら、それらを踏まえたうえで飼育種の選定を行ってほしい。

特殊な餌を必要とし、環境設定も難しいミュラートカゲは長期飼育例が少ないスキンク下目の1つ

CB個体・WC個体・FH個体について

飼育下で繁殖された個体は主に "Captive Bred（略称：CB）" と呼ばれ、孵化した年度が記載されることが多い（例：2020年に孵化した個体は "CB2020" となる）。逆に、野生採集個体は "Wild Caught（略称：WC）" と呼ばれるが、こちらは年度の記載などは付記されないことが多い。その中間的な存在として "Farm Hatched（略称：FH）" もあり、こちらはその個体が生息している地域に作られた野外の養殖場で繁殖された個体となる（場所によってほぼ野生下と同じような状況でも行われているようだ）。その他、近年ではあまり聞かれないが、妊娠したメス（いわゆる持腹）から得られた個体は "Captive Hatched（略称：CH）" と呼ばれることがあり、繁殖個体ではないがWC個体に駆虫や給餌などを行い調節（いわゆる "立ち上げ" といわれる管理段階を終えたもの。言い換えればトリートメントだろうか）したものは "Captive Raised（略称：CR）"。それと類似したものとして、WC個体の長期飼育個体を "Long Term Captive（略称：LTC）" と呼ぶこともある。

これらの中で一般的に飼育が最も容易なのはCB個体である。野生を知らない彼らは飼育下の環境に適応しやすいだけでなく、病気や寄生虫などのリスクもWC個体に比べると格段に低くなっている。

オーストラリア産のイワトカゲ属は流通する個体のほぼ100%がCB個体となっている

品種について

スキンク下目において品種化されている種は、ヤモリ下目やイグアナ下目よりもずっと少ない。アオジタトカゲのキタアオジタトカゲやオオアオジタトカゲなどアオジタトカゲ属などで少数見られる程度である。また、頭部が2つあるツインヘッド品種（結合双生児）や、脊椎の数が少ないショートボディ品種（脊柱先天性奇形）なども稀に流通するが、これらの飼育には不明な部分が少なくない（成長に伴い麻痺や呼吸困難などを引き起こした例もある）。

スキンク下目の品種は少ない。愛好家としては残念に感じる部分もあるが、逆をいえば、夢のあるグループであると言えるかもしれない

スキンク下目の入手方法

筆者個人としてはお勧めしないが、国内に分布するスキンク下目ならば自分で採集することもできなくはない。採集の際に注意して欲しいことを以下に箇条する。

① 採集する場所が野生動物の保護区域などではないか確認し、そういった場所では採集しないようにしよう。

② 採集は初夏〜秋までに行おう（冬季など活性の下がっている時期に採集すると、その後の状態が悪化することがある）。

③ 輸送方法にも注意してほしい。飛行機などに手荷物で持ち込もうとした場合は大きなトラブルに

発展する可能性もあるため、事前に運送会社に相談・予約しておくことをお勧めする。余談であるが、近年国内における自然保護の意識は強くなっており（特に南西諸島）、地元住民と県外から訪れた観光客の間でトラブルが多発していることを念頭に置いて行動するように心がけたほうが良い（カメラで撮影していただけで警察を呼ばれたり、強引に荷物を調べられたりした例などがある）。

④ キシノウエトカゲには手を触れないように注意しよう。特に幼体時は他種と見分けがつきにくい（過去にイシガキトカゲと勘違いして採集してしまい、大きな問題となった例もある）。

　外国の種類はペットショップで購入することになるだろう。近年は爬虫類のイベント（展示即売会）が多数開催されているのでそこで探すことも可能だが、初めてスキンク下目を飼育する人はぜひ専門店から直接購入してほしい。イベント中はお店側も忙しいので大切な情報を言い忘れるかもしれないし、その後も餌や飼育器具の購入などで利用することもあるだろうから、専門店とは良好な関係を築いておいたほうが良い。飼いたい種類が決まったら、専門店に行っていろんなことを質問してみよう。飼育環境はどのようなものか、何をどれぐらい食べているか、適温はどれぐらいか、といったことである。お店の人はプロであるから納得のいく答えをくれるだろう。可能ならばぜひ自分で触って状態を確かめてほしい。生物を買う場合はしっかりと観察し、自発的にいろいろなことを質問してから購入せねば後悔することもある。勇気がいるかもしれないが、とても大切なことなので疑問があれば聞いてみよう。

見慣れた存在かもしれないが、ニホントカゲは愛らしく、美しく、興味深いトカゲであり、飼育してみればさまざまな発見があるだろう

スキンク下目の選びかた

　以下にスキンク下目の主な選びかたについて箇条する。

CB 個体か WC 個体か

　スキンク下目で累代されている種類はさほど多くなく、どうしても WC 個体を選ばねばならないことも多いため、場合によっては意味のない内容になってしまうが、前述したように CB 個体のほうが WC 個体よりも飼育環境に順化しやすい一面があるので、初めて飼育する場合はなるべく CB 個体をお勧めしたい。

大きさ

　大きく成長した個体は美しく、見応えはあるが飼育環境に適応しにくい場合がある（特に WC 個体）。逆に小さすぎる幼体は体力がない場合がある。最も飼育に適しているのは生後数カ月が経過したサイズであろう。このサイズから飼育を始めれば、飼育環境にも順化しやすい。

目

　目は周辺が窪んでおらず、瞼がしっかりと開き、透明感があり、輝いていなくてはならない。状況にもよるが、瞼が閉じっぱなしの個体はすでに衰弱している可能性がある。また、眼球が白く濁っていたりする場合は角膜が傷ついているか、何らかの中毒症状に陥っている可能性がある。

口

　唇の周辺に瘡蓋（かさぶた）のようなものができていないか、口内にチーズ状のものがないか確認しよう（威嚇時など口を開けた際に見るのが良い）。それらが認められた場合は、口腔内の傷に感染が起こることにより発症するマウスロット（口内炎）である可能性がある。また、口内の唾液が強い粘性を帯びていないかや、下顎が上顎よりも突出していないかも確認しよう。前者は脱水、後者は栄養障害を起こしている可能性がある。

四肢と指趾

　四肢（特に後肢）や指趾もしっかりとチェックしよう。四肢が腫れていたり、引きずっている場合は不適切な餌を長期間与えられたことによる栄養障害や麻痺・痛みが発生している可能性がある（高尿酸血症など）。プレートトカゲ属やヨロイトカゲ属などは指趾を失っているものも少なくないが、完治している

ならば大きな問題にはならないことが多い（オス同士の争いや交尾時に失われることが多いようだ）。しかしながら、指趾が腫れている場合は何らかの理由でできた小さな傷から雑菌が侵入し、炎症を起こしている可能性があるため注意しよう（指間膿瘍など）。

鱗

鱗の状態を確認しよう。ヨロイトカゲ科やカタトカゲ科・ヨルトカゲ科・カブトトカゲ属・ミズトカゲ属など一部を除いてスキンク下目の鱗は滑らかなのが普通である。もしも鱗がささくれている場合は、何らかの異常が疑われる（外部寄生虫など。しかしながら、アオジタトカゲ属の幼体時は脱皮前などにややささくれる場合もある）。

傷

時折体表に傷が見られる個体もいるが、完治しているようならばさほど問題にはならない場合が多い（多くの場合変色しており、鱗が失われていることもある）。しかしながら、体表にニキビのようなものができていたり、一部の鱗の下が盛り上がるようになっている場合は注意が必要である。何らかの理由でできた小さな傷から雑菌が侵入し、炎症を起こしているか（化膿性皮膚炎など）、真菌症（外部の真菌、あるいは常在する真菌類が組織内に侵入し、異常に増殖して発症する疾患）である可能性がある。爬虫類の皮膚疾患は治療が難しく、場合によっては他個体に感染することもあるので注意したい。

WC個体は多少の傷が見られることがある

背骨

背骨が峰状に盛り上がっていたり、不自然に曲がっていないか確認しよう。前者の場合は痩せているか、内部寄生虫に冒されている可能性があり、後者は骨代謝不全（クル病）もしくは先天的な異常である可能性がある。

尾

時折再生尾の個体や尾部が途中で切れている個体、尾部の先端が2本に分かれている個体（自切の際に尾部が完全に切れず、断面から新たな尾部が生えてきた状態。双尾奇形とも）も見られるが、これらは飼育者が気にしないならば特に問題にならない場合が多い。注意すべきは、尾は切れてはいないが折れ曲がっていたり、細かく波状になっている場合である。前者は骨折の際に骨融合が正常に行われなかった可能性があり、トカゲが動きにくそうでなければ問題ないが、行動を制限しているような場合は骨折箇所より上から再度切断しなくてはならない場合もある。後者は種類にもよるが、ある程度育った個体で見られる場合は栄養障害である可能性がある。

尾先がわずかに欠損している個体だが、飼育には特に問題にならない

寄生虫

WC個体の多くは何らかの寄生虫に感染しているのが普通である。普段は無症状の場合が多いが、何らかの理由でトカゲの抵抗力が低下した際に下痢や食欲不振などさまざまな症状を引き起こすことがある。内部寄生虫は外見からの確認が難しいものが多いが、外部寄生虫は主にダニであり、目の周りや四肢の付け根・総排出口周辺をチェックしよう（発見した場合はピンセットなどで慎重に取り除く）。

ダニのような寄生虫ほど飼育者の神経を逆撫でする存在もないだろう。発見したら直ちに駆除を行おう

体重

お目当ての個体が決まったら、店員さんに頼んでハンドリングさせてもらおう（小型種やデリケートな種の場合は止めておく。また、お店によっては断られることもあるかもしれない）。その際に上記の項目を確認しながら生体の体重もチェックする。全長

に比べて体重が軽いと思った個体は避けたほうが良い。内部寄生虫に冒されている可能性がある。

動き

飼育環境に慣れた個体や一部の種を除き、スキンク下目は音や震動に敏感で、危険を感じると俊敏な動きを見せるのが普通である。動きが鈍い場合は、すでに衰弱している可能性がある。

脱水

スキンク下目の小型種で突然死するという話をたまに耳にする。アオジタトカゲ属やオマキトカゲ属などではほとんどないが、シマトカゲ属やダシアトカゲ属・ツヤトカゲ属などで、購入から数日で死んでしまったという例が時折ある（実際はトカゲも異常を感じて何らかのサインを出しているはずなのだが、人間にはわかりづらい場合が多いようだ）。原因の多くは、おそらく脱水である。スキンク下目は、実は脱水に弱い一面があり、1度脱水状態に陥ってしまうと、回復は容易ではない。特に輸入直後の個体で注意が必要である。よって、元気そうに見えていても入手後はまず温浴（詳細は P.304「温浴」を参照）を行うことをお勧めする。

小型のスキンク類（特に樹上棲）は脱水状態に陥っていることもある。特に輸入直後の個体は注意が必要

雌雄判別

ヒラタトカゲ属やフタイロマブヤなどは顕著な性的二型が見られ、アカメカブトトカゲやモトイカブトトカゲのオスは後肢の指趾（第2指と第3指）に特徴的な鱗が発達し、カタトカゲ科やヨルトカゲ亜科などは成長するとオスは大腿孔が目立つようになるため雌雄判別が比較的容易であるが、その他の種類や幼体などでは難しいものが少なくない。主な判別方法としては、頭部の幅や頭胴長の差違などが用いられるが（オスは頭部が大きく頭胴長も長いものが多い）、慣れていないと難しいので購入時にお店の人に相談するのが良いだろう。

アオジタトカゲの雌雄（手前がオス）。熟練した愛好家でも外見からの雌雄判別は難しい

爬虫類は馴れるか

よく聞かれる質問の1つに「トカゲは人に馴れますか？」とか「トカゲは懐きますか？」というものがあるのだが、いつも答えに困ってしまう。そもそも筆者の感覚では、爬虫類は"馴れる"というより"耐える"という感覚のほうが近いと思っているからだ。爬虫類に飼育下という特殊な環境に耐えてもらい、餌をくれる存在として飼育者を認識してもらう（警戒心を解いてもらう）、という程度である。元々単独生活者、もしくはそれに近い生活スタイルを持つ爬虫類には馴れ合うという本能がないので、撫でられたり、抱っこされてもストレスになるだけであろう。爬虫類と飼育者との繋がりは餌だけである。こんなことを言ったら怒られてしまうかもしれないが、爬虫類は"環境の動物"であるから、愛情たっぷりでも予算のない人間に飼育されるよりは、愛情がなくとも予算たっぷりで設備や餌を充実してくれる人間に飼われたほうが幸せだと思う（もちろん、愛情もなかったら困るのだが）。爬虫類が餌を求めた結果、本能的な反応や警戒心を抱いていない状態がいわゆる"馴れた"状態であり、決して"懐いている"わけではない。人間からのワンウェイな愛情であり、管理や給餌を通じて人間が一方的に尽くしているだけである。爬虫類もある種の"癒やし"を与えてはくれるが、コンパニオンアニマルのそれとは根本的に異なる部分があると筆者は感じている。もしも撫でたり、抱っこしたりしたければ、初めから犬や猫を飼育することをお勧めしたい。ちなみ

爬虫類は"環境の動物"である。飼い主の愛情も必要だが、まずは設備や餌をしっかりと充実させよう

に、筆者の1番の幸せは、愛猫を膝に抱きながら悠々と暮す爬虫類を眺めることである。これ以上の贅沢はないとすら思える、至高の時間だと感じている。

トカゲの馴らしかた

"爬虫類は人間には馴れない"と述べたばかりであるが、一部の動きがすばやい中型〜大型種ではどうしてもある程度人間に対する警戒心を解いてもらわないと飼育が困難な場合があるため、馴化方法を簡単に説明する。

順序としては、まず飼育者を"恐怖や不快を与える存在"から、"何でもない存在"へと変えていくことから始める。導入直後のトカゲは人間の存在を感じると怯えてケージの中で逃げ惑うのが普通であるが、やがて逃げられないことを理解し、人間がケージの前を通るなどの反復行動に馴化され、身に危険が及ばない存在であることを学習するようになる。時間はかかるかもしれないが、この状態まではほぼ全てのスキンク下目で到達することが可能である。

次は、何でもない存在から、"有益な存在（餌をくれる存在）"への移行となるが、ここから先は一部の小型種では難しい場合もある。重要なのは、餌と与えかたである。具体的な方法としては、好物となる餌をピンセットから与えることを反復するだけだ。これを毎回根気良く続けることで、トカゲは「この人間が来るとおいしくて幸せ」という情報がインプットされ、ケージの前に飼育者が立っただけで寄ってくるようになる場合もある。筆者個人としてはここまでできれば十分であると思うが、さらに餌を手の平から直接与え、最終的にはトカゲにストレスを感じさせることなく、体の上を這わせることに成功している飼育者もいる。飼育方法にもよるが、これらの馴化は壁面に吻をぶつけることが多いオビトカゲ属や、強い咬合力を持つアオジタトカゲ属・オマキトカゲ属・ムクイワトカゲ属の飼育においては重要なファクターとなる場合がある。

一部の大型種や活発な種では、ある程度人間に対する警戒心を解いてもらわないと飼育が困難な場合がある

スキンク下目のハンドリング

爬虫類の飼育におけるハンドリングには2つの意味がある。1つは"動物を安全に扱うための方法"である。もう1つは"手の上に動物を乗せて人間が楽しむ"こと。前者は全ての飼育者が習得せねばならないが（掃除や健康診断・雌雄判別・動物病院への移動など、どうしても触らなければならない場合がある）、後者は飼育者によって肯定的な意見と否定的な意見に分かれている。肯定的な意見としては"ハンドリングに馴れさせておけば、掃除や健康チェックなどをする場合に個体に無用のストレスを与えなくて済む"というものであり、否定的な意見としては"野生動物である爬虫類は家畜化されているわけではないので、飼育者であろうと彼らにとっては敵でしかないわけだから、無用なストレスを与えることになり、下手をすれば寿命を縮めることになりかねない"というものである。どちらも正鵠を射た意見であるとは思うが、筆者個人としてはハンドリングをあまり推奨していない（理由は単に筆者にとって爬虫類は観賞するものという概念が強いからである）。

以下に、スキンク下目におけるハンドリングについて箇条する。

手の上に乗せて楽しむハンドリング

アオジタトカゲ属やオマキトカゲ属が主な対象となっているようだ。動きのすばやい小型種などは不可と考えたほうが良い（体の小さな種ほどストレスが大きくなる）。なお、ハンドリングできる時間は個体の馴化状態や種類によって異なるが、よく馴れた個体であっても15分以内に終わらせるようにしよう。

馴れている個体の持ちかた

ゆっくりとトカゲの前に近づき、上からではなく横、もしくは下から手を近づけ、胴部の下に手の平を置いてゆっくりと持ち上げる。ポイントは"掴む"のではなく"乗せる"こと。接触面積を多くして安定させるようにしよう。

馴れていない大型個体の持ちかた

馴れていない大型個体の場合は、まずトカゲの頭部にタオルなどをかけて視界を奪い、頸部と後肢の

付け根を一気に掴み、そのまま少し後方に手をずらして、四肢を体に添えるように押さえて動きを制限する。トカゲも体をうねらせて抵抗するだろうが、トカゲの安全を考えるならば躊躇せず、すばやく一気に保定したほうが良い（そしてなるべく早くリリースしよう）。

動きのすばやい小型種

　動きのすばやい小型種の場合は照明を消してから透明なプラケースなどに追い込み、蓋をしてプラケースの外部から観察するようにしよう。どうしても捕まえなければならない場合は、すばやく上から胴部を手のひらで押さえ、そのまま優しく包み込むようにして人差し指を顎の下に、中指から小指を彼らの胴部に沿わせるようにして捕まえる（決して尾部に圧力をかけないよう注意しよう）。

給餌後は行わない

　消化機能とストレスに深い関係があるのは人間も爬虫類も同じである。よって、給餌後はハンドリングを行ってはならない。小型種でも24時間、大型種の場合では48時間は時間を置いたほうが良い。給餌直後にハンドリングを行うと、餌を吐き戻すこともあり、場合によってはそのまま拒食に繋がってしまうこともある。

高所で行わない

　馴れている個体であっても突然飛び降りることがあるので、高所では行わないようにしよう（樹上棲の種であっても飛び降りた際に腹部や頭部を強打することがある）。万が一落下しても大丈夫な高さで行う（筆者は爬虫類をハンドリングする際は立て膝座りか正座の姿勢で行っている）。

触る前と触った後は必ず消毒する

　爬虫類に限らず、動物に触る前と触った後は必ず石鹸などで手を洗う。人間の手に彼らにとって有害な病原体が付着していないとも限らないし、爬虫類には常にサルモネラなどが存在しているという前提で触らなくてはならない。

爬虫類のハンドリングは馴れた個体であっても15分以内としよう

必要以上にストレスを与えると自切してしまうこともある

スキンク下目に咬まれたら

　ヘビ（有毒種や大型種）やワニなどと異なり、スキンク下目に咬まれて大きな事故になることはほとんどないが、咬まれれば当然痛い。一部の種類では裂傷になる場合もある（特にムクイワトカゲ属の咬合力は強い。筆者も誤ってソトイワトカゲに咬まれたことがあるが、一瞬で筋組織まで削ぎ取られ、一生ものの傷が残ってしまった）。しかしながら、スキンク下目は外敵と遭遇した際には"争う"よりも"逃げる"という本能のほうが強いので咬みついてもほとんどの場合はすぐに放してくれるだろう。トカゲが放してくれたら傷の有無に関わらず直ちに水で洗って消毒し、その後咬みついたトカゲの顎周辺を観察しよう。咬みつきかたや咬みついた服の材質によっては下顎を痛めてしまったり、口内で歯が折れてしまっている場合があるからだ（出血などの異常が見られたら獣医師に相談しよう。放置するとマウスロットなどを発症することもある）。何らかの理由でトカゲがしっかりと咬みついて放してくれない場合は、こちらから力を入れたり、無理にはずそうとしたりはせず、ゆっくりと床においてみよう。落ち着けばトカゲのほうから放してくれるだろう。なお、小さなトカゲであっても、本気で咬みつけばそれなりの傷となる。そして、動物に咬まれれば軽く腫れるのが普通である（個人差はある）。ほとんどの場合は短時間で治ると思うが、発熱などが起こった場合は病院で診察してもらおう。なお、当然ながら飼育下で発生するあらゆる事故は全て飼育者の責任であり、動物には一切の責任がないことは言うまでもない。

ソトイワトカゲなど一部のスキンク下目は強い咬合力を持つ

サルモネラ

サルモネラとは、腸内細菌科のサルモネラ属 *Salmonella* に属する細菌の総称で、主に人や動物の消化管に生息し、その一部は人や動物に感染して病原性を示すことがある（急性の発熱や腹痛・下痢・嘔吐など）。かつて、大量に輸入されていたミシシッピアカミミガメからサルモネラが検出されて大きな話題となり、結果として野外にカメが多数遺棄されるという悲しい事例もあった。現在でも日本国内ではカメ目を感染源とする事例がほとんどであるが、欧米諸国ではトカゲ亜目やヘビ亜目を感染源とする事例が多い。しかしながら、サルモネラは爬虫類に固有のものではない。自然界には元から広く存在しており、人間を含むあらゆる両生類・爬虫類・鳥類・哺乳類から発見されている。また、サルモネラを保菌していても、必ずしも症状が出るわけでもない（ほとんどの場合は軽い下痢だけでサルモネラ症を疑うこともないだろう）。大切なのは、動物の飼育においては常に「何らかの病原体が存在する」という前提で接することである。爬虫類を触る前と触った後には、必ず手を石けんで洗おう（触る前に洗うのは爬虫類を守るため、触った後に手を洗うのは自身を守るため）。これは動物を飼育するうえで守らなければならない、ごく基本的なルールの1つである。

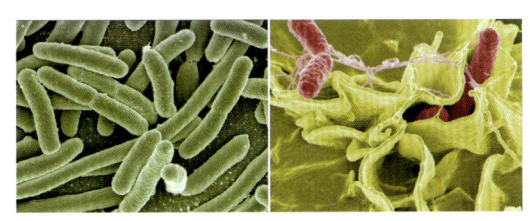

爬虫類の体には常に何らかの病原菌がいると思って接するようにしよう

ケージ

飼育の第1歩と言えるのがケージ（飼育容器）選びであるが、同時に最も難しい部分でもある。スキンク下目にはプラケースのような狭いケージで長期飼育できるものはいないと考えたほうが良いが、同時に一部の大型種を除けばそう大がかりな設備が必要というわけでもない。ヒメトカゲ属のような小型種であれば幅60×奥行き30×高さ36cmサイズのケージでも飼育は可能であり（あまり広いとトカゲがどこにいるのかわからなくなる場合がある）、アオジタトカゲ属のような中型〜大型種であっても幅90×奥行き45×高さ45cmサイズのケージがあれば終生飼育は不可能ではない（より広ければなお良い）。ある意味、スキンク下目の多くは日本の土地事情に優しい存在であると言えるだろう。しかしながら、半水棲傾向が強い大型種のオオオビトカゲでは水場を設置する必要があるため、それらを考慮したケージが必要となり、樹上棲の大型種であるオマキトカゲ属では幅150×奥行き90×高さ150cmの大きなケージを用意する必要がある。以下に代表的なケージを箇条する。

観賞魚用の水槽

観賞魚用の水槽も爬虫類の飼育によく利用されるが、蓋は水槽加工業者に専用に作ってもらうか、飼育者が自作せねばならない場合もある（観賞魚用の蓋としてガラス板が販売されているが、通気が悪いため爬虫類の飼育には向かない。筆者は木材などで枠を作り、金網を結束バンドで固定したものを使用している）。なお、大型種では表面に傷は付きやすいが強度のあるアクリル水槽がお勧め。

爬虫類飼育専用ケージ

近年、販売されている爬虫類飼育専用ケージは見た目も美しく、機能的にも優れている。さまざまなタイプが販売されているので生体にあったものを選ぶ

各メーカーからさまざまなサイズの製品が市販されている

ようにしよう。なお、扉は前面にあるものが多く、トカゲにストレスを与えにくいが（上からの動きにストレスを覚えるものが多い）、動きのすばやい小型種などは管理の際に脱走されやすいので注意しよう。

鳥籠

オマキトカゲ属の飼育に利用されることがあるが、鉄が剥き出しのタイプは尾部や指先が傷付きやすいため、表面が塗料などによってコーティングされているタイプが望ましい。また、湿度の維持が難しいため（逆を言えば通気性は抜群である）、専用のカバーなどを使用するか、自作する必要がある（筆者はポリカーボネートを切り出して使用している。塩化ビニールが原材料のビニールカバーなどは中毒を引き起こす可能性があるため使用しないほうが良さそうだ）。

メッシュケージ

カメレオン科の飼育を目的としたメッシュケージも一部の樹上棲種に利用できる。湿度を維持しにくいという一面はあるが（ビニールシートなどを側面に貼り付けて湿度を維持している飼育者もいる）、底面以外は全てメッシュ加工のためトカゲが掴んで移動しやすく、人間の視線も遮れるためストレスも軽減できる（観察しにくいということでもあるが、生体のことを第1に考えるならばたいした問題ではないだろう）。なかなか汎用性が高いが、トカゲを取り出す際に爪や指が傷つかないよう注意は必要（トカゲを持って引っ張らないようにする）。

植物用ガラス温室

樹上棲種に適している。近年はさまざまなタイプのガラス温室が販売されているが、爬虫類の飼育に使用されるのは主に幅80〜90×奥行き40〜50×高さ140〜150cmの製品が多い。鑑賞性が高く、専用の小型ファンなども販売されているため、通気性も確保できるだろう。しかしながら、保温性が低いため冬季はエアコンなどで保温する必要がある。

衣装ケースやコンテナボックス

見た目が悪く鑑賞には適さないが（不透明なので生体にストレスを与えにくいというメリットはある。筆者は入荷直後など一時的なストック用として使用す

ることが多い）、安価で入手しやすい。なお、通気性が悪いため、蓋や側面を加工する必要がある（筆者は半田鏝などで蓋の中央をくり抜き、金網を結束バンドで固定している）。

自作ケージ

市販されている爬虫類ケージは幅120×奥行き45×高さ45cmまでの場合が多く、それ以上のものは水槽加工業者に専用に作ってもらうか、飼育者が自分で作成する必要があるだろう。自作ケージには制作の手間や強度といったデメリットもあるが、飼育スペースや生体に応じたケージが作れることやコストパフォーマンスの良さといったメリットも大きいため、近年は自作ケージを使用する飼育者が増えつつあるように感じる（作成方法もさまざまなタイプがインターネットなどで紹介されている）。

餌

現在、爬虫類の餌としてさまざまなものが流通している。以下にスキンク下目に使用できる代表的なものを箇条する。

フタホシコオロギ

最も古くから利用されてきた餌動物の1つである。年中繁殖するため実験動物としても広く使用されている。イエコオロギに比べてやや大きく（20〜28mm）、攻撃性が強い一面があるため、トカゲが食べきれなかった場合は取り除いたほうが良い。なお、動きの穏やかな種に与える場合はトカゲが食べやすいように後肢を取り除いたり、安全のためピンセットなどで片方の顎を潰しておいても良い。

フタホシコオロギ

クロコオロギ

クロコオロギはフタホシコオロギを選別交配させることによって2010年以降に作出されたと言われ

03 スキンク下目の法律・飼育・繁殖

ている（いわゆる改良品種）。別名メガコオロギ。通常のフタホシコオロギに比べて体が大きく（25〜30mm）、動きが鈍く、成長も遅いといった特徴がある。与えかたはフタホシコオロギに準ずる。

クロコオロギ

イエコオロギ

こちらも古くから利用されてきた餌動物の1つである。別名ハウスクリケット。年中繁殖するため実験動物としても使用されている。フタホシコオロギに比べるとやや小さく（16〜21mm）、性質もおとなしい。コオロギ類は高タンパクでカロリーが高く、ミネラルや必須アミノ酸の類いも目立った不足は見られず、比較的優れた栄養バランスを有しているが、カルシウム値などがやや低いため、与える際には栄養剤を添加しよう。

イエコオロギ

コオロギを咥えるヒロズトカゲ

ミルワーム

コメノゴミムシダマシ、もしくはチャイロコメノゴミムシダマシという甲虫の幼虫。こちらも古くから利用されてきた餌動物の1つ。日本国内で単にミルワームと言えば、後者を指していると考えて良い。サイズが小さいため（15〜20mm）幼体の餌として使用されることが多いが、やや外皮が硬く、栄養価に偏りがあるため、与える場合は栄養剤を添加し、単一の長期利用は避けたほうが良い。

ミルワーム

ジャイアントミルワーム

別名ジャンボミルワームやスーパーワーム。ツヤケシオオゴミムシダマシという甲虫の幼虫。国内には鳥類の餌として1990年代になって登場した。ミルワームに似るがずっと大きい（約40mm）。与える際の注意点はミルワームに準ずる。

ジャイアントミルワーム

シルクワーム

カイコ（カイコガ）という蛾の幼虫。カイコは家蚕（かさん）とも呼ばれる家畜化された昆虫で、少なくとも5000年の歴史があり、野生回帰能力を完全に失った唯一の家畜化動物（人間の管理なしでは生きることができない。なお、カイコの祖先は東アジアに生息するクワコであり、中国大陸で家畜化されたという説が有力視されている）。爬虫類の餌としては1990年以降に登場した。サイズは成長過程によって異なる（25〜60mm）。イモムシ特有の動きが食欲をそそるのか、導入直後の WC 個体の餌付けには有効だが、栄養価はあまり高くないため、単一の長期利用は避けたほうが良い。

シルクワーム

ハニーワーム

別名ワックスワーム（ブドウムシと呼ばれることもあるが、本来こちらはブドウスカシバという別種の蛾の幼虫を指す）。ハチノスツヅリガという蛾の幼虫。爬虫類の餌としては2000年以降に登場した。シルクワームよりも少し小さい（約20mm）。もぞもぞとした動きが食欲をそそるのか、導入直後の WC 個体の餌付けに効果を発揮する場合がある。餌動物としては高い脂質とエネルギー量を有するため、産卵後や病気からの回復途中などエネルギーを必要としている際に適した餌と言えるが、ビタミンやミネラルの量が低いので、栄養剤を添加して与えよう。なお、やや外皮が硬く消化しにくい一面もある。

ハニーワーム

レッドローチ

正式名称はトルキスタンゴキブリ。爬虫類の餌としては2000年以降に登場した。小型だが（約30mm）、動きや外見はそのままゴキブリなので人によっては嫌悪感があるかもしれない。しかし、近年登場した餌の中でも優秀な素質を備えており、小型種にとっては使いやすい餌だと筆者は思う。また、ゴキブリでありながらガラスやプラスチックの壁を登ることができず、コオロギのように跳ねることもないため扱いやすい。栄養価としては高エネルギーでアミノ酸バランスが良いだけでなく、昆虫を食べる爬虫類で不足しがちとされるアルギニン値も高く、昆虫の中では比較的カルシ

ウムとリンの比率も良い（とはいえ、理想とされる2：1には及ばないので栄養剤の添加は行おう）。

レッドローチ

デュビアローチ

正式名称はアルゼンチンモリゴキブリ。爬虫類の餌としては2000年以降に登場した。ゴキブリでありながらガラスやプラスチックの壁を登ることができず、コオロギのように跳ねることもないため扱いやすく、管理が容易なのも嬉しい（水切れに強く、共食いもほとんどしない）。しかしながら、扁平な体型をしているため、小型種などは食べにくい場合もある。

レッドローチよりも大きく（35～40mmだが、横幅が広いためボリュームがある）、栄養価もそれなりに高いと思われるが、栄養剤の添加は行おう。

デュビアローチ

その他大型のゴキブリ

餌用として使えるさまざまなゴキブリ類

ヨコジママダガスカルゴキブリ（36～42mm）やラビエガータマダガスカルゴキブリ（50～70mm）・ポルテントーサマダガスカル

ゴキブリ（60～65mm）などマダガスカル産の大型ゴキブリのほか、主に中南米に分布するドクロゴキブリ類（35～50mm）などが使用される。アオジタトカゲ属やオビトカゲ属の中型～大型種に適している。

シロアリ

シロアリは語尾に"アリ"と付くものの、実際にはゴキブリに近い仲間である（昆虫綱ゴキブリ目シロアリ下目に含まれる）。海外では一部で古くから餌として使用されていたが（特に動物を採集する現地のサプライヤー。筆者も一時アフリカのサプライヤーのところで動物の管理を手伝っていたことがあるが、毎日森で安定して採集できるシロアリは重要な存在だった）、国内に餌用として販売され始めたのは2010年以降である（主にヤマトシロアリであることが多い）。幼体や小型種に利用できる。タンパク質が豊富でそのまま与えても問題なさそうだが、筆者は1度ネズミ用の乾燥飼料などを与えてから給餌するようにしている。トカゲの反応も良く、餌として高いポテンシャルを秘めて

いるように感じるが、同時に世界中で甚大な被害を出している害虫でもあるため、取り扱いには注意しよう。

シロアリ

アブラムシ

カメムシ目アブラムシ上科の総称。別名アリマキ。小型で（1.5～2.5mm）幼体や小型種に利用できる。市販はされていないようだが、一般的な農業害虫であり、そこらへんの雑草や街路樹でも入手できるだろう。もしくはキャベツの苗などを春先から野外で育てていれば、どこからともなく飛来して増殖することが多い。無害で動きも穏やかなので使いやすいが、発生時期がやや限られている（発生のボリュームゾーンは主に4～6月と9～10月）。与える際は化粧用のチーク

ブラシなどで植物から餌皿やケージ内にはたき落とすと良い（植物の葉ごと与えるとアブラムシが動かない場合が多い）。

アブラムシ

シミ（紙魚）

シミ目の総称。10mm前後の原始的な昆虫であり、蛹などの段階を経ないまま脱皮を繰り返して成虫になる（無変態）。人家に生息し、書籍や古文書などを食害することで知られており、特に糊付けされた紙を好み、本の表紙や掛軸などの表面を舐めるように食害することから漢字表記では「紙魚」と書かれる。餌としてはあまり一般的ではないが、どこにでもいるし、飼育も容易（乾燥した容器に小さな水入れを設置し、熱帯魚の餌や炊飯器の内釜に付く「おねば」をよく食べる。余談であるが、独特の形態と生態を持つため、ペットとして飼育してもおもしろい昆虫である）。幼体や小型種に利用できる。

シミ

ショウジョウバエ

トリニドショウジョウバエやキイロショウジョウバエなどの総称。小型で（2〜3mm）、ヤドクガエルなどの餌として古くから利用されてきたが、スキンク下目でも幼体や小型種に利用できる。"フライトレス"や"ウイングレス"と呼ばれる飛べない品種が専用の餌とケース付きで流通している（幼虫の状態で流通するが、羽化してから与える）。栄養価に関してははっきりしないので栄養剤を添加してから与えよう（粉状の栄養剤が添加されると一時的に運動能力も下がる）。

サシ

サシ（ヒツジキンバエ）

正式名称はヒツジキンバエ（稀にヒロズキンバエも混じるようだ。幼虫の大きさは約20mmだが成虫は7〜9mm）。別名サバサシ・紅サシ・バターウォーム・ワカサギウォームなど。川魚の釣り餌として古くから利用されてきたが、小型のスキンク下目にも広く利用できる。釣具店で100〜150匹の幼虫がおがくずと共に小袋に入れられて販売されているが、常温では数日で蛹となり（冷蔵庫で保管すれば1週間〜10日は幼虫の状態を維持できる）、羽化したものを与える。ちょっとコツがいるが、狭いビニール袋の中で羽化させれ

ば羽化不全となり飛べない個体を作ることもできる（もしくは羽化した成虫を一時的に冷蔵庫で冷やし、動けなくしてから翅を取り除く）。栄養価に関してははっきりしないので栄養剤を添加してから与えよう（粉状の栄養剤が添加されると一時的に運動能力も下がる）。余談であるが、日本国内には20種類以上の昆虫が釣り餌として流通しており、中には爬虫類の飼育に応用できそうなものもある。

アズキゾウムシ

アズキやササゲなどの害虫として有名な甲虫。小型で（2〜3mm）アズキの豆を入れておくだけで殖えるため管理は楽だが（25℃以上の気温であれば年5回以上発生する。成虫の寿命は約10日間）、害虫なので逃がさないよう十分注意が必要。一部の愛好家は古くから使用していた餌であるが、商品として流通するようになったのは2000年以降である（現在も見かける機会は多くない）。幼体や小型種に利用できるが、栄養価が不明なため補助的な餌と考えたほうが良いだろう。

ワラジムシ

語尾にムシと付くが、実際は昆虫ではなく甲殻類の仲間である。一部の愛好家は古くから使用していた餌であるが、商品として流通するようになったのは1990年以降である。流通しているのは主に小型のホソワラジムシ（4〜7mm）。ワラジムシは甲殻類なので昆虫に含まれていないさまざまな栄養素が含まれ、カルシウムも多く含むという特性を持つ一方、爬虫類が消化しにくいキチン質も大量に含んでいるため、補助的な餌と考えたほうが良いだろう。

ワラジムシ

その他野外で採集した昆虫や節足動物

セミやコガネムシ・バッタ・クモ・ハチなど、野外で採集した昆虫や節足動物も使用できなくはないが、一部のものは攻撃性が強かったり、忌避物質を分泌するため注意したい（ハチを与える際は一時的に冷蔵庫で冷やし、動けなくしてから毒針を取り除いて与える）、蝶や蛾はやや食べにくそうであり、種類によっ

ては幼虫期の毒針毛が体に付着しているものや、体内に毒性を持つものもいる。また、ウマオイやヤブキリ・エンマコオロギなどは大きな顎を持ち、攻撃性も高いため注意が必要（与えた際にトカゲを攻撃する可能性がある）。なお、クロゴキブリなども殺虫剤などが残留している可能性があるため、使用しないほうが良いと筆者は考えている。

ミミズ

ミミズ

　スキンク下目にはミミズを捕食するものが多く、輸入直後の立ち上げや拒食した際に役立つ場合がある。しかしながら、ミミズといっても何でも良いわけではなく、餌として安全に使用できるのは自然に生息しているものだけだと思っておこう。釣り餌用に市販されているシマミミズを爬虫類に与えて状態を崩した例があり、おそらくはシマミミズの持

つルンブロフェリンと呼ばれる酵素が影響している。なお、シマミミズはゴミ捨て場や家畜の糞の堆積場など人為的影響の大きい場所によく見られ、森林内など自然な条件の場所にはほとんど生息していない。近年は乾燥ミミズも餌として流通しているが、こちらも原材料にシマミミズが含まれている場合は避けたほうが良いだろう。

カタツムリなどの陸棲貝類

　ホソアオジタトカゲ属やアオジタトカゲ属などはカタツムリなどの陸棲貝類も好んで捕食する。爬虫類の餌用として缶詰に詰められたものも販売されているが、野外で採集することもできる。オナジマイマイやウスカワマイマイが小型で殻も薄いため適している。成体にはそのまま与えてもかまわないが、幼体に与える場合は殻を潰してから与えたほうが安全。なお、似た形状をしているが水棲のタニシ科は殻が硬いため向いていない。

カタツムリとナメクジ

マウス

　いわゆるハツカネズミ。肉食の中型〜大型種に利用される。サイズによって商品名が異なり、生まれたばかりの幼体はピンクマウス、やや育ったものはファジーやホッパー、成獣はアダルトやリタイヤと呼ばれる。栄養価は高いが、与えすぎは肥満を引き起こしやすいので注意しよう（妊娠中で栄養が必要なメスや、産後で体力を消耗しているメスなどに与えるのは良い）。冷凍されたものと生きたものが流通しており、生きたものはそのまま与えるが（ピンクマウスとファジーのみ。それ以外のサイズは生きたまま与えないほうが安全）、冷凍のものは以下の手順をしっかりと行おう。

①45〜60℃のお湯で解凍する。
②完全に解凍していることを触って確認する。
③水分を拭き取り（個体によっては濡れていると嫌がる）、冷める前に与える（34℃前後）。

03 スキンク下目の法律・飼育・繁殖

④ファジー以上のサイズは刻んで、もしくはニッパーなどで脊椎に切り目を入れてやっても良い（消化を促すため）。

⑤食べなければ破棄する（再冷凍・再利用などはしない）。

ヒヨコ

冷凍されたものが市販されており、肉食の中型〜大型種に利用される。マウスと同じように解凍してから与えるが、羽毛と脚は消化に悪く、また、雛の体内に残された黄卵はコレステロールの過剰摂取に繋がる可能性があるため、これらを取り除いてから与えよう。

葉野菜など

雑食や草食の種には小松菜や青梗菜・蕪の葉・大根の葉・サラダ菜・ルッコラ・ケール・タンポポ・食用菊・アルファルファ（ムラサキウマゴヤシ）・ハイビスカスなどが適している（詳細は P.308 〜「タイプ別飼育法」を参照）。

果実など

スキンク下目には果実を好むものも少なくない。バナナやリンゴ・イチジク・マスクメロン・パパイヤ・ベリー類などが適しているが、与えすぎには注意が必要（イグアナ下目などに比べると与えすぎによる弊害は少ないようだが、餌全体の 10 〜 20％程度に抑えたほうが安全）。

果実を食べるミドリツヤトカゲ

人工飼料

人工飼料には主に以下の 4 タイプがある。

①草食の種を対象にしたもの（主にグリーンイグアナやリクガメを対象に作られたものが多い）。

②雑食の種を対象にしたもの（主にフトアゴヒゲトカゲを対象に作られたものが多い）。

③果実食の種を対象にしたもの（主にオウカンミカドヤモリを対象に作られたものが多い）。

④肉食の種を対象にしたもの（主にヒョウモントカゲモドキを対象に作られたものが多い）。

①②はオマキトカゲ属やアオジタトカゲ属に、③④は汎用性が高くさまざまなスキンク下目に使用できる。しかしながら、スキンク下目にはにおいよりも視覚に頼って餌を探すものも多く、神経質な個体では嫌がったり、突然食べなくなってしまう場合もあるため、基本は活餌（生きた餌）であることを覚えておこう。

市販のさまざまな人工飼料（ペレット状で水でふやかしてから与えるタイプやゲル状のものなど多様な製品が流通する）

栄養剤

爬虫類を飼育する際に必ず用意しておきたいのが栄養剤である。野生下ではさまざまな餌を食べているため問題ないが、飼育下ではどうしても栄養が偏りがちになってしまい、特にカルシウムやビタミン D・ミネラルが不足しがちである。それらを解消するために近年、さまざまなタイプの栄養剤が開発されている。しかしながら、人工飼料にはミネラルやビタミンなどの必要量が計算されて配合されているので、栄養剤の添加は不要な場合が多い（ビタミンやミネラルの過剰摂取になるおそれがある）。

栄養剤には以下のタイプが存在する。

パウダータイプ

細かい粉末状タイプの栄養剤。餌に振りかけ、薄く粉が吹いた状態でトカゲに与える（ダスティングと呼ばれる。マウスには不要。また、ワラジムシも十

分なカルシウムを有しているので栄養剤の種類によっては不要）。注意点としては、粉を多く付けすぎると食感が悪いのか、餌を吐き出してしまう場合がある。また、一部中型〜大型種（アオジタトカゲ属など）ならば水溶性カプセルの中に栄養剤を詰め、それらをマウスなど餌の体内に挿入して与えることもできる。

カルシウム剤

栄養剤がまぶされたコオロギを食べるオニプレートトカゲ

リキッドタイプ

　液体状タイプの栄養剤。飲み水に適量を混ぜて使用するが、砂漠のような環境で暮らしている種類の多くは餌から水分を補給するため、水入れから直接水を飲むことが少ない。また、樹上棲種なども水が動いていないと認識できない場合があり、液体状タイプはあまり向いていない。

ガットローディング

　ガットローディングとは、餌の表面に栄養を添加するのではなく、餌の動物の体内に栄養を入れ込む方法である（Gut＝内臓＋Loading＝積み込む）。すなわち、餌昆虫にカルシウムやビタミンを配合した飼料を与え（筆者はカメの人工飼料を与えることが多い）、その栄養を吸収した餌昆虫をトカゲに与えることで、間接的にカルシウムやビタミンを補給させることができる。この方法は自然な状態で栄養価を高めることはできるが、餌の健康状態をチェックしながら計画性をもって行う必要はある。

整腸剤

　栄養剤ではないが、粉状でビール酵母などを主成分とした爬虫類専用の整腸剤というものが開発・販売されている。パウダータイプの栄養剤と同じように給餌の際に餌に振りかけて使用する。体内に入った整腸剤は腸内での悪玉菌の増殖を防ぎ、栄養の吸収効率を上げて食欲増進を促してくれるという（腸閉塞

を起こしてしまった際には水で溶いて生体に舐めさせることで排泄を促すこともできるそうだ）。不可欠というわけではないかもしれないが、動物の飼育は何が起こるかわからないので念のため用意しておくと良いだろう。

照明

　スキンク下目には薄明薄暮性や夜行性の種類も見られるが、多くは他の動物同様に日中は明るいことで食欲や行動が活発になり、夜間は暗くすることで安心して休息を取れる。よって、室内で飼育する場合は照明が重要となる。照明には大きく分けて以下のものがある。

スキンク下目には昼行性から薄明薄暮性、夜行性までさまざまなものが見られる。その種類に適した照明を選ぼう

紫外線ライト

　太陽の光には、目で見ることができる光（可視光線）の他に、目で見ることができない赤外線や紫外線が含まれており（不可視光線）、この一部が爬虫類の生理に大きな影響を与えていることがわかっている。紫外線は地表に届く光の中で最も波長の短いもので、波長の違いによって長波長紫外線（波長は315〜400nm。UV-Aや紫外線A波とも）、中波長紫外線（波長は280〜320nm。UV-Bや紫外線B波とも）、短波長紫外線（波長は100〜280nm。UV-Cや紫外線C波とも）の3種類に分類されるが、短波長紫外線はオゾン層によって吸収されるため、地上に到達することはない。爬虫類の飼育において重要になるのは長波長紫外線と中波長紫外線である。この紫外線を人工的に作り出した製品を一般に"紫外線ライト"と呼ぶ。

　長波長紫外線は、第1に爬虫類に見える光として役立っている。長波長紫外線が不足すると、昼行性の爬虫類は色が認識しづらくなり、食欲が落ちることがある。また、長波長紫外線は、脱皮や色素の合成・DNAの修復などにも役立っていると考えられている。

続いて、中波長紫外線についてであるが、昼行性の爬虫類は中波長紫外線を浴びることによって、骨代謝に必要なビタミン D_3 を体内で合成する。特に草食の種は、餌となる植物の中にビタミン D が少ない場合もあるので中波長紫外線の供給は重要となる。最良の方法は自然の日光浴であるが、それが難しい場合はこれら紫外線を照射できる専用の照明を使用する必要がある。現在では、爬虫類飼育専用の照明が多数販売されているので、お店の人に相談して選んでもらうと良い（青い光を発するものは避けよう。トカゲの眼に対して悪影響を及ぼす可能性がある）。

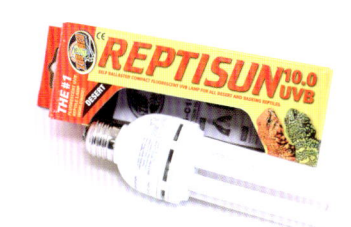

紫外線ライト

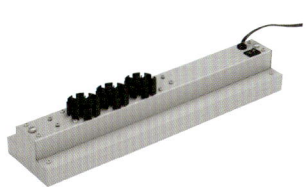

メタルハライドライト

バスキングランプ

バスキングランプ

爬虫類は外温動物なので周りの温度に応じて体温が変化し、ほとんどのものは自分で体温を上げることはできない。体温が上げられないと体の代謝能力が下がり、活動や食物を消化することが難しくなる。よって、飼育下では熱と光を出すバスキングランプを照射してやる必要がある（夜行性傾向の強いものや低温を好むもの、強い光を嫌うものを除く）。バスキングランプは温度を高める効果があるので、日光浴をさせたい場所に照射してやろう（いわゆるホットスポット）。

近年、販売されているバスキングランプには、広範囲にバランス良く照射する散光型と、1カ所を重点的に照射する集光型があり、筆者は季節や種によって使い分けている（広いケージの場合は散光型が使いやすい）。また、ケージの大きさによってワット数（W）を変える必要もある。目安としては、幅

60×奥行き30×高さ36cm程度のケージであれば、50 〜 75W。幅60×奥行き45×高さ45cmのケージであれば100W。それ以上大きなケージの場合は150W以上のものが適している。場合によっては複数設置し、ライトの高さや角度を調節してうまく温度を整えてやろう。

保温器具

熱と光を照射するバスキングランプについては前述したが、飼育には光を発さずに基本温度を保つための保温器具も必要となる。最も容易かつ安全なのは、エアコンなどで飼育している部屋ごと暖めてしまうことであるが、専用の飼育部屋などがなければ難しいかもしれないため、以下のような保温器具も利用できる。

ヒヨコ電球

古くからある保温器具で、熱電球を金属板で覆い熱を放散させたもの。周囲の温度を上げるのに役立つ。使いやすいが生体が接近しすぎないよう注意は必要。

熱電球

"ナイトライト" や"ムーンライド" と呼ばれるもので、爬虫類を刺激しないよう色を抑えた熱電球。夜間の保温に役立つ。注意点としては、熱の出る面を直接生体に向けないこと（火傷や脱水の危険性がある）。

シート型ヒーター

"プレートヒーター" や"フィルムヒーター""パネルヒーター" と呼ばれるもので、主にケージの下に敷いて使用する。保温と言うよりは建物から伝わる冷気を遮断するのに有効。木製ケージならば底板越し、ガラス水槽ならば板を張って板越しに使用する

シート型ヒーター

蓋の裏側に取り付けて飼育空間の上方から暖める製品

と良い。しかしながら、一部の樹上棲種（オマキトカゲ属など）では、直接トカゲの体に温度が伝わるような形では使用しないほうが良い（腹部のみが温まるような使いかたをすると状態を崩すことがある）。また、アオジタトカゲ属なども低温火傷になった例がある。

水中ヒーターとサーモスタット

観賞魚用の水中ヒーターとサーモスタット（温度調整装置）は、半水棲のミズトカゲ属やオオオビトカゲなど大きな水場が必要な種類の飼育において水場の保温に使用できる。なお、生体が直接触れて火傷することがあるので、ヒーター部には専用のカバーを設置しよう。

温度と湿度

スキンク下目には、イワトカゲ属のように体温が高い状態でないと活動できない狭温性（耐えられる温度の幅が比較的狭い動物）のものと、ヒメトカゲ属のように幅広い温度帯に適応している広温性（耐えられる温度の幅が比較的広い動物）のものが見られ、それぞれ環境設定が異なる。前者はケージ内に温度勾配を設けねばならず、昼夜の温度差も必要であるが、後者はさほど温度勾配を必要とせず、一日を通じて一定の温度帯で飼育することが可能である。

湿度に関しても、ある程度の湿度を必要とするものから、乾燥した環境を好むものまでさまざまで、湿度の不足、もしくは過剰は脱皮の際に異常を引き起こす原因となる。なお、爬虫類の飼育において蒸れは大敵である。どんな種類であっても蒸れるような環境では短時間で状態を崩してしまう。

飼育下における蒸れの原因は"温湿度の急変"であることが多い（過度の加湿だけでなく、過度の乾燥も蒸れに繋がる場合がある）。"多湿"とは"湿り気が多い"ということであり、"蒸れる"とは"風通しが悪い（通気が悪い）"ということである。爬虫類の飼育において多湿と蒸れの2つは異なるものであることを認識し、多湿な環境を要求する種類であっても通気性は十分に確保しよう。

爬虫類飼育では多湿と蒸れの2つは異なるものであることを認識しておこう

03
スキンク下目の法律・飼育・繁殖

床材

床材は、多湿な環境を好む種類と乾燥した環境を好む種類で異なり、それぞれの用途に合わせて使い分けることになる（どちらの環境にも対応できる床材も一部ある）。近年は多種多様な床材が販売されているが、まだ使用歴の短いものもあり、スキンク下目に対しては安全性などに疑問が残るものも見られる（ヘビ亜目には安全に使えても、トカゲ亜目には悪影響が考えられるようなものもある）。床材は彼らの体に直接触れるものであるから、爬虫類の飼育において重要な部分ではあるが、同時に悩ましい部分でもある（どの素材にも一長一短がある）。床材を選ぶ際の注意点はまず"安全性"が挙げられる。何らかの理由で誤食しても大丈夫なものや、床材が体に接触した際に害のないものを選ばなければならない。

以下に代表的なものを箇条する。

新聞紙

やや見栄えは悪いが入手しやすくメンテナンスも容易なので主にアオジタトカゲ属などの大型種で使用されることが多いが、腹部が擦れて炎症を起こしたり、四肢に異常が出ることがあるので筆者個人としてはお勧めしない。しかしながら、オマキトカゲ属のような樹上棲種であれば特に問題なく使用できる場合もある。なお、近年はペット用として無地の新聞紙なども販売されている（印刷物のインクは爬虫類にとって安全とは言い難いため、懸念要素が減るのは嬉しい）。

新聞紙は使いやすいが見栄えは良くない

ペットシーツ

基本的には前述の新聞紙と変わりないが、こちらはやや弾力があるため、新聞紙に比べると腹部の炎症などは起こりにくい。しかしながら、餌のにおいが付いていたりするとトカゲが齧ってしまうことがあるので注意しよう。

ココナッツマット

ココナッツの繊維をシート状に固めたもので、保

湿性・通気性が共に優れている。ケージのサイズに合わせてカットしておけば管理も容易。しかしながら、繊維が細長いため、誤食には注意しよう（腸閉塞を引き起こす可能性がある）。

アブラヤシの繊維でできたココナッツマット（ココナッツはココヤシが原料）

ウッドチップ・バークチップ

ウッドチップは杉や檜などの木を丸ごと砕いたものであり、バークチップは赤松や黒松の樹皮を砕いたもの。どちらもある程度の保湿性があり、爬虫類の飼育に広く使用されているが、スキンク下目は本来、針葉樹林に暮らすものが少ないため、やや不安が残る（樹液などに含まれる化学物質がトカゲに悪影響を与える可能性もないとは言えない）。

ココナッツチップ・ココナッツピート

ココナッツチップとはココナッツの殻を砕いたもの。ココナッツピートとはそれをさらに細かく粉状になるまで砕いたもの。両方とも爬虫類飼育の床材として広く使用されているが、乾燥すると粉状になって空気中に飛散し、トカゲの皮膚に付いて脱皮時などに悪影響を及ぼした例などが海外では報告されている（眼に入って悪影響を与えた例もある）。

ウォルナッツサンド

クルミの殻を細かく砕いたもの。乾燥した環境に暮らす爬虫類の床材として広く使用されているが、誤食したことにより口内が傷ついたり（角が尖っているものが多く、さらに吸水性が良いので口内に張り付いて溜まることもある）、消化器官に詰まって死亡した例もある。

水苔

本来は園芸用品だが、爬虫類の飼育にも広く利用されている。保湿性に優れており、多湿な環境を好む種類に適しているが、誤食すると消化できずに体内で溜まってしまうこともあるので注意。乾燥水苔は90℃以上の熱湯に浸け、冷ました後何度か洗ってから使用する。使い勝手も見栄えも良いがカビが発生しやすく、水分を含ませるほど腐りやすい一面もあるため、梅雨時や夏場は特に注意しよう。

ピートモス

本来は園芸用品だが爬虫類の飼育にも広く利用されている。水苔などの蘚苔類やヨシ・スゲ・ヌマガヤ・ヤナギなどの植物が堆積し、腐植化した泥炭を脱水・粉砕・選別したもの。通気性・保湿性が高い反面、乾燥すると粉状になって空気中に飛散し、トカゲの皮膚に付いて脱皮時などに悪影響を及ぼす可能性があるので、単体での使用はあまりお勧めしない（水苔や赤玉土・黒土などに混ぜて使用するのが良い）。

砂

砂ばかりの砂漠（いわゆる砂砂漠）に生息する種類に使用できる（逆に、砂砂漠に生息していない種類に使用すると後肢に異常を引き起こしたり、脱皮の際に指趾を失う可能性があるので注意）。近年は天然の砂漠の砂なども販売されており、それらを使用すると良い（観賞魚用に販売されている川砂などは角が尖っているものが多く、トカゲが誤食した際に口内が傷付く可能性がある）。なお、可能であればなるべくトカゲの体色に似たものを選んでやろう。

爬虫類飼育用に市販されている砂

大磯砂

古くから観賞魚飼育に使用されている天然石の砂利で（岩石が砕けて角が取れ、丸くなった小石）、サイズによって大粒（10mm〜）・中粒（5〜7mm）・小粒（2〜4mm）に分けられている。粒が硬く崩れることもなく、汚れても掃除を繰り返すことで半永久的に再利用することができる。巣穴を掘るような種類には使えないが、小型の地上棲種には汎用性が高い（大型種では誤食する可能性があるため注意が必要）。

赤玉土

本来は園芸用品だが、爬虫類の飼育にも広く利用されている。通気性・保湿性が共に優れており、乾燥した環境を好む種類にも、やや多湿な環境に生息する

種類にも使いやすい。湿度によって色が変わるのでわかりやすいという利点もある（湿度を吸収するほど黒くなる）。また、誤食したとしても砕けやすく問題になりにくい。筆者もよく使っているお勧めの床材である。しかしながら、あまりじめじめさせると泥のようになり、トカゲの体に張り付いてしまうことはある。

赤玉土

黒土

本来は園芸用品だが、爬虫類の飼育にも広く利用されている。黒色がかった火山灰土で保湿性には優れているが、通気性・排水性が悪い一面があるため、湿度の管理がやや難しい。ダニやカビも発生しやすい。よって、単体での利用ではなくピートモスや赤玉土などと混ぜて使用すると良い。

ソイル系

表土や下層土を粒状に加工したもの。近年はさまざまなタイプ（乾燥した環境用や多湿な環境用など）が開発・販売されている。乾燥により土埃が発生することもあるが（トカゲの体に張り付いてしまうこともある）、保湿性や消臭効果に優れており、管理も容易で使い勝手が良い。

粘土系

地中に巣穴を掘って暮らすタイプのスキンク下目に重宝するのが粘土系の床材である（オオヨロイトカゲやナミダメスナトカゲなど。ダーツスキンク属など柔らかい土壌に暮らす地中棲種には使用できない）。赤玉土など他の素材と混ぜて使用することで掘りやすく、崩れにくい状態を作り出すことができる。しかしながら、使用できるのは天然のものか（地層中などから得られた堆積物としての粘土を意味する。染料や着色料・化学物質が添加されたものは使用できない）、爬虫類の飼育用に開発された製品となる（Zoo Med社の「Excavator Clay Burrowing Substrate」や Exo Terra社 の「Terra Maker Paluda」など）。筆者は天然粘土に赤玉土を混ぜ、粘性と乾燥時の堅さを調節して使用している（トカゲ自身に巣穴を掘らせることもできるが、人間の手で

ケージ内に巣穴を造形しても良い）。

＊＊＊

筆者のお勧めは前述したように赤玉土である。さまざまな場面で使い勝手が良く、メンテナンスもしやすいと思う。さらに入手も容易で比較的安価なのも嬉しい（ホームセンターの園芸用品売り場などで販売されている）。また、赤玉土に黒土・ピートモスなどをブレンドし、より適した床材を作り出すこともできる。なお、床材は必ず市販されているものを使用するようにしよう。山や畑から取ってきたものには農薬や化学肥料・石灰・ダニなど彼らにとって害となりやすいものが含まれている可能性がある。

シェルター

あらゆる動物にはストレスを感じた際に逃げ込める安息の空間と時間が必要であり、それがシェルター（Shelter ＝隠れ家）である。ケージ内にもシェルターを必ず設置しよう（よく慣れた個体では必要としない場合もあるが、飼育開始当初は設置したほうが良い）。設置数はトカゲの飼育数＋1以上にする（ケージ内の高温部と低温部の両方に設置すると良い）。

以下に代表的なものを箇条する。

ダンボール

主に大型種に利用できる。適切な大きさのダンボールにカッターなどで入り口を作るだけで良い。見栄えは悪いが汚れたら取り替えれば済むので管理も楽である。また、神経質な個体の場合は入り口を塞いでしまい（閉じ込めてしまう）、その間にケージの掃除などを行うこともできる。筆者も慣れていないWC個体の大型種などを管理する際にはよく利用している。

菓子箱など

地上棲の小型種に利用できる。特にチョコレートなどによく使われている引き出し型の箱は使いやすい。トカゲが入れるだけの隙間を空け、出入口以外は床材に埋めてしまっても良い。見栄えが悪いというか、

やや奇抜な雰囲気になってしまうので好みの分かれるところであろうが、筆者はさまざまな爬虫類で使用している。

ウェットシェルター

植木鉢と同じ素焼きで作られたシェルター。屋根の部分に窪みがあり、水を入れるとシェルター全体に水が染み込んで適度な湿度を保つと同時に、気化熱を利用して温度の上がりすぎを防ぐこともできるという優れものである。近年はさまざまなタイプや大型のものも販売されている。

コルクパイプ

コルクガシの枝で中身が空洞になっているもの。地上棲種には置いておけば良い。樹上棲種の場合は枝に結束バンドなどで固定して使用する。かつては見かける機会自体が少なかったが、近年は大型のものも販売されているので、トカゲの大きさに合ったものを選べるようになってきた。見ためも自然でレイアウトを邪魔しないのも嬉しい（着生植物を植えることもできる）。

ビニールパイプ

主に地上棲種や地中棲種に利用できる。水平に半分埋めるようにしてケージに設置する。見栄えは悪いが入手も容易で使いやすい。

人工植物

人工植物はプラスチックでできた植物の模造品。近年ではきわめて精巧に作り込まれ、本物と見紛うようなものも販売されている。もちろん人工物なので本物の植物のように湿度を維持したりはできないが、汚れたら洗えるといったメリットはある。

観葉植物

観葉植物は人間からの視線を遮ったり、トカゲが照明を眩しいと感じた際に逃げ込むことができる。空中湿度を維持できるという利点もあるため、樹上棲種には必須のアイテムと言えるが、草食や雑食の種類では食べてしまうことがあるので、毒性のないものを選ぶようにしよう（トカゲが食べなくても餌となる昆虫が食害して二次的にトカゲに影響を与える可能性もある）。

シェルターを選ぶポイントを簡単に説明したい。まず重要なのはシェルターの大きさである。爬虫類は狭いところに潜むことを好む傾向があるため、シェルターは大きすぎず、小さすぎないものを選ぶようにしなくてはならない。種類によって異なるため一概には言えないが、目安としては、地上棲種ならばトカゲが中に入って体を回転させることができる大きさがあれば良い。コルクパイプの場合はトカゲの胴回りよりもやや大きいものを選ぶようにしよう。観葉植物は飼育する種類と環境によって異なるが、比較的汎用性が高いのはチランジアやブロメリア・テーブルヤシ・アスプレニウム・アグラオネマ・アジアンタム・ダバリア・シノブ・カラテア・オリヅルラン・パキラ・ビカクシダ・ハイビスカスなど。どれも毒性がないか、ごく低いためトカゲが食べてしまっても大丈夫だろう。

登り木や石

スキンク下目の多くは立体的な活動をするものも多いため、ケージ内に登り木や石を配置してやろう。以下に代表的なものを箇条する。

流木

　河川や海に流れ込んだ樹木やその一部、それらが河岸や海岸に漂流物として打ち上げられたものを指す。爬虫類の飼育で最も広く利用されているのがこの流木だろう。流木はさらに"自然流木（太く自然な形状）"や"枝状流木（枝部分がある流木）""スタンプウッド（切り株状の流木）"に大別される。自然物のため千差万別であり、飼育する種の生態に適したものを選ぶ。なお、テラリウムで使用する場合はアク抜き処理は必要ないとされているが、筆者は念のため必ずアク抜き済のものを使用している。

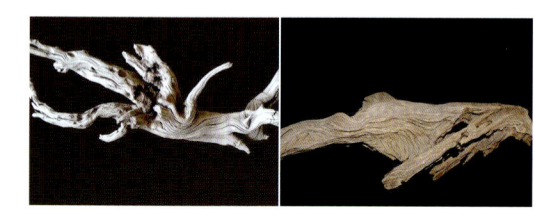

人工流木

　合成樹脂で作られた自然流木のレプリカ。流木に比べてカビが生えにくい、洗いやすい、形が一定しているといった特徴がある。こちらも近年はさまざまなタイプが販売されているので飼育する種の生態にあったものを選ぶと良い。

枝

　近年は精巧なレプリカも販売されているが、野外で採集することもできる（筆者のお勧めはクヌギやコナラ・藤蔓など）。その場合は熱湯消毒と乾燥を行ってから使用するが、時間と共に劣化するので定期的に交換せねばならないだろう（木の中で暮らしていたカミキリムシなどが羽化して出てくる場合もある）。なお、枝の太さは種類にもよるが、あまり細いものは好まないものが多いので、トカゲの胴回りよりも太いものが良いだろう。

コルクガシ

　コルクガシの枝（棒コルクとも）や樹皮も使いやすい。かつては見かける機会自体が少なかったが、近年は大型のものも販売されているので、トカゲの大きさに合ったものを選べるようになってきた。トカゲの胴部よりも太いものを目安に選ぶ。見た目も

自然でレイアウトを邪魔しないのも嬉しい（着生植物を植えることもできる）。

コルク片。立てかけるなどして配置すると樹上棲種の活動場所となる

石（天然石）

　地上棲種が効率的に日光浴を行うために使用される。近年はバスキングストーンやウォームストーンとも呼ばれている。選ぶポイントは熱を吸収しやすく保温力があること。平置きした時にぐらつかず安定していること。トカゲが腹部を暖めやすい形状であることなどが挙げられる。なお、カラカネトカゲ属など地面に潜る性質があるものに使用する場合は、石の底が必ずケージの底面に付くように設置しよう（トカゲが砂の中に潜った際に石に押し潰される危険性がある）。

レンガ（煉瓦）など

　大きさが均一で使いやすい。使用方法は石と変わらないが、天然石に比べると水捌けの悪い一面があるため、乾燥した環境を好む種にはあまり向いていないかもしれない。元々素朴でレイアウトをさほど邪魔しないものが多かったが、近年はさまざまなタイプが販売されており、色や形状・素材なども選べるようになってきた。

バックボード

　ケージの奥面や側面にバックボードを設置するだけで、雰囲気が一気に自然っぽくなる。また、岩場に暮らすものや樹上棲種ではバックボードを設置す

るとこにより活動面積を増やしたり、より適切な環境を作り出すこともできる（一部の種では衝突防止にもなる）。以下に大まかな種類と作成方法を箇条する。

● 市販されているタイプ

近年は岩肌や木肌に模したバックボードも販売されている。それらは適合するケージにはめ込むだけでよい。しかしながら、これらは主に外観を重視したデザインのものが少なくない（シェルターなどは付いていないものが多い）。

● バージンコルク

別名バージンコルクシート。樹皮の特徴を残したままコルクガシの樹皮を平たく加工した製品。ケージの寸法に切り出し、シリコンなどで貼り付ける（細かい隙間は発泡ウレタンで埋める）。主に小型〜中型の樹上棲種に適している。

● 発泡ウレタン

ここからはより本格的なバックボード作成となる。まずは発泡ウレタンを使用する方法の手順を以下に箇条する。

①ケージの奥面や側面に発泡ウレタンスプレーを吹きかけ、硬化するのを待つ。コルクボードなどを埋め込んでも良い。

②ウレタンの表面をカッターや彫刻刀などで削って調節する。枝などを突き刺しても良い。

③ウレタンの表面にシリコンを塗り、ソイルなどを貼り付ける（多湿な環境で使用する場合は苔やシダ植物を植え込む飼育者もいる）。

発泡ウレタンは自由度が高く、さまざまな環境を作り出すことができる。近年は陸地と水辺に生息する動植物を取り入れた飼育環境、いわゆるパルダリウムとして使用される例が多い。

● モルタル造形バックボード

紹介する中では最も本格的なバックボード作成となる。特に中型〜大型種で岩場に生息する種類に適している。手順は以下のとおり。

①断熱材の1種であるスタイロフォーム（発泡ポリスチレン）をケージの奥面や側面の寸法に合わせて切り出す（モルタルを表面に塗ると厚みが出るため、左右5mm ずつ短めに切り出す。厚さは

25 〜 30mm が使いやすい）。これが土台となる。

②土台に高台や岩肌・岩の隙間などをイメージして、切り出したスタイロフォームをシリコンで貼り付けていく。飼育するスキンク下目の生態に合わせて造形していこう（例：イワトカゲ属ならば高低差を付けた高台など。狭い所に入り込むことを好むスジトカゲ属ならば、数 cm の隙間を設けて岩の隙間を再現するのがお勧め）。

③下地用のモルタルを塗る。接着力あるカチオン系モルタルがお勧め。全体的に塗り終えたら、完全に乾燥するまで待つ（もしも水中で使用する場合はコンクリート用アク抜き剤を使用して無害化しよう）。

④造形用モルタル（ギルドセメント）を塗る。造形用モルタルにはレギュラータイプとレリーフタイプがあり、時間をかけてディテールを作り込みたい場合は後者がお勧め。

⑤造形用モルタルを塗り終えたら、乾燥する前に表面を金束子などで軽く叩き、表面を岩っぽくしてやろう。そして、完全に乾燥するまで数日待つ。

⑥いよいよ最後の工程である着色の準備となる。まずは、塗料を定着させるための下地となるシーラーを表面に塗る（凹凸があり塗りにくいとは思うが、隅から隅までしっかりと塗ろう）。

⑦シーラーが乾いたら、塗装を始める。現在はさまざまな塗料が販売されているが、水族館や動物園で使用されているような安全性の高いものが良いだろう（ホルムアルデヒド発散速度 F☆☆☆☆を取得しているもの）。塗料の塗りかたはさまざまだが、まずは陰となる部分に暗い色を塗り、上から明るい色を重ねていくのがお勧め。最後に乾燥させ、イメージどおりであれば完成となる。

給水

スキンク下目が野生下でどのようにして水分を摂取しているのかは、不明な部分が多い（特に乾燥地帯に生息する地中棲種など）。しかしながら、どの種も水切れに弱い傾向があるため、水入れは必ず設置する。小型種の場合はあまり大きなものは必要ないが、ミズベトカゲ属などは体が浸かれる大きさのものが望ましく、ミズトカゲ属では水入れではなくアクアテラリウムのような環境が必要になる。ツヤトカゲ属やダシアトカゲ属・ミドリチトカゲ属などの樹上棲種では、

ケージの中層や下層など複数の水入れを設置するが、飼育開始当初は静止した水面では水と認識できないものも見られるため、水場にはエアレーションなどを施して水面に動きをつけたほうが良い場合もある（環境に慣れて水場を認識できるようになったら取り除いても良い）。

なお、植物の葉や枝に付いた露を舐め取るものも多いため、カメレオン用に開発された"ドリッパー"という点滴型の給水装置も使いやすい。専用のものも販売されているが、自作も難しくなく、プラスチックボトルの下部に穴を空けてシリコンチューブを取り付け（水が漏れないよう接着部を耐水性パテなどで塞ぐ）、その先端にローラークレンメ（点滴調節器具）や一方コック（観賞魚用品）を附設し、水滴が約1〜10秒に1滴のペースで流れ出すように設定。それを植物の葉の上や登り木の上に落ちるように配置するだけである（水滴の受け皿として下にプラケースなどを設置すると良いが、トカゲが落ちても出られるような工夫も必要。小型の流木や枝を入れておくと良い）。

その他必要なもの

その他スキンク下目の飼育に必要なものや、あると便利なものを箇条する。

温湿度計

温湿度計は当然ながら爬虫類の飼育には不可欠である。ケージ内に複数設置し、温度勾配や湿度がしっかりと設定されているか毎日確認しよう（温度計は設置型だけでなくガンタイプもあると便利）。

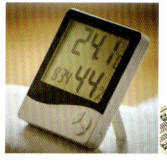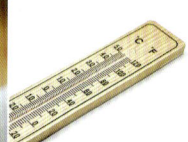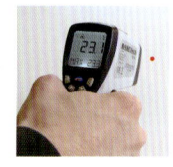

霧吹き

ケージ内の加湿や水やりに使用する。筆者は蓄圧式のロングノズルタイプを使用しているが、狭い場所にも届いて使いやすい。

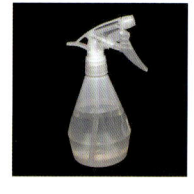

体重計

小型種ならば小動物用のデジタルスケール体重計などが適している。小型種ではプラケースなどに入れたまま計測し、その後ケージの重さを引く。体重測定は定期的（1カ月に1回程度）に行うようにしたい（なるべく短時間で行い、トカゲのストレスにならないよう注意する）。特にカブトトカゲ属やミュラートカゲなど生態に不明な部分が多い種類では適正体重を知ることは重要である（体重の変化により成長の度合いや状態の良し悪しを推察することができる）。

プログラムタイマー

照明の設定に役立つ（設定した時間は電源がオンになり、それ以外の時間はオフになる）。専用のものも販売されているが、イルミネーション用なども応用できる。

小型ファン

暑さや蒸れ対策として小型ファンがあると便利。近年は爬虫類飼育専用のものも販売されている（観賞魚用やPC用のファンを工夫して使用している飼育者もいる）。ケージ外に空気を排出するタイプとケージ内に空気を送り込むタイプがあるが、筆者は冷却効果が得られて（ファンの風力や配置場所にもよるが、2〜3℃は下がるだろう）蒸れ対策にもなる後者がお勧め。大型ケージではケージの対角線上に双方を設置すれば通気がかなり良くなる（逆を言えば湿度が急速に下がっていくので種類によっては注意が必要）。

ピンセット

給餌やレイアウトのメンテナンスに使用する。25cm以上の長さがあるものがお勧め。給餌に使用するものはトカゲが咬みついても傷つかないよう、先端がゴムのものやプラスチック製のものが適している。

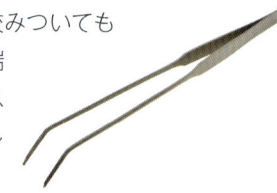

スコップ

必ずしも必要ではないかもしれないが、掃除の際にあると便利。プラスチック製の小さなものでかまわない。底面に穴が空いているタイプは床材と糞や食べ残しを分離してくれるので管理の手間が省ける。

予備ケージ

メンテナンスの際などにトカゲを入れておくためのケージ。大きめのプラケースや衣装ケースなどが適している。なお、筆者はトカゲのストレスを軽減するため予備ケージに入れている間は上から黒い布で覆っている。

ノンアルコールタイプの除菌シート

ケージ内や壁面が汚れたら使用する。真菌発生の予防にもなる。除菌・消臭が可能な次亜塩素酸水も使いやすい（名前が似ているが次亜塩素酸ナトリウム液は強アルカリ性の溶液のため、生体には使用できないので注意）。

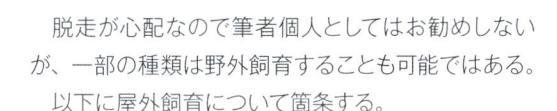

屋外飼育

脱走が心配なので筆者個人としてはお勧めしないが、一部の種類は野外飼育することも可能ではある。以下に野外飼育について箇条する。

野外飼育のメリット

最も大きなメリットは紫外線である。人工の光源では再現しきれない太陽光の恩恵を十分に受けることができるだろう。

野外飼育のデメリット

野外飼育をある一定期間行うと室内のケージに戻した際に暴れる個体が多い。また、慣れていた個体であっても、野外飼育を行うと神経質になる傾向がある。

野外飼育できる種類は？

ヨロイトカゲ属やイワトカゲ属・アオジタトカゲ属・

スジトカゲ属などで成功例があり、関東以南では年間を通じて野外飼育を行っている飼育者も存在する。なお、筆者の知るかぎりオオヨロイトカゲの繁殖例は野外飼育でのみ成功例がある。

いつ頃から屋外飼育できるか

幼体や熱帯産の種類などは、当然ながら冬季は室内で保温して飼育することになる。屋外飼育に移行できる目安は夜間の最低温度が20℃を超える日が続くようになってから。また、梅雨の期間は湿度が高くなりすぎる場合があるので、種類によっては室内で飼育したほうが安全な場合がある。

場所

風通しが良く、日光が十分に当たる環境が望ましいが、無理な場合は一日数時間の日光が当たるような場所でもかまわない。明るい日陰ですら十分な紫外線量があるだろう。

設備

飼育する場所を決めたら、そこにコンクリート製の基礎ブロックなどを設置し、その上にアクリル製の大型水槽などを設置して飼育するが、雨水などが溜まらないよう底面には加工が必要となる（地面を掘る習性を持つものが多いため、直接地面に接さないよう注意する）。そして天面の30〜50%にベニヤ板などを固定し、日陰となる場所を作ってやろう。

注意点

屋外飼育において最も注意しなければならないのは脱走である。設備に損傷や不備がないか毎日確認しよう。場所によってはカラスやタヌキ・イタチ・アライグマ・マングースなどにも注意が必要。筆者の知り合いはイワトカゲ属の野外飼育に成功し、繁殖まで成功させていたのだが、ある夜アライグマの襲撃に遭ったようで、一晩で全滅した恐ろしい例もあった（トカゲは皆食べられてしまい、頭部や尾部などが周辺に転がっており、まさに地獄絵図のような状況であったという）。また、落ちているゴミや金属片・発泡スチロールなどを食べてしまうこともあるので必ず取り除いておく。

野外飼育の恩恵は大きいが、脱走や野生動物の襲撃には注意が必要

温浴

温浴とは言葉のとおり"トカゲをぬるま湯に浸ける"ことを意味する。生息環境を問わず中型種以上の種類に行われることが多い（主にアオジタトカゲ属やカニンガムイワトカゲなど。小型種や樹上棲種・神経質な個体は原則として行ってはならないが、入荷直後の脱水を改善するために行うことはある）。当然ながら、野生下ではあり得ない特殊な状況であるため、メリットとデメリットが存在する。以下にその代表的なものを箇条したい。まずはメリットから。

①脱皮の手助けになる

湿度不足などによる脱皮不全を防ぐ効果があると考えられており、実際に脱皮不全になってしまったら温浴を行い、旧皮をふやかせて慎重に取り除く。

②食欲促進

拒食した際に温浴を行うと改善される場合がある（1度食欲が戻るとその後も続けて食べてくれることもある）。

③排泄の促進

温浴は排泄を促進する効果がある。よく食べるのに糞が少ないと感じたら、温浴してみるのも1つの方法である。

④汚れが落ちる。発色が良くなる

体表に付いた汚れが落ちるのはもちろんのこと、一部のものは温浴を行うことにより発色が良くなる場合がある。

続いて、デメリットを以下に箇条する。

❶ストレスになる

前述したように、飼育下特有の特殊な状況であるため、ある程度のストレスはかかるだろう。

❷体調を悪化させる場合もある

人間と同じようにトカゲも湯冷めする場合があり、適切に行わないと下痢などの原因となる。

温浴の主な方法は、大きめのタッパーやプラケースに30〜35℃前後のお湯を張り、トカゲをゆっくりと浸けるだけである。水深はトカゲが頭を上げた状態で頭部全てが水面から出る程度にする。温浴の時間は10分までとし、温浴中は決してトカゲから目を離さないようにする。頻度は2週間〜1カ月に1度程度が良いだろう。その他注意点として、食後は行わないこと。トカゲが嫌がったら直ちに中止すること。複数の個体や別種を一緒に温浴させないこと（伝染病などを予防するため）などが挙げられる。なお、温浴が終わった個体は乾いたタオルなどで全身の水を優しく拭き取ってやろう。

繁殖に挑戦する前に把握しておくべきこと

スキンク下目の繁殖形態は種類や属によって異なるが（詳細はP.308〜「タイプ別飼育法」を参照）、繁殖に挑戦する前に把握しておくべきことを以下に箇条する。

①北半球か南半球か

一般的に日本国内における爬虫類の繁殖は、日本と同じ北半球に分布している種類ほど容易で、季節が逆となる南半球に分布している種類はやや難しいと思っておいたほうが良い。南半球に分布している種類は導入から1〜2年はしっかりと環境に適応させることから始めよう。

②地上棲・樹上棲・地中棲

一般に地上棲の種類ほど繁殖が容易で、樹上棲や地中棲の種類はやや繁殖が難しいか、不明な部分が多い傾向がある。

③繁殖の季節性

爬虫類の多くは繁殖に季節性を持つが、一部の種類は一年中繁殖が可能となっている。季節性がない種類は冬季の日照時間や温度を調節するクーリング（Cooling。冬季処理とも）を必要としないため（クーリングにはリスクもある）、飼育下での

繁殖においては有利な場合があるが、逆を言えば計画的に殖やすのが難しいということでもある。

④コロニーや一夫一妻制の有無

スキンク下目にはコロニーを形成する種類や、一夫一妻制の種類が見られる。一般にそういった強い絆で結ばれている種類ほど飼育下での繁殖は難しい傾向があるが、逆を言えば1度でも繁殖に成功したり、コロニーを形成できればその後も繁殖が狙えるということでもある。

⑤卵生か胎生

スキンク下目には卵生の種類と胎生の種類が見られる。胎生の種類は卵の管理期間を省略できるが、いきなり幼体が生まれてくるわけだから、出産が近いと思った時点で幼体のためのケージや餌などを用意しておく必要がある。

筆者が考えるに、飼育下で特に繁殖が容易なのはタテスジマブヤやフタイロマブヤで（タテスジマブヤは飼育下ではほぼ1年中繁殖が可能であるが、やや寿命が短い傾向はある。なお、両種共に胎生）、次いで、ベニトカゲやカブトトカゲ属など（ベニトカゲはやや雌雄がわかりにくい。カブトトカゲ属は幼体を育てるのがやや難しい）。難しいのはイワトカゲ属やマツカサトカゲなどが挙げられるだろう（イワトカゲ属はコロニーを形成し、マツカサトカゲは一夫一妻制を持つと考えられている）。

目にする機会は多くないが、飼育下でも繁殖が比較的容易なフタイロマブヤ

産卵床

産卵床とは、卵生種が飼育下において安心して卵を産卵できる場所を意味する（ヒラタトカゲ属のように岩の隙間に産卵するものも見られる）。この産卵床について簡単に説明する。

小型〜中型種ならば、上部や側面に穴を空けたタッパーウェアなどが適しているが、サイズは狭すぎても大きすぎてもトカゲが落ち着かない。目安として全長20cm の個体ならば大きさは幅14×奥行き14×高

さ7cmで、出入り口となる穴は直径3〜4cmもあれば良いだろう（体の柔軟性が低いものはより広いものを用意し、入り口も大きくする必要がある）。オオプレートトカゲ属のような大型種ではプランターなどが使いやすい。なお、産卵床は外部からは見えないよう、タッパーウェアなどは不透明なものを使用し、プランターを使用する場合は上部に蓋を設置したり、周辺に植物などを植えて目隠しを設ける。産卵床の中には湿らせた黒土やバーミキュライト・ピートモス・水苔などを敷き詰める。

産卵床の設置場所は、ケージ内のバスキングランプなどが届かない低温部の隅が適しているが、床材を深く敷き詰めて飼育する種では、床材の中に埋めてしまっても良い（その場合はトカゲが出入りしやすいよう、上部の隅に穴を空けるのがお勧め）。産卵床は卵生種の繁殖には欠かせないものであるが、産卵床を設置しても必ずしもその中に産卵するわけではなく、場合によっては水入れの下や産卵床の下・シェルターの中などで産卵してしまうこともある。

卵の管理

スキンク下目の繁殖形態は種類や属によって異なるが（詳細は P.308 〜「タイプ別飼育法」を参照）、卵の管理方法は共通点が多いため、本項でまとめておく。

スキンク下目のメスには、産卵後に孵化まで卵を守り続けるものと（スジトカゲ属やアジアマブヤ属の一部など）、そうでないものが見られる。前者の場合は、メスにそのまま育てさせるか、人間の手で孵化させるかを選ばなくてはならない。母親にそのまま育てさせる場合は、交尾・妊娠が確認された時点でオスとは別居させ、単独飼育を行う。産卵後のメスは不活発となり、卵の周りから離れようとはせず（飼育下では産卵後卵の元を離れてしまう母親もいる。その場合は人間の手によって孵化させる必要がある）、餌もほとんど食べなくなる（弱らせたコオロギなどをピンセットで近づけると食べる程度）。飼育者はそのまま湿度や温度変化に注意しながら見守るだけである（時折加湿するが、霧吹きなどではなく、ピペットなどを用いて水がメスや卵に直接掛からないよう注意する）。

人間の手で孵化させる場合は、産卵された卵を取り出し、卵の保管容器に移し（保管容器は通気のために穴を空けたタッパーウェアなどに、水分を含ませ

たバーミキュライトや赤玉土・黒土・水苔などを敷き詰めたものに、上部が少し見える程度に埋めてやる。なお、近年は爬虫類孵卵専用床材も販売されており、湿度のコントロールが容易で使いやすい）、孵化器の中に入れて管理を行う（孵化器は専用のものも販売されているが、自作することもできる。愛好家は発泡スチロールや園芸用の温室を用いて自作していることも少なくない。温度と湿度が保てるならそれで十分なので、柔軟に考えて工夫しよう）。なお、卵にはゴム手袋などをして、卵に直接触らないように注意しながら慎重に取り出す。爬虫類の卵は、発生が始まると同時に胚の位置が決定されるため、卵が回転するようなことがあってはならない。卵の上部にペンなどで印を付けておく。孵化までの期間は種類によって異なるが、長いものでは100日を超える場合もある。なお、孵化までの温度が高すぎると奇形が生まれる確率が高くなり、逆に低すぎても卵の中で胚が死んでしまう確率が高くなるので注意しよう。

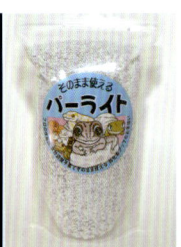

市販されている爬虫類用孵卵材

ベニトカゲの孵卵　　カザリオビトカゲの孵化

検卵

得られた卵が有精卵か無精卵かの判断がつかない場合や、無事に発生しているかどうかを調べる方法として、キャンドリング（光透過法）というものがある。方法としては、ゴム手袋を装着し、卵が決して回転しないように慎重に持ち上げ、懐中電灯などの光で卵を透かして中身を確認する方法である（発熱量の少ないLEDなどが良い）。1度でも失敗すれば、卵はもう孵らないので（死んでしまう）、慎重に行う必要がある。無精卵の場合は黄色っぽく（血管などは

ほとんど確認できない）、有精卵の場合ピンク色のように見える場合が多い（血管なども確認できる）。

死籠り

死籠りとは、本来は"蚕が繭（まゆ）を作る途中で死んで蛹とならなかったもの"を意味する養蚕用語だが、現在は鳥類愛好家や爬虫類愛好家の間でも"孵化直前に卵の中で幼体が死んでしまった場合"に用いられている。死籠りは頑張って状態良く雌雄を管理し、交尾・産卵まで漕ぎつけて卵を慎重に管理しても、最後の最後にその全てが水泡に帰するわけだから、飼育者やブリーダーにとっては恐ろしい現象であるが、その原因ははっきりしていない（水分の過剰という説もあるが、同じ状況で温度・湿度を管理していても、正常に孵化する卵と死籠りが発生した例もある。鳥類では、卵殻の真下に広がる漿尿膜という薄い膜に関係しているという説もあるが、鳥類と爬虫類では卵の内部構造や胚の発達方法がやや異なる）。一部のヘビやカメでは手遅れになる前に卵殻を切開し、幼体を取り出すこともできるが、スキンク下目のような小さな卵では難しく、効果的な対策が見つかっていないのが現状である。いつの日か死籠りの原因が解明され、この不吉な単語が死語となる日が来ることを筆者は願わずにはおれない。

今までの努力を最後に全て無駄にするのが死籠りである。筆者を含め、多くの愛好家が涙を呑んできた

幼体の管理

卵が孵化しているのを確認したら、すぐには触らず、腹部周辺をしっかりと観察してみよう。幼体は生まれる直前まで卵内でヨークサックから栄養を吸収しており、時折ヨークサックを腹部に付けたまま卵から出てくることもあるので、そういった個体を見つけたら自然に吸収されるまで触らずに様子を見よう（筆者は孵化後1～2日くらい孵卵器の中で様子を見ることも多い）。その後、別の飼育容器に移動させるが、幼体は体温調節が苦手なので低温や乾燥には注意。

幼体は体力がないので毎日餌を与える必要があるが（生後数日間は餌を食べないことも多いが、体内に数日分の栄養を蓄えた状態で生まれてくるので、心配はさほどいらない）、最初は栄養剤などを添加せず（違和感があるのか、吐き出してしまう場合がある）、まずはしっかりと餌を食べることを確認する（その後少しずつ添加して栄養剤に慣らしていこう）。

上から孵化後間もないカザリオビトカゲ・オリーブダシアトカゲ・ベニトカゲ・ミドリツヤトカゲ

胎生種の場合

　胎生種の場合だが、妊娠中のメスは日光浴を行う時間が長くなり、食べる餌の量が増え（栄養価の高い餌をたくさん与えるようにする）、やや神経質になる傾向がある。妊娠中のメスにはハンドリングなどは行わず、ストレスを与えないように注意（早産の原因になる場合がある）。場合によっては、オスや他の個体とは別居させても良い（その場合は妊娠したメスのみをケージに残し、その他を移動させるようにする）。出産が近くなるとメスはシェルターに身を潜めるようになり、出産は午前中に行われることが多いようだ（生まれた幼体が低温に晒されず、直ちに活動できるためだろう）。妊娠期間は種類によって異なるが、90〜180日のものが多い。胎生種は卵の期間がなく、いきなり幼体が生まれてくるわけだから、出産が近いと思った時点で幼体のためのケージや餌などを必ず用意しておこう。

産後のケア

　卵や幼体の管理と同時に行わなければならないのが産後の母親のケアである。メスにとって産卵や出産は命がけの大仕事であり、体内の栄養素も卵や幼体に大量にもっていかれてしまうため、産後のケアは重要である（小型種では産後の肥立ちが悪い場合が少なくない）。

　まず、オスを別のケージに移動し、霧吹きなどでメスにしっかりと水分補給をしてもらう（中型種以上であれば浅く張った水に浸けてやっても良い）。その後、栄養剤を添加した餌を小まめに与え、しっかりと餌食いを確認する（種類によってはピンクマウスなども与えることもあるが、小型種では逆に状態を悪化させることもあるので注意）。飼育温度を少しだけ高くして管理するのも効果的な場合がある。

タイプ別飼育方法

　以下にCHAPTERⅡで紹介した種類を中心に、属レベル（一部特殊な生態を持つものは種レベル）での飼育をタイプ別に説明していくが、一部の属はほとんど飼育例がないため、暫定的に分類しているものもある（飼育に関してはさほど大きな差はないと思われるが、繁殖に関しては不明な部分が多い。なお、餌に関する基本的な情報や注意点などはP.288「餌」を参照）。

Type 1

カタヘビトカゲ属

　本タイプに含まれるスキンク下目は、地上棲で乾燥した草原や荒れ地に生息し、中型だが体形は細長いヘビ型で、四肢は退化して消失しているか、ごく小さなものを残しているにすぎない。肉食で主に節足動物を捕食する。鮮やかな色彩を持つものはいないが、目立つストライプ模様が入るものが多い。繁殖形態は胎生。

　さほど活発ではないが、体の柔軟性はやや低く、ケージ内には温度勾配も必要なため、適したケージのサイズは単独飼育もしくはペア（オス1：メス1）ならば幅90×奥行き45×高さ45cmとなるだろう。床材は細かすぎない砂や赤玉土・ソイル系などが適している。あまり細かい砂だとトカゲが動きにくく、長期間使用すると状態を悪化させるおそれがあるため、使用しないほうが良い。地上棲だが低木に登ることもあり、石や流木・コルクガシの枝などを立体的に設置するが、あまり複雑にはせずシンプルに留めよう。水入れを常設するが、飼育開始当初は水入れから直接水を飲むことは少ないので（エアレーションなどで水面を動かすと反応が良くなる）、毎日照明を点けた際に霧吹きをしてやるのが良いだろう。シェルターにはやや大きなものを複数使用し、そのうちの1つはウェットシェルターにしておこう（陶器製で上部に水が溜められるタイプが良い）。照明は、ホットスポットを作り出すためのバスキングランプと紫外線ライトの両方を設置するが、バスキングランプの照射範囲はやや狭くする（床材に当たるように照射する）。点灯時間は春季〜秋季は約10時間、冬季は7〜8時間。温度はホットスポット直下が35〜38℃（ホットスポットは岩などのレイアウトではなく床材に当たるように設置する）、低温部は25℃前後になるように設定し、トカゲが好きな時に好きな場所を選べるようにする。夜間は照明を消し、ケージ全体の温度を23℃前後まで下げてやろう。やや乾燥した環境を好むため、湿度は40〜60％を維持する。なお、夜間は

消灯した際に霧吹きをケージ全体に行い、湿度を一時的に70％まで上げる。しかしながら、蒸れると短時間で状態を悪化させてしまうため十分注意したい。

　餌は栄養剤を添加したコオロギやレッドローチなどを与える。消化力がやや弱い一面があるため、ミルワームなどのワーム類は与えないほうが安全。給餌頻度は成体ならば2〜3日に1回、幼体ならば毎日与える必要がある。給餌はなるべく早い時間に行い、その後はしっかりと消化が促せる時間を確保しよう。掃除（糞や食べ残しなどを取り除く）は毎日行い、3〜4カ月に1度は床材などを全て換え、レイアウト品なども熱湯消毒する大掃除を行う。その他、飼育における注意点として、本タイプに含まれるスキンク下目はコロニーなどは作らない単独生活者であると考えられており、多頭飼育を行うと一部の個体の餌食いが落ちることがあるので注意（特にメス）。

　繁殖については不明な部分が多いが、生後14〜18カ月で性成熟に達するものが多い。飼育下では、適切な環境で状態の良い雌雄が揃っていれば特に何もしなくても繁殖した例はあるが（ケープカタトカゲのメスは明確な繁殖期を持たず、一年中繁殖が可能であることがわかっている）、冬季と春季〜秋季に日照時間の変化はあったほうが良いという意見もある。交尾、もしくは妊娠を確認したらオスとは別居させ、メスは静かな環境で栄養価の高い餌をたくさん与えて出産に備えさせよう。妊娠期間に関してははっきりしないが、1度に3〜17匹の幼体を、主に午前中シェルターの中などで出産する。なお、メスにとって出産や産卵は命がけの大仕事であり、産後は体力を消耗しているため、栄養価の高い餌をしっかりと与えて労をねぎらってやろう。

　生まれてきた幼体は成体とは別のケージで管理する。管理方法などは成体と変わらないが、やや温度変化と乾燥に弱い一面があるので、ケージの隅にウェットシェルターなどを設置する。

　本タイプに含まれるスキンク下目はペットトレードへの流通はほとんどなく、現時点では情報不足が否めないため筆者は中級者（ある程度爬虫類の飼育や取り扱いに慣れた人）向けのグループであると考えている。

03 スキンク下目の法律・飼育・繁殖

マサイ
ヨロイトカゲ

ヒナタヨロイトカゲ

Type 2

ヨロイトカゲ属・カルーヨロイトカゲ属・ナマクアヨロイトカゲ属・ニヌルタヨロイトカゲ属・アルマジロトカゲ属・ニセヨロイトカゲ属・リュウオウヨロイトカゲ属（オオヨロイトカゲを除く）

本タイプに含まれるスキンク下目は、地上棲で乾燥した草原や荒れ地に生息し、小型〜中型で機能的な四肢を持つ。肉食〜肉食中心の雑食。鮮やかな色彩のものは少ないが、ドラゴンを想わせるその風貌から高い人気がある。繁殖形態は胎生のものが多いが、一部は不明。

やや活発だが体の柔軟性は低く、ケージ内には温度勾配も必要なため、適したケージのサイズはヨロイトカゲ属・カルーヨロイトカゲ属・ナマクアヨロイトカゲ属・ニヌルタヨロイトカゲ属・アルマジロトカゲ属なら単独飼育、もしくはペア〜トリオ（オス1：メス2）で、幅90×奥行き45×高さ45cmとなるだろう（より広ければなお良い）。ニセヨロイトカゲ属とリュウオウヨロイトカゲ属（オオヨロイトカゲを除く）は中型のため、幅120×奥行き60×高さ45cm以上のものが良い。なお、トリオ以上の場合は、メスがオスにストレスを与える場合があるため、注意が必要（血縁のグループであれば問題ない場合もある）。床材は細かすぎない砂や赤玉土・ソイル系などが適している。あまり細かい砂はトカゲが動きにくく、長期間使用すると四肢に異常をきたすおそれがあるため、使用しないほうが良い。地上棲だが立体活動も得意なため、石や岩などを設置するが、あまり複雑にはせず、シンプルに留めよう。水入れを常設するが、飼育開始当初は水入れから直接水を飲むことは少ないので（エアレーションなどで水面を動かすと反応が良くなる）、2日に1度照明を点けた際に霧吹きをしてやろう。シェルターは複数設置し、そのうちの1つはウェットシェルターにする（陶器製で上部に水が溜められるタイプが良い）。照明は、ホットスポットを作り出すためのバスキングランプと紫外線ライトの両方を設置する。点灯時間は春季〜秋季は約10〜12時間、冬季は

7〜8時間。温度はホットスポット直下が37〜45℃（ホットスポットは石や岩などに当たるように設置する）、低温部は24〜28℃になるように設定し、トカゲが好きな時に好きな場所を選べるようにする。夜間は照明を消し、ケージ全体の温度を20℃前後まで下げてやろう。乾燥した環境を好むため、湿度は50〜60%を維持し、夜間、消灯した際に霧吹きをケージ全体に行い、湿度を一時的に70〜80%まで上げてやっても良い。しかしながら、蒸れると短時間で状態を悪化させてしまうため十分注意する。

餌は栄養剤を添加したコオロギやレッドローチ・デュビアローチ・ミルワーム・ジャイアントミルワームなどを与えるが、ワーム類は外皮が硬く消化しにくいため、亜成体以上のサイズにのみ与えるようにし、常用は避ける。なお、ニセヨロイトカゲ属は植物も食べるため（リュウオウトカゲ属も食べるかもしれない）、時折、ブドウやベリー類・食用菊・オウカンミカドヤモリ用の人工飼料なども与えてみよう。給餌頻度は成体ならば2〜3日に1回、幼体ならば毎日与える必要がある。給餌はなるべく早い時間に行い、その後はしっかりと消化が促せる時間を確保しよう。掃除（糞や食べ残しなどを取り除く）は毎日行い、3〜4カ月に1度は床材などを全て換え、レイアウト品なども熱湯消毒する大掃除を行う。その他、飼育における注意点として、1匹のオスを中心としたコロニーを形成して暮らしているものが多いため（クロヨロイトカゲなど一部は、繁殖期以外は単独で暮らしている可能性がある）、オス同士は争うことがあるので注意。また、本タイプに含まれるスキンク下目は臆病な個体が多く、人間がケージに近づくと逃げ回り、シェルターに潜んでしまうのが普通である。静かな環境でゆっくりと時間をかけて慣れてもらう（アルマジロトカゲはやや慣

れやすい一面がある)。

　生後 15カ月～2年で性成熟に達すると考えられており、飼育下では適切な環境で状態の良い雌雄が揃っていれば特に何もしなくても殖えた例はあるが、計画的に殖やすならば、冬季の日照時間や温度を調節するクーリングを行ったほうが良いという意見が多い。なお、本タイプに含まれるスキンク下目の繁殖には、雌雄の相性やコロニーの形成が重要となるため、長い時間がかかると考えておこう (数年以上かかるのが普通。10年以上かかった例もある)。最も良い方法は、幼体のうちから多頭飼育を行い、互いに馴化させておくことであるが、幼体時は雌雄がわかりづらいという問題もある。クーリングの方法としては、11月まではしっかりと餌を与えて十分な栄養を蓄えさせ、12月からは数週間かけて徐々に温度を下げ、最終的には 13～15℃に設定し (ヨロイトカゲ属では 8～10℃まで下げる愛好家もいる)、同時に照明の点灯時間も徐々に短くする (紫外線ライトの照射時間は8時間前後まで短縮させ、バスキングランプは消してしまおう)。1月頃にはトカゲは活動も鈍くなり (活動せずに眠っていることが多い)、餌もほとんど食べなくなるだろう (餌を与える必要はないが、水は飲むので水入れには常に新鮮な水を入れておく。慣れた個体ならばスポイトで吻端に水を垂らしても良い)。そのままの環境を約 2カ月間維持し (アルマジロトカゲではメスのみを 13～15℃前後で 4～6週間クーリングさせ、オスをメスのケージに移動して成功した例もある)、その後、徐々に温度を上げて通常の飼育状態に戻そう。うまくいけばクーリングが明けると同時に交尾が始まることが多く、オスはメスを追いかけ、頸部に咬みついて交尾を行う。時に激しいことがあるため、メスが傷つきそうな場合は 1度オスを引き離し、数日後に再挑戦してみよう。妊娠期間は 4～6カ月のものが多く、妊娠したメスは餌をよく食べ

るようになり (体重も増える)、日光浴も長時間行うようになる。出産が近くなると神経質になり、シェルターに潜んでいることが多くなる。妊娠中のメスはデリケートな一面があるので極力刺激しないようにし (ストレスは早産の原因になりやすい。場合によってはオスと別居させる)、慎重に観察を続けよう。出産は主に午前中に行われることが多く、メスは 1度に 1～5匹 (アルマジロトカゲでは 1～2匹) の幼体を出産するが、最初の出産から終わるまで 1週間ほどかかることもある。なお、メスにとって出産は命がけの大仕事であり、産後は体力を消耗しているため、栄養価の高い餌をしっかりと与えて労をねぎらってやろう。ちなみに、野生下でのメスは隔年で繁殖を行うものも多いようだが (オスは毎年挑戦するが、メスが受け入れない)、飼育下では毎年繁殖に成功している例もある。生まれてきた幼体は成体とは別のケージで管理したほうが良いという意見が多い (アルマジロトカゲではメスが幼体の世話をするという説もあるが、飼育下では成体がいると日光浴の時間が短くなる傾向がある)。管理方法などは成体と変わらないが、やや温度変化と乾燥に弱い一面があるので、ケージの隅にウェットシェルターなどを設置してやると良い。

　本タイプに含まれるスキンク下目は 1970年代には流通例があり、2000年代までは一部の種類は比較的コンスタントな存在だったが、近年は目にする機会がめっきり少なくなってしまった。繁殖はひと筋縄ではいかないが (逆を言えば、1度成功すればその後も同じ雌雄での繁殖が狙える)、飼育そのものはさほど難しくないため、筆者は初心者から熟練の愛好家まで楽しめるグループであると考えている (ヨロイトカゲ属のオオウロコヨロイトカゲとニヌルタヨロイトカゲ属を除く。これらは近年流通したばかりで、生態には不明な部分が多い)。

Type 3

オオヨロイトカゲ

　本タイプに含まれるスキンク下目はリュウオウトカゲ属に含まれるが、大型で全長 40cmに達し、寿命も 40年を超える。地上棲で草原や荒れ地に生息

し、肉食中心の雑食。ドラゴンを想わせるその風貌から高い知名度と人気を誇り、愛好家垂涎の種となっている。繁殖形態は胎生。本種は海外では野外飼

育が推奨されることが多く、筆者もそれがベターだとは思うが（日本国内でも無加温の野外飼育で成功例がある）、本書では主に室内飼育を想定した内容を述べる（繁殖のみ野外飼育を想定した）。また、本種はタイプ②の飼育方法が用いられることも多いが、本書では野生下における本来の生態に近づけることを目的とした飼育方法を説明する。

　やや活発だが柔軟性は低く、大型で巣穴を掘る習性があり、ケージ内には温度勾配も必要なため、適したケージのサイズは単独飼育、もしくはペアで幅150×奥行き80×高さ80〜100cmが必要となる（より広ければなお良い）。床材は細かすぎず、崩れにくいものを深さ50cm以上敷き詰める必要がある。底部には砕いた赤玉土と黒土・粘土（天然素材のものか、爬虫類飼育専用に開発された製品）などを混ぜて加湿したものを敷き、上部に向かうにつれ徐々に粗く、乾燥させるのが良い（ケージの隅に底部まで通じるビニールパイプなどを通しておき、定期的に水を入れて底部を加湿する）。地上棲だが立体活動も得意なため、石や岩などを設置するが、あまり複雑にはせず、シンプルに留めよう。水入れを常設するが、飼育開始当初は水入れから直接水を飲むことは少ないので（エアレーションなどで水面を動かすと反応が良くなる）、2日に1度、照明を点けた際に霧吹きをしてやるのが良いだろう。シェルターはトカゲ自身で掘らせた巣穴を使用させるが、完成するまでは地表に大きめのコルクパイプなどを設置する。なお、トカゲが巣穴を掘るための取っ掛かりとして、太めのパイプを斜めに突き刺し、内部も軽く掘っておいてやると、そこから掘り始める場合がある（完全な巣穴を造形し、それをトカゲに使用させている飼育者もいる。その場合は最深部をトカゲが回転できる程度に広くする）。照明は、ホットスポットを作り出すためのバスキングランプと紫外線ライトの両方を設置する。点灯時間は、春季〜秋季は約10〜12時間、冬季は7〜8時間。温度はホットスポット直下が40〜45℃（ホットスポットは石や岩などに当たるように設置する）、低温部は22〜25℃になるように設定し、トカゲが好きな時に好きな場所を選べるようにする。夜間は照明を消し、ケージ全体の温度を18〜20℃まで下げてやろう。乾燥した環境を好むため、湿度は50〜60％を維持し、夜間は消灯した際に霧吹きをケージ全体に行い、湿度を一時的に70〜80％まで上げてやっても良い。しかしながら、蒸れると短時間で状態を悪化させてしまうため十分注意する。

オオヨロイトカゲ

　餌は栄養剤を添加したコオロギやレッドローチ・デュビアローチ・ミルワーム・ジャイアントミルワーム・ピンクマウスのほか、人工飼料（フトアゴヒゲトカゲ用やヒョウモントカゲモドキ用・オウカンミカドヤモリ用の製品）などを与えるが、ミルワームなどのワーム類は外皮が硬く消化しにくいため、亜成体以上のサイズにのみ与えるようにし、常用は避ける。なお、植物も食べるため、定期的にブドウやマンゴー・マスクメロン・食用菊なども与えてみよう。給餌頻度は成体ならば2〜3日に1回、幼体ならば毎日与える必要がある。給餌はなるべく早い時間に行い、その後はしっかりと消化が促せる時間を確保する。掃除（糞や食べ残しなどを取り除く）は毎日行い、6カ月に1度は床材などを全て換え、レイアウト品なども熱湯消毒する大掃除を行おう（可能であれば同じレイアウトのケージを用意し、トカゲだけを入れ替えるようにする）。その他、飼育における注意点として、本種は比較的社交的でオス同士でも激しい争いに発展することは少ないものの、どうもパーソナルスペースを大切にしているようなので、多頭飼育には注意したい（特にオス）。また、体表の鱗は鋭く、素手で掴むと皮膚に刺さることもある。

　生後約5年で性成熟に達すると考えられているが、飼育下での繁殖は容易ではない。海外で数例の成功例が知られてはいるが、筆者の知るかぎり、それらは全て野外飼育においてのみ達成されている（2004〜2014年にかけて約459匹のFH個体もしくはCB個体が南アフリカから輸出されているとされるが、実際は全てWC個体であるという説があり、国際的に非難された例もあった）。導入から1〜2年は室内で飼育し、しっかりと環境に適応させることから始め、問題がないと思ったら野外飼育に切り替えて自然の気候に合わせてクーリングを行うのが良いだろう（しかしながら、この方法が利用できるのは関東以南に暮らす飼育者に限られるかもしれない）。妊娠期間は1年とも2年とも言われているが、はっきりしない（春に交尾を行うが、オスの精巣の発達

は夏から始まり、秋～冬には退縮するため、精子を精巣上体管と精管に7～8カ月貯蔵して春に使用する。また、メスも1年以上貯精することがあり、遅延受精が可能となっている）。メスは1度に1～2匹の幼体を出産する。なお、メスにとって出産は命がけの大仕事であり、産後は体力を消耗しているため、栄養価の高い餌をしっかりと与えて労をねぎらってやろう。ちなみに、野生下での繁殖は隔年～3年おきに行われる。生まれてきた幼体はややデリケートなので、成体とは別のケージで管理したほうが良いという意見が多い（タイプ②の管理方法で飼育し、ある程度成長したら成体と同様のレイアウトを使用

する）。管理方法などは成体と変わらないが（植物はあまり食べない場合が多い）、やや温度変化と乾燥に弱い一面があるので、ケージの隅にウェットシェルターなどを設置してやりたい。

本タイプに含まれるスキンク下目は少なくとも1980年代には流通例があり、2000年以降も流通例はあるが、高価で目にする機会は多くない（2004年以降野生個体数は50%以下に激減し、絶滅の危険性が高まっているとされる）。飼育そのものはさほど難しくはないが、大がかりな設備が必要となり、さらにやや複雑な背景もあることから、筆者は中級者向けのトカゲであると考えている。

Type 4

ヒラタトカゲ属

本タイプに含まれるスキンク下目は、地上棲で乾燥した草原や荒れ地・岩場に生息し、小型～やや中型で機能的な四肢を持つ。肉食中心の雑食で、節足動物から植物まで食べる。顕著な性的二型を持ち、オスは鮮やかな体色と模様が目立つ。繁殖形態は卵生。

活発でケージ内には温度勾配も必要だが、さほど大きくはないため、多くの種で適したケージのサイズは単独飼育もしくはペア～トリオならば幅90×奥行き45×高さ45cmとなるだろう。しかしながら、全長30cmに達するミカドヒラタトカゲは幅120×奥行き60×高さ45cm以上のものが良い（より広ければなお良い）。床材には細かすぎない砂や赤玉土・ソイル系などが適している。あまり細かい砂はトカゲが動きにくく、長期間使用すると四肢に異常をきたすおそれがあるため使用しないほうが良い。地上棲だが立体活動も得意なため、石や岩・流木などを多用し、ケージ内に物陰となる場所を多数作ってやろう。水入れを常設するが、飼育開始当初は水入れから直接水を飲むことは少ないので（エアレーションなどで水面を動かすと反応が良くなる）、2～3日に1度、照明を点けた際に霧吹きをしてやる。シェルターは複数設置し、そのうちの1つはウェットシェルターにしておこう（陶器製で上部に水が溜められるタイプが使いやすい）。照明は、ホットスポットを作り出すためのバス

ミカドヒラタトカゲ（オス）

キングランプと紫外線ライトの両方を設置する。点灯時間は、春季～秋季は約10～12時間、冬季は8～10時間。温度はホットスポット直下が38～45℃（ホットスポットは石や岩などに当たるように設置する）、低温部は24～26℃になるように設定し、トカゲが好きな時に好きな場所を選べるようにする。夜間は照明を消し、ケージ全体の温度を20℃前後まで下げてやろう。乾燥した環境を好むため、湿度は50～60%を維持し、夜間は消灯した際に霧吹きをケージ全体に行い、湿度を一時的に70～80%まで上げてやっても良い。しかしながら、蒸れると短時間で状態を悪化させてしまうため十分注意したい。

餌は栄養剤を添加したコオロギやレッドローチ・デュビアローチ・ミルワームなどを与えるが、ブロードレイヒラタトカゲなどはオウカンミカドヤモリ用の人工飼料を舐めることもある（他種でも慣れればフトアゴヒゲ

トカゲ用やヒョウモントカゲモドキ用の製品を食べるものもいる）。なお、ワーム類は外皮が硬く消化しにくいため、亜成体以上のサイズにのみ与えるようにし、常用は避ける。また、飼育下では興味を示さないものも多いが、ロメインレタスやイチジク・ブドウなども時々与えてみよう。給餌頻度は成体ならば2～3日に1回、幼体ならば毎日与える必要がある。給餌はなるべく早い時間に行い、その後はしっかりと消化が促せる時間を確保しよう。掃除（糞や食べ残しなどを取り除く）は毎日行い、3～4カ月に1度は床材などを全て換え、レイアウト品なども熱湯消毒する大掃除を行う。その他、飼育における注意点として、本属は野生下では1匹のオスを中心としたコロニーを形成して暮らしており、オス同士は激しく争う場合があるため、オスを2匹同じケージで飼育することはできないと考えたほうが良い（広いケージで成功した例があるものの、トカゲにリスクを負わせる理由はないだろう）。また、動きがすばやいので、管理の際には脱走に十分注意。

　生後2～3年で性成熟に達すると考えられているが、はっきりしない。飼育下では、適切な環境で状態の良い雌雄が揃っていれば特に何もしなくても殖えた例はあるが、計画的に殖やすならば、冬季の日照時間や温度を調節するクーリングを行ったほうが良いという意見が多い。クーリングの方法としては、11月まではしっかりと餌を与えて十分な栄養を蓄えさせ、12月からは数週間かけて徐々に温度を下げ、最終的には15～16℃に設定し（ヨロイトカゲ属は8～10℃まで下げても良い）、同時に照明の点灯時間も徐々に短くする（紫外線ライトの照射時間は8時間前後まで短縮させ、バスキングランプは消してしまう）。1月頃にはトカゲの活動も鈍くなり（活動せずに眠っていることが多い）、餌をほとんど食べなくなるだろう（餌を与える必要はないが、水は飲むので水入れには常に新鮮な水を入れておく。慣れた個体ならばスポイトで吻端に水を垂らしても良い）。そのままの環境を約2カ月間維持し、その後、徐々に温度を上げて通常の飼育状態に戻そう。うまくいけばほどなくしてオスの発色がより鮮やかになってメスを追いかけ回すようになり、頸部や前肢に咬みついて交尾を行う。時に激しいことがあるため、メスが傷つきそうな場合は1度オスを引き離し、数日後に再挑戦してみよう。なお、本タイプに含まれるスキンク下目の繁殖にはコロニーの形成が重要になるため、長い時間がかかると考えられていたが、数年での成功例もあるため、どちらかというと環境への適応度と雌雄の相性

ジンバブエヒラタトカゲ

が重要なのかもしれない。妊娠したメスは餌をよく食べるようになり（体重も増える）、日光浴も長時間行うようになるが、産卵が近くなると神経質になり、物陰に潜んでいることが多くなる。妊娠中のメスはデリケートな一面があるので極力刺激せず（ストレスは早産の原因になりやすい。場合によってはオスと別居させる）、慎重に観察を続けよう。産卵が近いと思ったら、ケージ内に適した"産卵場所"を用意せねばならない。というのも、本種は野生下では"日当たりの良い、深部が湿っている岩の割れ目"に産卵する習性があるからである。産卵場所としては、ケージ内に厚さ10cmほどのレンガなどを、3cmほど間隔を空けて並べ、その隙間に湿らせた黒土などを半分ほど詰めておく（野生下でも産卵場所としてよく選ばれるのは"縦に開いた割れ目"であることが多い）。メスが気に入ったら、中の土を掘り出して産卵するが、同時に、一般的な産卵床もケージ内に設置しておこう。場合によってはその中に産卵することもある（産卵床の中に産卵してくれたほうが卵を取り出すのが容易なので、飼育者としては助かる）。妊娠期間は2～4カ月で、産卵は未明に行われることが多く、1度に2個の卵を産卵する。卵は温度28～30℃、湿度80～85％の設定にて、80～130日で孵化するとされるが、飼育下では発生が途中でとまってしまうことも珍しくない（理由ははっきりしないが、昼夜で管理温度に差をつけたほうが良い、という意見もある）。なお、メスにとって産卵は命がけの大仕事であり、産後は体力を消耗しているため、栄養価の高い餌をしっかりと与えて労をねぎらってやろう。生まれてきた幼体は成体とは別のケージで管理したほうが良いという

意見が多い（成体と一緒でもかまわないという意見もあるが、共食いの危険性が否定できない）。管理方法などは成体と変わらないが、やや温度変化と乾燥に弱い一面があるので、ケージの隅にウェットシェルターなどを設置すると良いだろう。

本タイプに含まれるスキンク下目は少なくとも1980年代には流通例があり、2010年頃までは少な

いながらもコンスタントな流通が見られたが、近年は目にする機会がめっきり減ってしまった（当時からヨロイトカゲ属の影に隠れがちで、あまり注目されていなかった）。繁殖には不明な部分が多いものの、飼育そのものは難しくないため、筆者は初心者から熟練の愛好家まで楽しめるグループであると考えている。

Type 5

オニプレートトカゲ属・オオプレートトカゲ属

本タイプに含まれるスキンク下目は、地上棲で乾燥した草原や荒れ地・岩場に生息し、中型〜大型で機能的な四肢を持つ。雑食で節足動物から哺乳類・植物までさまざまなものを食べる。鮮やかな色彩を持つものはいないが、比較的強健で性質も穏やかなことから高い人気がある。繁殖形態は卵生。

やや活発だが体の柔軟性は低く、ケージ内には温度勾配も必要なため、適したケージのサイズは単独飼育もしくはペアならば幅120×奥行き60×高さ45〜60cmとなる（より広ければなお良い）。床材は細かすぎない砂や赤玉土・ソイル系などが適している。あまり細かい砂はトカゲが動きにくく、長期間使用すると四肢に異常をきたすおそれがあるため使用しないほうが良い。床材は浅くてもかまわないが、粘土（天然素材のものか、爬虫類飼育専用に開発された製品）などを混ぜて崩れにくくし、15〜20cm敷き詰めれば地中に巣穴を掘って暮らす様子も観察できる。地上棲だが立体活動も得意なため、石や岩などを設置するが、あまり複雑にはせず、シンプルに留めよう。水入れを常設するが、飼育開始当初は水入れから直接水を飲むことは少ないので（エアレーションなどで水面を動かすと反応が良くなる）、2日に1度、照明を点けた際に霧吹きをしてやるのが良いだろう。シェルターは複数設置し（大型のコルクパイプなどが適している。巣穴を掘らせて飼育する場合でも念のため設置しよう）、そのうちの1つはウェットシェルターにするとより良い（小型のコンテナやシューズボックスの側面に入り口として穴を空け、湿らせた水苔などを敷き詰める）。照明は、ホットスポットを作り出すためのバスキングランプと紫外線ラ

イトの両方を設置する。点灯時間は春季〜秋季は約12〜14時間、冬季は7〜9時間が良い。温度はホットスポット直下が40〜48℃（ホットスポットは石や岩などに当たるように設置する）、低温部は23〜27℃になるように設定し、トカゲが好きな時に好きな場所を選べるようにする。夜間は照明を消し、ケージ全体の温度を20℃前後まで下げてやろう（25℃は超えないように注意。夜間の温度が高いと、トカゲが良質な睡眠を得られない）。湿度に関してはさほどうるさくはないが、やや乾燥した環境を好む傾向があるため、湿度を40〜60%に維持し、夜間は消灯した際に霧吹きをケージ全体に行い、一時的に70〜80%まで上げてやっても良い。しかしながら、蒸れると短時間で状態を悪化させてしまうため十分注意する。

餌は栄養剤を添加したコオロギやレッドローチ・デュビアローチ・ミルワーム・ジャイアントミルワーム・ピンクマウスのほか、人工飼料（フトアゴヒゲトカゲ用やヒョウモントカゲモドキ用・オウカンミカドヤモリ用の製品）などを与えるが、ワーム類は外皮が硬く消化しにくいため、亜成体以上のサイズにのみ与えるようにし、常用は避ける。茹でた鶉卵も好むが、脂質が多いので、与える場合は1カ月に1回程度に。なお、植物も好むため、蕪の葉や小松菜・ロメインレタス（タチチシャ）・カラシナ・オランダガラシ・エンダイブ・ケール・アルファルファ・タンポポ・刻んだカボチャ・刻んだニンジン・食用菊のほか、リンゴ・イチジク・パパイヤ・マンゴー・ブドウ・ベリー類なども与えたい（果実は全体の10%程度で良い。柑橘類は消化器系に良くないので与えてはならない）。

しかしながら、飼育下では肥満になりやすいだけでなく、動物質ばかり与えていると四肢に異常をきたすことがあるので、餌の内容と回数はトカゲのサイズによって、以下のように調節する。

1 **全長 15 ～ 20cmまでの幼体** ➡ 動物質も植物も毎日与える（初めの 5 ～ 10分間は動物質の餌を食べるだけ与え、その後は植物を餌皿に入れて常設する）。

2 **全長 20 ～ 30cmまでの幼体** ➡ 1週間のうち、月・水・金・土・日曜日のみ動物質を与え、植物は毎日与える。

3 **全長 30 ～ 45cmまでの若い個体** ➡ 1週間のうち、火・木・土曜日のみ動物質を与え、月・水・金・日曜日は植物を与える。

4 **全長 45cm以上の成体** ➡ 1週間のうち、月・木曜日のみ動物質を与え、火・水・金・土曜日は植物を与え、日曜日は餌を与えない。

給餌はなるべく早い時間に行い、その後はしっかりと消化が促せる時間を確保しよう。掃除（糞や食べ残しなどを取り除く）は毎日行い、3 ～ 4カ月に 1度は床材などを全て換え、レイアウト品なども熱湯消毒する大掃除を行う。その他、飼育における注意点として、与える餌の大きさは個体の頭部の横幅よりも小さいものとし、あまり大きな餌は与えないようにする（稀だが喉に詰まらせて死亡した例がある）。

オニプレートトカゲは生後 3 ～ 4年、イワヤマプレートトカゲは生後約 5年で性成熟に達すると考えられており、飼育下では適切な環境で状態の良い雌雄が揃っていれば特に何もしなくても殖えた例はあるが、計画的に殖やすならば、冬季の日照時間や温度を調節するクーリングを行ったほうが良いという意見が多い。クーリングの方法としては、11月まではしっかりと餌を与えて十分栄養を蓄えさせ、12月からは数週間かけて徐々に温度を下げ、最終的には 17℃前後に設定し、同時に照明の点灯時間も徐々に短くする（紫外線ライトの照射時間は 7時間前後まで短縮させ、バスキングランプを消す）。1月頃にはトカゲの活動も鈍くなり（活動せずに眠っていることが多い）、餌をあまり食べなくなるだろう（餌を与える必要はないが、水は飲むので、水入れには常に新鮮な水を入れておく。慣れた個体ならばスポイトで吻端に水を垂らしても良い）。そのままの環境を約 2カ月間維持し（4 ～ 6週間でも成功例はある）、その後、徐々に温度を上げて通常の飼育状態に戻そう。うまくい

コオロギを食べるオニプレートトカゲ

オニプレートトカゲ

けばクーリングからほどなくして交尾が始まることが多い。オスはメスを追いかけ、頸部や前肢に咬みついて交尾を行うが、時に激しいことがあるため、メスが傷つきそうな場合は 1度オスを引き離し、数日後に再挑戦してみよう。なお、本タイプに含まれるスキンク下目は、野生下では 1匹のオスを中心とした小さなコロニーで暮らしているが、飼育下では他個体に対して比較的寛容なため、他個体の導入もそう難しくはないだろう（繁殖するまでには数年以上かかる場合もあるが）。しかしながら、オスもメスも自分より年齢が離れている個体や幼体は繁殖相手として見てくれない傾向があるため、繁殖を狙うならば、できるだけ同じ大きさの個体を選ぶ必要がある（血縁の個体も避けたほうが良いという意見が多い）。妊娠したメスは餌をよく食べるようになり（体重も増える）、日光浴を長時間行うようになるが、産卵が近くなると神経質になり、シェルターに潜んでいることが多くなる。妊娠中のメスはデリケートな一面があるので極力刺激しないようにし（ストレスは早産の原因になりやすい。場合によってはオスと別居させても良い）、慎重に観察を続けて、産卵が近いと感じたら産卵床を設置しよう（産卵床には大型のタッパーウェアやプランターなどが適している）。妊娠期間は 3 ～ 4カ月で、産卵は未明に行われることが多く、1度に 2 ～ 6個の卵を産卵する。産卵された卵は温度 28 ～ 32℃、湿度 80 ～ 90%の設定にて、90 ～ 130日で孵化する。なお、メスにとって産卵は命がけの大仕事であり、産後は体力を消耗しているため、栄養価の高い餌をしっかりと与えて労をねぎらってやろ

う。生まれてきた幼体は成体とは別のケージで管理したほうが良いという意見が多い（成体と同居させたほうが幼体のみで飼育するよりも成長は速いとされるが、やはり共食いの危険性が否定できない）。管理方法などは成体と変わらないが、やや温度変化と乾燥に弱い一面があるので、ケージの隅にウェットシェルターなどを設置する。ちなみに、生後数カ月の幼体を成体のグループに同居させると雌雄共に興奮し、幼体のにおいを嗅ぐような仕草を見せたが、攻撃するような仕草は見られなかった。

本タイプに含まれるスキンク下目は1970年代には流通例があり、近年も比較的コンスタントに輸入されている。しかしながら、やや安価で取引されているせいか粗雑に扱われることもあり、飼育下における繁殖例も少ない。繁殖にはやや不明な部分はあるものの、飼育そのものは難しくなく、性質も穏やかなため（飼育開始当初は人間が近づくだけで逃げ回ることもあるが、比較的馴れやすい個体が多い）、筆者は初心者から熟練の愛好家まで楽しめるグループであると考えている。

Type **6**

プレートトカゲ属

本タイプに含まれるスキンク下目は、地上棲で乾燥した草原や荒れ地に生息し、中型で機能的な四肢を持つ。肉食中心の雑食。鮮やかな色彩を持つものは少ないが、背面に細いストライプ模様が入るものが多く、オニプレートトカゲ属やオオプレートトカゲ属を細長くしたような体形。繁殖形態は卵生。

やや活発で動きはすばやく、ケージ内には温度勾配も必要なため、適したケージのサイズは単独飼育もしくはペアならば幅90×奥行き45×高さ45cmとなるだろう（より広ければなお良い）。床材は細かすぎない砂や赤玉土・ソイル系などが適している。あまり細かい砂はトカゲが動きにくく、長期間使用すると四肢に異常をきたすおそれがあるため使用しないほうが良い。床材は浅くてもかまわないが、粘土（天然素材のものか、爬虫類飼育専用に開発された製品）などを混ぜて崩れにくくし、10～15cm敷き詰めれば地中に巣穴を掘って暮らす様子も観察できる。地上棲だが立体活動も得意なため、石や岩・流木などを設置するが、あまり複雑にはせず、シンプルに留めよう。野生下において水辺周辺で特に多く見られるという説はないが、泳ぎも得意で、飼育下ではよく水に浸かっているため（水入れの中で排泄を行う個体も多い）、水入れはやや大きめのものを常設する（陶器製などトカゲにひっくり返されない重量のあるものを選ぶ）。シェルターを複数設置し（大型のコルクパイプなどが適している。巣穴を掘らせて飼育する場合でも念のため設置しよう）、そのうちの1つ

はウェットシェルターにするとより良い（小型のコンテナやシューズボックスの側面に入り口として穴を空け、湿らせた水苔などを敷き詰めると良い）。照明は、ホットスポットを作り出すためのバスキングランプと紫外線ライトの両方を設置する。点灯時間は春季～秋季は約12時間、冬季は8～10時間。温度はホットスポット直下が40～45℃（ホットスポットは石や岩などに当たるように設置する）、低温部は23～27℃になるように設定し、トカゲが好きな時に好きな場所を選べるようにする。夜間は照明を消し、ケージ全体の温度を20℃前後まで下げる（25℃は超えないように注意。夜間の温度が高いとトカゲが良質な睡眠を得られない）。湿度に関してはさほどうるさくはないが、やや乾燥した環境を好む傾向があるため、湿度を50～60%に維持し、夜間は消灯した際に霧吹きをケージ全体に行い、一時的に70～80%まで上げても良い。しかしながら、蒸れると短時間で状態を悪化させてしまうため十分注意したい。

餌には栄養剤を添加したコオロギやレッドローチ・デュビアローチ・ミルワーム・ジャイアントミルワーム・ピンクマウスのほか、人工飼料（フトアゴヒゲトカゲ用やヒョウモントカゲモドキ用・オウカンミカドヤモリ用の製品）などを与えるが、ワーム類は外皮が硬く消化しにくいため、亜成体以上のサイズにのみ与えるようにし、常用は避ける。なお、飼育下では興味を示さない個体もいるが、ロメインレタスやインゲン

マメ・ニンジン・サツマイモ・バナナ・モモ・ブドウなども与えてみよう（果物を好む個体は多いが補助的な餌として用いる）。給餌頻度は、成体ならば2～3日に1回、幼体ならば毎日与える必要がある。給餌はなるべく早い時間に行い、その後はしっかりと消化が促せる時間を確保する。掃除（糞や食べ残しなどを取り除く）は毎日行い、3～4カ月に1度は床材などを全て換え、レイアウト品なども熱湯消毒する大掃除を行う。その他、飼育における注意点として、与える餌の大きさは個体の頭部の横幅よりも小さいものとし、あまり大きな餌は与えないほうが良い。また、流通のほとんどがWC個体であり、現地での扱いが粗雑なのか、体表に傷などを負っているものも少なくないため、購入時によく個体を観察しよう。

　生後約3年で性成熟に達すると考えられており、飼育下では適切な環境で状態の良い雌雄が揃っていれば特に何もしなくても殖えた例はあるが、計画的に殖やすならば、冬季の日照時間や温度をやや調節する軽度のクーリングを行ったほうが良いという意見が多い。クーリングの方法としては、11月まではしっかりと餌を与えて十分な栄養を蓄えさせ、12月からは数週間かけて徐々に温度を下げ、最終的にはケージ内の温度を5℃ほど下げる（バスキングランプのワット数を下げるだけで再現できる場合もある）。同時に照明の点灯時間も徐々に短くし、最終的には7時間前後まで短縮する。1月頃にはトカゲの活動時間は短くなり、餌食いも落ちるが、体重が急激に下がるようなことがなければ心配はさほどいらない。そのままの環境を4～6週間維持し、その後、徐々に温度を上げて通常の飼育状態に戻そう。うまくいけばオスの頭部や胸部周辺が黄色～赤色が強く発色して交尾が始まることが多く（冬季は雌雄を別々に管理したほうが成功率は高くなるという意見もある）、オスはメスを追いかけ、頭部や前肢に咬みついて交尾を行うが、時に激しいことがあるため、メスが傷つきそうな場合は1度オスを引き離し、数日後に再挑戦してみよう。なお、本属は野生下においてコロニーで暮らしているという明確な証拠はなく、飼育下では他個体に対して比較的寛容で、あまり激しい争いに発展することは少ないため、他個体の導入もそう難しくはないだろう（繁殖するまでに数年以上かかる場合もあるが）。しかしながら、オスもメスも自分より年齢が離れている個体や幼体は繁殖相手として見てくれない傾向があるため、繁殖を狙うならば、できるだけ同じ大きさの個体を選ぶ必要がある。妊娠したメスは餌をよく食べるようになり（体重も増え

る）、日光浴も長時間行うようになるが、産卵が近くなると神経質になりシェルターに潜んでいることが多くなる。なお、妊娠中のメスはデリケートな一面があるので極力刺激しないようにし（ストレスは早産の原因になりやすい。場合によってはオスと別居させてもよい）、慎重に観察を続けて産卵が近いと感じたら産卵床を設置する（産卵床には大型のタッパーウェアやプランターなどが適している）。妊娠期間は1～2カ月（最短妊娠期間は約25日）で、産卵は未明に行われることが多く、1度に3～8個の卵を産卵する。卵は温度26～28℃、湿度80～85％の設定にて80～150日で孵化する（多くの場合は82～95日。日数にかなりの差が見られ、産地によって異なるのではないか、という説もある）。なお、メスにとって産卵は命がけの大仕事であり、産後は体力を消耗しているため、栄養価の高い餌をしっかりと与えて労をねぎらってやろう。生まれてきた幼体は成体とは別のケージで管理する（オニプレートトカゲ属などに比べると共食いを行う確率が高い）。管理方法などは成体と変わらないが、やや温度変化と乾燥に弱い一面があるので、ケージの隅にウェットシェルターなどを設置してやろう。なお、幼体はオウカンミカドヤモリ用の人工飼料などもよく食べる（海外ではヨーグルトを与える愛好家もいるが、安全性にやや不安が残る）。

　本タイプに含まれるスキンク下目は少なくとも1990年代には流通例があり、近年も変動的ではあるが輸入されている。しかしながら、やや安価で取引されているせいか粗雑に扱われることもあり、飼育下における繁殖例も少ない。繁殖にはやや不明な部分はあるものの、飼育そのものは難しくなく、性質も穏やかなため（飼育開始当初は人間が近づくだけで逃げ回ることもあるが、比較的馴れやすい個体が多い）、筆者は初心者から熟練の愛好家まで楽しめるグループであると考えている。

スジプレートトカゲ

Type 7

ヨロイカタトカゲ属

本タイプに含まれるスキンク下目は、地上棲で乾燥した草原や荒れ地に生息し、小型で機能的な四肢を持つ。肉食で主に節足動物を捕食する。黒色に黄白色の目立つストライプ模様と、尾部は水色で四肢は橙色という鮮やかな色彩を持ち、一見しただけではカタトカゲ科には見えないかもしれないが、鱗の形状や配列はカタトカゲ科の特徴を持っている。繁殖形態は卵生。

やや活発で動きはすばやく、生態には不明な部分が多いが、ケージ内には温度勾配も必要なため、適したケージのサイズは単独飼育もしくはペアならば幅90×奥行き45×高さ45cmとなるだろう（より広ければなお良い）。床材は細かすぎない砂や赤玉土・ソイル系などが適している。あまり細かい砂はトカゲが動きにくく、長期間使用すると四肢に異常をきたすおそれがあるため使用しないほうが良いが、飼育開始当初や新規個体の導入時には砂の中に潜るような仕草も観察されているため、床材の一部のみやや細かい床材を設置しても良いかもしれない（環境に慣れたら取り除いても良い）。地上棲だが立体活動も得意なため、石や岩・流木などを設置し、ケージ内に物陰となる場所を多数作ってやろう。水入れを常設するが、飼育開始当初は水入れから直接水を飲むことは少ないので（エアレーションなどで水面を動かすと反応が良くなる）、毎日照明を点けた際に霧吹きをしてやるのが良いだろう。シェルターは複数設置し、そのうちの1つはウェットシェルターにしておこう（陶器製で上部に水が溜められるタイプが良い）。照明は、ホットスポットを作り出すためのバスキングランプと紫外線ライトの両方を設置する。点灯時間は春季～秋季は約10～12時間、冬季は8時間が良い。温度はホットスポット直下が35～40℃（ホットスポットは石や岩などに当たるように設置するが、ホットスポットの真下ではなくやや離れた場所で日光浴を行うものが多い）、低温部は25～27℃になるように設定し、トカゲが好きな時に好きな場所を選べるようにする。夜間は照明を消し、ケージ全体の温度を23℃前後まで下げる。湿度に関してはさほどうるさくはないが、やや乾燥した環境を好む傾向があるため、湿度を50～60%に維持し、夜間は消灯した際に霧吹きをケージ全体に行い、一時的に70～80%まで上げても良い。しかしながら、

蒸れると短時間で状態を悪化させてしまうため十分注意したい。

餌は栄養剤を添加したコオロギやレッドローチなどを与えるが、慣れればコオロギの死体なども食べるため、ヒョウモントカゲモドキ用の人工飼料などに餌付けることも可能かもしれない。ミルワームやシルクワーム・ハニーワームも好むが、これらはあまり消化に良くないため、与える場合は亜成体以上のサイズとし、常用は避ける。小型で生態に不明な部分が多いため、餌は毎日与える（もしも肥満の傾向が見られたら、週に1～2日餌を抜いても良い）。給餌はなるべく早い時間に行い、その後はしっかりと消化が促せる時間を確保する（一日の活動時間は約2～4時間で午前中に集中しており、季節性はあまり見られない）。掃除（糞や食べ残しなどを取り除く）は毎日行い、3～4カ月に1度は床材などを全て換え、レイアウト品なども熱湯消毒する大掃除を行う。その他、飼育における注意点として、本属は飼育環境に慣れると離れた所にいる餌を積極的に追いかけることが少なくなるので、底の浅い餌皿を設置して決められた場所で与えるか、ピンセットで与えるようにしたい（多くの個体が短期間でピンセットから餌を食べるようになる）。また、尾部は自切しやすいので取り扱いにも注意する。

生後1～2年で性成熟に達すると考えられているが、はっきりしない。飼育下では適切な環境で状態の良い雌雄が揃っていれば特に何もしなくても殖えた例はあるが、計画的に殖やすならば、冬季の日照時間や温度をやや調節する軽度のクーリングを行ったほうが良いという意見が多い（野生下では冬季も活動している姿が観察されている）。クーリングの方法としては、11月まではしっかりと餌を与えて十分な栄養を蓄えさせ、12月からは数週間かけて徐々に温度を下げ、（バスキングランプのワット数を下げるだけで再現できる場合もある）、同時に照明の点灯時間も徐々に短くし（7時間前後まで短縮する）、最終的にはバスキングランプは消してケージ内の温度を25℃に設定し、そのままの状態を2～3週間維持する。トカゲの活動時間は短くなり、餌食いも落ちるが、体重が急激に下がるようなことがなければ心配はさほどいらない。その後、徐々に温度を上げて通常の飼育状態に戻そう。うまくいけばオスの体色が鮮やかになり、メスを追いかけ回

し、頸部や腹部に咬みついて交尾を行うが、時に激しいことがあるため、メスが傷つきそうな場合は1度オスを引き離し、数日後に再挑戦してみよう。なお、本タイプに含まれるスキンク下目は野生下においてコロニーで暮らしているという明確な証拠はないが、飼育下では雌雄であっても新規導入個体に対して追いかけ回したり、尾を振り回すなどの威嚇らしき行動を見せることがあるため、注意深く観察する（多くの場合1年以内に行わなくなる）。妊娠したメスは餌をよく食べるようになり（体重も増える）、日光浴も長時間行うようになる。産卵が近くなると神経質になり、シェルターに潜んでいることが多くなる（産卵の約1週間前から餌は食べなくなるものが多い）。なお、妊娠中のメスはデリケートな一面があるので極力刺激しないようにし（ストレスは早産の原因になりやすい。場合によってはオスと別居させても良い）、慎重に観察を続けて、産卵が近いと感じたら産卵床を設置しよう（生態に不明な部分が多いため、複数の産卵床を設置す

ると良い）。妊娠期間ははっきりしないが、おそらく2カ月ほどで、産卵は未明に行われることが多く、1度に1～2個の卵を産卵する。卵は温度28～30℃、湿度80～90％の設定にて、70～90日で孵化するようだ（100日以上という説もあるが、はっきりしない）。なお、メスにとって産卵は命がけの大仕事であり、産後は体力を消耗しているため、栄養価の高い餌をしっかりと与えて労をねぎらってやろう。生まれてきた幼体は成体とは別のケージで管理する（オニプレートトカゲ属などに比べると、共食いをする確率が高い）。管理方法などは成体と変わらないが、やや温度変化と乾燥に弱い一面があるので、ケージの隅にウェットシェルターなどを設置してやると良いだろう。

本タイプに含まれるスキンク下目は小型で美しいが、流通がほとんどなく、わずかな飼育・繁殖例があるにすぎない。飼育そのものはさほど難しくないとは思われるが、やはり生態にまだ不明な部分が多いため、筆者は中級者向けのトカゲであると考えている。

Type 8

マダガスカルカタトカゲ属

本タイプに含まれるスキンク下目は、地上棲で乾燥した草原や荒れ地に生息し、小型で機能的な四肢を持つ。肉食中心の雑食で主に節足動物を捕食するが、植物を食べることもある。2種が知られ、どちらもカタトカゲ科としてはやや特殊な形態と体色を持つ。繁殖形態は卵生。

小型ではあるが、活発で動きはすばやく、ケージ内には温度勾配も必要なため、適したケージのサイズは単独飼育もしくはペアならば幅90×奥行き45×高さ45cmとなるだろう（より広ければなお良い）。床材には細かすぎない砂や赤玉土・ソイル系などが適している。あまり細かい砂はトカゲが動きにくく、長期間使用すると四肢に異常をきたすおそれがあるため使用しないほうが良い。床材は浅くても飼育は可能だが、粘土（天然素材のものか、爬虫類飼育専用に開発された製品）などを混ぜて崩れにくくし、15～20cm敷き詰めれば地中に巣穴を掘って暮らす様子が観察できる（その場合は底部をやや加湿する）。レイアウトには扁平な石や岩・流木などを設置

カスリカタトカゲ

ニシキカタトカゲ

するが、地上棲で平地を走り回るタイプのトカゲなので、あまり複雑にはせずシンプルに留めよう。水入れは常設するが、飼育開始当初は水入れから直接水を飲むことは少ないので（エアレーションなどで水面を動かすと反応が良くなる）、毎日照明を点けた際に霧吹きをしてやるのが良いだろう。シェルターは複

数設置し、そのうちの1つはウェットシェルターにしておこう（陶器製で上部に水が溜められるタイプが良い。巣穴を掘らせる場合でもシェルターは設置しよう。シェルターの内部から巣穴を掘る場合もある）。

照明は、ホットスポットを作り出すためのバスキングランプと紫外線ライトの両方を設置する。点灯時間は春季〜秋季は約10〜12時間、冬季は8時間が良い。温度はホットスポット直下が40〜48℃（ホットスポットは石や岩などに当たるように設置する）、低温部は24〜27℃になるように設定し、トカゲが好きな時に好きな場所を選べるようにする。夜間は照明を消し、ケージ全体の温度を23℃前後まで下げてやろう。湿度に関してはさほどうるさくはないが、やや乾燥した環境を好む傾向があるため、湿度を40〜60％に維持し、夜間は消灯した際に霧吹きをケージ全体に行い一時的に70〜80％まで上げてやってもよい。しかしながら、蒸れると短時間で状態を悪化させてしまうため十分注意したい。

餌は栄養剤を添加したコオロギやレッドローチ・デュビアローチ・ミルワームなどを与えるが、大きなものは食べるのに苦労することがあるので注意しよう（餌のサイズはトカゲの頭の幅程度が良い）。なお、ワーム類は外皮が硬く消化しにくいため、亜成体以上のサイズにのみ与えるようにし、常用は避ける。人工飼料にはほとんど餌付かない（オウカンミカドヤモリ用の人工飼料は舐めることがある）。また、野生下では花や葉・果実を食べることもあるが、飼育下では興味を示さないものが多い。給餌頻度は成体ならば2〜3日に1回、幼体ならば毎日与える必要はあるが、成体は活動的ではあるがやや小食な傾向があり、週に1〜2回しか食べないこともある。給餌はなるべく早い時間に行い、その後はしっかりと消化が促せる時間を確保しよう。掃除（糞や食べ残しなどを取り除く）は毎日行い、3〜4カ月に1度は床材などを全て換え、レイアウト品なども熱湯消毒する大掃除を行う。その他、飼育における注意点として、本属は野生下では1匹のオスを中心とした小さなコロニーを形成して暮らしており、オス同士はしばしば争う場合があるため、オスを2匹同じケージで飼育しないほうが無難だが、広いケージで巣穴を掘らせる飼育方法ならばオスの多頭飼育でも成功例がある（理由ははっきりしないが、自分の巣穴を持つと落ち着くようだ）。

生後1〜2年で性成熟に達すると考えられているが、はっきりしない。飼育下では適切な環境で状態の良い雌雄が揃っていれば特に何もしなくても殖えた例はあるが、計画的に殖やすならば、冬季の日照時間や温度をやや調節する軽度のクーリングを行ったほうが良いという意見が多い。クーリングの方法としては、11月まではしっかりと餌を与えて十分栄養を蓄えさせ、12月からは数週間かけて徐々に温度を下げ、（バスキングランプのワット数を下げるだけで再現できる場合もある）、同時に照明の点灯時間も徐々に短くし（8時間前後まで短縮する）、最終的にはバスキングランプを消してケージ内の温度を25℃に設定し、そのままの状態を6週間〜2カ月間維持する。トカゲの活動時間は短くなり、餌食いも落ちるが、体重が急激に下がるようなことがなければ心配はさほどいらない。その後、徐々に温度を上げて通常の飼育状態に戻そう。うまくいけばオスの体色が鮮やかになり、メスを追いかけ回し、頸部や腹部に咬みついて交尾を行うが、時に激しいことがあるため、メスが傷つきそうな場合は1度オスを引き離し、数日後に再挑戦してみよう。妊娠したメスは餌をよく食べるようになり（体重も増える）、日光浴も長時間行うようになるが、産卵が近くなると神経質になりシェルターに潜んでいることが多くなる（産卵の約1週間前から餌は食べなくなるものが多い）。なお、妊娠中のメスはデリケートな一面があるので極力刺激しないようにし（ストレスは早産の原因になりやすい。場合によってはオスと別居させても良い）、慎重に観察を続けて産卵が近いと感じたら産卵床を設置しよう（生態に不明な部分が多いため、複数の産卵床を設置すると良い）。妊娠期間ははっきりしないが、比較的短いようで交尾から3〜4週間で産卵に至った例がある。産卵数に関してもやや不明な部分があるが、飼育下では1〜2個の場合が多い。卵は温度28〜30℃、湿度80〜90％の設定にて約90日で孵化する。なお、メスにとって産卵は命がけの大仕事であり、産後は体力を消耗しているため、栄養価の高い餌をしっかりと与えて労をねぎらってやろう。生まれてきた幼体は成体とは別のケージで管理する（野生下における幼体と成体の関係性には不明な部分が多い）。管理方法などは成体と変わらないが、やや温度変化と乾燥に弱い一面があるので、ケージの隅にウェットシェルターなどを設置してやると良いだろう。

本タイプに含まれるスキンク下目は少なくとも1980年代には流通例があり、愛好家には古くから知られた存在である（2010年以降は流通数が減少している）。繁殖には不明な部分はあるが飼育そのものには難しい部分が少なく（脱水と思われる突然死の報告がやや多いので、購入時に個体をよくチェックしよう）、生態もアクティブで興味深い。筆者は初心者から熟練の愛好家まで楽しめるグループであると考えている。

Type 9

オビトカゲ属
（オオオビトカゲ・アンツィラナナキノボリオビトカゲ・マハジャンガキノボリオビトカゲを除く）

　本タイプに含まれるスキンク下目は、地上棲で森林や草原に生息するものが多いが、荒れ地や岩場に暮らしているものもおり、全長は 30 〜 40cm のものから 20cm 前後の小型種も見られる。肉食〜肉食中心の雑食で、全種がやや短いが機能的な四肢を持つ。繁殖形態は卵生。

　活発で動きはすばやいが体の柔軟性は低く、ケージ内には温度勾配も必要なため、適したケージのサイズは全長 20 〜 30cm までの種類の単独飼育、もしくはペアならば幅 90×奥行き 45×高さ 45cm。全長 30 〜 40cm までの種類の単独飼育、もしくはペアならば幅 120×奥行き 60×高さ 45cm となるだろう（より広ければなお良い）。床材には黒土や赤玉土・ソイル系などが適している。細かい砂などはトカゲが動きにくく、長期間使用すると四肢に異常をきたすおそれがあるため使用しないほうが良い。床材は浅くても飼育は可能だが、5 〜 10cm ほど敷き詰めれば、床材の中に潜って休む姿も観察できる。レイアウトには扁平な石や岩・流木などを設置するが、地上棲であまり立体活動は行わないため、あまり複雑にはせずシンプルに留めよう。どの種もよく水に浸かる傾向があるため、水入れは体が浸かれる広さのものを常設するが（浅くてよい）、毎日照明を点けた際に霧吹きもしてやるのが良いだろう。シェルターは複数設置し（大型のコルクパイプなどが適している）、そのうちの 1 つはウェットシェルターにしておこう（小型種には陶器製で上部に水が溜められるタイプ、中型種には小型のコンテナやシューズボックスの側面に入り口として穴を空け、湿らせた水苔などを敷き詰めると良い）。照明は、ホットスポットを作り出すためのバスキングランプと紫外線ライトの両方を設置する。点灯時間は春季〜秋季は約 12 時間、冬季

カザリオビトカゲ

ツィンギオビトカゲ

は 7 〜 8 時間。ホットスポット直下の温度はトカゲの種類によってやや調整が必要で、全長 30 〜 40cm の種類では 35 〜 45℃。全長 20 〜 30cm の種類では 32 〜 38℃（ホットスポットは石や岩などに当たるように設置する）、低温部は 23 〜 25℃になるように設定し、トカゲが好きな時に好きな場所を選べるようにする。夜間は照明を消し、ケージ全体の温度を 21 〜 23℃まで下げてやろう。湿度に関してはさほどうるさくはないが、やや湿度があったほうが調子が良さそうなので 60 〜 70％に維持し、夜間は消灯

した際に霧吹きをケージ全体に行い一時的に80〜90%まで上げてやっても良い。しかしながら、蒸れると短時間で状態を悪化させてしまうため十分注意したい。

　全長20cm前後の種類は肉食傾向が強いため、餌には栄養剤を添加したコオロギやレッドローチ・ミルワームなどを与えるが、ワーム類は外皮が硬く消化しにくいため、亜成体以上のサイズにのみ与えるようにし、常用は避ける。全長30cmを超える種類では肉食中心の雑食のものが多いため、前述の餌に加えピンクマウスや人工飼料（フトアゴヒゲトカゲ用やヒョウモントカゲモドキ用・オウカンミカドヤモリ用の製品）・ロメインレタス・小松菜・キウイ・イチゴ・バナナ・ベリー類を与えるが、やはりこちらもワーム類の常用は避け、ピンクマウスや果実は栄養価が高いため月に2〜3回程度で良い（産後のメスなどの体力回復には有効な場合がある）。給餌頻度は成体ならば2〜3日に1回、幼体ならば毎日与える必要がある。給餌はなるべく早い時間に行い、その後はしっかりと消化が促せる時間を確保しよう。掃除（糞や食べ残しなどを取り除く）は毎日行い、3〜4カ月に1度は床材などを全て換え、レイアウト品なども熱湯消毒する大掃除を行う。その他、飼育における注意点として、本属はオス同士で争うことがあるので、多頭飼育の際は注意（多くの場合、数カ月で落ち着くが、時として雌雄でも争うこともある）。また、飼育開始当初はやや神経質で人間が近づくだけで逃げ回ることが多いので、静かな環境でゆっくりと時間をかけて慣れていってもらおう。

　生後1〜3年で性成熟に達すると考えられているが、はっきりしない。飼育下では適切な環境で状態の良い雌雄が揃っていれば特に何もしなくても殖えた例はあるが、計画的に殖やすならば、冬季の日照時間を調節したほうが良いという意見が多い。導入から1〜2年はしっかりと環境に適応させることから始め、しっかりと雌雄の状態が整ったと感じたら、12月頃から紫外線ライトの照射は中波長紫外線（UV−B）をメインとし、バスキングランプの照射時間も数週間かけて徐々に短くし、最終的には7〜8時間まで短縮する。しかし、飼育温度の極端な変化があってはならない（光量と質は変化するが、温度はさほど変わらないという状況）。そのままの状況を2〜3カ月維持する（トカゲの餌食いなどに大きな変化は見られないはずだが、バスキングランプの照射時間が短くなるため、餌を与える時間を調節する必要はあるかもしれない）。その後、徐々にバスキングランプ

の照射時間を延ばし、通常の飼育環境に戻していこう。うまくいけば、2〜3月頃にオスの体色が鮮やかとなり、大腿部にある鼠経孔より分泌されるワックス状の脂質を石や流木に擦り付ける姿が観察され（メスを誘引するフェロモンが含まれている）、5月までに交尾が行われるだろう。なお、交尾は主にコルクパイプなどシェルターの中で日中に行われることが多いが、時に激しいことがあるため、メスが傷つきそうな場合は1度オスを引き離し、数日後に再挑戦してみよう。妊娠したメスは餌をよく食べるようになり（体重も増える）、日光浴も長時間行うようになるが、産卵が近くなると神経質になりシェルターに潜んでいることが多くなる（産卵の約1週間前から餌は食べなくなるものが多い）。なお、妊娠中のメスはデリケートな一面があるので極力刺激しないようにし（ストレスは早産の原因になりやすい。場合によってはオスと別居させても良い）、慎重に観察を続けて産卵が近いと感じたら産卵床を設置する（産卵床にはタッパーウェアやプランターなどが適しているが、柔軟性が低いため小型種であってもやや大きなものを使用する）。妊娠期間は1〜2カ月で産卵前には脱皮を行うメスも見られ、1度に1〜4個の卵を産卵する。卵の期間は種類によって異なり、野生下では90〜120日のものが多いが、飼育下では温度27〜30℃（32℃は超えないようにする）、湿度約85%の設定にて60〜80日で孵化するものが多い。なお、メスにとって産卵は命がけの大仕事であり、産後は体力を消耗しているため、栄養価の高い餌をしっかりと与えて労をねぎらってやろう。生まれてきた幼体は成体とは別のケージで管理する（野生下における幼体と成体の関係性には不明な部分が多い）。管理方法などは成体と変わらないが、やや温度変化と乾燥に弱い一面があるので、ケージの隅にウェットシェルターなどを設置してやると良いだろう。

　本タイプに含まれるスキンク下目は少なくとも1980年代には流通例があり、一部の愛好家には古くから知られた存在だが（2010年以降は流通数が減少している）、そのほとんどはヒラオビトカゲで、その他の種類は2000年以降にペットトレードに登場した（ツィンギオビトカゲなどはわずかな流通例しかない）。繁殖には不明な部分が多いが、飼育そのものには難しい部分が少ないため、筆者は初心者から熟練の愛好家まで楽しめるグループであると考えている。

Type 10

オオオビトカゲ

　本タイプに含まれるスキンク下目はオビトカゲ属に含まれるが、河川周辺に生息する属内でも珍しい半水棲で、危険を感じると巣穴に逃げ込んだり、水中に飛び込んで逃れたりする。肉食で（植物を食べるという報告もあるが、はっきりしない）、全長70cmに達する大型種。繁殖形態は卵生。

　やや活発な大型種だが体の柔軟性は低く、ケージ内には温度勾配と大きめの水入れも必要になるため、適したケージのサイズは単独飼育もしくはペアならば幅150×奥行き60×高さ60cm～幅180×奥行き60×高さ60cmの広さが必要になるだろう。おそらくオマキトカゲ属と共に、最も大がかりな設備を必要とするスキンク下目である。床材には赤玉土やソイル系などが適している。細かい砂などはトカゲが動きにくく、長期間使用すると四肢に異常をきたすおそれがあるため使用しないほうが良い。床材は浅くても飼育は可能だが、5～10cmほど敷き詰めれば、床材の中に潜って休む姿が観察できる。レイアウトには扁平な石や岩・流木などを設置するが、半水棲であまり立体活動は行わないため、複雑にはせずシンプルに留めよう。よく水に浸かり、泳ぐことも好むので大きな水入れが必要になる（コンテナやトロ船などが適している。水場へアクセスしやすいよう工夫してやろう）。なお、半水棲ではあるが床材が常に湿っていると状態を崩しやすいため陸場はしっかりと乾燥させ、メリハリのある環境を維持する。シェルターは複数設置し（大型のコルクパイプなどが適している）、そのうちの1つはウェットシェルターにしておこう（コンテナやシューズボックスの側面に入り口として穴を空け、湿らせた水苔などを敷き詰めると良い）。照明は、ホットスポットを作り出すためのバスキングランプと紫外線ライトの両方を設置す

る。点灯時間は春季～秋季は約12時間、冬季は7～8時間が良い。ホットスポット直下の温度は35～40℃（ホットスポットは石や岩などに当たるように設置する）、低温部は25～27℃になるように設定し、トカゲが好きな時に好きな場所を選べるようにする。夜間は照明を消し、ケージ全体の温度を23℃前後まで下げる。湿度に関してはさほどうるさくはないが、やや湿度があったほうが調子は良さそうなので60～70%に維持し、夜間は消灯した際に霧吹きをケージ全体に行い一時的に80～90%まで上げてやっても良い。しかしながら、蒸れると短時間で状態を悪化させてしまうため十分注意したい。

　餌には栄養剤を添加したコオロギやレッドローチ・デュビアローチ・ミルワーム・ジャイアントミルワーム・ピンクマウスなどを与えるが、ワーム類は外皮が硬く消化しにくいため、亜成体以上のサイズにのみ与えるようにし、常用は避ける。なお、ピンクマウスも栄養価が高いため、週に1回程度で良い。また、人工飼料（フトアゴヒゲトカゲ用やヒョウモントカゲモドキ用の製品）を食べるものも時折見られ、餌付けることができれば管理が楽になる。給餌頻度は成体ならば2～3日に1回、幼体ならば毎日与える必要がある。給餌はなるべく早い時間に行い、その後はしっかりと消化が促せる時間を確保しよう。掃除（糞や食べ残しなどを取り除く）は毎日行い、3～4カ月に1度は床材などを全て換え、レイアウト品なども熱湯消毒する大掃除を行う。その他、飼育における注意点として、本種は神経質で飼育開始当初は人間が近づくだけで逃げ回り（特に40cmまでの個体）、吻を壁面にぶつけて怪我をしてしまうこともあるので注意し（場合によってはケージの側面に新聞紙などを貼り付けてやると良い）、静かな環境でゆっくりと時間をかけて慣れていってもらおう。

　生後約3～4年で性成熟に達すると考えられているが、はっきりしない。また、繁殖に関しても不明な部分が多いが（飼育下では適切な環境で状態の良い雌雄が揃っていれば特に何もしなくても殖えた例はある）、おそらくタイプ⑨とさほど変わらないと思われる。なお、飼育下ではメスは1度に5個の卵を産卵し、温度約29℃、湿度約85%の設定にて約100日で孵化した例がある。

　本タイプに含まれるスキンク下目は国内のペットトレードへは2000年以降に初めて流通し、その大きさと迫力に多くの愛好家が驚かされた。飼育そのものはさほど難しくはないが、やや大がかりな設備を必要とするため、筆者は中級者向けのトカゲであると考えている。

アンツィラナナキノボリオビトカゲ

Type **11**

アンツィラナナキノボリオビトカゲ・マハジャンガキノボリオビトカゲ

本タイプに含まれるスキンク下目はオビトカゲ属に含まれるが、属内でも珍しい樹上棲で、野生下では高さ20m以上の樹冠部からも発見例がある。生態には不明な部分が多いが、節足動物を捕食していると考えられている。繁殖形態は卵生。

活発な樹上棲で体の柔軟性もやや低く、ケージ内には温度勾配も必要になるため、ケージのサイズは単独飼育もしくはペアならば幅70×奥行き50×高さ150cmのものが適している（観葉植物用の温室などが使いやすい）。床材には黒土や赤玉土・湿らせた水苔・ソイル系など湿度が維持できるものが適している。なお、野生下ではほぼ完全な樹上棲とされており、床材は浅くても飼育は可能だとは思うが、飼育下では床材に潜っている姿も観察されているため、厚さ5cmほど敷き詰めておいても良い。レイアウトにはコルクガシの枝や流木を複数使用して立体的に組み、ケージの奥の面にバージンコルクを貼り付けても良い（隙間があるとトカゲが入り込んでしまうので注意する）。ケージの最も高い位置に日光浴を行うための太い枝を水平に設置し、中層に少しスペースを空けて餌場を設置し（樹上で餌を食べることが多い。輪切りにされた丸太や大きめの鉢受け皿などを枝に固定する）、さらに下層には観葉植物などを多数配置してやろう（植物はシェルターになるだけでなく、空中湿度を維持するのにも役立つ）。飼育開始当初は水入れから直接水を飲むことは少ないので、ドリッパーを設置し（ドリッパーの受け皿がそのまま水入れになる）、毎日照明を点けた際に霧吹きも行う。なお、野生下では樹洞から出てくる姿も観察されているため、シェルターとして中空のコルクパイプの中にやや湿らせた水苔などを敷き詰めたものを中層に設置すると良いだろう。照明は、ホットスポットを作り出す

ためのバスキングランプと紫外線ライトの両方を設置するが、バスキングランプの照射範囲はやや狭くする（上層の枝に当たるように設置する）。点灯時間は春季～秋季は約12時間、冬季は7～8時間が良い。ホットスポット直下の温度は35～38℃、低温部は23～25℃になるように設定し、トカゲが好きな時に好きな場所を選べるようにする。夜間は照明を消し、ケージ全体の温度を22℃前後まで下げてやろう。湿度に関してはさほどうるさくはないようだが、やや湿度があったほうが調子は良さそうなので60～80%を維持し、夜間に消灯した際、霧吹きをケージ全体に行い、一時的に90～100%まで上げてやっても良い。しかしながら、蒸れると短時間で状態を悪化させてしまうため十分注意したい。通気を確保するため、ケージの上部や側面に小型のファンを取り付けても良いだろう（ファンの設置場所はできるだけトカゲの体に直接風が当たらない場所を選ぶ）。

餌は栄養剤を添加したコオロギやレッドローチなどを与えるが、やや消化力が弱いように感じるのでミルワームなどのワーム類は避けたほうが良い。給餌頻度は成体ならば2～3日に1回、幼体ならば毎日与える必要がある。給餌はなるべく早い時間に行い、その後はしっかりと消化が促せる時間を確保しよう。掃除（糞や食べ残しなどを取り除く）は毎日行い、3～4カ月に1度は床材などを全て換え、レイアウト品なども熱湯消毒する大掃除を行う。その他、飼育における注意点として、本タイプに含まれるスキンク下目はやや震動や音に神経質な一面があるようなので、飼育開始当初は極力刺激しないようにし（場合によってはケージの側面に新聞紙などを貼り付けてやると良い）、静かな環境でゆっくりと時間をかけて慣れていってもらおう。

繁殖に関してはほとんど何もわかっていない。タイプ⑨とさほど変わらないかもしれないが、地表に降りて産卵するのか、樹胴の中で産卵するのかもはっきりしていない。とにかく不明な部分が多いので、手探りの状態から始めるような形になってしまうが、こういった未知の動物の飼育方法の解明もこの趣味の醍醐味ではある。

本タイプに含まれるスキンク下目は発見例そのものが少なく、国内へのペットトレードへの流通例も筆者の知るかぎり2例しかない。その美しい体色や興味深い生態から愛好家垂涎の種ではあるが、やはり生態に不明な部分が多く情報も不足しているため、筆者は中級者から上級者（さまざまな爬虫類で経験を積まれている方）向けのグループであると考えている。

ダーツスキンク属・エンピツトカゲ属・タンソクトカゲ属・アリノストカゲ属・クロアシナシスキンク属・ネシアトカゲ属・ミジントカゲ属・ミモダエトカゲ属・ナガスベトカゲ属・ハヤミモダエトカゲ属・オガクズトカゲ属・ウミワケトカゲ属・ネコツメトカゲ属

　本タイプに含まれるスキンク下目は、地上棲～地中棲でやや湿度のある土壌で暮らしており、強い光を避ける広温性のものが多い。胴部は長く、四肢は短く、無足のヘビ型のものも見られる。人目につかないため生態には不明な部分が多いが、ミミズや節足動物を捕食していると考えられる。繁殖形態には卵生も胎生も見られるが、一部は不明。多くの属が含まれる本タイプはスキンク下目の基本的な飼育法の1つと言えるかもしれない。

　体の柔軟性はやや低いが、あまり活発ではないため、多くの種類で単独飼育もしくはペアならば幅60×奥行き30×高さ36cmで飼育することができるが（広すぎるとトカゲがどこにいるのかわからなくなることがある）、フトミモダエトカゲのような中型種は幅90×奥行き45×高さ45cmが良い。なお、床材をやや厚く敷く必要があるため、観賞魚用の水槽や大型のプラケースなどが使いやすい。床材には黒土やピートモス・ココナッツマット・ソイル系など、湿度が維持できるものが適している。地中に潜ることを好むが、表層付近で活動するため厚さは5～10cmあれば良い（深すぎるとトカゲがどこにいるのかわからなくなり、餌食いなどを確認しにくい）。床材は軽く湿らせたものを使用するが、ケージの一部により多湿なエリアを設置する（プラスチック製のバットなどで仕切り、湿らせた水苔などを敷き詰めると良い）。レイアウトにはコルクガシの樹皮など平たく軽いものを置いておくとその下で休んでいることが多い（あまり天井の高いものはトカゲが落ち着かないようだ）。また、熱湯や電子レンジで滅菌（約80℃で60秒加熱する）した落ち葉などを配置しても良い。水入れは小さなものを常設するが、飼育開始当初はトカゲが水場を見つけられないことがあるので、場合によっては1週間に1回の程度、ごく浅く水を張ったプラケースなどに入れて水を飲ませてやっても良い。強い光を嫌がるものが多いため、照明は紫外線ライトのみでかまわない（ダーツスキンク属など地中棲の種でも夜間は地表に出てきて活動することがあるため、昼夜の差はあったほうが良いだろう）。点灯時間は1日約8～10時間で、温度は26～28℃前後が適温となり、あまりケージ内に温度勾配は必要としないが、夜間はやや下げてやったほうが調子は良さそうだ（ウミワケトカゲ属やネコツメトカゲ属などやや標高の高い場所で暮らすものは16～18℃まで下げる）。湿度は床材がある程度湿っていれば特に問題ないが、夜間は消灯した際に霧吹きをケージ全体に行い、一時的に90～100%まで上げてやっても良い。しかしながら、蒸れると短時間で状態を悪化させてしまうため十分注意したい。

　餌は栄養剤を添加したコオロギやレッドローチ・ミミズなどを与えるが、やや消化力が弱いものが多いように感じるのでミルワームなどのワーム類は避ける。与えかたは後肢を取り除いたコオロギをケージに離すか（あまりすばやいものは捕えられない場合がある）、ダーツスキンク属、エンピツトカゲ属など地中棲傾向が強いものは弱らせたものをケージの角に浅い穴を掘って入れておくと良い。本タイプのスキンク下目の飼育における最初の壁であり最も重要な要素の1つは、餌食いの確認である。しっかりと種類や個体の特性を掴んで餌食いを確認しよう。生態に不明な部分が多いため、餌はなるべく毎日与えるが、食べられなかったコオロギはトカゲを害する可能性があるため、取り除くか安全のためピンセットなどで顎を片方潰しておく。掃除（糞や食べ残しなどを取り除く）は毎日行い、3～4カ月に1度は床材などを全て換え、レイアウト品なども熱湯消毒する大掃除を行う（落ち葉を使用する場合は1カ月に1度は取り替える）。その他、飼育における注意点として、本タイプに含まれるスキンク下目は導入時の状態によってその後が大きく左右される。購入時にハンドリングさせてもらい、体表に異常がないことや、腹部が凹んでいないことを確認しよう（輸出元では餌を与えられず、不適切な環境で管理されている場合が少なくない）。

　繁殖に関してはほとんど何もわかっていない。ダーツスキンク属などは飼育下では適切な環境で状態の良い雌雄が揃っていれば特に何もしなくても殖えた例はあるものの、数年以上の時間が必要になる場合が

多い。これには雌雄の相性や湿度・日照時間・気圧が繁殖に関係している可能性はあるが、それ以上に飼育環境に対してトカゲがどれだけ適応できるかに左右されると考えられている。本タイプに含まれるスキンク下目は特殊な環境で暮らすトカゲなので、まずはストレスを感じさせず、状態良く飼育することに腐心しよう（繁殖はそれに自ずとついてくるタイプのトカゲであろう）。

　本タイプに含まれるスキンク下目は比較的古くから流通例はあるが、変動的で目にする機会はそう多く

ない。特にダーツスキンク属などは数年以上のブランクが開くことも珍しくない。また、やや特殊なグループなので、「本当に自分に向いているかどうか」を入手する前に考えてみよう（隠蔽性が強く、トカゲを観察できる機会が少ない。愛好家からは愛と皮肉を込めて「土を飼っている」とよく言われる）。飼育そのものは軌道に乗ってしまえばそう難しくはないが、生態に不明な部分が多く、現状では情報不足も否めないため、筆者は中級者向けのグループであると考えている。

Type 13

ヒメトカゲ属・スベトカゲ属・カレドニアオチバトカゲ属・ノドブチトカゲ属・アキメトカゲ属・ヌメツヤトカゲ属・フィリピンヒメモリトカゲ属（ナガレヒメモリトカゲを除く）・ピノイトカゲ属・オオミトカゲ属・ソロモンミナミトカゲ

　本タイプに含まれるスキンク下目は、地上棲でやや湿度のある環境で暮らしており、あまり強い光を好まない広温性のものが多い。胴部は長く四肢は短い。ミミズや節足動物を捕食するが、小型で人目につきにくいものが多いため生態には不明な部分が少なくない。繁殖形態には卵生も胎生も含まれるが、一部は不明。多くの属が含まれる本タイプはスキンク下目の基本的な飼育法の1つと言えるかもしれない。

　動きは機敏だが、さほど活動範囲は広くないため、小型であればケージのサイズは単独飼育もしくはペアならば幅60×奥行き30×高さ36cmのものが適しており（広ければなお良いが、トカゲがどこにいるのかわからなくなることがある）、オオミトカゲ属のような中型種ならば幅90×奥行き45×高さ45cmが良い。床材には黒土や赤玉土・ピートモス・ココナッツマット・ソイル系など湿度が維持できるものが適している。あまり細かい砂はトカゲが動きにくく、長期間使用すると四肢に異常をきたすおそれがあるため使用しないほうが良い。地中に潜ることもあるが、石や倒木の下に潜んでいることが多いため、床材は浅くてかまわない。床材は軽く湿らせたものを使用するが、ケージの一部により多湿なエリアを設置したほうが良い（一部をプラスチック製のバットなどで仕切り、湿らせた水苔などを敷き詰めると良い）。レイ

アウトにはコルクガシの樹皮など平たく軽いものを選んで置いておくとその下で休んでいることが多い（あまり天井の高いものはトカゲが落ち着かないようだ）。また、熱湯や電子レンジで滅菌（約80℃で60秒加熱する）した落ち葉などを配置しても良い。水入れは常設するが（フィリピンヒメモリトカゲ属では体が浸かれるような大きなものが適している）、毎日照明を点けた際に霧吹きもしてやろう。

　強い光を嫌がるものが多いため、照明は紫外線ライトのみでもかまわないが、オオミトカゲ属など生態に不明な部分があるものは、小型のバスキングランプを設置してトカゲの反応を観察し、調節しよう（初めは弱めの光源で照射時間を限定し、トカゲが日光浴を頻繁に行うようならば徐々にワット数を上げ、照射時間も延ばしていく）。点灯時間は8〜10時間で、温度は26〜28℃前後が適温となる。温度勾配はあまり必要としない。湿度は床材がある程度湿っていれば特に問題ないが、夜間は消灯した際に霧吹きをケージ全体に行い、一時的に90〜100%まで上げてやっても良い。しかしながら、蒸れると短時間で状態を悪化させてしまうため十分注意したい。

　餌は栄養剤を添加したコオロギやレッドローチなどを与えるが、あまり消化力は強くないのでミルワームなどのワーム類は避けたほうが良い。ヒメトカゲ属は

人工餌にも比較的餌付きやすい（ヒョウモントカゲモドキ用に開発された半生タイプの製品が良い）。餌切れに弱い一面があるので、給餌は毎日行おう。なお、食べられなかったコオロギはトカゲを害する可能性があるため、取り除くか安全のためピンセットなどで顎を片方潰しておく。掃除（糞や食べ残しなどを取り除く）は毎日行い、3〜4カ月に1度は床材などを全て換え、レイアウト品なども熱湯消毒する大掃除を行う（落ち葉を使用する場合は1カ月に1度は取り替える）。その他、飼育における注意点として、本タイプに含まれるスキンク下目は乾燥と水切れ・餌切れに弱いものが多いため、毎日床材の湿り具合を確認し、水入れにも新鮮な水を補給しよう。

繁殖に関しては不明な部分が多いが（ヒメトカゲ属やスベトカゲ属・ヌメツヤトカゲ属・ソロモンミナミトカゲでわずかな繁殖例があるにすぎない）、分布域から考えて強い季節性を持つとは考えにくいので（飼育下では春季〜夏季に繁殖するものが多い）、まずはストレスを感じさせず、状態良く飼育することに腐心しよう（繁殖はそれに自ずとついてくるタイプのトカゲであろう）。

本タイプに含まれるスキンク下目はペットトレードでは目にする機会が少ない仲間である（ヒメトカゲ属とスベトカゲ属は国内にも分布しているが飼育例は多くない。オオミミトカゲ属は2024年に初めて国内に流通した）。飼育そのものはさほど難しくないが、小型で餌切れ・水切れの両方に弱い一面があるため、小まめな管理が必要となり、生態に不明な部分も少なくない。それらから総合的に判断するならば、筆者は中級者向けのグループであると考えている。

Type **14**

ムクイワトカゲ属・イワトカゲ属

本タイプに含まれるスキンク下目は、地上棲だが立体活動も得意で、やや乾燥した環境で暮らしており、胴部は太く四肢はやや短いものが多い。やや肉食傾向の強い雑食で、繁殖形態は胎生。

適したケージのサイズはムクイワトカゲ属やカニンガムイワトカゲ・キングイワトカゲなど全長40cmを超える種類では、単独飼育もしくはペアだと幅120×奥行き60×高さ45cm。それ以外の小型種の単独飼育もしくはペア〜トリオなら幅90×奥行き45×高さ45cmあれば良いだろう（より広ければなお良い）。床材には細かすぎない砂や赤玉土・ソイル系などが適している。あまり細かい砂はトカゲが動きにくく、長期間使用すると四肢に異常をきたすおそれがあるため使用しないほうが良い。一部の愛好家は底面を加湿し、床材に粘土（天然素材のものか、爬虫類飼育専用に開発された製品）などを混ぜケージ内に巣穴を造形して飼育している。石や岩・流木などを設置するが、あまり複雑にはせずシンプルに留めよう（キノボリイワトカゲのみやや複雑なレイアウトを好む傾向がある）。水入れは常設するが、飼育開始当初は水入れから直接水を飲むことは少ないので（エアレーションなどで水面を動かすと反応が良くな

バティアイワトカゲ

る）、毎日照明を点けた際に霧吹きをしてやるのが良いだろう。シェルターは複数設置し、そのうちの1つはウェットシェルターにしておこう（陶器製で上部に水が溜められるタイプが良い。巣穴を掘らせる場合でもシェルターは設置したほうが良い）。照明は、ホットスポットを作り出すためのバスキングランプと紫外線ライトの両方を設置する。点灯時間は春季〜秋季は約12〜14時間、冬季は8〜10時間が良い。温度はホットスポット直下が40〜45℃（ホットスポットは石や岩などに当たるように設置する）、低温部は23〜25℃になるように設定し、トカゲが好きな時に好きな場所を選べるようにする。夜間は照明を消

し、ケージ全体の温度を23℃前後まで下げてやろう。湿度に関してだが、パプアニューギニア産のソトイワトカゲは70%前後でも問題なさそうだが、オーストラリアに産する種類は乾燥した環境を好むものが多いため、40～50%を維持する（イワトカゲ属は多湿な環境に長期間晒されると呼吸器系の疾患に罹るおそれがある）。夜間は消灯した際に霧吹きをケージ全体に行い、一時的に70～80%まで上げてやっても良い。しかしながら、蒸れると短時間で状態を悪化させてしまうため十分注意したい。

餌は栄養剤を添加したコオロギやレッドローチ・デュビアローチ・ミルワーム・ジャイアントミルワームのほか、小松菜・ルッコラ・カラシナ・ケール・エンドウ・タンポポ・ハイビスカスの花・バラの花・キノコ類・ニンジン・リンゴ・ブドウ・マンゴー・バナナ・パパイヤ・マスクメロン・ベリー類・人工飼料（フトアゴヒゲトカゲ用やヒョウモントカゲモドキ用・オウカンミカドヤモリ用の製品）などさまざまなものを与えてみよう（雑食傾向の強いソトイワトカゲやオオイワトカゲ・カニンガムイワトカゲの場合は成体ではタンパク質40%・野菜50%・果実10%。幼体にはタンパク質60%・野菜30%・果実10%の割合が良い）。なお、ワーム類は外皮が硬く消化しにくいため、亜成体以上のサイズにのみ与えるようにし、常用は避ける。また、ピンクマウスも好むが栄養価が高く肥満の原因になりやすいので、こちらも常用は避けたほうが良い。給餌頻度は成体ならば2～3日に1度、幼体ならば毎日与える必要がある。給餌はなるべく早い時間に行い、その後はしっかりと消化が促せる時間を確保しよう。掃除（糞や食べ残しなどを取り除く）は毎日行い、3～4カ月に1度は床材などを全て換え、レイアウト品なども熱湯消毒する大掃除を行う。その他、飼育における注意点として、本タイプに含まれるスキンク下目は野生下ではオス、もしくは雌雄を中心としたコロニーで暮らしており、他個体とは激しく争う場合があるので、後から新規個体を導入するのは止めておいたほうが良い（幼体ならばうまくいくこともあるが、やはり危険が伴う）。また、ムクイワトカゲ属は強い咬合力を持ち、咬まれれば酷い裂傷になることがあるので注意。

生後2～3年で性成熟に達すると考えられており、飼育下では適切な環境で状態の良い雌雄が揃っていれば特に何もしなくても殖えた例はあるが、計画的に殖やすならば、冬季の日照時間や温度を調節するクーリングを行ったほうが良いという意見が多い。なお、本タイプに含まれるスキンク下目の繁殖には雌

カニンガムイワトカゲ

ホズマーイワトカゲ

雄の相性やコロニーの形成が重要になるため、長い時間がかかると考えておいたほうが良い（数年以上かかるのが普通。10年以上かかった例もある）。最も良い方法は幼体のうちから多頭飼育を行い、互いに馴化させておくことであるが、幼体時は雌雄がわかりづらいという問題もある。もしも初めから成体で繁殖を狙う場合は、トリオで導入し（1匹のメスにかかる負担が減らせる可能性がある）、必ず同時にケージの中に入れよう（縄張りが形成されてからでは雌雄であっても争う可能性がある）。クーリングの方法としては、10月まではしっかりと餌を与えて十分な栄養を蓄えさせ、11月からは約2週間かけて徐々に温度を下げ、最終的には18℃に設定し、同時に照明の点灯時間も徐々に短くする（紫外線ライトの照射時間は8時間前後まで短縮させ、バスキングランプは消してしまおう）。12月頃にはトカゲは活動も鈍くなり（活動せずに眠っていることが多い）、餌も食べなくなるだろう（餌を与える必要はないが、水は飲むので水入れには常に新鮮な水を入れておく。慣れた個体ならばスポイトで吻端に水を垂らしても良い）。そのままの環境を約2～3カ月間維持し、その後約2週間かけて徐々に温度を上げ通常の飼育状態に戻そう。うまくいけばクーリングが明けてしばらくすると交尾が始まり（多くの場合4～5月頃）、オスはメスを追いかけ、頸部や腹部に咬みついて交尾を行うが、時に激しいことがあるため、メスが傷つきそうな場合は1度オスを引き離し、数日後に再挑戦してみよう。妊娠期間は3～4カ月で、妊娠したメスは餌をよく食べるようになり（体重も増える）、日光浴も長時間行うようになるが、出産が近くなると神経質になり、シェルターに潜んでいることが多くなる。妊娠中

のメスはデリケートな一面があるので極力刺激しないようにし（ストレスは早産の原因になりやすい。場合によってはオスと別居させても良い）、慎重に観察を続けよう。出産は主に午前中に行われることが多く、メスは1度に1〜8匹の幼体を出産する（種類によって異なる。小型種の場合は1〜4匹の場合が多い）。なお、メスにとって出産は命がけの大仕事であり、産後は体力を消耗しているため、栄養価の高い餌をしっかりと与えて労をねぎらってやろう。野生下では毎年繁殖を行うものが多いが、飼育下では交尾・出産のタイミングを考慮する必要がある。もしも何らかの理由で出産が遅れてしまった場合は、その年はクーリングさせず、メスをしっかりと休ませてやる必要性が生じる場合もある。生まれてきた幼体は成体とは別のケージで管理したほうが良いという意見が多い

（カニンガムイワトカゲなどでは親と同居させている飼育者もいるが、飼育下という特殊な環境下では共食いの危険性が否定できない）。管理方法などは成体と変わらないが、やや温度変化と乾燥に弱い一面があるので、ケージの隅にウェットシェルターなどを設置すると良いだろう。

　本タイプに含まれるスキンク下目は1980年代には流通例があるものの、ソトイワトカゲ以外は目にする機会は少なく、現在でも多くが愛好家垂涎の種となっている。繁殖はひと筋縄ではいかないが（逆を言えば、1度成功すればその後も同じ雌雄での繁殖が狙える）、飼育そのものはさほど難しくなく、外見も特徴的で魅力的なものが多いため、筆者は初心者から熟練の愛好家まで楽しめるグループであると考えている。

オマキトカゲ属

　本タイプに含まれるスキンク下目はほぼ完全な樹上棲で、森林に生息し、その全長は80cmに達するスキンク下目における最大種。大きな頭部と長い胴体・四肢はやや短いが力強く、尾部は枝に巻き付けることができる。野生下ではほぼ完全な植物食で、繁殖形態は胎生。

　さほど活発ではないが、大型の樹上棲でやや温度勾配も必要なため、適したケージのサイズは単独飼育もしくはペアならば幅150×奥行き90×高さ150cmの広さは必要になる（より広ければなお良い）。おそらくオオオビトカゲとともに、最も大がかりな設備を必要とするスキンク下目である。床材には水苔や赤玉土など湿度を保てるものが適しているが、排泄などでやや汚しやすい一面があるため、湿度に注意しながら新聞紙やペットシーツで管理している愛好家もいる。レイアウトにはコルクガシの枝など複数使用して立体的に組む（梯子状に組むのがお勧め）。ケージの最も高い位置に日光浴を行うための太い枝を水平に設置し、中層に少しスペースを空けて餌場を設置し（樹上で餌を食べるため、輪切りにされた丸太や大きめの鉢受け皿などを枝に固定する）、さらに観葉植物なども多数配置してやろう（植物はシェルターになるだけでな

オマキトカゲ

く、空中湿度を維持するのにも役立つが、食べられることを前提とし、毒性のないものを選ぼう）。水入れは中層に常設するが（出産の近いメスのいるケージには水入れを常設しない。詳細は後述）、ドリッパーも設置するとなお良い。霧吹きも毎日行う。シェルターにはトカゲが入れるような大型のコルクパイプが適している。レイアウトの中にうまく配置してやろう（ケージの中段や上段に水平に設置する。複数あるとなお良い）。照明は、ホットスポットを作り出すためのバスキングランプと紫外線ライトの両方を設置するが、バスキングランプの照射範囲はやや狭くする（上層の枝に当たるように設置する）。やや強い光を避ける傾向があるため、トカゲが嫌がっている場合（光源に近づかず、眼を閉じているなど）は取り除いて紫外線ライ

トだけにしても良い。点灯時間は春季〜秋季は約 12 時間、冬季は 8 時間が良い。ホットスポット直下の温度は 30 〜 33℃、低温部は 23 〜 25℃になるように設定し、トカゲが好きな時に好きな場所を選べるようにする。夜間は照明を消し、ケージ全体の温度を 18 〜 20℃まで下げてやろう（16℃以下にはならないよう注意する）。比較的多湿な環境を好むため、湿度は 70 〜 80%を維持し、夜間は消灯した際に霧吹きをケージ全体に行い、一時的に 90 〜 100%まで上げてやっても良い。しかしながら、蒸れると短時間で状態を悪化させてしまうため十分注意したい。

　餌には小松菜・青梗菜・カラシナ・ケール・ポトス・タンポポ・ハイビスカス・エンドウ・インゲン・スプラウト・サツマイモ・カボチャ・ニンジン・オクラのほか、リンゴ・モモ・プラム・バナナ・マンゴー・パパイヤ・メロン・イチジク・ベリー類などの果実とその葉・人工飼料（グリーンイグアナやリクガメを対象としたもの）などを与えるが（さまざまなものを与えて個体の好みを把握しよう）、割合は野菜や葉類が 80%・果実が 10%・その他 10%が良い。なお、栄養剤の添加は必要だが、毎日ではなく成体では週に 1〜2 回、幼体では週に 3 回程度。餌は毎日与えるが、薄明薄暮性なので午前中ではなく夕方に与える。掃除（糞や食べ残しなどを取り除く）は毎日行い、3 〜 4 カ月に 1 度はレイアウトに使用していた枝なども全て熱湯消毒する大掃除を行うようにするが、レイアウトの配置はなるべく変えないようにしよう（空間認識力が高いのか、トカゲが混乱して落ち着きがなくなる場合がある）。その他、飼育における注意点として、本属はやや特殊な精神性を持っていることに注意したい。例として、野生下では血縁関係で構築された少数のグループで暮らしており、他個体に対して咬みつくなどの排他的な行動を見せることがある。これは他のスキンク下目でも見られるが、本属では何年も一緒に仲良く暮らしていた雌雄や親子がある日を境に急に争い始めることがあるだけでなく、長期間単独飼育していた個体では他の個体を見ると怯えて逃げ惑ったり、激しく攻撃するなどの行動を見せることがある。また、よく慣れていると思っていた個体が繁殖に成功した後に急に神経質となり、飼い主に対して攻撃的になった例などがある（幼体を守ろうとしているのだろう）。形態や生態がきわめて特異なトカゲであることは一見してわかるが、同時に繊細かつ複雑な "心" を持ったトカゲであることを覚えておこう。

　生後 4 〜 5 年で性成熟に達すると考えられており、野生下では一年中繁殖が可能で、飼育下でも条件さ

え揃っていれば可能であるが、その条件がかなりややこしいようだ。考えられる条件を以下に述べる。

1 相性の良い雌雄であること（互いに馴れるまで数年以上かかることもある）。

2 同じ島の個体（異なる産地の個体群ではうまくいかないことがある）。

3 年齢の近い個体（あまり若い個体は繁殖の対象とされないことがある）。

4 異血の個体（血縁の個体とは交尾を行わない傾向がある）

　「こんなのどう判断すればいいんだ？」という意見が聞こえてきそうだが、実際にこれらが影響して動物園などの施設でも本属の繁殖はうまくいっていない（国内では熱心な愛好家による成功例がわずかにある）。また、仮にこれらをクリアできたとしても、安定した繁殖を狙うのは容易ではないとされている。それらを踏まえたうえで、本種の繁殖に関して簡単に述べておく。繁殖を狙うならば、雌雄を同じタイミングで揃え、同時にケージに導入しよう（どちらかの縄張りができあがってしまうと新規導入が困難な場合がある）。次に、導入はトリオではなくペアが良い。これは致命的な衝突を避けるためである（2 匹が 1 匹に咬みつくなどの攻撃を加えることもある）。もしも争いが発生してしまった場合は、単独飼育に切り替えるが、雌雄のケージを密接に配置し、視覚的・嗅覚的に互いを確実に認識できる状況を作っておく（金網などで双方のケージを仕切る）。雌雄共に落ち着きを取り戻したら、ゆっくり慎重に同居させてみよう（初めの数日間はおとなしく同居していても、いきなり争いが始まることがある。筆者の個人的な意見だが、1 度争った雌雄はその後も定期的に争うことが多いように感じる）。交尾は主に夕方、オスがメスの前肢の付け根に咬みついて行う。交尾を確認できていなくても、メスに歯形があれば交尾が行われた可能性がある。妊娠期間は 6 〜 8 カ月で、妊娠したメスは餌をよく食べるようになる（体重も増える）。また、日光浴を長時間行うようになり、腹部が膨らみ背骨がやや浮いてくる場合が多い。妊娠中のメスはデリケートな一面があるので極力刺激しないようにし（ストレスは早産の原因になりやすい。場合によってはオスと別居させても良い）、慎重に観察を続けよう。また、メスは水入れの中で出産してしまうこともあるので、出産が近いと感じたら水入れは取り除いておく。飼育下では出産は朝方か夕方に行われることが多く、幼体が生まれるとオスもメスも神

経質になり、飼い主に対して攻撃的になる場合もある（多くの場合は時間が経つにつれ落ち着きを取り戻すが、稀に長期間続くこともある）。出産数は多くの場合、1匹のみで全長約30cm、体重は約175gもあるが、稀に2～3匹のこともあり、その場合はやや小さな幼体が生まれてくることになる（もしくは1匹のみ大きくその他はやや小さい）。なお、メスにとって出産は命がけの大仕事であり、産後は体力を消耗しているため、栄養価の高い餌をしっかりと与えて労をねぎらってやろう。生まれてきた幼体の管理については愛好家によって意見が異なり「成体と同じケージで管理すべき」とする意見と「成体とは別のケージで管理すべき」という意見に分かれている。前者は野生下ではその後6カ月～1年は母親の近くに留まり、母親の糞を食べて食物を消化するために不可欠な微生物叢の獲得を行うと考えられているため、引き離すべきではないというものであり、後者は幼体の出産により混乱した成体が幼体を攻撃する可能性を回避すべきというものである（消化するために不可欠な微生物叢の獲得を行っているという科学的な証拠はない、という意見が含まれることもある）。どちらも考えられる難しい問題だが、筆者個人としては問題がなさそうならば成体と一緒に飼育したほうが良いと考えている。もしも分けて管理する場合は、幼体の餌の中に成体の糞を混ぜると良い（管理方法は成体と同じ）。ちなみに、飼育下における本属の幼体の死亡率は40％に達することがわかっており、原因の多くは臍帯跡からの感染症や脱水・水入れへの落下（水入れの中で出産され

た場合も含む）・成体による攻撃（多くの場合は混乱したオスからとされる）である。よって、生まれてきた幼体の臍帯跡が乾燥しているか確認し（膿んでいるような状態の場合は動物病院に相談しよう）、霧吹きなどで水をしっかりと与え（生後2日ほどは餌を食べないのが普通）、水入れはごく浅いものに取り替え、オスが幼体を攻撃するような素振りが見えたら別居させる。また、稀に生まれてきた幼体の腹部が強く張っていることがあり、これは良くない兆候である（何らかの異常が体内で発生している可能性が高い）。何かと不安は尽きないが、生後2週間を越えれば生存率はグッと上がるため、まずはこの期間を乗り越えることに尽力しよう。なお、難易度は高いが複数の雌雄を飼育し、そこから得られた幼体を初期から同じケージで飼育すると互いに馴化しやすく、順調に繁殖まで行えたという例もある。

　本タイプに含まれるスキンク下目は少なくとも1980年代には流通例があるものの、その後野生個体の減少が確認されたことから1992年にワシントン条約附属書II類に掲載され、さらに2001年からから現在に至るまで、ワシントン条約事務局より特定の種の保護を目的として取引停止を勧告されているため、原産国であるソロモン諸島から日本への輸入が困難な状況となっている（第三国からの輸入は時折行われている）。飼育そのものは難しくないが、繁殖は困難であり、やや大がかりな設備も必要となるため、筆者は中級者から上級者向けのトカゲであると考えている。

Type 16

ホソアオジタトカゲ属

　本タイプに含まれるスキンク下目は、地上棲だが低木に登ることもあり、主に森林や荒れ地に生息する。大きな頭部と長い胴体・短い四肢を持ち、肉食で野生下では主にカタツムリなどの陸棲貝類やミミズ・節足動物などを捕食する。繁殖形態は胎生。

　小型～中型でさほど活発ではないが、温度勾配は必要なため、適したケージのサイズは単独飼育もしくはペアやトリオならば幅90×奥行き45×高さ45cmが良いだろう（より広ければなお良い）。床材

モモジタトカゲ

には黒土や赤玉土・ピートモス・ココナッツマット・ソイル系など湿度が維持できるものが適している。あまり細かい砂はトカゲが動きにくく、長期間使用すると四肢に異常をきたすおそれがあるため使用しないほうが良い。モモジタトカゲなどは地中に巣穴を掘ることもあるが、飼育下では床材は浅くてかまわない。また、ケージの一部に多湿なエリアを設置するとなお良い（底の浅いトレイやバットなどを用いてエリア分けすると便利）。レイアウトには流木やコルクガシの枝や樹皮・コルクパイプなどが適している。幼体時は樹上に登ることがあるため、やや立体的に組んでも良い。水入れは底の浅いものを常設するが、毎日照明を点けた際に霧吹きもしてやろう。シェルターは複数設置し、そのうちの1つはウェットシェルターにしておく（陶器製で上部に水が溜められるタイプが良い。巣穴を掘らせる場合でもシェルターは設置したほうが良い）。照明は、ホットスポットを作り出すためのバスキングランプと紫外線ライトの両方を設置する。点灯時間は春季〜秋季は約12〜14時間、冬季は8〜10時間が良い。温度はホットスポット直下が35℃（ホットスポットは床材や扁平なコルクガシの樹皮などに当たるように設置する）、低温部は23〜25℃になるように設定し、トカゲが好きな時に好きな場所を選べるようにする。夜間は照明を消し、ケージ全体の温度を22℃前後まで下げる（20℃以下にはならないよう注意）。やや湿度のある環境を好むため、湿度は70％前後を維持し、夜間は消灯した際に霧吹きをケージ全体に行い、湿度を一時的に90％まで上げてやっても良い。しかしながら、蒸れると短時間で状態を悪化させてしまうため十分注意したい。

餌は栄養剤を添加したコオロギやレッドローチ・デュビアローチ・カタツムリなどの陸棲貝類・ピンクマウス・人工飼料（フトアゴヒゲトカゲ用やヒョウモントカゲモドキ用の製品）などを与えるが、あまり動きの速い餌は食べることができないので、人工飼料がお勧め（嗅覚に頼って餌を探すものが多いため、餌付けに苦労することも少ないだろう）。なお、野生下では植物を食べることは少ないようだが、モモジタトカゲはバナナなどの果実を食べることがあり、その他の種類もオウカンミカドヤモリ用の人工飼料を舐めることがある。給餌頻度は成体ならば2〜3日に1度、幼体ならば毎日与える必要がある。給餌はなるべく早い時間に行い、その後はしっかりと消化が促せる時間を確保する。掃除（糞や食べ残しなどを取り除く）は毎日行い、3〜4カ月に1度は床材などを全て換え、

モモジタトカゲ（幼体）

レイアウト品なども熱湯消毒する大掃除を行う。その他、飼育における注意点として、本属はオス同士が激しく争うことがあるので、オスの多頭飼育は止めておいたほうが良い（幼体時から同居させていればうまくいく場合はある）。また、飼育開始当初はやや神経質で人間が近寄ると噴気音を出して威嚇することもあるが、ほとんどの個体は数カ月で慣れ、飼い主を見つけると壁面を爪で引掻いて餌の催促をする個体もいる。その姿はとても愛らしく、ついつい餌をあげたくなるが、肥満になりやすい一面もあるので注意しよう。

生後6カ月〜1年で性成熟に達するものが多いが、繁殖に使用するのはオスで生後1年以上、メスで生後18カ月以上経過した個体が良い（それより若い個体では失敗する確率が高くなる）。繁殖自体は比較的容易で、飼育下では適切な環境で状態の良い雌雄が揃っていれば特に何もしなくても殖えた例は少なくないが、もしもうまくいかないと感じたら、クーリングを行っても良い。クーリングの方法としては、10月まではしっかりと餌を与えて栄養を蓄えさせ、11月からは雌雄別々に管理し、約2週間かけて徐々に温度を下げ、最終的には20℃に設定し、同時に照明の点灯時間も徐々に短くする（紫外線ライトの照射時間は8時間前後まで短縮させ、バスキングランプは消す）。12月頃にはトカゲは活動も鈍くなり（活動せずに眠っていることが多い）、餌も食べなくなるだろう（餌を与える必要はないが、水は飲むので水入れには常に新鮮な水を入れておく。慣れた個体ならばスポイトで吻端に水を垂らしても良い）。そのままの環境を約2〜3カ月間維持し、その後約2週間かけて徐々に温度を上げ通常の飼育状態に戻そう。うまくいけばクーリングから数週間もするとオスが発情し、夕方から夜にかけてメスを探してケージ内をうろうろと歩き回るようになる（餌も食べなくなる場合がある）。そのような姿が確認できたら、メスをそっとオスのいるケージの隅に導入してやろう。オスはメス

を見つけると近づき交尾を迫るが、初めはメスに噛みつかれたり逃げられたりするのが普通である。もしも争い発展するようならば1度オスを引き離し、数日後に再挑戦してみよう。オスはメスの前肢の付け根に咬みついて交尾を行うが、主に夜間に行われ時間も短いため確認できないことも多い（数分で終了する。メスに歯形があれば交尾が行われた可能性があると考えて良い）。余談であるが、筆者は本属の繁殖のポイントは意欲のある雌雄を見つけることにあると考えている。意欲のない個体は繁殖そのものに興味がないのか、何年経っても殖える気配がないのである。よって、繁殖を目指すのならば、初めから複数の雌雄を飼育したほうが成功率はずっと高くなる。妊娠期間は100〜120日で、妊娠したメスは餌をよく食べるようになり（体重も増える）、日光浴も長時間行うようになるが、出産が近くなると神経質になりシェルターに潜んでいることが多くなる（出産の約1週間前から餌も食べなくなるものが多い）。なお、稀に水入れの中に出産してしまうこともあるため、出産が近いと感じたら、水入れは取り除くか、底のごく浅いものに取り換えよう。飼育下では出産は主に午前中に行われるが、幼体の数は種類によって異なり、小型種では2〜6匹の場合が多いが、モモジタトカ

ゲでは67匹という記録があり（多くの場合10〜25匹）、20〜80分かけてゆっくりと1匹ずつ出産される。生まれた幼体はすぐに自分で胎盤を食べて活動を開始する。なお、メスにとって出産は命がけの大仕事であり、産後は体力を消耗しているため、栄養価の高い餌をしっかりと与えて労をねぎらってやろう。生まれてきた幼体は成体とは別のケージで管理する。管理方法などは成体と変わらないが、やや温度変化と乾燥に弱い一面があるので、ケージの隅にウェットシェルターなどを設置すると良いだろう。確実に餌食いを確認するため、床材としてキッチンペーパーなどを使用する愛好家もいる（糞の存在がわかりやすい）。なお、本属は幼体の成長にばらつきが見られ、大きな幼体が餌を独占してしまうことがあるので、定期的に体重を図って同じ体重のグループに別けて管理を行うと良い。

　本タイプに含まれるスキンク下目は少なくとも1990年代には流通例があるものの、ほとんどがモモジタトカゲで、国内のペットトレードではごく稀にモクマオウホソアオジタトカゲを見かける程度である。しかしながら、飼育・繁殖共にさほど難しくないため、筆者は初心者から熟練の愛好家まで楽しめるグループであると考えている。

Type 17

スベイワトカゲ属
（フリンダースイワトカゲ・ムジイワトカゲ・ヤマイワトカゲ・クマドリイワトカゲを除く）

　本タイプに含まれるスキンク下目は地上棲で地中に巣穴を掘って暮らしており（フリンダースイワトカゲ・ムジイワトカゲ・ヤマイワトカゲ・クマドリイワトカゲを除く。この4種の飼育はType14に準ずる）、ヤコウイワトカゲやオオサバクイワトカゲは深さ40cm、長さ3〜10mにも及ぶ複雑な迷路状の巣穴を数世代に渡り構築している場合もある。頭部は大きく、胴部は太く、やや短いが力強い四肢を持つ。肉食で主に節足動物を捕食する。繁殖形態は胎生。

　本属はタイプ⑬の飼育方法が用いられることもあるが、本書では別の飼育方法を紹介したい。さほど大きくないが、巣穴を掘らせるため、ケージは幅120×奥行き60×高さ60cmのものが適している

（より広ければなお良い）。床材を厚く敷くため、観賞魚用の水槽などが使いやすい。地上棲ではあるが、巣穴を掘って暮らしているので床材の選定が重要となる。まず1番下の層にしっかりと湿らせた園芸用スポンジを数cm敷き詰め、ケージの角にあたる部分にビニールパイプを突き刺す。その上に数種類の砂を混ぜたものをしっかりと湿らせ（複数の砂を混ぜることにより、トカゲが巣穴を掘っても崩れにくい床材となる）、約30〜40cm圧力をかけて硬く敷き詰める（ケージの中央が盛り上がるよう丘状か、斜めに敷き詰めると良い）。その後も数回加湿と乾燥を繰り返し、最後に数週間かけてしっかりと乾燥させ、さらにその上に細かい砂を浅く被せるように敷き詰める（床

材は掘りやすく、崩れにくく、表面は乾いているが、中層〜深層は軽く湿っているという状態が理想的。時間的な余裕があるならば、エノコログサなど乾燥に強いイネ科の植物を植えるとなお良い）。定期的にケージの断面をチェックし、乾燥してきたと思ったらビニールパイプに水を入れて内部を加湿しよう。立体的な動きはあまり行わないので、複雑なレイアウトなどは必要としないが、シェルターとしてビニールパイプを床材に対して水平に突き刺す（その中から巣穴を掘り始める場合が多い）。水入れは小さなものを常設するが、飼育開始当初は水入れから直接水を飲むことは少ない（餌から水分を摂取している可能性もある）。照明は、ホットスポットを作り出すためのバスキングランプと紫外線ライトの両方を設置する。点灯時間は春季〜秋季は約12時間、冬季は8〜10時間が良い。温度はホットスポット直下が35℃（ホットスポットは散光型のものを巣穴の入り口近くに照射する）、低温部は23℃になるように設定し、トカゲが好きな時に好きな場所を選べるようにする（ほとんどの場合、巣穴の入り口付近で日光浴を行う）。夜間は照明を消し、ケージ全体の温度を22℃前後まで下げてやろう（20℃以下にはならないよう注意）。なお、本属にはヤコウイワトカゲのような夜行性のものも含まれるが、昼夜を感じてもらうため照明はあったほうが良いという意見が多い。乾燥した環境を好むので、地表付近の湿度は40〜50％とし、地中の中層以下はやや湿っている状態を維持しよう。

餌には栄養剤を添加したコオロギやレッドローチ・デュビアローチ・ピンクマウスなどを与える（ヤコウイワトカゲではヒョウモントカゲモドキ用の人工飼料を食べた例もある）。なお、ほとんどの種が巣穴付近で獲物を待ち伏せするタイプの捕食者なので、巣穴の近くに餌皿を設置するか、ピンセットで与えるのが良い（野生下では主にシロアリを捕食しており、コオロギなどの場合は食べ残された個体がトカゲにストレスを与える可能性もあるため注意）。給餌頻度は成体ならば2〜3日に1度、幼体ならば毎日与える必要がある。給餌はなるべく早い時間に行い、その後はしっかりと消化が促せる時間を確保しよう。掃除（表層にある糞や食べ残しなどを取り除く）は毎日行い、6カ月に1度は床材なども全て換える大掃除を行ったほうが良いが（中には数年間も大掃除を行わずに管理を続けている愛好家もいるが、やはり自然と異なり排泄物の分解などが難しく不衛生になってしまう場合がある）、床材の調節にやや時間がかかるため、同じセッティングで別のケージを用意しておき、トカ

ゲを入れ替えると良い（そのたびに環境を調節し、トカゲにとってより良いケージ作りに挑戦してみよう）。その他、飼育における注意点として、本属はオスと数匹のメス、および血縁の幼体を中心とした小さなコロニーで暮らしており（ローゼンサバクイワトカゲは一夫一妻制の核家族の場合が多いとされるが、単独で暮らしている姿も観察されている）、見慣れない個体には雌雄共に咬みつくなどの排他的な行動を見せる場合があるので注意が必要（血縁でない幼体は食べられてしまうこともある）。

生後2〜3年で性成熟に達すると考えられており、飼育下では適切な環境で状態の良い雌雄が揃っていれば特に何もしなくても殖えた例はあるが、計画的に殖やすならば、冬季の日照時間や温度を調節するクーリングを行ったほうが良いという意見もある（クーリングの手順はタイプ⑬と同じでかまわないが、ガセガイワトカゲなどやや高地に生息する種類の野生下における冬眠期間は約5カ月に及ぶ場合がある）。本タイプに含まれるスキンク下目の繁殖には雌雄の相性やコロニーの形成が重要になるため、長い時間がかかると考えておいたほうが良い。最も良い方法は小さな幼体のうちから多頭飼育を行い、互いに馴化させておくことであるが、幼体時は雌雄がわかりづらいという問題もある。初めから成体で繁殖を狙う場合は、トリオで導入し（1匹のメスにかかる負担が減らせる可能性がある）、必ず同時にケージの中に入れる（縄張りが形成されてからでは雌雄であっても争う可能性がある）。交尾は巣穴の中で行われることが多く、妊娠期間は3〜4カ月で、妊娠したメスは餌をよく食べるようになり（体重も増える）、日光浴も長時間行うようになるが、出産が近くなると神経質になり巣穴に潜んでいることが多くなる。妊娠中のメスはデリケートな一面があるので極力刺激しないようにし（ストレスは早産の原因になりやすい）、慎重に観察を続けよう。出産も巣穴の中で行われ、メスは1度に1〜4匹の幼体を出産する。なお、メスにとって出産は命がけの大仕事であり、産後は体力を消耗しているため、栄養価の高い餌をしっかりと与えて労をねぎらってやろう。生まれてきた幼体の管理には不明な部分が多い。というのも、幼体はある程度成長しないと巣穴から出てこないこともあるからだ（特にオオサバクイワトカゲは成熟するまでほとんど外界に出てこないとされる）。本属を飼育している愛好家からは「いつの間にか幼体が生まれていた」という話が少なくない。しかしながら、そうなると難しいのは餌の調達であろう（成体が幼体の世話をしているとい

う説もあるが、明確な証拠はない)。不明な部分が多いが、筆者としては餌のメニューにレッドローチのS～Mサイズなどを追加し(レッドローチはトカゲを害することは少ない)、幼体は成体と一緒に管理したほうが良いと考えている(ヤコウイワトカゲの場合は成体が巣外に出てくると幼体も後を追うように現われ、一緒に採餌する姿が観察されている)。

本タイプに含まれるスキンク下目は国内のペットトレードには2000年代になってから登場し、現在も目にする機会は少ないため(稀にヤコウイワトカゲが流通する程度)、愛好家垂涎の仲間となっている。しかしながら、生態には不明な部分が多いため、筆者は中級者向けのグループであると考えている。

ヌマトカゲ属

本タイプに含まれるスキンク下目は地上棲だが河川周辺や湿地にも多く見られ、危険を感じると水中に飛び込んで逃げることもある。スレンダーな体形で四肢はやや短い。肉食中心の雑食で主に節足動物を捕食するが、果実を食べることもある。繁殖形態は胎生。

小型だが生態に不明な部分が多く、やや温度勾配も必要なため、適したケージのサイズは単独飼育もしくはペアやトリオならば幅90×奥行き45×高さ45cmが良いだろう(より広ければなお良い)。床材には黒土や赤玉土・ソイル系などが適している。あまり細かい砂はトカゲが動きにくく、長期間使用すると四肢に異常をきたすおそれがあるため使用しないほうが良い。レイアウトには石や流木・コルクガシの樹皮・コルクパイプなどが適している。立体的に組む必要はないが、やや神経質な一面があるため、陸場には観葉植物も配置してやると良い(植物はシェルターになるだけでなく、空中湿度を維持するのにも役立つ)。なお、本種は泳ぎも得意なため、水入れはやや大きなものを常設しよう。しかしながら、床面が常に湿っているような状態は良くないため、陸場はしっかりと乾燥させ、メリハリのある環境を維持しよう。やや神経質で物陰に隠れることを好むためシェルターは複数設置する。

照明は、ホットスポットを作り出すためのバスキングランプと紫外線ライトの両方を設置するが、あまり強い光は好まないものもいるので、バスキングランプの照射範囲はやや狭くしたほうが良い(水場と陸場の境界に流木や石を設置し、そこに当たるよう照射するのが良い)。点灯時間は春季～秋季は約12時間、冬季は8～10時間が良い。温度はホットスポット直下が30～35℃、低温部は23～25℃になるように設定し、トカゲが好きな時に好きな場所を選べるようにする。夜間は照明を消し、ケージ全体の温度を23℃前後まで下げてやろう。やや多湿な環境を好むため、湿度は70%前後を維持するが、ケージ内に大きめの水場があればさほど気にしなくても良い。

餌には栄養剤を添加したコオロギやレッドローチ・デュビアローチ・人工飼料(フトアゴヒゲトカゲ用やヒョウモントカゲモドキ用の製品。人工飼料には比較的餌付きやすい)などを与えるが、果実を食べることもあるため、マンゴーやパパイヤ・ブドウ・オウカンミカドヤモリ用に開発された人工飼料なども時折与えてみよう。なお、消化力がやや弱い一面があるので、ミルワームなどワーム類は与えないほうが良い。給餌頻度は成体ならば2～3日に1度、幼体ならば毎日与える必要がある。給餌はなるべく早い時間に行い、その後はしっかりと消化が促せる時間を確保しよう。掃除(糞や食べ残しなどを取り除く)は毎日行い、3～4カ月に1度は床材などを全て換え、レイアウト品なども熱湯消毒する大掃除を行う。その他、飼育における注意点として、本タイプに含まれるスキンク下目の社会性には不明な部分が多いが、オス同士は時折争うことがあるようなので気をつける。

生後約1年で性成熟に達するものが多いとされるが、はっきりしない。飼育下では適切な環境で状態の良い雌雄が揃っていれば特に何もしなくても殖えた例もあるが(野生下では主に10～3月が繁殖期となるがオスは1年の大半で精巣の発達が見られる)、

冬季の日照時間や温度を調節するクーリングを行ったほうが良いという意見もある（クーリングの手順はタイプ⑬と同じでかまわない）。妊娠期間は6〜8カ月と長く、妊娠したメスは餌をよく食べるようになり（体重も増える）、日光浴も長時間行うようになるが、出産が近くなると、神経質になりシェルターに潜んでいることが多くなる（出産の約1週間前から餌も食べなくなるものが多い）。なお、稀に水入れの中に出産してしまうこともあるため、出産が近いと感じたら、水入れは取り除くか、底のごく浅いものに取り換えよう。飼育下では出産は主に午前中に行われ、メスは1度に1〜6匹の幼体を出産する。なお、メスにとって出産は命がけの大仕事であり、産後は体力を消耗

しているため、栄養価の高い餌をしっかりと与えて労をねぎらってやろう。生まれてきた幼体は成体とは別のケージで管理する。管理方法などは成体と変わらないが、やや温度変化と乾燥に弱い一面があるので、ケージの隅にウェットシェルターなどを設置すると良いだろう。

本タイプに含まれるスキンク下目は分布域がオーストラリアということもあり、ペットトレードへの流通はほとんどなく、海外でわずかな飼育例があるにすぎない（ヌマトカゲ属は場所によっては最も普通に見られる爬虫類の1つではある）。よって、飼育下における情報も少ないため、筆者は中級者から上級者向けのグループであると考えている。

Type 19

アデレードアオジタトカゲ

本タイプに含まれるスキンク下目はアオジタトカゲ属に含まれるが、野生下では主に地中に作られたクモの古巣を利用して暮らしているという、属内最小種であると同時にやや特殊な生態を持つ。頭部は大きく、胴部は太長いが四肢は短い。やや肉食傾向の強い雑食で、繁殖形態は胎生。

小型だが生態に不明な部分が多く、巣穴を用意する必要があるため、適したケージのサイズは単独飼育もしくはペアやトリオならば幅90×奥行き60×高さ60cm〜幅120×奥行き60×高さ60cmが良いだろう（より広ければなお良い）。前述したように、本種は棲み家として主に地中に作られたクモの古巣を利用しているが、トカゲ自身が巣穴を掘るわけではないため、巣穴は飼育者が用意し、床材に埋めてやる必要がある。まずは巣穴の構造であるが、巣穴の開口部（およびそこから続く巣坑道）はトカゲの胴回りと同程度が良い（直径15〜20mm。あまり広いと嫌がるものが多い）。巣穴の入り口は垂直でなくてはならず、そのまま真下に20〜25cm延ばすが、最深部にやや広いスペースを設けるようにする。巣穴はトカゲが上り下りしやすく、かつ安全な素材で作らなくてはならない。広葉樹の木材をドリルで中身をくり抜いたものや竹類（内部の壁面にトカゲが登りやすいように傷をつけておく）を使用する飼育者

が多いが、目の細かいメッシュ（非金属のもの）で作成したり、粘土（天然素材のものか、爬虫類飼育専用に開発された製品）で造形しても良い。この巣穴を飼育匹数＋2〜3個用意しておこう（1匹ずつ専用の巣穴が必要となる）。続いて床材であるが、まず1番下の層にしっかりと湿らせた園芸用スポンジを数cm敷き詰め、ケージの角にあたる部分にビニールパイプを突き刺す。その上に5cmほど赤玉土などを敷き詰め、軽く湿らせる。次に用意しておいた巣穴を間隔を開けて配置し、赤玉土で周囲を埋めていく。表面は乾いているが、中層〜深層は軽く湿っているという状態が理想的（定期的にケージの断面をチェックし、乾燥してきたと思ったらビニールパイプに水を入れて内部を加湿してやろう）。最終的には床材の表面に巣穴が空いただけの状態になるだろう。時間的余裕があるならば乾燥に強いイネ科の植物などを植えて補強するとなお良い。あまり立体活動は行わないため複雑なレイアウトなどは必要としないが、多頭飼育する際にはそれぞれの巣穴が視覚的に見えないよう、流木や石などを配置する。水入れは小型で底の浅いものを各巣穴の近くに1つずつ配置しよう。照明は、ホットスポットを作り出すためのバスキングランプと紫外線ライトの両方を設置するが、バスキングランプはケージ内部を幅広く照ら

せる散光型のものが良く、巣穴周辺の表層が30〜33℃になるように設定する（本種は多くの時間を巣穴付近で過ごし、熱いと感じたら巣穴の中に逃げ込む。野生下でも巣穴から20m以上離れることは珍しい）。点灯時間は春季〜秋季は約12時間、冬季は8〜10時間が良い。夜間は照明を消し、ケージ全体の温度を23℃前後まで下げてやろう。乾燥した環境を好むため、地表付近の湿度は40〜50%以内とし、地中の中層はやや湿っている状態を維持しよう。

餌には栄養剤を添加したコオロギやレッドローチ・デュビアローチ・人工飼料（フトアゴヒゲトカゲ用やヒョウモントカゲモドキ用の製品）などを与える。典型的な待ち伏せ型の捕食者なので、慣れた個体であれば巣穴の入り口にピンセットで餌を近づけると、飛び出すように出てきて食べてくれる。なお、植物や果実も食べるためタンポポやマンゴー・パパイヤ・ブドウなども時折与えてみよう（植物は餌皿に入れて巣穴付近に配置する）。給餌頻度は成体ならば2〜3日に1度、幼体ならば毎日与える必要がある。給餌はなるべく早い時間に行い、その後はしっかりと消化が促せる時間を確保しよう。掃除（糞や食べ残しなどを取り除く。なお、排泄は巣外で行われることが多く、これは他個体に対して巣穴の所有権を主張する意味があると考えられている）は毎日行い、6カ月に1度は床材などを全て換え、レイアウト品なども熱湯消毒する大掃除を行う（可能であれば同じレイアウトのケージを用意し、トカゲだけを入れ替えるようにする）。その他、飼育における注意点として、本種はパーソナルスペースを大事にするトカゲで、各個体に専用の巣穴が確保できれば、繁殖期以外は他個体に干渉することはないが、巣穴が適していないと感じたら他個体の巣穴に入り込んで争いに発展する場合があるので注意（巣穴の開口部とそれに続く巣坑道の広さが使用するトカゲに適していない場合に発生することが多い）。

オスは生後約1年で性成熟に達するものが多いが、メスは約2年かかるとされる。飼育下では適切な環境で状態の良い雌雄が揃っていれば特に何もしなくても殖えた例もあるが、冬季の日照時間や温度を調節するクーリングを行ったほうが良いという意見もある。クーリングの方法としては、10月まではしっかりと餌を与えて栄養を蓄えさせ、11月から4〜6週間かけて徐々に照明の照射時間を短くし、最終的には3時間まで短縮させる。同時に徐々に温度も下げ、こちらも最終的には18℃前後を維持しよう。温度が下がりきる頃にはトカゲはほとんど活動せず、餌も食べなくなるだろう（餌を与える必要はないが、水は飲むので水入れには常に新鮮な水を入れておく）。そのままの環境を約2〜3カ月間維持し（4カ月維持すべきという説もあるが、小型なのでやや危険性が高いように感じられる）、その後、また4〜6週間かけて徐々に温度を上げ通常の飼育状態に戻そう。本種は多夫多妻制で、繁殖期になるとメスは巣穴の周辺を頻繁に徘徊し（オスを引きつけているという説がある）、オスはメスのにおいを辿って巣穴に近づき、頸部周辺に咬みついて交尾を行うが、終了するとすぐに自分の巣穴へと戻る。妊娠期間は4〜5カ月で、妊娠したメスは餌をよく食べるようになり（体重も増える）、日光浴も長時間行うようになる。出産が近くなると神経質になり、巣穴の中で潜んでいることが多くなる（出産の約1週間前から餌も食べなくなるものが多い）。出産は巣穴の中で行われることが多く、生まれた幼体は1〜2週間すると母親の巣穴から出て独り立ちを始める。なお、メスにとって出産は命がけの大仕事であり、産後は体力を消耗しているため、栄養価の高い餌をしっかりと与えて労をねぎらってやろう。生まれてきた幼体は成体とは別のケージで管理する。管理方法などは成体と変わらないが、巣穴の深さは10cmに設定する。

本タイプに含まれるスキンク下目は原産国であるオーストラリアでは厳重に保護されており、ペットトレードに登場したのはおそらく2010年以降のことで、国内へは2019年頃にごく少数が流通したにすぎない。さらに、2022年にパナマで開催された第19回ワシントン条約締約国会議においてオーストラリア政府は本種をワシントン条約III類からI類に移行することを提案し、承認されたため、今後新たに輸入される可能性はなくなった（国内で繁殖された個体が流通する可能性はある）。筆者も一愛好家として寂しい気持ちはもちろんあるが、やはりこの妖精のような愛らしいトカゲはオーストラリアの大地で育まれるべきなのかもしれない。

Type **20**

アオジタトカゲ属（アデレードアオジタトカゲとマツカサトカゲを除く）

本タイプに含まれるスキンク下目は地上棲で大きな頭部と太長い胴部・短い四肢を持ち、雑食で、繁殖形態は胎生。おそらく最も飼育数の多いスキンク下目と思われる（主にオオアオジタトカゲとキタアオジタトカゲ。それ以外も流通しているが、目にする機会は少ない）。

本タイプに含まれるスキンク下目は、大きく2つのタイプに分けられるため、本書ではオーストラリアに分布し、乾燥した環境に分布するホソオビアオジタトカゲ・ニシアオジタトカゲ・マダラアオジタトカゲ・ハスオビアオジタトカゲの亜種キタアオジタトカゲとヒガシアオジタトカゲをタイプAとし、オーストラリア以外に分布し、やや多湿な環境に生息するオオアオジタトカゲ・ハスオビアオジタトカゲの亜種タニンバールアオジタトカゲをタイプBとして説明する。

どちらのタイプもやや大型のため、適したケージのサイズは単独飼育ならば幅90×奥行き60×高さ60cm。ペアならば幅120×奥行き60×高さ60cmとなる（広ければなお良い）。なお、たとえ雌雄であっても激しく争うことがあるので、いつでも移動できるよう予備のケージを準備しておいたほうが良い。タイプAの床材には赤玉土・ソイル系などが適しており、タイプBには水苔やココナッツマットなど湿度が維持できるものが適している。あまり細かい砂はトカゲが動きにくく、長期間使用すると四肢に異常をきたすおそれがあるため使用しないほうが良い。新聞紙なども長期間使用すると、腹部が擦れて炎症を起こす場合があるのであまりお勧めできない。また、針葉樹が原料のものやウォルナッツサンドなどは呼吸器系の問題や誤食時に閉塞などを引き起こす可能性があるので使用してはならない。レイアウト品は特に必要としないが、シェルターは必要なので大型のコルクパイプなどを低温部に設置し、シューズボックスの側面に入り口として穴を空けたウェットシェルターなどがあるとなお良い（タイプAに含まれる種には脱皮時のみ設置する）。水入れを常設するが、パワフルなのでトカゲがひっくり返せないよう重量のあるものを使用する。照明は、ホットスポットを作り出すためのバスキングランプと紫外線ライトの両方を設置する。点灯時間は春季〜秋季は約12時間、冬季は8〜10時間が良い。温度はホットスポット直下が

オオアオジタトカゲ

35〜38℃、低温部は22〜26℃になるように設定し、トカゲが好きな時に好きな場所を選べるようにする。夜間は照明を消し、ケージ全体の温度を23℃前後まで下げてやろう。タイプAはやや乾燥した環境を好むため、湿度は40〜60％を維持し、タイプBはやや多湿な環境を好むため湿度は80％前後を維持しよう。

餌には栄養剤を添加したコオロギやレッドローチ・デュビアローチ・ミルワーム・ジャイアントミルワーム・カタツムリなどの陸棲貝類・マウス・人工飼料（フトアゴヒゲトカゲ用やヒョウモントカゲモドキ用・リクガメ用の製品）・茹で卵・小松菜・青梗菜・カラシナ・ケール・蕪の葉・カボチャ・ニンジン・タンポポ・ハイビスカスの花・マンゴー・ラズベリー・イチジク・バナナ・パパイヤ・メロン・イチゴ・ベリー類など、さまざまなものをバランス良く配合し、餌入れに入れて与えよう。バラエティ豊かな餌は本タイプに含まれるスキンク下目の飼育において重要なファクターである（マウスを好むが、それのみではいずれ必ず状態を崩す。理想的な餌のバランスは野菜50％・タンパク質40％・果実10％）。個体によっては餌の好き嫌いもあるが、いかにトカゲを"ごまかして"多種多様な食事を与えられるかが飼育者の腕の見せどころとなるだろう（他の餌に混ぜて与えたり、空腹時に与えるなどいろいろ工夫してみよう）。なお、筆者は試験的に生後間もないカイアオジタトカゲにリクガメ用の人工飼料（株式会社キョーリンのリックゼリー）のみで2年間飼育したが特に問題は見られなかった。給餌頻度は成体ならば2〜3日に1回、幼体ならば毎日与える必要がある。給餌はなるべく早い時間に行い、その後はしっかりと消化が促せる時間を確保する。掃除（糞や食べ残しなどを取り除く）は毎日行い、3〜4カ月に1度は床材などを全て換え、レイ

アウト品なども熱湯消毒する大掃除を行う。その他、飼育における注意点として、本タイプに含まれるスキンク下目は強い縄張り意識を持ち、たとえ雌雄であったとしても激しく争うことがあるので注意が必要。また、脱皮不全になりやすい一面があるため、脱皮がうまくいっていないと感じたら温浴などを行おう。

　オスは生後約18カ月、メスは生後約2年で性成熟に達するものが多い。飼育下では適切な環境で状態の良い雌雄が揃っていれば特に何もしなくても殖えた例もあるが、冬季の日照時間や温度を調節するクーリングを行ったほうが良いという意見が多い。クーリングの方法は愛好家によって異なるが、主な手順としては、10月まではしっかりと餌を与えて栄養を蓄えさせ、11月から6週間かけて徐々に照明の照射時間を短くし、最終的には4時間まで短縮させる（完全に消してしまう愛好家もいる）。同時に徐々に温度も下げ、最終的にはタイプAは18℃前後まで、タイプBは22℃前後まで下げ、そのままの環境を4カ月維持する（ホットスポット直下を25℃になるように設定しただけで繁殖に成功した例もある）。クーリング中に餌を与えるかどうかは愛好家によって判断が異なるが、2週間に1度の間隔で少量の餌を与える愛好家が多い（野菜や人工飼料のみ。照明を完全に消してしまう場合は餌を与える必要はない）。なお、水は飲むので水入れには常に新鮮な水を入れておこう。その後、また6週間かけて徐々に温度を上げ通常の飼育状態に戻そう。クーリング後の動きは鈍く餌も食べないが、異常がなければ2週間ほどで元に戻り、同時に繁殖期を迎えることになる。発情したオスはメスの頸部に咬みついて交尾を行うが、時に激しいことがあり、メスが傷つきそうな場合は1度オスを引き離し、数日後に再挑戦してみよう（メスが激しくオスを攻撃することもある。この場合はメスに繁殖の準備ができていない可能性がある）。交尾は日中行われることが多く、交尾時間は数分以内に終了するのが普通である。妊娠期間は4～6カ月で、妊娠したメスは餌をよく食べるようになり（体重も増え

る）、日光浴も長時間行うようになる。気性が荒くなる個体も少なくないため、ハンドリングなどは行わずストレスを与えないように注意しよう（早産の原因になる場合がある）。場合によってはオスと別居させても良い（その場合は妊娠したメスをケージに残し、オスを移動させるようにする）。出産が近くなるとメスは動きが鈍くなり、呼吸も荒くなる。出産は主に午前中行われ、幼体の数はホソオビアオジタトカゲは2～10匹、マダラアオジタトカゲは5～11匹（高地型は2～5匹）、ニシアオジタトカゲでは3～10匹、ハスオビアオジタトカゲは5～24匹、オオアオジタトカゲは5～30匹とやや差が見られる（大型で状態の良いメスほど多くの幼体を出産する傾向がある）。なお、メスにとって出産は命がけの大仕事であり、産後は体力を消耗しているため、栄養価の高い餌をしっかりと与えて労をねぎらってやろう。生まれてきた幼体は共食いを防ぐため成体とは別のケージで管理するが、ファーストシェッド（First Shed。最初の脱皮）を終えるまでは、やや多湿な環境でまとめて管理する。ファーストシェッドが終わると同時に縄張り意識が芽生えるため、個別に管理するのがベストだが、難しい場合は広いケージに多数のシェルターを設置して管理を行う（飼育環境は成体と変わらないが、やや温度変化と乾燥に弱い一面があるので、水入れは浅く小さいものを設置し、ウェットシェルターなども設置してやると良いだろう）。最初の2週間は消化の良い人工飼料を与え、その後野菜や昆虫などを徐々に追加していくが、生後12週間をすぎるまではマウスは与えないほうが良い。

　本タイプに含まれるスキンク下目は少なくとも1960年代には流通例があり、現在に至るまで高い人気を誇っている。飼育も注意点はあるものの爬虫類全般から見ても容易な部類に入るため（愛好家の間では「アオジタトカゲが飼育できないならば、爬虫類の飼育を諦めるべき」とまで言われるほど）、筆者も初心者から熟練の愛好家まで楽しめるすばらしいグループであると考えている。

キタアオジタトカゲ

ホソオビアオジタトカゲ

ヒガシアオジタトカゲ

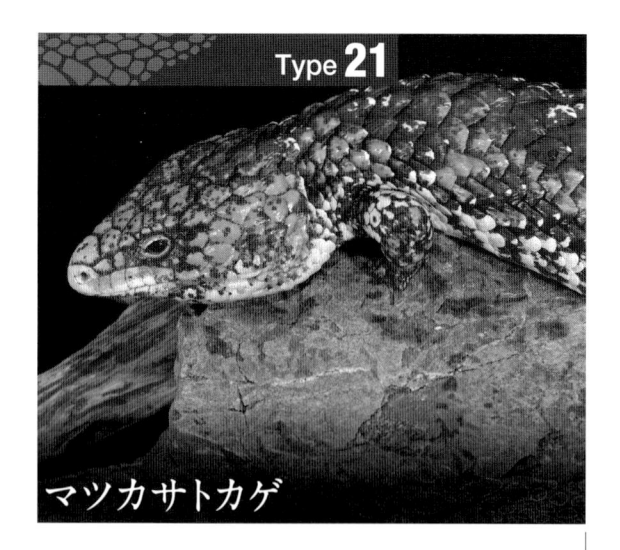

Type **21**

マツカサトカゲ

本タイプに含まれるスキンク下目はアオジタトカゲ属に含まれるが、腹部を除く体表は松笠のような凹凸のある鱗で覆われており、草食中心の雑食で一夫一妻制と考えられている、属内でもやや特殊な形態と生態を持つ。繁殖形態は胎生。

さほど活発ではないが、やや大型のため適したケージのサイズは単独飼育ならば幅 120×奥行き 60×高さ 60cm。ペアならば幅 150×奥行き 60×高さ 60cmが良いだろう（より広ければなお良い。なお、繁殖を狙う場合は繁殖期以外は別々で管理したほうが良いという意見もある）。床材には赤玉土などが適しているが、人工芝などで飼育している愛好家もいる。あまり細かい砂はトカゲが動きにくく、長期間使用すると四肢に異常をきたすおそれがあるため使用しないほうが良い。新聞紙なども長期間使用すると腹部が擦れて炎症を起こす場合があるのであまりお勧めできない。また、針葉樹が原料のものやウォルナッツサンドなどは呼吸器系の問題や誤食時に閉塞などを引き起こす可能性があるため使用してはならない。レイアウトは特に必要としないが、シェルターは必要なので大型のコルクパイプなどを低温部に設置する。乾燥した環境を好むため水入れは常設せず、午前中の数時間だけ設置するなど工夫する（野生下ではあまり水を飲まず、飼育下では多湿な環境では呼吸器系の感染症に罹りやすい一面がある）。照明は、ホットスポットを作り出すためのバスキングランプと紫外線ライトの両方を設置する。点灯時間は春季〜秋季は約 14時間、冬季は 8時間が良い。温度はホットスポット直下が 35 〜 40℃、低温部は 23℃前後になるように設定し、トカゲが好きな時に好きな場所を選べるようにする。夜間は照明を消し、ケージ全体の温度を 20 〜 22℃前後まで下げてやろう。

乾燥した環境を好むため湿度は 40 〜 50%を維持しよう。

餌はタイプ⑳と同じでかまわないが、内容は野菜を中心とし、さまざまな餌をバランス良く与えるようにしよう。バラエティ豊かな餌は本タイプに含まれるスキンク下目の飼育において重要なファクターである（マウスを好むが、それのみではいずれ必ず状態を崩す。理想的な餌のバランスは野菜 50%・タンパク質 40%・果実 10%だが、尾が細くなってきたらタンパク質を増量すると良い）。個体によっては餌の好き嫌いもあるが、いかにトカゲを"ごまかして"多種多様な食事を与えられるかが飼育者の腕の見せどころとなるだろう（他の餌に混ぜて与えたり、空腹時に与えるなどいろいろ工夫してみよう。なお、1度マウスなどを与えるとそれ以外には興味を示さなくなる場合があるため注意が必要）。給餌頻度は成体ならば 2 〜 3日に 1回、幼体ならば毎日与える必要がある。給餌はなるべく早い時間に行い、その後はしっかりと消化が促せる時間を確保しよう。掃除（糞や食べ残しなどを取り除く）は毎日行い、3 〜 4カ月に 1度は床材などを全て換え、レイアウト品なども熱湯消毒する大掃除を行う。その他、飼育における注意点として、本タイプに含まれるスキンク下目はタイプ⑳のグループほど縄張り意識が強くないものが多いが、性格にはかなり個体差があり、中には喧嘩ばかり繰り返す個体も稀に見られる。

生後 3年ほどで性成熟に達するものが多いが、飼育下での繁殖は容易ではない。理由は本タイプに含まれるスキンク下目は一夫一妻制である可能性があり（ヒガシマツカサトカゲとニシマツカサトカゲ以外の亜種では、確実な観察例があるわけではないが、どの亜種も飼育下における繁殖は容易ではないとされる）、1度つがいになった雌雄以外で繁殖させるのが難しいからとされている（繁殖までに数十年かかった例もある）。最も良い方法は小さな幼体のうちから多頭飼育を行い、互いに馴化させておくことであるが、幼体時は雌雄がわかりづらいという問題もある（筆者の知り合いにはペアと信じて購入し、何年も飼育を続けたが、後にメス同士だったことが判明した愛好家もいた）。なお、飼育下では適切な環境で状態の良い雌雄が揃っていれば特に何もしなくても殖えた例はあるが、計画的に殖やすならば、冬季の日照時間や温度を調節するクーリングを行ったほうが良いという意見が多い。クーリングの方法としては、10月まではしっかりと餌を与えて十分な栄養を蓄えさせ、11月からは約 4週間かけて徐々に温度を下げ、最

終的には日中の気温を 15 ～ 18℃。夜間は 15℃前後に設定する（10℃以下にしないよう注意）。同時に照明の点灯時間も徐々に短くし、最終的には 2 ～ 3 時間まで短縮させるが、照明を完全に消してしまう愛好家もいる。12 月頃にはトカゲは活動も鈍くなり（活動せずに眠っていることが多い）、餌も食べなくなるだろう（餌を与える必要はないが、時折スポイトで吻端に水を垂らして与えても良い）。そのままの環境を約 3 ～ 4 カ月間維持し、その後、約 4 週間かけて徐々に温度を上げ通常の飼育状態に戻そう。クーリングが明けてしばらくすると繁殖期が始まり（多くの場合 4 ～ 5 月頃）、オスはメスを追いかけてメスが受け入れてくれるかどうか確認するためメスの頸部や側面に咬みついたりする。その際にメスが激しく抵抗するようならば、1 度オスを引き離し、数日後に再挑戦してみよう。オスに意欲が見られない場合は、ケージの中に別のオスを入れてみよう。オスはメスを奪われまいと急に交尾行動を始める場合がある（別の雄の糞や脱皮殻でも効果を発揮する場合がある）。交尾は主に早朝に行われ、数分～ 20 分以内に終わることが多い。妊娠期間は 90 ～ 150 日で、妊娠したメスは餌をよく食べるようになり（体重も増える）、日光浴も長時間行うようになるが、出産が近くなると神経質になり、シェルターに潜んでいることが多くなる。妊娠中のメスはデリケートな一面があるので極力刺激しないようにし（ストレスは早産の原因になりや

すい。場合によってはオスと別居させても良い）、慎重に観察を続けよう。出産は主に午前中に行われることが多く、メスは 1 度に 1 ～ 4 匹（平均 2 匹）の幼体を出産する。なお、メスにとって出産は命がけの大仕事であり、産後は体力を消耗しているため、栄養価の高い餌をしっかりと与えて労をねぎらってやろう。野生下では隔年で繁殖している場合も多いようだが飼育下では数年間連続して繁殖に成功した例もある。生まれてきた幼体は成体とは別のケージで管理する。飼育環境は成体と変わらないが、ややデリケートで脱水になることもあるので、1 週間に 2 回程度温浴を行っても良い（床材にペットシーツを使用し、毎日ピンセットで餌を与えている飼育者もいる。やや手間ではあるが幼体の愛らしさに触れられるならば苦にもならないだろう）。

　本タイプに含まれるスキンク下目は少なくとも 1960 年代には流通例があり（1954 年に出版された図鑑に飼育方法が記載されているため、もっと古くから流通していた可能性もあるが、はっきりしない）、高い知名度と人気があるものの目にする機会は多くなく、現在に至るまで愛好家垂涎の種となっている（本種の繁殖を最終目標とする愛好家が一部にいるほどである）。繁殖はひと筋縄ではいかないが、飼育そのものはいくつかの注意点を守ればさほど難しくないため、筆者は初心者から熟練の愛好家まで楽しめるグループであると考えている。

尖閣諸島のスキンクたち

COLUMN

東シナ海の南西部にある島嶼群である尖閣諸島は、日本・中国・台湾間の領土問題によって自由な調査が行えない状況にあるが、きわめて興味深い動物が生息していると考えられており、スキンク下目としてはセンカクトカゲとスベトカゲ属と考えられる 1 種の存在が判明している。センカクトカゲはかつては台湾や中国とその周辺の島々に分布するアオスジトカゲと同種とされていたが、遺伝的・形態的（アオスジトカゲの体鱗列数は 24 ～ 28 なのに対し本種は 26 ～ 29。また、アオスジトカゲの幼体は尾部が青色なのに対し本種は先端側から半分のみが青色になるなどの差異がある）な差が見られることから 2017 年に新種記載され、魚釣島・北小島・南小島・久場島の海岸から山地の岩場・草原など多様な環境に生息することや、ハマヨコエビ類・鱗翅目の幼虫・ゴキブリ類・ヨコバイ類などを食べていること、メスが岩の下などに 6 ～ 7 個の卵を産むことなどがわかっている。もう 1 つのスベトカゲ属と考えられている 1 種に関しては、魚

釣島産の標本が 2 点あるのみで、宮古・八重山諸島のサキシマスベトカゲや台湾のタイワンスベトカゲによく似ている、ということぐらいしかわかっていない。筆者には領土問題はよくわからないが、自然や動物という面では尖閣諸島が謎に満ちた魅力的な場所であることは疑いようがないだろう。

わずか 7km² しかない尖閣諸島に独自の進化を遂げた未知のスキンク下目が存在している

Type22

カブトトカゲ属

本タイプに含まれるスキンク下目は頭部が大きく角張っており、背面には棘状や瘤状に発達した鱗が並んでいるものが多く見られ、一見しただけではスキンク下目には見えないかもしれない。生態も独特で夜行性傾向が強く、発声器官を持つものもいる。肉食で繁殖形態は卵生のものが多いが、現時点ではシュミットカブトトカゲのみ胎生であることがわかっている（チョイスルカブトトカゲとブカブトトカゲは不明）。

あまり活発ではなく、さほど温度勾配も必要としないため、単独飼育やペアならば幅60×奥行き30×高さ36cmのケージで飼育することが可能である（広ければなお良い）。トカゲの大きさから見てもかなりコンパクトに飼育できる爬虫類であると言えるだろう。床材には赤玉土やソイル系・湿らせた水苔などを使用し、ケージ内に乾いているエリアと多湿なエリアを設け（割合は5：5、もしくは多湿なエリアをやや広くする。特にシュミットカブトトカゲのような小型種では3：7で多湿なエリアを広くする。底の浅いトレイやバットなどを用いてエリア分けすると便利）、多湿なエリアは常にしっかりと湿っている状態を維持しよう（ほとんどの時間を多湿なエリアで過ごす個体が多いが、乾燥したエリアがないと皮膚病や脱皮不全になる場合がある）。隠蔽性が高いためシェルターは必ず設置しよう（乾燥したエリアと多湿なエリアの両方に複数設置する）。水入れは浅くてやや大きなものを常設する（夜間は水入れに浸かっている姿がよく観察されている）。夜行性で強い光を嫌うため、照明には紫外線ライトを設置し、点灯時間は春季〜秋季は約10時間、冬季は6〜8時間が良い。さほど高温は好まないため、温度は25〜27℃に設定する。夜間はケージ全体の温度を25℃まで下げる。多湿な環境を好むため湿度は70〜80%を維持し、毎日照明の点灯時と消灯時にも霧吹きを行う。

餌には栄養剤を添加したコオロギやレッドローチ・デュビアローチ・ミミズなどを与えるが、あまり動きの速いものは捕えることができないので注意（コオロギなどはトカゲを害することもあるので、食べ残しはなるべく早く取り除く）。餌皿など決められた場所で与え続ければ、覚えて餌皿の前で待機していることもある（餌を目立たせるため、餌皿は透明ではないものを選ぶと良い）。また、水入れの中にメダカやグッピーなどの小魚を入れておくと食べた例や、人工飼料（ヒョウモントカゲモドキ用の半生タイプ）をピンセットから食べた例などもある。やや消化力が弱い一面があるため、ミルワームなどのワーム類は与えないほうが良い。給餌頻度は成体ならば2〜3日に1回、幼体ならば毎日与える必要がある。夜行性のため、飼育開始当初は消灯の1〜2時間前に与えるのが良いが、環境に慣れてしまえば日中でも問題なく餌を食べるようになるだろう。掃除（糞や食べ残しなどを取り除く）は毎日行い、3〜4カ月に1度は床材などを全て換える大掃除を行う。その他、飼育における注意点として、本タイプに含まれるスキンク下目は神経質な一面があるため、飼育開始当初は驚かせないよう注意。なお、協調性は比較的良いものが多いが、鳴き声が頻繁に聞こえる場合はオス同士が争っている可能性がある。

生後1〜2年ほどで性成熟に達するものが多く、飼育下では適切な環境で状態の良い雌雄が揃っていれば特に何もしなくても殖えた例が多い（アカメカブトトカゲとモトイカブトトカゲではオスの後肢の指趾に特徴的な鱗が発達するため雌雄判別も容易）。飼育下では秋頃に繁殖する例が多いようだが、明確な繁殖期ははっきりしていない。交尾はオスがメスの頸部や頭部に咬みついて行うが、主に夜間のため確認するのは難しい（メスに傷が付いていることはある）。妊娠期間は60〜70日で、1度に1卵、もしくは1匹の幼体を出産する（アカメカブトトカゲやモトイカブトトカゲでは産卵が近くなると腹部側からうっすらと卵が確認できることもある）。産卵や出産は主に多湿なエリアのシェルターの中で行われるため、産卵床はなくても良さそうだが、念のため設置しておこう。産卵された卵は温度26〜28℃、湿度80〜90%の設定にて60〜75日で孵化する（メスは1度の交尾で数回産卵することがあり、最初の卵が孵化するタイミングで次の卵が産卵されることもある）。繁殖自体に難しい部分は少ないが、メスにとって産卵や出産は命がけの大仕事であり、産後は体力を消耗しているため、栄養価の高い餌をしっかりと与えて労をねぎらってやろう。生まれてきた幼体は成体とは別のケージで管理するが、デリケートな一面があるため育て上げるのはやや難しい。飼育環境は成体と

さほど変わらないが、床材は多湿なエリアを広くし、孵化から数日で餌を食べるようになるため、毎日栄養剤を添加した餌を与え、短期間で一気に成長させたほうが良い。

　本タイプに含まれるスキンク下目は特異な形態と興味深い生態より愛好家の間では古くから知られていたが、ペットトレードに流通したのは1990年頃で、2000年代になり一気に普及した。やや特殊な環境

設定が必要ではあるが、飼育自体に難しい部分は少ないため、筆者は初心者から熟練の愛好家まで楽しめるすばらしいグループだと考えている。しかしながら、不活発で隠蔽性が高いため「陰気なトカゲ」とか「飽きるトカゲ」と評されることも多い。飼育を始める前に自身のスタイルに合っているかどうかをよく検討しよう。

Type 23

ミギワトカゲ属・ミズトカゲ属・ナガレヒメモリトカゲ

　本タイプに含まれるスキンク下目は、半水棲で腹部を除きやや粗い鱗を持つものが多く、尾部も水中でくねらせて推進力を得るためにやや扁平しているものが多い。肉食で主に節足動物を捕食するが、ミギワトカゲ属では魚類を捕食した例もある。繁殖形態はナガレヒメモリトカゲとミギワトカゲ属は卵生だが（セネガルミギワトカゲでははっきりしない）、ミズトカゲ属では胎生。

　ミギワトカゲ属やシナミズトカゲ・ナガレヒメモリトカゲのような小型種ならばペアやトリオでも幅60×奥行き30×高さ36cmのケージで飼育することが可能で、その他の種類でも幅90×奥行き45×高さ45cmの広さがあれば良い（広ければなお良いが、やや特殊な環境を必要とするため管理が難しくなるかもしれない）。本タイプに含まれるスキンク下目は半水棲のため、ケージ全体の50～70%を水場にする必要があり、1つのケージの中に水場と陸場の両方を備えたアクアテラリウムで飼育する。しかしながら、湿地帯のような場所は特に必要としない（微生物が発生しやすく、管理も難しくなる）。最も

簡単なのは水槽の底に敷く砂利を盛って陸地を作る方法だが、固定されていないため、時間と共に崩れていってしまうことが多い。筆者のお勧めはポリスチレンボードなどで陸場の土台を作ってしまう方法である。それに石などをアクアリウム用の接着剤で貼り付けていけば見た目も自然になり、トカゲもアクセスしやすく、水場と陸場をしっかりと隔てることができる。陸場には赤玉土や黒土・ソイル系などを敷き詰め、観葉植物などを植え込む（植物はシェルターになるだけでなく、空中湿度を維持するのにも役立つ）。やや神経質な一面があるため、シェルターは必ず設置しよう。水場の水深は5～10cmもあれば良い（水底には大磯砂などを敷き詰める）。水中には小型の水中フィルターを設置し、緩やかな水流を作り出してやろう。水棲植物などを入れてやれば水中におけるシェルターにもなる。なお、当然ながら水質の悪化はそのまま生体へのダメージに繋がるため注意。あまり強い光を好まないため、温度が維持できるならば照明は紫外線ライトだけでもかまわないが、ミズトカゲ属の一部（ベーコンミズトカゲなど）は日光浴を

行うためバスキングランプを設置しても良い。その場合はホットスポット直下が 30 ～ 32℃になるように設定し、照射場所は水場近くの岩などに限定しよう（ケージ全体の温度が上がりすぎないよう注意が必要）。点灯時間は春季～秋季は約 10 時間、冬季は 6 ～ 8 時間が良い。温度はミギワトカゲ属は 22 ～ 24℃。ミズトカゲ属とナガレヒメモリトカゲは 25℃前後に設定し、夜間は照明を消してケージ全体の温度を 20℃前後まで下げてやろう。

餌には栄養剤を添加したコオロギやレッドローチ・デュビアローチ・ミミズなどを与えるが、やや消化力が弱い一面があるため、ミルワームなどのワーム類は与えないほうが良い。なお、ミギワトカゲ属では水場に小魚（アカヒレやグッピー）などを泳がせておくと水中で捕えて捕食することもある。給餌頻度は成体ならば 2 ～ 3 日に 1 回、幼体ならば毎日与える必要がある。なお、餌を食べた後は陸場で休んでいることが多いため、給餌はなるべく午前中に行う。掃除（糞や食べ残しなどを取り除く）は毎日行い、週に 1 ～ 2 回換水して水も清潔に保ち、6 カ月に 1 度は床材などを全て換える大掃除を行う。その他、飼育における注意点として、本タイプに含まれるスキンク下目は総じて高温に弱い一面があるため、夏場は注意が必要（特にミギワトカゲ属では夏場の死亡例が少なくない）。

生後 1 ～ 2 年ほどで性成熟に達すると考えられているが、ミギワトカゲ属とナガレヒメモリトカゲはペットトレードに登場してから日が浅いためほとんど何もわかっておらず、飼育下では持ち腹（野生下で妊娠した個体）のメスがシェルターの中に産卵していた例がわずかに知られているにすぎない。ミズトカゲ属も飼育下における繁殖例はあるものの、ほとんどがシナミズトカゲとベーコンミズトカゲであり、その他の種に関しては不明な部分が多いため、この 2 種について簡単に説明したい。飼育下では適切な環境で状態の良い雌雄が揃っていれば特に何もしなくても殖えた例が多いが、冬季の日照時間をやや短くし、日中の温度もわずかに下げたほうが良いという意見もある。飼育下における交尾は陸上や水場の浅瀬で行われることが多く（シナミズトカゲは春季～夏季。ベーコンミズトカゲでは夏季～秋季に観察例が多い）、オスはメスの頭部や頸部に咬みついて行うが、数分以内に終了する場合が多い。妊娠期間はおよそ 4 ～ 5 カ月と思われ、妊娠中のメスは餌をよく食べるようになるが（やや神経質になる個体もいるためオスと別居させても良い）、出産の約 2 週間前から餌を食べなく

なり、シェルターに潜んでいる時間が長くなる。出産はシェルターの中やその周辺で行われ、メスは 1 度に 1 ～ 8 匹の幼体を出産し、幼体を包んでいた羊膜は母親が食べてしまうことが多い（死産だった幼体を食べた例もある）。繁殖自体に難しい部分は少ないが、メスにとって産卵や出産は命がけの大仕事であり、産後は体力を消耗しているため、栄養価の高い餌をしっかりと与えて労をねぎらってやろう。生まれてきた幼体は成体とは別のケージで管理するが、デリケートで体温調節が苦手な一面があるため、飼育温度は 26 ～ 28℃に設定し、ケージ内のレイアウトもソイルなどを敷き詰めたものに園芸用の受皿（底の浅いもの）に水を張り、シェルターを設置しただけの簡単なものでかまわない（バスキングランプは設置しない）。孵化から数日で餌を食べるようになるため、毎日栄養剤を添加した餌を与え、短期間で一気に成長させたほうが良い。

ミズトカゲ属は 1980 年代から流通例はあったが、意外なほど長期飼育例は少ない（おそらく夏場の高温が原因と思われる）。また、ベーコンミズトカゲが流通のメインであり、その他の種類が流通し始めたのは 2000 年代になってからである（オニヒラオミズトカゲも 1980 年代より流通例はあったが、近年は目にする機会が減りつつある）。ミギワトカゲ属は 2010 年以降、ナガレヒメモリトカゲは 2020 年以降に流通した仲間であり、愛玩用としての歴史はごく浅く、長期飼育例も少ない。魅力的な仲間ではあるが、やや特殊な飼育環境を用意する必要があり、やや注意点も多いことから、筆者はミズトカゲ属は中級者向け、ミギワトカゲ属とナガレヒメモリトカゲは上級者向けのグループであると考えている。

ベーコンミズトカゲ

灰色の幽霊（グレイゴースト）の伝説

COLUMN

スキンク下目の伝説的なトカゲとしてオオスベトカゲを本文中で紹介したが（詳細は P.46 ～「スキンク下目の現状」を参照）、実はそれに匹敵すると思われるトカゲがもう1種存在する。それが "灰色の幽霊" ことトンガオオスベトカゲである。この不気味な二つ名を持つ本種について紹介したい。

トンガに暮らす先住民の間には古くから "特別な霊力を持った灰色の大きなトカゲがいる" や "光沢のある灰色の大きなトカゲを見たものは不幸に襲われる" "灰色の大きなトカゲを触ったものは死ぬ" "灰色のトカゲの姿をした悪霊が夜道を彷徨っている" といった伝承があるのだが、その正体は誰にもわからなかった。

1826年4月、フランス海軍の探検船であるアストロラーベ号（総重量380t。全長31.57m）はフランスのトゥーロンから約3年に渡る調査航海へ出航した（主な任務は南西オーストラリア地域がフランスの植民地となる可能性を評価することと、1788年にソロモン諸島のバニコロ島周辺で消息を絶った Lapérouse 遠征隊の調査であった）。おそらくフランス最後の、そして、最大の帆船による科学探検航海となった本航海にはさまざまな研究者が乗船しており、フランスの動物学者であった Jean René Constant Quoy（1790-1869）と Joseph Paul Gaimard（1796-1858）もその一員であった。アストロラーベ号はまずオーストラリア南西海岸を調査した後に北上し、1827年の4～5月にかけてトンガの南部諸島に位置するトンガタブ島と近隣の島々を調査することとなった。この時期、ポリネシア地域は雨季にあたるため、時にはひどい大雨に見舞われることもあったようだ。そんなある日、Quoy と Gaimard の2人はトンガタブ島にて雨の後に地表を徘徊する2匹の大きなトカゲを採集して本国へ持ち帰った。そして、その標本は同じくフランスの動物学者である André Marie Constant Duméril（1774-1860）と Gabriel Bibron（1805-1848）により精査され、1839年に新種トンガオオスベトカゲ *Eumeces microlepis* として記載された（当時はオオアシスキンク属と考えられたが、1952年にトンガオオスベトカゲ属へ移属されている。しかし、この分類を疑問視する意見もあり、シマトカゲ属に近縁なのではないか、という説もある）。記載までに10年ほどもかかった理由ははっきりしないが、本航海は多大な成果を挙げていたため、それらの整理に時間がかかったのかもしれない。その後、2つの標本は共にパリの国立自然史博物館に収蔵されることになったのだが、しばしば研究者の間では話題になっていたようだ（1937年までに4回も移属している）。しかし、その後は新たな個体が発見されることがないまま時は流れた。そして、1980年代にドイツの動物学者である Dieter R. Rinke が本種を求めて18カ月もトンガタブ島に滞在したが、発見することはできなかった。Rinke は後に「このトカゲがまだ生き残っていることを示す証拠は見つからなかった（中略）模式標本が本当にトンガタブ島で収集されたのであれば、この種は絶滅したとみなさなければならないだろう」と発表し、研究者の間でも「Quoy と Gaimard が採集したのはこの種の最後の生き残りだったのではないか？」という説が広まった（IUCN も 2011年に絶滅と断定した）。しかしながら、これらに真っ向から挑戦したのがイギリスの動物学者の John R. H. Gibbons（1946-1986）であった。彼は「トンガオオスベトカゲは地中棲傾向が強く、夜間または雨の後に活性が上がるのではないか。だから人目に付きにくく、通常の調査では発見できないだろう。それに、トンガ南部にはまだ調査が進んでいない場所があるはずだ」と考えたのだ。そして、1985年1月と10月に彼は捜索チームを編成し、トンガタブ島を訪れて調査を開始したが、具体的な成果は得られなかった（地元住民への聞き込みで目撃情報は3件見つけることができた）。3度目となる1986年2月の調査では、地元の新聞である TONGA CHRONICLE 紙に「If You See A Gray Ghost, Don't Run, Take Its Photo（灰色の幽霊を見たら、逃げないで写真を撮ってください）」と掲載し、有力情報には100トンガドルの謝礼を出すという広告を出した。この "灰色の幽霊" とはトンガオオスベトカゲを意味し、トンガに根強く残る不吉な伝承から本種を幽霊に例えたのだろう。結果としてはこの計画も成功はしなかったが、Gibbons は諦めていなかったそうだ。動物学者である彼は希少種を見つけることがいかに困難なことかを理解していたのだろう。しかし、4度目の調査が行われることはなかった。何と、同年11月に彼とその家族はフィジーでボート事故に遭い、他界してしまったためである。突然の訃報に多くの関係者が驚いたが、中には「トカゲの呪いだ」と囁く者もいたという。熱意あるリーダーを失ったことにより、トンガオオスベトカゲの調査は暗礁に乗り上げてしまったかに思われたが、1990年代に入ってから Ivan Ineich と George R. Zug という2人の動物学者がトンガオオスベトカゲの調査に名乗りを挙げ、1993年10月にトンガタブ島での調査を行ったものの、発見することはできなかった。だが、彼らもトンガオオスベトカゲの現存に悲観的なわけではない。彼らは「トンガオオスベトカゲは隠蔽性が高く、Quoy と Gaimard が採集した2匹は巣穴が水没したため地表に出てきたものである可能性がある。また、夜行性で人目に付きにくい種である可能性も高く、これは本種を不吉な存在とするトンガの民間伝承とも一致している」と述べ、さらに「トンガオオスベトカゲは著しく環境が損なわれたトンガタブ島では生き残れないだろう（トンガタブ島は開発が著しく、残された森林地帯は島全体のわずか3%となっている）。しかし、周辺の小島や原生林がまだ残っているエウア島やカラウ島ではまだ生き残っている可能性がある」とも付け加えている。

トンガオオスベトカゲの復元図。
再発見されればセンセーショナルな出来事となるだろう

Type **24**

ヘビメトカゲ属・シマトカゲ属・カンボクトカゲ属・リピントカゲ属

本タイプに含まれるスキンク下目は、活発で地上でも樹上でも活動し、一部の種では強い塩分耐性を持つため、他のトカゲが見られないようなマングローブ林やサンゴ礁が隆起した岩石海岸や海岸の崖などにも生息している。肉食中心の雑食で主に節足動物を捕食するが、サンゴヘビメトカゲなどは魚類を食べた例もある。繁殖形態には卵生と胎生の双方が含まれる。

適したケージのサイズは、全長20cmまでの小型種ならばペアでも幅60×奥行き30×高さ36cmのケージで飼育することが可能だが、それ以上の大きさの種類（カンボクトカゲ属など）ならば幅90×奥行き45×高さ45cmが望ましい（広ければなお良い）。床材には赤玉土やソイル系などが適しているが、シマトカゲ属では大磯砂なども使用できる。あまり細かい砂はトカゲが動きにくく、長期間使用すると四肢に異常をきたすおそれがあるため使用しないほうが良い。どの種も活発で立体活動が得意なため、枝や岩などを用いて立体的にレイアウトしてやり、観葉植物なども設置する（植物はシェルターになるだけでなく、空中湿度を維持するのにも役立つ）。やや神経質なものが多いためシェルターは複数設置し、1つはウェットシェルターにしておこう（陶器製で上部に水が溜められるタイプが良い）。水入れは浅くてやや大きなものを常設し、毎日照明の点灯時と消灯時に霧吹きも行う。照明は、ホットスポットを作り出すためのバスキングランプと紫外線ライトの両方を設置する。点灯時間は約12時間が良い。温度はホットスポット直下が32〜35℃（ホットスポットは岩や枝などに当たるように設置する）、低温部は23〜25℃前後になるように設定し、トカゲが好きな時に好きな場所を選べるようにする。夜間は照明を消し、ケージ全体の温度を23℃前後まで下げる。あまり乾燥した環境は好まないようなので、湿度は70〜80%を維持しよう。

餌には栄養剤を添加したコオロギやレッドローチ・デュビアローチなどを与えるが、ミヤコトカゲなど海岸付近に生息するものは飼育開始当初はなかなか食べてくれない場合もある（本来の食性と異なるからだろう）。その場合は蛾やハエ（ハニーワームやサシの成虫）・クモ・シロアリなどを与えつつ、なるべく早くコオロギやレッドローチに餌付いてもらえるよう努力しよう。やや消化力が弱い一面があるため、ミルワームな

クロハマベトカゲ

どのワーム類は与えないほうが良い。なお、アオオハマベトカゲではイチゴやブルーベリー・オウカンミカドヤモリ用の人工飼料なども食べた例はあるが、別に与えなくても問題はない（与える場合は常設せず、おやつ感覚で時折与える程度にする）。給餌頻度は成体ならば2日に1回、幼体ならば毎日与える必要がある。給餌はなるべく早い時間に行い、その後はしっかりと消化が促せる時間を確保しよう。掃除（糞や食べ残しなどを取り除く）は毎日行い、3〜4カ月に1度は床材などを全て換える大掃除を行うと良い。その他、飼育における注意点として、本タイプに含まれるスキンク下目はオス同士が争うことがあるため、多頭飼育の際には注意。また、脱水には弱いため（絶食にもやや弱い印象がある）、入手後ケージに導入する前に温浴を行ったほうが良い。

生後1年以内に性成熟に達するものが多いと考えられており、飼育下では適切な環境で状態の良い雌雄が揃っていれば特に何もしなくても殖えた例はあるが不明な部分が多く、野生下における繁殖も地域によって季節性の有無がある（例として、台湾に分布するミヤコトカゲの繁殖期は3〜8月だが、フィリピンでは特定の繁殖期を持たない）。飼育下では春頃にオスがメスの頸部に咬みついて交尾を行うことが多く、卵性種のメスは1度に2個の卵を産卵する。野生下では樹洞に産卵することが多いため、一般的な産卵床だけでなくコルクパイプの中にやや湿らせた水苔などを敷き詰めたものも複数設置する。産卵された卵は温度28〜30℃、湿度80〜90%の設定にて60〜70日で孵化する。胎生種のメスは1度に1〜2匹の幼体を日中に出産するものが多い。なお、メスにとって産卵や出産は命がけの大仕事であり、産後は体力を消耗しているため、栄養価の高い餌をしっかりと与えて労をねぎらってやろう。生まれてきた幼体は成体

とは別のケージで管理する。飼育環境は成体とさほど変わらないが、ケージ内のレイアウトはシンプルに留め、毎日栄養剤を添加した餌を与え、短期間で一気に成長させたほうが良い。

　本タイプに含まれるスキンク下目は少なくとも1980年代から流通はあるものの、ペットトレードでは

さほど注目されておらず、目にする機会も多くなかった（2020年以降は人気が高まりつつあるが、流通は変動的）。活発で飼っていて楽しい仲間ではあるが、輸送状態が悪い場合も多いため（脱水が原因と思われる突然死の報告が多い）、筆者は中級者向けのグループであると考えている。

Type 25

コズエトカゲ属・スベミトカゲ属

　本タイプに含まれるスキンク下目は樹上棲で森林に生息し、スレンダーな体型と細長い尾部を持ち、細い枝の上を器用に移動することができる。肉食で主に節足動物を捕食するが、生活史には不明な部分が少なくない。繁殖形態には卵生と胎生のものが含まれる（コズエトカゲ属は卵生。スベミトカゲ属は胎生）。

　小型種のため、適したケージのサイズはペアでも幅60×奥行き30×高さ36cmのケージで飼育することが可能（広ければなお良い）。床材には赤玉土やソイル系・マット系・水苔など、湿度を維持できるものが適している。あまり細かい砂はトカゲが動きにくく、長期間使用すると四肢に異常をきたすおそれがあるため使用しないほうが良い。どの種もやや活発で立体活動が得意なため、大小さまざまな枝を用いてレイアウトしてやり、観葉植物なども多数設置してやろう（植物はシェルターになるだけでなく、空中湿度を維持するのにも役立つ）。地表にもシェルターを設置するが、使用しないようならば取り除いてもかまわない（夜間も枝の上で眠るものが多い）。水入れは浅くてやや大きなものを常設するが、毎日照明の点灯時と消灯時に霧吹きも行う。照明は、ホットスポットを作り出すためのバスキングランプと紫外線ライトの両方を設置するが、あまり強い光は好まないものもいるので、バスキングランプの照射範囲はやや狭くしたほうが良い（トカゲが乗って日光浴ができる太い枝の一部にのみ照射する）。点灯時間は約12時間が良い。温度はホットスポット直下が30〜35℃、低温部は25〜28℃になるように設定し、トカゲが好きな時に好きな場所を選べるようにする。夜間は照明を消し、ケージ全体の温度を23℃前後まで下げてやろう。多湿な環境を好むため、湿度は80%前後を維持する。

ヒヒルスベミトカゲ

　餌は栄養剤を添加したコオロギやレッドローチ・デュビアローチなどを与えるが、やや消化力が弱い一面があるため、ミルワームなどのワーム類は与えないほうが良い。やや絶食に弱い一面があるため、給餌頻度は成体ならば2日に1回、幼体ならば毎日与える必要がある。給餌はなるべく早い時間に行い、その後はしっかりと消化が促せる時間を確保しよう。掃除（糞や食べ残しなどを取り除く）は毎日行い、3〜4カ月に1度は床材などを全て換える大掃除を行う。その他、飼育における注意点として、本タイプに含まれるスキンク下目は生活史に不明な部分があるため、多頭飼育の際には注意（オス同士が争うかもしれない）。

　生後1年以内に性成熟に達するものが多いと考えられており、飼育下では適切な環境で状態の良い雌雄が揃っていれば特に何もしなくても殖えた例はわずかにあるが、不明な部分が多くほとんどなにもわかっていない。

　本タイプに含まれるスキンク下目の確実な流通例は2000年以降であり（それ以前にも別の名称で流通していた可能性はある）、現在でも目にする機会は少ない。飼育自体はそう難しくはなさそうだが、生態に不明な部分が多く、現状では情報不足も否めないため、筆者は中級者から上級者向けのグループであると考えている。

ハルマヘラカラタケトカゲ

Type **26**

カラタケトカゲ属

本タイプに含まれるスキンク下目は地上棲で森林に生息し、柔らかい土壌に潜ったり巣穴を掘ることもある。四肢はやや短いものの力強い体躯を持ち、肉食でミミズから節足動物・トカゲまでさまざまなものを捕食するが、その生活史には不明な部分が多い。繁殖形態もスベカラタケトカゲ以外ははっきりしないが、卵生と考えられている。

やや大型で活発であり、体の柔軟性も低いため、適したケージのサイズは単独飼育やペアならば幅90×奥行き45×高さ45cm。トリオやそれ以上ならば幅120×奥行き60×高さ45cmが望ましい(広ければなお良い)。潜ることを好むため、床材はマット系か、赤玉土やソイル系など湿度を維持できるものを5cmほど敷き詰め、その上に熱湯や電子レンジで滅菌(約80℃で60秒加熱する)した落ち葉などを配置する。あまり細かい砂はトカゲが動きにくく、長期間使用すると四肢に異常をきたすおそれがあるため使用しないほうが良い。低木の上に登ることもあるため、流木などを配置しても良いが、あまり複雑なレイアウトは必要としない。シェルターにはコルクパイプなどが適しているが、光源から離れた場所にウェットシェルターも設置する(大型のタッパーウェアに入り口を空け、湿らせた水苔などを敷き詰めると良い)。水入れは浅くてやや大きなものを常設するが(陶器製などトカゲにひっくり返されない重量のあるものを選ぼう)、毎日照明の点灯時と消灯時に霧吹きも行う。照明は、ホットスポットを作り出すためのバスキングランプと紫外線ライトの両方を設置するが、あまり強い光は好まないものもいるので(スベカラタケトカゲは夜行性傾向が強いとされているが、飼育下では日中も活動する)、バスキングランプの照射範囲はやや狭くしたほうが良い(床材に当たるように照射する)。点灯時間は約12時間が良い。

温度はホットスポット直下が35℃、低温部は25～28℃になるように設定し、トカゲが好きな時に好きな場所を選べるようにする。夜間は照明を消し、ケージ全体の温度を25℃前後まで下げてやろう。多湿な環境を好むため、湿度は60～80%前後を維持する(乾燥した環境では脱皮不全になりやすい)。

餌は栄養剤を添加したコオロギやレッドローチ・デュビアローチ・人工飼料(フトアゴヒゲトカゲ用やヒョウモントカゲモドキ用の製品)などを与えるが、人工飼料に餌付かせるのは難しくはなく、餌付いてしまえば飼育も楽になるだろう。ピンクマウスなども好むが、栄養価が高いので常用は避ける(産後に体力を消耗したメスの回復には効果的な場合はある)。なお、強健な仲間ではあるが餌が足りないといつの間にか痩せていることがあるので注意(体重の変化が外見からはややわかりにくい)。給餌頻度は成体ならば2～3日に1回、幼体ならば毎日与える必要がある。給餌はなるべく早い時間に行い、その後はしっかりと消化が促せる時間を確保しよう。掃除(糞や食べ残しなどを取り除く)は毎日行い、3～4カ月に1度は床材などを全て換える大掃除を行う。その他、飼育における注意点として、本タイプに含まれるスキンク下目はオス同士のみならず雌雄でも激しく争うことがあるので多頭飼育には細心の注意を払いたい。また、外見からは想像できないほど動きがすばやいため(突発的に走り出すことがある)、管理時などに脱走されないよう気をつけよう。

オスで生後約2年、メスは生後約3年で性成熟に達すると考えられている。しかしながら、飼育下における繁殖方法はまだ確立されておらず、不明な部分が多い(国内では持ち腹のメスが産卵した例などがわずかにあるにすぎない)。本タイプに含まれるスキンク下目の繁殖が難しい要因の1つに雌雄の相性があると考えられている。小さな幼体のうちから多頭飼育を行い、互いに馴化させておくと良さそうだが、そもそも幼体を目にする機会が稀で、雌雄もわかりづらいという問題もある。相性の良い雌雄を揃えることができたならば、特にクーリングなどは行わなくても繁殖させることは可能であると思われる(分布域の多くは海洋性熱帯雨林気候であり、日本と寒暖の季節は逆ではあるものの、年間を通して気温の変化は少ない)。

本タイプに含まれるスキンク下目は少なくとも1990年代より流通例があるものの変動的で、さほど目にする機会は多くない。前述したように繁殖には不明な部分が多いが、飼育そのものは比較的容易なため、筆者は初心者から熟練の愛好家まで楽しめるグループであると考えている。

ツヤトカゲ属・ダシアトカゲ属・ミドリチトカゲ属

本タイプに含まれるスキンク下目は、樹上棲で森林に生息し、すばやい動きで樹上を走り回るタイプのトカゲである。肉食中心の雑食で主に節足動物を捕食するが、花密を舐めたり果実を食べることもある。繁殖形態は卵生。

樹上棲で活発なため、適したケージは幅60×奥行き45×高さ100cmとなる。観葉植物用の温室などが使いやすい。断言してしまうが、本タイプに含まれるスキンク下目は狭いケージで飼育していてはトカゲも飼い主も幸せにはなれないだろう。やや大がかりではあるが、初めからしっかりと設備を整えて飼育したほうが良い。さらに言うならば、多頭飼育も可能であり、そちらのほうが楽しいし、管理の手間もさほど変わらない。

床材には赤玉土やソイル系など湿度が維持できるものが適している。細かい砂などは使用しないほうが良い。樹上棲だがあまり細い枝に登ることはなく、太い幹を走り回ることが多いためケージの奥の面にバージンコルクを貼り付けると良い(隙間があるとトカゲが入り込んでしまうので注意)。そして、トカゲが乗って走れる太い枝を多数設置してレイアウトし、ケージの上層と中層に少しスペースを空けて餌場を設置し(樹上で餌を食べることが多い。輪切りにされた丸太や大きめの鉢受け皿などを枝に固定する)、さらに観葉植物も配置してやろう(植物はシェルターになるだけでなく、空中湿度を維持するのにも役立つ)。鉢ごと吊り下げているタイプが使いやすい(いわゆるハンギングプランツ)。シェルターとしてコルクパイプなども複数中層に配置してやろう。水場は浅いものをケージの中層と下層に設置するが、毎日照明の点灯時と消灯時に霧吹きも行う。照明は、ホットスポットを作り出すためのバスキングランプと紫外線ライトの両方を設置する。バスキングランプは上層部の枝などに照射するが、あまり眩しすぎるとトカゲが嫌がることがあるため、光源から15～20cmほど距離を空けたほうが良い。点灯時間は春季～秋季は約13時間、冬季は約11時間が良い。温度はホットスポット直下が35℃、中層は28～29℃、下層は25℃前後に設定し、トカゲが好きな時に好きな場所を選べるようにする。夜間は照明を消し、ケージ全体の温度を23℃前後まで下げてやろう。多湿な環境を好むため、湿度は70～

80%前後を維持し、夜間は消灯した際に霧吹きをケージ全体に行い、湿度を一時的に100%まで上げてやる。しかしながら、蒸れると短時間で状態を悪化させてしまうため十分注意したい。

餌は栄養剤を添加したコオロギやレッドローチ・デュビアローチなどを与えるが、やや消化力が弱い一面があるため、ミルワームなどのワーム類は避けたほうが良い。なお、ダシアトカゲ属やツヤトカゲ属は人工飼料にも餌付くことがあるので時々与えてみよう(フトアゴヒゲトカゲ用やヒョウモントカゲモドキ用・オウカンミカドヤモリ用の製品など)。やや絶食に弱い印象があるため、給餌頻度は成体ならば1～2日に1回、幼体ならば毎日与える必要がある。給餌はなるべく早い時間に行い、その後はしっかりと消化が促せる時間を確保しよう。掃除(糞や食べ残しなどを取り除く)は毎日行い、3～4カ月に1度は床材などを全て換え、レイアウト品なども熱湯消毒する大掃除を行う。その他、飼育における注意点として、本タイプに含まれるスキンク下目は新規導入個体を集団で攻撃することがあるため注意しよう。また、動きがすばやいため管理時などに脱走されないよう気をつけよう。

生後1年以内に性成熟に達するものが多いと考えられており、飼育下では適切な環境で状態の良い雌雄が揃っていれば特に何もしなくても殖えた例が多い(トリオなどの多頭飼育よりもペアのみの方が繁殖の成功率が高いという説もあるが、はっきりしない)。交尾は主に日中樹上でオスがメスの頸部に咬みついて行われる。妊娠期間は40～50日で、産卵が近いと感じたら地表に湿らせた水苔や黒土を敷き詰めたプランターなどを設置するが、吊り下げられた観葉植物の根元に産卵することも多い(産卵後は土が床面に散乱していることがある)。産卵は未明に行われることが多く、1度に2～14個の卵を産卵する(ツヤトカゲ属とミドリチトカゲ属は2個)。産卵された卵は温度26～28℃、湿度80～85%の設定にて50～70日で孵化する。なお、メスにとって産卵は命がけの大仕事であり、産後は体力を消耗しているため、栄養価の高い餌をしっかりと与えて労をねぎらってやろう。生まれてきた幼体は成体とは別のケージで管理したほうが良いと筆者は考えている(愛好家によっては成体と同居させている場合もある)。管理方法は成体と変わらな

いが、あまり複雑なレイアウトは必要としない（床材にペットシーツやキッチンペーパーを使用するとトカゲが餌を見つけやすく、飼い主も餌食いを確認しやすい）。なお、本タイプに含まれるスキンク下目は幼体の成長にばらつきが見られ、大きな幼体が餌を独占してしまうことがあるため、定期的に体重を測って同じ体重のグループに分けて管理を行うと良い。

本タイプに含まれるスキンク下目は少なくとも1980年代には流通例があり、かつては準定番種と言ってよいほどであったが（2010年以降は目にする機会が減りつつある）、安価であったため粗雑な扱いを受けることが少なくなかった。美しく、愛らしく、活発で見ていて楽しい仲間が多いのにその魅力が理解されないまま時代が流れてしまったことは残念でならない。やや大がかりな設備は必要になるが、飼育自体は難しくないため、筆者は初心者から熟練の愛好家まで楽しめるグループであると考えている。

Type 28

アフリカミモダエトカゲ属

本タイプに含まれるスキンク下目は地上棲で森林に生息し、巣穴を掘って暮らしていることが多い。四肢はやや短いものの力強い体躯を持ち、肉食でミミズから節足動物・トカゲまでさまざまなものを捕食する。繁殖形態は卵生。

やや中型で活発であり、体の柔軟性も低いため、ケージのサイズは単独飼育やペアならば幅90×奥行き45×高さ45cmが適している（広ければなお良い）。なお、本属は雌雄共にやや縄張り意識が強いためペア以上の多頭飼育はあまりお勧めしない。潜ることを好むため、床材にはマット系か、赤玉土やソイル系など湿度を維持できるものを5cmほど敷き詰め、その上に熱湯や電子レンジで滅菌（約80℃で60秒加熱する）した落ち葉などを配置する。あまり細かい砂はトカゲが動きにくく、長期間使用すると四肢に異常をきたすおそれがあるため使用しないほうが良い。低木の上に登ることもあるため、流木などを配置しても良いが、あまり複雑なレイアウトは必要としない。シェルターにはコルクパイプなどが適しているが、光源から離れた場所にウェットシェルターも設置しよう（大型のタッパーウェアに入り口を空け、湿らせた水苔などを敷き詰めると良い）。水入れは常設するが（陶器製などトカゲにひっくり返されない重量のあるものを選ぶ）、水入れから直接水を飲むことは少ない（水分の多くは餌から摂取しているようだ）。照明は、ホットスポットを作り出すためのバスキングランプと紫外線ライトの両方を設置する（バスキングランプは床材に当たるように照射する）。点灯時間

ベニトカゲ

は春季〜秋季は10〜12時間、冬季は8〜10時間が良い。温度はホットスポット直下が35℃、低温部は28〜30℃になるように設定し、トカゲが好きな時に好きな場所を選べるようにする。夜間は照明を消し、ケージ全体の温度を22℃前後まで下げてやろう（18℃まで下げる愛好家もいる）。多湿な環境を好むため、湿度は80%前後を維持する（毎日照明の点灯時と消灯時に霧吹きも行う。乾燥した環境では脱皮不全になりやすく、呼吸器系の疾患に罹るおそれがある）。

餌は栄養剤を添加したコオロギやレッドローチ・デュビアローチなどを与えるが、個体によっては人工飼料（フトアゴヒゲトカゲ用やヒョウモントカゲモドキ用の製品）に餌付くものも見られる。また、ピンクマウスなども好むが栄養価が高いため常用を避け、1カ月に1回程度で良い（産後に体力を消耗したメスの回

復には効果的な場合はある）。給餌頻度は成体ならば2〜3日に1回、幼体ならば毎日与える必要がある。給餌はなるべく早い時間に行い、その後はしっかりと消化が促せる時間を確保しよう。掃除（糞や食べ残しなどを取り除く）は毎日行い、3〜4カ月に1度は床材などを全て換える大掃除を行う。その他、飼育における注意点として、ベニトカゲなどは皮膚の表面に分布している外分泌腺より軽度の刺激性物質が分泌されるという説があるため、管理を行った後は必ず手を洗おう。

生後2〜3年で性成熟に達するものが多いと考えられている。飼育下では適切な環境で状態の良い雌雄が揃っていれば特に何もしなくても殖えた例が多いが、ベニトカゲ以外はほとんど記録がないため、本種の繁殖について簡単に述べたい（他種もそう変わらないと思うが、不明な部分が多い）。繁殖における最大の問題は確実な雌雄を揃えることである。オスはメスに比べるとわずかに頭部が大きく、尾部の付け根も太くなっており、体重も重いのが一般的だが（オスは70〜100gだが、メスは50〜70gのものが多い）、輸入直後の個体は痩せていることが多く、雌雄判別が容易ではない（ペアと思って何年も飼育していたが後にそうでないことがわかった、という例は本種では珍しくない）。雌雄が揃ったら、まずは別々のケージで1年ほど飼育し、しっかりと栄養を蓄えさせてやろう（特にメスは栄養状態が悪いと小さな卵を産み、孵化した幼体の生存率も低くなる）。雌雄の状態がしっかりと整ったら、春先に雌雄を同居させよう。気温が25℃以上で日照時間が12時間以上続くと、繁殖を誘発することができる。繁殖期になると、オスはメスに寄り添うようにいることが多くなり、日中にメスの頸部や胴部に咬みついて交尾を行う。妊娠期間は40〜50日で妊娠したメスは餌をよく食べ、日光浴も頻繁に行うようになる。そして妊娠30日をすぎた頃から餌を食べなくなり、産卵場所を探してケージ内を徘徊するようになる（やや神経質になっているためオスと別居させても良い）。多くの場合はウェットシェルターの中で産卵を行うが、稀に水入れの中やウェットシェルターの下や側面に産卵してしまうこともある。1回の産卵数は3〜6個（最大9個）で、年間2〜4回も産卵することがある。産卵された卵は温度28〜30℃、湿度80〜85%の設定にて55〜65日で孵化するが、初めの1匹が生まれても全ての卵が孵化するまで卵の保管容器から出さないほうが良いという意見が多い（その他の卵も1〜2日以内に孵化することが多い。幼体は他の卵の上に登ったり周辺を徘徊することにより、孵化を促している可能性がある）。なお、メスにとって産卵は命がけの大仕事であり、産後は体力を消耗しているため、栄養価の高い餌をしっかりと与えて労をねぎらってやろう。生まれてきた幼体は成体とは別のケージで管理する。管理方法などは成体と変わらないが、やや温度変化と乾燥に弱い一面があるので、バスキングランプはやや弱めに、温度と湿度はやや高く設定し、ケージの隅にウェットシェルターなどを設置する。なお、幼体の成長は速く、1カ月もすれば新たな飼育ケージが必要になるだろう。

本タイプに含まれるスキンク下目は少なくとも1980年代には流通例があり、現在に至るまでコンスタントな流通が続いている（ベニトカゲのみ。他種を目にする機会は少ない）。飼育に難しい部分も少ないことから、筆者は初心者から熟練の愛好家まで楽しめるグループであると考えている。特にベニトカゲは爬虫類全般から見ても屈指の美麗種であると筆者は感じており、初めてスキンク下目を飼育される人にもお勧めしたいすばらしいトカゲである。

Type 29

アジアマブヤ属・ニシアジアマブヤ属・ホンマブヤ属・ワンガントカゲ属・メソスキンク属・アフロマブヤ属・クシミミトカゲ属

本タイプに含まれるスキンク下目は地上棲〜樹上棲でやや乾燥した森林や草原に生息し、やや活発で主に肉食だが一部では植物や花蜜を舐めるものも見られる。繁殖形態には卵生と胎生の双方が含まれる。多くの属が含まれる本タイプはスキンク科における基本的な飼育法の1つと言えるかもしれない。

立体活動が得意で、やや活発なものが多いが、全長20cmまでの小型種ならばペアでも幅60×奥行き30×高さ36cmのケージで飼育は可能。それ以上の大きさに成長する種類では幅90×奥行き45×高さ45cm以上のものが望ましい。森林に生息するものも多いが、どの種もやや乾燥した環境を好むため、床材には赤玉土やソイル系などが適している。あまり細かい砂はトカゲが動きにくく、長期間使用すると四肢に異常をきたすおそれがあるため使用しないほうが良い。アジアマブヤ属やニシアジアマブヤ属・メソスキンク属・アフロマブヤ属のイクビマブヤとフタイロマブヤ・クシミミトカゲ属は地上棲のため、岩や石でレイアウトするが、あまり複雑にはせずシンプルに留めよう。ホンマブヤ属やワンガントカゲ属・アフロマブヤ属のイクビマブヤとフタイロマブヤ以外は立体活動が得意なので、岩や石のみでなく太い枝なども設置し、立体的にレイアウトしてやると良い。シェルターにはコルクパイプなどが適しているが、ケージの隅にウェットシェルターも設置する（陶器製で上部に水が溜められるタイプが良い）。水入れは浅いものを常設する。照明は、ホットスポットを作り出すためのバスキングランプと紫外線ライトの両方を設置する（バスキングランプはアジアマブヤ属とニシアジアマブヤ属では地表に当たるように照射し、その他は石や枝などに当たるよう照射する）。点灯時間は春季〜秋季は10〜12時間、冬季は10時間が良い。温度はホットスポット直下が35℃、低温部は25℃になるように設定し（ケージ内に明確な温度勾配を作り出そう）、トカゲが好きな時に好きな場所を選べるようにする。夜間は照明を消し、ケージ全体の温度を23℃前後まで下げてやろう。やや乾燥した環境を好むものが多く、湿度は50〜60%を維持するが、毎日照明の点灯時と消灯時に霧吹きも行い、一時的に湿度を80%まで上げると良い。

餌は栄養剤を添加したコオロギやレッドローチ・デュビアローチなどを与えるが、メソスキンク属やイクビマブヤ・フタイロマブヤでは人工飼料（フトアゴヒゲトカゲ用やヒョウモントカゲモドキ用の製品）に餌付くものも見られる。やや絶食に弱い印象があるため、給餌頻度は成体ならば2日に1回、幼体ならば毎日与える必要がある。給餌はなるべく早い時間に行い、その後はしっかりと消化が促せる時間を確保する。掃除（糞や食べ残しなどを取り除く）は毎日行い、3〜4カ月に1度は床材などを全て換え、レイアウト品なども熱湯消毒する大掃除を行う。その他、飼育における注意点として、本タイプに含まれるスキンク下目はオス同士が争うことがあるので注意（特にニシアジアマブヤ属やホンマブヤ属など）。

生後2〜3年で性成熟に達するものが多いと考えられている。飼育下では適切な環境で状態の良い雌雄が揃っていれば特に何もしなくても殖えた例も多いが（主にアジアマブヤ属やアフロマブヤ属。なお、フタイロマブヤではトリオなどの多頭飼育よりもペアのみのほうが繁殖の成功率が高いという説もある）、冬季は日照時間をやや短くし、ケージ内およびバスキングランプの温度を5℃ほど下げてやり、春季に湿度をやや高く維持してやると良いという説もある。卵生種には産卵床を設置するが、アフロマブヤ属などは水入れの下などに産卵することも多い（産卵床内の湿度が高すぎる可能性がある）。産卵された卵は温度28〜30℃、湿度80〜85%の設定にて60〜80日で孵化するものが多いが、マダガスカルに産する種類では途中で胚の発生が止まってしまうことも少なくないようだ（はっきりした理由は不明だが、卵の状態で温度差が必要なのではないか、という説もある）。なお、メスにとって産卵や出産は命がけの大仕事であり、産後は体力を消耗しているため、栄養価の高い餌をしっかりと与えて労をねぎらってやろう。生まれてきた幼体は成体とは別のケージで管理する。管理方法などは成体と変わらないが、やや温度変化と乾燥に弱い一面があるので、バスキングライトはやや弱めに、温度と湿度はやや高く設定し、ケージの隅にウェットシェルターなどを設置する。

本タイプに含まれるスキンク下目はタテスジマブヤやニジマブヤなど一部を除けば、近年（2000年以降）になって流通し始めたものが多く、生態に不明な部分も少なくないが、飼育そのものはさほど難しい部分はなく（特に飼育・繁殖が容易なのはフタイロマブヤで、軌道に乗ってしまえば毎年出産し、累代繁殖も狙える。成熟した雌雄では体色や模様も異なるため、雌雄判別が容易なのも嬉しい）、初心者から熟練の愛好家まで楽しめるグループであると筆者は考えている。

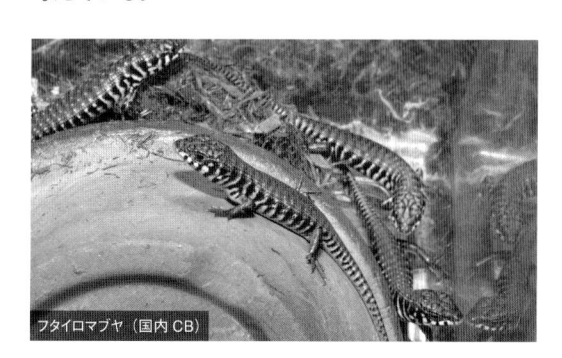

フタイロマブヤ（国内CB）

トゲモリトカゲ属

本タイプに含まれるスキンク下目は腹部以外の鱗は粗く棘状に隆起しており、一見するとミズトカゲ属のように見えるが、地上棲で、水中を泳いでいる姿などは観察されていない。また、生態も独特で発声器官を持ち、鳴き声でコミュニケーションを取っているという説もある。肉食で繁殖形態は胎生。

活発ではなく、さほど温度勾配も必要としないため、単独飼育ならば幅60×奥行き30×高さ36cmのケージでも飼育は可能だが、縄張り意識がやや強いためペアやトリオでは幅90×奥行き45×高さ45cm以上のケージが望ましい（広ければなお良い）。床材には赤玉土やソイル系・湿らせた水苔などを使用し、ケージ内に乾いているエリアと多湿なエリアを作り出し（割合は3：7で多湿なエリアを多く取る。底の浅いトレイやバットなどにどちらかの床材を敷き詰めて使用すると便利）、その上に熱湯や電子レンジで滅菌（約80℃で60秒加熱する）した落ち葉などを配置する。多湿なエリアは常にしっかりと湿っている状態を維持しよう（ほとんどの時間を多湿なエリアで過ごす個体が多いが、乾燥したエリアがないと皮膚病や脱皮不全になる可能性がある）。隠蔽性が高いためシェルターは必ず設置し（乾燥したエリアと多湿なエリアの両方に複数設置すると良い）、水入れは浅くてやや大きなものを常設する。夜行性で強い光を嫌がるため、照明には紫外線ライトを設置し、点灯時間は春季〜秋季は約10時間、冬季は6〜8時間が良い。高温を好まないため、温度は25℃を上限とし、夜間はケージ全体の温度を20℃まで下げてやろう。多湿な環境を好むため湿度は70〜80%を維持し、毎日照明の点灯時と消灯時にも霧吹きを行う。

餌は栄養剤を添加したコオロギやレッドローチ・デュビアローチ・ミミズなどを与えるが、あまり大きなものや動きの速いものは捕えることができないので注意（気に入った場所からはあまり動かず、シェルターの前に餌が近づくと飛び出すようにして捕食してすぐに戻る。なお、コオロギなどはトカゲを害することもあるので、食べ残しはなるべく早く取り除く）。やや扱いが難しいが、ケージ内にシロアリに食害された木材などを設置して与えている飼育者もいる。なお、やや消化力が弱い一面があるため、ミルワームなどのワーム類は与えないほうが良い。給餌頻度は成体ならば2

〜3日に1回、幼体ならば毎日与える必要がある。掃除（糞や食べ残しなどを取り除く）は毎日行い、3〜4カ月に1度は床材などを全て換える大掃除を行う。その他、飼育における注意点として、本タイプに含まれるスキンク下目は高温に弱いため、夏場はエアコンなどを使用して適温を保つようにしよう。また、協調性は比較的悪いようで、オス同士のみならずメス同士でも争うことがあるため注意（鳴き声が頻繁に聞こえる場合は争っている可能性がある）。

生後約5年で性成熟に達すると考えられている。飼育下における繁殖例もわずかにあるが、不明な部分が多い（本属の分布域は季節性が低く、気候が一定しているにもかかわらず繁殖には季節性があり、野生下では1〜4月に幼体を出産することが知られている）。おそらく繁殖のポイントの1つは相性の良い雌雄を揃えることであろう。小さな幼体のうちから多頭飼育を行い、互いに馴化させておくと良さそうだが、そもそも幼体を目にする機会が稀で、雌雄もわかりづらいという問題もある（血縁関係ではうまくいかないという説もある）。飼育下では主に春季に交尾することが多く、オスはメスの前でボビング（Bobbing。頭部を上下に振るような仕草）や尾をゆっくりと振るような求愛行動を行い、繁殖の準備が整ったメスは抵抗することなくオスを受け入れる（そうでない場合は鳴き声を上げながらオスを追い払う）。妊娠期間は約70〜90日でメスは1度に2〜5匹の幼体を出産する。なお、メスにとって産卵や出産は命がけの大仕事であり、産後は体力を消耗しているため、栄養価の高い餌をしっかりと与えて労をねぎらってやろう。野生下では生まれてきた幼体は生後1〜2年は母親と暮らすことがわかっているため、飼育下でも成体と同居させても問題はなさそうだが、餌食いなどの確認が難しい場合は分けて飼育しても良い。しかしながら、念のためオスは別居させておいたほうが良いだろう。管理方法などは成体と変わらないが、やや温度変化と乾燥に弱い一面があるので、夜間の温度変化は少なくし、ケージの隅にウェットシェルターなどを設置する。

本タイプに含まれるスキンク下目がペットトレードへ流通したのは2018年頃であり、現状では情報不足も否めないため、筆者は中級者から上級者向けのグループであると考えている。

Type 31

ミナミトカゲ属（ソロモンミナミトカゲ・ミュラートカゲ・オオミナミトカゲを除く）

本タイプに含まれるスキンク下目は森林に生息し、昼行性だがさほど強い光は好まないものが多いようだ。地上棲とされるが立体活動も得意で低木や岩などに登ることも多く、肉食で主にミミズや節足動物を捕食する。繁殖形態は卵生と胎生のものが含まれるが、一部は不明。

活発で温度勾配も必要ではあるが、小型のため単独飼育ならば幅60×奥行き30×高さ36cmのケージでも飼育は可能。しかしながら、やや縄張り意識が強いため、多頭飼育を行う場合では幅90×奥行き45×高さ45cm以上のケージが望ましい（広ければなお良い）。床材には赤玉土やソイル系など湿度を維持できるものが良い。あまり細かい砂はトカゲが動きにくく、長期間使用すると四肢に異常をきたすおそれがあるため使用しないほうが良い。やや活発で立体活動も得意だが、あまり細い枝などは好まないので太いコルクガシの枝や流木などでレイアウトしてやろう。神経質な一面があるためシェルターを複数設置し、1つはウェットシェルターにしておく（陶器製で上部に水が溜められるタイプが良い）。水入れは常設するが、毎日照明の点灯時と消灯時に霧吹きも行う。照明は、ホットスポットを作り出すためのバスキングランプと紫外線ライトの両方を設置するが、バスキングランプの照射範囲はやや狭くする（トカゲが乗れるような太い枝や流木などに当たるように照射する）。点灯時間は春季～秋季は約12時間、冬季は10時間が良い。ホットスポット直下の温度は35℃、低温部は23～25℃になるように設定し、トカゲが好きな時に好きな場所を選べるようにする（ケージ内に明確な温度勾配を作り出す）。夜間は照明を消し、ケージ全体の温度を23℃前後まで下げよう。やや多湿な環境を好むため、湿度は70～80%を維持し、夜間は消灯した際に霧吹きをケージ全体に行い湿度を一時的に90～100%まで上げてやっても良い。しかしながら、蒸れると短時間で状態を悪化させてしまうため十分注意したい。

餌は栄養剤を添加したコオロギやレッドローチ・デュビアローチなどを与えるが、消化力が弱い一面があるため、ミルワームなどのワーム類は与えないほうが良い。やや絶食に弱い印象があるため、給餌頻度は成体ならば1～2日に1回、幼体ならば毎日与える必要がある。給餌はなるべく早い時間に行い、その後はしっかりと消化が促せる時間を確保する。掃除（糞や食べ残しなどを取り除く）は毎日行い、3～4カ月に1度は床材などを全て換え、レイアウト品なども熱湯消毒する大掃除を行う。その他、飼育における注意点として、本タイプに含まれるスキンク下目は比較的協調性が良いものが多いが、時折、オス同士で争うことがあるので注意しよう。

生後約1年以内に性成熟に達するものが多いと考えられている（マダラミナミトカゲなど野生下での寿命が1年程度しかないと考えられているものもいる）。飼育下では適切な環境で状態の良い雌雄が揃っていれば特に何もしなくても殖えた例が多いが、計画的に殖やすならば、冬季の日照時間をやや短くし、春季に湿度を上げてやる期間を設けたほうが良いという意見もある。飼育下では春季に交尾を行うことが多く、オスはメスを追いかけ回し（オスは繁殖期になると活発になり、やや体重が減少する傾向がある）、メスの頸部や胴部に咬みついて行われるが、数分以内に終了することが多いため確認するのは難しい。メスの体にできたオスの咬み痕があれば交尾を行った可能性が高いと考えて良いだろう。妊娠期間は約30～50日で、妊娠したメスは餌をよく食べるようになり、日光浴の時間が長くなる。卵生種の産卵は未明に行われることが多く、1度に2個の卵を産卵する場合が多い（胎生種に関しては不明な部分が多いが、多くの場合、1度に2匹の幼体を日中に出産する）。産卵された卵は温度28～30℃、湿度80～85%の設定にて60～80日で孵化する。なお、メスにとって産卵や出産は命がけの大仕事であり、産後は体力を消耗しているため、栄養価の高い餌をしっかりと与えて労をねぎらってやろう。生まれてきた幼体は成体とは別のケージで管理する。飼育環境は成体とさほど変わらないが、ケージ内のレイアウトはシンプルに留め、毎日栄養剤を添加した餌を与え、短期間で一気に成長させたほうが良い。

本タイプに含まれるスキンク下目は少なくとも1990年代より流通例があるが変動的。飼育そのものはさほど難しくないが、ややデリケートで輸送中の脱水が原因と思われる突然死の報告も少なくない。また、やや生態に不明な部分があり、現状では情報不足も否めないため、筆者は中級者向けのグループであると考えている。

Type **32**

ミュラートカゲ・オオミナミトカゲ

　本タイプに含まれるスキンク下目は森林に生息し、地上棲〜半地中棲で林床の柔らかいリッター層などに潜って暮らしており、強い光を避けることからおそらく薄明薄暮性〜夜行性と考えられているが、はっきりしない。食性に関しても不明な部分が多いが、おそらくミミズを捕食している。繁殖形態は卵生と思われる（オオミナミトカゲでははっきりしない）。

　中型だがさほど活発ではないため、単独飼育ならば幅60×奥行き30×高さ36cm。ペアやトリオでも幅90×奥行き45×高さ45cmのケージでも飼育は可能（広ければなお良いと思われるが、トカゲがどこにいるのかわからなくなり、餌食いなどが確認しにくい）。地中によく潜るため、床材にはマット系や黒土など細かくて湿度が維持できるものが適している（重さのある砂や硬い砂利などは適していない。筆者は湿らせた水苔のみで6カ月間ほど飼育したこともあるが、特に異常は見られなかった）。ほとんどの時間を床材に潜って過ごしているが、さほど深くは潜らないため床材の厚さは5〜10cmもあれば良い。その上にコルクガシの樹皮など平たく軽いものを選んで置いておくとその下で休んでいることが多い。水切れに弱い一面があるため、小さなものでかまわないのでケージの各隅に水入れを常設し、毎日照明の点灯時と消灯時に霧吹きも行う（定期的に浅く張った水に浸けてやっても良い）。強い光を嫌うので照明は紫外線ライトだけでかまわない。点灯時間は約12時間が良い（日中はあまり活動しないかもしれないが、昼夜の変化はあったほうが良い）。温度は25〜27℃に設定し、夜間もそう下げる必要はない。多湿な環境を好むため、湿度は70〜80％を維持し、夜間は消灯した際に霧吹きをケージ全体に行い湿度を一時的に90〜100％まで上げてやっても良い。

しかしながら、蒸れると短時間で状態を悪化させてしまうため十分注意したい。

　餌はミミズを与える（釣り餌用に市販されているシマミミズは避ける。なお、コオロギやレッドローチを食べたという報告もあるが、はっきりしない）。やや絶食に弱い印象があるため、一定数のミミズが常にケージの中で活動しているような状況でも良いかもしれない（ケージ内が不衛生にならないよう注意は必要）。掃除（糞や食べ残しなどを取り除く）は毎日行い、3〜4カ月に1度は床材などを全て換え、レイアウト品なども熱湯消毒する大掃除を行う。その他、飼育における注意点として、本タイプに含まれるスキンク下目は餌食いが確認しにくく、気づいた時にはげっそりと痩せていることがあるため注意しよう（定期的に体重を計測し、体重の減少が見られる場合は餌の与えかたや量を見直そう）。なお、繁殖に関してはほとんどなにもわかっていない。

　本タイプに含まれるスキンク下目がいつ頃から流通していたのかははっきりしないが、筆者が初めて見たのは2002年頃で、それ以降も少数ではあるが流通が続き（オオミナミトカゲは筆者の知るかぎり4例の流通例があるのみ）、2021〜2022年にかけてややまとまった数の流通が見られた。ミュラートカゲはその独特の色彩と形態から多くの愛好家を魅了したが、長期飼育例はほとんどなく（筆者の知る最長記録は約3年）、現状では情報不足も否めないため、上級者向けのグループであると考えている。

もある）。卵は温度28～30℃、湿度80～90%の設定にて45～60日で孵化する（70日以上かかった例もある）。なお、メスにとって産卵は命がけの大仕事であり、産後は体力を消耗しているため、栄養価の高い餌をしっかりと与えて労をねぎらってやろう。生まれてきた幼体は成体とは別のケージで管理するが、デリケートで死亡率が高いことが知られている（生まれてきた幼体は胴部が膨らんでおり、体内に大きな卵黄があるようだ）。飼育環境は成体とさほど変わらないが、温度変化に弱い一面があるため、バスキングランプの照射はやや弱くするが、温度は28

～30℃とやや高めに設定し、ウェットシェルターも設置しよう。そして、毎日栄養剤を添加した餌を与え、短期間で一気に成長させたほうが良い。

　本タイプに含まれるスキンク下目は少なくとも1980年代より流通例があるが、ほとんどがシュナイダートカゲでアルジェリアトカゲは変動的。ジムグリトカゲ属は2000年以降わずかな流通例がある程度で目にする機会は少ない。筆者はオオアシトカゲ属は初心者から熟練の愛好家まで楽しめるグループであるが、ジムグリトカゲ属は情報不足が否めないため中級者向けのグループであると考えている。

グレンディディエスナチモグリ属・スナチモグリ属・ヒレアシスキンク属

　本タイプに含まれるスキンク下目は半地中棲～地中棲で、森林や草原・荒れ地の柔らかい砂地の中に潜って暮らしている。活動時間に関してははっきりしないが、あまり強い光は好まないようだ。肉食で主に節足動物を捕食していると考えられている。繁殖形態は卵生。

　小型のためペアであっても幅60×奥行き30×高さ36cmのケージで飼育が可能（広すぎるとトカゲがどこにいるのかわからなくなり、餌食いなどが確認しにくい）。半地棲～地中棲なものの砂漠に暮らしているわけではないので、グレンディディエスナチモグリ属とヒレアシスキンク属は床材には細かすぎない砂や、小粒サイズの川砂などが適しているが、スナチモグリ属は森林での発見例も多いため黒土や、やや細かいマット系のほうが良いかもしれない。また、ある程度湿度のある場所があったほうが良いため（脱皮不全を防ぐのに役立つ）、ケージの1/3程度でかまわないので1番下の層に湿らせた園芸用スポンジを1～2cm敷き詰め、ケージの角に当たる部分にビニールパイプを突き刺し、その上に砂を敷き詰めると良い。なお、地中深くに潜って暮らしているわけではないので床材の厚さは5～10cmもあれば良いだろう。定期的にケージの断面をチェックし、多湿なエリアが乾燥してきたと思ったらビニールパイプに水を入れて内部を軽く加湿する。立体的な動きは行わないので、複雑なレイアウトなどは必要としないが、

フタヅメスナチモグリ

ミスジヒレアシスキンク

シェルターとしてコルクガシの樹皮など平たく軽いものを選んで置いておくと、その下で休んでいることがある。水分は餌から摂取するものも多いが、念のため浅い水入れを常設しておくと良い。照明は、ホットスポットを作り出すためのバスキングランプと紫外線ライトの両方を設置するが、あまり強い光を好まないものが多く、バスキングランプの照射範囲はやや狭くする（床材に当たるように照射する）。点灯時間は春季～秋季は12時間、冬季は10時間が良い。温度はホットスポット直下が35℃前後、低温部は

23 〜 28℃になるように設定し、トカゲが好きな時に好きな場所を選べるようにする。夜間は照明を消し、ケージ全体の温度を 23℃前後まで下げてやろう。日中の湿度は 40 〜 50%を維持するが、夜間は消灯と同時に霧吹きを行い、一時的に湿度を 80%まで上げる。しかしながら、蒸れると短時間で状態を悪化させてしまうため十分注意したい。

餌は栄養剤を添加したコオロギやレッドローチなどを与えるが、あまり大きなものは食べることができない。また、消化力が弱い一面があるため、ミルワームなどのワーム類は与えないほうが良い。あまりたくさん食べるタイプではないが、生態に不明な部分が多いため、給餌頻度は成体ならば 2日に 1回、幼体ならば毎日与えたほうが良い。給餌はなるべく早い時間に行い、その後はしっかりと消化が促せる時間を確保しよう。掃除（糞や食べ残しなどを取り除く）は毎日行い、3 〜 4カ月に 1度は床材などを全て換え、レイアウト品なども熱湯消毒する大掃除を行う。その他、飼育における注意点として、本タイプに含まれるスキンク下目は脱皮不全に陥りやすい傾向があるため、脱皮が近いと思ったら（体表が白濁する）、多湿なエリアの地中が乾燥していないか確認しておこう。なお、繁殖に関してはほとんどなにもわかっていない。

本タイプに含まれるスキンク下目がペットトレードに流通し始めたのは 2000年以降であり、その多くが日本へ輸入されているようで、海外で目にすることはほとんどない（流通は変動的で日本国内でも目にする機会は多くないが）。興味深い仲間ではあるが現時点では情報不足が否めず、長期飼育例も多くないため、筆者は中級者から上級者向けのグループであると考えている。

Type 38

ヘビスキンク属

本タイプに含まれるスキンク下目は森林や草原・荒れ地・砂漠などに生息しているが、主に乾燥した環境に多く見られ、地上棲だが一部の種類は砂の中に潜って暮らしている。人目につきにくく生態には不明な部分が多いが、肉食で主に節足動物を捕食していると考えられている。繁殖形態には卵生と胎生が含まれるが、一部は不明。

小型のため単独飼育であれば幅 60×奥行き 30×高さ 36cmのケージでも飼育は可能ではあるが、温度勾配なども必要なため幅 90×奥行き 45×高さ 45cmが理想的（広ければなお良いが、一部の種類では餌食いなどの確認が難しい場合がある）。本属には主に地表で活動するものと（以下地表タイプ）、柔らかい砂の中に潜って活動するものが見られる（以下砂中タイプ）。明確に分けるのは難しいが、アンタルヤヘビスキンク・シカイヘビスキンク・ペルシアヘビスキンク・ギリシャヘビスキンク・ミツユビヘビスキンクは主に地表で活動する地表タイプで、ブランフォードヘビスキンク・ヨツユビヘビスキンク・トルクメニスタンヘビスキンク・クビナガヘビスキンク・ミスジヘビスキンク・インドヘビスキンク・バロチスタン

ヘビスキンクは柔らかい砂の中に潜っていることが多い砂中タイプである。地表タイプには床材として赤玉土やソイル系などが適しており、砂中タイプには床材として細かい砂などが適しているが、深く潜ることはないので床材の厚さは 5cmあれば良い（もしもどちらのタイプかわからない場合は地表タイプの飼育環境で様子を見よう）。レイアウトには石や岩を使用するが、あまり複雑にはせずシンプルに留める。なお、どちらのタイプもシェルターは必要。砂中タイプにはコルクガシの樹皮など平たく軽いものを選んで置いておくとその下で休んでいることが多いが、地表タイプにはケージの隅にウェットシェルターも設置すると良い（陶器製で上部に水が溜められるタイプが良い）。水分は餌から摂取するものも多いが、念のため浅い水入れを常設しておく。照明は、ホットスポットを作り出すためのバスキングランプと紫外線ライトの両方を設置する（バスキングランプは床材に当たるように照射する）。点灯時間は春季〜秋季は 12時間、冬季は 10時間が良い。温度はホットスポット直下が 35 〜 40℃、低温部は 25 〜 28℃になるように設定し、トカゲが好きな時に好きな場所を選べる

ようにする。夜間は照明を消し、ケージ全体の温度を20℃前後まで下げる。ケージ内にしっかりと温度勾配を設け、昼夜に大きな湿度差を作り出すのが飼育のポイントである。砂中タイプは乾燥した環境を好むため、日中の湿度は30～40％前後。地表タイプは日中の湿度は50～60％を維持し、どちらも夜間は消灯と同時に霧吹きなどで加湿を行い、一時的に70～80％まで上げてやろう。しかしながら、蒸れると短時間で状態を悪化させてしまうため十分注意したい。

　餌は栄養剤を添加したコオロギやレッドローチなどを与えるが、あまり大きなものは好まず、どちらかというと小さな餌を小まめに食べるタイプが多い（特に砂中タイプ）。なお、消化力が弱い一面があるため、ミルワームなどのワーム類は与えないほうが良い。

給餌頻度は成体ならば2日に1回、幼体ならば毎日与える必要がある。給餌はなるべく早い時間に行い、その後はしっかりと消化が促せる時間を確保しよう。掃除（糞や食べ残しなどを取り除く）は毎日行い、3～4カ月に1度は床材などを全て換え、レイアウト品なども熱湯消毒する大掃除を行う。その他、飼育における注意点として、本タイプに含まれるスキンク下目はオス同士の協調性がやや悪い場合があるため注意。なお、繁殖に関してはほとんどなにもわかっていない。

　本タイプに含まれるスキンク下目は2000年以降にわずかな流通例がある程度で、目にする機会は少なく、現状では情報不足も否めないため、筆者は中級者から上級者向けのグループであると考えている。

アオスジトカゲ

Type 39

スジトカゲ属

　本タイプに含まれるスキンク下目は地上棲（フロリダスナジトカゲのみ半地中棲傾向が強い）で、森林や草原・荒れ地・岩場・農地などに生息し、幼体時は暗褐色～茶褐色で黄褐色のストライプが頭部～胴部に入り、尾部は瑠璃色のものが多いが、成長に伴い黄褐色～茶褐色に変化するものが多い。主に肉食だが一部は果実なども食べる。繁殖形態には卵生と胎生が含まれるが、一部は不明。

　20cmまでの小型種ならば幅60×奥行き30×高さ36cmのケージでも飼育は可能だが、それ以上のサイズに成長する種類ならば幅90×奥行き45×高さ45cm。キシノウエトカゲのような中型種では幅120×奥行き60×高さ45cmが望ましい（広ければなお良い）。床材には赤玉土や黒土・ソイル系などが適しているが、フロリダスナジトカゲのみ半地中棲傾向が強いため小粒サイズの川砂などが適している。野生下では地中にできた巣穴で暮らしているものも見られるが、飼育下ではシェルターさえ設置すれば床材はそう深く敷き詰める必要はない（フロリダスナジトカゲはよく砂に潜るが表層で活動し、深く潜ることはないため3～5cm程度でかまわない）。やや活発で立体活動が得意なものが多いので、石や流木でやや立体的にレイアウトし、観葉植物などを配置しても良い（植物はシェルターになるだけでなく、空中湿度を維持するのにも役立つ）。なお、シェルターは複数設置し、1つはウェットシェルターにしておこ

う（陶器製で上部に水が溜められるタイプが良い）。水入れは常設するが、毎日照明の点灯時と消灯時に霧吹きも行う。照明は、ホットスポットを作り出すためのバスキングランプと紫外線ライトの両方を設置する（バスキングランプは床材に当たるように照射する）。点灯時間は春季〜秋季は12〜14時間、冬季は約10時間が良い。温度はホットスポット直下が35〜38℃、低温部は23〜26℃になるように設定し、トカゲが好きな時に好きな場所を選べるようにする。夜間は照明を消し、ケージ全体の温度を20〜23℃前後まで下げる。幅広い分布域を持ち、東南アジアの多湿な森林から北米の乾燥した荒れ地に生息するものまで見られるが、湿度は50〜60%を維持すれば良い。なお、夜間は消灯と同時に霧吹きなどで加湿を行い、一時的に80〜90%まで上げる。しかしながら、蒸れると短時間で状態を悪化させてしまうため十分注意したい。

餌は栄養剤を添加したコオロギやレッドローチ・デュビアローチ・ミルワーム・ミミズなどを与えるが、人工飼料（フトアゴヒゲトカゲ用やヒョウモントカゲモドキ用の製品）に餌付くものも多い。ミルワームなどのワーム類は外皮が硬く消化に悪い一面があるため、与える場合は亜成体以上とし、常用は避ける。なお、ヒロズトカゲやキシノウエトカゲ・グレートプレントカゲなどはピンクマウスなども好むが、肥満にならないよう注意が必要（産後に体力を消耗したメスの回復には効果的な場合はある）。また、イツスジトカゲなどは果実も好み、ブルーベリーやマンゴー・ラズベリー・パパイヤ・マスクメロン・イチゴ・イチジクなども時折与えてみよう。給餌頻度は成体ならば2日に1回、幼体ならば毎日与える必要がある。給餌はなるべく早い時間に行い、その後はしっかりと消化が促せる時間を確保しよう。掃除（糞や食べ残しなどを取り除く）は毎日行い、3〜4カ月に1度は床材などを全て換え、レイアウト品なども熱湯消毒する大掃除を行う。その他、飼育における注意点として、本タイプに含まれるスキンク下目は協調性が悪いためオス同士の同居は止めておいたほうが良い（シナトカゲやキシノウエトカゲではメス同士でも闘争することがある）。

生後1〜3年で性成熟に達するものが多い。飼育下では適切な環境で状態の良い雌雄が揃っていれば特に何もしなくても殖えた例も少なくないが、計画的に殖やすならば、冬季の日照時間や温度を調節するクーリングを行ったほうが良いという意見が多い。クーリングの方法としては、10月まではしっかりと餌を与えて十分栄養を蓄えさせ、11月から毎週1

時間ずつバスキングランプの照射時間を短くし、12月には照明そのものも消してしまい、その他の保温器具なども全て消してしまおう。1月頃にはトカゲは活動も鈍くなり（活動せずに眠っていることが多い）、餌も食べなくなるだろう（餌を与える必要はないが、水は飲むので水入れには新鮮な水を常に入れておく。慣れた個体ならばスポイトで吻端に水を垂らしても良い）。そのままの環境を3月まで維持し、その後、徐々に温度を上げて通常の飼育状態に戻そう。うまくいけばクーリングが明けてしばらくするとオスは鮮やかに発色するようになり、メスを追いかけ回し、頸部に咬みついて交尾を行うが、時に激しいことがあるため、メスが傷つきそうな場合は1度オスを引き離し、数日後に再挑戦してみよう。交尾は主に日中に行われ数分以内に終わることが多いとされる。妊娠期間は20〜60日で、妊娠したメスは餌をよく食べるようになり（体重も増える）、日光浴も長時間行うようになるが、産卵や出産が近くなるとシェルターに潜んでいることが多くなる（やや神経質になるため、場合によってはオスとは別居させても良い）。慎重に観察を続け、卵生種では産卵が近いと感じたら産卵床を設置しよう。胎生種の出産は主に午前中に行われ、1度に2〜15匹。卵生種の産卵は未明に行われることが多く、1度に2〜18個（グレートプレイントカゲでは32個産卵した例もある）。なお、本属の多くは産卵後に母親が孵化まで卵を守り続けるものが多く（湿度を保つため巣の中で排尿したり、卵を

ヒロズトカゲ

日光浴をするニホントカゲ

動かしたりしているようだ）、母親にそのまま育てさせるか、人間の手で孵化させるかを選ばなくてはならない。これはなかなか判断の難しいところで、人間の手によって孵化させたほうが安全だが、母親に育てさせたほうが生まれてくる幼体は大きく、より活発で、成長速度も速く、その後の生存率が高いという報告もある。母親に育てさせる場合は、孵化まで産卵床の湿度を保たねばならないため、ピペットなどで定期的に保湿する（その際は卵に直接水がかからないように注意）。また、卵を守っているメスは産卵床からあまり出てこず、餌もあまり食べないが、弱らせたコオロギなどをピンセットで近づけてやると食べることがある。人間の手で孵化させる場合は慎重に卵を取り出し、孵化器に入れて管理することになる。卵は温度27～29℃、湿度85～90％の設定にて、30～60日で孵化する場合が多い（卵の期間は種類によって異なるだけでなく、気温や湿度によっても変化する。例として、ヒロズトカゲでは野生下でも25～55日間と大きな幅が見られる）。なお、メスにとっ

て出産は命がけの大仕事であり、産後は体力を消耗しているため、栄養価の高い餌をしっかりと与えて労をねぎらってやろう。生まれてきた幼体は成体とは別のケージで管理するが（本属は成体による共食いが比較的多く報告されている）、飼育下では幼体を育てるのはやや難しい一面がある（特にアジアに産するものは死亡率が高い傾向がある。野外飼育では生存率が高いという説もあるため、栄養や紫外線などの問題かもしれない）。飼育環境は成体と変わらないが、温度変化に弱い一面があるため、温度はホットスポット直下が35℃。その他は28℃前後に設定し、毎日栄養剤を添加した餌を与え、短期間で一気に成長させたほうが良い。

　本タイプに含まれるスキンク下目がいつ頃から流通しているかははっきりしないが、海外の種類は少なくとも1980年代には輸入例がある。幼体の管理はやや難しい一面はあるが、飼育そのものはそう難しくないため、筆者は初心者から熟練の愛好家まで楽しめるグループであると考えている。

Type 40

ナミダメスナトカゲ属

　本タイプに含まれるスキンク下目は地上棲で草原や荒れ地・砂漠などに生息し、地中に深い巣穴を掘って暮らしている。生態には不明な部分が多いが、夜行性で主にミミズや節足動物を捕食していると考えられている。繁殖形態は卵生。

　さほど活発ではないため単独飼育ならば幅60×奥行き30×高さ36cmのケージでも飼育は可能。ペア、トリオならば適したケージは幅90×奥行き45×高さ45cmとなる（広ければなお良い）。床材の設置には主に2つの方法がある。1つは床材に柔らかいマット系などをトカゲが潜れるぐらい（3～5cm）敷き詰める方法。もう1つは最下層にしっかりと湿らせた園芸用スポンジを数cm敷き詰め、ケージの角に当たる部分にビニールパイプを突き刺し、その上に川砂と粘土（天然素材のものか、爬虫類飼育専用に開発された製品）を5：5の割合で混ぜ合わせたものを10～15cm敷き詰め、トカゲに巣穴を掘らせて飼育する方法（定期的にケージの断面をチェックし、乾燥してき

サハラナミダメスナトカゲ

たと思ったらビニールパイプに水を入れて内部を軽く加湿する）。日本国内では主に前者の方法が使用されることが多いが、海外では後者の方法が推奨されることが多い。なお、どちらの飼育法でもシェルターを複数設置し、1つはウェットシェルターにしておく（陶器製で上部に水が溜められるタイプが良い）。後者の飼育方法では巣穴が完成してしまえばシェルターは取り除いてもかまわない）。立体活動はあまり行わないの

で石や流木などは特に必要としない。水分は主に餌から摂取しているようだが、念のため浅い水入れを常設する。夜行性ではあるが飼育下では日光浴を行うことがあり、昼夜の変化もあったほうが良いため、照明はホットスポットを作り出すためのバスキングランプと紫外線ライトの両方を設置する（バスキングランプは床材に当たるように照射する）。点灯時間は春季〜秋季は12時間、冬季は約10時間が良い。温度はホットスポット直下が35〜38℃、低温部は27〜29℃になるように設定し、トカゲが好きな時に好きな場所を選べるようにする。夜間は照明を消し、ケージ全体の温度を23〜26℃前後まで下げる（20℃まで下げる愛好家もいるが、18℃以下にはならないよう注意）。湿度は40〜60%を維持し、夜間は消灯と同時に霧吹きなどで加湿を行い、一時的に80〜90%まで上げる。しかしながら、蒸れると短時間で状態を悪化させてしまうため十分注意したい。

　餌は栄養剤を添加したコオロギやレッドローチ・デュビアローチ・小松菜・蕪の葉・ケール・カラシナ・エンダイブ・カボチャ・ニンジン・リンゴ・バナナ・パパイヤ・マンゴー・ベリー類・人工飼料（フトアゴヒゲトカゲ用やヒョウモントカゲモドキ用の製品）などを与えるが、昆虫類や人工飼料・野菜などは2日に1度与え（幼体ならば毎日）、果実などは週に1回程度で良い（幼体に与える必要はない）。なお、消化力が弱い一面があるため、ミルワームなどのワーム類は与えないほうがよさそうだ。給餌はなるべく早い時間に行い、その後はしっかりと消化が促せる時間を確保する。掃除（糞や食べ残しなどを取り除く）は毎日行い、3〜4カ月に1度は床材などを全て換え、シェルターなども熱湯消毒する大掃除を行う。その他、飼育における注意点として、本タイプに含まれるスキンク下目は協調性が悪いため、オス同士の同居は止めておいたほうが良い。なお、輸送状態が悪い場合もあり、入手時にしっかりと個体のチェックを行おう（現地での取り扱いが悪いのか痩せているものが多く、1度状態が悪化したものを立て直すのは容易ではない）。

　生後約4年で性成熟に達すると考えられているが、繁殖に関しては不明な部分が多く、筆者の知るかぎり国内外で数例の繁殖例があるにすぎない。おそらく繁殖のポイントとなるのは相性の良い雌雄であることと（成功例を見るかぎりトリオなどの多頭飼育ではなく、ペア飼育での成功例が多いようだ。なお、野生下ではコロニーなどは形成せず、繁殖期以外は単独で生活していると考えられているため、導入から1〜2年は互いに馴化させることに重点を置くと良いだろう）、

冬季のクーリングにあると考えられている。クーリングの方法としては、10月まではしっかりと餌を与えて十分な栄養を蓄えさせ、11月から毎週1時間ずつバスキングランプの照射時間を短くし、最終的には1日3時間まで短縮させ（完全に消してしまう愛好家もいる）、温度は15℃前後を維持する（シェルター付近のみ小型のプレートヒーターなどで保温する愛好家もいる。その場合は温度が上がりすぎないよう注意）。1月頃にはトカゲの活動も鈍くなり（活動せずに眠っていることが多い）、餌も食べなくなるだろう（餌を与える必要はないが、水は飲むので水入れには新鮮な水を常に入れておく。慣れた個体ならばスポイトで吻端に水を垂らしても良い）。そのままの環境を2月まで維持し、その後、徐々に温度を上げて通常の飼育状態に戻そう。うまくいけばクーリングが明けてしばらくすると雌雄は互いに弧を描くように動き回り、その後交尾を行うが、メスが逃げまどっているような場合は1度オスを引き離し、数日後に再挑戦してみよう。交尾は主に日中に行われ数分以内に終わることが多いとされる。妊娠期間は30〜40日で、メスは1度に2〜5個の卵を産卵する（産み落とされたばかりの卵の卵殻は柔らかいが、時間と共にやや硬くなる）。なお、出産後のメスは卵を守るように傍から離れないが、生態に不明な部分が多いため、人間の手で孵化させたほうが安全と思われる。卵は温度28℃、湿度約85%の設定にて、約60日で孵化した例と、温度32℃、湿度約90%の設定にて40〜45日で孵化した例がある。なお、メスにとって産卵は命がけの大仕事であり、産後は体力を消耗しているため、栄養価の高い餌をしっかりと与えて労をねぎらってやろう。生まれてきた幼体は成体とは別のケージで管理する。飼育環境は成体とさほど変わらないが、やや温度変化と乾燥に弱い一面があるため、温度は28℃、温度は60〜70%を維持し（紫外線ランプはあったほうが良いが、バスキングランプは設置しないほうが良さそうだ）、毎日栄養剤を添加した餌を与え、短期間で一気に成長させたほうが良い（生後6〜8日後に最初の脱皮を行い、その後餌を食べるようになる）。

　本タイプに含まれるスキンク下目はその特徴的な形態から愛好家の間では古くから知られていたが、実際に流通が始まったのは2013年頃で、その後は比較的コンスタントな流通が見られるようになった。しかしながら、現在でも生態には不明な部分が多く、長期飼育例もさほど多くないことから（輸入時の状態が悪いものが多い）、筆者は上級者向けのトカゲであると考えている。

Type **41**

スナトカゲ属

03
スキンク下目の法律・飼育・繁殖

　本タイプに含まれるスキンク下目は地上棲～半地中棲で、乾燥した荒れ地や砂漠に生息する。砂の中を泳ぐように移動し、肉食中心の雑食で主に節足動物を捕食するが、花や葉などの植物を食べることもある。繁殖形態には卵生と胎生が見られるが、一部は不明。

　単独飼育ならば幅60×奥行き30×高さ36cmのケージでも飼育は可能だが、かなりの温度勾配を必要とするため、安全性の観点からも幅90×奥行き45×高さ45cmが理想的（広ければなお良い）。床材には細かい砂などが適しているが、複数の種類を混ぜ合わせるとより快適に活動できる床材を作り出せる場合もある（例として、筆者は天然の砂漠の砂と小粒サイズの川砂を7：3の割合で混ぜたものを使用しているが、どちらか一方よりも砂に潜る速度が速くなった）。地中に潜ることを好み、多くの場合は1～3cmまでの表層で活動するが、高温時に体を冷やすため深く潜ることもあるので、10～15cm敷き詰めておいたほうが良い。立体活動はあまり行わないため石や流木などは特に必要としないが、シェルターは複数設置し、ホットスポット周辺にはコルクガシの樹皮など平たく軽いものを（その下で休んでいることが多いが、使用しないようならば取り除いてもかまわない）、低温部には小型のウェットシェルターを配置しておく（陶器製で上部に水が溜められるタイプが良い）。水分は主に餌から摂取しているようだが、念のため浅い水入れを常設する。野生下では夜行性もしくは薄明薄暮性とする説もあるが、飼育下では日光浴を行うことがあり、昼夜の変化もあったほうが良いため、照明はホットスポットを作り出すためのバスキングランプと紫外線ライトの両方を設置する（バスキングランプは床材に当たるように照射する）。点灯時間は春季～秋季は13時間、冬季は約11時間が良い。温度はホットスポット直下が55～60℃、低温部は26～30℃になるように設定し、トカゲが好きな時に好きな場所を選べるようにする（しっかりとした温度勾配を設けるのが飼育のポイントだが、火傷や火事には十分注意）。夜間は照明を消し、ケージ全体の温度を21～25℃前後まで下げる。乾燥した環境を好むため、湿度は50%以下を維持し、夜間は消灯と同時に霧吹きなどで加湿を行い、一時的に70～80%まで上げてやっても良い。しかしながら、蒸れると短時間で状態を悪化させてしまう

ナミスナトカゲ。サンドフィッシュと呼ばれることが多い

砂に潜るナミスナトカゲ

ミトラスナトカゲ

ため十分注意したい。

　餌は栄養剤を添加したコオロギやレッドローチ・デュビアローチなどを中心に、小松菜・蕪の葉・ケール・ニンジン・キビの種（鳥類の餌として市販されている）・ブドウ・バナナ・イチジク・パパイヤなども食べるようならば与えてみよう（野生下では餌となる節足動物が少なくなる時期に植物を食べる割合が多くなる）。節足動物を与える場合は、頭の幅よりも小さいものにしよう（大きなワーム類を与えて窒息死した例がわずかにある）。絶食に弱いため、給餌頻度は成体ならば1～2日に1回、幼体ならば1日に2回与える（節足動物はトカゲが5分以内に食べきれる量のみを与え、植物は餌皿などに入れて与えるが、パリパリに乾燥した葉野菜を好む個体も見られるため、数日間ケージ内に放置しても良いかもしれない）。給餌はなるべく早い時間に行い、その後はしっかりと消化が促せる時間を確保する。なお、餌と一緒に床材を食べてしまうこと

も多いが、あまり心配はいらない（野生下でも糞内容の 40 〜 60％は砂であることがわかっている）。掃除（糞や食べ残しなどを取り除く）は毎日行い、3 〜 4 カ月に 1 度は床材などを全て換え、シェルターなども熱湯消毒する大掃除を行う。その他、飼育における注意点として、本タイプに含まれるスキンク下目は協調性が悪いため、オス同士の同居は止めておいたほうが良い（場合によっては雌雄やメス同士ですら争うことがある）。

　生後約 2 年で性成熟に達すると考えられているが、繁殖に関しては不明な部分が多く、国内外で少数の繁殖例があるにすぎない。おそらく繁殖のポイントとなるのは相性の良い雌雄であることと（成功例を見るかぎりトリオなどの多頭飼育ではなくペア飼育が多いようだ。なお、野生下では一夫一妻制であるという説も、繁殖期以外は単独で生活しているという説もある。いずれにせよ導入から 1 〜 2 年は互いに馴化させることに重点を置くと良いだろう）、冬季の日照時間、そして、春季の湿度にあると考えられている（野生下では短い雨季の後、5 〜 6 月が繁殖期となる）。よって、飼育下で繁殖を狙うならば冬季の日照時間は 10 時間まで短縮し（夜間の気温を 18 〜 20℃まで下げる愛好家もいる）、4 月頃から夜間と午前中の湿度を 70％前後とやや高く維持してみよう。うまくいけばオスはメスの周りで弧を描くように歩き回り、メスの頭部や頸部に咬みついて交尾を行うが、メスが逃げまどっているような場合は 1 度オスを引き離し、数日後に再挑戦してみよう。交尾は主に日中に行われ数分以内に終わることが多いとされる。妊娠期間は、卵生種では 25 〜 40 日で 1 度に 2 〜 6 個の卵を産み、胎生種の妊娠期間は約 90 日で 1 度に 1 〜 2 匹の幼体を出産する。妊娠したメスは餌をよく食べるようになり、日光浴の時間も長くなるが、産卵や出産が近くなるとシェルターに潜んでいることが多くなる（やや神経質になっているため、オスとは別居させたほうが良いと筆者は考えている）。胎生種は日中にシェルターの中で出産する場合が多いが、卵生種は床材の深部に産卵するため、産卵が近いと感じたらケージ内の低温部にある床材にビニールパイプなどを突き刺し、底層〜中層をやや湿らせておこう（適した産卵場所がない場合は、床材の上に産卵してしまい、メスが自分で食べてしまうことが少なくない）。卵は温度 29℃、湿度約 85％の設定で 50 〜 60 日にて孵化する。なお、メスにとって産卵は命がけの大仕事であり、産後は体力を消耗しているため、栄養価の高い餌をしっかりと与えて労をねぎらってやろう。生まれてきた幼体は成体とは別のケージで管理する。飼育環境は成体とさほど変わらないが、やや温度変化と乾燥に弱い一面があるため、ホットスポット直下は 40℃前後、低温部は 30℃に設定し、毎日（1 日 2 回）栄養剤を添加した餌を与え、短期間で一気に成長させたほうが良い。

　本タイプに含まれるスキンク下目はその特徴的な形態から古来より知られており（薬用としては 17 世紀頃より流通が見られるが、ペットトレードに愛玩用として流通したのは 1970 年代後半頃であると思われる）、ある意味人間の文化や風俗に最も深く関わってきたスキンク下目であるが、その生態には未だ不明な部分が少なくない（砂漠地帯に生息しているため調査・研究が容易ではない）。落ち着いてしまえば飼育そのものに難しい部分は少ないが、やや特殊な環境設定を必要とするため、筆者は中級者向けのグループであると考えている。

Type 42

ヨアソビトカゲ属・キューバヨルトカゲ属

　本タイプに含まれるスキンク下目は地上棲で主に乾燥した森林（キューバヨルトカゲ属）や草原・荒れ地・砂漠（ヨアソビトカゲ属）に生息する。肉食で主に節足動物を捕食するが、ミカゲヨルトカゲでは花や葉などの植物を食べた例もある。繁殖形態はヨアソビトカゲ属は胎生だが、キューバヨルトカゲ属は卵生。

　小型のためペアであっても幅 60×奥行き 30×高さ 36cm のケージでも飼育は可能（広ければなお良い）。床材には赤玉土や川砂などが適しているが、あまり細かい砂漠の砂などはトカゲが動きにくく、長期間使用すると四肢に異常をきたすおそれがあるため使用しないほうが良い。地中に巣穴を掘ることは

ないので、厚さは2〜3cmもあれば良いだろう。野生下では棲み家となる石や倒木の下・岩の割れ目を見つけるとそこから移動することは少ないが、飼育下では環境に慣れるとそれなりに動き回ることがあるので、レイアウトには岩や石を使用すると良い（あまり複雑にせずシンプルに留めよう）。シェルターは複数設置し、1つはウェットシェルターにしておこう（陶器製で上部に水が溜められるタイプが良い）。水分は主に餌から摂取しているため、水入れは特に必要としないが、2〜3日に1回の割合で消灯と同時に軽くケージ内に霧吹きをする。野生下における活動時間には不明な部分も多いが、飼育下では照明は、ホットスポットを作り出すためのバスキングランプと紫外線ライトの両方を設置する（バスキングランプは床材に当たるように照射する）。点灯時間は春季〜秋季は12時間、冬季は約10時間が良い。温度はホットスポット直下が33〜35℃、低温部は23〜28℃になるように設定し、トカゲが好きな時に好きな場所を選べるようにする。夜間は照明を消し、ケージ全体の温度を20℃まで下げてやろう。ヨアソビトカゲ属は乾燥した環境を好むため、湿度は40〜50%を維持し、キューバヨルトカゲ属はやや湿度のある環境を好むため60%を維持する。

　餌は栄養剤を添加したコオロギやレッドローチなどを与えるが、あまり大きなものは食べられないので注意。なお、消化力がやや弱い一面があるため、ミルワームなどのワーム類は与えないほうが安全。給餌頻度は成体ならば2〜3日に1回、幼体ならば毎日与える必要がある。前述したように野生下における活動時間ははっきりしないが、飼育下では給餌はなるべく早い時間に行い、その後はしっかりと消化が促せる時間を確保したほうが良いだろう。掃除（糞や食べ残しなどを取り除く）は毎日行い、3〜4カ月に1度は床材などを全て換え、レイアウト品なども熱湯消毒する大掃除を行う。その他、飼育における注意点として、本タイプに含まれるスキンク

下目はやや協調性が悪いため新規個体を導入する際には注意しよう。

　生後3〜4年で性成熟に達するものが多い。飼育下では適切な環境で状態の良い雌雄が揃っていれば特に何もしなくても殖えた例も少なくないが、繁殖には不明な部分が多い。愛好家によっては冬季の温度を5℃ほど下げ、日照時間をやや短くすることにより成功している例もあるが、明確なクーリングは特に必要としないようだ。また、幼体時より同居させて馴化した雌雄ならば比較的殖えやすいという説もあるが、雌雄がやや見分けにくい（オスならば尾部の付け根に懐中電灯などを当てると内部にある1対のヘミペニスが確認できる）。飼育下では主に4〜8月に交尾を行い、胎生であるヨアソビトカゲ属の妊娠期間は90〜100日で午前中にシェルターの中で1〜3匹の幼体を出産することが多いが、卵生のキューバヨルトカゲ属は産卵が近いと思ったら小型の産卵床を設置する（腹部から体内の卵がうっすらと確認できる）。産卵は主に未明に行われ、1度に2個の卵を産卵し、卵は温度27〜30℃、湿度約85%の設定で約60日にて孵化する。なお、メスにとって出産や産卵は命がけの大仕事であり、産後は体力を消耗しているため、栄養価の高い餌をしっかりと与えて労をねぎらってやろう。生まれてきた幼体は成体とは別のケージで管理したほうが良いと筆者は考えている。飼育環境は成体とさほど変わらないが、やや温度変化と乾燥に弱い一面があるためホットスポットの照射範囲はやや狭くし、毎日栄養剤を添加した餌を与え、短期間で一気に成長させたほうが良い。

　本タイプに含まれるスキンク下目はその特徴的な形態から一部の愛好家には根強い人気はあるが、国内のペットトレードに登場したのは1990年代になってからであり、国外でも飼育例は多くない。小型ではあるが比較的強健で飼育そのものに難しい部分は少ないが、現状ではやや情報不足が否めないため、筆者は中級者向けのグループであると考えている。

ベジーヨアソビトカゲ

ミカゲヨアソビトカゲ

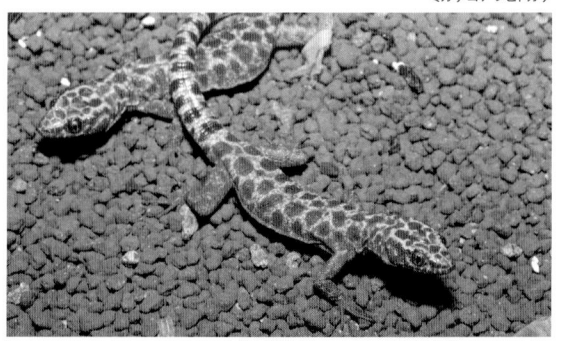

Type **43**

ネッタイヨルトカゲ属

本タイプに含まれるスキンク下目は地上棲で多湿な森林に生息する。薄明薄暮性で主にミミズや節足動物を捕食する。繁殖形態はわかっている範囲では胎生で、イボヨルトカゲとアミノドヨルトカゲ・スミスヨルトカゲでは単為生殖も確認されている（その他の種類も単為生殖を行っている可能性はある）。

やや小型のため、ペアであっても幅60×奥行き30×高さ36cmのケージでも飼育は可能（広ければなお良い）。床材には赤玉土やソイル系・水苔など湿度を維持できるものが適している（マット系など体に付着しやすいものはあまり適していないと筆者は考えている）。地中に巣穴を掘ることはないので、厚さは2～3cmもあれば良いだろう。野生下では棲み家となる石や倒木の下・岩の割れ目を見つけるとそこから移動することは少ないが、飼育下では環境に慣れると結構動き回るので、流木や観葉植物などを配置すると良いだろう（植物はシェルターになるだけでなく、空中湿度を維持するのにも役立つ）。なお、シェルターは複数設置し、1つはウェットシェルターにしておこう（陶器製で上部に水が溜められるタイプが良い）。水入れは浅くてやや大きなものを常設するが、毎日照明の点灯時と消灯時に霧吹きも行う。薄明薄暮性～夜行性と考えられており、強い光を嫌がることも多いため、照明は紫外線ライトだけでかまわない。点灯時間は約12時間が良い。高温にも低温にも弱い一面があるため、温度は23～24℃に設定し、夜間はケージ全体の温度を22～23℃に下げる。多湿な環境を好むため、湿度は80%を維持し、夜間は消灯した際に霧吹きをケージ全体に行い湿度を一時的に90～100%まで上げてやると良い。しかしながら、蒸れると短時間で状態を悪化させてしまうため十分注意したい。

餌は栄養剤を添加したコオロギやレッドローチなどを与えるが、消化力がやや弱い一面があるため、ミルワームなどのワーム類は与えないほうが安全。給餌頻度は成体ならば2～3日に1回、幼体ならば毎日与える必要がある。掃除（糞や食べ残しなどを取り除く）は毎日行い、3～4カ月に1度は床材などを全て換え、レイアウト品なども熱湯消毒する大掃除を行う。その他、飼育における注意点として、本タイプに含まれるスキンク下目は協調性が悪いことや夏場の高温があるだろう。多頭飼育の際には十分注意し（問題がなさそうに見えても、いつの間にか指などを食いちぎられていることが少なくない。おそらく夜間に争っているのだろう）、夏場はエアコンなどで適温を維持する。

生後約2～3年で性成熟に達すると考えられているが、はっきりしない。単為生殖を行うものが多く（例として、1961～1992年までにロサンゼルス自然史博物館に収集されたコスタリカ産のイボヨルトカゲは計60匹であり、そのうち6匹のオスが確認されているため、有性生殖と単為生殖双方の集団が存在していることが示唆されたが、筆者は国内外のペットトレードで本属の確実なオスを見たことがない。なお、野生下では有性生殖を行う集団は10月に交尾を行うが、単為生殖を行う集団は1年中繁殖が可能であるという説もある）、飼育下ではいつの間にか殖えていたという例が多い。まずはストレスを感じさせず、状態良く飼育することに腐心しよう（繁殖はそれに自ずとついてくるタイプのトカゲであろう）。妊娠期間は約3～5カ月と考えられており、国内の飼育下では晩夏～冬季に1～7匹の幼体を出産した例が多い（飼育下では妊娠の兆候がわかりにくい）。なお、メスにとって出産は命がけの大仕事であり、産後は体力を消耗しているため、栄養価の高い餌をしっかりと与えて労をねぎらってやろう。生まれてきた幼体は成体とは別のケージで管理するが、生後1カ月もすると幼体同士も争うようになるため、1匹ずつ個別で飼育したほうが良い。飼育環境は成体とさほど変わらないが、やや温度変化と乾燥に弱い一面があるため温度は25～27℃に設定し、床材は湿らせた水苔などが適している。

本タイプに含まれるスキンク下目で最も流通量が多いのはイボヨルトカゲで、2000年頃までは準定番種と言ってよいほどであったが、近年は目にする機会が減りつつある（イボヨルトカゲ以外の種類は2010年以降に登場したが、現在でも目にする機会は少ない）。飼育が難しいというほどではないが、やや注意点が多いため筆者は中級者向けのグループであると考えている。

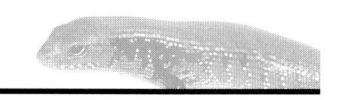

トカゲが飼えなくなったら

どのような生物でも、飼育する以上は終生飼育を行うのがベストではあることは言うまでもない。しかしながら、人生には何が起こるかわからないというのも事実である。無責任に聞こえるかもしれないが、爬虫類は"環境の動物"であるから、特定の個人からの愛情を必要とするわけではない。よって、何らかの理由で飼育が続行不可能となってしまった場合は、別の人に託すことも可能である（動物の譲渡は各自治体によってルールが異なる場合があるため、購入先の専門店や最寄りの動物愛護センターにも相談してみよう）。そして、その引き取り先も犬や猫に比べると選択肢が多い。近年ではインターネットやSNSで新たな飼い主を探すこともできるし、ペットショップや一部の動物園が引き取ってくれることもある。決して行ってはならないのは野外への遺棄である。すでに外来種は大きな問題になっているだけでなく、愛玩動物の遺棄は動物愛護法により罰則が定められている（1年以下の懲役、または100万円以下の罰金）。なお、たとえ自然から採集した個体であっても、自然に還すことには危険性が伴うことを覚えておこう（野生下には存在しない病原体などが付着している可能性がある）。

トカゲが亡くなったら

最後に、飼育しているトカゲが亡くなってしまった時、どうすれば良いのかを箇条する。

まず、廃棄物処理法第二条には"この法律において「廃棄物」とは、ごみ、粗大ごみ、燃え殻、汚泥、糞尿、廃油、廃酸、廃アルカリ、動物の死体その他の汚物又は不要物であって、固形状又は液状のもの（放射性物質およびこれによって汚染された物を除く）をいう"とある。つまり、法的には動物の亡骸は一般廃棄物と同じ扱いになるわけである。小さなトカゲの亡骸ならば新聞紙に包んで生ごみとして廃棄することもできるだろう。埋葬する（地中に埋める）というのもよく取られる手段の1つだと思われるが、飼育下の個体は寄生虫や病原体に感染している可能性があり、これらの野外への侵入を防止するため、近年は埋葬せず茶毘に付すべきという意見が多い。しかしながら、廃棄物処理法第十六条の二（焼却禁止）には"何人も、次に掲げる方法による場合を除き、廃棄物を焼却してはならない。①一般廃棄物処理基準、特別管理一般廃棄物処理基準、産業廃棄物処理基準又は特別管理産業廃棄物処理基準に従って行う廃棄物の焼却。②他の法令又はこれに基づく処分により行う廃棄物の焼却。③公益上若しくは社会の慣習上やむを得ない廃棄物の焼却又は周辺地域の生活環境に与える影響が軽微である廃棄物の焼却と

して政令で定めるもの"とあり、飼育者が自分で火葬すると違法となる場合があるので、専門の業者に依頼したほうが良いだろう（亡骸は時間と共に腐敗が始まるため、なるべく早く依頼したほうが良い）。余談であるが、死に立ち会うのは、相手が何であれたいへん辛いものだ。ペットの死に直面し、悲しみや苦しみでどうしようもなく辛い時には、無理をせず思いっきり悲しむことがペットロスを克服するうえで最も重要であると言われており、同時に新しいペットを飼い始めることも、ペットロスの悲しみを癒す方法の1つとされている（新しいペットを早く飼い始めた人は、遅い人に比べてペットロスの症状が早く治まったという結果もある）。読者の皆様が愛しいトカゲたちと1日でも永く幸せに暮らしてもらえることを、本書の制作陣は心より願っている。

CHAPTER IV

無足の蛇が有足の竜に化し得、また蛇を竜の子と心得た例少なからぬ。南アフリカの蜥蜴蛇（アウロフィス）など、蜥蜴の足弱小に身ほとんど蛇ほど長きものを見ては誰しも蛇が蜥蜴になるものと思うだろ。

南方熊楠（1867-1941）

スキンク下目
の分類

DISCOVERY
Scincomorpha

**Cordylidae · Gerrhosauridae ·
Scincidae · Xantusiidae**
Acontiinae · Ateuchosaurinae · Egerniinae · Eugongylinae ·
Lygosominae · Mabuyinae · Ristellinae · Sphenomorphinae · Scincinae ·
Xantusiinae · Lepidophyminae · Cricosaurinae

本章で掲載している分類は 2024 年 10 月現在のものであり、今後の調査・研究によっては種数の増減や属の変更などが発生すると思われる。

ヨロイトカゲ科 | Cordylidae

10属69種

サハラ砂漠以南のアフリカ大陸の東部〜南部に分布する。多くは全長20cm前後の小型種だが、全長40cmに達する大型種も見られる。鱗は大きくキールが発達し、先端が棘状になっているものから顆粒状のものまで見られ、ほとんどは機能的な四肢を持つが、カタヘビトカゲ属のみ退化傾向にある。繁殖形態は属によって異なり、卵生・胎生の双方を含んでいる（一部の種でははっきりしない）。なお、本科はカタトカゲ科とは姉妹群であると考えられている。

カタヘビトカゲ属 | Chamaesaura

5種

属名の *Chamaesaura* とは「地上」を意味する【chamae】と「トカゲ」を意味する【saura】が組み合わさったもの。英名では "African Grass Lizards" や "South African Snake Lizards" と呼ばれる。鱗はやや大きく強いキールがある。体形は細長いヘビ型で、四肢は退化して消失しているか、ごく小さなものを残しているにすぎない。サハラ砂漠以南のアフリカ大陸中部〜南部に分布するが、やや局所的。地上棲で乾燥した森林や草原に生息し、節足動物を捕食する。繁殖形態は胎生。

ヨロイトカゲ属 | Cordylus

22種

属名の *Cordylus* とは「瘤」や「隆起」を意味する【kordylē】に由来し（ギリシャ語で kordylē は「棍棒」を意味するため、尾を武器のように振り回すという俗信に由来するという説もある）、本属の多くが鱗に強いキールを持つことに因むとされる。英名では "Girdled Lizards" と呼ばれる。サハラ砂漠以南のアフリカ大陸中部〜南部に分布する。地上棲で乾燥した森林や草原・岩場に生息し、主に節足動物を捕食するが、花や果実・ベリー類を食べるものもいる。繁殖形態は胎生。

クサリカタビラトカゲ属 | Hemicordylus

2種

属名の *Hemicordylus* とは「半分」を意味する【hêmi-】とヨロイトカゲ属の属名が組み合わさったもの。かつては全種がニセヨロイトカゲ属に含まれていたが、2011年より本属に分割された。英名では "Western Crag Lizards" や "Cliff Lizards" と呼ばれる。鱗は大きく強いキールを持つものが多い。地上棲で南アフリカ共和国の乾燥した森林や草原・岩場に生息し、節足動物を捕食する。繁殖形態は胎生。

カルーヨロイトカゲ属 | Karusasaurus

2種

属名の *Karusasaurus* とはコイサン諸語で「乾燥」や「不毛」「渇きの地」を意味する【karusa】と「トカゲ」を意味する【saura】が組み合わさったもの。英名では "Karoo Girdled Lizards" や "Karusa Lizards" と呼ばれる。鱗はやや大きく強いキールがある。地上棲でアフリカ南部の乾燥したカルー盆地（南アフリカ共和国の南部からナミビアにかけての地域）に広がる岩場や草原に生息し、節足動物を捕食する。繁殖形態は胎生。

ナマクアヨロイトカゲ属 | Namazonurus

5種

属名の *Namazonurus* とはナマクアランド（ナミビアと南アフリカ共和国に位置する乾燥地域）を意味する【Nama】と、「帯状の尾」を意味する【zonurus】が組み合わさったもので、本属の分布域と、尾部の鱗の形態（環状鱗が連なっている）を表わしていると思われる。英名では "Namaqua Girdled Lizards" や "Nama Lizards" と呼ばれる。鱗はやや大きく強いキールがある。地上棲でアフリカ南部の乾燥した岩場や草原に生息し、節足動物を捕食する。繁殖形態は胎生。

ニヌルタヨロイトカゲ属 | Ninurta

1種

属名の *Ninurta* とはシュメール神話において雨と南風を司る神であるニヌルタ（Ninurta。農耕や治癒・狩猟・法・筆記・戦争を司る太陽神であるという説もある）に由来する。英名では "Blue-spotted Girdled Lizard" と呼ばれる。鱗はやや大きく強いキールがある。地上棲で南アフリカ共和国南端部のやや冷涼な山地の岩場に生息し、節足動物を捕食する。繁殖形態は胎生。

アルマジロトカゲ属 | Ouroborus

1種

属名の *Ouroborus* とは自身の尾を咥えたヘビ、もしくは竜を描いた古代のシンボルであるウロボロス（Ouroboros。もしくは Uroboros）に由

04
イグアナ下目の分類

来し、本種の防御姿勢（自身の尾を咥えて丸くなる）をそれに見立てたもの。英名では "Armadillo Girdled Lizard" と呼ばれる。鱗はやや大きく強いキールがあり、先端が棘状に尖っている。地上棲で南アフリカ共和国西部の乾燥した草原や岩場に生息し、節足動物を捕食する。繁殖形態は胎生。

ヒラトカゲ属 ｜ *Platysaurus*
16種

　属名の *Platysaurus* とは「扁平」を意味する【platy】と「トカゲ」を意味する【saura】が組み合わさったもの。英名では "Flat Lizards" と呼ばれる。胴部の鱗は顆粒状で細かいが、尾部にはやや大きな鱗が環状に並んでいる。地上棲でサハラ砂漠以南のアフリカ大陸中部～東部に分布する。乾燥した草原や荒れ地にある岩場に生息し、主に節足動物を捕食するが、花や果実を食べるものもいる。繁殖形態は卵生。

ニセヨロイトカゲ属 ｜ *Pseudocordylus*
6種

　属名の *Pseudocordylus* とは「偽」を意味する【pseudo】とヨロイトカゲ属の属名が組み合わさったもの。英名では "Eastern Crag Lizards" や "False Girdled Lizards" と呼ばれる。胴部の鱗はやや細かいが、頭部や尾部の鱗は大きく強いキールがある。地上棲で南アフリカ共和国・レソト・エスワティニの乾燥した草原や荒れ地・岩場に生息し、主に節足動物を捕食するが、花や果実を食べるものもいる。繁殖形態は胎生。

リュウオウヨロイトカゲ属 ｜ *Smaug*
9種

　属名の *Smaug* とは John Ronald Reuel Tolkien (1892-1973) の小説『ホビットの冒険（原題：The Hobbit, or There and Back Again）』に登場する竜の名であるスマウグ（Smaug）が由来となっている。おそらくは本属に含まれる本科最大種であるオオヨロイトカゲの姿を竜に見立てた

のだろう。なお、余談であるが、Tolkien によるとスマウグの名称は古高ドイツ語で「穴から押し出す」を意味する【smeugen】が由来らしく、オオヨロイトカゲも巣穴を掘って生活しており、さらに偶然にも Tolkien の出生地がオオヨロイトカゲの核心地域（中核となる生態的に重要な地域）である南アフリカ共和国のオレンジ自由国（1995年にフリーステイト州に名称変更）だった。英名では "Dragon Girdled Lizards" や "Dragon Lizards" と呼ばれる。鱗には強いキールを持つものが多い。地上棲でサハラ砂漠以南のアフリカ大陸東部～南部に分布するが、やや局所的。乾燥した草原や荒れ地・岩場に生息し、主に節足動物を捕食するが、トカゲなどを食べることもある。繁殖形態は、わかっている範囲では胎生（スワジヨロイトカゲでははっきりしない）。

カタトカゲ科 ｜ Gerrhosauridae

7属37種

　サハラ砂漠以南のアフリカ大陸およびマダガスカル・セーシェルに分布する。全長約10cmの小型種から70cmに達する大型種まで見られ、鱗はやや大きくプレート状で環状に連なっているものが多い。ほとんどは機能的な四肢を持つが、オナガカタトカゲ属の一部では退化傾向にある。繁殖形態は、わかっている範囲では卵生（一部の種でははっきりしない）。

オニプレートトカゲ属 ｜ *Broadleysaurus*
1種

　属名の *Broadleysaurus* とはアフリカの動物学者である Donald George Broadley (1932-2016) と「トカゲ」を意味する【saura】が組み合わさったもの。英名では "Rough-scaled Plated Lizard" や "Sudan Plated Lizard" "Tawny Plated Lizard" "Great Plated Lizard" と呼ばれる。全身が丈夫なプレート状の鱗で覆われており、脇腹は襞状に折り畳まれている。サハラ砂漠以南のアフリカ大陸東部から中部の一部に分布する。地上棲で乾燥した草原や荒れ地に生息し、雑食で節足動物やトカゲ・ネズミ・植物を食べる。繁殖形態は卵生。

ヨロイカタトカゲ属 ｜ *Cordylosaurus*
1種

　属名の *Cordylosaurus* とは「棍棒」を意味する【kordûlē】と「トカゲ」を意味する【saura】が組み合わさったもの。英名では "Dwarf Plated Lizard" や "Blue-black Plated Lizard" と呼ばれる。プレート状の小さく滑らかな鱗で覆われている。サハラ砂漠以南のアフリカ大陸西部～南部に分布する。生態には不明な部分はあるが、地上棲でやや乾燥した草原や荒れ地・岩場に生息し、節足動物を捕食する。繁殖形態は卵生。

プレートトカゲ属 | *Gerrhosaurus* 7種

属名の *Gerrhosaurus* とは「網細工された枝」を意味する【gérrhon】と「トカゲ」を意味する【saura】が組み合わさったもの。英名では "Typical Plated Lizards" と呼ばれる。全身がプレート状の丈夫な鱗で覆われている。サハラ砂漠以南のアフリカ大陸に広く分布する。地上棲で乾燥した草原や荒れ地・岩場に生息し、雑食で節足動物やトカゲ・ネズミ・植物を食べる。繁殖形態は卵生。

オオプレートトカゲ属 | *Matobosaurus* 2種

属名の *Matobosaurus* とはンデベレ語で「禿げた頭」を意味する【matobo】と「トカゲ」を意味する【saura】が組み合わさったもの。英名では "Giant Plated Lizards" や "Rock Plated Lizards" "Plated Rock Lizards" "African Plated Lizards" と呼ばれる。全身がプレート状の丈夫な鱗で覆われている。ニシオオプレートトカゲはサハラ砂漠以南のアフリカ大陸西部に、イワヤマプレートトカゲはその反対となる東部に分布する。地上棲で乾燥した草原や荒れ地・岩場に生息し、雑食で節足動物やトカゲ・ネズミ・植物を食べる。繁殖形態は卵生。

ムチカタトカゲ属 | *Tetradactylus* 7種

属名の *Tetradactylus* とは「4つの」を意味する【tetra-】と「指がない」を意味する【adactylus】が組み合わさったもの。英名では "Plated Snake Lizards" や "Long-tailed Snake Lizards" "Whip Lizards" "Seps" (古典的には「小型で危険な毒蛇」を意味するが、分類学においては「四肢を失ったトカゲ」を意味する場合が多い) と呼ばれる。長方形のプレート状の鱗で覆われている。四肢の形態は種によって異なり、イツユビムチカタトカゲ以外は非常に短いか、痕跡的となっている。サハラ砂漠以南のアフリカ大陸中部〜南部に分布する。生態には不明な部分が多いが、地上棲で乾燥した草原や荒れ地・岩場に生息し、節足動物を捕食する。繁殖形態は、わかっている範囲では卵生 (ケープムチカタトカゲでははっきりしない)。

マダガスカルカタトカゲ属 | *Tracheloptychus* 2種

属名の *Tracheloptychus* とは「首」を意味する【trachelos】とされる。英名では "Madagascar Keeled Plated Lizards" や "Madagascan Plated Lizards" "Madagascan Sand Fish" と呼ばれる。四角い丈夫な鱗で覆われている。地上棲でマダガスカル南部の乾燥した草原や荒れ地・岩場に生息し、主に節足動物を捕食するが、植物を食べることもある。繁殖形態は卵生。

オビトカゲ属 | *Zonosaurus* 17種

マダガスカルプレートトカゲ属やゾノザウルス属とも呼ばれる。属名の *Zonosaurus* とは「帯」を意味する【zono】と「トカゲ」を意味する【saura】が組み合わさったもの。英名では "Madagascar Plated Lizards" と呼ばれる。全身が丈夫な鱗に覆われているが、プレートカゲ属やオニプレートトカゲ属ほど強いキールはない。マダガスカルとセーシェルに分布する。地上棲で森林や岩場に生息し、主に節足動物やトカゲなどを捕食するが、植物を食べることもある (オオオビトカゲは河川周辺に多く見られ、半水棲傾向が強い)。繁殖形態は卵生。

スキンク科 | Scincidae
9亜科167属1751種

トカゲ科とも。南極と亜寒帯を除くほぼ汎世界的に分布する。全長10cm未満の小型種から、80cmに達する大型種まで見られるが、大部分は15〜30cm。鱗は滑らかなものが多いが、一部では棘状に発達しているものや、顆粒状のものなども見られる。ほとんどが機能的な四肢を持つが、一部の種では退化傾向にあるものや、外見からはほぼ確認できないもの、小さな前肢のみを持つものなども見られる。繁殖形態は属や種によって異なり、卵生・胎生の双方を含んでいる。

ダーツスキンク亜科 | Acontiinae
2属30種

ダーツスキンク属 | *Acontias* 25種

アコンティアストカゲ属やダーツトカゲ属・ヘビメアシナシスキン

ク属とも。属名の*Acontias*とは「(矢のように) すばやいヘビ」を意味する【akontías】に由来する。英名では"Greater Legless Skinks"や"Dart Skinks""Lance Skinks""Blind Legless Skinks""Blind Worms"と呼ばれる。やや小型で鱗は滑らか。体形は細長いヘビ型で四肢は退化して消失している。サハラ砂漠以南のアフリカ大陸に広く分布するが、人目につきにくいため、はっきりしない地域もある。半地中棲〜地中棲でやや乾燥した森林や草原・荒れ地・砂漠に生息し(表層付近で活動し、地中深くに潜っているわけではない)、ミミズや節足動物を捕食する。繁殖形態は、わかっている範囲では胎生(ノドジロダーツスキンクとカタバダーツスキンクでははっきりしない)。

ノドジロダーツスキンク *Acontias albigularis*
ウスイロダーツスキンク *Acontias aurantiacus*
フタイロダーツスキンク (ジンバブエダーツスキンク) *Acontias bicolor*
マルハナダーツスキンク *Acontias breviceps*
クレゴーダーツスキンク *Acontias cregoi*
フィッツシモンズダーツスキンク *Acontias fitzsimonsi*
ガリエスダーツスキンク *Acontias gariepensis*
ホソオダーツスキンク *Acontias gracilicauda*
ヤープダーツスキンク *Acontias jappi*
カラハリダーツスキンク *Acontias kgalagadi* 088
スジダーツスキンク *Acontias lineatus*
ヒューイットダーツスキンク *Acontias lineicauda*
ケープダーツスキンク *Acontias meleagris*
シロハラダーツスキンク *Acontias mukwando*
ナマクアダーツスキンク *Acontias namaquensis*
セイブダーツスキンク *Acontias occidentalis*
トウブダーツスキンク *Acontias orientalis*
マプタランドダーツスキンク *Acontias parietalis*
サバンナダーツスキンク *Acontias percivali* 089
オオダーツスキンク *Acontias plumbeus*
リンポポダーツスキンク (リチャードダーツスキンク) *Acontias richardi*
ヤブチダーツスキンク *Acontias rieppeli*
シュミッツダーツスキンク *Acontias schmitzi*
ハラスジダーツスキンク *Acontias subtaeniatus*
ワカーストルームダーツスキンク *Acontias wakkerstroomensis*

メクラスキンク属 ｜ *Typhlosaurus*
5種

メクラミミズトカゲ属とも。属名の*Typhlosaurus*とは「盲目の」を意味する【typhl-】と「トカゲ」を意味する【saura】が組み合わさったもので、本属の眼が退化傾向にあり、皮下に埋もれていることを表していると思われる。英名では"Blind Legless Skinks"や"African Blind Skinks"と呼ばれる。小型で鱗は滑らか。体形は細長いヘビ型で四肢は退化して消失している。ナミビアと南アフリカ共和国の東部湾岸沿いに分布しているが、人目につきにくいため、調査・研究が進めば他の地域でも発見されるかもしれない。半地中棲〜地中棲でやや乾燥した森林や草原・荒れ地・砂漠に生息し(表層付近で活動し、地中深くに潜っているわけではない)、ミミズや節足動物を捕食する。繁殖形態は胎生。

ヤセメクラスキンク *Typhlosaurus braini*
ヤマブキメクラスキンク *Typhlosaurus caecus*
ロミメクラスキンク *Typhlosaurus lomiae*
ヘンゲメクラスキンク *Typhlosaurus meyeri*
モモイロメクラスキンク *Typhlosaurus vermis*

ヒメトカゲ亜科 ｜ Ateuchosaurinae
1属3種

ヒメトカゲ属 ｜ *Ateuchosaurus*
3種

ヘリグロヒメトカゲ属とも呼ばれるが、本来は1937年に本属のシノニムとなった*Lygosaurus*属に用いられていた名称であり、2023年にはヘリグロヒメトカゲ*Lygosaurus pellopleurus*とされていた種はオキナワヒメトカゲとアマミヒメトカゲに分けられたため、本書ではヒメトカゲ属とする。なお、ヒメという名称は「近縁種に比べて小さい」という意味で、動物の種名においては小型種に付けられる傾向がある。属名の*Ateuchosaurus*とは「裸の」や「非武装の」を意味する【ateucho-】と「トカゲ」を意味する【saura】が組み合わさったものと思われるが、はっきりしない。英名では"East Asian Short-legged Skinks"や"East Asian Slender Skinks""East Asian Forest Skinks""Unarmoured Skinks"と呼ばれる。小型で鱗は滑らか。中国南部と日本(奄美群島と沖縄諸島)に分布する。地上棲で森林や草原に生息し、節足動物を捕食する。繁殖形態は卵生。

シナヒメトカゲ *Ateuchosaurus chinensis* 090
オキナワヒメトカゲ *Ateuchosaurus okinavensis* 091
アマミヒメトカゲ *Ateuchosaurus pellopleurus* 092

イワトカゲ亜科 ｜ Egerniinae
8属62種

ムクイワトカゲ属 ｜ *Bellatorias*
3種

属名の*Bellatorias*とは「好戦的な」を意味する【bellātōrius】に由来すると思われるが、はっきりしない。英名では"Papua-Australian Giant Skinks"と呼ばれる。中型で鱗は滑らか。オーストラリアとパプアニューギニアに分布するが、ソトイワトカゲ以外の分布域はやや局所的。地上棲で森林や草原・荒れ地・岩場などに生息し、主に節足動物やトカゲ・ネズミなどを捕食するが、植物を食べることもある。繁殖形態は胎生。

ソトイワトカゲ (フレーリーイワトカゲ) *Bellatorias frerei* 093
オオイワトカゲ *Bellatorias major* 094
アーネムランドイワトカゲ *Bellatorias obiri*

オマキトカゲ属 ｜ *Corucia*
1種

属名の*Corucia*とは「煌めく」を意味する【coruscus】に由来する。英名では"Solomon Islands Prehensile-tailed Skink"や"Solomon Islands Giant Skink""Solomon Skink""Giant Green Tree Skink""Monkey-tailed Skink""Monkey Skink""Zebra Skink"と呼ばれる。スキンク下目における最大種で、全長80cmに達する。鱗は滑らか。ソロモン諸島とパプアニューギニアのブーゲンビル島(政治的にはパプアニューギニアの一部であるが、生態系・地理・民族的にはソロモン諸島の一部)に分布する。ほぼ完全な樹上棲で森林に生息し、葉や花・果実などを食べる。繁殖形態は胎生。

オマキトカゲ *Corucia zebrata* 095

ホソアオジタトカゲ属 ｜ *Cyclodomorphus*
9種

属名の*Cyclodomorphus*とは「円形の」を意味すると思われるが、はっきりしない。英名では"Slender Blue-tongued Skinks"と呼ばれる。小型〜やや中型で鱗は滑らか。尾部が長く、全長の約60%を占めるものも見られる。オーストラリアに分布する。地上棲で森林や草原・荒れ地・岩場に生息し、主に節足動物や陸棲の巻貝などを捕食するが、花や果実を食べることもある。繁殖形態は胎生。

イワトカゲ属 ｜ *Egernia*
18種

　属名の*Egernia*とは「起き上がっている」を意味すると思われるが、はっきりしない。 英名では "Australian Greater Skinks" や "Spiny-tailed Skinks" "Crevice Skinks" と呼ばれる。 小型～中型で鱗は滑らかなものから棘状に発達しているものまでさまざま。 オーストラリアに分布する。 地上棲で森林や草原・荒れ地・岩場に生息し、主に節足動物や陸棲の巻貝・トカゲを捕食するが、花・果実を食べることもある。 繁殖形態は胎生。

スベイワトカゲ属 ｜ *Liopholis*
12種

　属名の*Liopholis*とは「滑らか」を意味する【lio】と「（爬虫類の）鱗」を意味する【pholis】が組み合わさったものと思われる。 英名では "Australian Desert and Rock Skinks" と呼ばれる。 小型で鱗は滑らか。 オーストラリアに分布する。 生活スタイルは種によってやや異なり、地上棲で地中に巣穴を掘って暮らしているものと（ガセガイワトカゲ・ローゼンサバクイワトカゲ・オオサバクイワトカゲ・ヒースイワトカゲ・シロテンイワトカゲ・クロスジサバクイワトカゲ・ヤコウイワトカゲ・ホワイトイワトカゲ）、岩場に暮らしているものが見られる（クマドリイワトカゲ・フリンダースイワトカゲ・ムジイワトカゲ・ヤマイワトカゲ）。 乾燥した草原や荒れ地・岩場・砂漠に生息し、主に節足動物やトカゲなどを捕食するが、花や果実を食べたという報告もある。 繁殖形態は胎生。

シッチイワトカゲ属 ｜ *Lissolepis*
2種

　属名の*Lissolepis*とは「滑らか」を意味する【lissós】と「（魚類の）鱗」を意味する【lepis】が組み合わさったものと思われる。 英名では "Swamp Skinks" や "Mourning Skinks" と呼ばれる。 小型で鱗は滑らか。 オーストラリアに分布する。 地上棲で湿地や沼地周辺に生息し（一部は汽水域にも見られる）、危険を感じると水中へ逃げ込む。 生態には不明な部分が多いが、節足動物を捕食すると考えられている。 繁殖形態は胎生。

アオジタトカゲ属 ｜ *Tiliqua*
7種

　属名の*Tiliqua*の意味ははっきりしておらず、造語ではないか、という説もある。 英名では "Blue-tongued Skinks" や "Giant Skinks" と呼ばれる。 小型～やや大型で鱗は滑らかなものが多いが、マツカサトカゲのみ松笠のような凹凸のある大きな鱗を持つ。 本属は危険を感じると口を大きく開け、青色～濃紺色の舌を見せつけて威嚇を行うが、舌の裏側は表側の約2倍の紫外線の反射量があることがわかっている。 インドネシア・ニューギニア・オーストラリアに分布する。 地上棲で森林や草原・荒れ地に生息し、雑食で節足動物や陸棲の巻貝・トカゲ・ネズミ・鳥類（雛と卵）・花・果実を食べる。 繁殖形態は胎生。

カブトトカゲ属 ｜ *Tribolonotus*
10種

　属名の*Tribolonotus*とは「目立つ三組の」を意味すると思われるが、はっきりしない。 英名では "Casque-headed Skinks" や "Helmeted Skinks" "Crocodile Skinks" "Spiny-tailed Skinks" と呼ばれる。 小型で頭部は大きく角張っており、背面には棘状や瘤状に発達した鱗が並んでいる。 ニューギニア・パプアニューギニア・ソロモン諸島に分布する。 地上棲で森林に生息し、ミミズや節足動物を捕食する。 繁殖形態には卵生と胎生を含むが、一部の種でははっきりしない（シュミットカブトトカゲは胎生。 チョイスルカブトトカゲとブカカブトトカゲでははっきりしない。 その他は卵生）。

カラタケトカゲ亜科 ｜ Eugongylinae
48属463種

ツブラストカゲ属 ｜ *Ablepharus*
19種

　属名の *Ablepharus* とは「瞼のない」を意味し、下瞼が1枚の透明な鱗となって眼を覆っていることを表わしている（上下の瞼は動かない）。英名では "Eurasian Snake-eyed Skinks" や "Eurasian Dwarf Skinks" "Eurasian Lidless Skinks" "Ocellated Skinks" と呼ばれる（英名の1つである Snake-eyed とは本属がヘビ亜目のように瞬きが行えないことに由来する）。小型で鱗は滑らか。南アジアから中央ヨーロッパまでとやや広い範囲に分布するが、一部の種では局所的。地上棲でやや乾燥した草原や荒れ地・岩場で多く見られるが、一部は森林などにも生息し、ミミズや節足動物を捕食する。繁殖形態には卵生と胎生を含むが、一部の種でははっきりしない（アライツブラストカゲは胎生。キルギスツブラストカゲ・ヒマラヤツブラストカゲ・アフガンツブラストカゲ・マハバーラタツブラストカゲ・ボカラツブラストカゲ・カシミールツブラストカゲでははっきりしない。その他は卵生）。

　アライツブラストカゲ *Ablepharus alaicus*

　リュキアツブラストカゲ *Ablepharus anatolicus*

　ヘリスジツブラストカゲ *Ablepharus bivittatus*

　キタレバントツブラストカゲ *Ablepharus budaki*

　チェルノフツブラストカゲ *Ablepharus chernovi*

　タジクツブラストカゲ *Ablepharus darvazi*

　サバクツブラストカゲ *Ablepharus deserti*

　キルギスツブラストカゲ *Ablepharus eremchenkoi*

　グレイツブラストカゲ *Ablepharus grayanus*

　ヒマラヤツブラストカゲ *Ablepharus himalayanus*

　ビャクシンツブラストカゲ *Ablepharus kitaibelii*

　ラダクツブラストカゲ *Ablepharus ladacensis*

　リンドバーグツブラストカゲ *Ablepharus lindbergi*

　マハバーラタツブラストカゲ *Ablepharus mahabharatus*

　ネパールツブラストカゲ *Ablepharus nepalensis*

　パノニアツブラストカゲ *Ablepharus pannonicus*

　リュッペルツブラストカゲ *Ablepharus rueppellii*

　シッキムツブラストカゲ *Ablepharus sikimmensis*

　カシミールツブラストカゲ *Ablepharus tragbulensis*

マザリトカゲ属 ｜ *Acritoscincus*
3種

　属名の *Acritoscincus* とは「混ざった」を意味する【akritos-】と「スキンク（本来はスナトカゲ属を意味するが、現在ではスキンク科全般を示す名称となっている）」を意味する【scincus】が組み合わさったもので、かつて本属は分類がはっきりせず、複数の属に分類されていたことを表しているようだ。英名では "Cool-Skinks" と呼ばれる。小型で鱗は滑らか。オーストラリアに分布する。地上棲で湿地周辺の草原に多く見られるが、一部は標高1,600m付近までの冷涼な森林にも生息し、ミミズや節足動物を捕食する。繁殖形態は卵生。なお、ニシマザリトカゲは性決定において染色体性決定（CSD）を持つことが判明しているが、低温下では卵内の胚がメスからオスへ性転換するこ

とが確認されている。

　フトスジマザリトカゲ *Acritoscincus duperreyi*

　ノドアカマザリトカゲ *Acritoscincus platynotus*

　ウススジマザリトカゲ *Acritoscincus trilineatus*

タカネクシミミトカゲ属 ｜ *Alpinoscincus*
2種

　属名の *Alpinoscincus* とは「高山」を意味する【alpinus】と「スキンク」を意味する【scincus】が組み合わさったもので、本属の分布域が高所であることを表している。英名では "Comb-eared Skinks" や "Papuan Alpine Skinks" と呼ばれる。小型で鱗は滑らか。パプアニューギニアに分布する。地上棲で標高2,700～3,000mの冷涼な森林に生息し、生態には不明な部分が多いが、節足動物を捕食すると考えられている。繁殖形態は、わかっている範囲では胎生（シディバルムタカネクシミミトカゲでははっきりしない）。

　シディバルムタカネクシミミトカゲ *Alpinoscincus alpinus*

　モロベタカネクシミミトカゲ *Alpinoscincus subalpinus*

モリノセイトカゲ属 ｜ *Anepischetosia*
1種

　属名の *Anepischetosia* とは「抑制されない」を意味する。英名では "Highland Elf Skinks" や "Highlands Forest Skinks" "Salamander Skinks" "Maccoy's Skinks" と呼ばれる。小型で鱗は滑らか。オーストラリアに分布する。地上棲で山地の森林に生息し、生態には不明な部分が多いが、節足動物を捕食すると考えられている。繁殖形態については卵生と記述している文献が多いが、1894年に本種を初めて報告した Arthur Henry Shakespeare Lucas（1853-1936）と Charles Frost（1853-1915）は「子は親の体内で発育し、1月か2月に8匹か9匹が生まれる」と記述している。

　モリノセイトカゲ *Anepischetosia maccoyi*

ワレメトカゲ属 ｜ *Austroablepharus*
3種

　属名の *Austroablepharus* とは「オーストラリア」を意味する【Austro】と「瞼のない」を意味する【ablepharus】が組み合わさったもので、本属の分布域と、下瞼が1枚の透明な鱗となって眼を覆っていることを表している（上下の瞼は動かない）。英名では "Grassland Striped Skinks" や "Snake-eyed Skinks" と呼ばれる（英名の1つである Snake-eyed とは本属がヘビ亜目のように瞬きが行えないことに由来する）。小型で鱗は滑らか。地上棲で森林や草原に生息し、節足動物を捕食する。繁殖形態は、わかっている範囲では卵生（ケープヨークワレメトカゲでははっきりしない）。

　ケープヨークワレメトカゲ *Austroablepharus barrylyoni*

　シュノオワレメトカゲ *Austroablepharus kinghorni*

　ヒイロワレメトカゲ *Austroablepharus naranjicauda*

ニューカレドニアアオクチトカゲ属 ｜ *Caesoris*
1種

　属名の *Caesoris* とは「青色」を意味する【caesius】と「口」を意味する【oris】が組み合わさったもの。英名では "Blue-mouthed Skink" と呼ばれる。ニューカレドニアを流れるウアイルー川（Houaïlou River）の上流域に広がる森林地帯に生息しているが、発見数が少なく生態には不明な部分が多い。小型で鱗は滑らか。地上でも樹上でも活動するようで、節足動物を捕食すると考えられている。繁殖形態は卵生。

　ニューカレドニアアオクチトカゲ *Caesoris novaecaledoniae*

カレドニアオチバトカゲ属 | *Caledoniscincus*

15種

　属名の *Caledoniscincus* とはニューカレドニアを表わす【Caledonia（本来は北大西洋に位置するグレートブリテン島の北部を意味する地方の名称とされるが、現在はさまざまな地域にその名を残している）】と「スキンク」を意味する【scincus】が組み合わさったもので、本属の分布域を表わしている。英名では "New Caledonian Leaf-litter Skinks" と呼ばれる。小型で鱗は滑らか。地上棲で森林に生息し、節足動物を捕食する。繁殖形態は、わかっている範囲では卵生（ミナミカレドニアトカゲでははっきりしない）。

　　キタカレドニアオチバトカゲ *Caledoniscincus aquilonius*
　　マダラカレドニアオチバトカゲ *Caledoniscincus atropunctatus*
　　キンブチカレドニアオチバトカゲ *Caledoniscincus auratus*
　　アオビニカレドニアオチバトカゲ
　　　　Caledoniscincus austrocaledonicus ⋯⋯⋯⋯⋯⋯ 130
　　バンカレドニアオチバトカゲ *Caledoniscincus bodoi*
　　クルヌエカレドニアオチバトカゲ *Caledoniscincus chazeaui*
　　シロテンカレドニアオチバトカゲ *Caledoniscincus constellatus*
　　カクレカレドニアオチバトカゲ *Caledoniscincus cryptos*
　　オオカレドニアオチバトカゲ *Caledoniscincus festivus*
　　ウミベカレドニアオチバトカゲ *Caledoniscincus haplorhinus*
　　ゴロカレドニアオチバトカゲ *Caledoniscincus notialis*
　　パニエカレドニアオチバトカゲ *Caledoniscincus orestes*
　　ティエバギカレドニアオチバトカゲ *Caledoniscincus pelletieri*
　　ルセットカレドニアオチバトカゲ *Caledoniscincus renevieri*
　　サイハテカレドニアオチバトカゲ *Caledoniscincus terma*

ヒヤトカゲ属 | *Carinascincus*

8種

　属名の *Carinascincus* とは「キール」を意味する【carīna】と「スキンク」を意味する【scincus】が組み合わさったもの。英名では "Snow Skinks" や "Cool Skinks" と呼ばれる。小型で鱗は滑らか。地上棲で山地のやや冷涼な森林に生息し、節足動物を捕食する。繁殖形態は胎生。なお、タスマニアキールトカゲは性決定のメカニズムが多形であることがわかっており、高地に生息する個体群は染色体性決定（CSD）を、低地に生息する個体群では温度依存性決定（TSD）の影響を受けることが知られている。

　　ビクトリアヒヤトカゲ *Carinascincus coventryi*
　　キタヒヤトカゲ *Carinascincus greeni*
　　カナイロヒヤトカゲ *Carinascincus metallicus*
　　コウロコヒヤトカゲ *Carinascincus microlepidotus*
　　ワモンヒヤトカゲ *Carinascincus ocellatus*
　　ヒースヒヤトカゲ *Carinascincus orocryptus*
　　ペドラブランカヒヤトカゲ *Carinascincus palfreymani*
　　キノボリヒヤトカゲ *Carinascincus pretiosus*

キラメキトカゲ属 | *Carlia*

46種

　属名の *Carlia* には「自由人」や「強い」といった意味があるが、はっきりしておらず、本属を設立したイギリスの動物学者 John Edward Gray（1800-1875）も明確な理由を述べていない。英名では "Australian-Pacific Rainbow Skinks" や "Four-fingered Skinks" と呼ばれる。小型で鱗は滑らか。インドネシア・パプアニューギニア・オーストラリア・ソロモン諸島（フィジィ島やショートランド諸島にモロベキラメキトカゲが分布しているが、移入であるという説もある）に分布する。生息環境は種によって異なり、地上棲で山地の森林から乾燥した草原・岩場・荒れ地までさまざまな環境に見られ、ミミズや節足動物を捕食する。

繁殖形態は、わかっている範囲では卵生（コジマキラメキトカゲ・クロミミキラメキトカゲ・レロガマキラメキトカゲ・シュクルキラメキトカゲでははっきりしない）。

　　フカシギキラメキトカゲ *Carlia aenigma*
　　アドミラルティキラメキトカゲ *Carlia ailanpalai*
　　テツバンドキラメキトカゲ *Carlia amax*
　　アラミアキラメキトカゲ *Carlia aramia*
　　ババルキラメキトカゲ *Carlia babarensis*
　　カイキラメキトカゲ *Carlia beccarii*
　　ユーカリキラメキトカゲ（キタキールキラメキトカゲ）*Carlia bicarinata*
　　ボンベライキラメキトカゲ *Carlia bomberai*
　　パプアアオクビキラメキトカゲ *Carlia caesius*
　　ルイスキラメキトカゲ *Carlia crypta*
　　カザリキラメキトカゲ *Carlia decora*
　　ディグルキラメキトカゲ *Carlia diguliensis*
　　スナジキラメキトカゲ *Carlia dogare*
　　ヒガシパブアキラメキトカゲ *Carlia eothen*
　　ウスチャキラメキトカゲ *Carlia fusca*
　　ホソミキラメキトカゲ *Carlia gracilis*
　　ウィットサンデーキラメキトカゲ *Carlia inconnexa*
　　コジマキラメキトカゲ *Carlia insularis*
　　モンスーンキラメキトカゲ *Carlia isostriacantha*
　　ホウセキキラメキトカゲ *Carlia jarnoldae*
　　アラハダキラメキトカゲ *Carlia johnstonei*
　　シロスジキラメキトカゲ *Carlia leucotaenia*
　　ユビナガキラメキトカゲ *Carlia longipes*
　　モノイミキラメキトカゲ *Carlia luctuosa*
　　ヒカゲキラメキトカゲ *Carlia munda*
　　モロベキラメキトカゲ *Carlia mysi*
　　クロミミキラメキトカゲ *Carlia nigrauris*
　　ノハラキラメキトカゲ *Carlia pectoralis*
　　ティモールキラメキトカゲ *Carlia peronii*
　　ハンボルトキラメキトカゲ *Carlia pulla*
　　トレスキラメキトカゲ *Carlia quinquecarinata*
　　アオアゴキラメキトカゲ *Carlia rhomboidalis*
　　ノドグロキラメキトカゲ *Carlia rostralis*
　　ワキスジキラメキトカゲ *Carlia rubigo*
　　ノドアカキラメキトカゲ *Carlia rubrigularis*
　　ワキアカキラメキトカゲ *Carlia rufilatus*
　　ムクキラメキトカゲ *Carlia schmeltzii*
　　ムツバキラメキトカゲ *Carlia sexdentata*
　　レロガマキラメキトカゲ *Carlia spinauris*
　　ダルハンティーキラメキトカゲ（ミナミキールキラメキトカゲ）
　　　　Carlia storri
　　シュクルキラメキトカゲ *Carlia sukur*
　　ミナミキラメキトカゲ *Carlia tetradactyla*
　　サバクキラメキトカゲ *Carlia triacantha*
　　モルッカキラメキトカゲ（ハルマヘラチャイロキラメキトカゲ）
　　　　Carlia tutela
　　ソウゲンキラメキトカゲ *Carlia vivax*
　　メルビルキラメキトカゲ *Carlia wundalthini*

ウスジリトカゲ属 | *Celatiscincus*

2種

　属名の *Celatiscincus* とは「隠された」を意味する【celatus】と「スキンク」を意味する【scincus】が組み合わさったもので、本属の分類が長らくはっきりしていなかったことを表わしている。英名では "Pale-hipped Skinks" と呼ばれる。小型で鱗は滑らか。ニューカレドニアに

04

イグアナ下目の分類

分布する。地上棲で森林に生息し、節足動物を捕食する。繁殖形態は卵生。

バンウスジリトカゲ Celatiscincus euryotis
グランドテールウスジリトカゲ Celatiscincus similis

ミギワトカゲ属 ｜ Cophoscincopus
4種

属名の Cophoscincopus とは「聴覚障害」を意味する【Copho】と「スキンク」を意味する【scincopus】が組み合わさったもの。英名では "West African Keeled Water Skinks" と呼ばれる。小型で背面の鱗にはキールが目立つ（分布域は離れているが、東南アジアに産するミズトカゲ属 Tropidophorus にやや似ている）。西アフリカに分布する。半水棲で山間部を流れる渓流に生息し、ミミズや魚類・節足動物を捕食する。繁殖形態は、わかっている範囲では卵生（セネガルミギワトカゲでははっきりしない）。

ヘビメトカゲ属 ｜ Cryptoblepharus
53種

オガサワラトカゲ属とも呼ばれるが、本属は小笠原諸島の固有種ではなく（日本国内には小笠原諸島と南硫黄・南鳥島・鳥島にオガサワラトカゲの1種が分布しているにすぎない）、インドネシアからニューギニア・オーストラリア・南太平洋の島嶼部・東アフリカ・マダガスカルまでに52種が確認されており（タイヨウヘビメトカゲは南米のチリからも報告されているが、疑わしい）、おそらくトカゲ科で最も広い分布域を持ち、ヘビメトカゲの呼称もあるため、本書ではヘビメトカゲ属とする。属名の Cryptoblepharus とは「隠された」や「秘密」を意味する【crypto】と「瞼」を意味する【blepharus】が組み合わさったもので、下瞼が1枚の透明な鱗となって眼を覆っていることを表わしている（上下の瞼は動かない）。英名では "Indo-Pacific Snake-eyed Skinks" や "Shinning Skinks" "Fence Skinks" "Wall Skinks" "Coastal Skinks" "Shore Skinks" と呼ばれる（英名の1つである Snake-eyed とは本属がヘビ亜目のように瞬きが行えないことに由来する）。小型で鱗は滑らか。地上でも樹上でも活動し、森林から草原・岩場に多く生息するが、種によっては海岸付近にまで見られ、節足動物を捕食する。繁殖形態は卵生。

シマトカゲ属 ｜ Emoia
77種

ミヤコトカゲ属とも呼ばれるが、本種は宮古諸島の固有種ではなく（日本国内には宮古島・大神島・池間島・伊良部島・来間島にミヤコトカゲの1種が分布しているにすぎない。なお、ミヤコトカゲ自体がトカゲ科ではおそらく最も広い分布域を持つ種である）、メラネシアから南西太平洋の島嶼部までの広い地域に77種が確認されており、限定的な地域名はふさわしくないと考えた。ハマベトカゲの呼称もあるが、多くの種が浜辺や海岸周辺に生息するわけではなく、一部の種は標高1,000mを超える山地の森林に生息しているため、こちらも本属の特徴を表しているとは言い難い。一方、中国語表記では主に "島蜥" とされており、島嶼部に多く生息する本属の分布域的な特徴が表されていると思われたため、本書ではシマトカゲ属とする（種小名に関しては国内で使用例のあるものを優先する）。属名の Emoia の意味ははっきりしておらず、造語ではないかという説もある。英名では "Emo Skinks" や "Pacific Slender Skinks" "Coastal Slender Skinks" "Whiptail Skinks" "Tree Skinks" "Forest Skinks" と呼ばれる。小型で鱗は滑らか。地上でも樹上でも活動するが、やや樹上棲傾向が強いものが多い。森林に多く生息するが、種によっては強い塩分耐性を持ち、マングローブ林や岩礁の潮間帯近くでも見られる。生態には不明な部分が多いが、節足動物を捕食すると考えられている。繁殖形態は、わかっている範囲では卵生（マスラオシマトカゲとクックシマトカゲでははっきりしない）。

コズエトカゲ属 ｜ *Epibator*

3種

属名の *Epibator* とは「上を（上に）」を意味する【epi】と「歩く（現われる）」を意味し、樹上棲である本属の生態を表わしていると思われる。英名では "New Caledonian Tree Skinks" と呼ばれる。やや小型で鱗はやや滑らか。ニューカレドニアに分布する。樹上棲で森林に生息する。発見例が少なく生態には不明な部分が多いが、節足動物を捕食すると考えられている。なお、本属はドブネズミ *Rattus norvegicus* やイエネコ *Felis silvestris catus* などの外来生物の影響により個体数が減少している。繁殖形態は、わかっている範囲では卵生（ウォルポールコズエトカゲとアオハラコズエトカゲでははっきりしない）。

エルフスキンク属 ｜ *Eroticoscincus*

1種

属名の *Eroticoscincus* とは「艶めかしい」や「色っぽい」を意味する【eroticus】と「スキンク」を意味する【scincus】が組み合わさったもの。英名では "Elf Skink" と呼ばれる。なお、英名の Elf（エルフ）とは北ヨーロッパの民間伝承に伝わる自然と豊かさを司る小神族を意味し、分類学では小型種の種名に多く用いられる傾向がある。小型で鱗は滑らか。オーストラリアのクィーンズランド州に位置するサンシャインコースト地域に分布する。生態には不明な部分が多いが、地上棲で節足動物を捕食すると考えられている。繁殖形態は卵生。

カラタケトカゲ属 ｜ *Eugongylus*

5種

英名では "Short-legged Giant Skinks" や "Recluse Skinks" "Mastiff Skinks" と呼ばれる。やや大型で鱗は滑らか。オーストラリアのケープヨーク半島北部からメラネシアの島嶼部に分布する。主に地上棲だが樹上に登ることもあり、地中の巣穴に潜んでいることもある。活発な捕食者で、節足動物やトカゲなどを捕食する。繁殖形態は、わかっている範囲では卵生（ハルマヘラカラタケトカゲ・クマドリカラタケトカゲ・

04

イグアナ下目の分類

ヒトスジカラタケトカゲでははっきりしない）。

ヒラヒメトカゲ属 ｜ *Geomyersia*
2種

　属名の *Geomyersia* とはアメリカ合衆国の動物学者 George Sprague Myers（1905-1985）に因む。英名では "Dwarf Flat Skinks" と呼ばれる。小型で鱗は滑らか。パプアニューギニアとソロモン諸島に分布する。生態には不明な部分が多いが、地上棲で森林に生息し、倒木や石・落ち葉の下に潜んでいることが多い。節足動物を捕食すると考えられている。繁殖形態は卵生。
　　アドミラルティヒラヒメトカゲ *Geomyersia coggeri*
　　ソロモンヒラヒメトカゲ *Geomyersia glabra*

ニューカレドニアツチトカゲ属 ｜ *Geoscincus*
1種

　ニューカレドニアジメントカゲ属とも。属名の *Geoscincus* とは「地面」を意味する【geo】と「スキンク」を意味する【scincus】が組み合わさったもの。英名では "New Caledonian Ground Skink" や "Meier's Skink" と呼ばれる。小型で鱗は滑らか。ニューカレドニアのグランドテール島中部に位置するダンベア州クラ付近で採集された2つの標本が知られているのみであり、生態に関してはほとんどなにもわかっていないが、地上棲で森林に生息し、節足動物を捕食すると考えられている。繁殖形態は不明。
　　ニューカレドニアツチトカゲ *Geoscincus haraldmeieri*

ミヤビモグリトカゲ属 ｜ *Graciliscincus*
1種

　属名の *Graciliscincus* とは「細い」や「優美な」「小さい」を意味する【gracilis】と「スキンク」を意味する【scincus】が組み合わさったもの。英名では "Gracile Burrowing Skink" と呼ばれる。小型で鱗は滑らか。ニューカレドニアのグランドテール島北部に分布する。生態には不明な部分が多いが、地上棲〜半地中棲で森林に生息し、節足動物を捕食すると考えられている。繁殖形態は卵生。
　　ミヤビモグリトカゲ *Graciliscincus shonae*

ウリンヒヤトカゲ属 ｜ *Harrisoniascincus*
1種

　属名の *Harrisoniascincus* とはオーストラリアの動物学者 Launcelot Harrison（1880-1928）と「スキンク」を意味する【scincus】が組み合わさったもの。英名では "Rainforest Cool-skink" や "Beech Skink" と呼ばれる。小型で鱗は滑らか。オーストラリアのクィーンズランド州南部に位置するスパーバス山（Superbus Mountain）の冷涼な湿った熱帯雨林に生息する。主に地上棲だが樹上に登ることもあり、節足動物を捕食する。繁殖形態は卵生。
　　ウリンヒヤトカゲ *Harrisoniascincus zia*

カナックトカゲ属 ｜ *Kanakysaurus*
2種

　属名の *Kanakysaurus* とはニューカレドニア島およびフランス領ニューカレドニア全域を意味する【Kanaky】と「トカゲ」を意味する

【saura】が組み合わさったもの。英名では "New Caledonian Forest Skinks" と呼ばれる。小型で鱗は滑らか。ニューカレドニアに分布する。地上棲で森林に生息し、節足動物を捕食する。繁殖形態は胎生。
　　ウスオビカナックトカゲ *Kanakysaurus viviparus*
　　フトオビカナックトカゲ *Kanakysaurus zebratus*

クニエトカゲ属 ｜ *Kuniesaurus*
1種

　属名の *Kuniesaurus* とはニューカレドニアのメラネシア系先住民族であるカナック族の言葉でイル・デ・パン（パン島）を意味する【Kunie】と「トカゲ」を意味する【saura】が組み合わさったもの。英名では "White-eared Skink" や "Isle of Pines White-eared Skink" と呼ばれる。小型で鱗は滑らか。ニューカレドニアに分布する。地上棲で森林に生息し、節足動物を捕食する。繁殖形態は卵生。
　　クニエトカゲ *Kuniesaurus albiauris*

アフリカヘビメトカゲ属 ｜ *Lacertaspis*
5種

　属名の *Lacertaspis* とは「トカゲ（カナヘビ科）」を意味する【Lacerta】と「盾」を意味する【aspis】が組み合わさったものと思われるが、はっきりしない。英名では "Central African Leaf-litter Skinks" と呼ばれる。かつてはアキメトカゲ属に含まれていたが、本属は可動性のある半透明の下瞼を有しており、1995年に別属へと分割された。小型で鱗は滑らか。中央アフリカに分布する。生態には不明な部分が多いが、地上棲で山地の森林に生息し、節足動物を捕食すると考えられている。繁殖形態は卵生。
　　クベヘビメトカゲ *Lacertaspis chriswildi*
　　キバラヘビメトカゲ *Lacertaspis gemmiventris*
　　ルベスムヘビメトカゲ *Lacertaspis lepesmei*
　　ライヒェナウヘビメトカゲ（レイチェノウヘビメトカゲ）
　　　　　　Lacertaspis reichenowii
　　ガボンヘビメトカゲ *Lacertaspis rohdei*

ヒョウモンスキンク属 ｜ *Lacertoides*
1種

　属名の *Lacertoides* とは「カナヘビ科に似た」を意味すると思われるが、はっきりしない。英名では "New Caledonian Leopard Skink" と呼ばれる。やや小型で鱗は細かく滑らか。ニューカレドニアに分布する。生態には不明な部分が多く、地上棲で草原や岩場に生息し、節足動物を捕食すると考えられているが、胃内容および糞内容の調査より植物を食べている可能性も示唆されている。繁殖形態は胎生。
　　ヒョウモンスキンク *Lacertoides pardalis*

ヨウコウトカゲ属 ｜ *Lampropholis*
14種

　属名の *Lampropholis* とは「輝く」を意味する【lampro-】と「（爬虫類の）鱗」を意味する【pholis】が組み合わさったもの。英名では "Australian Sun Skinks" と呼ばれる。小型で鱗は滑らか。オーストラリアに分布する。主に地上棲だが樹上に登ることもある。生息環境は種によってやや異なり、熱帯雨林や岩場に生息するものも見られるが、多くは草原や荒れ地・庭園などに見られる。節足動物を捕食する。繁殖形態は、わかっている範囲では卵生（ベレンデンヨウコウトカゲ・エリオットヨウコウトカゲ・ピナクルズヨウコウトカゲに関してははっきりしない）。
　　アドニスヨウコウトカゲ *Lampropholis adonis*
　　クーラメラヨウコウトカゲ *Lampropholis amicula*
　　ベレンデンヨウコウトカゲ *Lampropholis bellendenkerensis*
　　カリグラヨウコウトカゲ *Lampropholis caligula*

コッガーヨウコウトカゲ *Lampropholis coggeri*
バンヤヨウコウトカゲ *Lampropholis colossus*
クーパーヨウコウトカゲ *Lampropholis couperi*
ワタリヨウコウトカゲ *Lampropholis delicata*
エリオットヨウコウトカゲ *Lampropholis elliotensis*
ドウナガヨウコウトカゲ *Lampropholis elongata*
ニワヨウコウトカゲ *Lampropholis guichenoti*
イワヂヨウコウトカゲ *Lampropholis mirabilis*
ハイバラヨウコウトカゲ *Lampropholis robertsi*
ピナクルズヨウコウトカゲ *Lampropholis similis*

イソスベトカゲ属 | *Leiolopisma*
2種

　属名の *Leiolopisma* とは「滑らか」を意味する【leios】と「皮」を意味する【lopisma】が組み合わさったもので、本属の外皮が圧力を受けると剥がれ落ちやすいことを表していると思われる。英名では"Indo-Pacific Ground Skinks"や"Giant Skinks"と呼ばれる。中型～やや大型で鱗は滑らか。2種が現存しており（本属には4種が記載されているが2種はすでに絶滅したと考えられている）、それぞれの分布域はフィジー諸島のヤヌヤ島およびマスカリン諸島のラウンド島とかけ離れている。地上棲で森林に生息し、主に節足動物やトカゲを捕食するが、花や果実・種子などを食べることもある。繁殖形態は、わかっている範囲では卵生（ヤヌヤイソスベトカゲでははっきりしない）。なお、現存している2種も開発や外来種による脅威にさらされている。

ヤヌヤイソスベトカゲ *Leiolopisma alazon*
ラウンドイソスベトカゲ *Leiolopisma telfairii*

アフリカホソトカゲ属 | *Leptosiaphos*
18種

　属名の *Leptosiaphos* とは「細い」を意味する【lepto】とある種の刀剣を指す【siaphos】が組み合わさったものと思われるが、はっきりしない。英名では"Slender Leaf-litter Skinks"と呼ばれる。小型で鱗は滑らか。サハラ砂漠以南のアフリカ大陸中部に分布する。生態には不明な部分が多いが、地上棲～半地中棲で森林に生息し、林床の柔らかい土の中やリッター層の中に潜んでいることが多い。節足動物を捕食すると考えられている。繁殖形態は卵生。

ウガンダホソトカゲ *Leptosiaphos aloysiisabaudiae*
カラホソトカゲ *Leptosiaphos amieti*
ザイールホソトカゲ *Leptosiaphos blochmanni*
コンゴホソトカゲ *Leptosiaphos dewittei*
ナイジェリアホソトカゲ *Leptosiaphos dungeri*
カメルーンホソトカゲ *Leptosiaphos fuhni*
ルワンダホソトカゲ *Leptosiaphos graueri*
ハッカーホソトカゲ *Leptosiaphos hackarsi*
マバリホソトカゲ *Leptosiaphos hylophilus*
バメンダホソトカゲ *Leptosiaphos ianthinoxantha*
キリマンジャロホソトカゲ *Leptosiaphos kilimensis*
アダマワホソトカゲ *Leptosiaphos koutoui*
ルベロホソトカゲ *Leptosiaphos luberoensis*
ルウェンゾリホソトカゲ *Leptosiaphos meleagris*
バンブートホソトカゲ（ワキアカホソトカゲ）*Leptosiaphos pauliani*
キヴホソトカゲ（セアカホソトカゲ）*Leptosiaphos rhodurus*
ウデューングワホソトカゲ *Leptosiaphos rhomboidalis*
マバンジャホソトカゲ *Leptosiaphos vigintiserierum*

イワヤマスキンク属 | *Liburnascincus*
4種

　属名の *Liburnascincus* とはある種の船を意味する【liburna】と「スキンク」を意味する【scincus】が組み合わさったものと思われるが、はっきりしない。英名では"Four-fingered Rock Skinks"や"Rainbow Skinks"と呼ばれる。小型で鱗は滑らか。オーストラリアに分布する。地上棲だが立体活動が得意で、荒れ地の岩場や露頭などに生息し、節足動物を捕食する。繁殖形態は、わかっている範囲では卵生（バンブーイワヤマスキンクでははっきりしない）。

バンブーイワヤマスキンク *Liburnascincus artemis*
コーエンイワヤマスキンク *Liburnascincus coensis*
ムルディバイワヤマスキンク *Liburnascincus mundivensis*
ブラックマウンテンイワヤマスキンク *Liburnascincus scirtetis*

ニューカレドニアスベトカゲ属 | *Lioscincus*
2種

　属名の *Lioscincus* の意味ははっきりしておらず、1873年に本属を設立した José Vicente Barbosa du Bocage (1823-1907) も明確な理由を述べていない（おそらくは「滑らか」を意味する【leios】と「スキンク」を意味する【scincus】が組み合わさったものと思われる）。英名では"New Caledonian Smooth Skinks"と呼ばれる。小型で鱗は滑らか。ニューカレドニアに分布する。生態には不明な部分が多いが、主に地上棲で山地の森林に生息し、節足動物を捕食すると考えられている。繁殖形態は卵生。

シロクチスベトカゲ *Lioscincus steindachneri*
ワキスジスベトカゲ *Lioscincus vivae*

ナンタイトカゲ属 | *Lygisaurus*
14種

　属名の *Lygisaurus* とは「柔軟」や「平たい」を意味する【lygus】と「トカゲ」を意味する【saura】が組み合わさったものと思われるが、はっきりしない。英名では"Sahul Leaf-litter Skinks"や"Rainbow Skinks""Four-fingered Skinks"と呼ばれる。小型で鱗は滑らか。インドネシア・パプアニューギニア・オーストラリアに分布する。生態には不明な部分が多いが、主に地上棲で森林に生息し（クラウディナンタイトカゲは林内の岩場や露頭に多く見られる）、節足動物を捕食すると考えられている。繁殖形態は、わかっている範囲では卵生（カクレナンタイトカゲでははっきりしない）。

カクレナンタイトカゲ（プラリンガナンタイトカゲ）
Lygisaurus absconditus
ヒシウロコナンタイトカゲ *Lygisaurus aeratus*
ビクトリアナンタイトカゲ *Lygisaurus curtus*
キノモトナンタイトカゲ *Lygisaurus foliorum*
リンエンナンタイトカゲ *Lygisaurus laevis*
ウスイロナンタイトカゲ *Lygisaurus macfarlani*
ヒノヤナンタイトカゲ *Lygisaurus malleolus*
パプアナンタイトカゲ *Lygisaurus novaeguineae*
アカオナンタイトカゲ *Lygisaurus parrhasius*
クラウディナンタイトカゲ *Lygisaurus rimula*
チラゴーナンタイトカゲ *Lygisaurus rococo*
ブロントナンタイトカゲ *Lygisaurus sesbrauna*
エンデバーナンタイトカゲ *Lygisaurus tanneri*
ヒナタナンタイトカゲ *Lygisaurus zuma*

ノドブチトカゲ属 | *Marmorosphax*
5種

　属名の *Marmorosphax* とは「大理石模様」を意味する【marmoros】

と「喉」を意味する【sphax】が組み合わさったもので、本属の喉部に入る模様や色を表しているとされる。英名では "Marble-throated Skinks" と呼ばれる。小型で鱗は滑らか。ニューカレドニアに分布する。地上棲で山地の森林に生息し（タオムノドブチトカゲは林内の岩場や露頭に多く見られる）、節足動物を捕食する。繁殖形態は胎生。

ブーリンダノドブチトカゲ *Marmorosphax boulinda*
カアラノドブチトカゲ *Marmorosphax kaala*
オウインノドブチトカゲ *Marmorosphax montana*
タオムノドブチトカゲ *Marmorosphax taom*

メネティアトカゲ属 ｜ *Menetia*
6種

英名では "Australian Dwarf Skinks" と呼ばれる。小型で鱗は滑らか。頭部はやや扁平で、眼は大きく下瞼には可動性がなく、1枚の透明な鱗となって覆っている。オーストラリアに広く分布し、同国では最も一般的な爬虫類の1つとされる。地上棲〜半地中棲で、開けた森林や草原・荒れ地に生息し、林床の柔らかい土の中やリッター層の中・石の下など地中に掘られた巣穴に潜んでいることが多い。節足動物を捕食する。繁殖形態は卵生。なお、シャークベイメネティアトカゲとグレイメネティアトカゲでは単為生殖が確認されている。

アラナメネティアトカゲ *Menetia alanae*
シャークベイメネティアトカゲ *Menetia amaura*
ジャビルカメネティアトカゲ *Menetia concinna*
グレイメネティアトカゲ *Menetia greyii*
メインメネティアトカゲ *Menetia maini*
ブジャンメネティアトカゲ *Menetia surda*

ワキスジヘビメトカゲ属 ｜ *Morethia*
8種

英名では "Australian Striped Snake-eyed Skinks" や "Flecked Skinks" "Morethia skinks" と呼ばれる。小型で鱗は滑らか。下瞼には可動性がなく、眼は1枚の透明な鱗で覆われている。オーストラリアに広く分布し、同国では最も一般的な爬虫類の1つとされる。地上棲で森林から草原・荒れ地などに生息し、節足動物を捕食する。繁殖形態は卵生。

アデレードヘビメトカゲ *Morethia adelaidensis*
ブーレンジャーヘビメトカゲ（ナントウヘビメトカゲ）*Morethia boulengeri*
ウッドランドヘビメトカゲ *Morethia butleri*
セイガンヘビメトカゲ *Morethia lineoocellata*
テイボクヘビメトカゲ *Morethia obscura*
アカオヘビメトカゲ *Morethia ruficauda*
トップエンドヘビメトカゲ *Morethia storri*
ワキオビヘビメトカゲ *Morethia taeniopleura*

ミジントカゲ属 ｜ *Nannoscincus*
12種

属名の *Nannoscincus* とは「小人」を意味する【nano-】と「スキンク」を意味する【scincus】が組み合わさったものと思われ、本属が小型種であることを表していると思われる。英名では "New Caledonian Elf Skinks" や "New Caledonian Dwarf Skinks" と呼ばれる。どの種も全長10cm前後と小型で鱗は滑らか。ニューカレドニアに分布する。地上棲〜半地中棲で森林に生息し、林床の柔らかい土の中やリッター層の中に潜んでいることが多い。節足動物を捕食する。繁殖形態は卵生。

ウイングィブミジントカゲ *Nannoscincus exos*
ウスグロミジントカゲ *Nannoscincus fuscus*

ナキミジントカゲ *Nannoscincus garrulus*
ホソミジントカゲ *Nannoscincus gracilis*
グリアーミジントカゲ *Nannoscincus greeri*
ピンダイミジントカゲ *Nannoscincus hanchisteus*
ブラットミジントカゲ *Nannoscincus humectus*
コニアンボミジントカゲ *Nannoscincus koniambo*
コペトミジントカゲ *Nannoscincus manautei*
ランキンミジントカゲ *Nannoscincus rankini*
カナラミジントカゲ *Nannoscincus slevini*

ウンカイトカゲ属 ｜ *Nubeoscincus*
2種

属名の *Nubeoscincus* とは「雲」を意味する【Nubeo】と「スキンク」を意味する【scincus】が組み合わさったもので、本属が高所に分布していることを表していると思われるが、はっきりしない。英名では "Papuan Glacier Skinks" と呼ばれ、Glacier（氷河）とは本属の模式種であるファラクウンカイトカゲがスディルマン山脈（Sudirman Range）にある氷河の近くで発見されたことに因む。小型で鱗は滑らか。インドネシアとパプアニューギニアに分布する。生態に関してはほとんど何もわかっていないが、地上棲で標高3,200〜4,000mの森林に生息し、節足動物を捕食すると考えられている。繁殖形態は、わかっている範囲では胎生（ファラクウンカイトカゲでははっきりしない）。

ファラクウンカイトカゲ *Nubeoscincus glacialis*
ドクフマウンカイトカゲ *Nubeoscincus stellaris*

フトスベトカゲ属 ｜ *Oligosoma*
56種

オリゴソーマトカゲ属とも。属名の *Oligosoma* とは「少ない」を意味する【oligo】と「体」を意味する【soma】が組み合わさったものと思われるが、はっきりしない。英名では "New Zealand Lesser Skinks" と呼ばれる。小型〜やや中型で鱗は滑らか（ヒシモンフトスベトカゲはニュージーランド最大のトカゲ亜目で全長34cmに達する）。大部分がニュージーランドに産するが、オーストラリアの島嶼部にも1種のみ見られる。多くは地上棲だが立体活動も得意で、一部に樹上棲傾向が強いものも見られる（チェスターフィールドフトスベトカゲは尾部を枝などに巻きつけて移動することができる）。生息環境は種や分布している島によってやや異なり、森林から草原・荒れ地・岩場・海岸周辺までさまざま。節足動物やトカゲを捕食する。繁殖形態には卵生と胎生を含むが、一部では不明（ロードハウフトスベトカゲとモグリフトスベトカゲは卵生。タラメアフトスベトカゲ・シロハラフトスベトカゲ・カフランギフトスベトカゲ・ノボリフトスベトカゲ・アオランギフトスベトカゲでははっきりしない。その他の種は胎生）。なお、どの種も開発や外来生物などの影響により個体数が減少しており、一部の種は絶滅の危機に晒されている。

フィヨルドランドフトスベトカゲ *Oligosoma acrinasum*
ドウガネフトスベトカゲ *Oligosoma aeneum*
アランフトスベトカゲ *Oligosoma alani*
アルボーンフトスベトカゲ *Oligosoma albornense*
タラメアフトスベトカゲ *Oligosoma aureocola*
アリアケフトスベトカゲ *Oligosoma auroraense*
アワコパカフトスベトカゲ *Oligosoma awakopaka*
バーガンフトスベトカゲ *Oligosoma burganae*
ミドリフトスベトカゲ *Oligosoma chloronoton*
マールバラフトスベトカゲ *Oligosoma elium*
イワトビフトスベトカゲ *Oligosoma eludens*
スリーキングスフトスベトカゲ *Oligosoma fallai*
オタゴフトスベトカゲ *Oligosoma grande*

アキメトカゲ属 │ *Panaspis*

23種

英名では "African Snake-eyed Skinks" や "African Lidless Skinks" と呼ばれる。小型で鱗は滑らか。下瞼は可動性がなく、眼は1枚の透明な鱗で覆われているものと、半透明で可動性のあるものの両方が含まれる。サハラ砂漠以南のアフリカ大陸に分布するが、種によっては局所的。地上棲だが生息環境は種によって異なり、標高1,500mを超える山地の多湿な森林から乾燥したサバンナまでさまざま。生態には不明な部分もあるが、節足動物を捕食すると考えられている。繁殖形態は、わかっている範囲では卵生 (モサメデシュアキメトカゲ・ナミビアアキメトカゲ・サイドルアキメトカゲ・エチオピアアキメトカゲ・サントメアキメトカゲ・ツァボアキメトカゲ・スーダンアキメトカゲでははっきりしない)。

ニューカレドニアチャイロトカゲ属 │ *Phaeoscincus*

2種

属名の *Phaeoscincus* とは「茶色」を意味する【phaios】と「スキンク」を意味する【scincus】が組み合わさったもので、本属には目立った特徴がないということを表しているとされる。英名では "New Caledonian Brown Skinks" と呼ばれる。小型で鱗は滑らか。ニューカレドニアに分布する。生態などはほとんど何もわかっていないが、地上棲で森林に生息し、節足動物を捕食すると考えられている。繁殖形態は不明。

カンボクトカゲ属 │ *Phasmasaurus*

2種

属名の *Phasmasaurus* とは昆虫綱ナナフシ目ナナフシ科に含まれる *Phasma* 属の属名と「トカゲ」を意味する【saura】が組み合わさったもので、本属の形態や生態などを *Phasma* 属に見立てたものとされる。英名では "Maquis Skinks" と呼ばれる。小型で鱗は滑らか。ニューカレドニアに分布する。低木林や草原に生息し、生態には不明な部分が多いが、樹上でも地上でも活動するようだ (尾部でバランスを取りながら、葉や細い枝の上などを移動する姿が観察されている)。節足動物を捕食すると考えられている。繁殖形態は、わかっている範囲では胎生 (マルイアカンボクトカゲでははっきりしない)。

ニューカレドニアオオスベトカゲ属 │ *Phoboscincus*

2種

属名の *Phoboscincus* とは「恐怖」を意味する【phobos】と「スキンク」を意味する【scincus】が組み合わさったもので、本属は中型で鋭い歯を持つことを表している。英名では "New Caledonian Giant Skinks" や "Terror Skinks" "Terrific Skinks" と呼ばれる。やや大型で全長50cmに達し、鱗は滑らか。ニューカレドニアに分布する。生

04

イグアナ下目の分類

態には不明な部分が多いが、主に地上棲で森林や草原・岩場で多く見られるが、樹上に登っていたという観察例もある。食性に関しても不明な部分が多かったが、ボクールオオスベトカゲはイワガニ科のカクレイワガニを主に捕食するだけでなく、同地域に生息するツギオミカドヤモリも襲うことが判明している。繁殖形態は不明。なお、本属は同地域における頂点捕食者の１つであると考えられているが、火事や台風などによる環境の変化や外来種の影響により絶滅に瀕していると考えられている（ボクールオオスベトカゲは1876年に記載されたがその後記録がなく、絶滅したと考えられていたが1993年に再発見されたという経緯がある）。

　　ボクールオオスベトカゲ *Phoboscincus bocourti*
　　ガルニエオオスベトカゲ *Phoboscincus garnieri*

ムカシヘビメトカゲ属 ｜ *Proablepharus*
2種

　属名の *Proablepharus* とは「前に」や「昔の」を意味する【pro】と「瞼のない」を意味する【ablepharus】が組み合わさったもの。英名では "Slender Soil-crevice Skinks" や "Slender Snake-eyed Skinks" と呼ばれる。小型で鱗は滑らか。下瞼には可動性がなく、眼は1枚の透明な鱗で覆われている。オーストラリアに分布する。地上棲で草原や荒れ地に生息し、節足動物を捕食する。繁殖形態は卵生。

　　セイブムカシヘビメトカゲ *Proablepharus reginae*
　　キタムカシヘビメトカゲ *Proablepharus tenuis*

コモチヒメトカゲ属 ｜ *Pseudemoia*
6種

　ニセシマトカゲ属とも。属名の *Pseudemoia* とは「偽物」を意味する【pseudo】とシマトカゲ属の属名が組み合わさったもの。英名では "Australian Grass Skinks" や "Cool-Skinks" と呼ばれる。小型で鱗は滑らか。オーストラリアに分布する。地上棲で草原に多く生息するが、一部の種は山地の森林や湿地周辺に見られ、節足動物を捕食する。繁殖形態は胎生。

　　ワンガンコモチヒメトカゲ *Pseudemoia baudini*
　　コウゲンコモチヒメトカゲ *Pseudemoia cryodroma*
　　アントルカストーコモチヒメトカゲ *Pseudemoia entrecasteauxii*
　　バゲンシュテッハーコモチヒメトカゲ *Pseudemoia pagenstecheri*
　　ヌマココモチヒメトカゲ *Pseudemoia rawlinsoni*
　　ノボリコモチヒメトカゲ *Pseudemoia spenceri*

ヒメヘビメトカゲ属 ｜ *Pygmaeascincus*
3種

　属名の *Pygmaeascincus* とは「小人」を意味する【pygmaeus】と「スキンク」を意味する【scincus】が組み合わさったもので、本属が小型であることを表している（全長5〜6cm）。英名では "Australian Pygmy Skinks" と呼ばれる。小型で鱗は滑らか。下瞼は可動性がなく、眼は1枚の透明な鱗で覆われている。オーストラリアに分布する。生態には不明な部分が多いが、地上棲で森林に生息し、主に倒木や落ち葉の下に潜んでいることが多い。節足動物を捕食すると考えられている。繁殖形態は卵生。

　　バルマヒメヘビメトカゲ *Pygmaeascincus koshlandae*
　　マグネチックヒメヘビメトカゲ *Pygmaeascincus sadlieri*
　　バーモントヒメヘビメトカゲ *Pygmaeascincus timlowi*

コカゲトカゲ属 ｜ *Saproscincus*
12種

　属名の *Saproscincus* とは「腐敗した」を意味する【sapro-】と「スキンク」を意味する【scincus】が組み合わさったもので、本属が腐葉

土の多い場所に生息していることを現わしているとされる。英名では "Shade Skinks" と呼ばれる。小型で鱗は滑らか。オーストラリアに分布する。主に地上棲だが樹上に登ることもあり、森林に生息する。節足動物を捕食する。繁殖形態は卵生。

　　ハイクチコカゲトカゲ *Saproscincus basiliscus*
　　チャレンジャーコカゲトカゲ *Saproscincus challengeri*
　　クサビコカゲトカゲ *Saproscincus czechurai*
　　ユンゲラコカゲトカゲ *Saproscincus eungellensis*
　　クチジマコカゲトカゲ *Saproscincus hannahae*
　　クックタウンコカゲトカゲ *Saproscincus lewisi*
　　イタチコカゲトカゲ *Saproscincus mustelinus*
　　カイガンコカゲトカゲ *Saproscincus oriarus*
　　ローズコカゲトカゲ *Saproscincus rosei*
　　ハネコカゲトカゲ *Saproscincus saltus*
　　ジンビーコカゲトカゲ *Saproscincus spectabilis*
　　ヨツユビコカゲトカゲ *Saproscincus tetradactylus*

ヌメツヤトカゲ属 ｜ *Sigaloseps*
6種

　属名の *Sigaloseps* とは「輝く」を意味する【sigalo】と「四肢を失ったトカゲ」を意味する【seps】が組み合わさったものと思われるが、はっきりしない。英名では "New Caledonian Shiny Skinks" と呼ばれる。小型で鱗は滑らか。ニューカレドニアに分布する。地上棲で山地の森林に生息し、林床の柔らかい土の中やリッター層などに潜っていることが多い。節足動物を捕食する。繁殖形態は、わかっている範囲では卵生（ブルーヌメツヤトカゲ・ビクニンガヌメツヤトカゲ・サビイロヌメツヤトカゲでははっきりしない）。

　　フンボルトヌメツヤトカゲ *Sigaloseps balios*
　　ブルーヌメツヤトカゲ *Sigaloseps conditus*
　　デプランシュヌメツヤトカゲ *Sigaloseps deplanchei* ·············· 150
　　サビイロヌメツヤトカゲ *Sigaloseps ferrugicauda*
　　ビクニンガヌメツヤトカゲ *Sigaloseps pisinnus*
　　モウヌメツヤトカゲ *Sigaloseps ruficauda*

バグトカゲ属 ｜ *Simiscincus*
1種

　属名の *Simiscincus* とは「鼻の短い犬」を意味する【simus】と「スキンク」を意味する【scincus】が組み合わさったものと思われるが、はっきりしない。英名では "Orange-bellied Burrowing Skink" と呼ばれる。小型で鱗は滑らか。ニューカレドニア南部に位置するコギス山の標高約500m付近の森林に生息し、地上棲〜半地中棲で林床の柔らかい土の中やリッター層などに潜っていることが多い。節足動物を捕食する。繁殖形態は卵生。

　　バグトカゲ *Simiscincus aurantiacus*

バートルフレアトカゲ属 ｜ *Techmarscincus*
1種

　属名の *Techmarscincus* とは「技術」や「技巧」を意味する【techna】と「スキンク」を意味する【scincus】が組み合わさったもので、本種の模様や形態を表しているとされる。英名では "Mount Bartle Frere Cool-Skink" と呼ばれる。小型で鱗は滑らか。オーストラリアのクィーンズランド州に位置するバートル・フレア山の標高1,400〜1,600m付近に生息し、林内のやや開けた岩場や露頭周辺で多く見られる。主に地上棲だが樹上に登ることもあり、節足動物を捕食する。繁殖形態は卵生。

　　バートルフレアトカゲ *Techmarscincus jigurru*

ムチオスキンク属 | *Tropidoscincus*

3種

属名の *Tropidoscincus* とは「竜骨（キール）」を意味する【tropis】と「スキンク」を意味する【scincus】が組み合わさったものと思われるが、はっきりしない。英名では "Whip-tailed Skinks" と呼ばれる。小型で鱗は滑らか。ニューカレドニアに分布する。地上棲で森林や草原に生息し、節足動物を捕食する。繁殖形態は卵生。

ミモダエトカゲ亜科 | Lygosominae

6属56種

ソマリメクラスベトカゲ属 | *Haackgreerius*

1種

属名の *Haackgreerius* とは南アフリカの動物学者 Wulf Dietrich Haacke (1936-2021) と、オーストラリアの動物学者 Allen Eddy Greer に因む。英名では "Somali Blind Sand Slider" や "Haacke-Greer's Two-legged Skink" と呼ばれる。小型で鱗は滑らか。砂地の地中で暮らすやや特殊なトカゲで、吻端が掘削しやすいよう扁平でわずかに反っており、眼は痕跡的で皮下に埋もれている。また、前肢は退化しており、後肢は有しているものの、指趾は2本しかない。ソマリアのムドゥグ州よりわずかな記録があるのみで、生態などはほとんど何もわかっていないが、半地中棲〜地中棲で乾燥した低木林や草原に生息し（表層付近で活動し、地中深くに潜っているわけではないようだ）、節足動物を捕食すると考えられている。繁殖形態は不明。

ツヤトカゲ属 | *Lamprolepis*

3種

属名の *Lamprolepis* とは「輝く」を意味する【lampro-】と「（魚類の）鱗」を意味する【lepis】が組み合わさったものと思われる。英名では "Malay Archipelago Tree Skinks" と呼ばれる。小型で鱗は滑らか。樹上棲でインドネシア・マレーシア、およびメラネシア・ミクロネシアの島嶼部に分布する。節足動物を捕食するが、ミドリツヤトカゲでは果実を食べていた例や、人家周辺でドッグフードを食べていた例もある。繁殖形態は、わかっている範囲では卵生（ジャワツヤトカゲでははっきりしない）。

ミモダエトカゲ属 | *Lygosoma*

16種

属名の *Lygosoma* とは「身を捩る」や「身悶える」を意味する【lygos】と「体」を意味する【soma】が組み合わさったもので、捕獲時に体を捩じらせるようにして逃げようとすることを表していると思われるが、はっきりしない。英名では "Southeast Asian Writhing Skinks" や "Supple Skinks" "Garden Skinks" と呼ばれる。小型で鱗は滑らか。東南アジアに多く産するが、スリランカにも1種のみ分布している。地上棲〜半地中棲で森林に生息し、林床の柔らかい土の中やリッター層・朽ちた倒木の中に潜んでいることが多い。人目につきにくいため生態には不明な部分が多いが、ミミズや節足動物を捕食すると考えられている。繁殖形態は、わかっている範囲では卵生（キガシラミモダエトカゲ・クアンビンミモダエトカゲ・クロオビミモダエトカゲ・マダラミモダエトカゲ・キナバタンガンミモダエトカゲ・インドラギリミモダエトカゲ・メカクシミモダエトカゲ・スマトラミモダエトカゲでははっきりしない）。

アフリカミモダエトカゲ属 | *Mochlus*

19種

属名の *Mochlus* とは「梃子」や「操縦桿」を意味する【mochl】に由来すると思われるが、はっきりしない。英名では "African Supple Skinks" や "African Writhing Skinks" と呼ばれる。なお、*M. fernandi*・*M. hinkeli*・*M. striatus* の3種は特徴的な体色と模様から "Red-flanked Skink" と呼ばれており、その中でも代表的な *M. fernandi* は古くからベニトカゲの和名があるため、それを固持し、残りの2種もそれに倣った。小型〜やや中型で鱗は滑らか。サハラ砂漠以南のアフリカ大陸に広く分布する。地上棲〜半地中棲で種によって生息環境が異なり、多くは森林に見られるが、一部の種は草原や乾燥したサバンナに生息する。主にミミズや節足動物を捕食するが、中型種ではトカゲを食べることもある。繁殖形態には卵生と胎生を含むが、はっきりしないものも少なくない（オミジカミモダエトカゲ・ベニトカゲ・ギニアミモダエトカゲ・ヒンケルベニトカゲ・ミミハリミモダエトカゲ・ベンバミモダエトカゲ・シモフリベニトカゲ・サンドヴァールミモダエトカゲは卵生。バラワミモダエトカゲ・タナミモダエトカゲ・ヴィンチゲラミモダエトカゲは胎生。それ以外ははっきりしない）。

ナガスベトカゲ属 | *Riopa*

9種

英名では "Asian Gracile Skinks" や "Asian Supple Skinks" と呼ばれる。小型で鱗は滑らか。東南アジアと南アジアに分布する。地上棲～半地中棲で森林に生息し、林床の柔らかい土の中やリッター層・朽ちた倒木の中に潜んでいることが多い。生態には不明な部分が多いが、節足動物を捕食すると考えられている。繁殖形態が判明しているのはテンセンナガスベトカゲだけであり（卵生）、その他の種類でははっきりしない。

シロテンナガスベトカゲ *Riopa albopunctata*
ペグーナガスベトカゲ *Riopa anguina*
ゴアナガスベトカゲ *Riopa goaensis*（※新属ドラヴィダミモダエトカゲ属 *Dravidoseps* とされることもある）
ギュンターナガスベトカゲ *Riopa guentheri*
インドスジナガスベトカゲ *Riopa lineata*
モッタマスジナガスベトカゲ *Riopa lineolata*
ポパナガスベトカゲ *Riopa popae*
テンセンナガスベトカゲ *Riopa punctata* 160
ベンガルナガスベトカゲ *Riopa vosmaerii*

ハヤミモダエトカゲ属 | *Subdoluseps*

8種

属名の *Subdoluseps* とは「すべすべした」を意味する【subdolus】と「四肢を失ったトカゲ」を意味する【seps】が組み合わさったもの。英名では "Asian Agile Skinks" と呼ばれる。小型で鱗は滑らか。東南アジアと南アジアに分布するが、ボウリングミモダエトカゲ以外の分布域は局所的であり、さらに一部の種は形態も異なるため、今後の調査・研究によっては分類が変更されることもありそうだ。地上棲～半地中棲で森林に生息し、林床の柔らかい土の中やリッター層、朽ちた倒木の中に潜んでいることが多い。繁殖形態が判明しているのはボウリングミモダエトカゲだけであり（卵生）、その他の種類でははっきりしない。

ボウリングミモダエトカゲ *Subdoluseps bowringii* 161
チビミモダエトカゲ *Subdoluseps frontoparietalis*
ハーバートミモダエトカゲ *Subdoluseps herberti*
マラヤミモダエトカゲ *Subdoluseps malayana*
ニルギリミモダエトカゲ *Subdoluseps nilgiriensis*（※新属ドラヴィダミモダエトカゲ属 *Dravidoseps* とされることもある）
シッタリミモダエトカゲ *Subdoluseps pruthi*（※新属ドラヴィダミモダエトカゲ属 *Dravidoseps* とされることもある）
クチンミモダエトカゲ *Subdoluseps samajaya*
ベトナムミモダエトカゲ *Subdoluseps vietnamensis*

マブヤ亜科 | **Mabuyinae**

25属234種

カリブムジマブヤ属 | *Alinea*

1種

属名の *Alinea* とは「筋模様がない」を意味すると思われるが、はっきりしない。英名では "Caribbean Stripeless Skinks" と呼ばれる。小型で鱗は滑らか。小アンティル諸島に属するバルバドスに分布するとされるが、近年では確実な観察例はなく、すでに絶滅している可能性もある（本属に含まれるセントルシアムジマブヤは IUCN により 2021年に絶滅が宣言されている）。いつ頃から個体数が減少したのかははっきりしていないが、1800年代に移入されたフイリマングースが関係していると考えられている（決してフイリマングースに責任があるわけではないが、本種が移入された地域では生態系に大きな影響を及ぼしており、西インド諸島では哺乳類と爬虫類、フィジーとハワイ諸島では鳥類の絶滅・減少要因となっている）。生

態などは不明な部分が多いが、地上棲でやや開けた森林や草原に生息し、節足動物を捕食していたと考えられている。繁殖形態は胎生。

バルバドスムジマブヤ *Alinea lanceolata*

ナンペイクチジロマブヤ属 | *Aspronema*

2種

属名の *Aspronema* とは「白色」を意味する【aspro】と「糸」を意味する【nema】が組み合わさったもので、本属の側面に入る白色のストライプ模様を表わしていると思われるが、本亜科には類似した模様を持つものが少なくない。小型で鱗は滑らか。ボリビア・アルゼンチン・ウルグアイ・パラグアイ・ブラジルに分布するが、やや局所的。地上棲で山地の森林に生息し、ボリビアクチジロマブヤは標高2,700～3,900mの高地に見られる。生態には不明な部分が多いが、節足動物を捕食すると考えられている。繁殖形態は胎生。

ボリビアクチジロマブヤ *Aspronema cochabambae*
パラグアイクチジロマブヤ *Aspronema dorsivittatum*

ブラジルコガシラマブヤ属 | *Brasiliscincus*

3種

属名の *Brasiliscincus* とは国名であるブラジルと「スキンク」を意味する【scincus】が組み合わさったもので、本属がブラジルの固有種であることを表わしている。英名では "Brazilian Small-headed Skinks" と呼ばれる。小型で鱗は滑らか。地上棲で森林や草原に多く見られるが、一部は乾燥した低木林や荒れ地のような環境にも生息し、節足動物を捕食する。繁殖形態は胎生。

リオデジャネイロコガシラマブヤ *Brasiliscincus agilis*
サンパウロコガシラマブヤ *Brasiliscincus caissara*
カーティンガコガシラマブヤ *Brasiliscincus heathi*

アンティルコガシラマブヤ属 | *Capitellum*

3種

属名の *Capitellum* とは「小さな頭」を意味し、本属の頭部がやや小さい（頭胴長の約15～16%）ことを表わしている。英名では "Antillean Small-headed Skinks" と呼ばれる。小型で鱗は滑らか。カリブ海の小アンティル諸島に分布するが、マリーガラントコガシラマブヤは1830年代に採集されたと思われるわずかな標本のみが確認されており、マルティニクコガシラマブヤとセントクロイコガシラマブヤも模式標本のみしか知られていないため、すでに絶滅しているのではないか、という説もある（IUCN は本属を CR＝深刻な危機にカテゴライズしている）。生態などはほとんど何もわかっていないが、地上棲で森林に生息し、節足動物を捕食すると考えられている。繁殖形態は、わかっている範囲では胎生（マルティニクコガシラマブヤとセントクロイコガシラマブヤでははっきりしない）。

マリーガラントコガシラマブヤ *Capitellum mariagalantae*
マルティニクコガシラマブヤ *Capitellum metallicum*
セントクロイコガシラマブヤ *Capitellum parvicruzae*

カーボベルデスベトカゲ属 | *Chioninia*

6種

英名では "Cape Verde Skinks" と呼ばれる。小型～中型で鱗はきめ細かく滑らか。北西アフリカの西沖合に位置するカーボベルデに分布する。生態などは不明な部分が多いが、地上棲でやや開けた森林や草原・岩場などに生息し、節足動物を捕食すると考えられているが、中型種ではトカゲや花・果実なども食べるという説もある。繁殖形態には卵生と胎生が見られる（サンニコラウスベトカゲのみ卵生で、その他は胎生）。なお、本属に含まれ、1940年頃に絶滅したとされ

るオオスベトカゲ C. coctei (カーボベルデオオスベトカゲ) は全長60cmに達する大型種で、その特異性や歴史的背景から伝説的なトカゲとして愛好家や研究者の間で語り継がれている。

ドラランドスベトカゲ Chioninia delalandii
サントアンタンスベトカゲ Chioninia fogoensis
サンニコラウスベトカゲ Chioninia nicolauensis
サルスベトカゲ Chioninia spinalis
スタンガースベトカゲ Chioninia stangeri
ヴァイラントスベトカゲ Chioninia vaillantii

シンネッタイマダラマブヤ属 ｜ Copeoglossum

4種

属名のCopeoglossumとは「彫刻刀」を意味する【kopeus】と「舌」を意味する【glossa】が組み合わさったもので、本属の舌の形状を表しているとされる。英名では "Neotropical Spotted Skinks" と呼ばれる。やや小型で鱗は滑らか。南米北部〜中部および周辺の島嶼部 (小アンティル諸島の一部やトリニダード・トバゴなど) に分布する。地上でも樹上でも活動するようで、森林に多く見られるが一部の種では低木林や草原にも生息し、節足動物を捕食する。繁殖形態は、わかっている範囲では胎生 (マルガリータマダラマブヤでははっきりしない)。

アラハラマダラマブヤ Copeoglossum arajara
キングストンマダラマブヤ Copeoglossum aurae
マルガリータマダラマブヤ Copeoglossum margaritae
クロテンマダラマブヤ Copeoglossum nigropunctatum

ダシアトカゲ属 ｜ Dasia

10種

属名のDasiaとは「荒い呼吸」を意味すると思われるが、はっきりしない。英名では "Indo-Malayan Tree Skinks" や "Tree Skinks" と呼ばれる。小型で鱗は滑らかなものが多いが、一部は鱗に明瞭なキールを持つ。東南アジアに多く産するが、インド南部やスリランカにも少数が分布する。樹上棲で森林に生息し、節足動物を捕食する。繁殖形態は卵生。

グリフィンダシアトカゲ Dasia griffini
ウスオビダシアトカゲ Dasia grisea ……………… 162
セイロンダシアトカゲ Dasia haliana
ミナミインドダシアトカゲ Dasia johnsinghi
ニコバルダシアトカゲ Dasia nicobarensis
オリーブダシアトカゲ Dasia olivacea ……………… 162
バンドダシアトカゲ Dasia semicincta
クロスジダシアトカゲ Dasia subcaerulea
ボルネオダシアトカゲ Dasia vittata ……………… 162
スンダダシアトカゲ Dasia vyneri

ヘビガタスキンク属 ｜ Eumecia

2種

学名のEumeciaとは「とても長い」を意味する【eumêkes】に由来し、本種の形態を表わしていると思われる。英名では "East African Short-legged Skinks" や "Serpentiform Skinks" と呼ばれる。大型で全長50cmに達し、鱗は滑らか。体形は細長いヘビ型で四肢は退化して消失しているか、ごく小さなものを残しているにすぎない。アンゴラ・コンゴ民主共和国・ケニア・マラウイ・タンザニア・ザンビアに分布するが、やや局所的。アンチエタヘビガタスキンクは標高1,400〜2,500m付近の冷涼な低木林や草原に生息するが、マラウイヘビガタスキンクはマラウイ北部〜ザンビア北東部に位置するニイカ高原 (Nyika Plateau。標高2,100〜2,200m) にて1890年代に採集されたわずかな標本しか記録がない。生態には不明な部分が多

いが、節足動物を捕食すると考えられている。繁殖形態は胎生。

アンチエタヘビガタスキンク Eumecia anchietae
マラウイヘビガタスキンク Eumecia johnstoni

アジアマブヤ属 ｜ Eutropis

48種

属名のEutropisとは「良い」を意味する【eu-】と「竜骨 (キール)」を意味する【tropis】が組み合わさったもので、本属の鱗にキールがあることを表わしているとされる (各鱗に細かな皺状のキールを持つものが多い)。英名では "South Asian Sun Skinks" と呼ばれる。小型〜やや中型で鱗は滑らか。東南アジア〜南アジアに広く分布し、森林から草原・荒れ地などに多く見られるが、種によっては高地に限定されているものや、都市部周辺や庭園などに棲み着いているものもおり、一部地域では最も普通に見られる爬虫類の1つとなっている。ミミズや節足動物を捕食するが、トカゲを食べた例もある。繁殖形態には卵生と胎生を含むが、一部は不明 (タテスジマブヤとラフマブヤは胎生。アラバリマブヤ・アシュワメドマブヤ・ベドームマブヤ・ビブロンマブヤ・ボントックマブヤ・キタフィリピンマブヤ・トラバンコアマブヤ・キールマブヤ・ケララマブヤ・カミングマブヤ・トンコマリーマブヤ・ミンドロマブヤ・スリランカマブヤ・ルイスマブヤ・オナガマブヤ・スラウェシオオマブヤ・シジミマブヤ・セイロンマブヤ・シワウロコマブヤ・バモーマブヤ・クロスジアラハダマブヤ・ウヴァマブヤ・ミスジマブヤは卵生。それ以外の種でははっきりしない)。

アルカラマブヤ Eutropis alcalai
アラバリマブヤ Eutropis allapallensis
アンダマンマブヤ Eutropis andamanensis
アシュワメドマブヤ Eutropis ashwamedhi
ガンノルワマブヤ Eutropis austini
ベドームマブヤ Eutropis beddomei
ビブロンマブヤ Eutropis bibronii
ボントックマブヤ Eutropis bontocensis
キタフィリピンマブヤ Eutropis borealis ……………… 164
トラバンコアマブヤ Eutropis brevis
カラガマブヤ Eutropis caraga
キールマブヤ (インドマブヤ) Eutropis carinata ……………… 164
チャパマブヤ Eutropis chapaensis
ケララマブヤ Eutropis clivicola
カミングマブヤ Eutropis cumingi
ドウイロマブヤ Eutropis cuprea
カオファマブヤ Eutropis darevskii
ニコバルマブヤ Eutropis dattaroyi
ドーソンマブヤ Eutropis dawsoni
ミンダナオマブヤ (ムスジマブヤ) Eutropis englei
トンコマリーマブヤ Eutropis floweri
グリアーマブヤ Eutropis greeri
コウチマブヤ Eutropis gubataas
ミンドロマブヤ Eutropis indeprensa
ヤマトバルマブヤ Eutropis innotata
コジママブヤ Eutropis islamaliit
スリランカマブヤ Eutropis lankae ……………… 164
ラプラプマブヤ Eutropis lapulapu
ルイスマブヤ Eutropis lewisi
オナガマブヤ Eutropis longicaudata ……………… 166
スラウェシオオマブヤ Eutropis macrophthalma
シジミマブヤ Eutropis macularia ……………… 167
セイロンマブヤ Eutropis madaraszi
シワウロコマブヤ Eutropis multicarinata
タテスジマブヤ (ナミマブヤ) Eutropis multifasciata ……………… 168

04

イグアナ下目の分類

クロスジマブヤ *Eutropis nagarjuni*
パラオマブヤ *Eutropis palauensis*
ブータンマブヤ *Eutropis quadratilobus*
バモーマブヤ *Eutropis quadricarinata*
リセターマブヤ *Eutropis resetarii*
クロスジアラハダマブヤ *Eutropis rudis*
ラフマブヤ *Eutropis rugifera*
パラワンマブヤ *Eutropis sahulinghangganan*
シバロムマブヤ *Eutropis sibalom*
ウヴァマブヤ *Eutropis tammanna*
ミスジマブヤ *Eutropis trivittata*
タイトラーマブヤ *Eutropis tytleri*
ベルガウムマブヤ *Eutropis vertebralis*

アマゾンヤセマブヤ 属 *Exila*
1種

　属名の *Exila* とは「痩せた」を意味する【exilis】に由来し、本属の体形と胴体中央付近の体鱗列数が他種に比べてやや少ないことを表わしている (24〜28枚)。英名では "Amazonian Gracile Skink" と呼ばれる。小型で鱗は滑らか。ブラジル・ボリビア・ペルーに分布する。地上棲で森林に生息し、節足動物を捕食する。繁殖形態は胎生。
　　アマゾンヤセマブヤ *Exila nigropalmata*

ニシアジアマブヤ属 ｜ *Heremites*
3種

　属名の *Heremites* とは「異端者」や「隠者」を意味すると思われるが、はっきりしない。英名では "Western Palearctic Grass Skinks" と呼ばれる。小型で鱗は滑らか。中央アジアの一部から中東、東地中海の一部に分布するが、まだはっきりしていない地域も多い。地上棲で森林や草原や荒れ地・岩場に生息し、節足動物を捕食する。繁殖形態は、わかっている範囲では胎生 (ミナミソウゲンマブヤでははっきりしない)。
　　キンモンマブヤ *Heremites auratus*
　　ミナミソウゲンマブヤ *Heremites septemtaeniatus*
　　リボンマブヤ *Heremites vittatus*

ミズベマブヤ属 ｜ *Lubuya*
1種

　属名の *Lubuya* ははっきりしない (模式産地などが記された文献は1978年に発生した火事により焼失したとされる)。英名では "Benguela White-lined Skink" や "Iven's Water Skink" "Meadow Skink" と呼ばれる。小型で鱗は滑らか。コンゴ民主共和国・アンゴラ・ザンビアに分布するが、やや局所的。地上棲〜半水棲で渓流や河川周辺の草原や森林に生息し、水場の近くの地中に巣穴を掘って暮らしているが、危険を感じると水中に逃げ込み、水草の影に隠れるというやや特殊な生態を持つ。主に節足動物を捕食するが、カエルを食べることもある。繁殖形態は胎生。なお、本属に含まれるミズベマブヤは (現時点では1種しかいないが)、"最も完成された胎盤を持つトカゲ" として有名。
　　ミズベマブヤ *Lubuya ivensii*

ホンマブヤ属 ｜ *Mabuya*
9種

　属名の *Mabuya* の由来には諸説あり、アンティル諸島の先住民であるカリブ族の「トカゲ」を意味する言葉が由来になっているという説が有力だが、インドの地名であるという説もある。英名では "Antillean Two-lined Skinks" と呼ばれる。小型で鱗は滑らか。カリ

ブ海のドミニカ国・ドミニカ共和国・フランスの海外県であるグアドループに分布する。地上でも樹上でも活動し、森林から草原・岩場・海岸周辺に生息し、節足動物を捕食する。繁殖形態は、わかっている範囲では胎生 (コションマブヤ・ラデジラードマブヤ・グランドテールマブヤ・イスパニョラマブヤでははっきりしない)。
　　コションマブヤ *Mabuya cochonae*
　　ラデジラードマブヤ *Mabuya desiradae*
　　ドミニカマブヤ *Mabuya dominicana*
　　グランドテールマブヤ *Mabuya grandisterrae*
　　バセテールマブヤ *Mabuya guadeloupae*
　　イスパニョラマブヤ *Mabuya hispaniolae*
　　マルティニクマブヤ *Mabuya mabouya*
　　モントセラトマブヤ *Mabuya montserratae*
　　プチテールマブヤ *Mabuya parviterrae*

ナンベイコガシラマブヤ属 ｜ *Manciola*
1種

　属名の *Manciola* とは「小さな手」を意味し、本種の形態を表わしているとされる。英名では "South American Small-handed Skink" と呼ばれる。小型で鱗は滑らか。ボリビア・ブラジル・パラグアイに分布する。地上棲で森林に生息し、節足動物を捕食する。繁殖形態は胎生。
　　ナンベイコガシラマブヤ *Manciola guaporicola*

マラカイボトカゲ属 ｜ *Maracaiba*
2種

　属名の *Maracaiba* とは、本属がベネズエラ北西部に位置する南米大陸最大の湖であるマラカイボ湖 (Lake Maracaibo. 実際は水路によってベネズエラ湾・カリブ海・大西洋にも繋がっているため、海と定義する場合もある) 周辺に分布することに由来する。英名では "Maracaibo Skinks" と呼ばれる。なお、本属にはメリダ州の標高1,300〜2,200m付近の山地に生息するメリダトカゲと、スリア州の低地に生息するスリアトカゲの2種が記載されているものの、研究者によってはこれらは同種ではないか、という意見もあるが、本種では別種として扱う。小型で鱗は滑らか。主に地上棲だが樹上に登ることもある。森林に生息し、節足動物を捕食する。繁殖形態は、わかっている範囲では胎生 (スリアトカゲでははっきりしない)。
　　メリダトカゲ *Maracaiba meridensis*
　　スリアトカゲ *Maracaiba zuliae*

ワンガントカゲ属 ｜ *Marisora*
13種

　学名の *Marisora* とは「海」を意味する【maris】と「海岸」を意味する【ora】が組み合わさったもので、本種の生息環境を表しているとされる (海岸近くの低地に多く見られる)。英名では "Middle American Skinks" と呼ばれる。小型で鱗は滑らか。メキシコ中南部から中米・南米北部に分布するが、内陸部や高地に暮らすものは少なく、3種は島嶼部に見られる。地上でも樹上でも活動し、主に海岸付近の森林に生息する。節足動物を捕食する。繁殖形態は、わかっている範囲では胎生 (ミチョアカントカゲ・マヤトカゲ・コーンアイランドトカゲ・テワンテペクトカゲ・フォンセカトカゲでははっきりしない)。
　　コスタリカヨスジトカゲ *Marisora alliacea*
　　ミチョアカントカゲ *Marisora aquilonaria*
　　ウィンワードトカゲ *Marisora aurulae*
　　サンアンドレストカゲ *Marisora berengerae*
　　アンヘレストカゲ *Marisora brachypoda*
　　ファルコントカゲ *Marisora falconensis*

マヤトカゲ *Marisora lineola*
コーンアイランドトカゲ *Marisora magnacornae*
プロビデンシアトカゲ *Marisora pergravis*
ロアタントカゲ *Marisora roatanae*
テワンテペクトカゲ *Marisora syntoma*
パナマトカゲ *Marisora unimarginata*
フォンセカトカゲ *Marisora urtica*

ミナミマブヤ属 │ *Notomabuya*

1種

　学名の *Notomabuya* とは「南」を意味する【notos】とアンティル諸島の先住民の言葉で「トカゲ」を意味する言葉が由来とされる【mabuya】が組み合わさったもの。英名では "Southern Neotropical Skink" と呼ばれる。小型で鱗は滑らか。ボリビア・ブラジル・パラグアイ・アルゼンチンに分布する。主に地上棲だが樹上でも活動し、主に節足動物を捕食するがトカゲを食べることもある(共食いも記録されている)。繁殖形態は胎生。
　ミナミマブヤ *Notomabuya frenata*

ウンムリントカゲ属 │ *Orosaura*

1種

　属名の *Orosaura* とは「山」を意味する【oro】と「トカゲ」を意味する【saura】が組み合わさったもので、本種の生息環境を表している。英名では "Venezuelan Cloud Forest Skink" と呼ばれる。小型で鱗は滑らか。ベネズエラ沿岸部の高地からアンデス山脈の東部山系に分布する。主に地上棲でやや開けた森林や林縁部に多く見られ、農地に現れることもある(原生林には少ないとされる)。節足動物を捕食する。繁殖形態は胎生。
　ウンムリントカゲ *Orosaura nebulosylvestris*

ベネズエラルリオトカゲ属 │ *Panopa*

2種

　学名の *Panopa* とは「全体」を意味する【pan】と「扁平な板」を意味する【lopas】が組み合わさったもので、本属の頭部の鱗の形状を表している。英名では "Venezuelan Blue-tailed Skinks" と呼ばれる。小型で鱗は滑らか。ベネズエラとブラジル北部に分布する(分布域の大部分はベネズエラ)。生態には不明な部分が多いが、主に地上棲で森林に生息し、節足動物を捕食すると考えられている。繁殖形態は胎生。
　アマゾンルリオトカゲ *Panopa carvalhoi*
　ホートンルリオトカゲ *Panopa croizati*

ブラジルトガリハナトカゲ属 │ *Psychosaura*

2種

　属名の *Psychosaura* とは「心」を意味する【psycho】と「トカゲ」を意味する【saura】が組み合わさったもので(「考えるトカゲ」ということになるだろう)、本属の細長い頭部と機敏な動きを表わしているとされる。英名では "Brazilian Sharp-nosed Skinks" と呼ばれる。小型で鱗は滑らか。ブラジルに生息する。生態には不明な部分が多いが、森林から草原に多く見られ、節足動物を捕食すると考えられている。繁殖形態は胎生。
　カーティンガトガリハナトカゲ *Psychosaura agmosticha*
　シンリントガリハナトカゲ *Psychosaura macrorhyncha*

アンティルヨスジトカゲ属 │ *Spondylurus*

17種

　属名の *Spondylurus* とは「脊椎」や「蝶番」を意味する【sphenos】

に由来する。英名では "Antillean Four-lined Skinks" と呼ばれる。小型で鱗は滑らか。カリブ海のバハマ諸島の一部からアンティル諸島に分布する。生態には不明な部分が多いが、地上棲で森林から草原に多く見られ、節足動物を捕食すると考えられている。繁殖形態は、わかっている範囲では胎生(セントクロイトカゲ・セントマーティントカゲ・セマダラトカゲでははっきりしない)。なお、本属の多くは開発と移入されたフイリマングースの影響により絶滅が懸念されている(アネガダトカゲ・ハイチトカゲ・イスパニョラクロスジトカゲ・セントクロイトカゲ・セントマーティントカゲ・モニトトカゲ・セマダラトカゲの7種はすでに絶滅、もしくはそれに近い状態という説もある)。

　アネガダトカゲ *Spondylurus anegadae*
　カイコストカゲ *Spondylurus caicosae*
　クレブラトカゲ *Spondylurus culebrae*
　ジャマイカトカゲ *Spondylurus fulgidus*
　ハイチトカゲ *Spondylurus haitiae*
　イスパニョラクロスジトカゲ *Spondylurus lineolatus*
　キャロットロックトカゲ *Spondylurus macleani*
　セントクロイトカゲ *Spondylurus magnacruzae*
　セントマーティントカゲ *Spondylurus martinae*
　モナトカゲ *Spondylurus monae*
　モニトトカゲ *Spondylurus monitae*
　プエルトリコトカゲ *Spondylurus nitidus*
　アンギラパンクトカゲ *Spondylurus powelli*
　クビスジトカゲ *Spondylurus semitaeniatus*
　スローントカゲ *Spondylurus sloanii*
　セマダラトカゲ *Spondylurus spilonotus*
　タークストカゲ *Spondylurus turksae*

ココノウネマブヤ属 │ *Toenayar*

1種

　属名の *Toenayar* とはミャンマーに伝わる龍の名称に由来する。英名では "Nine-keeled Sun Skink" や "Nine-keeled Ground Skink" "Nine-keeled Skink" "Keeled Skink" "Anderson's Mabuya" と呼ばれる。タイ・ミャンマー・インド・スンダ列島の一部より記録されているが、インドからの報告ははっきりしない(他種の誤認である可能性が高い)。小型で鱗には皺状の細かいキールが多数入るが、触り心地は滑らか。主に地上棲で森林に生息し、節足動物を捕食する。繁殖形態は卵生。
　ココノウネマブヤ *Toenayar novemcarinata*

アフロマブヤ属 │ *Trachylepis*

98種

　属名の *Trachylepis* とは「粗い」や「石のような」を意味する【trachys】と「(魚類の)鱗」を意味する【lepis】が組み合わさったもので、本属の多くが鱗に皺状の細かいキールを持つことを表わしていると思われる。英名では "African-American Grass and Forest Skinks" や "Rainbow Skinks" "Typical Skinks" と呼ばれる。ほとんどがアラビア半島南部から北アフリカの一部・サハラ砂漠以南のアフリカ大陸・マダガスカルとその周辺の島嶼部に分布するが、シロテンマブヤとノローニャマブヤの2種のみが南米のブラジルに見られるとされる。しかしながら、前者については模式標本しか知られていないため不明な部分が多い。一方、後者はベルナンブーコ州に属する大西洋上の島々であるフェルナンド・デ・ノローニャに見られる(過去900万年の間にアフリカから何らかの方法で漂流してきたと推察されている)。小型で、鱗には皺状の細かいキールが入るが、触り心地は滑らか。主に地上棲だが樹上に登ることもある(一部の種では樹上棲傾向が強いものも見られる)。森林や草原・岩場・荒れ地などに生息し、節足動物を捕食する。繁殖形態には卵生と胎生を含むが、一部は不

明（アンゴラマブヤ・バヨンマブヤ・ボカージュキノボリマブヤ・ベーメマブヤ・ウキ
ンガマブヤ・イクビマブヤ・ダマラマブヤ・フタイロマブヤ・ベニスジマブヤ・フトク
ロスジマブヤ・リンポポマブヤ・ソウジョウマブヤ・ムランジェマブヤ・ンガンガハマ
ブヤ・シラフマブヤマブヤ・カンガンダラマブヤ・カラスバーグマブヤ・ハラブチマブヤ・
デブスジマブヤ・キタマダガスカルマブヤ・ヘンゲマブヤ・ヒガシマブヤ・ウォルバー
グマブヤは胎生。ナミビアイワバマブヤでは卵生と胎生双方の個体群が確認されて
いる。アダマスターマブヤ・キノドマブヤ・ベツィレオマブヤ・オバンボキノボリマブ
ヤ・カジュアリナマブヤ・チンバマブヤ・ソコトラクロクチマブヤ・フェラーラマブヤ・
ヘミングマブヤ・ヒルデブランドマブヤ・イワバマブヤ・ズアカアオスジマブヤ・ロル
イマブヤ・シロテンマブヤ・バンブートスマブヤ・ニシネッタイマブヤ・ベンデマブヤ・
ソコトラマブヤ・マハジャンガマブヤ・ウィンゲートマブヤでははっきりしない。その
他は卵生）。なお、一部の種ではほとんど記録がなく（ベツィレオマブヤ
やシロテンマブヤなど）、現存しているかは不明。

ハンランゲントカゲ属 | *Varzea*

2種

　属名の*Varzea*とは「浸水した川岸（氾濫原）」を意味する【várzea】が由来となっており、本属の生息環境を表している。英名では"Amazonian Floodplain Skinks"と呼ばれる。小型で鱗は滑らか。南米大陸の北部〜中部に広がるアマゾン川流域に分布する（その他の地域からも報告はあるが、はっきりしない。類似した種が多いため誤認である可能性も否定できない）。地上でも樹上でも活動する。森林や草原などに生息し、節足動物を捕食する。繁殖形態は胎生。

　　カワカミハンランゲントカゲ *Varzea altamazonica*
　　カワシモハンランゲントカゲ *Varzea bistriata*

ベトナムシワビタイトカゲ属 | *Vietnascincus*

1種

　属名の*Vietnascincus*とは国名であるベトナムと「スキンク」を意味する【scincus】が組み合わさったもので、本種の分布域を表している。英名では"Vietnamese Rough-scaled Tree Skink"と呼ばれる。小型で鱗には皺上のキールが入る。現時点ではベトナム中南部に位置するザライ省のブオエンロイ（標高約700m）から少数が記録されているのみ。生態などはほとんど何もわかっていないが、小型で森林に生息する半樹上棲で、節足動物を捕食すると考えられている。繁殖形態は不明。

　　ベトナムシワビタイトカゲ *Vietnascincus rugosus*

ネコツメトカゲ亜科 | Ristellinae

2属13種

ランカトカゲ属 | *Lankascincus*

9種

　属名の*Lankascincus*とは古代インドの叙事詩『ラーマーヤナ』に登場する島であるランカ（サンスクリット語で「島」を表す一般名詞でもあり、セイロン島を意味するという説が有力である。スリランカの国名もこのランカに由来する）と「スキンク」を意味する【scincus】が組み合わさったものと思われる。英名では"Lanka Skinks"や"Sri Lankan Forest Skinks"と呼ばれる。スリランカに分布する。小型で鱗は滑らか。地上棲〜半地中棲を想わせる形態をしているが、森林に生息し、樹上でも活動することがあるという。生態には不明な部分が多いが、ミミズや節足動物を捕食すると考えられている。繁殖形態は、わかっている範囲では卵生（ラクワーナランカトカゲ、マタラランカトカゲでははっきりしない）。

　　ガンノルワランカトカゲ *Lankascincus deignani*
　　アンガマナランカトカゲ *Lankascincus dorsicatenatus*
　　トンコマリーランカトカゲ *Lankascincus fallax*
　　ユードゥーガマランカトカゲ *Lankascincus gansi*
　　ラクワーナランカトカゲ *Lankascincus merrill*
　　マタラランカトカゲ *Lankascincus sameerai*
　　スリパダランカトカゲ *Lankascincus sripadensis*
　　スベランカトカゲ *Lankascincus taprobanensis*
　　テイラーランカトカゲ *Lankascincus taylori*

ネコツメトカゲ属 | *Ristella*

4種

　英名では"Cat Skinks"と呼ばれる。小型で鱗は滑らか。指趾の先には湾曲した爪を持つが、それらは鞘状の鱗に収めることが可能となっている。インド南部に分布する。森林に生息し、地上棲〜半地中棲と考えられている（一部の種では樹上でも活動することがあるというが、はっきりしない）。生態には不明な部分が多いが、ミミズや節足動物を捕食すると考えられている。繁殖形態は卵生。

　　ワキモンネコツメトカゲ *Ristella beddomii*

　　ギュンターネコツメトカゲ *Ristella guentheri*
　　ルークネコツメトカゲ *Ristella rurkii* ……………… 188
　　トラバンコアネコツメトカゲ *Ristella travancorica*

ミナミトカゲ亜科 | Sphenomorphinae

41属594種

ユビナシトカゲ属 | *Anomalopus*

4種

　属名の*Anomalopus*とは「異常な形」を意味し、本属の特殊な形態を表していると思われる。英名では"East Australian Worm Skinks"と呼ばれる。小型〜中型で鱗は滑らか。体形は細長いヘビ型で四肢は退化して消失しているか、ごく小さなものを残しているにすぎない。オーストラリア東部に分布する。半地中棲〜地中棲で森林や草原に生息し、柔らかい地中で暮らしている（表層付近で活動し、地中深くに潜っているわけではない）。生態には不明な部分が多いが、ミミズや節足動物を捕食すると考えられている。繁殖形態には卵生と胎生が見られる（フタツメユビナシトカゲ・イツツメユビナシトカゲ・ミツツメユビナシトカゲは卵生。スワンソンユビナシトカゲは胎生）。

　　フタツメユビナシトカゲ *Anomalopus leuckartii*
　　イツヅメユビナシトカゲ *Anomalopus mackayi*
　　スワンソンユビナシトカゲ *Anomalopus swansoni*
　　ミツヅメユビナシトカゲ *Anomalopus verreauxii*

ミネトカゲ属 | *Calorodius*

1種

　属名の*Calorodius*とは「熱」を意味する【calor】と「嫌う」を意味する【odio】が組み合わさったもので、本属が冷涼な環境に生息していることや、高温への耐性が低いことを表している。英名では"Thornton Peak Skink"と呼ばれる。小型で鱗は滑らか。オーストラリアのクィーンズランド州北西部に位置するソーントン峰（Thornton Peak。標高1,347m）にのみ分布している。生態には不明な部分が多いが、地上棲で森林に生息し、落ち葉や倒木の下などに潜んでいることが多い。節足動物を捕食すると考えられている。繁殖形態は卵生。なお、本属は分布域が限られており、前述したように高温への耐性も低いことから、地球温暖化の影響を受けやすいのではないか、という説もある。

　　ソーントンミネトカゲ *Calorodius thorntonensis*

コミミトカゲ属 | *Calyptotis*

4種

　属名の*Calyptotis*とは「ヴェール」や「頭を覆い隠すもの」を意味する【calypto-】に由来する。おそらく本属が大きな前頭鼻板を持つことに由来していると思われるが、はっきりしない。英名では"Dwarf Woodland Skinks"や"Calyptotis Skinks""Scute-snouted Calyptotis"と呼ばれる。小型で鱗は滑らか。オーストラリアに分布する。生態には不明な部分が多いが、地上棲で森林に生息し、落ち葉や倒木の下などに潜んでいることが多い。節足動物を捕食すると考えられている。繁殖形態は卵生。

　　バルベリンコミミトカゲ *Calyptotis lepidorostrum*
　　アカオコミミトカゲ *Calyptotis ruficauda*
　　ボウウェンコミミトカゲ *Calyptotis scutirostrum*
　　カトゥコミミトカゲ *Calyptotis temporalis*

ヘビハトカゲ属 | *Coeranoscincus*

2種

　属名の*Coeranoscincus*とはギリシャ神話に登場する【Koiranos】と「スキンク」を意味する【scincus】が組み合わさったものと思われる

が、はっきりしない。英名では "Snake-toothed Skinks" と呼ばれる。中型で鱗は滑らか。体形は細長いヘビ型で四肢は退化して消失しているか、ごく小さなものを残しているにすぎない。なお、ユビナシトカゲ属に似るが、本属には外翼状骨（眼の内下面にある棒状の骨）が見られない。また、上顎にある前歯8本が鋭い牙になっている（英名である "Snake-toothed Skink"＝ヘビの歯を持ったトカゲ" の由来でもある）。オーストラリア東部に分布する。半地中棲〜地中棲で森林に生息し、林床の柔らかい地中や落ち葉の下で暮らしている（表層付近で活動し、地中深くに潜っているわけではない）。生態には不明な部分が多いが、ミミズや節足動物を捕食すると考えられている。繁殖形態は卵生。

> アシナシヘビハトカゲ *Coeranoscincus frontalis*
> ミツユビヘビハトカゲ *Coeranoscincus reticulatus*

フレーザースナトカゲ属 ｜ *Coggeria*

1種

属名の *Coggeria* とはオーストラリアの動物学者 Harold George "Hal" Cogger（1935-）に因む。英名では "Fraser Island Sand Skink" や "Satinay Sand Skink" と呼ばれる。小型で鱗は滑らか。胴部と尾部が長く、四肢は非常に短いが各四肢には3本の指趾を持つ。オーストラリアのクィーンズランド州に含まれるフレーザー島に分布する。半地中棲〜地中棲で森林に生息し、林床の柔らかい地中や落ち葉の下で暮らしている（表層付近で活動し、地中深くに潜っているわけではない）。生態には不明な部分が多いが、節足動物を捕食すると考えられている。繁殖形態は卵生。

> フレーザースナトカゲ *Coggeria naufragus*

シンリントカゲ属 ｜ *Concinnia*

7種

学名の *Concinnia* とは「一緒に」を意味する【con-】と「可動式」や「動き」を意味する【kin】が組み合わさったものとされる。英名では "Bar-sided Forest Skinks" と呼ばれる。小型で鱗は滑らか。オーストラリア東部に分布する。地上でも樹上でも活動し、森林や林内の岩場に生息し、節足動物を捕食する。繁殖形態は卵生。

> キバラシンリントカゲ *Concinnia ampla*
> キタシンリントカゲ *Concinnia brachysoma*
> フレーリーシンリントカゲ *Concinnia frerei*
> クロオビシンリントカゲ *Concinnia martini*
> アシブトシンリントカゲ *Concinnia sokosoma*
> ホソミシンリントカゲ *Concinnia tenuis*
> トラフシンリントカゲ *Concinnia tigrina*

クシミミトカゲ属 ｜ *Ctenotus*

108種

属名の *Ctenotus* とは「櫛」を意味する【kten】と「耳」を意味する【ot】が組み合わさったもので、本属の外耳孔周辺の鱗の形状を表している（外耳孔を前方から塞ぐように鱗が発達し、縁は鋸状となっている。しかしながら、タンソククシミミトカゲのみこの特徴を持たない）。英名では "Australian Comb-eared Skinks" や "Striped Skinks" "Ctenotuses" と呼ばれる。小型で鱗は滑らか。ほとんどがオーストラリアに分布し（ヒガシクシミミトカゲおよびヒラビタイクシミミトカゲはニューギニア島からも報告されているが、前者ははっきりしない）、100種を超える本属は同国で最も多様な爬虫類であると考えられているが、同時にさほど調査・研究の進んでいない仲間でもある。地上棲で乾燥した森林から草原・岩場・荒れ地・砂漠などさまざまな環境に生息し、地中に巣穴を掘って暮らしているものが多い（複数の種が同地域に混生している場合もある）。食性に関しては一部不明な種もいるが、節足動物を捕食すると考えられている。繁殖形態は、わかっている範囲では卵生（ブンクルピリクシミミトカゲ・ミサキクシミ

ミトカゲ・パラバードゥークシミミトカゲ・ウススジクシミミトカゲ・マユダカクシミミトカゲでははっきりしない）。

> ブレンダランクシミミトカゲ *Ctenotus agrestis*
> アリススプリングクシミミトカゲ *Ctenotus alacer*
> アジャナクシミミトカゲ *Ctenotus alleni*
> ラウンドクシミミトカゲ *Ctenotus allotropis*
> エアリークシミミトカゲ *Ctenotus angusticeps*
> オオリダクシミミトカゲ *Ctenotus aphrodite*
> アルカナクシミミトカゲ *Ctenotus arcanus*
> アリアドナクシミミトカゲ *Ctenotus ariadnae*
> ジャビルカクシミミトカゲ *Ctenotus arnhemensis*
> クッダバンクシミミトカゲ *Ctenotus astarte*
> ナンバルワークシミミトカゲ *Ctenotus astictus*
> ミナミマリクシミミトカゲ *Ctenotus atlas*
> ニシオナガクシミミトカゲ *Ctenotus australis*
> クマドリクシミミトカゲ *Ctenotus borealis*
> マレークシミミトカゲ *Ctenotus brachyonyx*
> タンソククシミミトカゲ *Ctenotus brevipes*
> サキュウクシミミトカゲ *Ctenotus brooksi*
> キンバリークシミミトカゲ *Ctenotus burbidgei*
> ルリオクシミミトカゲ *Ctenotus calurus*
> ジェリコクシミミトカゲ *Ctenotus capricorni*
> クサビクシミミトカゲ *Ctenotus catenifer*
> コッガークシミミトカゲ *Ctenotus coggeri*
> ローバッククシミミトカゲ *Ctenotus colletti*
> トスジクシミミトカゲ *Ctenotus decaneurus*
> ダーリングクシミミトカゲ *Ctenotus delli*
> エドガークシミミトカゲ *Ctenotus duricola*
> ホソスジクシミミトカゲ *Ctenotus dux*
> エーマンクシミミトカゲ *Ctenotus ehmanni*
> エシントンクシミミトカゲ *Ctenotus essingtonii*
> ユークラクシミミトカゲ *Ctenotus euclae*
> エウリディケクシミミトカゲ *Ctenotus eurydice*
> セグロクシミミトカゲ *Ctenotus eutaenius*
> カルバリクシミミトカゲ *Ctenotus fallens*
> カカドゥクシミミトカゲ *Ctenotus gagudju*
> ホウセキクシミミトカゲ *Ctenotus gemmula*
> オオクシミミトカゲ *Ctenotus grandis*
> クビモンクシミミトカゲ *Ctenotus greeri*
> カッコーヒルクシミミトカゲ *Ctenotus halysis*
> ハシリクシミミトカゲ *Ctenotus hanloni*
> フトクシミミトカゲ *Ctenotus hebetior*
> ショクドクシミミトカゲ *Ctenotus helenae*
> ダーウィンクシミミトカゲ *Ctenotus hilli*
> セイガンクシミミトカゲ *Ctenotus iapetus*
> タンベラップクシミミトカゲ *Ctenotus impar*
> ムーンバクシミミトカゲ *Ctenotus ingrami*
> カタジマクシミミトカゲ *Ctenotus inornatus*
> ニューキャッスルクシミミトカゲ *Ctenotus joanae*
> カバルガクシミミトカゲ *Ctenotus kurnbudj*
> ブンクルピリクシミミトカゲ *Ctenotus kutjupa*
> アカアシクシミミトカゲ *Ctenotus labillardieri*
> ランセリンクシミミトカゲ *Ctenotus lancelini*
> イサクシミミトカゲ *Ctenotus lateralis*
> アデレードクシミミトカゲ *Ctenotus leae*
> ハーマンズバーククシミミトカゲ *Ctenotus leonhardii*
> マルダトゥナクシミミトカゲ *Ctenotus maryani*

ムチオクシミミトカゲ *Ctenotus mastigura*
トラスコットクシミミトカゲ *Ctenotus mesotes*
アーガイルクシミミトカゲ *Ctenotus militaris*
ワキモンクシミミトカゲ *Ctenotus mimetes*
アサートンクシミミトカゲ *Ctenotus monticola*
ハナガクシミミトカゲ *Ctenotus nasutus*
クロスジハナガクシミミトカゲ *Ctenotus nigrilineatus*
ナラムクシミミトカゲ *Ctenotus nullum*
テイボククシミミトカゲ *Ctenotus olympicus*
ミサキクシミミトカゲ *Ctenotus ora*
ウーエンクシミミトカゲ *Ctenotus orientalis*
パラバードゥークシミミトカゲ *Ctenotus pallasotus*
モーフェットクシミミトカゲ *Ctenotus pallescens*
ヒョウモンクシミミトカゲ *Ctenotus pantherinus*
ソサクシミミトカゲ *Ctenotus piankai*
ワキアカクシミミトカゲ *Ctenotus pulchellus*
ジュウヨンセンクシミミトカゲ *Ctenotus quattuordecimlineatus* ‥ 189
クインカンクシミミトカゲ *Ctenotus quinkan*
ケイデルクシミミトカゲ *Ctenotus quirinus*
ホープベールクシミミトカゲ *Ctenotus rawlinsoni*
キングーニャクシミミトカゲ *Ctenotus regius*
ウススジクシミミトカゲ *Ctenotus rhabdotus*
ビクトリアクシミミトカゲ *Ctenotus rimacolus*
ヒガシクシミミトカゲ *Ctenotus robustus*
フォルトゥナクシミミトカゲ *Ctenotus rosarium*
ズアカクシミミトカゲ *Ctenotus rubicundus*
ルングラクシミミトカゲ *Ctenotus rungulla*
ジラリアクシミミトカゲ *Ctenotus rufescens*
サビイロクシミミトカゲ *Ctenotus rutilans*
シェヴィルクシミミトカゲ *Ctenotus schevilli*
ゴーラークシミミトカゲ *Ctenotus schomburgkii*
ナナスジクシミミトカゲ *Ctenotus septenarius*
スプリングバレークシミミトカゲ *Ctenotus serotinus*
スナジクシミミトカゲ *Ctenotus serventyi*
ガレナクシミミトカゲ *Ctenotus severus*
ヒラビタイクシミミトカゲ *Ctenotus spaldingi* ‥‥‥‥‥ 190
キスジクシミミトカゲ *Ctenotus storri*
ゲインダークシミミトカゲ *Ctenotus strauchii*
スジガシラクシミミトカゲ *Ctenotus striaticeps*
スチュワートクシミミトカゲ *Ctenotus stuarti*
マユダカクシミミトカゲ *Ctenotus superciliaris*
リボンクシミミトカゲ *Ctenotus taeniatus*
アカオクシミミトカゲ *Ctenotus taeniolatus* ‥‥‥‥‥ 190
タナミクシミミトカゲ *Ctenotus tanamiensis*
カナナラクシミミトカゲ *Ctenotus tantillus*
ヒンチンブルククシミミトカゲ *Ctenotus terrareginae*
シロテンクシミミトカゲ *Ctenotus uber*
バヌルルクシミミトカゲ *Ctenotus vagus*
トギレクシミミトカゲ *Ctenotus vertebralis*
フトスジクシミミトカゲ *Ctenotus xenopleura*
シャークベイクシミミトカゲ *Ctenotus youngsoni*
アムランクシミミトカゲ *Ctenotus zasticus*
ベンチャークシミミトカゲ *Ctenotus zebrilla*

ユウレイスキンク属 | *Eremiascincus*
15種

学名の *Eremiascincus* とは「砂漠」を意味する【eremias】と「ス キンク」を意味する【scincus】が組み合わさったもので、本属の 生息地を表しているとされるが、全種が砂漠のような環境に生息 しているわけではない。英名では "Glossy Night Skinks" や "Sand Swimmers" "Sand-swimming Skinks" と呼ばれる。なお、和名のユウ レイ＝幽霊とは本属の多くが夜行性傾向が強いことや、生態に不明 な部分が少なくないことなどから命名されたと思われる。小型～や や中型で鱗は滑らか。多くがオーストラリアに産するが、インドネシ ア・パプアニューギニア・東ティモールにも少数見られる。地上棲 だが生息環境は種によって異なり、オーストラリアでは乾燥した低 木林や荒れ地・砂漠に多く見られるが、その他の地域では森林や草 原に暮らすものが多く、砂漠に生息する一部の種は危険を感じると すばやく砂の中に潜り、そのまま砂中を泳ぐようにして逃走するとい う。生態には不明な部分が多いが、節足動物を捕食すると考えられ ている。繁殖形態には卵生と胎生が見られるが、一部は不明（ハント ウユウレイスキンクには卵生と胎生双方の個体群が確認されている。レロガマユウレ イスキンク・クチジマユウレイスキンク・サビユウレイスキンク・ティモールユウレイス キンクでははっきりしない。それ以外は卵生）。

レロガマユウレイスキンク *Eremiascincus antoniorum*
クチジマユウレイスキンク *Eremiascincus brongersmai*
バトラーユウレイスキンク *Eremiascincus butlerorum*
ワキアカユウレイスキンク *Eremiascincus douglasi*
スンバユウレイスキンク *Eremiascincus emigrans*
ヒガシホソオビユウレイスキンク *Eremiascincus fasciolatus*
キタホソオビユウレイスキンク *Eremiascincus intermedius*
スベハダユウレイスキンク *Eremiascincus isolepis*
モザイクユウレイスキンク *Eremiascincus musivus*
ウスジマユウレイスキンク *Eremiascincus pallidus*
ハントウユウレイスキンク *Eremiascincus pardalis*
ホンユウレイスキンク *Eremiascincus phantasmus*
オビユウレイスキンク *Eremiascincus richardsonii*
サビユウレイスキンク *Eremiascincus rubiginosus*
ティモールユウレイスキンク *Eremiascincus timorensis*

ヌマトカゲ属 | *Eulamprus*
5種

属名の *Eulamprus* とは「良い」や「美しい」を意味すると思われる が、はっきりしない。英名では "Australian Water Skinks" と呼ばれる。 小型で鱗は滑らか。オーストラリア東部に分布する。地上棲だがあ まり明るい光を好まず、湿地や沼・河川周辺に生息し、危険を感じ ると水中に逃れる。食性はやや幅広く、カタツムリなどの陸棲貝類 からミミズ・節足動物（甲殻類を含む）・両生類（主にオタマジャクシ）・魚類・ トカゲなどを捕食するが、果実を食べることもある。繁殖形態は胎 生。なお、本属の繁殖は水辺周辺で行われるが、一部の種ではメス が1カ所に集まっている姿が観察されており、集団で出産してい る可能性も示唆されている。

ヌクミヌマトカゲ *Eulamprus heatwolei*
タカネヌマトカゲ *Eulamprus kosciuskoi*
ブルーヌマトカゲ *Eulamprus leuraensis*
トウブヌマトカゲ *Eulamprus quoyii* ‥‥‥‥‥ 191
ツメタヌマトカゲ *Eulamprus tympanum*

フォジトカゲ属 | *Fojia*
1種

属名の *Fojia* とは現地で本種を示す呼称である【Foji】が由来と される。英名では "Papuan Forest Stream Skink" や "Fojia Mountain Skink" と呼ばれる。スキンク下目としてはやや特殊な形態を持った 種で、頸部は強く括れ、四肢は長く、背面には大きな鱗が並んでおり、

04

イグアナ下目の分類

イグアナ下目に含まれるアガマ科やアノール科の小型種を彷彿とさせる。ニューギニアのモロベ州フォン半島に位置するモイキスン地区 (Moikisung Area) 周辺の標高約650mまでの森林に生息し、特に林内を流れる渓流や小川周辺の岩場で多く見られる。生態には不明な部分が多いが、主に地上棲で危険を感じると岩場を跳ねるようにして逃げるという。節足動物を捕食すると考えられている。繁殖形態は卵生。

　フォジトカゲ *Fojia bumui*

オガクズトカゲ属 ｜ *Glaphyromorphus* 12種

　属名の *Glaphyromorphus* とは「(中身を)くり抜く」や「磨く」「滑らか」などを意味する【glaphyro】と「形」を意味する【morphus】が組み合わさったものと思われるが、はっきりしない。英名では "Short-legged Mulch Skinks" と呼ばれる。なお、和名のオガクズとは英名の Mulch＝木屑に由来すると思われる。小型で鱗は滑らか。インドネシア・パプアニューギニア・オーストラリアに分布する。地上棲～半地中棲で森林に生息し、林床の柔らかい土の中やリッター層・朽ちた倒木の中に潜んでいることが多い。ミミズや節足動物を捕食する。繁殖形態には卵生と胎生が見られるが、一部は不明 (オグロオオガクズトカゲでは卵生と胎生双方の個体群が確認されている。メルビルオオガクズトカゲでははっきりしない。その他は卵生)。

　アーネムランドオガクズトカゲ *Glaphyromorphus arnhemicus*
　エリオットオガクズトカゲ *Glaphyromorphus clandestinus*
　ホソオガクズトカゲ *Glaphyromorphus cracens*
　ケープヨークオガクズトカゲ *Glaphyromorphus crassicauda*
　ダーウィンオガクズトカゲ *Glaphyromorphus darwiniensis*
　クチジマオガクズトカゲ *Glaphyromorphus fuscicaudis*
　アサートンオガクズトカゲ *Glaphyromorphus mjobergi*
　オグロオガクズトカゲ *Glaphyromorphus nigricaudis* ········· 192
　マキルレースオガクズトカゲ *Glaphyromorphus nyanchupinta*
　メルビルオガクズトカゲ *Glaphyromorphus othelarrni*
　コガタオガクズトカゲ *Glaphyromorphus pumilus*
　ボーウェンオガクズトカゲ *Glaphyromorphus punctulatus*

トゲモリトカゲ属 ｜ *Gnypetoscincus* 1種

　属名の *Gnypetoscincus* とは「弱い」を意味する【gnypet-】と「スキンク」を意味する【scincus】が組み合わさったものと思われるが、はっきりしない。英名では "Australian Prickly Forest Skink" や "Prickly Skink" "Prickly Forest Skink" と呼ばれる。小型で鱗には強いキールがあり、先端が尖っている。このような鱗を持つ理由は湿度を保持するためという説がある (鱗の隙間には微細な溝があり、体表に付いた水分はすばやく体表に拡散される)。オーストラリアのクィーンズランド州に分布する。地上棲で多湿な森林に生息し、ミミズや節足動物を捕食する。繁殖形態は胎生。

　トゲモリトカゲ *Gnypetoscincus queenslandiae* ········· 193

ミミナシスナトカゲ属 ｜ *Hemiergis* 7種

　属名の *Hemiergis* とは「半製品」を意味する【hemiergos】が由来であり、指趾の数が2本や3本のものが見られることに由来するとされる。英名では "Earless Mulch Skinks" と呼ばれる。小型で鱗は滑らか。オーストラリア北部に分布する。地上棲で森林 (特に広葉樹林に多く見られる) や草原・荒れ地に生息し、石や倒木・植物の根元などに潜んでいることが多い。ミミズや節足動物を捕食する。繁殖形態は胎生。

　ミツユビミミナシスナトカゲ *Hemiergis decresiensis*
　ミナミミミナシスナトカゲ *Hemiergis gracilipes*
　ナンセイミミナシスナトカゲ *Hemiergis initialis*
　イツユビミミナシスナトカゲ *Hemiergis millewae*
　ヘイゲンミミナシスナトカゲ *Hemiergis peronii*
　フタユビミミナシスナトカゲ *Hemiergis quadrilineatus*
　タルビンゴミミナシスナトカゲ *Hemiergis talbingoensis*

シマモリトカゲ属 ｜ *Insulasaurus* 4種

　属名の *Insulasaurus* とは「島」を意味する【insula】と「トカゲ」を意味する【saura】が組み合わさったもので、本属の分布域を表していると思われる。英名では "Island Forest Skinks" と呼ばれる。小型で鱗は滑らか。フィリピンに分布する。生態などには不明な部分が多いが、地上棲で山地の森林に生息し (標高1,500～1,600m付近での発見例が多い)、節足動物を捕食すると考えられている。繁殖形態は卵生。

　ネグロスシマモリトカゲ *Insulasaurus arborens*
　リサールシマモリトカゲ *Insulasaurus traanorum*
　ビクトリアシマモリトカゲ *Insulasaurus victoria*
　パラワンシマモリトカゲ *Insulasaurus wrighti*

エンビツトカゲ属 ｜ *Isopachys* 4種

　属名の *Isopachys* とは「同じ太さ」を意味すると思われるが、はっきりしない。英名では "Oriental Snake Skinks" や "Worm Skinks" と呼ばれる。小型で鱗は滑らか。体形は細長いヘビ型で四肢は退化して消失しているか、ごく小さなものを残しているにすぎない。ミャンマーとタイに分布する。人目につきにくいため生態には不明な部分が多いが、地中棲で森林に多く見られ、林床の柔らかい地中に潜って暮らしている (表層付近で活動し、地中深くに潜っているわけではない)。ミミズや節足動物を捕食すると考えられている。繁殖形態は胎生。

　チャイロエンビツトカゲ *Isopachys anguinoides*
　ブチエンビツトカゲ *Isopachys borealis*
　クロスジエンビツトカゲ *Isopachys gyldenstolpei* ········· 194
　ホソスジエンビツトカゲ *Isopachys roulei*

インドツチトカゲ属 ｜ *Kaestlea* 5種

　インドジメントカゲ属とも。属名の *Kaestlea* とはドイツの動物学者 Werner Kästle (1926-2019) に因む。英名では "Indian Ground Skinks" と呼ばれる。小型で鱗は滑らか。インド南部に分布する。生態には不明な部分が多いが、地上棲で山地の森林に生息し、落ち葉の下などをすばやく移動する。節足動物を捕食すると考えられている。繁殖形態は卵生。

　ケララツチトカゲ *Kaestlea beddomii*
　ニルギリツチトカゲ *Kaestlea bilineata*
　ワキモンツチトカゲ *Kaestlea laterimaculata*
　パルニツチトカゲ *Kaestlea palnica*
　トラバンコアツチトカゲ *Kaestlea travancorica*

ラルトトカゲ属 ｜ *Larutia* 9種

　ラルティアトカゲ属とも。属名の *Larutia* とはマレー半島北西部の都市であるタイピンの旧称 Larut に由来するとされる。英名では "Malay Slender Forest Skinks" や "Larut Skinks" と呼ばれる。小型で鱗は滑らか。四肢は退化傾向にあり、指趾の数は種によって異なり1～4本で後肢には指趾を持たないものも見られる。インドネシア・

マレーシア・タイに分布する。生態には不明な部分が多いが（種に
よっては模式標本以外の記録がない）、地上棲～半地中棲で森林に生息し、
林床の柔らかい土の中やリッター層・朽ちた倒木の中に潜んでいる
ことが多い。ミミズや節足動物を捕食すると考えられている。繁殖
形態は、わかっている範囲では卵生（コガタラルトトカゲ・ウンムリンラルトト
カゲ・ペナンラルトトカゲ・ペランブットラルトトカゲ・スマトララルトトカゲでははっき
りしない）。

> コガタラルトトカゲ *Larutia kecil*
> クロラルトトカゲ *Larutia larutensis*
> ヒトユビラルトトカゲ *Larutia miodactyla*
> ウンムリンラルトトカゲ *Larutia nubisilvicola*
> ペナンラルトトカゲ *Larutia penangensis*
> ペランブットラルトトカゲ *Larutia puehensis*
> セリブアットラルトトカゲ *Larutia seribuatensis*
> スマトララルトトカゲ *Larutia sumatrensis*
> ミツワラルトトカゲ *Larutia trifasciata*

ヨツユビベトカゲ属 | *Leptoseps*
2種

　属名の*Leptoseps*とは「細い」を意味する【lepto】と「四肢を失った
トカゲ」を意味する【seps】が組み合わさったものと思われるが、はっ
きりしない。英名では"Four-toed Slender Skinks"と呼ばれる。小型
で鱗は滑らか。四肢は退化傾向にあり非常に短い。2種がタイとベ
トナムに分布するが、それぞれの分布域が離れているため、調査・
研究が進めば新たな生息地や種が発見されるかもしれない。生態に
は不明な部分が多いが、地上棲～半地中棲で森林に生息し、林床
の柔らかい土の中やリッター層の中に潜んでいることが多い。ミミズ
や節足動物を捕食すると考えられている。繁殖形態は不明。

> タイヨツユビベトカゲ *Leptoseps osellai*
> ベトナムヨツユビベトカゲ *Leptoseps poilani*

ナガトカゲ属 | *Lerista*
97種

　英名では"Sliders"や"Slider Skinks""Sand-swimming Skinks""Leristas"
と呼ばれる。本属はどの種も小型でスレンダーな体形で長い胴部を
持ち、鱗が滑らかな部分は共通しているが、以下の4つのタイプに
分けられる。①やや短いが明瞭な四肢を有している。②ごく短い四
肢を有している。③後肢のみ有している。④四肢を有さない。同属
内で形態にここまで差があるものは珍しく、明瞭な四肢を有するも
のは地上棲傾向が強く、ごく短い四肢を有しているものや後肢しか
ないもの、四肢を持たないものは半地中棲傾向が強くなっている。
なお、遺伝子解析の結果、本属における四肢の喪失は、過去約
360万年の間に複数回発生していると考えられている。オーストラ
リアのほぼ全域に広く分布し、やや乾燥した森林から草原・荒れ地・
砂漠に生息する。一部の種では生態に不明な部分が多いが、節足
動物を捕食すると考えられている。繁殖形態には卵生と胎生が見ら
れるが、一部は不明（オオアシナガトカゲは胎生。ナントウナガトカゲでは卵生
と胎生双方の個体群が確認されている。ブラリンガナガトカゲ・オルコラナガトカゲ・
ホブソンナガトカゲでははっきりしない）

> チャガシラナガトカゲ *Lerista aericeps*
> ブラリンガナガトカゲ *Lerista alia*
> オオナガトカゲ *Lerista allanae*
> ヤーディナガトカゲ *Lerista allochira*
> ホソスジナガトカゲ *Lerista ameles*
> フォーテスキューナガトカゲ *Lerista amicorum*
> オルコラナガトカゲ *Lerista anyara*
> ダンピアランドナガトカゲ *Lerista apoda*

> スナバナガトカゲ *Lerista arenicola*
> カルバリナガトカゲ *Lerista axillaris*
> ナラボーナガトカゲ *Lerista baynesi*
> ニコルナガトカゲ *Lerista bipes*
> トンプソンスプリングナガトカゲ *Lerista borealis*
> ナントウナガトカゲ *Lerista bougainvillii*
> バングルバングルナガトカゲ *Lerista bunglebungle*
> カーペンタリアナガトカゲ *Lerista carpentariae*
> ウィトヌームナガトカゲ *Lerista chalybura*
> リラナガトカゲ *Lerista chordae*
> フトスジナガトカゲ *Lerista christinae*
> ハイイロナガトカゲ *Lerista cinerea*
> ウララナガトカゲ *Lerista clara*
> ヒューエンデンナガトカゲ *Lerista colliveri*
> サルテーションナガトカゲ *Lerista connivens*
> サバクフトナガトカゲ *Lerista desertorum*
> フリマントルナガトカゲ *Lerista distinguenda*
> セスジナガトカゲ *Lerista dorsalis*
> マイオールナガトカゲ *Lerista edwardsae*
> カザリナガトカゲ *Lerista elegans*
> ウーメラナガトカゲ *Lerista elongata*
> ヌーンバナガトカゲ *Lerista emmotti*
> ミーカサラナガトカゲ *Lerista eupoda*
> ビルバラアカオナガトカゲ *Lerista flammicauda*
> トウブナガトカゲ *Lerista fragilis*
> チュウオウナガトカゲ *Lerista frosti*
> ガスコインナガトカゲ *Lerista gascoynensis*
> スワンナガトカゲ *Lerista gerrardii*
> グリアナガトカゲ *Lerista greeri*
> カナナラナガトカゲ *Lerista griffini*
> ガナラルーナガトカゲ *Lerista haroldi*
> ホブソンナガトカゲ *Lerista hobsoni*
> ズイトドープナガトカゲ *Lerista humphriesi*
> マッキバーナナガトカゲ *Lerista ingrami*
> サキュウナガトカゲ *Lerista ips*
> バーラップナガトカゲ *Lerista jacksoni*
> カランブルナガトカゲ *Lerista kalumburu*
> カールシュミットナガトカゲ *Lerista karlschmidti*
> シャークベイナガトカゲ *Lerista kendricki*
> ケネディナガトカゲ *Lerista kennedyensis*
> ギブソンナガトカゲ *Lerista kingi*
> モモバラナガトカゲ *Lerista labialis*
> パースナガトカゲ *Lerista lineata*
> テンセンナガトカゲ *Lerista lineopunctulata*
> セグロナガトカゲ *Lerista macropisthopus*
> コガタナガトカゲ *Lerista micra*
> オオアシナガトカゲ *Lerista microtis*
> クロガシラナガトカゲ *Lerista miopus*
> ミュラーナガトカゲ *Lerista muelleri*
> ニューマンナガトカゲ *Lerista neander*
> ランバートナガトカゲ *Lerista nevinae*
> ナイリクミスジナガトカゲ *Lerista nichollsi*
> カクレナガトカゲ *Lerista occulta*
> オンズローナガトカゲ *Lerista onsloviana*
> ホクトウナガトカゲ *Lerista orientalis*
> チラゴーナガトカゲ *Lerista parameles*
> ウスオビナガトカゲ *Lerista petersoni*

ゴールドフィールズナガトカゲ Lerista picturata
キールナガトカゲ Lerista planiventralis
キングホールナガトカゲ Lerista praefrontalis
フトオナガトカゲ Lerista praepedita
ギュンターナガトカゲ Lerista punctatovittata
マダラオナガトカゲ Lerista puncticauda
ヨスジナガトカゲ Lerista quadrivincula
イーガンズナガトカゲ Lerista robusta
ロッチフォードナガトカゲ Lerista rochfordensis
カーナーボンナガトカゲ Lerista rolfei
ダンピアアカオナガトカゲ Lerista separanda
フィッツロイナガトカゲ Lerista simillima
マスグレイブナガトカゲ Lerista speciosa
オーガスタスナガトカゲ Lerista stictopleura
サプライズナガトカゲ Lerista storri
アーネムナガトカゲ Lerista stylis
ワキスジナガトカゲ Lerista taeniata
フリンダースナガトカゲ Lerista terdigitata
チャールビルナガトカゲ Lerista timida
ウォンバーナナガトカゲ Lerista tridactyla
キバラナガトカゲ Lerista uniduo
クロハラナガトカゲ Lerista vanderduysi
カワリナガトカゲ Lerista varia
イワバナガトカゲ Lerista verhmens
フタイロサキュウナガトカゲ Lerista vermicularis
レイブズソープナガトカゲ Lerista viduata
クーバーナガトカゲ Lerista vittata
ローバックナガトカゲ Lerista walkeri
フタユビナガトカゲ Lerista wilkinsi
ツマキナガトカゲ Lerista xanthura
ユナナガトカゲ Lerista yuna
シャイアナガトカゲ Lerista zonulata

リピントカゲ属 ｜ Lipinia

28種

英名では "Indo-Pacific Striped Skinks" と呼ばれる。小型で鱗は滑らか。東南アジアからマレー諸島・太平洋の島嶼部に至るまでと広い地域に分布する。森林に多く見られ、地上でも樹上でも活動し（カクレリピントカゲは地上棲傾向が強いという説もある）、節足動物を捕食する。繁殖形態には卵生と胎生が見られるが、一部は不明（ブロンズリピントカゲ・アオサビリピントカゲ・ムンタワイリピントカゲ・ミンダナオリピントカゲ・ドベライリピントカゲは胎生。サイクロプスリピントカゲ・ボエラワリピントカゲ・オオミリピントカゲ・ミアンリピントカゲ・サラワクリピントカゲ・セカユリピントカゲ・ヒメスジリピントカゲ・マラヤリピントカゲ・ベトナムミスジリピントカゲ・コントゥムリピントカゲ・ジラールリピントカゲでははっきりしない。その他は卵生）。

ブロンズリピントカゲ Lipinia auriculata
サイクロプスリピントカゲ Lipinia cheesmanae
ボエラワリピントカゲ Lipinia inconspicua
ボルネオリピントカゲ Lipinia inexpectata
サンギヘリピントカゲ Lipinia infralineolata
パラオリピントカゲ Lipinia leptosoma
ハシナガリピントカゲ Lipinia longiceps
オオミリピントカゲ Lipinia macrotympanum
ミアンリピントカゲ Lipinia miangensis
ヒイロオリピントカゲ Lipinia microcerca ………………… 195
サラワクリピントカゲ Lipinia nitens
ニシパプアリピントカゲ Lipinia occidentalis

ウルワシリピントカゲ Lipinia pulchella ………………… 196
ヨスジリピントカゲ Lipinia quadrivittata ………………… 197
アオサビリピントカゲ Lipinia rabori
ムンタワイリピントカゲ Lipinia relicta
ニューアイルランドリピントカゲ Lipinia rouxi
セカユリピントカゲ Lipinia sekayuensis
ミンダナオリピントカゲ Lipinia semperi
キタパプアリピントカゲ Lipinia septentrionalis
ヒメスジリピントカゲ Lipinia subvittata
マラヤリピントカゲ Lipinia surda
ベトナムミスジリピントカゲ Lipinia trivittata
コントゥムリピントカゲ Lipinia vassilievi
ドベライリピントカゲ Lipinia venemai
リボンリピントカゲ Lipinia vittigera
ジラールリピントカゲ Lipinia vulcania
サンボアンガリピントカゲ Lipinia zamboangensis

ニューギニアクシミミトカゲ属 ｜ Lobulia

7種

英名では "Papuan Moss Skinks" や "Papuan Comb-eared Skinks" と呼ばれる。小型で鱗は滑らか。インドネシアとパプアニューギニアに分布する。地上棲で山地の森林に生息し、一部は標高2,500m付近の高所に見られる。生態には不明な部分が多いが、節足動物を捕食すると考えられている。繁殖形態は胎生。

ワヌマクシミミトカゲ Lobulia brongersmai
ビクトリアクシミミトカゲ Lobulia elegans
ストロングクシミミトカゲ Lobulia fortis
フオンクシミミトカゲ Lobulia huonensis
ウィルヘルムクシミミトカゲ Lobulia lobulus
ヘラクシミミトカゲ Lobulia marmorata
フォーゲルコップクシミミトカゲ Lobulia vogelkopensis

ナングラトカゲ属 ｜ Nangura

1種

属名のNanguraとは本種の模式産地であるオーストラリアのクィーンズランド州南東部に位置するナングラ国立公園（Nangur National Park）に由来する。英名では "Nangur Spiny Skink" と呼ばれる。小型で鱗には強いキールがあり、一見するとミズトカゲ属を思わせる。また、外見のみならず、核型は2n＝28であり（ミナミトカゲ亜科の多くは2n＝30）、地上棲で森林に生息し、地中に掘られた巣穴でコロニーを形成して暮らしているなど、遺伝的・生態的にもかなり特殊な種ではないかと推察されている。本種は1992年に発見されたが、当時はこれほどまでに特殊な種が未発見であったという事実は大きな話題となった。その後も本種の実態を調査するため大規模な捜索が開始されたが、1997年に同じくクィーンズランド州南東部に位置するオークビュー国立公園で小規模な個体群が確認された以外、他の地域では発見されなかった（遺伝子解析の結果、これらの個体群は数十万年前に分かれたと考えられている）。生態には不明な部分が多いが、ミミズや節足動物を捕食すると考えられている。繁殖形態は胎生。

ナングラトカゲ Nangura spinosa

マメツチトカゲ属 ｜ Notoscincus

2種

属名のNotoscincusとは「南」を意味する【noto】と「スキンク」を意味する【scincus】が組み合わさったものと思われるが、はっきりしない。英名では "Lined Soil-crevice Skinks" や "Lined Snake-eyed Skinks" と呼ばれる。小型で鱗は滑らか。下瞼には可動性がなく、

眼は1枚の透明な鱗で覆われている。オーストラリア北西部〜中部に分布する。地上棲で草原から荒れ地・岩場に生息し、節足動物を捕食する。繁殖形態は卵生。

> ダンピアマメツチトカゲ Notoscincus butleri
> ムルディバマメツチトカゲ Notoscincus ornatus

クチナワトカゲ属 ｜ Ophioscincus
3種

　属名の Ophioscincus とは「ヘビ」を意味する【ophis】と「スキンク」を意味する【scincus】が組み合わさったもので、本種の形態を表わしていると思われる。なお、和名のクチナワ(朽縄)とは平安〜室町時代に使われていたヘビの古名の1つ。英名では "Australian Snake Skinks" と呼ばれる。小型で鱗は滑らか。体形は細長いヘビ型で四肢は退化して消失しているか、ごく小さなものを残しているにすぎない。オーストラリア西部に分布する。半地中棲〜地中棲で森林や草原に生息し、柔らかい地中に潜って暮らしている(表層付近で活動し、地中深くに潜っているわけではない)。生態には不明な部分が多いが、節足動物を捕食すると考えられている。繁殖形態は卵生。

> クーローラクチナワトカゲ Ophioscincus cooloolensis
> キバラクチナワトカゲ Ophioscincus ophioscincus
> ユビアシクチナワトカゲ Ophioscincus truncatus

スベミミトカゲ属 ｜ Ornithuroscincus
9種

　学名の Ornithuroscincus とは「鳥」を意味する【ornis】と「尾」を意味する【oura】、「スキンク」を意味する【scincus】が組み合わさったもので、本属の多くがニューギニア島の東部に位置するパプア半島に分布していることを表している(ニューギニア島の形状がパプアニューギニアの国鳥であるアカカザリフウチョウに似ており、パプア半島はその尾部にあたるため)。英名では "Smooth-Eared Skinks" と呼ばれる。小型で鱗は滑らか。主にインドネシアとパプアニューギニアに産するが、ヒヒルスベミミトカゲのみメラネシアの島嶼群からハワイ諸島のハワイ島まで広く分布する。地上でも樹上でも活動し、森林に生息する。生態には不明な部分が多いが、節足動物を捕食すると考えられている。繁殖形態は、わかっている範囲では胎生(シロスジスベミミトカゲ・ミルンベイスベミミトカゲ・モロベスベミミトカゲ・ミナミパプアスベミミトカゲ・シンプソンスベミミトカゲ・ミルンベイスベミミトカゲでははっきりしない)。

> シロスジスベミミトカゲ Ornithuroscincus albodorsalis
> ダガスベミミトカゲ Ornithuroscincus bengaun
> モロベスベミミトカゲ Ornithuroscincus inornatus
> ヒヒルスベミミトカゲ Ornithuroscincus noctua ⋯⋯⋯⋯ 198
> ミナミパプアスベミミトカゲ Ornithuroscincus nototaenia
> シダスベミミトカゲ Ornithuroscincus pterophilus
> シンプソンスベミミトカゲ Ornithuroscincus sabini
> ミルンベイスベミミトカゲ Ornithuroscincus shearmani
> ミドリスベミトカゲ Ornithuroscincus viridis

オオミミトカゲ属 ｜ Otosaurus
1種

　属名の Otosaurus とは「耳」を意味する【oto】と「トカゲ」を意味する【saura】が組み合わさったもので、本属の耳孔が大きく目立つことを表わしていると思われる。英名では "Cuming's Sphenomorphus" や "Luzon Giant Forest Skink" "Philippine Giant Forest Skink" と呼ばれる。中型で35cmに達し、鱗は滑らか。フィリピンに分布する。地上棲で標高約1,000mまでの森林に生息し、生態には不明な部分が多いが、ミミズや節足動物を捕食すると考えられている。繁殖形態は不明。

> カミングオオミミトカゲ Otosaurus cumingii ⋯⋯⋯⋯ 199

パプアヤマスジトカゲ属 ｜ Palaia
1種

　属名の Palaia とはクレオール言語の1つであるトク・ピシン語(パプアニューギニアの公用語の1つ)で「トカゲ」を意味する【palai】に由来する。英名では "Papuan Mountain Striped Skink" と呼ばれる。小型で鱗は滑らか。インドネシア・パプアニューギニアに分布する。地上棲で山地の森林に生息し、生態には不明な部分が多いが、ミミズや節足動物を捕食すると考えられている。繁殖形態は不明。

> パプアヤマスジトカゲ Palaia pulchra

パプアホソスキンク属 ｜ Papuascincus
6種

　属名の Papuascincus とはパプアニューギニア南東部を意味する【Papua】と「スキンク」を意味する【scincus】が組み合わさったもので、本属の分布域を表わしている(全種がニューギニア島に分布する)。英名では "Papuan Slender Skinks" と呼ばれる。小型で鱗は滑らか。インドネシア・パプアニューギニアに分布する。地上棲で山地の森林に生息し、生態には不明な部分が多いが、節足動物を捕食すると考えられている。繁殖形態は、わかっている範囲では卵生(イリアンジャヤホソスキンクでははっきりしない)。

> キタパプアホソスキンク Papuascincus borealis
> セピックホソスキンク Papuascincus buergersi
> キンスジホソスキンク Papuascincus erdorado
> モロカホソスキンク Papuascincus morokanus
> イリアンジャヤホソスキンク Papuascincus phaeodes
> スタンレーホソスキンク Papuascincus stanleyanus

フィリピンヒメモリトカゲ属 ｜ Parvoscincus
24種

　属名の Parvoscincus とは「小さい」を意味する【parvus】と「スキンク」を意味する【scincus】が組み合わさったもので、本属が小型種で構成されていることを表わしていると思われる。なお、本属の多くは21世紀に入ってから記載されており、今後も調査・研究が進めばさらに多くの種が発見されると思われる。英名では "Philippine Dwarf Forest Skinks" と呼ばれる。小型で鱗は滑らか。フィリピンに分布する。地上棲で山地の森林に生息し、林内を流れる渓流や小川付近で多く見られ、半水棲ではないかという説もある(少なくともナガレヒメモリトカゲは半水棲であるとわかっており、リピメンタルヒメモリトカゲやバオヒメモリトカゲ・マドレスヒメモリトカゲもその可能性が高いとされる)。生態には不明な部分が多いが、ミミズや節足動物を捕食すると考えられている。繁殖形態は、わかっている範囲では卵生(バオヒメモリトカゲ・サンガクヒメモリトカゲでははっきりしない)。

> マキリンヒメモリトカゲ Parvoscincus abstrusus
> アグタヒメモリトカゲ Parvoscincus agtorum
> アーヴィンヒメモリトカゲ Parvoscincus arvindiesmosi ⋯⋯⋯ 200
> アウロラヒメモリトカゲ Parvoscincus aurorus
> バナハオヒメモリトカゲ Parvoscincus banahaoensis
> ラローヒメモリトカゲ Parvoscincus beyeri
> ザンバレスヒメモリトカゲ Parvoscincus boyingi
> ワキグロヒメモリトカゲ Parvoscincus decipiens
> バオヒメモリトカゲ Parvoscincus duwendorum
> ミンガンヒメモリトカゲ Parvoscincus hadros
> イゴロットヒメモリトカゲ Parvoscincus igorotorum
> カグラヒメモリトカゲ Parvoscincus jimmymcguirei
> キタングラッドヒメモリトカゲ Parvoscincus kitangladensis

ビコルヒメモリトカゲ *Parvoscincus laterimaculatus*
バルバランヒメモリトカゲ *Parvoscincus lawtoni*
ナガレヒメモリトカゲ *Parvoscincus leucospilos* ·············· 200
サンガクヒメモリトカゲ *Parvoscincus luzonensis*
リピメンタルヒメモリトカゲ *Parvoscincus manananggalae*
パラリヒメモリトカゲ *Parvoscincus palaliensis*
パラワンヒメモリトカゲ *Parvoscincus palawanensis*
バナイヒメモリトカゲ *Parvoscincus sisoni*
ギマラスヒメモリトカゲ *Parvoscincus steerei*
カバタンガンヒメモリトカゲ *Parvoscincus tagapayo*
マドレスヒメモリトカゲ *Parvoscincus tikbalangi*

ピノイトカゲ属 | *Pinoyscincus*
5種

　属名の *Pinoyscincus* とはタガログ語 (フィリピンの公用語の1つ) で「フィリピンの人」を意味する【pinoy】と「スキンク」を意味する【scincus】が組み合わさったもので、本属の分布域を表わしている。英名では "Philippine Forest Skinks" や "Filipino Skinks" と呼ばれる。小型で鱗は滑らか。フィリピンに分布する。体形はスレンダーで四肢はやや短い。地上棲で山地 (標高1,000～1,600m付近) の森林に多く見られるが、レイテピノイトカゲは低地の湿地周辺で暮らしており、半水棲である可能性もある。ミミズや節足動物を捕食する。繁殖形態は卵生。

カクレピノイトカゲ *Pinoyscincus abdictus* ·············· 201
コックスピノイトカゲ *Pinoyscincus coxi*
ジャゴールピノイトカゲ *Pinoyscincus jagori*
レイテピノイトカゲ *Pinoyscincus llanosi*
ミンダナオピノイトカゲ *Pinoyscincus mindanensis*

オーストラリアミミズスキンク属 | *Praeteropus*
4種

　属名の *Praeteropus* とは「失われた」や「省略」を意味する【praeteritus】と「足」を意味する【-pes】が組み合わさったもので、本属の形態を表わしていると思われる。英名では "Queensland Worm Skinks" と呼ばれる。小型で鱗は滑らか。体形は細長いヘビ型で四肢は退化して消失している。オーストラリア西部に分布する。半地中棲～地中棲で森林や草原に生息し、柔らかい地中に潜って暮らしている (表層付近で活動し、地中深くに潜っているわけではない)。生態には不明な部分が多いが、節足動物を捕食すると考えられている。繁殖形態は、わかっている範囲では卵生 (エルフィンストーンミミズスキンクとアボットミミズスキンクでははっきりしない)。

エルフィンストーンミミズスキンク *Praeteropus auxilliger*
イクビミミズスキンク *Praeteropus brevicollis*
クロテンミミズスキンク *Praeteropus gowi*
アボットミミズスキンク *Praeteropus monachus*

ミドリチトカゲ属 | *Prasinohaema*
5種

　属名の *Prasinohaema* とは「緑色」を意味する【prasinos】と「血」を意味する【haima】が組み合わさったもので、実際に本属の血液は緑色～黄緑色で筋肉や舌・骨までも緑色～青色をしているが、これは本属の血中に大量のビリベルジンが含まれているからである (血中に多量のビリベルジンが含まれている理由ははっきりしないが、寄生虫から身を守るためではないか、という説がある)。英名では "Green Tree Skinks" や "Green-blooded Skinks" と呼ばれている。小型で鱗は滑らか。インドネシア・パプアニューギニア・ソロモン諸島に分布する。樹上棲で森林に生息し、節足動物を捕食する。繁殖形態には卵生と胎生が含まれる (アオモンミドリチトカゲは胎生。スベミミミドリチトカゲでははっきりし

ない。その他は卵生)。

ナミドリチトカゲ (キアシミドリチトカゲ) *Prasinohaema flavipes*
スベミミミドリチトカゲ *Prasinohaema parkeri*
キマダラミドリチトカゲ *Prasinohaema prehensicauda*
ハイオビミドリチトカゲ *Prasinohaema semoni*
アオモンミドリチトカゲ *Prasinohaema virens* ·············· 202

ヒマラヤトカゲ属 | *Protoblepharus*
3種

　属名の *Protoblepharus* とは「最初の」を意味する【prōto-】と「瞼」を意味する【ablepharus】が組み合わさったもの。英名では "East Himalayan Mountain Skinks" や "East Himalayan Skinks" と呼ばれる。小型で鱗は滑らか。ヘビメトカゲと呼ばれるグループに似ているが、本属の下瞼は可動し、眼は1枚の透明な鱗で覆われているわけではない。中国南西部とインドに分布する。生態には不明な部分が多いが、地上棲で山地の森林に生息し (標高800～2,000m付近)、節足動物を捕食すると考えられている。繁殖形態は不明。

アパタニヒマラヤトカゲ *Protoblepharus apatani*
メトクヒマラヤトカゲ *Protoblepharus medogensis*
ニンティヒマラヤトカゲ *Protoblepharus nyingchiensis*

ウミワケトカゲ属 | *Saiphos*
1種

　英名では "Yellow-bellied Three-toed Skink" や "Three-toed Skink" と呼ばれる。小型で鱗は滑らか。体形はスレンダーで胴部は長く、四肢は短い。オーストラリア東部に分布する。地上棲～半地中棲で森林に生息し、倒木や石の下に潜んでいることが多いが、夕方頃に活発になり、餌となる節足動物を求めて落ち葉や柔らかい土の中を移動する。本種の繁殖形態はやや特殊で、湾岸部の低地に生息する個体群は卵を産むが、高地の冷涼な山岳地帯に生息する個体群は幼体を直接産む胎生となっている。また、卵生の場合でも比較的長い潜伏期間を持つものと (約15日。卵は硬い卵殻を有する)、短期間で孵化するものが見られ (約5日。卵はごく薄い卵殻で覆われている)、さらに同じメス個体から卵生と胎生の両方が確認された例もあり、卵生から胎生への移行状態にあるのではないか、という説もある。

ウミワケトカゲ *Saiphos equalis* ·············· 203

スベトカゲ属 | *Scincella*
40種

　属名の *Scincella* とは「スキンク」を意味する【scincus】と「小さい」を意味する【-ellus】が組み合わさったもの。英名では "South Asian and American Ground Skinks" や "Smooth Skinks" と呼ばれる。小型で鱗は滑らか。分布域はやや飛び石的で、東アジアから東南アジア・アメリカ合衆国東部・メキシコ・中米に分布し、日本国内にも宮古列島・八重山列島・与那国島・対馬に少数が見られる。地上棲で森林や草原・岩場に生息し、節足動物を捕食する。繁殖形態には卵生と胎生が見られるが、一部は不明 (オリサバスベトカゲ・リョウネイスベトカゲ・リーブススベトカゲは胎生。フーリエンスベトカゲ・バデンスベトカゲ・バラスベトカゲ・ディエンビエンスベトカゲ・ドリアスベトカゲ・イダルゴスベトカゲ・グアテマラスベトカゲ・コアウイラスベトカゲ・ニコバルスベトカゲ・シセンヒメトカゲ・ビルマスベトカゲ・ジャライスベトカゲ・アカオスベトカゲ・ワシャンスベトカゲ・シャンシースベトカゲでははっきりしない。それ以外は卵生)。

フーリエンスベトカゲ *Scincella apraefrontalis*
チュウベイスベトカゲ *Scincella assata*
バデンスベトカゲ *Scincella badenensis*
バラスベトカゲ *Scincella baraensis*
ユンナンスベトカゲ *Scincella barbouri*

ケープヨークミミズスキンク属 | *Sepsiscus*

1種

属名の *Sepsiscus* とは「四肢を失ったトカゲ」を意味する【seps】と「小さい（ちっぽけな）」を意味する【-iscus】が組み合わさったもの。英名では "Cape York Worm Skink" と呼ばれる。小型で鱗は滑らか。体形は細長いヘビ型で四肢は退化して消失している。オーストラリア大陸北東部から突き出た半島であるヨーク岬半島に分布する。半地中棲〜地中棲で草原や荒れ地に生息し、柔らかい地中に潜って暮らしている（表層付近で活動し、地中深くに潜っているわけではない）。生態には不明な部分が多いが、ミミズや節足動物を捕食すると考えられている。繁殖形態は卵生。

ケープヨークミミズスキンク *Sepsiscus pluto*

シモフリトカゲ属 | *Silvascincus*

2種

属名の *Silvascincus* とは「森林」を意味する【silva】と「スキンク」を意味する【scincus】が組み合わさったもので、本属の生息環境を表わしている。英名では "Australian Speckled Forest Skinks" と呼ばれる。小型で鱗は滑らか。オーストラリア東部に分布する。地上棲で森林に生息し、カタツムリなどの陸棲貝類からミミズ・節足動物などを捕食する。繁殖形態は胎生。

マリーシモフリトカゲ *Silvascincus murrayi*
タイロンシモフリトカゲ *Silvascincus tryoni*

ミナミトカゲ属 | *Sphenomorphus*

114種

属名の *Sphenomorphus* とは「楔形」を意味し、本属の頭部がやや細長く、吻も長いことを表している。英名では "Indo-Pacific Forest Skinks" や "Slender Skinks" "Common Skinks" と呼ばれる。どの種も滑らかな鱗を持つが、生態によってやや形態が異なり、やや長い四肢を持つものと、小さな四肢を持つものに分けられ、前者は地上棲〜樹上棲だが、後者は地上棲〜半地中棲傾向が強い。なお、本属にはさまざまな形態のものが含まれており（中には明らかに形態や生態が異なるものも見られる）、今後の調査・研究によっては分類にも大きな変化があるかもしれない。東アジアから東南アジア・南アジアに分布するが、1991年に記載されたグアボミナミトカゲのみ中米のパナマに分布するとされる（おそらくはスベトカゲ属の誤りであると思われるが、本書では暫定的に本属に含める）。森林から草原・荒れ地・岩場などさまざまな環境に生息し、一部の種では生態に不明な部分はあるが、ミミズや節足動物を捕食すると考えられている（一部の種では食性がミミズなどに限定されている）。繁殖形態には卵生と胎生が見られるが、一部は不明（ハイイロミナミトカゲ・ファロミナミトカゲ・ホールサウンドミナミトカゲ・インドシナミナミトカゲ・ホソオビミナミトカゲ・オナガミナミトカゲ・クビモンミナミトカゲは胎生。サブミナミトカゲ・アンナンミナミトカゲ・モロベミナミトカゲ・ベナンミナミトカゲ・モロカミナミトカゲ・リャンクブンミナミトカゲ・キャメロンハイランドミナミトカゲ・カイミナミトカゲ・セレベスミナミトカゲ・メトクミナミトカゲ・メンドロンミナミトカゲ・ミミトジミナミトカゲ・トンフンミナミトカゲ・ノンタブリーミナミトカゲ・ヒロオビミナミトカゲ・バーソロミューミナミトカゲ・ノドジロミナミトカゲ・ビルマミナミトカゲ・スマトラミナミトカゲ・アルーミナミトカゲ・コミミナミトカゲ・ミミカミナミトカゲ・メンタワイミナミトカゲ・クロクチミナミトカゲ・フーコックミナミトカゲ・グアボミナミトカゲ・ササナミナミトカゲ・キセスジミナミトカゲ・コモドミナミトカゲ・ベンリセンミナミトカゲ・ミズベミナミトカゲ・ルマクミナミトカゲ・ブーゲンビルミナミトカゲ・ホソクビミナミトカゲ・ナコンスリタマラートミナミトカゲ・フォンニャケバンミナミトカゲ・クヌアミナミトカゲ・ボロベンハイランドミナミトカゲ・ミスジミナミトカゲ・ルフミナミトカゲ・カインディミナミトカゲ・ウォラストンミナミトカゲ・フォーロミナミトカゲ・カインホアミナミトカゲ・メンコガミナミトカゲでははっきりしない。その他は卵生）。

トガリミナミトカゲ *Sphenomorphus acutus*
ミシマミナミトカゲ *Sphenomorphus aignanus*
サブミナミトカゲ *Sphenomorphus alfredi*
アンナンミナミトカゲ *Sphenomorphus annamiticus*
モロベミナミトカゲ *Sphenomorphus annectens*
ベナンミナミトカゲ *Sphenomorphus anomalopus*
モロカミナミトカゲ *Sphenomorphus anotus*
メガラヤミナミトカゲ *Sphenomorphus apalpebratus*
バコボミナミトカゲ *Sphenomorphus bacboensis*
コロンバンガラミナミトカゲ *Sphenomorphus bignelli*
シンブミナミトカゲ *Sphenomorphus brunneus*
ブエンロイミナミトカゲ *Sphenomorphus buenloicus*
リャンクブンミナミトカゲ *Sphenomorphus buettikoferi*
キャメロンハイランドミナミトカゲ *Sphenomorphus cameronicus*
カイミナミトカゲ *Sphenomorphus capitolythos*
セレベスミナミトカゲ *Sphenomorphus celebensis*
ハイイロミナミトカゲ *Sphenomorphus cinereus*
ファロミナミトカゲ *Sphenomorphus concinnatus*
バカンミナミトカゲ *Sphenomorphus consobrinus*
メトクミナミトカゲ *Sphenomorphus courcyanus*
サンタイザベルミナミトカゲ *Sphenomorphus cranei*
メンドロンミナミトカゲ *Sphenomorphus crassus*

ミズトカゲ属 ｜ *Tropidophorus*

29種

属名の *Tropidophorus* とは「魚雷」を意味する【torpedo】と「出産」を意味する【phorus】が組み合わさったものと思われるが、はっきりしない。英名では "Stream Skinks" や "Waterside Skinks" "Water Skinks" "Keeled Skinks" "Crocodile Skinks" と呼ばれる。小型で鱗には強いキールを持つものが多いが、一部はやや滑らか。東南アジアから南アジアの一部（バングラデシュ・ミャンマー・インド北東部）に分布する。どの種も半水棲傾向が強く、山間部の森林内を流れる渓流や小川周辺に生息し、危険を感じると水中に飛び込んで逃げる。ミミズや節足動物を捕食するが、飼育下では共食いした例もある。繁殖形態は胎生。本属はその特徴的な形態と生態から古くより知られており、半水棲トカゲの代表的な存在と言える。

シロテンシンリントカゲ属 | *Tumbunascincus*

1種

　属名の *Tumbunascincus* とはタンブナン動物地理区分（Tumbunan Zoogeographic Division。生物学の分野で生物の分布と地理との関係の研究を説明するために使用される用語だが、生物地理学＝Biogeography がさまざまな地域に渡る種と生態系の地理的パターンに焦点を当てているのに対し、動物地理学＝Zoogeographic は動物種とその生息地の地理的パターンに焦点を合わせたもの）と「スキンク」を意味する【scincus】が組み合わさったもので、本種の分布域（特にオーストラリアのクイーンズランド州中東部に位置するユンゲラ高原亜熱帯動物群に含まれていること）を表していると思われる。英名では "Orange-speckled Forest Skink" と呼ばれる。小型で鱗は滑らか。地上棲で森林に生息し、節足動物を捕食する。繁殖形態は胎生。

　シロテンシンリントカゲ *Tumbunascincus luteilateralis*

オチバトカゲ属 | *Tytthoscincus*

23種

　属名の *Tytthoscincus* とは「小さい」や「幼い」を意味する【tyttho】と「スキンク」を意味する【scincus】が組み合わさったもので、本属に小型種が多いことを表していると思われる。英名では "Dwarf Leaf-litter Skinks" や "Diminutive Leaf-litter Skinks" "Diminutive Asian Skinks" と呼ばれる。小型で鱗は滑らか。地上棲で東南アジアの森林に生息し、林床の落ち葉や倒木の下に潜んでいることが多く、節足動物を捕食する。繁殖形態は、わかっている範囲では卵生（バトゥバンガオチバトカゲ・スルオチバトカゲ・ビンタンオチバトカゲ・ティオマンオチバトカゲ・キャメロンハイランドオチバトカゲ・コアシオチバトカゲ・ペレスオチバトカゲ・ベンリッセンオチバトカゲ・マンディルオチバトカゲ・ブブオチバトカゲ・ブルフンティアンオチバトカゲ・シブオチバトカゲ・シンガポールオチバトカゲ・テメンゴルオチバトカゲ・ソウダラオチバトカゲでははっきりしない）。

　サバオチバトカゲ *Tytthoscincus aesculeticola*
　ザンボアンガオチバトカゲ *Tytthoscincus atrigularis*
　バトゥバンガオチバトカゲ *Tytthoscincus batupanggah*
　スルオチバトカゲ *Tytthoscincus biparietalis*
　フレイザーオチバトカゲ *Tytthoscincus bukitensis*
　ビンタンオチバトカゲ *Tytthoscincus butleri*

　タハンオチバトカゲ *Tytthoscincus cophias*
　ボルネオオチバトカゲ *Tytthoscincus hallieri*
　ティオマンオチバトカゲ *Tytthoscincus ishaki*
　キャメロンハイランドオチバトカゲ *Tytthoscincus jaripendek*
　コアシオチバトカゲ *Tytthoscincus kakikecil*
　ペレスオチバトカゲ *Tytthoscincus keciktuek*
　ベンリッセンオチバトカゲ *Tytthoscincus leproauricularis*
　マンディルオチバトカゲ *Tytthoscincus martae*
　ブブオチバトカゲ *Tytthoscincus monticolus*
　パンチョルオチバトカゲ *Tytthoscincus panchorensis*
　スラウェシオチバトカゲ *Tytthoscincus parvus*
　ブルフンティアンオチバトカゲ *Tytthoscincus perhentianensis*
　シブオチバトカゲ *Tytthoscincus sibuensis*
　シンガポールオチバトカゲ *Tytthoscincus temasekensis*
　テメンゴルオチバトカゲ *Tytthoscincus temengorensis*
　スンダオチバトカゲ *Tytthoscincus temmincki*
　ソウダラオチバトカゲ *Tytthoscincus textus*

スキンク亜科 | Scincinae

34属296種

ミズベトカゲ属 | *Amphiglossus*

2種

　現在はスキンク亜科に分類されているが、形態的・分類的に特殊な存在であり、今後、調査・研究が進めば本属を中心とした新たな亜科が設立される可能性もある。属名の *Amphiglossus* とは「両方の」を意味する【amphi-】と「舌」を意味する【glossus】が組み合わさったものと思われるが、はっきりしない。英名では "Fine-scaled Short-legged Skinks" と呼ばれる。中型で鱗は滑らか。マダガスカルに分布する。半水棲で林内を流れる小川や渓流で多いが、場所によっては農地などでも見られる。主にミミズや節足動物・トカゲなどを捕食するが、死肉を食べることもある。繁殖形態は卵生。

　アストロラーベミズベトカゲ *Amphiglossus astrolabi* 224
　アミメミズベトカゲ *Amphiglossus reticulatus* 224

インドモグリトカゲ属 | *Barkudia*

2種

　属名の *Barkudia* とはインドのオリッサ州西部に位置するバークーダ島（Barkuda Island）に由来するのかもしれないが、はっきりしない（バークーダ島周辺は本属に含まれるマドラスモグリトカゲの模式産地でもある）。英名では "Indian Limbless Skinks" と呼ばれる。小型で鱗は滑らか。体形は細長いヘビ型で四肢は退化して消失している。インド西部に分布する。半地中棲〜地中棲で森林に生息し（マングローブ林周辺での発見例が多い）、柔らかい地中に潜って暮らしているが（表層付近で活動し、地中深くに潜っているわけではないようだ）、ほとんどなにもわかっておらず、マドラスモグリトカゲでは1917年の記載以来、公式には4回しか発見されておらず、生きた姿が初めて撮影されたのは2022年のこと。食性もはっきりしないが、ミミズや節足動物を捕食すると考えられている。繁殖形態は、わかっている範囲では卵生（マドラスモグリトカゲでははっきりしない）。

　マドラスモグリトカゲ *Barkudia insularis*
　ビシャカパトナムモグリトカゲ *Barkudia melanosticta*

タンソクトカゲ属 | *Brachymeles*

42種

　現在はスキンク亜科に分類されているが、形態的・分類的に特殊な存在であり、今後、調査・研究が進めば本属を中心とした新たな亜科が設立される可能性もある。属名の *Brachymeles* とは「短

04

イグアナ下目の分類

い」を意味する【brachy-】と「潜る」を意味する【mele】が組み合わさったものと思われるが、はっきりしない。英名では "Indo-Malayan Slender Skinks" や "Loam-swimming Skinks" "Philippine Short-legged Skinks" と呼ばれる。小型で鱗は滑らか。体形は細長いヘビ型で四肢は退化して消失しているか、ごく小さなものを残しているにすぎないが、本属は約6,200万年前に四肢を1度失い、約2,100万年前に再び取り戻した可能性がある例外的な生物として知られている。東南アジアに分布する。生態には不明な部分が多いが、地上棲〜半地中棲で森林に生息し、ミミズや節足動物を捕食していると考えられている。繁殖形態は、わかっている範囲では胎生 (タブラスタンソクトカゲ・イロカノタンソクトカゲ・アウロラタンソクトカゲ・ザバリタンソクトカゲ・ルバンタンソクトカゲ・マスバテタンソクトカゲ・サンビセンテタンソクトカゲ・ブブアンタンソクトカゲ・タンガオタンソクトカゲ・ジョロタンソクトカゲでははっきりしない)。

マダガスカルナガトカゲ属 ｜ *Brachyseps*

7種

かつてはミズベトカゲ属に含まれていたが、近年分割された。属名の *Brachyseps* とは「短い」を意味する【brachy-】と「四肢を失ったトカゲ」を意味する【seps】が組み合わさったものと思われる。英名では "Madagascar Short-legged Skinks" と呼ばれる。小型で鱗は滑らか。マダガスカルに分布する。地上棲で森林に生息し、ミミズや節足動物を捕食する。繁殖形態には卵生と胎生が見られるが、一部は不明 (クロテンナガトカゲは胎生。アノシーナガトカゲ・オショネシーナガトカゲ・マソアラナガトカゲ・クロテンナガトカゲ・ツラフノナガトカゲ・クロオビナガトカゲでははっきりしない)。

カラカネトカゲ属 ｜ *Chalcides*

32種

属名の *Chalcides* とは「(光沢のある) 青銅色」を意味する【chalkis】に由来する。英名では "Cylindrical Skinks" や "Barrel Skinks" と呼ばれる。小型で鱗は滑らか。四肢の形態は種によって異なり、やや短いものから非常に短いもの、ほぼ完全に退化したヘビ型などが見られ、さほど種数が多いわけではないが、バラエティに富んだ属である。アフリカ大陸北部〜中部に多く産するが、南ヨーロッパや中東にも分布する。なお、インド南部の西ガーツ山脈よりケララカラカネトカゲが1870年に記載されているが、模式標本しか知られておらず、現在はその標本も失われているため、ほとんどなにもわかっていない (実際に本属に含まれるのかすらはっきりしないが、本書では暫定的に本属に含める)。地上棲で森林から草原・荒れ地・砂漠などに生息し、節足動物を捕食する。繁殖形態は、わかっている範囲では胎生 (ケララカラカネトカゲでははっきりしない)。

セイロンヨツユビトカゲ属 │ *Chalcidoseps*

　属名の*Chalcidoseps*とはカラカネトカゲ属の属名である*Chalcides*と「四肢を失ったトカゲ」を意味する【seps】が組み合わさったものと思われるが、はっきりしない。英名では "Knuckles Four-toed Skink" と呼ばれる。小型で鱗は滑らか。スリランカ中部に位置するナックルズ山脈の森林に生息し（標高700～1,000m付近での発見例が多い）、半地中棲で林床の柔らかい土の中やリッター層の中に潜んでいることが多い。食性に関しては不明な部分が多いが、ミミズや節足動物を捕食すると考えられている。繁殖形態は卵生。

オオアシトカゲ属 │ *Eumeces*

　属名の*Eumeces*とは「細長い」を意味する【eumeces】、もしくは「整っていて背が高い」を意味する【eumekes】に由来すると思われる。英名では "Afro-Asian Long-legged Skinks" と呼ばれる。やや中型で鱗は滑らか。北アフリカや中央アジア・西アジア・南アジアの一部に分布する。地上棲で森林や草原・荒れ地に生息し、主にミミズや節足動物などを捕食するが、一部の中型種はカタツムリなどの陸棲貝類やトカゲを食べることもある。繁殖形態は、わかっている範囲では卵生（アフガンオオアシトカゲ・チョリスタンオオアシトカゲ・パンジャブオオアシトカゲでははっきりしない）。

ジムグリトカゲ属 │ *Eurylepis*

　属名の*Eurylepis*とは「幅広い」を意味する【eurys】と「（魚類の）鱗」を意味する【lepis】が組み合わさったものと思われる。英名では "Asian Mole Skinks" や "Shielded Skinks" と呼ばれる。やや小型で鱗は滑らか。インド北西部と西アジアに分布する。地上棲でやや乾燥した森林から草原・荒れ地に生息し、節足動物を捕食する。繁殖形態は不明。

アリノストカゲ属 │ *Feylinia*

　現在はスキンク亜科に分類されているが、形態的・分類的に特殊な存在であり、今後、調査・研究が進めば本属を中心とした新たな亜科が設立される可能性もある（過去にはアリノストカゲ亜科Felininaeとされていたこともある）。英名では "African Snake Skinks" と呼ばれる。なお、和名ではアリノストカゲと呼ばれるが、特に蟻塚に多く見られるというわけではないようだ。小型～中型で鱗は滑らか。体形は細長いヘビ型で四肢は退化して消失している。サハラ砂漠以南のアフリカ中部に分布する。半地中棲～地中棲で森林や草原・荒れ地に生息し、柔らかい地中に潜って暮らしている（表層付近で活動し、地中深くに潜っているわけではない）。人目につきにくく生態には不明な部分が多いが、節足動物を捕食すると考えられている。繁殖形態は胎生。

マダガスカルツツトカゲ属 │ *Flexiseps*

　かつてはミズベトカゲ属に含まれていたが、近年分割された。属名の*Flexiseps*とは「曲がる」を意味する【flecto】と「四肢を失ったトカゲ」を意味する【seps】が組み合わさったものと思われる。英名では "Madagascar Cylindrical Skinks" と呼ばれる。小型で鱗は滑らか。短いながらも四肢を持つものが多いが、ツメナシツツトカゲでは極短く爪のない瘤状となっている。マダガスカルに多く産するが、コモロ諸島やグロリオソ諸島にも少数分布する。地上棲で森林に多く見られるが、一部は林内を流れる渓流付近に多く見られ、泳いだり潜水することもできる。ミミズや節足動物を捕食する。繁殖形態は、わかっている範囲では卵生（アリュードツツトカゲ・アンドラノバホツツトカゲ・イワバツツトカゲ・ナガツツトカゲでははっきりしない）。

ワレミミトカゲ属 │ *Gongylomorphus*

　属名の*Gongylomorphus*とは「球」や「円」を意味する【gongylo】と「形」を意味する【morphus】が組み合わさったものと思われるが、はっきりしない。英名では "Slit-eared Skinks" と呼ばれる。なお、和名のワレミミとは本属の耳孔の開口部は水平のスリット状となっていることに由来すると思われる。小型で鱗は滑らか。モーリシャスに分布する。地上棲で森林や草原・岩場に生息し、節足動物を捕食

04

イグアナ下目の分類

する。繁殖形態は、わかっている範囲では卵生 (モーリシャスワレミミトカゲでははっきりしない)。なお、一部地域では移入されたジャコウネズミなどの影響により個体数が激減している。

　　　サテライトワレミミトカゲ *Gongylomorphus bojerii*
　　　モーリシャスワレミミトカゲ *Gongylomorphus fontenayi*

グレンディディエスナチモグリ属 | *Grandidierina*
4種

　属名の *Grandidierina* とはフランスの博物学者 Alfred Grandidier (1836-1921) に因む。英名では "South Madagascar Blind Sand Sliders" と呼ばれる。小型で鱗は滑らか。体形は細長いヘビ型で四肢は退化して消失しているか、ごく小さなものを残しているにすぎない。マダガスカルに分布する。半地中棲～地中棲で草原や荒れ地に生息し、柔らかい地中に潜って暮らしている (表層付近で活動し、地中深くに潜っているわけではない)。人目につきにくく生態には不明な部分が多いが、節足動物を捕食すると考えられている。繁殖形態は卵生。

　　　フタヅメスナチモグリ *Grandidierina fierinensis* ·················· 242
　　　スジスナチモグリ *Grandidierina lineata*
　　　トゥリアラスナチモグリ *Grandidierina petiti*
　　　アカオスナチモグリ *Grandidierina rubrocaudata*

ソコトラホソトカゲ属 | *Hakaria*
1種

　属名の *Hakaria* とは本種の模式産地であるソコトラ島南部に存在したハカリ村に由来すると思われる (はっきりしたことはわからないが、現在はアカリ村 = Aqari と呼ばれているようだ)。英名では "Socotra Slender Skink" と呼ばれる。ソコトラ島に分布する。小型で鱗は滑らか。生態には不明な部分が多いが、地上棲で低地の草原や荒れ地に生息し、節足動物を捕食すると考えられている。繁殖形態は不明。

　　　ソコトラホソトカゲ *Hakaria simonyi*

セーシェルヒメスキンク属 | *Janetaescincus*
2種

　属名の *Janetaescincus* とはオーストラリアの動物学者である Allen Eddy Greer の兄妹である Janet Greer と「スキンク」を意味する【scincus】が組み合わさったもの。英名では "Seychelles Four-toed Burrowing Skinks" と呼ばれる。セーシェルに分布する。生態には不明な部分が多いが、地上棲で森林に生息し、主に林床の落ち葉や倒木の下に潜み、節足動物を捕食すると考えられている。繁殖形態は卵生。

　　　ブラウアーヒメスキンク *Janetaescincus braueri*
　　　フィッツジェラルドヒメスキンク *Janetaescincus veseyfitzgeraldi*

タイニンギョトカゲ属 | *Jarujinia*
1種

　属名の *Jarujinia* とはタイの動物学者 Jarujin Nabhitabhata (1950-2008) に因む。英名では "Ratchaburi Two-legged Skink" と呼ばれる。小型で鱗は滑らか。後肢はないがごく短い前肢を持つという有鱗目全体からみても珍しい形態を持つ (指趾はあるが爪はない。なお、前肢しか持たない爬虫類はスキンク下目とミミズトカゲ類に少数が見られる程度)。タイに分布するが、現時点ではタイ中部に位置するラーチャブリー県のスアン・プン地区 (Suan Phueng) 周辺からのみ知られている。生態には不明な部分が多いが、半地中棲～地中棲で森林に生息し、柔らかい地中に潜って暮らしている (表層付近で活動し、地中深くに潜っているわけではない)。ミミズや節足動物を捕食すると考えられている。繁殖形態は不明。

　　　タイニンギョトカゲ *Jarujinia bipedalis*

マラガシースキンク属 | *Madascincus*
12種

　属名の *Madascincus* とは国名であるマダガスカルと「スキンク」を意味する【scincus】が組み合わさったもの。英名では "Madagascar Short-legged Skinks" と呼ばれる。小型で鱗は滑らか。マダガスカルに分布する。地上棲だが低木に登ることもあり、森林や草原・岩場に多く見られる。生態には不明な部分もあるが、節足動物を捕食すると考えられている。繁殖形態には卵生と胎生が見られるが、一部は不明 (ナミマラガシースキンクは胎生。アカオマラガシースキンクでは卵生と胎生双方の個体群が存在するとされる。アンコダベマラガシースキンク・サビイロマラガシースキンク・ヒソミマラガシースキンク・コガタマラガシースキンクでははっきりしない。その他は卵生)。

　　　アンコダベマラガシースキンク *Madascincus ankodabensis*
　　　スナチマラガシースキンク *Madascincus arenicola*
　　　アカオマラガシースキンク *Madascincus igneocaudatus* ·········· 243
　　　サビイロマラガシースキンク *Madascincus macrolepis*
　　　ナミマラガシースキンク *Madascincus melanopleura*
　　　ヒソミマラガシースキンク *Madascincus miafina*
　　　コガタマラガシースキンク *Madascincus minutus*
　　　モロンダバマラガシースキンク *Madascincus mouroundavae*
　　　ヒメマラガシースキンク *Madascincus nanus*
　　　ワンガンマラガシースキンク *Madascincus polleni* ·········· 243
　　　ヒノオマラガシースキンク *Madascincus pyrurus*
　　　ノシベマラガシースキンク *Madascincus stumpffi*

クロアシナシスキンク属 | *Melanoseps*
9種

　属名の *Melanoseps* とは「黒色の」を意味する【melano-】と「四肢を失ったトカゲ」を意味する【seps】が組み合わさったものと思われる。英名では "Black Limbless Skinks" や "Legless Skinks" と呼ばれる。小型で鱗は滑らか。体形は細長いヘビ型で四肢は退化して消失している。半地中棲～地中棲で森林や草原に生息し、柔らかい地中に潜って暮らしており (表層付近で活動し、地中深くに潜っているわけではない)、節足動物を捕食する。繁殖形態は主に胎生だが、オナガクロアシナシスキンクのみ卵生となっている。

　　　ミスククロアシナシスキンク *Melanoseps ater*
　　　ウルグルクロアシナシスキンク *Melanoseps emmrichi*
　　　オナガクロアシナシスキンク *Melanoseps longicauda*
　　　ラブリッジクロアシナシスキンク *Melanoseps loveridgei* ·········· 244
　　　ニシクロアシナシスキンク *Melanoseps occidentalis*
　　　コガタクロアシナシスキンク *Melanoseps pygmaeus*
　　　ロンドクロアシナシスキンク *Melanoseps rondoensis*
　　　ソコケクロアシナシスキンク *Melanoseps sokokensis*
　　　ウズングワクロアシナシスキンク *Melanoseps uzungwensis*

メソスキンク属 | *Mesoscincus*
3種

　属名の *Mesoscincus* とはメソアメリカ地域 (メキシコおよび中央アメリカ北西部。なお、【meso】とは「中央」を意味する) と「スキンク」を意味する【scincus】が組み合わさったものと思われる。英名では "Central American Giant Skinks" と呼ばれる。やや中型で鱗は滑らか。メキシコ南部～中米 (コスタリカまで) に分布する。地上棲で森林や草原に生息し、ミミズや節足動物・トカゲを捕食する。繁殖形態は、わかっている範囲では卵生 (テパスカテペクメソスキンクでははっきりしない)。

　　　テパスカテペクメソスキンク *Mesoscincus altamirani*
　　　マナグアメソスキンク *Mesoscincus managuae*

ユカタンメソスキンク（シュバルツスキンク）
Mesoscincus schwartzei ················· 245

ネシアトカゲ属 ｜ *Nessia*
9種

英名では "Singalese Skinks" や "Sri Lankan Snake Skinks" と呼ばれる。小型で鱗は滑らか。体形は細長いヘビ型で四肢は退化して消失しているか、ごく小さなものを残しているにすぎない。スリランカに分布する。半地中棲〜地中棲で森林に生息し、柔らかい地中に潜って暮らしている（表層付近で活動し、地中深くに潜っているわけではない）。人目につきにくく生態には不明な部分が多いが、節足動物を捕食すると考えられている。繁殖形態は卵生。

アトアシネシアトカゲ *Nessia bipes*
バートンネシアトカゲ *Nessia burtonii* ················· 246
デラニヤガラネシアトカゲ *Nessia deraniyagalai*
フタユビネシアトカゲ *Nessia didactyla*
ルマスワラネシアトカゲ *Nessia gansi*
サメヅラネシアトカゲ *Nessia hickanala*
レイヤードネシアトカゲ *Nessia layardi*
ヒトユビネシアトカゲ *Nessia monodactyla*
サラシンネシアトカゲ *Nessia sarasinorum*

ヘビスキンク属 ｜ *Ophiomorus*
12種

属名の *Ophiomorus* とは「奇妙なヘビ」を意味すると思われるが、はっきりしない。英名では "South West Asian Snake Skinks" や "Sand Swimmers" "Legless Skinks" と呼ばれる。小型で鱗は滑らか。どの種も長い胴部を持つが、四肢の形態は種によって異なり、短い四肢を持つものからほぼ完全に退化したヘビ型まで見られる。分布はやや飛び石的で、インド西部から西アジア・南ヨーロッパに分布する。地上棲〜半地中棲で草原や荒れ地・砂漠に生息し、一部は砂に潜って生活している（表層付近で活動し、地中深くに潜っているわけではない）。人目につきにくく生態には不明な部分が多いが、節足動物を捕食すると考えられている。繁殖形態には卵生と胎生が見られるが、一部は不明（ギリシャヘビスキンクは卵生。アンタルヤヘビスキンク・クビナガヘビスキンクではっきりしない。その他は胎生）。

ブランフォードヘビスキンク *Ophiomorus blanfordii*
ヨツユビヘビスキンク *Ophiomorus brevipes*
トルクメニスタンヘビスキンク *Ophiomorus chernovi*
アンタルヤヘビスキンク *Ophiomorus kardesi*
シカイヘビスキンク *Ophiomorus latastii* ················· 247
クビナガヘビスキンク *Ophiomorus maranjabensis*
ミスジヘビスキンク *Ophiomorus nuchalis*
ペルシアヘビスキンク *Ophiomorus persicus*
ギリシャヘビスキンク *Ophiomorus punctatissimus*
インドヘビスキンク *Ophiomorus raithmai*
バロチスタンヘビスキンク *Ophiomorus streeti*
ミツユビヘビスキンク *Ophiomorus tridactylus*

セーシェルスキンク属 ｜ *Pamelaescincus*
1種

属名の *Pamelaescincus* とはオーストラリアの動物学者である Allen Eddy Greer の兄妹である Pamela Greer と「スキンク」を意味する【scincus】が組み合わさったもの。英名では "Seychelles Speckled Lowland Skink" や "Gardiner-Skink" "Gardiner's Burrowing Skink" と呼ばれる。小型で鱗は滑らか。セーシェルに分布する。地上棲で森林や草原に生息し、節足動物を捕食する。繁殖形態は卵生。

セーシェルスキンク *Pamelaescincus gardineri*

ヤリガタトカゲ属 ｜ *Paracontias*
14種

現在はスキンク亜科に分類されているが、形態的・分類的に特殊な存在であり、今後、調査・研究が進めば本属を中心とした新たな亜科が設立される可能性もある。属名の *Paracontias* とは「似ている」を意味する【par】とダーツスキンク属の属名が組み合わさったもの。英名では "Madagascar Legless Skinks" と呼ばれる。小型〜やや中型で鱗は滑らかで光沢がある。体形は細長いヘビ型で四肢は退化して消失しているか、ごく小さなものを残しているにすぎず、一部の種では眼も退化傾向にある。マダガスカルに分布する。人目につきにくいため生態には不明な部分が多いが、半地中棲〜地中棲で森林や草原・荒れ地に生息し（表層付近で活動し、地中深くに潜っているわけではない）、ミミズや節足動物を捕食すると考えられている。繁殖形態は、わかっている範囲では卵生（アンビジョロアヤリガタトカゲ・スナチヤリガタトカゲ・カワリヤリガタトカゲ・カワキヤリガタトカゲ・マモコヤリガタトカゲ・ツァララノヤリガタトカゲでははっきりしない）。

アンビジョロアヤリガタトカゲ *Paracontias ampijoroensis*
アンバーヤリガタトカゲ *Paracontias brocchii*
スナチヤリガタトカゲ *Paracontias fasika*
カワリヤリガタトカゲ *Paracontias hafa*
ヒルデブランドヤリガタトカゲ *Paracontias hildebrandti*
アンザハマルヤリガタトカゲ *Paracontias holomelas*
ジムシヤリガタトカゲ *Paracontias kankana*
カワキヤリガタトカゲ *Paracontias mahamavo*
ホソミヤリガタトカゲ *Paracontias manify*
マモコヤリガタトカゲ *Paracontias milloti*
アンツィラナナヤリガタトカゲ *Paracontias minimus*
ワキグロヤリガタトカゲ *Paracontias rothschildi*
ツァララノヤリガタトカゲ *Paracontias tsararano*
ミミズヤリガタトカゲ *Paracontias vermisaurus*

スジトカゲ属 ｜ *Plestiodon*
51種

トカゲ属とも。属名の *Plestiodon* とは「たくさん」や「最も」を意味する【pleistos】と「歯」を意味する【odontos】が組み合わさったもの。英名では "Blue-tailed Skinks" や "Toothy Skinks" "Long Skinks" "Long-legged Skinks" と呼ばれる。小型〜やや中型で鱗は滑らか。地上棲で一般に想像されるトカゲ（スキンク）の姿をしたものが多いが、フロリダスナジトカゲのみ半地中棲で四肢が非常に短く、吻も尖っており、一見同属には見えないほど特殊化している。分布は飛び石的で東アジア〜東南アジア・中米・メキシコ・北米・カナダと2つの大陸を跨っている。森林や草原・荒れ地・岩場・農地などに生息し、ミミズや節足動物を捕食するが、キシノウエトカゲのような中型種ではカエルやトカゲを襲うこともある。繁殖形態には卵生と胎生が見られるが、一部は不明（チワワフタスジトカゲ・コリマスジトカゲ・メキシコスジトカゲ・ジムグリスジトカゲ・ギルバートスジトカゲ・コナラスジトカゲ・ニシゲレロスジトカゲ・ミナミコガタスジトカゲでは胎生。サンボトスジトカゲ・チャンスースジトカゲ・ミナミゲレロスジトカゲ・バルサススジトカゲ・チワワイッスジトカゲ・フッケンスジトカゲでははっきりしない。それ以外は卵生）。

イシズミトカゲ *Plestiodon anthracinus* ················· 261
バーバートカゲ *Plestiodon barbouri* ················· 248
フタスジトカゲ *Plestiodon bilineatus*
チワワフタスジトカゲ *Plestiodon brevirostris*
ボウシスジトカゲ *Plestiodon callicephalus*
キタシナトカゲ *Plestiodon capito*

04

イグアナ下目の分類

ホソジムグリトカゲ属 ｜ *Proscelotes*

3種

　属名の *Proscelotes* とは「前に」や「昔の」を意味する【pro】とヒメジムグリトカゲ属の属名が組み合わさったものと思われるが、はっきりしない。英名では "African Slender Skinks" と呼ばれる。小型で鱗は滑らか。サハラ砂漠以南のアフリカ大陸に分布するが局所的でタンザニア・モザンビーク・ジンバブエの限られた地域より記録があるにすぎない。地上棲で森林に生息し、節足動物を捕食する。繁殖形態は胎生。

ニセダーツスキンク属 ｜ *Pseudoacontias*

4種

　属名の *Pseudoacontias* とは「偽物」を意味する【pseudo】とダーツスキンク属の属名が組み合わさったもの。英名では "Madagascar Small-eyed Sliders" と呼ばれる。小型〜やや中型で鱗は滑らか。体形は細長いヘビ型で四肢は退化して消失しているか、ごく小さなものを残しているにすぎない。マダガスカルに分布する。人目につきにくいため生態には不明な部分が多いが、半地中棲〜地中棲で森林に生息し（表層付近で活動し、地中深くに潜っているわけではない）、節足動物を捕食すると考えられている。繁殖形態は、わかっている範囲では卵生（アカクロスジニセダーツスキンクは卵生。それ以外は不明）。

ヒレアシスキンク属 ｜ *Pygomeles*

3種

　属名の *Pygomeles* とは「下半身」や「尾」を意味する【pygo-】と「潜る」を意味する【mele】が組み合わさったものと思われるが、はっきりしない。英名では "Madagascar Shovel-nosed Sand Sliders" と呼ばれる。小型で鱗は滑らか。体形は細長いヘビ型で四肢は退化して消失しているか、ごく小さなものを残しているにすぎない（後肢のみ持つものも見られる）。マダガスカルに分布する。人目につきにくいため生態には不明な部分が多いが、半地中棲〜地中棲で草原や荒れ地に生息し（表層付近で活動し、地中深くに潜っているわけではない）、節足動物を捕食すると考えられている。繁殖形態は、わかっている範囲では卵生（ペッターヒレアシスキンクでははっきりしない）。

ヒメジムグリトカゲ属 ｜ *Scelotes*

22種

　属名の *Scelotes* とは「（小さな）足」を意味すると思われるが、はっきりしない。英名では "Dwarf Burrowing Skinks" と呼ばれる。小型で鱗は滑らか。体形は細長いヘビ型で四肢は退化して消失しているか、ごく小さなものを残しているにすぎない（後肢のみ持つものも見られる）。アフリカ大陸中部〜南部に広く分布する。多くは半地中棲〜地中棲で森林や草原・荒れ地に生息するが（表層付近で活動し、地中深くに潜っているわけではない）、一部は地上棲で草原や岩場で暮らしている。人目につきにくいため生態には不明な部分が多いが、節足動物を捕食すると考えられている。繁殖形態は、わかっている範囲では胎生（クデニヒメジムグリトカゲでははっきりしない）。

コシベイヒメジムグリトカゲ *Scelotes fitzsimonsi*
ケープヒトユビヒメジムグリトカゲ *Scelotes gronovii*
ナタールヒメジムグリトカゲ *Scelotes guentheri*
ムモンヒメジムグリトカゲ *Scelotes inornatus*
バザルトヒメジムグリトカゲ *Scelotes insularis*
ケープフタユビヒメジムグリトカゲ *Scelotes kasneri*
リンポポヒメジムグリトカゲ *Scelotes limpopoensis*
トランスバールヒメジムグリトカゲ *Scelotes mirus*
ブロウベルフストヒメジムグリトカゲ *Scelotes montispectus*
モザンビークヒメジムグリトカゲ *Scelotes mossambicus*
ビオコヒメジムグリトカゲ *Scelotes poensis*
クロスジヒメジムグリトカゲ *Scelotes sexlineatus*
ウルグルヒメジムグリトカゲ *Scelotes uluguruensis*
ワンガンヒメジムグリトカゲ *Scelotes vestigifer*

ナミダメスナトカゲ属 ｜ *Scincopus*

1種

ネコメスキンク属とも。英名では "Peters' banded Skink" や "Banded Tiger Skink" "Tiger Skink" "Banded Skink" "Geryville Skink" "Night Skink" "Tunisian Night Skink" と呼ばれる。やや小型で鱗は滑らか。アフリカ大陸中部〜北部に分布する。地上棲で標高1,000m以下の乾燥した草原や荒れ地・砂漠に巣穴を掘って生息する（巣穴の深さは60cmに達する場合もある）。夜行性で人目につかないため生態には不明な部分が多いが、節足動物を捕食していると考えられている。繁殖形態は卵生。

サハラナミダメスナトカゲ *Scincopus fasciatus* ⋯⋯⋯⋯⋯ 265

スナトカゲ属 ｜ *Scincus*

5種

サンドスキンク属とも。英名では "Sand Fish" や "Sand Skinks" "True Skinks" "Typical Skinks" と呼ばれ、国内のペットトレードにおいてもサンドフィッシュの名称が広く認知されている。小型で鱗は滑らか。頭部は扁平で眼は小さく、砂の中を移動しやすいよう吻はやや反っている。サハラ砂漠を含むアフリカ大陸北部〜西アジアに分布する。地上棲〜半地中棲で乾燥した荒れ地や砂漠に生息する。砂の中を泳ぐように移動し、主に節足動物を捕食するが、花や葉などの植物を食べることもある。繁殖形態には卵生と胎生が見られるが、一部は不明（ナミスナトカゲは卵生。ミトラスナトカゲは胎生。その他ははっきりしない）。なお、本属は古くから知られていたトカゲの1つで、数々の説話や神話にも登場するが、摸式種であるナミスナトカゲ以外は生態に不明な部分が多い。

シロオビスナトカゲ（シロオビサンドスキンク）*Scincus albifasciatus*
オマーンスナトカゲ（オマーンサンドスキンク）*Scincus conirostris*
イエメンスナトカゲ（イエメンサンドスキンク）*Scincus hemprichii* ⋯⋯ 266
ミトラスナトカゲ（アラビアサンドスキンク）*Scincus mitranus* ⋯⋯⋯ 267
ナミスナトカゲ（クスリサンドスキンク）*Scincus scincus* ⋯⋯⋯⋯⋯ 268

ヒガシアフリカスナチモグリ属 ｜ *Scolecoseps*

5種

現在はスキンク亜科に分類されているが、形態的・分類的に特殊な存在であり、今後、調査・研究が進めば本属を中心とした新たな亜科が設立される可能性もある。属名の*Scolecoseps*とは「ミミズの」や「糸状の」を意味する【scoleco-】と「四肢を失ったトカゲ」を意味する【seps】が組み合わさったものと思われるが、はっきりしない。英名では "East African Sand Skinks" と呼ばれる。小型で鱗は滑らか。体形は細長いヘビ型で四肢は退化して消失している。サハラ砂漠以南のアフリカ大陸東部に分布するが局所的でケニア・モザンビー

ク・タンザニアの限られた地域より記録があるにすぎない。半地中棲〜地中棲で草原や荒れ地に生息し（表層付近で活動し、地中深くに潜っているわけではない）、人目につきにくいため生態には不明な部分が多いが、節足動物を捕食すると考えられている。繁殖形態は、わかっている範囲では胎生（ルンボスナチモグリ・バルマスナチモグリ・リティポスナチモグリでははっきりしない）。

ダルエスサラームスナチモグリ *Scolecoseps acontias*
アッシュスナチモグリ *Scolecoseps ashei*
ルンボスナチモグリ *Scolecoseps boulengeri*
バルマスナチモグリ *Scolecoseps broadleyi*
リティポスナチモグリ *Scolecoseps litipoensis*

サバンナジムグリトカゲ属 ｜ *Sepsina*

5種

属名の*Sepsina*とは「ヘビのような」を意味すると思われるが、はっきりしない。英名では "Savannah Burrowing Skinks" や "Savannah Fossorial Skinks" と呼ばれる。小型で鱗は滑らか。サハラ砂漠以南のアフリカ大陸（アンゴラ・コンゴ・コンゴ民主共和国・マラウイ・ナミビア・タンザニア・ザンビア）に分布する。半地中棲〜地中棲で草原や荒れ地に生息し（表層付近で活動し、地中深くに潜っているわけではない）、人目につきにくいため生態には不明な部分が多いが、節足動物を捕食すると考えられている。繁殖形態は胎生。

ナミビアジムグリトカゲ *Sepsina alberti*
アンゴラジムグリトカゲ *Sepsina angolensis*
ルアンダジムグリトカゲ *Sepsina bayonii*
ベンゲラジムグリトカゲ *Sepsina copei*
ザジンバルジムグリトカゲ *Sepsina tetradactyla*

ヒガシガーツアシナシスキンク属 ｜ *Sepsophis*

1種

属名の*Sepsophis*とは「四肢を失ったトカゲ」を意味する【seps】と「ヘビ」を意味する【ophis】が組み合わさったものと思われるが、はっきりしない。英名では "Blunt-tailed Burrowing Skink" や "Spotted Eastern Ghats skink" と呼ばれる。小型で鱗は滑らか。体形は細長いヘビ型で四肢は退化して消失している。インド東部に位置するオリッサ州・アーンドラ-プラデーシュ州北部の限られた地域より少数の記録があるのみで、生態には不明な部分が多いが、地上棲〜半地中棲で山地の森林に生息し、ミミズや節足動物を捕食すると考えられている。繁殖形態は不明。

ヒガシガーツアシナシスキンク *Sepsophis punctatus*

メクラジムグリスキンク属 ｜ *Typhlacontias*

7種

属名の*Typhlacontias*とは「盲目の」を意味する【typhl-】とダーツスキンク属の属名が組み合わさったもの。英名では "Western Burrowing Skinks" や "Blind Dart Skinks" と呼ばれる。小型で鱗は滑らか。体形は細長いヘビ型で四肢は退化して消失している（後肢は蹴爪状となっている）。地中を移動しやすいよう吻は尖っており、眼も小さい。サハラ砂漠以南のアフリカ大陸（アンゴラ・ボツワナ・ナミビア・タンザニア・ザンビア・ジンバブエ）に分布する。半地中棲〜地中棲で草原や荒れ地・砂漠に生息し（表層付近で活動し、地中深くに潜っているわけではない）、人目につきにくいため生態には不明な部分が多いが、節足動物を捕食すると考えられている。繁殖形態は胎生。

ウォルビスメクラジムグリスキンク *Typhlacontias brevipes*
ザンビアメクラジムグリスキンク *Typhlacontias gracilis*
カオコベルドメクラジムグリスキンク *Typhlacontias johnsonii*
カタヴィメクラジムグリスキンク *Typhlacontias kataviensis*

04

イグアナ下目の分類

クロテンメクラジムグリスキンク *Typhlacontias punctatissimus*
カラハリメクラジムグリスキンク *Typhlacontias rohani*
モサメデスメクラジムグリスキンク *Typhlacontias rudebecki*

スナチモグリ属 | *Voeltzkowia*
3種

　属名の *Voeltzkowia* とはドイツの動物学者 Alfred Voeltzkow（1860-1947）に因む。英名では "North Madagascar Blind Sand Sliders" と呼ばれるが、ハクゲイトカゲとヤマギシニンギョトカゲの2種は、かつてはニンギョトカゲ属 *Sirenoscincus* とされていたため（2015年に本属へ移属された）、"Mermaid Skinks" とも呼ばれる。小型で鱗は滑らか。頭部は地中を移動しやすいよう吻は尖っており、眼も痕跡的で皮下に埋もれているといった特徴は全種で共通しているが、四肢の形態は種によって異なり、ベツァコスナチモグリではほぼ完全に退化したヘビ型だが、ハクゲイトカゲでは鰭状の小さな前肢のみを持ち、ヤマギシニンギョトカゲでは小さな前肢に4本の指趾がある。なお、全種が淡い桃色の体色を持つ。マダガスカル北部に分布する。半地中棲〜地中棲で乾燥した草原や荒れ地に生息し（表層付近で活動し、地中深くに潜っているわけではない）、人目につきにくいため生態には不明な部分が多いが、節足動物を捕食すると考えられている。繁殖形態は、わかっている範囲では卵生（ハクゲイトカゲとヤマギシニンギョトカゲでははっきりしない）。

　　ベツァコスナチモグリ（キタスナチモグリ）*Voeltzkowia mira*
　　ハクゲイトカゲ（ボングラヴァスナチモグリ）*Voeltzkowia mobydick*
　　ヤマギシニンギョトカゲ（アンカラファンツィカスナチモグリ）
　　　　Voeltzkowia yamagishii ⋯⋯⋯⋯⋯⋯⋯⋯⋯ 269

ヨルトカゲ科 | *Xantusiidae*
3亜科3属38種

　アメリカ合衆国西部からメキシコ・中米に分布する。頭部と尾部・腹部以外は顆粒状の鱗で覆われており、やや短いが機能的な四肢を持つ。かつては夜行性であると考えられてたためヨルトカゲと名付けられたが、近年の研究より少なくとも一部の種では昼行性であることがわかりつつある。繁殖形態は属によって異なり、卵生・胎生の双方を含んでいる。

ヨアソビトカゲ亜科 | *Xantusiinae*
1属14種

ヨアソビトカゲ属 | *Xantusia*
14種

　ヨルトカゲ属とも。属名の *Xantusia* とはハンガリーの動物学者 John Xantus de Vesey（1825-1894）に因む。英名では "Northern Night Lizards" や "True Night Lizards" と呼ばれる。小型で背面は顆粒状の鱗に覆われており（頭部と腹部・尾部は板状の鱗で覆われている）、瞳孔は菱形で下瞼が1枚の透明な鱗となって眼を覆っている（上下の瞼は動かない）。アメリカ合衆国西部からメキシコに分布する。地上棲で乾燥した荒れ地や岩場・砂漠に生息し、気に入った場所からあまり移動しない、いわゆる微細環境に特化したタイプのトカゲとされる。主に節足動物を捕食するが、一部の種では花や葉を食べた例もある。繁殖形態は胎生。

　　アリゾナヨアソビトカゲ *Xantusia arizonae*
　　ベジーヨアソビトカゲ *Xantusia bezyi* ⋯⋯⋯⋯⋯ 270
　　ボルソンヨアソビトカゲ *Xantusia bolsonae*
　　デュランゴヨアソビトカゲ *Xantusia extorris*
　　サンルーカスヨアソビトカゲ *Xantusia gilberti*

　　サガンヨアソビトカゲ *Xantusia gracilis*
　　ミカゲヨアソビトカゲ *Xantusia henshawi* ⋯⋯⋯⋯ 270
　　ソノラヨアソビトカゲ *Xantusia jaycolei*
　　オオヨアソビトカゲ（シマヨアソビトカゲ）*Xantusia riversiana*
　　ムカシヨアソビトカゲ（サカテカスヨアソビトカゲ）*Xantusia sanchezi*
　　シャーブルックヨアソビトカゲ *Xantusia sherbrookei*
　　シエラネバダヨアソビトカゲ *Xantusia sierrae*
　　サバクヨアソビトカゲ（ユッカヨアソビトカゲ）*Xantusia vigilis* ⋯⋯ 271
　　バハカリフォルニアヨアソビトカゲ *Xantusia wigginsi*

ネッタイヨルトカゲ亜科 | *Lepidophyminae*
1属23種

ネッタイヨルトカゲ属 | *Lepidophyma*
23種

　属名の *Lepidophyma* とは「疣状の鱗」を意味する。英名では "Tropical Night Lizards" や "Central American Night Lizards" "Central American Bark Lizards" と呼ばれる。小型で背面は顆粒状の鱗に覆われており（頭部と腹部・尾部は板状の鱗で覆われている）、鱗にはやや強いキールがあるため触り心地は粗いものが多い。なお、瞳孔は円形で下瞼が1枚の透明な鱗となって眼を覆っている（上下の瞼は動かない）。メキシコ南部から中米のパナマまで分布する。地上棲で森林に生息し（林内の岩場や洞窟に棲み着いているものも少なくない）、ミミズや節足動物を捕食する。繁殖形態は、わかっている範囲では胎生だが一部は不明（ナヴァヨルトカゲ・ジョーンズヨルトカゲ・ラミレスヨルトカゲ・ゾンゴリカヨルトカゲは近年記載されたばかりではっきりしない）。なお、イボヨルトカゲとアミノドヨルトカゲ・スミスヨルトカゲでは単為生殖も確認されている。

　　スミデロヨルトカゲ *Lepidophyma chicoasensis*
　　クイカトランヨルトカゲ *Lepidophyma cuicateca*
　　マクドゥーガルヨルトカゲ *Lepidophyma dontomasi*
　　イボヨルトカゲ *Lepidophyma flavimaculatum* ⋯⋯⋯ 272
　　ゲイジヨルトカゲ（キメハダヨルトカゲ）*Lepidophyma gaigeae* ⋯⋯ 273
　　ナヴァヨルトカゲ *Lepidophyma inagoi*
　　ジョーンズヨルトカゲ *Lepidophyma jasonjonesi*
　　ライナーヨルトカゲ *Lepidophyma lineri*
　　マルパソヨルトカゲ *Lepidophyma lipetzi*
　　ズーゴチョヨルトカゲ *Lepidophyma lowei*
　　ワステカヨルトカゲ *Lepidophyma lusca*
　　マヤヨルトカゲ *Lepidophyma mayae*
　　ドウクツヨルトカゲ *Lepidophyma micropholis*
　　カクレヨルトカゲ *Lepidophyma occulor*
　　パジャパヨルトカゲ *Lepidophyma pajapanensis* ⋯⋯⋯ 274
　　ヤウテペックヨルトカゲ *Lepidophyma radula*
　　ラミレスヨルトカゲ *Lepidophyma ramirezi*
　　アミノドヨルトカゲ *Lepidophyma reticulatum*
　　スミスヨルトカゲ *Lepidophyma smithii* ⋯⋯⋯⋯⋯ 274
　　シツリンヨルトカゲ *Lepidophyma sylvaticum*
　　タラスカヨルトカゲ *Lepidophyma tarascae*
　　トゥストラヨルトカゲ *Lepidophyma tuxtlae* ⋯⋯⋯⋯ 274
　　ゾンゴリカヨルトカゲ *Lepidophyma zongolica*

キューバヨルトカゲ亜科 | *Cricosaurinae*
1属1種

キューバヨルトカゲ属 | *Cricosaura*
1種

　属名の *Cricosaura* とは「輪」を意味する【kirkos】と「トカゲ」を意味する【saura】が組み合わさったもので、おそらく尾部の鱗が環

状に並んでいることを表している。英名では "Cuban Night Lizard" と呼ばれる。小型で（全長約8～10cmでヨルトカゲ科の最小種という説もある）、背面は顆粒状の鱗に覆われており（頭部と腹部・尾部は板状の鱗で覆われている）、一見してヨルトカゲの仲間であることはわかるものの、他の2亜科とは頭部の鱗の数が大きく異なる。なお、瞳孔は楕円形で下瞼が1枚の透明な鱗となって眼を覆っている（上下の瞼は動かない）。キューバ南部のグランマ県とサンティアゴ・デ・クーバ県に分布し、地上棲でやや乾燥した森林に生息する。主に薄明薄暮性でミミズや昆虫を捕食する。繁殖形態は、ヨルトカゲ科の中でおそらく唯一の卵生。

【野生下で絶滅した可能性が高いとされるスキンク下目】

本項目では野生下では絶滅した種、すなわち飼育下あるいは自然分布域の明らかに外側で野生化した状態でのみ存続しているスキンク下目を箇条する。現時点では1種しか確認されていないが、今後似たような状況に陥った種が出てくるのではないか、という説もある。きわめて不自然な状況ではあるが、同様の過程を経て絶滅の危機を脱した種も存在するため（例：リスターヤモリ *Lepidodactylus listeri* は野生下では2014年に野生下での絶滅が宣言されたが、2009年から絶滅を回避するための飼育下繁殖プログラムが開始されており、2022年には総個体数が1,500匹を超えている）、今後の動向が注目される。

スキンク科	Scincidae
カラタケトカゲ亜科	Eugongylinae
ヘビメトカゲ属	*Cryptoblepharus*
	1種

クリスマスヘビメトカゲ *Cryptoblepharus egeriae*

種小名の *egeriae* とは1887年に本種の生息地であるクリスマス島に寄港したイギリスの海軍の調査船であるHMS Egeria号に由来する。全長約10～15cm。繁殖形態は卵生。英名では "Christmas Island Snake-eyed Skink" や "Christmas Island Blue-tailed Skink" "Christmas Island Blue-tailed Shinning-skink" と呼ばれ、インド洋に位置するオーストラリア連邦領の島であるクリスマス島の固有種で、1889年に記載されかつては普通種であったが、1990年までに急速に減少したため、2006年にオーストラリア政府は絶滅危惧種として登録し、2009年までに66匹を採集してニューサウスウェルズ州に位置するタロンガ動物園へ移送し、飼育下繁殖プログラムを開始。翌年の2010年には野生下では絶滅したと考えられている。個体数が急激に減少した理由ははっきりしないが、1980年代に非意図的に持ち込まれたアシナガキアリやオオアオムカデ・シモフリオオカミヘビなどによる捕食や殺虫剤などの影響が考えられている。

【近代になって絶滅した可能性が高いとされるスキンク下目】

本項目では近代になって絶滅した可能性が高いとされるスキンク下目を箇条する（IUCNによって絶滅宣言がなされているものを挙げるが、他にも絶滅の可能性があるものは存在する。詳細はP.46～「スキンク下目の現状」を参照）。絶滅した以下のトカゲたちの中には分類学的・進化生物学的にきわめて重要であると思われるものも少なくない。筆者としては、いつか未来において新たなる世代により類書が作成された際、このリストに新たな種名が追加されていないことを祈らずにはおれない。

カタトカゲ科	Gerrhosauridae
ムチカタトカゲ属	*Tetradactylus*
	1種

リンポポムチカタトカゲ *Tetradactylus eastwoodae*

種小名の *eastwoodae* とは本種の模式標本を採集したA.Eastwoodに因む。正確な全長ははっきりしないが、16cm前後と思われる。繁殖形態は卵生。英名では "Eastwood's Long-tailed Seps" と呼ばれ、南アフリカ南東部に位置するリンポポ州のヘナーツブルク地域（Haenertsburg）にて1911年に発見され、1913年に記載されたが、現在は絶滅したと考えられている。絶滅の原因は生息地である草原に商業利用のためユーカリとマツが集中的に植えられたことによる環境破壊であると考えられている。なお、1980年代に数回の調査が行われたが、再発見することはできなかった。

スキンク科	Scincidae
マブヤ亜科	Mabuyinae
カリブムジマブヤ属	*Alinea*
	1種

セントルシアムジマブヤ *Alinea luciae*

種小名の *luciae* とは本種がウィンワード諸島に含まれるセントルシアの固有種であったことを表している。全長約16～20cm。繁殖形態は不明。英名では "Saint Lucia skink" と呼ばれる。1800年代に移入されたフイリマングースの影響などにより1900年までに絶滅したと考えられている（確実な最後の記録は1889年とされる）。なお、本属に含まれるもう1種のバルバドスムジマブヤも近年は記録がなく、絶滅が懸念されている。

スキンク科	Scincidae
マブヤ亜科	Mabuyinae
カーボベルデスベトカゲ属	*Chioninia*
	1種

オオスベトカゲ（カーボベルデオオスベトカゲ）*Chioninia coctei*

種小名の *coctei* とはフランスの動物学者である Jean Theodore Cocteau (1798-1838) に因む。大型で全長45～50cmに達し（60cmを超えるという説もあるが、はっきりしない）、地上でも樹上でも活動できる特異なトカゲであったと考えられている。繁殖形態は胎生（卵を産んだという記録もあるが、はっきりしない）。英名では "Cape Verde Giant Skink" と呼ばれ、北西アフリカの西沖合に位置するカーボベルデ諸島に含まれるサン-ヴィセンテ島やサンタ-ルシア島・ブランコ島・ラソ島に分布していたが、1940年までに絶滅したと考えられている（近年も目撃例はあり、捜索も行われているが発見には至っていない）。絶滅の原因についてであるが、これには少々複雑な背景があり、サン-ヴィセンテ島とサンタ-ルシア島では開拓民による環境破壊や外来種の移入、ブランコ島は流刑者たちによる利用、ラソ島ではペット用の採集圧などがある。

スキンク科	Scincidae
マブヤ亜科	Mabuyinae
シンネッタイマダラマブヤ属	*Copeoglossum*
	1種

レドンダマブヤ *Copeoglossum redondae*

種小名の *redondae* とは本種がカリブ海東部に位置するアンティグア-バーブーダのレドンダ島に分布していたことを表している。全長約20〜25cmで繁殖形態は不明。英名では"Redonda Skink"と呼ばれる。1863〜1873年に採集されたわずかな標本が残されているにすぎず、現在は絶滅したと考えられている。絶滅の原因などもはっきりしないが、1869年にイギリスがこの島の領有を宣言し、モントセラトから労働力を派遣してリン鉱石の採掘・輸出が行われたことが関係しているかもしれない。

スキンク科 | Scincidae
カラタケトカゲ亜科 | Eugongylinae
シマトカゲ属 | *Emoia*
1種

クリスマスシマトカゲ *Emoia nativitatis*

種小名の *nativitatis* とは「生まれつきの」を意味すると思われるが、はっきりしない。全長約16〜24cmで繁殖形態は卵生。英名では"Christmas Island Whiptail-skink"や"Christmas Island Forest Skink"と呼ばれ、インド洋に位置するオーストラリア連邦領の島であるクリスマス島の固有種だが、現在は絶滅したと考えられている。本種は1980年代までは島内の各地で見られる普通種だったが、1990〜2000年の間に個体数が急速に減少したため、2000年代後半に飼育下での繁殖計画が始まり採集が行われたが、発見されたのは3匹のメスのみで最後の1匹も2014年5月13日に死亡した。絶滅の原因ははっきりしないが、1980年代に非意図的に持ち込まれたアシナガキアリやオオアオムカデ・シモフリオオカミヘビなどによる捕食や殺虫剤などの影響が考えられている。

スキンク科 | Scincidae
カラタケトカゲ亜科 | Eugongylinae
イソベトカゲ属
2種

レユニオンイソベトカゲ *Leiolopisma ceciliae*

種小名の *ceciliae* とはフランスの古生物学者である Cécile Mourer-Chauviré (1939-) に因む。部分的な標本しかないためはっきしたことはわからないが、中型で全長はおそらく40cmを超えると思われる。英名では"Reunion Ground Skink"と呼ばれ、フランスの海外領土であるレユニオンで2番目に大きなコミューンであるサン=ポール (Saint-Paul) 周辺の洞窟で発見された半化石 (化石化が完了していない骨。1550年以降のものと推察されている) より2008年に記載されたが、すでに絶滅していると考えられている。絶滅の原因ははっきりしていないが、人間によって持ち込まれた家畜やネズミなどの影響ではないか、という説がある。

モーリシャスイソベトカゲ *Leiolopisma mauritiana*

種小名の *mauritiana* とは「モーリシャスの」を意味し、本種がマスカリン諸島のモーリシャス島に生息していたことを表している。大型で全長はおそらく60cmに達すると思われる。繁殖形態は不明。英名では"Mauritian Ground Skink"と呼ばれる。絶滅の原因ははっきりしていないが、おそらくネズミなど人間のもち込んだ外来種の影響により1650年までに絶滅したと考えられている。また、やや科学的根拠に乏しいが、天敵の少な

い島嶼部で進化した本種は人間を全く恐れていなかったため、簡単に捕獲できたといわれており、それも絶滅の一因ではないか、という説もある。

スキンク科 | Scincidae
カラタケトカゲ亜科 | Eugongylinae
トンガオオスベトカゲ 属
1種

トンガオオスベトカゲ *Tachygyia microlepis*

属名の *Tachygyia* とは「速い」を意味する【tachys】と「関節のある四肢」を意味する【gyia】が組み合わさったもの。種小名の *microlepis* とは「小さな鱗」を意味する。やや大型で全長は50cmに達するという説もあるが、現存している標本の大きさから約30〜45cmと思われる。繁殖形態は不明。英名では"Tonga Ground Skink"や"Small-scaled Giant Skink"と呼ばれ、研究者の間では"Gray Ghost"の名称で呼ばれることもある。トンガの南部諸島に位置するトンガタブ島に分布していたが、現在は絶滅したと考えられている (周辺のエウア島やカラウ島ではまだ生き残っている可能性があるのではないか、という説もある)。しかしながら、いつ頃絶滅したのかははっきりしておらず、1986年には〈灰色の幽霊を見たら、逃げないで写真を撮ってください〉という記事が新聞に掲載されたこともある (詳細は P.345「COLUMN 灰色の幽霊 (グレイゴースト) の伝説」を参照)。絶滅の原因は入植者たちに持ち込まれた家畜やネズミなど外来種による影響、そして大規模な農地開発などが考えられている。

スキンク科 | Scincidae
ミナミトカゲ亜科 | Sphenomorphinae
ワレミミトカゲ属 | *Gongylomorphus*
1種

レユニオンワレミミトカゲ *Gongylomorphus borbonicus*

種小名の *borbonicus* とは「ブルボン (Bourbon。レユニオンの古名) の」を意味し、本種がレユニオンに分布していたことを表している。全長約15〜20cmで繁殖形態は不明。英名では"Reunion Slit-eared Skink"と呼ばれる。レユニオンに分布していたが、最後に採集されたのは1839年で現在は絶滅したと考えられている。絶滅の原因ははっきりしないが、19世紀に移入されたシモフリオオカミヘビが関係しているのではないか、という説がある。

参考文献

(順不同)

- 日本の爬虫類・両生類生態図鑑　著：川添宣広（誠文堂新光社）
- 日本の爬虫類・両生類野外観察図鑑　著：川添宣広（誠文堂新光社）
- 爬虫類・両生類の飼育・繁殖ガイド　著：川添宣広（誠文堂新光社）
- 爬虫類・両生類の飼育環境のつくり方　著：川添宣広（誠文堂新光社）
- 爬虫類・両生類ビジュアル大図鑑1000種　著：海老沼剛　写真：川添宣広（誠文堂新光社）
- 爬虫両生類ビジュアルガイド トカゲ①　著：海老沼剛　写真：川添宣広（誠文堂新光社）
- 爬虫両生類ビジュアルガイド トカゲ②　著：海老沼剛　写真：川添宣広（誠文堂新光社）
- 色彩別 爬虫類・両生類図鑑　著：川添宣広（カンゼン）
- 爬虫類両生類1800種図鑑　著：海老沼剛　写真：川添宣広（三オブックス）
- 趣味の動物科學　著：神野篁次郎（誠文堂）
- 動物奇談　著：大島正満（大日本雄弁会講談社）
- 世界大博物図鑑3 両生・爬虫類　著：荒俣宏（平凡社）
- 爬虫類の進化　著：疋田努（東京大学出版会）
- 爬虫類と両生類の写真図鑑　著：Mark O'Shea、Tim Halliday（日本ヴォーグ社）
- 爬虫類 カメ・ヘビ・トカゲ・ワニ 長く健康に生きる餌やりガイド　著：安川雄一郎（グラフィック社）
- 外来種は本当に悪者か？ 著：Fred Pearce（草思社）
- 生物界之智嚢　著：松山亮蔵（中興館書店）
- 爬虫類の怪奇な生態　著：中西悟堂（ポプラ社）
- 日本の爬虫類　著：リチャード・ゴリス（小学館）
- これはビックリ ヘビ トカゲ 爬虫類図鑑　著：高田栄一（朝日ソノラマ）
- 若い読者に贈る美しい生物学講義　著：更科功（ダイヤモンド社）
- 残酷な進化論　著：更科功（NHK社）
- へんな動物といっしょ　著：富田京一（小学館）
- 標準原色図鑑全集19 動物　著：林壽朗（保育社）
- 原色日本両生爬虫類図鑑　著：中村健児、上野俊一（保育社）
- 決定版 日本の両生爬虫類　著：内山りゅう、前田憲男、沼田研児、関慎太郎（平凡社）
- 爬虫両生類飼育図鑑　著：千石正一（マリン企画）
- 原色 両生・爬虫類　編：千石正一（光の家協会）
- 新日本両生爬虫類図鑑　編：日本爬虫両棲類学会（サンライズ出版）
- マダガスカルの動物 その華麗なる適応放散　編：山岸哲（裳華房）
- 動物大百科12 両生・爬虫類　編：T.R.ハリデイ、K.アドラー（平凡社）
- 原色少年動物圖鑑　著：内田清之助、岡田要（北隆館）
- 学生版原色動物圖鑑　著：内田清之助、川村智治郎（北隆館）
- 爬虫・両生類（株式会社学習研究社）
- 動物たちの地球5 両生類・爬虫類（朝日新聞社）
- トカゲ大全　著：Mark O'Shea（エムピージェー）
- Bible of Reptiles and Amphibians I〜IV（フェア・ウィンド）
- Frogs and Reptiles of the Murray Darling Basin　著：Michael Swan（CSIRO PUBLISHING）
- Australian Lizards　著：Stephen K. Wilson（CSIRO Publishing）
- Field Guide to the Reptiles of the Northern Territory　著：Chris Jollyほか（CSIRO PUBLISHING）
- Reptiles and Amphibians of Australia　著：Cogger HG（CSIRO Publishing）
- Reptiles and Amphibians of New Zealand　著：Dylan van Winkelほか（Bloomsbury Publishing）
- Handbook of Amphibians and Reptiles of North-east Africa　著：Stephen Spawlsほか（Bloomsbury Publishing）
- Field Guide to the Reptiles of South-East Asia　著：Indraneil Das（Bloomsbury Publishing）
- Lizards Windows to the Evolution of Diversity　著：Eric R. Piankaほか（University of California Press）
- Biodiversity Hotspot of the Western Ghats and Sri Lanka　著：T. Pullaiah（Apple Academic Press）
- Madagascar Wildlife　著：Nick Garbuttほか（Bradt Travel Guides）
- The Eponym Dictionary of Reptiles　著：Bo Beolensほか（Johns Hopkins University Press）
- Western Reptiles and Amphibians　著：Robert C. Stebbins（Houghton Mifflin Harcourt）
- AUSTRALIAN MUSEUM SCIENTIFIC PUBLICATIONS　著：Greer, Allen E（Australian Museum, Sydney）
- Pocket Guide Snakes and Other Reptiles of Southern Africa　著：Bill Branchほか（Penguin Random House South Africa）
- Photographic Guide to Snakes, Other Reptiles and Amphibians of East Africa　著：Bill Branch（Penguin Random House South Africa）
- Pocket Guide Snakes & Other Reptiles of Zambia & Malawi　著：Darren Pietersenほか（Penguin Random House South Africa）
- A Guide to the Reptiles of Southern Africa　著：Graham Alexander（Penguin Random House South Africa）
- Field Guide to Fynbos Fauna　著：Cliff Dorseほか（Penguin Random House South Africa）
- The Action Plan for Australian Lizards and Snakes 2017　著：Nicola Mitchellほか（CSIRO PUBLISHING）
- Recovering Australian Threatened Species　著：David Lindenmayerほか（CSIRO PUBLISHING）
- Lézards, crocodiles et tortues d'Afrique occidentale et du Sahara　著：Jean-François Trapeほか（IRD Éditions）
- A Field Guide to the Reptiles of Thailand　著：Tanya Chan-ardほか（Oxford University Press）
- Reptiles of Costa Rica A Field Guide　著：Twan Leenders（Cornell University Press）
- Reptiles and Amphibians of the Pacific Islands　著：George R. Zug（University of California Press）
- Field Guide to the Amphibians and Reptiles of Britain and Europe　著：Jeroen Speybroeckほか（Bloomsbury Publishing）
- 台灣蜥蜴自然誌　著：向高世（大樹文化事業）
- クリーパー（クリーパー社）
- EXTRA CREEPER（誠文堂新光社）
- ビバリウムガイド（エムピージェー）
- レプファン（笠倉出版社）
- 生命誌（JT生命誌研究館）
- National Geographic（日系ナショナルジオグラフィック社）
- 八重山日報（八重山日報社）
- 家庭動物等飼養補完技術マニュアル（環境省）
- 爬虫類の飼育状況について（環境省）
- 日本の重要な両生類・は虫類の分布（環境庁）
- 蘭領ニウ・ギニアの研究（台湾総督官房調査課）
- 侵入種生態リスクの評価手法と対策に関する研究　著：五箇公一
- 八重山群島のトカゲ類の分布に関する新知見　著：林光武ほか
- ミトゲノム解析によるトカゲ類の高次系統関係と分岐年代の解明　著：熊澤慶伯
- 爬虫類の分類学・系統学・生物地理学―分岐分類学の問題点　著：疋田努
- わが国に輸入されたカメおよびトカゲ類におけるSalmonellaの保有状況　著：中臺文ほか
- トカゲ頭頂眼の光受容体バリエトプシンの光化学的な性質に関する研究　著：酒井佳寿美
- 現生爬虫類の腱―骨付着部の組織学的研究及び古生物学への応用について　著：鈴木大輔
- 有隣目の多様化機構解明に向けたトカゲ類の発生学的基盤研究　著：奥山佳太郎
- 門外漢のための「学名」のはなし　著：溝田浩二
- マダガスカル産の地中性トカゲ　著：疋田努ほか
- 七面鳥の単為発生胚の形態形成能（発生）　著：佐藤磐根
- 西表島山地林におけるトカゲ類の活動について　著：仲地明ほか
- 環境要因による性決定　著：宮川信一
- 日本の地下空隙に生息する陸生節足動物の多様性　著：小松貴
- 新しいトライボロジーメカニズムを秘めたサンドフィッシュの鱗のバイオミメティクス　著：木之下博
- 尖閣諸島魚釣島の生物相と野生化ヤギ問題　著：横畑泰志ほか
- An assemblage of lizards from the Early Cretaceous of Japan　著：Susan E. Evans et al.
- The Lizards indigenous to Victoria　著：Lucas AHS et al.
- Husbandry guidelines for Major Skink　著：Chris Hosking
- The Oldest Genus of Scincid Lizard (Squamata) from the Tertiary Etadunna Formation of South Australia　著：James E. Martin et al.
- Guidelines for management activities in Swamp Skink habitat on the Mornington Peninsula.　著：Peter Robertson et al.
- A New Genus and Species of Lizard (Reptilia: Scincidae) from New Caledonia, Southwest Pacific　著：Ross A. SADLIER et al.
- Australasian Journal of Herpetology　著：RAYMOND T. HOSER
- Systematics of the Carlia "fusca" Lizards (Squamata: Scincidae) of New Guinea and Nearby Islands　著：George R. Zug
- THREE NEW LIZARDS OF THE GENUS EMOIA (SCINCIDAE) FROM SOUTHERN NEW GUINEA　著：WALTER C. BROWN et al.
- Taxonomic Resolution to the Problem of Polyphyly in the New Caledonian Scincid Lizard Genus *Lioscincus* (Squamata: Scincidae)　著：Ross A. Sadlier et al.
- Locomotor benefits of being a slender and slick sand swimmer　著：Sarah S. Sharpe et al.
- New Information on Distribution and Habitat Preferences of the Leopard Skink, Lacertoides pardalis, across the Ultramafic Surfaces of Southern New Caledonia　著：Ross A. Sadlier et al.
- Nubeoscincus　著：Slavenko et al.
- Tachygyia, the giant Tongan skink: extinct or extant?　著：INEICH I. et al.
- Die on this hill? A new monotypic, microendemic and montane vertebrate genus from the Australian Wet Tropics　著：Janne Torkkola et al.
- A new species of the genus Larutia (Squamata: Scincidae) from Gunung Penrissen, Sarawak, Borneo　著：Ibuki Fukuyama et al.
- Taxonomic revision of the semi-aquatic skink Parvoscincus leucospilos (Reptilia: Squamata: Scincidae), with description of three new species　著：Cameron D Siler et al.

- Green-blood pigmentation in lizards
  著：Christopher C. Austin et al.
- Notes on a Poorly Known Blue-Tailed Skink, *Eumeces tamdaoensis*, from Northern Vietnam
  著：TSUTOMU HIKIDA et al.
- Generic Concepts in the Batocrinidae Wachsmuth and Springer, 1881 (Class Crinoidea)　著：William I. Ausich et al.
- Distinct Patterns of Desynchronized Limb Regression in Malagasy Scincine Lizards (Squamata, Scincidae)
  著：Miralles Aurélien et al.
- Aliens Coming by Ships: Distribution and Origins of the Ocellated Skink Populations in Peninsular Italy　著：Emiliano Mori et al.
- Ocular Anatomy and Retinal Photoreceptors in a Skink, the Sleepy Lizard (*Tiliqua rugosa*)
  著：Shaun T.D. New et al.
- Homing Behaviour in the Sleepy Lizard (*Tiliqua rugosa*): The Role of Visual Cues and the Parietal Eye　著：Michael J. Freake
- The Curious Case of the "Neurotoxic Skink": Scientific Literature Points to the Absence of Venom in Scincidae
  著：Kartik Sunagar et al.
- Field studies on a social lizard: Home range and social organization in an Australian skink, Egernia major　著：K. OSTERWALDER et al.
- Movements, Home Ranges, and Capture Effect of the Endangered Otago Skink (*Oligosoma otagense*)
  著：Jennifer M. Germano
- Invasive implantation and intimate placental associations in a placentotrophic african lizard, Trachylepis ivensi (scincidae)
  著：Daniel G. Blackburn et al.
- Facultative oviparity in a viviparous skink (*Saiphos equalis*)　著：Melanie K. Laird et al.
- Phylogenetic position of a bizarre lizard Harpesaurus implies the coevolution between arboreality, locomotion, and reproductiv e mode in Draconinae (Squamata: Agamidae)
  著：Takaki Kurita et al.
- Maternal egg care enhances hatching success and offspring quality in an oviparous skink　著：Hongliang Lu et al.
- Australian lizards are outstanding models for reproductive biology research　著：James U. Van Dyke et al.
- Predator presence and recent climatic warming raise body temperatures of island lizards　著：Félix Landry Yuan et al.
- Tail loss compromises immunity in the many-lined skink, Eutropis multifasciata
  著：KUO Chi-Chien et al.
- Reproduction in the Many-Lined Sun Skink, *Eutropis multifasciata* (Squamata: Scincidae) from Sarawak, Malaysia
  著：Stephen R. Goldberg
- Low cold tolerance of the invasive lizard *Eutropis multifasciata* constrains its potential elevation distribution in Taiwan
  著：Te-En Lin et al.

- Aseasonal reproduction and high fecundity in the Cape grass lizard, Cordylus anguinus, in a fire-prone habitat　著：Annemarie du Toit et al.
- Locomotion and palaeoclimate explain the re-evolution of quadrupedal body form in Brachymeles lizards
  著：Philip J. Bergmann et al.
- Range eclipse leads to tenuous survival of a rare lizard species on a barrier atoll
  著：Jonathan Q. Richmond et al.
- Eaten or beaten? Severe population decline of the invasive lizard Podarcis siculus (Rafinesque-Schmaltz, 1810) after an eradication project in Athens, Greece
  著：Chloe Adamopoulou
- Assessing the impact of introduced rats on the lizard fauna of Lord Howe Island
  著：M Thompson
- Twenty years on: changes in lizard encounter rates following eradication of rats from Kāpiti Island　著：Jennifer F. Gollin et al.
- Geographic Variation in the Endemic Skink, Ateuchosaurus pellopleurus from the Ryukyu Archipelago, Japan　著：Hidetoshi Ota et al.
- Origin and intraspecific diversification of the scincid lizard *Ateuchosaurus pellopleurus* with implications for historical island biogeography of the Central Ryukyus of Japan
  著：Tomohisa Makino et al.
- Taxonomic revision and re-description of *Ateuchosaurus pellopleurus* (Hallowell, 1861) (Reptilia, Squamata, Scincidae) with resurrection of A. okinavensis (Thompson, 1912)　著：Tomohisa Makino
- Crossing the Weber Line: First record of the Giant Bluetongue Skink *Tiliqua gigas* (Schneider, 1801) (Squamata: Scincidae) from Sulawesi, Indonesia
  著：Thore Koppetsch et al.
- The status of wildlife in Tonga　著：Dieter Rinke
- Phylogenomic data resolve the historical biogeography and ecomorphs of Neotropical forest lizards (Squamata, Diploglossidae)
  著：Molly Schools et al.
- *Ctenotus rungulla* sp. nov. (Scincidae; Sphenomorphinae), a new sandstone-associated skink that highlights reptile endemism in Queensland's Gregory Range　著：Stephen Zozaya et al.
- Lizards of the Families Eoxantidae, Ardeosauridae, Globauridae, and Paramacellodidae (Scincomorpha) from the Aptian–Albian of Mongolia
  著：Vladimir Alifanov
- Evidence for Resistance to Coagulotoxic Effects of Australian Elapid Snake Venoms by Sympatric Prey (Blue Tongue Skinks) but Not by Predators (Monitor Lizards)
  著：Nicholas J. Youngman et al.
- Are lizards capable of inhibitory control? Performance on a semi-transparent version of the cylinder task in five species of Australian skinks　著：Birgit Szabo et al.

- The high-level classification of skinks (Reptilia, Squamata, Scincomorpha)
  著：S. BLAIR HEDGES
- Proteomic analysis of the mandibular glands from the Chinese crocodile lizard, *Shinisaurus crocodilurus* – Another venomous lizard? Author links open overlay panel
  著：Juan J. Calvete et al.
- Was it premature to declare the giant Tongan Ground Skink *Tachygyia microlepis* extinct?　著：Ivan Ineich et al.
- Hotter nests produce smarter young lizards
  著：Joshua J. Amiel et al.
- The effects of incubation temperature on the development of the cortical forebrain in a lizard
  著：Joshua J. Amiel et al.
- TRACHYLEPIS ATLANTICA (Noronha Skink). NEST SITE and HATCHLING.
  著Alberto Moreira Da Silva-Neto et al.
- Locomotion and palaeoclimate explain the re-evolution of quadrupedal body form in Brachymeles lizards
  著：Philip J. Bergmann et al.
- Age-related habitat selection by brown forest skinks (*Sphenomorphus indicus*)
  著：Zhu Qiping et al.
- The longevity bottleneck hypothesis: Could dinosaurs have shaped ageing in present-day mammals?　著：João Pedro de Magalhães
- Bogus captive-breeding of the South African Sungazer Lizard *Smaug giganteus*
  著：Victor J.T. Loehr et al.
- Captive husbandry of the Dwarf plated lizard, *Cordylosaurus subtessellatus* (Smith, 1844), with indications for ecological and behavioural characteristics　著：Victor Loehr
- The rediscovery of Rurk's Cat Skink *Ristella rurkii* Gray, 1839 (Reptilia: Ristellidae) with remarks on distribution and natural history
  著：S.R. Ganesh
- Hold your breath: Observations of the endangered pygmy bluetongue (*Tiliqua adelaidensis*) submerged in flooded burrows　著：Kimberley H. Michael et al.
- Why is the tongue of blue-tongued skinks blue? Reflectance of lingual surface and its consequences for visual perception by conspecifics and predators
  著：Andran Abramjan et al.
- Lizards in family groups: Husbandry and breeding of the giant plated lizard Gerrhosaurus v.vallidus
  著：F.A.C. Schmidt
- Notes on the reproduction of the Yellow-Throated Plated Lizard *Gerrhosaurus favigularis* Wiegmann, 1882
  著：Sascha Esser and Dennis Rödder
- Web両爬図鑑 (https://herpetology.raindrop.jp)
- THE REPTILE DATABASE (http://www.reptile-database.org)

（その他、多数）

謝　辞

　本書を執筆、また、本シリーズを出版するにあたり、いつもひとかたならぬ御尽力をいただいている株式会社誠文堂新光社の皆様。終始適切な御指導を頂きました川添宣広氏。御多忙の中、多大な助言を賜りました海老沼剛氏。私の拙い文章を辛抱強く校正して下さった宮本雅彰氏および渡邊芽久美氏。貴重な画像を多数お貸しくださいました京都大学理学研究科動物行動学研究室の福山亮部氏および森哲教授。日常の議論を通じて多くの知識や示唆を頂きました二木勝巳氏および八木厚昌氏。私の無茶な要望に応えてくださり、すばらしいデザインとレイアウトに仕上げてくださいました Imperfect 様。世界各地のフィールドワークに同行してくださいました S.Flightman 氏。私の生活を支えてくれた妻と愛猫と愛犬。そして世界中のトカゲたちに、この場を借りて深く御礼申し上げます。

著者紹介

中井 穂瑞領
（なかい ほずれ）

神畑養魚株式会社勤務。世界各地にフィールドワークへ赴き、ヤエヤマタカチホヘビやミミナシオオトカゲ、ヒカリトカゲ、アンツィラナナキノボリオビトカゲ、ツィンギオビトカゲ、パーソンカメレオン、トラバンコアリクガメなど希少種の発見に成功している。爬虫・両生類の専門誌へ寄稿・連載も多数。著書に『毒蛇ハブ - 生態から対策史・文化まで、ハブの全てを詳説 -』（南方新社）、『DISCOVERY ヘビ大図鑑／ボア・パイソン編』『DISCOVERY ヘビ大図鑑／ナミヘビとその周辺編』『DISCOVERY ヤモリ大図鑑』『DISCOVERY ヤモリ大図鑑／トカゲモドキ編』『DISCOVERY カメ大図鑑』『DISCOVERY ワニ大図鑑』『DISCOVERY トカゲ大図鑑／イグアナ下目編』『ヘビ品種図鑑 - 品種・変異を豊富に掲載 飼育前の個体選びに役立つ - 』（誠文堂新光社）がある。

撮影・編集

川添 宣広
（かわぞえ のぶひろ）

1972 年生まれ。早稲田大学卒業後、出版社勤務を経て 2001 年に独立（http://www.nc.jp/asahi/nov/nov/nov/ HOME.html）。爬虫・両生類専門誌『クリーパー』をはじめ、『レオパのトリセツ』『愛好家から学ぶアメリカハコガメ飼 育術』（クリーパー社）、『爬虫・両生類パーフェクトガイド』『爬虫・両生類飼育ガイド』『爬虫・両生類ビギナーズガイド』『ディスカバリー大図鑑』シリーズほか、『日本の爬虫類・両生類生態図鑑』『エクストラ・クリーパー』『爬虫類・両生類フォトガイド』（誠文堂新光社）、『爬虫類・両生類色彩別図鑑』（カンゼン）、『トカゲモドキの教科書』（笠倉出版社）、『爬虫類・両生類 1800 種図鑑』（三才ブックス）など、手掛けた関連書籍・雑誌多数。

和名監修

海老沼 剛

校 正

宮本雅彰、渡邊芽久美

写真提供

福山亮部、海老沼剛、中井穂瑞領、キョーリン、骸屋本舗、藤橋大佑、エムズワン

写真提供サイト

Pixabay、alamy、flickr

撮影協力

ATSU、aLiVe、あーるず、ESP、iZoo、伊藤威一郎、ウッドベル、エキゾチックサプライ、エンドレスゾーン、大邑ファーム、太田雅司、大谷勉、オーナーズフィッシュ＆レプタイルズ、オリュザ、影山達郎、カフェリトルズー、カミハタ養魚、亀太郎、キャンドル、ku-ku、クレイジーゲノ、小家山仁、幸地賢吾、琴芝里奈、KOBU JAPAN、サウリア、ザ・パラダイス、ジェックス、しろくろ、スケール、スドー、蒼天、高田爬虫類研究所、チョッパー、TreeMate、TCBF、dear、terra、土岐山典子、トコチャンブル、ドリームレプタイルズ、Drift Wood、熱帯倶楽部、永井浩司、ネイチャーズ北名古屋店、爬虫類倶楽部、Herptile Lovers、バティキュラーミュー タント、豹紋堂、ブミリオ、homic、ホワイト・ゴス企画、松村しのぶ、マニアックレプタイルズ、美月、骸屋本舗、村山ひかる、ラセルタルーム、リミックス ペポニ、レップジャ パン、レプタイルストアガラパゴス、レプティリカス

制作

Imperfect（竹口太朗・平田美咲）

ディスカバリー 生き物・再発見

トカゲ大図鑑 スキンク下目編

ヨロイトカゲ科・カタトカゲ科・スキンク科・ヨルトカゲ科の分類ほか生態・飼育・繁殖・法律などを解説

2025 年 1 月 16 日　発　行　　　　　　　　　NDC480

著　　　　者　　中井穂瑞領（なかい ほずれ）
編集・写真　　川添宣広（かわぞえ のぶひろ）
発　行　者　　小川雄一
発　行　所　　株式会社 誠文堂新光社
　　　　　　　〒 113-0033 東京都文京区本郷 3-3-11
　　　　　　　https://www.seibundo-shinkosha.net/
印刷・製本　　TOPPANクロレ 株式会社

© Nobuhiro Kawazoe. 2025　　　　　　　　　Printed in Japan

ISBN978-4-416-62374-9